공작기계의 서보기술

홍준희 지음

AN APPLICATION OF SERVOMECHANISM

GS인터비전

머리말

1900년도 초반부에 그 당시 황무지였던 메카트로닉라는 과목을 강의하면서 생소한 이 과목을 기계과 학생들에게 어떻게 이해시켜야 하나 하는 생각을 가졌는데 벌써 대학에 재직한지 30년이 가까워졌다. 특히 설계과목과 메카트로닉스 관련 과목을 오랜 동안 해 왔는데 대학생들이 기계나 기구를 설계할 때 잘못하기 쉬운 미스는 오버 스펙이나 가공할 수 없는 도면을 작성한다는 것을 알게 되었다. 이것은 모터 선정과 센서 선정의 경우도 마찬가지이었다. 과잉 정도의 모터나 센서를 선택하여 비용 상승을 초래한다든지 역으로 사용 환경에 맞지 않는 모터나 센서를 선택하여 신뢰성을 떨어뜨린다든지 하는 것이 태반이었다.

그리고 연구소나 기업 등에서도 자동 기구나 장치를 설계할 때 모터나 센서를 적절하게 선정하는 교육을 시켜 주었으면 하는 바람이 있는 것도 사실이다.

그러나 시판되는 교재나 학술서는 이론적인 것에 급급하여 학생들이나 공학 실무자들이 정녕 사용하고자할 때 도움을 주지 못한다는 것이다. 다시 말해서 많은 학생들이나 공학 실무자들이 자동으로 기구나 장치 및 기계 등을 동작시키려는 시도를 많이 하고 있으면서도 적절한 학술서가 없어 모터나 센서를 대충 선택하다보니 많은 실수를 하는 것이다.

따라서 자동 기구나 장치 및 기계 등을 설계할 때 학생들뿐만 아니라 공학 실무자들에게도 학술적 뿐만 아니라 실용적으로도 도움을 줄 수 있는 저서를 집필해 보자는 결심을 하게 되었다. 물론 쉬운 일은 아니었지만 여러 해를 거치면서 실용적으로 필요한 사항이 무엇이며 무엇을 이해해야 하는지에 대해 경험 상 알게 된 것들을 바탕으로 정리하기로 하였다.

특히 NC 공작기계 설계에 있어서 서보 기술은 자동제어기술, 메카트로닉스기술, 기계설계기술의 3가지와 기술이 밀접하게 연관되어 구성되어 있으므로 모터나 센서를 적절하게 선정하여 적절한 기구나 장치 및 기계 등을 만드는데 좋은 대상이 될 것으로 생각하였다.

본서에서는 크게 2가지 내용으로 구성했는데 첫 째는 서보 기구를 구성하기 위한 요소에 대한 내용이고 둘째는 공작기계를 서보 기구와 매칭할 때 방법에 관한 내용으로 꾸며 보았다.

저자는 이 책에 많은 내용을 담고자 노력하였으나 다소 부족한 부분이 많을 것으로 생각된다. 이런 부분들은 다른 많은 좋은 참고서 및 문헌 등을 참고하길 바라며, 끝으로 이 책의 출판에 많은 도움을 주신 출판사 관계자 여러분께 진심으로 감사드린다.

2022년 2월에

저자 홍 준 희

차 례

CHAPTER 1
공작기계의 서보 기술 개요

CHAPTER 1
공작기계의 서보 기술 개요

1.1 공작기계의 자동제어 종류

1.2 공작기계의 설계 고찰

1.3 공작기계 시스템에서 운동 손실

1.4 공작기계의 진동

1.5 서보 기구 설계의 개요

서보 기구의 대표적인 것 중에 하나가 수치제어 공작기계일 것이다. 수치 제어((Numerical Control; 약해서 NC라고 함)는『공작물에 대한 공구의 위치를 수치 정보로 지령하는 제어』인 것으로 이 수치 지령이 공구의 위치와 이동 속도를 주고 있다. 즉, 가공 도면을 분배해서 가공 수치나 이송 속도 등의 정보를 NC 데이터로 입력하여 이것이 정보 처리 회로를 거쳐 지령대로 공작기계를 조작하는 제어방식인 것이다. 이와 같은 서보 기구의 대표인 NC 공작기계(이하 공작기계)를 바탕으로 설계할 때 고찰해야 할 사항에 관한 전반적인 개요에 대해 살펴본다.

1.1 공작기계의 자동제어 종류

1.1.1 개방 루프 제어 방식

개방 루프 제어 방식은 그림 1.1과 같이 서보 모터에 펄스 모터를 이용하여 지령 펄스로 구동한다. 검출기나 되먹임 회로를 지니고 있지 않으므로 구조는 간단하지만 펄스 모터의 회전 정밀도, 변속기 및 볼나사의 정밀도 등 구동시스템의 정밀도에 직접적인 영향을 받는다.

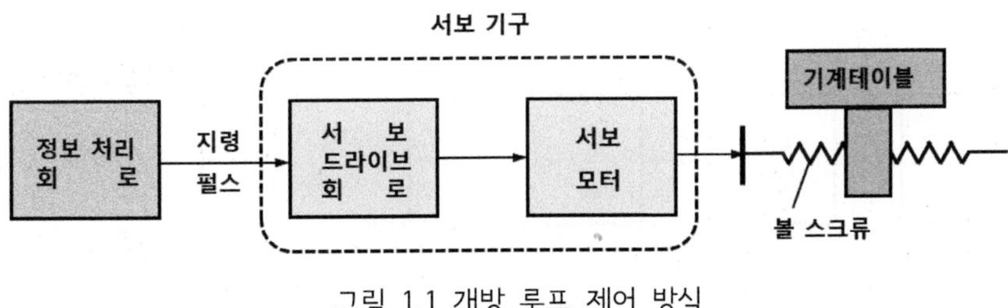

그림 1.1 개방 루프 제어 방식

1.1.2 반 폐쇄 루프 제어방식

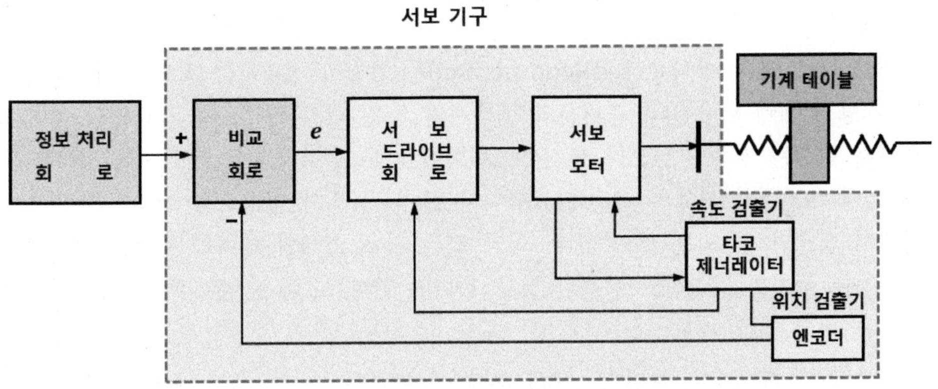

그림 1.2 반 폐쇄 루프 제어 방식

반 폐쇄 루프 제어 방식(semiclosed-loop control)은 위치의 검출을 서보 모터의 축 또는 볼나사의 회전 각도로 행한다. 볼나사의 정밀도 에러, 백래시 등이 있으면 테이블의 실제 이동량은 볼나사의 회전각에 정확히 비례하지 않는다.

그러나 높은 정밀도의 개발과 피치 오차 보정, 백래시 보정 등의 채용에 의해서 실용상의 정밀도 문제는 거의 해결되며 대부분의 공작기계는 이 반 폐쇄 루프 제어방식을 채용하고 있다. 그림 1.2는 이 방식의 회로 구성을 나타내고 있다.

1.1.3 폐쇄 루프 제어 방식

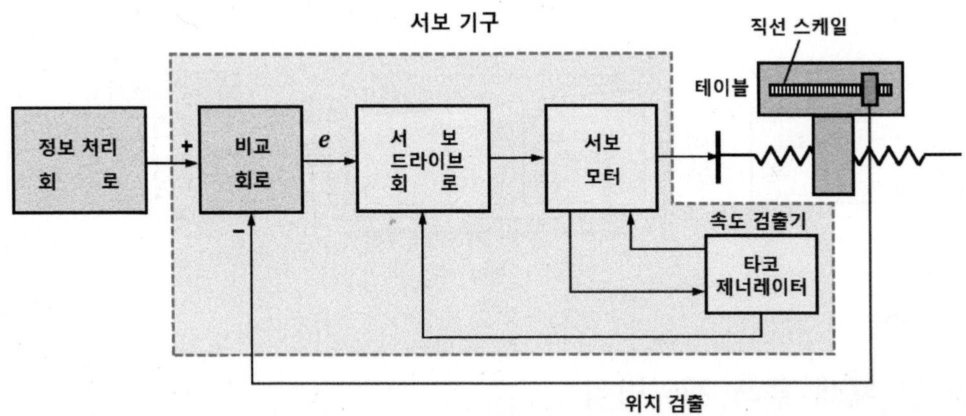

그림 1.3 폐쇄 루프 제어 방식

폐쇄 루프 제어 방식(closed-loop control)은 특별히 정밀도를 필요로 하는 공작기계나 대형 기계에 이용된다. 볼나사의 백래시의 양은 엄밀하게 보면 공작물의 무게 등에 의해서 변하는 경우도 있으며 또 온도 변화에 따른 볼나사의 누적 오차가 변하는 경우도 있다. 또 대형 기계의 경우에는 볼나사로는 구동되지 않으므로 랙과 피니언으로 구동하지 않으면 안 되는 것도 있다. 이와 같은 경우 기계의 테이블 등에 직접 스케일을 부착하여 위치를 검출하고 검출된 값을 되먹임 한다. 그림 1.3은 폐쇄 루프 제어 방식을 나타내고 있다.

이 방식은 정밀도로 보면 반 폐쇄 루프 제어 방식에 비해 우수하다. 그러나 위치 결정 서보 루프 내에 기계 본체가 들어오기 때문에 서보 기계의 안정에 장해를 일으킬 위험성이 따른다. 스틱 슬립, 로스트 모션이 헌팅을 일으키는 원인이 되거나 기계 구동계의 공 주파수가 낮으면 불안정성을 초래할 경우도 있다. 그러므로 슬라이드 부분의 마찰 특성을 개량하고 로스트 모션을 없애고 기계의 강성을 높일 필요성이 요구된다.

1.1.4 하이브리드 서보 방식

하이브리드 서보 방식은 그림 1.4와 같이 반 폐쇄 루프 제어 방식과 폐쇄 루프 제어 방식을 공유하는 방식이다. 대형 공작기계 등에서 이동하는 중량이 커져서 그 비율로는 기계의 강성을 높일 수 없는 경우와 로스트 모션을 줄일 수 없는 경우에는 게인을 극단적으로 낮추지 않으면 안정된 제어를 기대할 수 없게 된다. 또 게인을 낮추면 위치 결정 시간과 위치 결정 정밀도에 이상을 초래한다. 이와 같은 경우에는 하이브리드 서보 방식이 채택된다.

이 방식에 있어서는 반 폐쇄 루프의 높은 게인으로 제어하면서 기계시스템의 오차를 직선 스케일에 의한 폐쇄 루프로 보정하여 정밀도를 높일 수 있다. 이 폐쇄 루프 부분은 오차를 보정하기만 하면 되므로 낮은 게인으로 충분하다. 이와 같이 하여 2개의 제어 시스템을 합하여 사용함으로써 조건이 좋지 않은 기계라도 높은 게인을 유지하면서도 높은 정밀도로 제어가 가능하다.

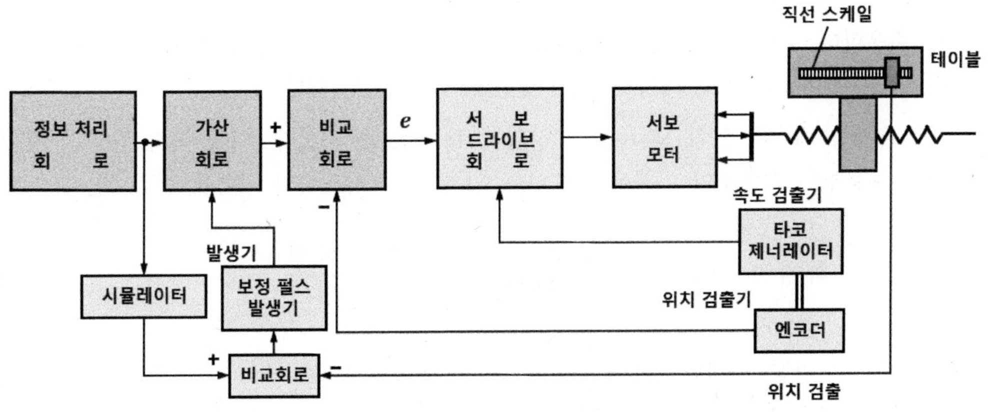

그림 1.4 하이브리드 서보 방식

1.2 공작기계의 설계 고찰

1.2.1 설계 개요

공작기계를 설계할 때에는 제어 시스템의 응답 특성들과 기계 구조부의 기계적 특성을 고려하여 다각적인 방법으로 고찰하여야 한다. 왜냐하면 공작기계는 전자와 기계를 혼합한 복합적인 시스템이기 때문에 각각의 부분적 요소들이 전체 시스템의 적정 기준에 적합할 수 있도록 설계되기 위해서는 총괄적인 방법이 취해져야 한다. 가장 정확한 제어 시스템이라도 기계적 구동부가 적절하게 명령에 반응하지 못한다거나 오차가 지나치게 크다면 공작기계로서의 가치를 상실하게 될 것이다. 일단 공작기계의 성능 요구조건이 정해지면 전반적인 공작기계 시스템이 설계될 수 있는데 이 때 기계의 기능, 기계의 크기, 형태와 재료, 동력 소비, 제어 특징과 부수적인 기능 등과 같은 모든 매개변수를 고려하여 집합적인 제어 시스템과 기계 형상을 결정한다.

1.2.2 제어 시스템의 설계고찰

공작기계의 제어 시스템은 안정된 상태와 활발하게 작동되는 모든 조건하에서 정확하게 반응한다. 서보 반응(servo response)을 지배하는 두 가지 주요 요소는 **회로 이득**(loop gain)과 **시스템의 대역폭**(band width)이라 할 수 있다.

증폭기의 게인은 위치 오차(ε)에 상당히 큰 영향을 미친다. 다음 식과 같이 위치 오차는 구동부의 기계적인 마찰에 비례하고 위치 제어 시스템의 이득에 반비례한다.

$$\text{위치 오차}(\epsilon) \propto \frac{\text{구동부의 기계적인 마찰}}{\text{위치제어 시스템의 이득}} \tag{1.1}$$

기계적인 마찰은 0으로 할 수 없고 위치 제어 시스템의 이득을 무한히 크게 할 수 없으므로 위치 오차는 항상 존재하게 된다. 그러므로 위치 오차를 최대한 작게 줄이기 위해 기계는 가능한 한 마찰을 줄이고 위치 제어 시스템의 이득이 큰 값을 사용하면 되겠지만 제어 시스템의 이득이 커지면 시스템이 불안정해진다. 또한 위치 제어 시스템에서 속도 제어를 사용하여 위치 오차를 줄일 수도 있는데 이는 속도 제어를 사용하면 위치 제어 시스템의 이득이 커지기 때문이다.

대역폭은 시스템의 반응 속도를 표시하기 위한 방법으로 시스템이 원활하게 작동할 수 있는 주파수의 영역을 나타낸다. 시스템의 대역폭이 좁으면 입력이 천천히 변화할 때 즉, 입력의 주파수가 느릴 때에는 시스템이 반응할 수 있으나 반대로 입력이 빠르게 변화하는 경우는 시스템의 반응이 따라가지 못한다. 따라서 대역폭이 좁은 경우는 시스템의 **시정수**(time constant)가 크게 된다. 이 시정수란 시스템에 입력이 주어질 때부터 원하는 출력의 63%에 해당하는 값이 출력으로 나올 때까지 소요되는 시간으로 정의된다.

게인과 대역폭의 값은 서보의 강성과 주파수 응답 시스템의 안정성에 매우 중요한 역할을 하며 이 강성은 기계의 동적 정밀성에 직접 관련이 있다.

1.2.3 시스템의 모델화와 기본 동작

그림 1.5는 DC 모터를 사용한 2축 제어 서보 시스템을 나타낸 것이다. 기본적인 동작의 개요는 다음과 같다.

① 상위 CPU는 서보시스템에 이동 지령을 준다.

② 하위 CPU(소프트웨어 서보부)는 도중 경로를 계산하고 X축과 Y축에 대한 이동 펄스량을 분배한다.

③ 분배된 이동 펄스량은 장방형 펄스(속도 패턴)로 정형되어 축 제어 입력으로서 서보드라이버에 보낸다. 장방형 펄스화 된 속도 패턴은 ΔT초(분배 시간)마다 송출되는 펄스 함수이며 이 펄스의 총량이 이동거리로 변화된다.(이 부분은 CPU에 의한 소프트웨어 서보로 구성되는 경우가 많다)

④ 속도 패턴이 갖는 펄스의 총량은 모두 입력측의 카운터(counter)에 축적되고 되먹임 펄스(feedback pulse)와 비교 감산 되어 D/A 변환에 보내진다.

⑤ 위치 오차에 비례한 아나로그 전압(D/A 변환기의 출력)은 다음 단의 서보 드라이버에 더해져서 서보 모터가 회전한다.

⑥ 서보 드라이버의 입력 전압(D/A 변환기 출력)에 모터의 회전수를 비교시키기 위해 태코제너레이터로부터 속도 정보(아나로그량)를 되먹임 시킨다.

⑦ 서보 모터 축에 연결된 펄스 엔코더로부터 회전각에 대응하여 되먹임 펄스가 발생하고 적산된 현재 값(실제 이동량)이 되어 되먹임 된다.

⑧ 위치 오차가 0이 될 때까지 회전을 계속하여 오차량이 없을 때 모터는 정지한다.

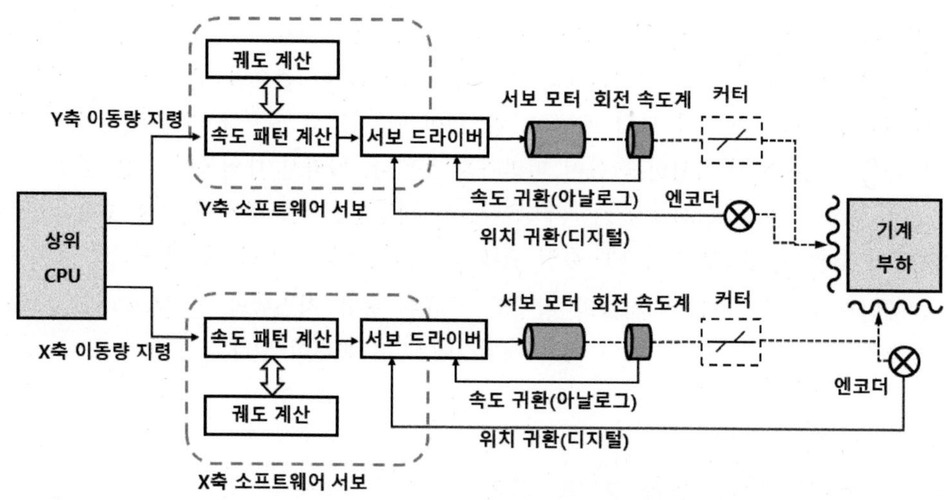

그림 1.5 2축 제어 서보 시스템의 표준 회로

1.2.4 기계 구조적인 설계 고찰

공작기계를 위한 기계 구조의 일반적인 기준은 넓은 범위의 하중 조건에 걸친 무게 비율에 따라서 최상의 강성, 즉 적절한 **정적 강성**(static stiffness)과 기계의 동적 운동에 대한 **동적 강성**(dynamic stiffness) 등이 잘 조화를 이루어야 한다. 또한 공작기계의 본체에 대한 안내면의 특성, 열변위에 대한 특성들도 설계의 기준 대상이 되어야 한다.

가. 강성

절삭력이나 운동하는 부분의 이동으로 생기는 탄성 변형이 적어야 하며(정적 강성이 높을 것) 이처럼 변화하는 힘 때문에 생기는 변위, 즉 진동이 적어야 한다(동적 강성이 높을 것).

(1) 정적 강성을 높이기 위한 여러 방책

① 구성 부분의 강성을 크게 한다(주축 헤드, 새들, 테이블 등 안내면인 경우는 이동 방향을 길게 하여 강성을 높인다).

② 구성 요소 사이를 다중 구속하는 등 결합 방식을 고려한다.

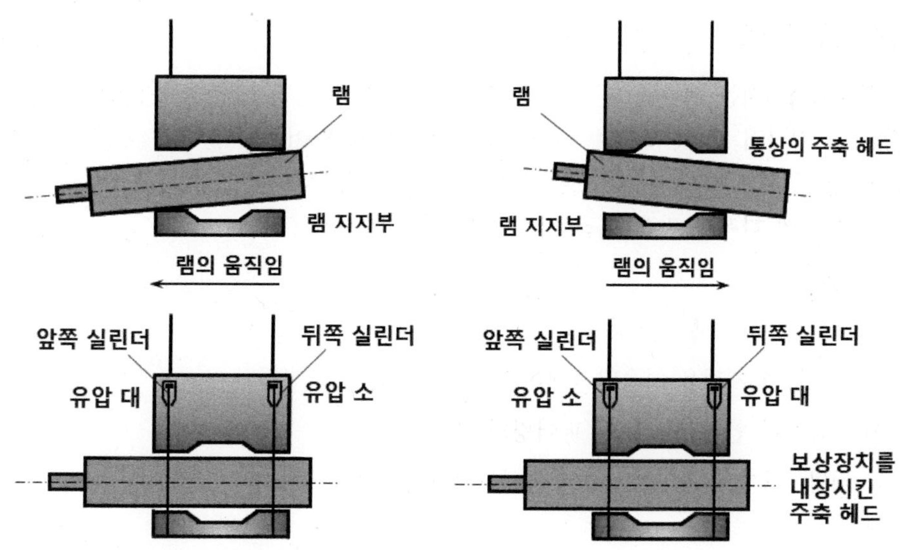

그림 1.6 주축 헤드의 램 지지부에 생기는 탄성 변형 보상 장치

③ 탄성 변형 보상 장치를 내장한다(그림 1.6 참조). 자중이 이동함으로써 변화하는 탄성 변형은 탄성 변형 보상 장치를 내장시켜 해결한다. 예를 들어 주축 헤드의 램 지지부에 발생하는 탄성 변형을 주축 헤드의 양단에 인장 실린더를 내장시켜 공급 유압을 증감하여 변형을 줄여준다. 또한 이동부의 불필요한 자중은 가능한 한 피하는 것이 좋다.

(2) 동적 강성을 높이기 위한 방책

① 컬럼(colum)을 강판 용접 구조로 하여 강성 대 중량비를 높이고 리브(rib) 구조에 진동 조인트를 부착하여 진동 감쇠율을 높인다.

② 에폭시 수지와 화강암 분말을 혼합한 복합 재료 등을 베드로 만들어 강의 수배의 감쇠 능력을 갖게 한다.

③ 세라믹(ceramic)이나 초경 합금 등 고강성 재료나 사일런트 메탈 등 고감쇠 재료를 사용한다.

나. 안내면 특성

공작기계에서는 제어를 안정하게 하고 위치 결정 정밀도를 높이기 위해서 안내면의 마찰을 가급적 작게 해야 한다. 특히 **스틱-슬립**(stick-slip)이나 **로스트 모션**(lost motion) 등은 피해야 한다. 또한 공작기계는 실가동 시간이 길기 때문에 내구성을 강화하기 위하여 다음과 같은 여러 가지 방안이 고안되었다.

① 정압 윤활

② 순환식 웨이 베어링 사용

③ 테프론계 재질을 사용한 슬라이드면

④ 담금질된 안내면과 웨이 베어링의 조합을 사용

⑤ 정압・동압 혼용 방식 채택(에어 플로트에 의한 보조)

다. 열변위 특성

공작기계는 장시간 연속 운전을 하므로 온도가 상승되고 변형을 일으키게 된다. 이러한 열 변형을 최소화하기 위하여 다음과 같은 대책이 필요하다.

(1) 열원의 제거

① 열 발생이 되는 모터 등을 기계 본체와 분리한다.

② 윤활유를 냉각하거나 주축 냉각용 오일을 냉각하는 냉각 장치를 부착하여 베어링부 및 헤드 스톡의 온도 분포를 균일하게 유지한다(그림 1.7 참조).

③ 열 발생 원인이 되는 칩을 냉각시키기 위해 적절한 절삭유를 사용하고 절삭 조건을 적절히 조절한다.

④ 실온의 변화, 기계에 직사광선, 통풍 등 기계 설치 환경을 정비한다.

(2) 열 대칭과 온도 분포의 균일을 도모한다.

① 발열원을 적절하게 배치하여 균형을 잡는다.

② 열적 대칭성을 갖도록 설계한다.

③ 열팽창의 기점을 적절히 선택하고 열팽창의 대상 길이를 짧게 한다.

(3) 열변위 보정 장치 내장

인바(invar : Fe 64%, Ni 36%의 합금) 로드를 냉각시켜 이것을 기준으로 검출하고 보정한다.

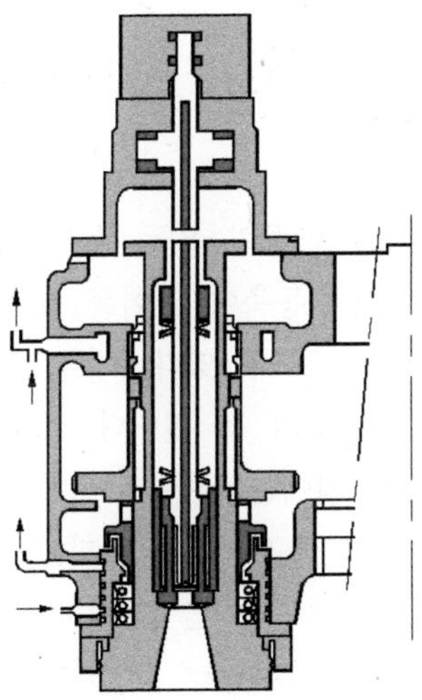

그림 1.7 주축 냉각 장치

1.3 공작기계 시스템에서 운동 손실

1.3.1 개요

운동 손실은 기계의 운동이 제어 명령을 준 위치에 정확히 도달되지 않은 상태를 나타낼 수 있다. 이것은 구동 시스템 기어의 백래시와 구동축의 **비틀림**(wind up) 또는 공작기계의 **처짐**(deflection) 등에 기인한 것으로 사실상 운동 손실은 이러한 요소들의 집합이다. 운동 손실의 정확도에 미치는 영향은 사용되는 제어 시스템과 서보 기구에 달려 있다고 해도 과언이 아니다. 구동부의 각 부문에서는 작은 양의 운동 손실이 일어날지라도 축적되면 방향이나 속도가 변할 수 있으므로 운동 손실을 감소시키려는 많은 시도가 실시되고 있다.

PTP(poit to point) 시스템에서는 오직 정적인 위치의 정확도만을 요구하므로 비틀림과 처짐도 감소된다. 운동 손실이 위치의 부정확에 미치는 역할을 파악하기 위해 다음의 예를 살펴보자. 만약 테이블에 작용하는 부하로 인해 서보 모터의 토크가 20 ㎜ 피치짜리 이송 나사에 1°가 뒤틀린다면 운동 손실은 다음과 같다.

$$\text{운동 손실} = \frac{(\text{뒤틀림})\times(\text{피치})}{360°} = \frac{(1°)\times(20\text{㎜})}{360°} = 0.055\text{㎜} \qquad (1.2)$$

테이블의 미끄럼 운동에서 이 만큼의 운동 손실이라면 어떤 공작기계 시스템에서는 허용될 수 없을 것이다. 만약에 구동축이 기어를 통해서 이송 나사가 동력을 전달한다면 휨(deflection)도 상당히 감소 될 수 있다. 예를 들면 10:1인 기어비는 운동 손실이 이전의 값의 1/10인 단지 0.005 ㎜가 될 것이다. 비록 과다한 백래시는 위치 정밀도에 큰 오차를 발생시킬지라도 구동 기어는 낮은 토크에서도 부드럽게 작동될 수 있도록 반드시 작은 양의 백래시를 갖도록 조정되어야 한다. 예를 들어 피치 20 ㎜짜리 이송 나사에 동력을 주는 500 ㎜인 원주 기어를 생각해 보자. 백래시가 0.04 ㎜라면 단지 0.002 ㎜의 운동 손실만이 활동부에 나타날 것이다.

이것을 통하여 기어열의 고속단에서의 운동 손실이 위치 정확도에 크게 영향을 미치지 않지만 반대로 저속단에서 운동 손실이 크게 되므로 신중히 제어 되어야 한다. 공작기계에서 지령값에 대해 정확하게 고속 추종시키기 위해서(고속 고정밀도 위치 결정 기능을 실현하기 위해) 구동 장치인 서보시스템 및 기계 부하의 특성을 충분히 알고 다음에 설명하는 각 요인에 대해 제어 기술면에서 오차를 줄이기 위한 설계를 한다.

(1) 정적 정밀도

공작기계 서보시스템에서는 최소 설정 비트(1비트)에 대한 이동량이 정적인 정밀도(분해 능력)가 요구된다. 분해능을 높이기 위해서는 기계 쪽의 기어비, 엔코더의 출력 펄스수를 바꾸면 되겠지만 그 결과는 모터의 용량(모터 축에 걸리는 토크)이나 포지션 루프 게인(position loop gain)에도 영향을 주고 동시에 입력 지령값의 속도 분배에도 관련되므로 주의를 요한다.

(2) 기계시스템에 기인하는 오차 요인

모터의 축에 연결된 기계 부하는 서보 축에서 보아 대략 다음과 같이 오차 요인이 있다.

① 마찰(정지 마찰, 동 마찰, 점성 마찰)
② 부하 쪽 관성 모멘트
③ 기계시스템 백래시
④ 기계시스템의 축 비틀림
⑤ 반력

1.3.2 운동 손실의 원인

가. 백래시

백래시(back lash)는 기어에 관련된 현상으로 다루어 왔지만 다른 형태의 기능적 백래시도 기계 구조에서 볼 수 있다. 베어링과 고정대 사이의 헐거움, 이송 나사와 암나사 사이의 헐거움, 기계 활동부와 기계 활로 사이의 배열에 있어서 조그마한 오차가 있기 때문이다. 만약에 그 배열이 크게 잘못되었다면 활동부의 한 점은 운동 명령을 받은 후 운동이 시작되기 전에 약간 뒤로 움직일 수도 있다. 백래시 보정은 제어 시스템의 전자 부분에서도 이루어질 수 있는데 백래시 양이 일정하고 또한 그 양을 알 수 있다면 서보 반응 곡선은 백래시의 반대 방향으로 이동될 수 있다. 이런 방법으로 제어 시스템은 기계가 지시한 지점에 왔을 때 반대 방향으로 약간 움직이게 함으로써 백래시를 보정시킨다.

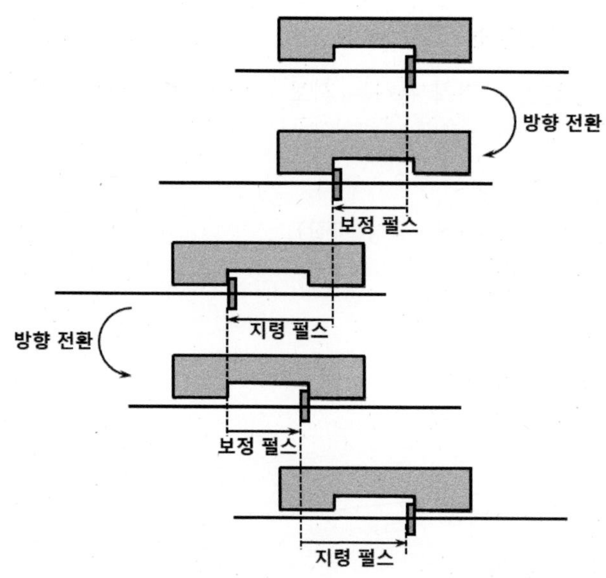

그림 1.8 백래시 보정법

그림 1.8에는 이러한 백래시 보정 방법의 한 가지 예를 나타내고 있다. 즉, 이송 방향이 변할 때에 전류의 지령 펄스를 주기에 앞서서 백래시에 상당하는 수의 보정 펄스를 주는 방법이다.

나. 기계부의 비틀림

비틀림은 구동축이나 나사와 같은 회전하는 부품에 가해진 토크로 인한 각 변형이나 뒤틀림으로 정의된다.

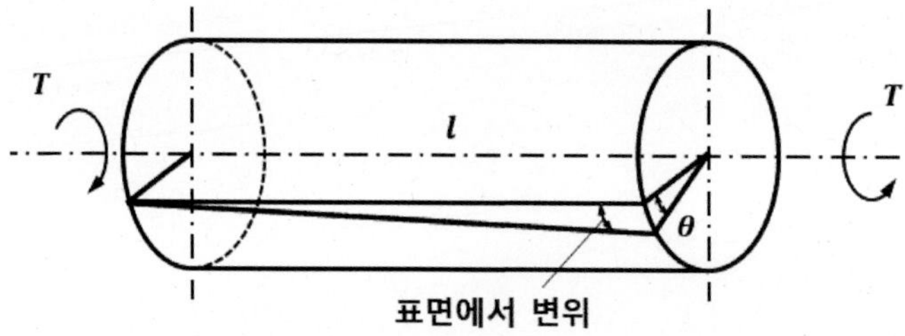

그림 1.9 원형 단면축의 비틀림

회전하는 부품의 비틀림은 부품의 강성과 그것에 걸린 부하와의 함수이다. 그림 1.9에 나타낸 바와 같이 원형축의 비틀림에 대해 기본적인 응력 분석에서 부터 축 원주에 있는 한 부분의 전단 변형율 α는 다음과 같이 나타낼 수 있다.

$$\alpha = \frac{r\theta}{l} \tag{1.3}$$

여기서 θ는 인접 단면 사이의 각변위(뒤틀림)이고 r은 축의 반지름이며, l은 토크가 가해진 거리를 나타낸다.

가해진 토크 T로 인해 원형 단면축의 원주에 작용하는 전단 응력 τ는 다음과 같다.

$$\tau = \frac{Tr}{J} \tag{1.4}$$

여기서 r은 축 반지름이고 J는 극관성 모멘트를 가리킨다.

훅(Hook)의 법칙을 적용하면 다음 식과 같으며 여기서 G는 전단 강성 계수(shearing modulus of rigidity)이다.

$$\tau = G\alpha \tag{1.5}$$

윗 식을 대입하여 비틀림 각(θ)으로 다시 정리하면 다음과 같이 된다.

$$\theta = \frac{Tl}{GJ} \tag{1.6}$$

직경 d인 원형 단면축에 있어서 $J = \pi d^4/32$이므로 비틀림 θ는 다음과 같이 표시될 수 있다.

$$\theta = \frac{32Tl}{\pi d^4 G} \tag{1.7}$$

다. 처짐

운동 손실(기계의 부품들은 절삭력과 동적 부하로 인하여 굽혀질 수 있다)에 관련된 처짐은 이송 나사가 테이블을 움직일 때 필요한 힘을 전달하는 도중에 이송 나사의 축 방향 압축에 의하여 생기게 된다. 유압 구동 시스템에서는 피스톤 로드의 압축과 관련하여 생각할 수 있다. 원형 단면 부품의 압축은 그림 1.10에 나타나 있다.

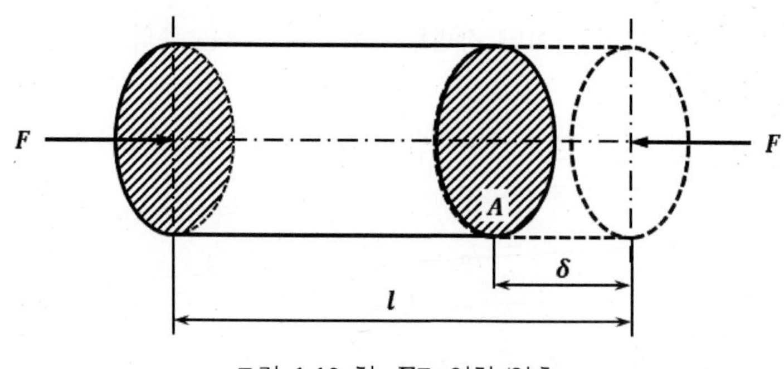

그림 1.10 힘 F로 인한 압축

기본적인 응력 해석으로부터 변형율 ϵ는 다음과 같이 정의 된다.

$$\epsilon = \frac{\delta}{l} \tag{1.8}$$

여기서 δ는 부품의 총 압축(혹은 인장)으로서 보통 응력 σ는 다음과 같이 나타낸다.

$$\sigma = \frac{F}{A} = E\epsilon \tag{1.9}$$

F는 축 방향으로 작용하는 힘을 가리키며 A는 부품의 단면적이고 E는 탄성 계수를 말하며 ϵ는 변형률을 나타낸다. 윗 식을 사용하여 원형 단면축에 대한 종 방향의 압축을 나타내면 다음과 같다.

$$\delta = \frac{4Fl}{\pi d^2 E} \tag{1.10}$$

이 식에서 알 수 있듯이 압축을 최소화하기 위한 가장 중요한 매개 변수는 축의 직경이며 이 축의 직경을 증가시켜야 한다는 것이다. 이러한 이유로 공작기계에서 구동부는 직경을 크게 설계하고 있다. 굽힘(bending)으로 인한 구동부의 처짐은 랙과 피니언 구동을 사용하는 시스템의 피니언 구동축에 발생한다. 축이 굽어지는 것은 축을 통하여 피니언 기어에 힘이 전달될 때 그 힘으로 인한 것이다.

라. 기계 활동부의 마찰

점성 마찰은 기계에 이로운 제동 효과를 가져 오지만 건성 마찰은 바람직하지 못하며 스틱 슬립이라는 현상을 야기 시키기 때문에 공작기계에서는 이를 최소화하여야 한다. 공작기계의 활동부에는 흔히 볼 수 있는 낮은 응력 조건하에서 **아몬톤의 법칙**(Amonton's law)을 적용할 수 있으며 다음과 같다.

$$F = \mu N \tag{1.11}$$

여기서 F는 마찰력으로 마찰 계수 μ와 수직력 N에서 일어난다. 테이블과 활동부 사이에서는 처음 운동을 시작할 때 처음의 큰 마찰 계수로 인하여 즉, 부품이 고착(sticking)되는 것을 막기 위해서 큰 힘을 필요로 한다. 일단 움직이기 시작하면 마찰 계수 μ는 줄어들고 운동을 유지하는 데에 필요한 구동력은 갑자기 작아져서 기계 테이블의 구동력이 미끄럼마찰과 같아지는 점을 지나게 된다. 미끄러짐은 테이블의 관성과 갑작스런 에너지 방출로 인한 탄력 효과로 생기는 것이다. 비록 스틱 슬립 현상은 이송율이 낮을 때만 나타나지만 전체 시스템의 성능에 좋지 않은 영향을 미치므로 최소화시켜야 한다.

마찰은 간접적으로 운동 손실을 야기 시키므로 건성 마찰은 큰 힘을 가해서 제어되어야 한다. 그러므로 부하에 정비례하는 기계 구동의 비틀림과 처짐도 또한 크게 되기 때문에 건성 마찰을 최소화하여 구동 시스템의 **컴플라이언스**(compliance)를 감소시킬 필요가 있다.

기계 활동부와 활로 사이의 마찰 계수도 감소시키고 스틱 슬립 현상도 감소시키기 위해 구름 베어링이나 정수압 베어링을 사용하는데 두 베어링 모두 마찰 계수를 낮게 하지만 특유한 장점과 단점이 있기 때문에 각각의 베어링을 선택할 때는 수직력의 크기, 비용, 필요한 정밀도를 고려하여야 한다.

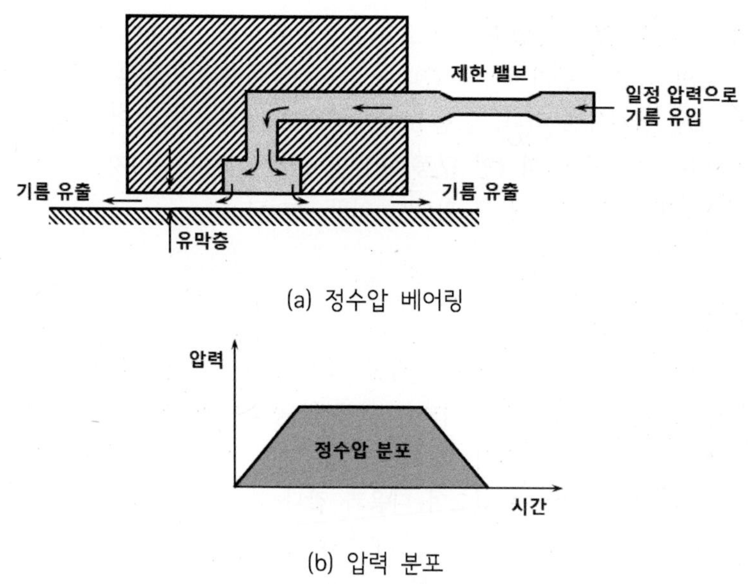

(a) 정수압 베어링

(b) 압력 분포

그림 1.11 정수압 베어링과 압력 분포

공작기계에서 마찰 방지 장치의 사용법을 설명하기 위해 그림 1.11 (a)에 개략적으로 그린 정수압 베어링을 살펴보자. 일정한 압력 원으로부터 유압 액체는 밸브를 통해 들어가고 베어링 부분으로 방류되어 그림 1.11 (b)와 같은 압력 분포를 갖는다. 압력은 하향의 부하로 평형을 유지하는데 그 부하로 인해 베어링은 유막층 위에 떠있다.

정수압 베어링의 장점으로는 스틱 슬립 현상을 방지해 주고 마찰 계수를 거의 10^{-5}까지 감소시켜 준다. 표면이 분리되므로 마모는 무시할 정도로 작고, 활로의 정밀도에서의 오차도 평준화 되므로 더욱 값싸게 가공면을 구성할 수 있다. 그러나 정수압 베어링은 유막 파괴 현상 때문에 낮은 수직 응력을 갖는 시스템에서만 사용할 수 있다.

마. 공작기계 설계시 절삭력에 관계되는 문제

공작기계는 높은 강도의 소재를 사용하여 직각의 성형 작동을 하도록 설계되어 있다고 하자. 그림 1.12의 **Ernst와 Merchant의 절삭력 모델**을 근거로 한 미리 예측할 수 있는 기계 가공성 정보를 이용하여 기계 가공과 재료의 매개 변수를 등식의 형태로 테이블의 피스톤 직경과 운동 손실로 나타내 보자. 공작기계의 테이블은 절삭과 마찰로 인한 두 힘을 전달하여야 한다. 이것들은 절삭 추진력과 부품의 무게 때문에 일어나는 것이다.

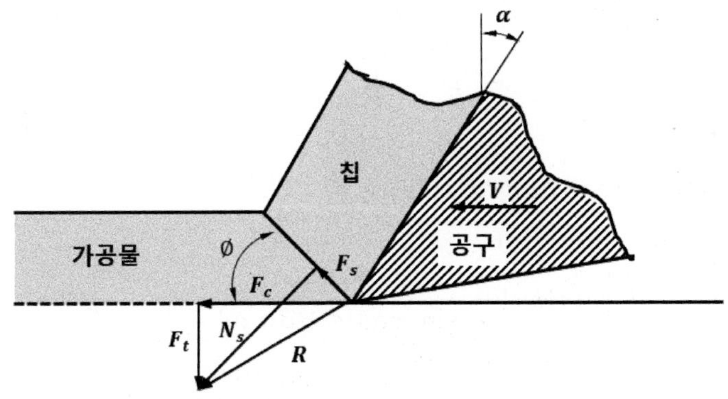

N_s : 전단면에 수직력 R : 합력
F_s : 전단력 α : 경사각
F_c : 절삭성분 ϕ : 전단각
F_t : 추력 성분 V : 공구속도

그림 1.12 머천트의 절삭력 모델

테이블에 수직인 기계 가공 추진력 F_t는 다음과 같다.

$$F_t = \frac{F_s - F_c\cos\phi}{\sin\phi}, \quad F_s = \frac{\tau b t_1}{\sin\phi} \tag{1.12}$$

여기서 F_s는 주절단력이고 τ는 주전단 응력, b는 절삭폭, t_1은 변형되지 않은 칩의 두께이며 ϕ는 주전단면의 각을 표시한다.

그림 1.12를 보면 가공하는 방향에서의 절삭력 F_c는 다음과 같이 나타낼 수 있다.

$$F_c = \frac{\tau b t_1 \cos(\beta - \alpha)}{\sin\phi\cos(\phi + \beta - \alpha)} \tag{1.13}$$

여기서 β는 마찰각이며, α는 위면 경사각이다

테이블이 움직일 때 그것으로 인한 마찰력 F_f는 $F_f = \mu F_t + \mu N$인데 여기서 μ는 유효 마찰 계수이고 N은 부품의 무게이다.

피스톤에 의해 전달되어야 할 총 힘 F는 다음과 같다.

$$F = F_c + F_f \tag{1.14}$$

종 방향의 압축은 $\delta = 4Fl / \pi d^2 E$이므로 이 식을 정리하면 다음과 같다.

$$\delta = 4l \left[\mu \left\{ \tau b t_1 \left(1 - \frac{\cos(\beta - \alpha)}{\sin\phi \cos(\phi + \beta - \alpha)} cos\phi \right) \right\} + \mu N + \frac{\tau b t_1 \cos(\beta - \alpha)}{\sin\phi \cos(\phi + \beta - \alpha)} \right] / \pi d^4 E \tag{1.15}$$

1.4 공작기계의 진동

1.4.1 공작기계의 공진

공작기계에서 진동은 가공물의 표면 거칠기를 악화시키고 제어 시스템의 불안정 및 위치 제어의 부정확성을 유발시킨다. 공작기계의 작동 시스템의 동력 조절과 기계적 부품은 일련의 공진 주파수를 갖고 있기 때문에 공진 주기가 공작기계의 작동 대역폭 내에 있어서는 안 된다. 이러한 이유로 공작기계 시스템은 철저하게 분석하여 비감쇠(undamped) 고유 진동수를 미리 밝혀야 한다. 또한 공작기계의 부품에서 비틀림과 처짐을 감소시키기 위해 각 부품은 가해진 부하에 견딜 수 있을 만큼 강해야 하므로 부피가 크며 관성도 커진다.

낮은 기계적 공진 주기는 2가지 주요한 요소에 의해 생기게 되는데 구동부에 있어서 강성이 부족할 경우와 구동부 자체의 부피가 작을 경우이다. 그림 1.13 (a)에서 단순한 스프링 질량과 비틀림의 유사성을 보면 질량 시스템의 고유 진동수는 다음과 같다.

$$f_n = \frac{1}{2\pi} \sqrt{\frac{k_s}{m}} \tag{1.16}$$

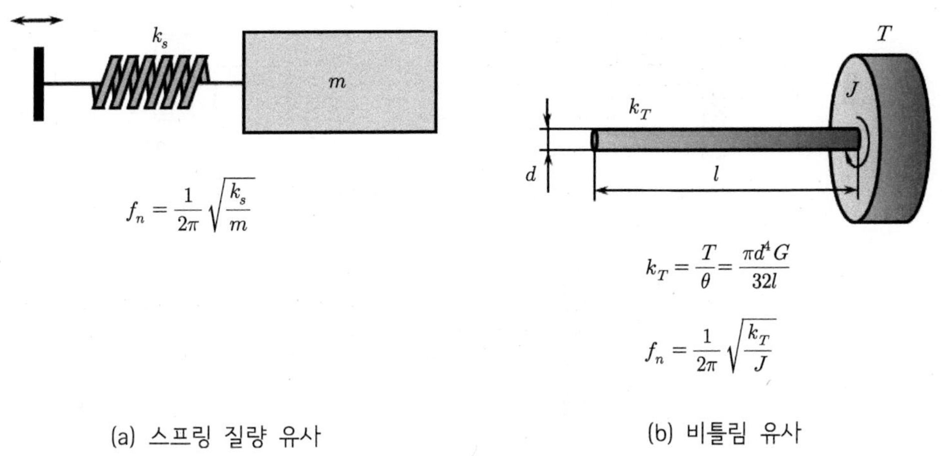

그림 1.13 기계의 고유 진동수

그리고 그림 1.13 (b)와 같은 비틀림 시스템에 있어서 고유 진동수는 다음과 같다.

$$f_n = \frac{1}{2\pi}\sqrt{\frac{k_T}{J}} = \frac{1}{2\pi}\sqrt{\frac{\pi d^4 G}{32l\ J}} \tag{1.17}$$

위의 식으로부터 부피 m이나 관성 J가 증가하면 고유 진동수는 감소한다는 것을 알 수 있다.

공작기계 구동부에서는 이송 나사 피스톤이나 다른 구동 전달 기구에 의해 강성이 생기는 한편 구동 부품들의 조합에 의해 부피와 관성이 생긴다. 공작기계를 위하여 제안된 설계를 해석할 때 각 시스템의 부품들은 서보 모터에 의해 구동하는 하나의 최종 관성으로 되므로 이러한 방법으로 시스템의 고유 진동수를 추종할 수 있다. 그림 1.14는 이러한 과정을 간편화하여 설명하고 있다. 구동 기구에서 각 부품은 관성으로 표현되고 컴플라이언스는 강성으로 나타난다. 그림 1.14 (a)의 다자유도 시스템은 그림 1.14 (b)와 같이 Holzer방법을 사용하여 시스템을 축소할 수 있다.

식 (1.17)을 이용하여 비감쇠 고유 진동수를 계산할 수 있으나 더 근사값을 찾기 위해서는 모델에 마찰 제동을 더하여 계산한다.

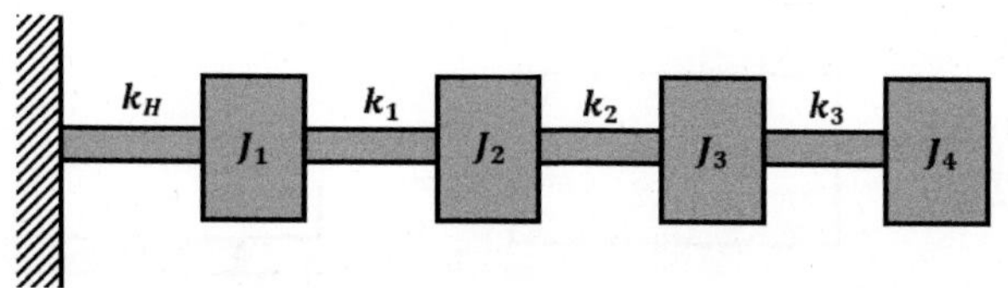

(a) 공작기계 시스템의 단순화된 동적 모델

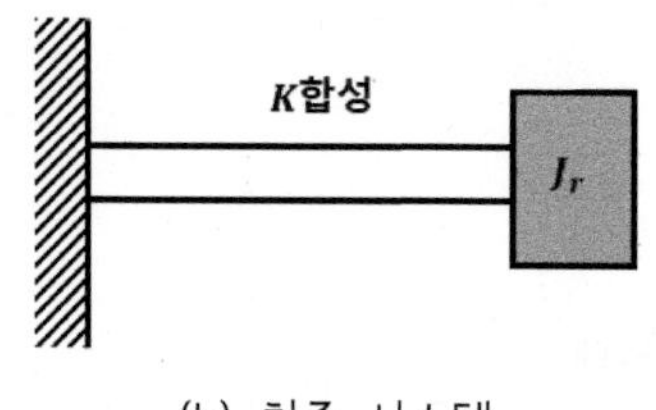

(b) 최종 시스템

그림 1.14 시스템의 고유 진동수 추정

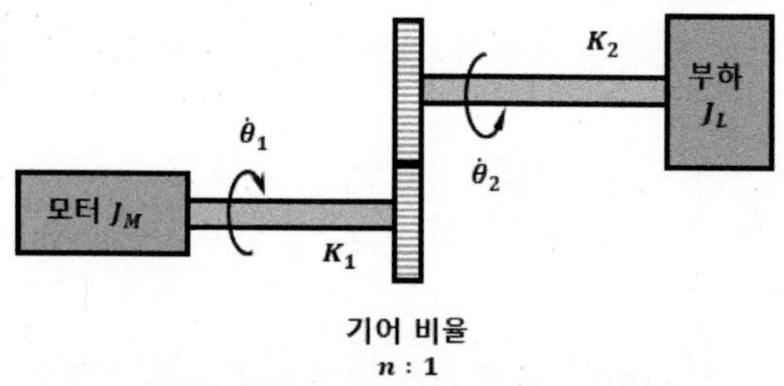

그림 1.15 모터와 부하에 대한 강성

낮은 관성 시스템은 서보 시스템의 동력을 덜 필요로 하고 가속도에 더욱 신속하게 반응을 할 수 있다. 그러므로 강도를 낮추지 않고도 부피를 줄일 수 있다면 시스템 반응과 안정도는 증가 되지만 동력 전달 기어와 전동 장치 등의 관성을 고려해야 한다.

공작기계는 형태에 따라 동력 전달 기구가 결정되는데 이러한 부품들을 잘 조합함으로써 설계상에 큰 도움을 얻을 수 있다. 서보 모터와 부하 사이에 있는 기어는 유효 관성, 점성 마찰 계수, 그리고 부하에 가해진 토크에 영향을 준다. 그림 1.15와 같은 기어 시스템을 살펴보면 기어 비율이 n : 1인 경우에 $\theta_2 = n\theta_1$인 것을 알 수 있다. 그러므로 모터 토크는 다음과 같다.

$$T = \frac{1}{2} J_L \dot{\theta}_2^{\,2} = \frac{1}{2} n^2 J_L \dot{\theta}_1^{\,2} \tag{1.18}$$

여기서 모터에 관련된 유효 관성은 $n^2 J_L$이다.

마찬가지로 이송 나사의 위치 에너지는 다음과 같다.

$$U = \frac{1}{2}K_2(n\theta_1)^2 = \frac{1}{2}(n^2 K_2)\theta_1^2 \tag{1.19}$$

이것은 이송 나사가 $n^2 K_2$의 강성을 갖고 있다는 것을 알 수 있다. 그와 마찬가지로 마찰의 유효 점성 계수도 n^2으로 곱해져 있음을 알 수 있다. 기어 시스템의 경우에 있어서 구동축에 적용되기 전에 강도, 강성과 마찰은 n^2으로 곱해진다는 법칙을 알아두어야 할 필요가 있다.

1.4.2 공작기계의 떨림

금속 절삭과정에서 공구와 칩의 경계를 이루는 부분에서 큰 힘이 발생할 수 있다(그림 1.12 참조). 이러한 힘은 공구에 작용하고 공구 고정대는 공구를 처지게 하여 떨림(chatter)이라고 하는 진동을 발생시킨다. 몇 가지 기본적인 떨림 가운데 아놀드(Arnold)형 떨림은 절삭속도로 인한 힘의 변형 때문에 생기며 이는 공구를 처지게 하면서 작업공구의 속도를 늦추거나 빠르게 한다. 두 번째 형태의 떨림은 기계적인 되먹임 현상 때문에 생기는데 **재발생 떨림**(regenerative chatter)이라고 한다. 모드결합은 한쪽 방향으로의 힘이 다른 쪽 방향의 처짐을 야기 시킬 때 생긴다.

떨림의 현상을 설명하기 위해 선반에서 볼 수 있는 재발생 떨림을 예로 들자. 단일점 절삭 공구를 사용하여 금속을 제거할 수 있고 그림 1.12에 있는 머천트(Merchant) 모델은 힘의 관계와 시간 종속 인자를 제공하기 위해 사용할 수 있다.

금속을 제거하는 동안 공구는 가공물로부터 절삭 선단을 멀리 움직이게 하면서 처지게 된다. 이러한 절삭 공구의 이동은 가공된 표면의 절삭 깊이를 고르지 않게 하며 가공물을 완전히 절삭하지 않으므로 1회전 후에 공구는 더 큰 절삭력을 필요로 하며 실제적으로 더 깊은 절삭을 해야 하므로 더욱 처지게 된다. 이러한 과정이 반복되어 진동이 생기며 가공에 불안정하게 된다.

가공물이 각속도 Ω로 회전한다고 가정하면 공구에 미치는 힘은 다음과 같다.

$$f_r = K_c X + K_c e^{-(2\pi/\Omega)^{\omega}} \cdot X \quad (1.20)$$

우변의 첫 번째 항은 현재 위치에 있어서의 힘이고, 두 번째 항은 한 회전 이동시 좀 더 두꺼울 때의 칩으로 인한 힘을 나타낸다. K_c의 값은 절삭 강성이고 X는 이송 방향을 나타낸다.

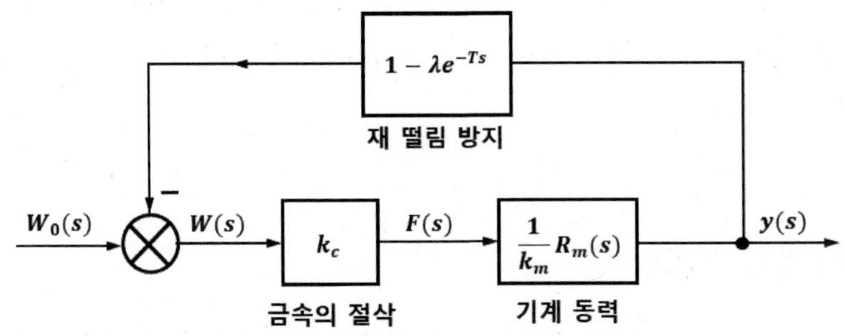

그림 1.16 계통도로 나타낸 떨림 현상

그림 1.16은 재발생 떨림을 야기시키는 절삭 과정과 기계 구조의 상호 작용을 나타낸 계통도이다. 기계의 구조적 응답은 전달 함수로 표시되는데 여기서 K_m은 공작기계의 동적 강성이고 $R_m(s)$는 동적 반응을 나타낸다. 절삭 과정의 물리적인 성질로부터 절삭의 실제 깊이는 다음과 같이 나타낼 수 있다.

$$W(t) = W_0(t) - y(t) + \lambda y(t-T) \quad (1.21)$$

여기서 $W_0(t)$는 공칭 절삭 깊이, $y(t)$는 현재 공구의 위치에서의 힘으로 인한 처짐, $\lambda y(t-T)$는 재발생 떨림에 관한 항이다. 라플라스 변환을 시키면 다음과 같다.

$$W(s) = W_0(s) - y(s) + \lambda e^{-Ts} y(s) \quad (1.22)$$

계수 λ는 연속되는 절삭 사이에서 오버랩(overlap)되는 양을 나타내는 무차원화 된 매개 변수이다. $\lambda = 1$ 전체 오버랩(예를 들어 절삭 작용)으로 정의하면 보통 금속 절삭에 있어서 $0 < \lambda < 1$이라고 할 수 있다.

그림 1.16에 있는 계통도를 이용해서 전달 함수로 수식을 나타내면 다음과 같다.

$$\frac{W(s)}{W_0(s)} = \left[1 + (1 - \lambda e^{-Ts}) \cdot \frac{k_c}{k_m} \cdot R_m(s)\right]^{-1} \tag{1.23}$$

안정도를 나타내는 특성식은 다음과 같이 쓸 수 있다.

$$(1 - \lambda e^{-Ts}) \cdot \frac{k_c}{k_m} \cdot R_m(s) = -1 \tag{1.24}$$

앞의 설명을 이용하여 시스템의 안정도를 강성률 k_c/k_m과 선반 주축 속도의 함수로 표시하면 그림 1.17과 같다.

그래프로부터 기계 가공에 있어서 떨림이 없이 작동하기 위해서는 동적 강성대 절삭 강성의 비율이 가능한 한 낮아야 한다.

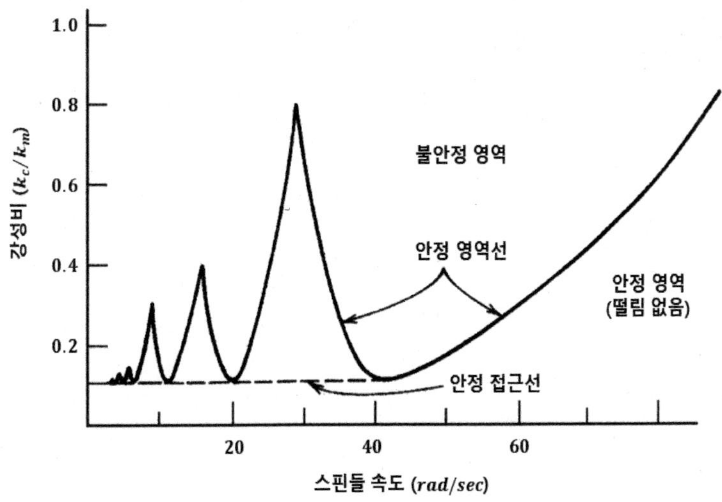

그림 1.17 강성률과 주축 속도를 이용한 기계의 안정 영역

밀링과 같은 다점(多点) 절삭 가공에 대한 분석은 더욱 복잡하다. 절삭 공구의 회전은 힘 벡터를 기계 구조에 관련하여 시간과 함께 변하게 한다. 이것은 주기적인 계수가 있는 등식을 만들고 라플라스 변환을 사용해서는 풀 수 없기 때문에 상태 변수 접근법을 사용하여 해석할 필요가 있다.

1.4.3 떨림 보정

실제 절삭 과정에서는 공작기계를 떨게 하는 무수히 많은 요인이 있다. 떨림을 보정하기 위해 그림 1.17의 내용을 다시 한 번 살펴보면 칩의 강성 k_c는 가공물 재료, 절삭폭, 크기, 형태, 공구에 따른 방향 함수이고 기계의 동적 강성 k_m은 기계의 부피와 기계 구조부의 관성, 고정구와 공구의 모양과 형태와 기계의 작동에 관련되어 있다. 이 외에도 가공물의 크기와 모양, 절삭 조건(예를 들면 이송 속도, 절삭 깊이, 주축 속도), 절삭유와 같은 요인들도 공작기계의 안정도에 영향을 미친다. 요약하면 기계가 떤다는 것은 기계 시스템, 공구, 고정구와 가공물에 영향을 주는 여러 가지 요인의 함수로써 일어나기 때문에 이상적으로는 공작기계는 넓은 범위의 작동 조건에서 안정되고 떨지 않도록 설계되어야 한다. 즉, 떨림 방지를 위한 중요한 설계 요인은 강성도를 안정한 범위 내로 제한시켜야 한다(그림 1.17 참조). 이것은 절삭 공구 형상의 작동 특성을 바꾸거나 k_c를 바꾸기 위해 절삭폭을 변경하거나 k_m을 증가시키기 위해 공작기계 구조의 설계를 변경할 필요가 있다.

1.5 서보 기구 설계의 개요

1.5.1 서보 기구의 일반적 개념

서보 기구(servo mechanism)는 물체의 위치, 방위, 자세 등의 제어를 말한다. 서보 기구는 들어오는 지령(입력)이 시시각각으로 변화해서 물체의 위치, 방위, 자세가 그 지령을 추종하여 변화하는 이른바 추치제어(variable value control)가 대부분이다.

서보 기구의 특징을 알아보기로 한다. 하나의 예로 어떤 물체의 위치(회전각)를 제어하고자 한다. 이 제어 물체는 큰 것이므로 회전시키는데 대단히 큰 토크가 필요하다고 하자. 따라서 인력으로 갑자기 물체를 움직이는 것은 무리이므로 보통 이와 같은 경우에 그림 1.18과 같이 기어열을 사용하여 감속시켜 증력시킴으로써 물체를 움직이고 있다. 이렇게 함으로써 작은 힘으로 제어 물체를 움직일 수 있지만 제어 물체를 1회전시키기 위해서는 기어의 감속비가 1/100이면 핸들을 100회전시켜야 한다. 결국, 기어를 사용해서는 물체를 신속하게 소정의 위치로 움직일 수 없다.

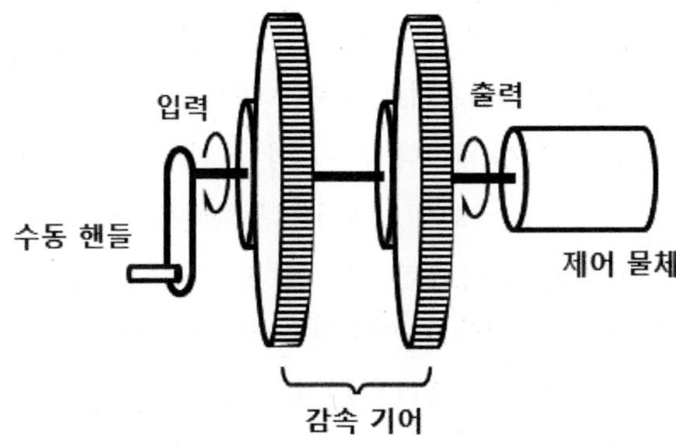

그림 1.18 수동 제어

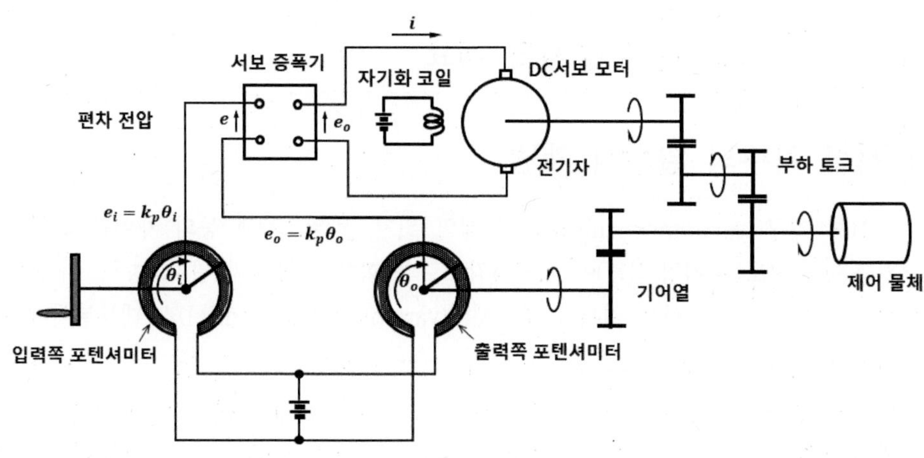

그림 1.19 서보 기구의 한 가지 예

그림 1.19는 이 문제를 서보 기구를 사용함으로써 작은 힘으로 더구나 신속하게 물체의 위치를 제어할 수 있다. 이 서보 기구는 주로 입력쪽 포텐셔미터, 출력쪽 포텐셔미터, 서보 증폭기, 기어열, 제어 물체로 구성되어 있다. 입력 및 출력 어느 쪽의 포텐셔미터도 수십 g · ㎝라는 작은 토크로 회전시킬 수 있다. 포텐셔미터에는 전지가 접속되어 있으므로 입력축의 회전각을 θ_i로 하면 입력쪽 포텐셔미터의 브러시에서는 θ_i에 비례한 전압 $e_i = k_p\theta_i$가 나온다. 마찬가지로 출력쪽 포텐셔미터의 브러시에서 출력 회전각 θ_o에 비례한 전압 $e_o = k_p\theta_o$가 나온다. 이 e_i와 e_o가 증폭기에 가해진다. 증폭기는 이 차전압(편차 전압) $e = e_i - e_o = k_p(\theta_i - \theta_o)$를 증폭해서 편차 전압 e에 비례한 전압 e_o를 전동기(서보 모터)에 가한다. 서보 모터는 이 전압에 의한 전류 i가 흐르는 방향에 맞춰 회전한다. 이 회전력이 기어열을 거쳐서 제어 물체에 전달되어 물체는 회전한다.

한편 이 제어 물체의 회전은 출력쪽 포텐셔미터에 전달되어 그 브러시를 회전시킨다.

지금 입력축 위치 θ_i와 출력축 위치 θ_o가 같으면 증폭기에 가해지는 편차 전압은 $e = 0$이 되기 때문에 서보 모터에는 전류가 흐르지 않으며 따라서 모터는 그대로 멈춘다. 출력축의 위치가 입력축의 위치에서 조금이라도 어긋나 있으면 θ_i와 θ_o는 같아지지 않는다. 그래서 그림 1.19와 같이 $\theta_i > \theta_o$로 하면 편차 전압 $e > 0$이 되고 증폭기는 이 양의 편차 전압을 증폭하여 모터에 그림 1.19의 화살표 방향으로 전류를 흐르게 한다. 그러면 모터는 화살표 방향으로 회전하여 기어열을 거쳐서 제어 물체를 화살표 방향으로 움직인다. 이 때 모터는 θ_o를 θ_i에 접근시키는 방향, 즉 편차 전압 e를 줄이는 방향으로 회전한다. 이 조작은 θ_o가 θ_i와 같아질 때까지 연속적으로 행해진다.

$\theta_i < \theta_o$로 하면 편차 전압 $e < 0$이 되어 모터에 흐르는 전류는 방향이 그림 1.19와 반대 방향이 되며 모터도 그림 1.19와 반대 방향으로 회전한다. 바꿔 말하면 편차 전압 e를 0으로 하는 방향으로 회전한다. 이와 같이 해서 입력축을 작은 토크로 움직이면 제어 물체가 있는 출력축은 항상 입력축을 쫓아간다.

입력축과 출력축과의 사이에 조금이라도 회전각의 차가 있으면 이것이 포텐셔미터로 검출하고 증폭기로 증폭하여 모터가 회전하며 회전각의 차를 작게 하는 방향으로 시스템이 동작한다.

신호가 흐르는 순서를 생각하면 입력축의 위치 θ_i→입력쪽 포텐셔미터 전압 e_i→e_i와 e_o의 비교→편차 전압 $e = e_i - e_o$→증폭기 출력 전압 e_o→전류 i→모터의 회전→제어 물체의 회전 θ_o→출력쪽 포텐셔미터 전압 e_o→e_i와 e_o의 비교→편차 전압 $e = e_i - e_o$ →…로 서보 기구의 내부를 신호가 항상 순환하고 있다. 이와 같이 신호가 순환해서 1개의 닫힌 루프를 만들 경우 이 루프를 폐루프라 부른다.

또 편차 전압 e에서 제어 물체의 위치 θ_o까지의 경로를 **전진 경로**, θ_o에서 e_o까지의 후진 경로를 **피드백 경로**라고 한다. 피드백이란 말은 경로 뒤쪽의 신호를 꺼내어 앞쪽으로 되돌려 주는 것을 의미한다. 되돌릴 때에 가해주는 경우는 **양의 피드백** , 빼주는 경우는 **음의 피드백**이라 한다. 보통 피드백 제어는 대부분 이 음의 피드백이므로 특별한 경우가 아니면 음의 피드백을 뜻한다고 생각해도 좋다.

이와 같이 출력축의 회전각 θ_o를 항상 검출해서 입력축의 θ_i와 비교하면서 만일 θ_i와 θ_o에 차가 생기면 그 차에 따라서 θ_o를 θ_i에 접근시키도록 정정 동작을 한다는 점이 자동 제어(피드백 제어)의 키포인트다.

1.5.2 서보 기구의 기본적인 구성

서보 기구의 본래의 의미는 앞에서도 서술했지만 지령에 대한 물체의 위치를 추종시키는 피드백 제어 시스템을 가리켜 왔으며 현재는 속도 또는 힘의 제어(속도 서보, 힘 서보) 등 일반적인 양을 대상으로 하는 범위까지 개념이 확장되었다(그림 1.20). 여기서는 서보 기구의 개략적인 설계상의 특징을 서술한다.

그림 1.20 공작기계 시스템의 서보기구

피드백 제어 시스템에 있어서는 제어를 구동시스템의 기구 정밀도에만 의지하지 않으므로 부하, 위치 등 고정밀도, 고응답 제어가 가능한 장점이 있는 반면 폐쇄 루프 특유의 불안정 현상이 문제되고 있기 때문에 이것이 설계에서 큰 비중을 차지하고 있다.

서보 기구는 힘의 크기에 따라서 **파워 서보**(power servo)와 **계기 서보**(대략 10 w 이하)로 분류되는데 여기서는 주로 전동 모터를 사용하는 계기 서보를 중심으로 설명하기로 한다. 그림 1.21은 공작기계의 테이블 구동용 전기 서보의 개략을 제시한 것이다. 입력 장치로부터의 지령 신호(전압)대로 테이블은 위치 결정을 한다. 이 경우에 지령 신호와 직동형 포텐셔미터의 위치 검출기에 의하여 검출된 위치 신호의 비교로 얻어지는 편차 신호(전압)를 서보 증폭기로 증폭하여 이것에 의해 직류 서보모터를 제어하면서 기어열과 볼나사를 매개로 부하로서의 테이블을 구동한다. 또 서보모터의 특성 개선을 위해서 태코제너레이터(tachometer generator)에 의해 회전 속도를 검출하고 속도 되먹임을 하고 있다.

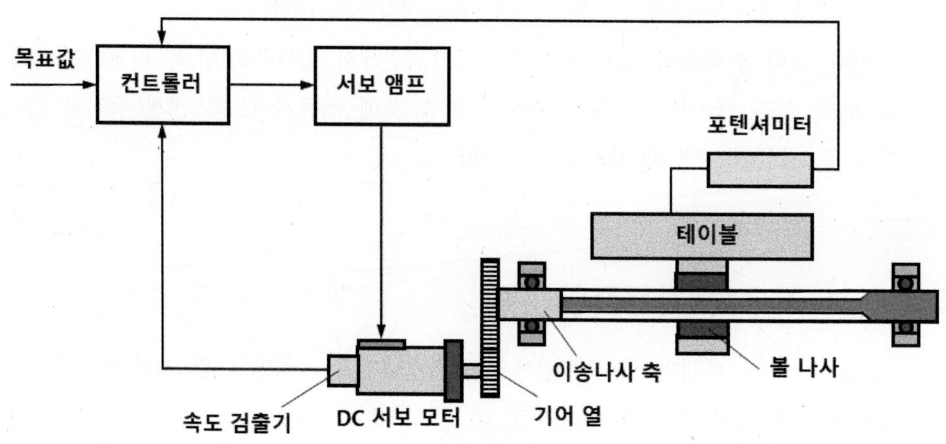

그림 1.21 공작기계 시스템의 전기 서보

그림 1.22는 이 서보 기구의 블록선도를 보여준다. 앞에서 서술한 바와 같이 서보 기구의 주요 특성이 고속 응답성과 위치 결정 정밀도인데 이들과 안정성을 효율적으로 관련지어 설계를 고려해야 한다. 서보 회로의 증폭 게인을 크게 할수록 복원력(stiffness)이 커지고 응답성도 양호해지나 안정성은 약화된다. 제어에서는 서보 기구에 의해서 구동되는 부하를 **제어 대상**이라 하는데 여기서는 테이블이 이에 해당한다. 또 제어 대상에 속하는 양 가운데 제어의 목적이 되는 양을 **제어량**(여기서는 위치), 제어량이 그 값을 취하는데 목표로서 주어지는 값을 **목표값**, 제어 시스템의 상태를 흩트리는 외적 작용을 **외란**(disturbance)이라 한다.

그림 1.22에서 보여주는 바와 같이 입력 신호(위치 입력)가 가지고 있는 에너지는 작지만 **증폭부**에 의해 큰 에너지를 가지는 신호가 되고, **조작부**(서보 모터)를 구동하여 물체를 움직인다. 움직이는 물체의 실제 위치나 각도는 **검출부**에 의해 입력 신호와 같은 물리량의 신호(되먹임 신호)로 변환되어 입력신호와의 비교가 이루어진다. 그 차이가 0이 될 때까지, 즉 목표값과 일치할 때까지 조작부가 구동되는 구조로 되어 있다.

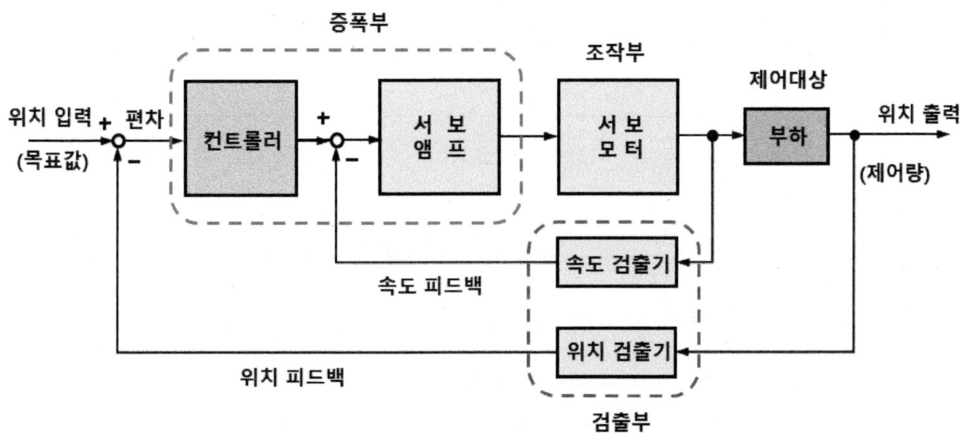

그림 1.22 서보 기구의 블록선도

1.5.3 공작기계에서 서보 기구 특성

가. 전달 함수와 주파수 특성

서보시스템의 동특성을 해명하기 위하여 시스템 중 각 요소의 연결을 나타내는 정상적인 블록선도를 그려 각 구성 요소의 입출력간 전달 특성을 라플라스 변환하여 입출력간의 비를 잡은 전달 함수를 사용하면 편리하다.

그림 1.23에 그림 1.22의 각 구성 요소에 대한 전달 함수를 구하고, 블록선도로 정리한 것을 보여준다. 이것을 그림 1.24와 같이 블록선도의 변환 공식을 이용하면 시스템 전체의 목표값에서 부하의 변위까지 입출력 사이의 폐쇄루프 전달 함수 $G_c(s)$를 구할 수 있다.

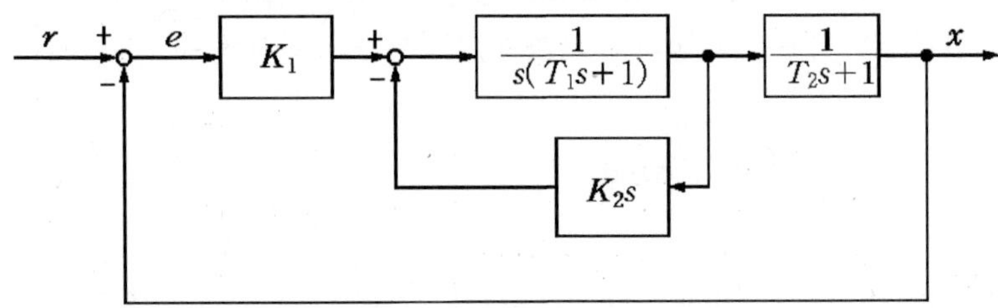

그림 1.23 서보기구 구성 요소에 대한 블록선도

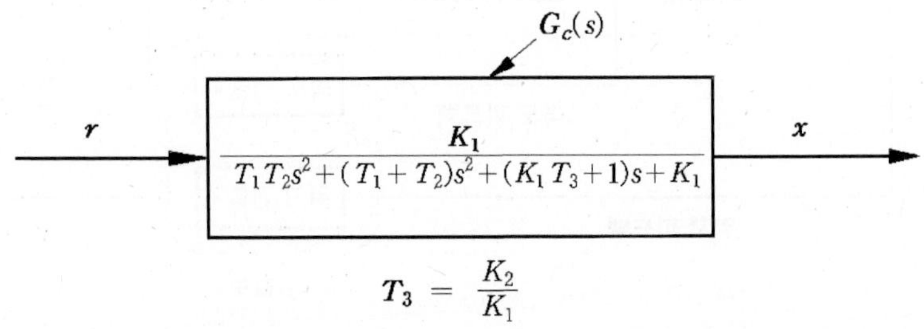

그림 1.24 폐쇄루프 전달 함수 $G_c(s)$ 블록선도

일반적으로 상태 변수를 사용한 현대 제어 이론에 대하여 고전 이론의 입장에서는 주파수 응답법이 실용상 유용하기도 하다. **주파수 응답**이란 어떤 시스템 또는 요소에 입력으로서 어떤 주파수의 정현파를 넣었을 때의 입출력간의 진폭비(게인) 및 위상차가 주파수를 변하게 했을 때 어떻게 변화하는가를 나타낸 것이다.

나. 특성 보상

제어 시스템의 안정판별을 하고 불안정한 상태에 있을 때는 회로내의 게인 정수를 감소시키면서 선형 시스템의 경우는 일단 안정화시킬 수 있지만 시스템의 응답이 느려지고 복원력도 저하된다. 시스템이 불안정한 것이 없어지고 어느 정도 안정이 유지되고 있을 때 바람직한 서보시스템의 응답 특성이 얻어지지 않는다면 보상을 해줌으로써 그 시스템의 특성을 어느 정도 개선할 수 있다. 이 경우에 바람직한 응답 특성이란 필요한 대역폭을 유지하면서 그림 1.25에 보여주는 것과 같은 제어 시스템에 스텝 형상의 입력을 넣는 경우의 과도 응답 파형에 있어서 오버슈트(overshoot)량이 10~35% 이내에 있어야 하며 게인의 피크값도 1~1.4 범위 내에 있어야 한다.

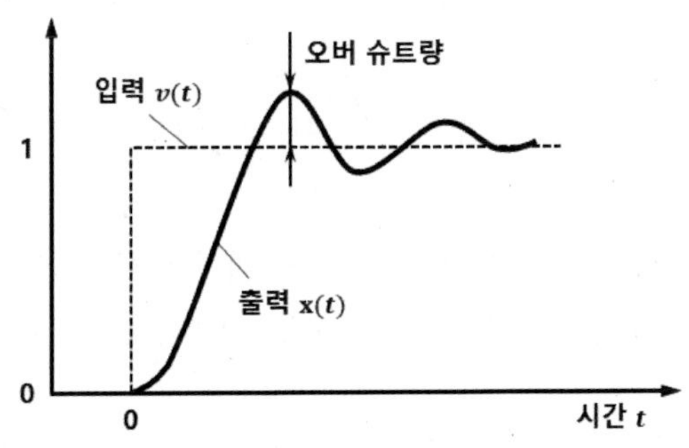

그림 1.25 스텝 응답 파형

다. 정상 편차

서보시스템에 어떠한 목표값을 입력하면 그림 1.25에서 볼 수 있는 바와 같이 과도 응답을 거쳐 어느 시간 후에는 정상 상태로 된다. 이 때 목표값 입력과 출력으로서의 제어량(위치, 속도 등)과의 최종 차이 값($t \to \infty$)을 **정상 편차**라 한다.

1.5.4 구동 시스템의 응답성

공작기계 구동 시스템의 응답성은 일반적으로 동적 조건하에서의 부하 조절 능력과 출력으로써 관련지을 수 있는데 서보의 강성은 스프링-질량 시스템에서의 강성과 비슷하다. 만약 스프링이 높은 강성을 지녔다면 그 질량은 높은 주파수와 작은 진폭으로 진동하고 스프링이 낮은 강성을 가졌다면 큰 진폭의 저주파 진동이 발생할 것이다. 서보의 강성을 이해하기 위해 공작기계 작동 조정과 그림 1.22에 나타낸 편차로 표현하는 전형적인 응답 곡선을 고려해 보자. 시간대 힘의 도표에 의하면 Δf의 부하 증가가 있을 때 시간 t_1까지는 안정 상태의 외력 조건에서 공작기계가 작동하는 것을 볼 수 있다. 최대 순간 편차 $\delta_{\max}$와의 안정 상태의 편차 δ_s는 회로 게인 K_L과 시스템의 대역폭 B로 다음과 같이 근사적으로 표현될 수 있다(그림 1.26).

$$\delta_s = \frac{\Delta f}{(\lambda K_L)}, \quad \delta_{\max} = \frac{\Delta f}{(\lambda B)} \tag{1.25}$$

여기서 λ는 부하 속도 상수(N·sec/m)이다. 위의 식에서 회로의 게인과 대역폭을 크게 하면 순간 응답과 안정 상태의 편차를 모두 최소화할 수 있다.

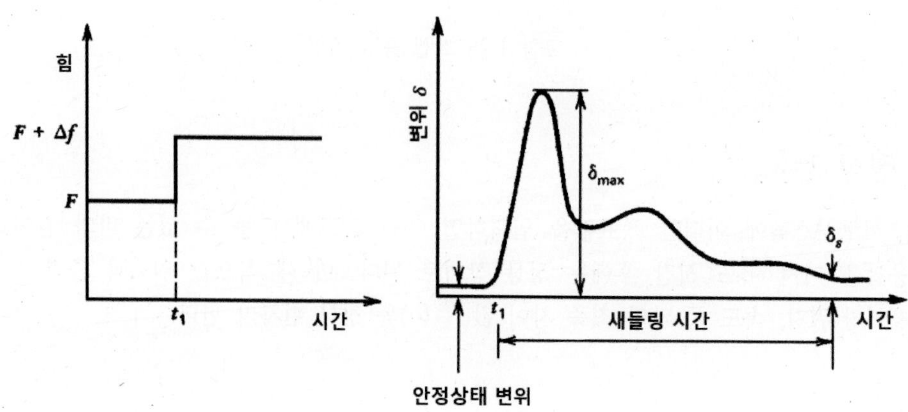

그림 1.26 외력에 의한 서보 편차

1.5.5 증폭기의 안정성

공작기계 시스템의 안정성은 증폭기의 주파수대 게인 특성에 의하여 많은 영향을 받는다. 전형적인 증폭기의 주파수와 게인 곡선이 그림 1.27 (a)에 나타나 있다.

증폭기의 게인은 시스템 내의 손실에 의해 주파수가 증가함에 따라 항상 감소한다. 게인의 감소보다도 중요한 것은 주파수가 증가할 때 일어나는 위상차이다. 위상차가 90° 에 이를 때 증폭 시스템은 극히 불안정해지고 진동하게 된다. 만약 90° 의 위상차에서 시스템 게인이 1보다 크다면 각각의 진동은 그림 1.27 (b)에 보여준 것과 같이 출력을 증가시킨다. 이러한 불안정성을 제거시키기 위해 시스템 게인이 90° 의 위상차 주파수에서 1보다 작게 줄여 진동을 감쇠시켜야 한다. 그림 1.28에 곡선 A는 주파수 f 에서 불안정할 수 있지만 반면에 전체 게인 감소를 나타내는 곡선 B는 안정하다. 만약 증폭기 시스템의 게인 특성이 곡선 C에서 보여지는 것과 같이 변경된다면 높은 게인과 높은 주파수에서 안정성을 유지하면서도 낮은 주파수에서 보다 좋은 성능(B보다 좋은 성능)을 얻을 수 있다. 이러한 것은 **전진 게인**(forward gain)이나 되먹임 회로에서 주파수 감지 회로망(frequency sensitive network)을 사용하여 달성할 수 있다.

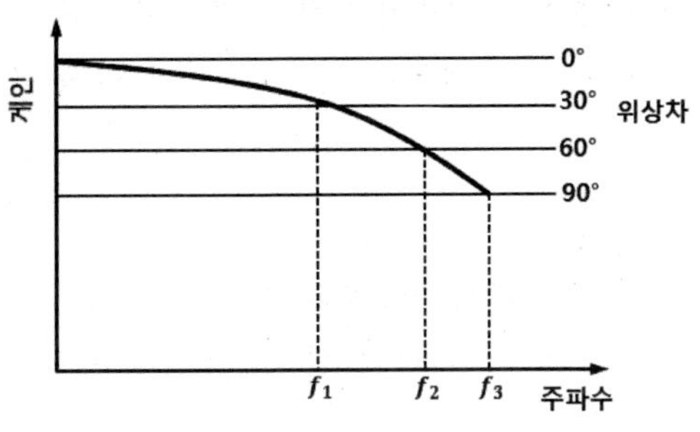

(a) 주파수와 게인

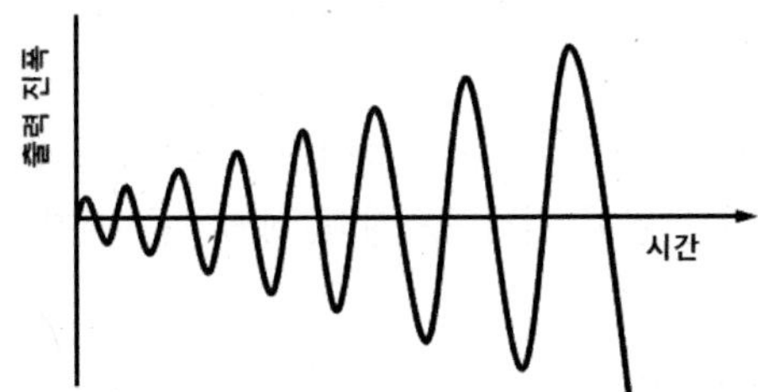

(b) 90°위상차에 대한 게인이 1보다 클 때의 출력진폭

그림 1.27 증폭기의 주파수와 게인과의 관계

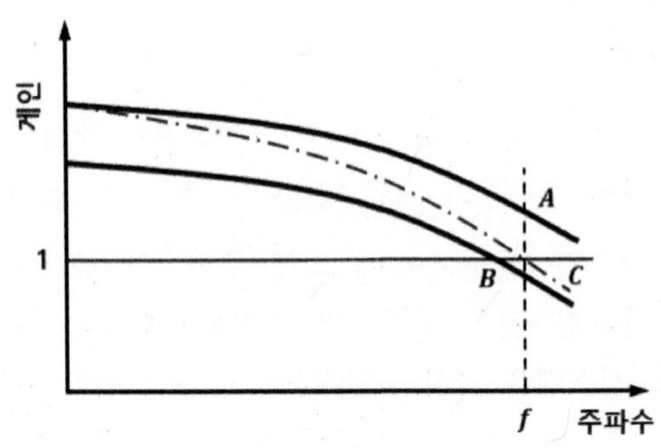

그림 1.28 증폭기 게인의 특성

1.5.6 서보 기구에서의 실제 문제점

가. 비선형 요소

요소의 입출력 관계는 모두 중첩의 원리가 성립하는 선형으로 간주해 왔으나 실제의 구성 요소에는 다소의 비선형이 내포되어 있기 때문에 이를 무시할 수 없는 경우에는 예기치 못한 진동 발생이나 성능 저하를 일으키는 원인이 된다.

(1) 포화

증폭기 또는 서보 모터는 파워 공급원의 상한 등으로 인하여 그림 1.29 (a)에 제시하는 포화 특성을 가지고 있다. 따라서 편차가 클 때에는 회로 게인이 등가적으로 감소하여 응답이 느려진다.

(2) 고체 마찰

고체 마찰로 인하여 베어링부, 부하 등에는 그림 1.29 (b)에 보이는 불감대(부동대)가 생긴다. 이것은 계의 위치 결정 등 정적 정밀도를 저하시킨다.

(3) 히스테리시스(hysteresis)

그림 1.29 (c)에 보이는 기어열의 헐거움(백래시)은 정적 정밀도를 저하시킬 뿐만 아니라 계를 불안정화 시키는 경우가 있다.

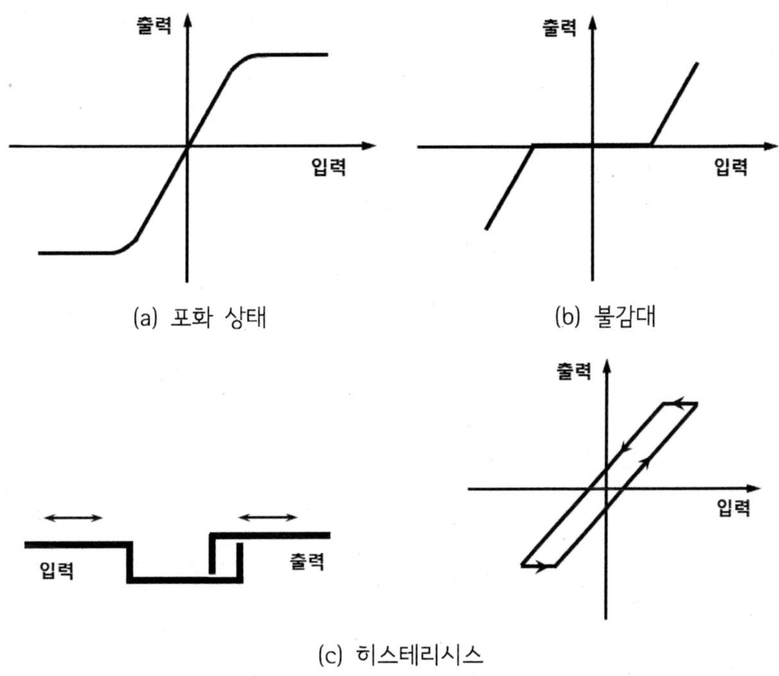

(a) 포화 상태 (b) 불감대

(c) 히스테리시스

그림 1.29 비선형 요소

나. 아이들 타임 요소의 영향

비교적 저속으로 느린 응답의 제어 시스템을 취급하고 있는 경우에는 각종 기계요소의 강성, 고주파 특성을 별로 문제시하고 있지 않지만 고속, 고응답으로 부하를 구동해야 할 요소가 생긴 경우는 시스템의 각 기계요소의 강성이 문제되므로 외관상 다자유도의 진동 부하를 구동하는 시스템(고차계)로 간주할 필요가 있다. 또 요소가 늘어나면 고차계에 의한 지연(저주파에서는 아이들 타임으로 간주함)이 무시할 수 없게 되는 경우가 많은데 보상이 잘되지 않는 것 중의 하나이다.

CHAPTER 2
기계의 관성모멘트

CHAPTER 2
기계의 관성모멘트

2.1 역학의 기초

2.2 관성모멘트(GD^2) 계산의 기초

2.3 평행축의 정리

2.4 분할 입체 및 조합 입체의 관성모멘트(GD^2) 계산법

2.5 기계장치의 등가 관성모멘트(GD^2)

2.6 감속기 내장 기계장치의 관성모멘트(GD^2)

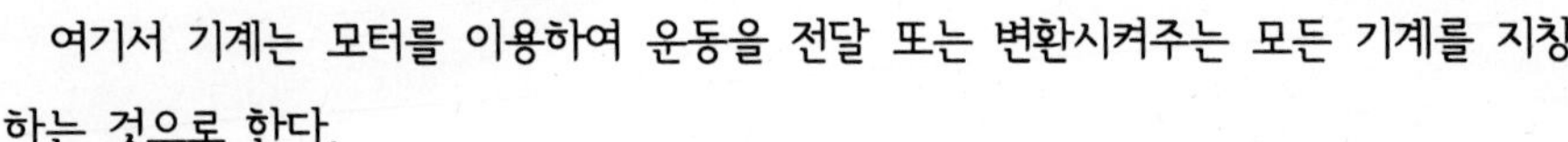

여기서 기계는 모터를 이용하여 운동을 전달 또는 변환시켜주는 모든 기계를 지칭하는 것으로 한다.

고성능의 기계, 장치를 설계하기 위해서는 관성모멘트를 어떻게 처리하고 해결하는지가 중요한 포인트가 된다.

따라서 본 장에서는 관성모멘트의 문제를 이해하고 해결하기 위해 길라잡이로서 역학의 기초로부터 관성모멘트에 관한 계산의 기초, 그리고 실제의 계산 예들을 다양하게 다루어 보기로 한다.

2.1 역학의 기초

기계 운동 장치에는 동력을 주어 필요한 운동을 행하는 부분이 반드시 필요하다. 설계에 있어서 운동 부분의 움직임과 동력의 관계를 검토할 때에 필요 불가결한 개념이 **관성모멘트**(GD^2)이다.

운동의 이론적 기초는 역학이지만 실제 설계에서는 직접 역학적 공식으로 취급하는 것이 거의 없고 공식을 적용할 수 있도록 모델화할 필요가 있다.

모델화하는 경우에 중요한 것은 역학적 감각이다. 이 감각은 공식을 외우는 것이 아니고 역학적으로 중요한 개념을 이해하는 것으로 몸에 배도록 하는 것이다. 이것에 의해 설계 문제의 본질을 오인하지 않고 적절히 모델화하여 제 공식을 활용할 수 있다. 아래에 운동 역학의 개념적인 포인트를 간단하게 정리하여 본다.

2.1.1 직선 운동

가. 힘과 가속도와 질량

기계의 운동 부분은 복잡한 운동을 하는 것처럼 보이지만 실제는 간단한 직선 운동과 회전 운동의 병합에 불과하다. 우선 직선 운동에 대한 역학적인 설명을 이해해 놓으면 설계상 충분하므로 필요한 역학적 개념을 요약하기로 한다.

정지한 물체는 아무것도 하지 않는 한 정지 상태를 계속 유지하고 일정속도로 운동하고 있는 물체는 마찰 등의 저항이 없으면 언제까지나 그 속도를 유지하며 운동한다는 것은 누구나 알고 있다. 또한 정지한 물체가 운동을 시작한 경우 등과 같이 물체의 운동 상태가 변화할 때에 작용하는 것이 힘임을 알 수 있다. 즉, 물체의 속도를 변화시키는 것이 힘이다. 위에서 서술한 정지 물체는 속도 0의 운동 상태라고 생각할 수 있다.

이상의 것을 정리한 것이 잘 알고 있는 뉴톤의 운동법칙이다.

(1) 운동의 제1법칙

물체에 힘이 작용하지 않는 한 운동 상태(정지나 등속 운동)를 바꾸는 것은 없다. 이 성질을 **관성의 법칙**이라 한다.

(2) 운동의 제2법칙

물체에 힘을 작용할 때 운동상태(속도)의 변화, 즉 가속도가 발생한다. 가속도는 힘이 작용한 방향을 가지며 그 크기는 힘의 크기에 비례한다. 이 성질을 **운동의 법칙**이라 한다.

운동의 법칙을 그대로 식으로 표현하면 가속도를 α, 힘을 F로 하면 다음의 관계를 갖는다.

$$\alpha \propto F$$

이제 비례정수 m을 넣으면 다음과 같이 된다.

$$m\alpha = F \tag{2.1}$$

식 (2.1)은 직선 운동을 나타내는 운동 방정식이다. 이 비례정수 m은 질량(관성질량)이라 부르는 것이며, 본래는 힘이 작용할 때 운동의 변화를 발생시키기 어려운 성질의 양으로서 개념적으로 이해하는 것이 중요하다.

무거운 물건은 감각적으로 움직이기 어렵기 때문에 무게와 질량을 혼동하기 쉽지만 개념이 동일하지 않다는 것을 이해해야 한다.

무게는 힘이다. 지구상에서 물체가 무게 W를 갖는 것은 아래 방향으로 일정한 중력 가속도 g가 물체에 작용하고 있기 때문이다. 즉, 무게는 다음과 같다.

$$W = mg \tag{2.2}$$

설계에서는 이 무게 W가 잘 이용되지만 필요한 경우 아래 식으로 물체의 질량을 구하면 된다.

$$m = \frac{W}{g}(g = 9.8m/s^2) \tag{2.3}$$

나. 변위(거리), 속도, 가속도와 시간

기계장치의 운동은 구면 캠 등의 특별한 경우를 제외하고 거의 평면 운동이다. 여기서는 평면 좌표를 이용하여 직선 운동에서의 변위, 시간과 속도, 가속도의 관계를 개념적으로 정리해 본다.

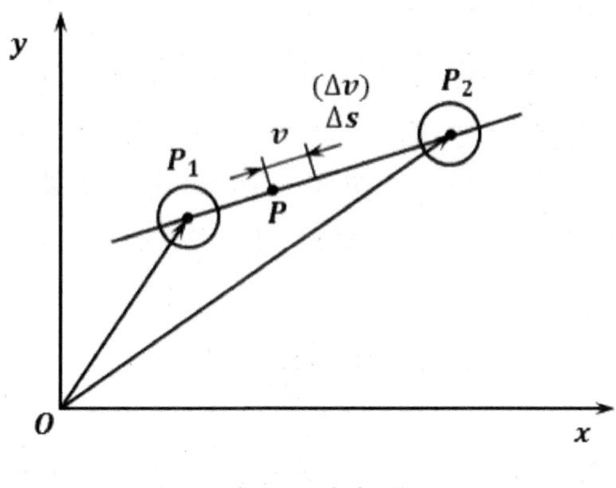

그림 2.1 직선 운동

그림 2.1에 나타냈듯이 원점 O와 x, y축을 정하고 물체가 점 P_1으로부터 P_2까지 직선적으로 이동할 경우를 생각한다. 점 P_1, P_2는 좌표의 원점으로부터 어떤 방향에 얼마만큼의 거리에 있는 가로 결정되므로 방향과 크기를 갖는 벡터량이다. 이 점 P_1과 P_2의 위치차를 변위(이동거리)라 한다. 변위 s도 방향과 크기를 갖는 벡터량이다.

$$\vec{s} = \overrightarrow{P_1} - \overrightarrow{P_2} \tag{2.4}$$

지금 물체가 P_1으로부터 P_2에 다다르는 도중의 임의 위치를 P라 하고 미소 시간 Δt 사이에 미소거리 Δs만큼 이동했다고 하고 시간에 대한 이동거리의 비율 $\Delta s/\Delta t$를 생각하여 Δs, Δt를 무한히 작게 했을 경우의 값(미분값) v를 점 P에 있어서의 속도라 한다.

$$v = \lim \frac{\Delta s}{\Delta t} = \frac{ds}{dt} \tag{2.5}$$

속도는 방향과 크기를 갖는 벡터이다. 이 속도가 일정한 경우의 운동을 등속 운동이라 한다. 식 (2.5)를 적분하여 변위 s로 구하면 다음과 같다.

$$s = \int v\,dt = vt + s_0 \tag{2.6}$$

여기서 s_0는 $t = 0$에서의 초기 위치이다.

그런데 정지(속도 0)의 상태로부터 물체가 움직이기 시작할 경우나 등속 상태로부터 감속하여 정지할 경우 등에서는 속도가 시간적으로 변화한다.

이 경우 속도의 시간에 대한 변화율을 생각하면 임의점 P에서 속도 v가 미소 시간 Δt 사이에 $v+\Delta v$로 변화했다고 하고 이 사이의 속도 변화 비율 $\Delta v/\Delta t$를 생각하여 Δv, Δt를 무한히 작은 것으로 했을 때의 값 α를 점 P에 있어서의 **가속도**라 한다.

$$\alpha = \lim \frac{\Delta v}{\Delta t} = \frac{dv}{dt} \tag{2.7}$$

이 가속도가 일정할 경우의 운동을 **등가속도 운동**이라 한다. 특별한 캠 등의 경우는 가속도가 더욱 시간적으로 변화하는 예도 있지만 설계에서 취급하는 기계의 운동은 일반적으로 이 등가속도 운동까지를 생각하고 있으면 충분하다.

등가속도 운동의 경우 속도나 변위는 식 (2.8)과 같이 구할 수 있다.

$$v = \int \alpha dt = \alpha t + v_0 \tag{2.8}$$

여기서 v_0는 $t=0$에서의 초기 속도이며 $ds = vdt = (\alpha t + v_0)dt$이므로 변위는 다음과 같이 된다.

$$s = \int (\alpha t + v_0)dt = \frac{1}{2}\alpha t^2 + v_0 t + s_0 \tag{2.9}$$

변위나 속도나 가속도는 역학적으로는 방향과 크기를 갖는 벡터량이지만 실제 설계에서는 크기만을 생각하여 문제를 해결하는 것이 많다.

그러나 계산에서는 항상 방향과 크기를 잊지 않고 의식해 놓는 것이 중요하다.

2.1.2 회전 운동

가. 토크와 가속도와 관성모멘트

기계의 운동 부분에는 회전 운동을 행하는 부분이 상당히 많다. 이것은 거의 모든 경우 동력을 모터에 의해 행하고 있기 때문이다.

회전 운동은 직선 운동과 공간적으로 운동이 다르게 보이지만 사실은 역학적으로 완전히 같은 개념으로 취급하는 것으로 이 개념 이해는 설계자에 있어서 중요하다. 직선 운동과 관계를 지어 회전 운동의 역학적 개념을 서술하기로 한다.

직선 운동에서 서술했듯이 일정 속도로 움직이고 있는 물체는 아무것도 하지 않는 한 그 운동 상태를 유지하고 있다. 팽이나 플라이휠은 같은 회전 속도로 계속해서 돌릴 수 있듯이(엄밀하게 마찰이 없는 경우) 이 성질은 회전 운동에서도 같은 것이다.

정지(각속도 $\omega = 0$의 상태)하고 있는 회전체를 돌리기 시작할 때와 같이 그 운동 상태가 변하는(회전속도가 변화) 경우에 작용하는 것이 **토크**라 불리는 것이다.

회전 운동에서의 토크 T는 직선 운동 경우의 힘 F에 해당하며 회전 속도의 변화 즉, 각속도 $\dot{\omega}$는 작용하는 토크에 비례한다.

$$\dot{\omega} \propto T \tag{2.10}$$

비례정수를 I라 하고 식으로 나타내면 식 (2.11)과 같이 된다.

$$T = I\dot{\omega} \tag{2.11}$$

식 (2.11)은 회전 운동을 나타내는 운동방정식이다. 회전 운동을 취급할 때의 여러 식이나, 각도나 각속도나 각가속도 등의 계산은 모두 이 식을 기초로 하여 구할 수 있다.

이 비례정수를 **관성모멘트**라 한다. 토크를 줄 때 각속도의 변화율 $\dot{\omega}$은 I에 반비례한다. 직선 운동에서의 질량 m과 같은 성질을 갖는 것으로 관성모멘트 I는 회전체의 회전 운동 상태의 변화하기 어려움, 회전하기 어려움이나 멈추기 어려움을 나타내는 양이다.

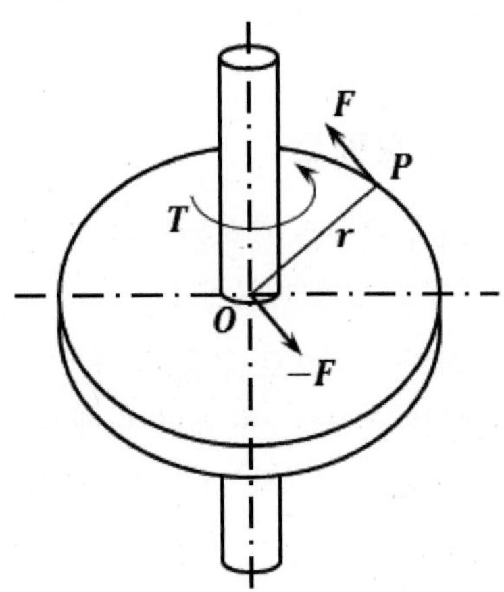

그림 2.2 토크와 힘의 모멘트

설계에서 말하는 토크는 역학에서는 그림 2.2에 나타내듯이 힘의 모멘트라 불려지는 것으로 회전축을 갖는 물체에 회전축으로부터 거리 r의 위치에 힘 F를 작용시킬 경우 물체를 회전시키는 작용 효과를 말한다. 이것은 우력의 모멘트의 특별한 경우로 한 쌍의 힘 F, $-F$의 하나가 축의 반작용으로 작용하고 있는 경우이다.

토크 T는 힘 F와 회전축의 거리 r의 곱으로 주어질 수 있다.

$$T = Fr \tag{2.12}$$

나. 각변위, 각속도, 각가속도와 시간

기계설계에서 취급하는 회전체는 기어나 차륜과 같이 어떤 일정 축에 부착된 것이 거의 대부분이다. 회전 운동에서는 그 이동량은 회전각이다.

그림 2.3과 같이 회전축을 z축으로 하고 회전면을 xy평면으로 한다. 지금 축으로부터 거리 r에 있는 물체가 점 P_1으로부터 P_2에 회전 이동한 경우 이 이동량은 $\angle P_1OP_2$로 나타낼 수 있다. 이 변위를 **각변위**라고 한다.

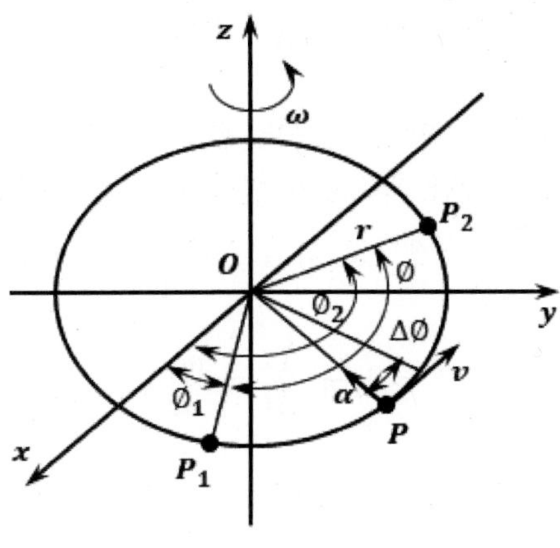

그림 2.3 회전운동

점 P_1, P_2의 위치를 x축으로 취한 각도 ϕ_1과 ϕ_2로 나타내면 각변위 ϕ는 다음과 같다.

$$\phi = \phi_2 - \phi_1 \tag{2.13}$$

역학에서는 각도를 라디안(rad)으로 나타내지만 설계에서는 공업단위의 도(°)를 나타내는 경우가 많다.

물체가 P_1, P_2 사이의 임의 위치 P에서 미소 시간 Δt 사이에 $\Delta\phi$ 회전한 경우 그 변화 비율 $\Delta\phi/\Delta t$의 극한값 ω를 점 P에서의 **각속도**라 한다.

$$\omega = \lim \frac{\Delta\phi}{\Delta t} = \frac{d\phi}{dt} \tag{2.14}$$

각변위 ϕ는 식 (2.14)로부터 ϕ에 관해 적분하면 다음과 같다.

$$\phi = \int \omega dt = \omega t + \phi_0 \tag{2.15}$$

여기서 ϕ_0는 $t=0$일 때 초기 위치각이다. 각속도는 역학에서는 rad/sec로 나타내지만 설계에서는 1분당 회전수 rpm을 이용하는 경우가 많다. 한편 rad/sec와 rpm의 환산은 다음과 같이 나타낸다.

$$n(rpm) = \frac{2\pi n}{60}(rad/\sec) \tag{2.16}$$

그런데 구동축을 기동 가속하는 경우나 감속 정지하는 경우 등에서는 회전 속도가 변화한다. 이 경우 시간에 대한 각속도의 변화율을 **각가속도**라 한다. 미소 시간 Δt 사이에 각속도가 $\omega + \Delta\omega$로 변화했다고 하면 각가속도 $\dot{\omega}$는 다음과 같다.

$$\dot{\omega} = \lim \frac{\Delta\omega}{\Delta t} = \frac{d\omega}{dt} \tag{2.17}$$

각속도와 각가속도와의 관계는 식 (2.17)로부터 다음과 같이 된다.

$$\omega = \int \dot{\omega} dt = \dot{\omega} t + \omega_0 \tag{2.18}$$

식 (2.18)에서 ω_0는 $T=0$에서의 초기 각속도이다. 더구나 각가속도가 있는 경우의 각변위 ϕ는 식 (2.14), 식 (2.18)로부터 $d\phi = \omega dt = (\dot{\omega} t + \omega_0)dt$이므로 적분해서 ϕ를 구하면 다음과 같다.

$$\phi = \int (\dot{\omega} t + \omega_0)dt = \frac{1}{2}\dot{\omega} t^2 + \omega_0 t + \phi_0 \tag{2.19}$$

한편 여기서 직선 운동에서의 속도, 가속도와 회전 운동에서의 각속도, 각가속도의 관계에 대해 간단히 서술하기로 한다.

그림 2.3에서 점 P_1, P_2의 이동을 길이로 나타내면 이동거리 s는 각변위 ϕ를 rad으로 나타낸 경우, 다음과 같다.

$$s = r\phi \tag{2.20}$$

시간에 대한 거리의 변화율 즉, 속도 v는 다음과 같다.

$$v = \frac{ds}{dt} = \frac{d(r\phi)}{dt} = r\frac{d\phi}{dt} + \phi\frac{dr}{dt} \tag{2.21}$$

여기서 회전 반경 r은 항상 일정하게 시간적으로 변하지 않기 때문에 $dr/dt=0$인 것으로부터 다음과 같다.

$$v = r\frac{d\phi}{dt} = r\omega \tag{2.22}$$

벡터적인 사고로 생각하면 이 속도의 방향은 이동 경로의 임의 위치로 접선 방향이다. 더욱이 가속도 α를 구해보면 다음과 같다.

$$\frac{dv}{dt} = \frac{d(r\omega)}{dt} = r\frac{d\omega}{dt} + \omega\frac{dr}{dt} \tag{2.23}$$

r이 시간적으로 변화하지 않는 것으로부터 $dr/dt=0$이므로 가속도는 다음과 같다.

$$\alpha = r\frac{d\omega}{dt} = r\dot{\omega} \tag{2.24}$$

이상에 의해 간단하게 회전 운동은 직선 운동으로 치환하여 생각할 수 있다. 식 (2.20), 식 (2.22)와 식 (2.24)는 회전 운동과 직선 운동의 관계를 나타낸 중요한 식이다.

다. 관성모멘트 구하기의 기본 개념

이미 관성모멘트의 성질은 직선 운동에 있어서의 질량과 마찬가지로 회전 운동에 있어서의 회전시키기 어려움을 나타내는 양인 것을 서술했다.

직선 운동에 있어서의 움직이기 어려움이다. 질량은 무게를 중력의 가속도 g로 나눠 간단히 구할 수 있지만 회전 운동에서는 회전시키기 어려움은 무게만이 아니고 그림 2.4와 같이 회전체의 형상이나 회전축의 위치 등으로 회전시키기 어려움이 다르다. 이 때문에 관성모멘트는 형상이나 축의 위치를 고려하여 계산하고 구할 필요가 있다.

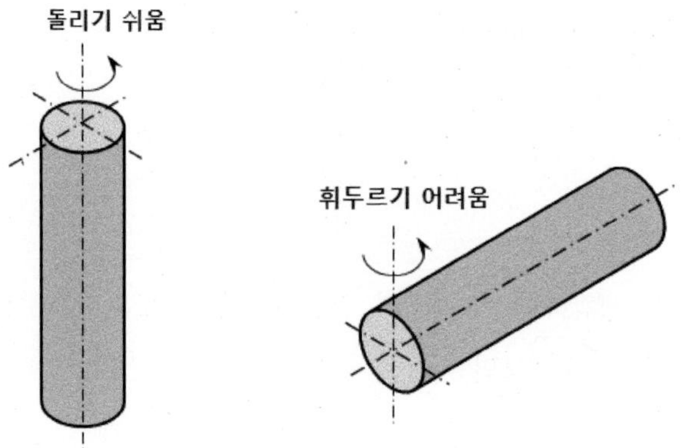

그림 2.4 관성모멘트의 차이

여기서 관성모멘트 I를 어떻게 구할 수 있겠는가를 개념적으로 알기 쉽게 서술하기로 한다.

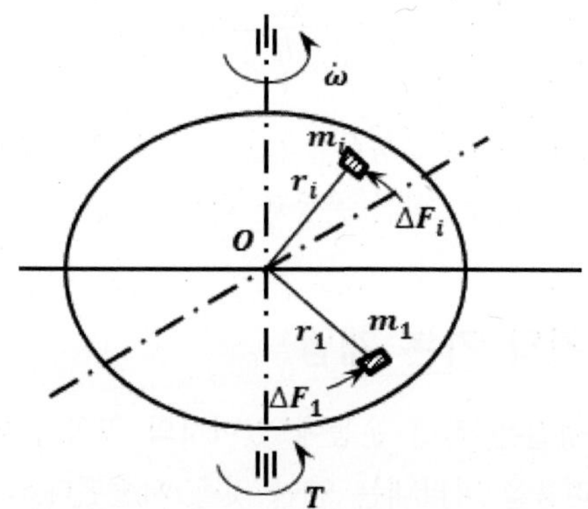

그림 2.5 관성모멘트 구하기의 기초개념

그림 2.5에 있어서 어떤 축을 중심으로 회전하는 물체를 생각한다. 다음과 같이 기호를 정하기로 한다.

- m_i : 임의 위치에 있는 미소 질량
- r_i : 축으로부터 m_i까지 거리
- α_i : m_i의 가속도
- m_i에 미소한 힘 ΔF_i가 작용한다고 하면 힘 ΔF_i는 다음과 같다.

$$\Delta F_i = m_i \alpha_i \tag{2.25}$$

축에 작용하는 미소 토크 ΔT_i는 다음과 같다.

$$\Delta T_i = \Delta F_i \times r_i \tag{2.26}$$

축에 작용하는 토크 T는 이 미소 토크를 모두 모아 놓은 것이 되므로 다음과 같이 된다.

$$T = \sum \Delta T_i = \sum \Delta F_i \times r_i \tag{2.27}$$

한편 가속도 α_i는 식 (2.24)로부터 다음과 같다.

$$\alpha_i = r_i \times \dot{\omega} = r_i \times \frac{d\phi}{dt} \tag{2.28}$$

식 (2.27)은 식 (2.25)와 식 (2.28)로부터 다음과 같이 된다.

$$T = \sum \Delta F_i \times r_i = \sum m_i \alpha_i \times r_i = \sum m_i r_i \dot{\omega} \times r_i = \sum m_i r_i^2 \dot{\omega}$$

회전 각가속도 $\dot{\omega}$는 미소 부분이 어느 위치에 있어도 같으므로 윗 식의 $\dot{\omega}$와 $\sum m_i r_i^2$와는 계산에 있어서 분리시킬 수 있다. 즉, 다음과 같다.

$$T = \left(\sum m_i r_i^2\right) \dot{\omega} \tag{2.29}$$

식 (2.29)와 식 (2.11)을 비교하면 알 수 있듯이 $\sum m_i r_i^2$가 관성모멘트 I이다.

$$I = \sum m_i r_i^2 \tag{2.30}$$

식 (2.30)은 여러 형상 물체의 회전축에 관한 관성모멘트를 구하는 경우 가장 기초가 되는 식이다.

2.1.3 일과 에너지

가. 직선 운동의 일과 에너지

일이란 물체에 힘을 작용하여 물체가 그 작용 방향으로 거리 이동한 경우 힘의 크기와 이동거리의 곱으로 정의된다.

그림 2.6과 같이 물체에 일정한 힘 F를 작용시켜 그 힘의 방향에 미소거리 ds만큼 이동한 경우의 미소 일 dE는 다음과 같다.

$$dE = Fds \tag{2.31}$$

전체에서 거리 s만큼 이동했다고 하면 전체 일 E는 다음과 같다.

$$E = \int Fds = Fs \tag{2.32}$$

쉽게 상상할 수 있듯이 힘 F로 물체를 거리 s 움직였을 경우 물체는 어떤 속도로 운동하게 된다. 이 운동이 갖는 에너지가 실은 일 Fs와 동등하다는 것을 유도해 보자.

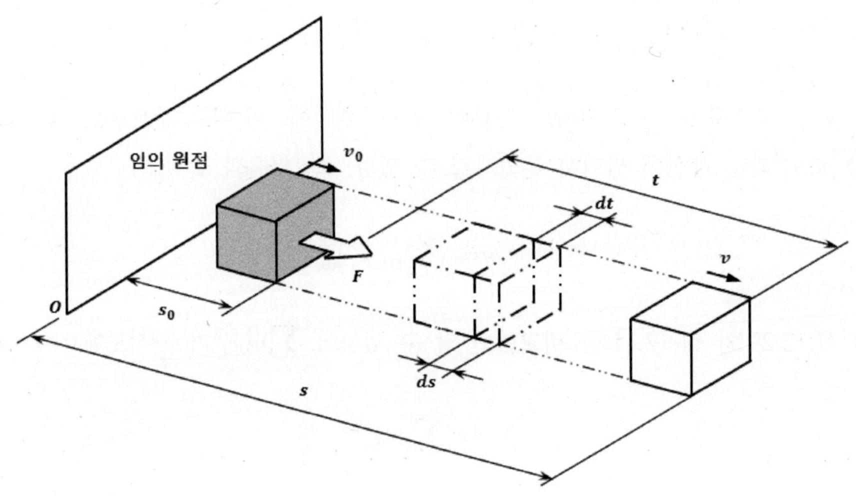

그림 2.6 직선 운동과 일

물체의 질량을 m으로 하면 식 (2.31)과 식 (2.1) 및 식 (2.7)로부터 다음과 같이 된다.

$$dE = Fds = m\alpha ds = m\frac{dv}{dt}ds = m\frac{ds}{dt}dv = mvdv$$

이것을 v에 관해 적분하면 다음과 같다.

$$E = \int mvdv = \frac{1}{2}mv^2 \tag{2.33}$$

식 (2.33)의 $\frac{1}{2}mv^2$은 운동에너지로서 잘 알려져 있는 것이며 식 (2.33)의 유도로부터 일 Fs와 같다는 것을 알 수 있다.

이 사실은 일과 에너지는 같으며 힘은 물체를 이동시키는 것이고 일을 하지만 이 일은 물체의 운동에너지로 변하고 있는 것을 의미한다. 이상은 식 (2.33)을 좌로부터 우로 읽은 경우이지만 한편 역으로 우로부터 좌로 식을 읽으면 $E = Fs$이므로 그림 2.7과 같이 운동하고 있는 물체에 역방향으로 힘 F를 가하면 거리 s만큼 이동하고 정지한다는 것을 의미한다. 즉, 운동에너지는 일 Fs를 하는 것이 된다. 이것을 **에너지 보존법칙**이라 하고 있다.

이 관계는 여러 설계문제를 해결하는 경우에 중요한 개념으로 활용 범위가 넓다.

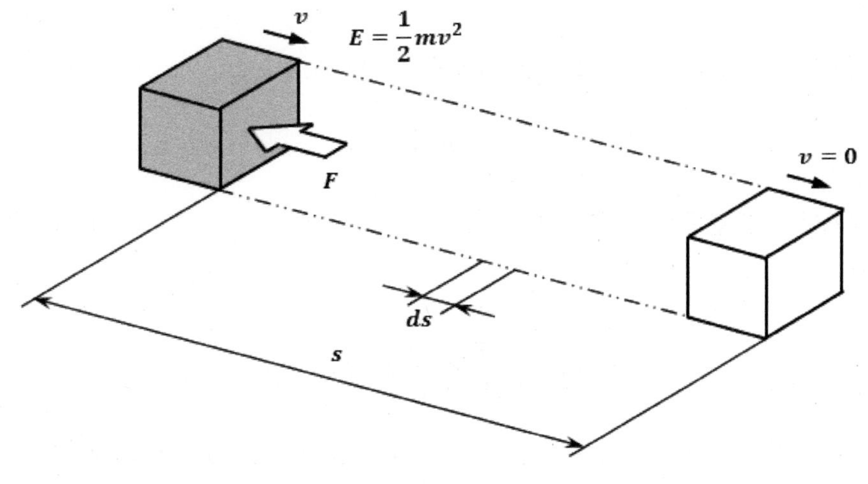

그림 2.7 제동일

나. 회전 운동의 일과 에너지

여기서는 직선 운동의 일을 기초로 회전 운동의 일이나 에너지를 유도해 보기로 한다.

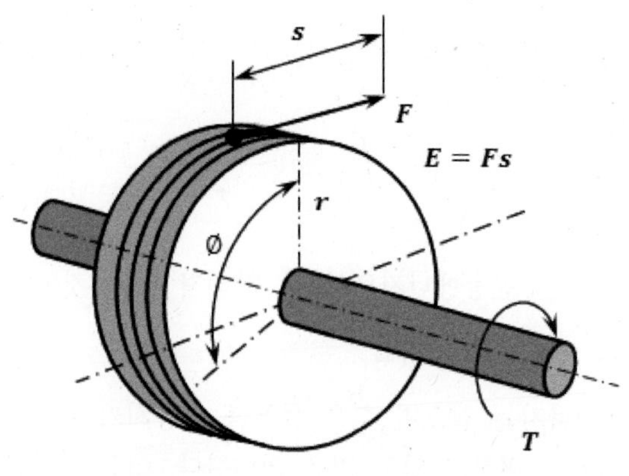

그림 2.8 회전운동과 일

그림 2.8과 같이 반경 r의 원판 외주에 로프 감기를 하고 로프를 힘 F로 거리 s만큼 잡아당긴 경우를 가정한다. 이 때 원판이 각 ϕ만큼 회전했다고 하면 거리 s는 다음과 같이 된다.

$$s = r\phi \tag{2.34}$$

원판의 중심축에 관한 토크 T는 다음과 같이 된다.

$$T = Fr \tag{2.35}$$

로프의 직선 운동으로 힘 F가 한 일 E는 식 (2.35)와 식 (2.34)로부터 다음과 같이 된다.

$$E = Fs = \frac{T}{r} \times r\phi \text{ 즉, } E = T\phi \tag{2.36}$$

따라서 회전 운동에 있어서는 일은 토크 T와 회전각 ϕ의 곱으로 되는 것을 알 수 있다.

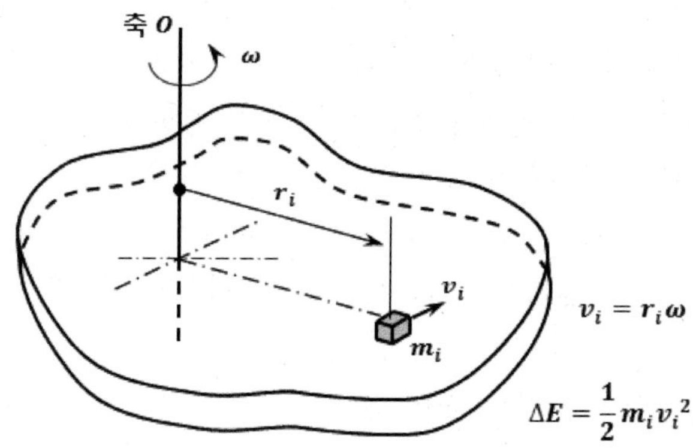

그림 2.9 회전 운동의 에너지

다음에 회전 운동의 운동에너지에 대해서 생각해 보자. 그림 2.9에 있어서 질량 m_i의 임의 미소 부분에 착안하면 이 부분의 속도 v_i는 각속도를 ω로 하여 $v_i = r_i\omega$ 이다.

미소 부분이 갖고 있는 운동에너지 ΔE는 $\Delta E = \frac{1}{2}m_i{v_i}^2 = \frac{1}{2}m_i{r_i}^2\omega^2$이다.

회전체 전체가 갖는 회전운동에너지 E는 모든 미소 부분이 갖는 에너지를 합쳐 다음과 같다.

$$E = \frac{1}{2}\sum m_i{r_i}^2\omega^2 \tag{2.37}$$

각속도 ω는 어떤 미소 부분에서도 동일하므로 $m_i{r_i}^2$과 ω를 분리해서 계산할 수 있으므로 정리하면 다음과 같이 된다.

$$E = \frac{1}{2}\left(\sum m_i{r_i}^2\right)\omega^2 \tag{2.38}$$

바로 알아차렸겠지만 식 (2.30)에서 나타내었던 $\sum m_i{r_i}^2$ 즉, 관성모멘트 I가 여기서도 나타나고 있다. 따라서 회전체의 운동 에너지는 다음과 같이 된다.

$$E = \frac{1}{2}I\omega^2 \tag{2.39}$$

기계장치에 있어서 회전 운동과 직선 운동이 운동하고 있는 경우 상술한 것과 같이 회전 운동의 에너지와 직선 운동의 에너지를 서로 교환하여 취급할 수 있다. 이것으로부터 관성모멘트(GD^2)을 설계에 취급할 때 직선 운동을 회전 운동으로 치환한다든지 또한 그 역의 치환이 가능하게 된다.

이상 직선 운동의 개념을 바탕으로 회전 운동의 일이나 에너지의 식이 유도될 수 있다는 것을 나타내었다. 회전 운동은 운동형태가 다르게 보이지만 기본적으로 동일하다는 것을 잘 알 수 있을 것이다.

여기서 직선 운동식과 회전 운동식을 비교해서 표 2.1에 정리해 본다. 식의 형태가 같으며 역학적으로도 마찬가지로 동일하다는 것을 잘 이해할 수 있을 것이다.

표 2.1 직선 운동과 회전 운동의 공식 비교

	직선 운동	회전 운동
힘(토크)	$F = m\alpha$	$T = I\dot{\omega}$
속도(각속도)	$v = \alpha t + v_0$	$\omega = \dot{\omega} t + \omega_0$
변위(각변위)	$s = vt + s_0$ $s = \frac{1}{2}\alpha t^2 + v_0 t + s_0$	$\phi = \omega t + \phi_0$ $\phi = \frac{1}{2}\dot{\omega} t^2 + \omega_0 t + \phi_0$
운동 에너지	$E = Fs$ $E = \frac{1}{2}mv^2$	$E = T\phi$ $E = \frac{1}{2}I\omega^2$

2.2 관성모멘트(GD²) 계산의 기초

이론적인 역학과 달리 설계에서는 실제적인 편리성으로부터 반경 대신에 계측이 용이한 직경을 이용하고, 질량 대신에 중량계로 잴 수 있는 중량이 이용되고 있다. 이 때문에 질량이나 반경을 기본으로 한 관성모멘트 I보다도 중량과 직경에 의한 GD^2이 일반적으로 많이 이용되고 있다.

이하의 여러 계산에서 이용하는 기본적인 공식은 역학적으로 구한 것을 GD^2의 공식으로 변환하는 것으로 한다. 한편 국제적으로 SI단위로 통일되어 있으므로 중량 단위로서 공업단위의 kgf와 SI단위의 N(뉴톤)을 이용하는 경우도 병행해서 서술한다. 우선 관성모멘트 I와 GD^2의 관계를 설명한다.

2.2.1 관성모멘트와 GD^2의 관계

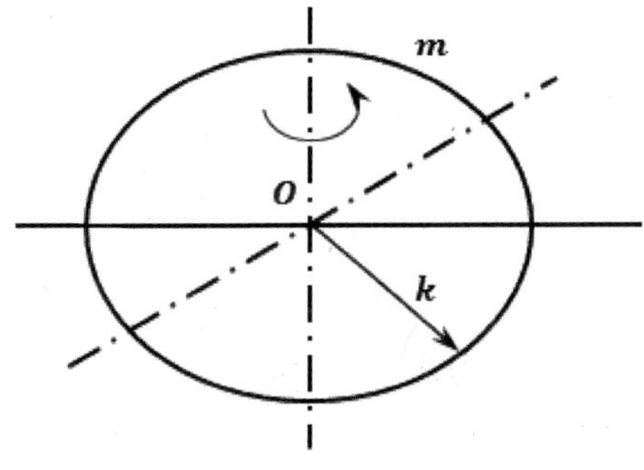

그림 2.10 회전반경의 개념

GD^2은 관성모멘트를 나타낸 것이지만 I와 마찬가지로 하나의 기호로서 취급되어야 한다. 개념적으로는 G는 중량을, D는 회전 직경을 나타나고 있지만 계산식은 아니다.

관성모멘트 $\sum m_i r_i^2$은 차원적으로는 질량과 길이의 2가지 양으로 구성되어 있다. 지금 $\sum m_i = m$(전 질량)이므로 어떤 특별한 평균 반경 k를 생각하여 관성모멘트를 나타내면 다음과 같이 표현된다.

$$I = mk^2 \tag{2.40}$$

위 식으로부터 k를 구하면 다음과 같다.

$$k = \sqrt{\frac{I}{m}} \tag{2.41}$$

이 k는 **회전반경**이라 하며, 식 (2.41)로부터 역으로 계산하여 얻어진 것이다. 엄밀히는 아니지만 이미지로서 그림 2.10과 같이 축으로부터 반경 k의 위치에 모든 질량이 모여져 있는 것과 같은 경우 k는 문자 그대로 회전반경이 된다. GD^2은 질량 m대신에 중량 $G(=mg[\text{kgf}])$를, 회전반경 k대신에 회전직경 $D(=2k[\text{m}])$를 추상적으로 상정한 것이며 이것을 식 (2.40)에 대입하면 다음과 같다.

$$I = mk^2 = \frac{G}{g} \cdot \left(\frac{D}{2}\right)^2$$

즉, 중량에 중력단위 [kgf]를 이용한 경우 다음과 같다.

$$I = \frac{GD^2}{4g} \tag{2.42}$$

또는

$$GD^2 = 4gI\,[\text{kgf} \cdot \text{m}^2] \tag{2.43}$$

이것이 GD^2의 유래이다.

중량은 힘이며 질량×가속도로 주어진다. 상기 중량의 단위[kgf]는 가속도의 크기를 g(=9.8m/s^2)으로 한 경우이다. 이것에 대해 SI단위인 중량의 단위[N]를 이용한 경우 식 (2.42)과 식 (2.43)은 g를 α로 바꾸고 $I = GD^2/(4\alpha)$, $GD^2 = 4\alpha I$로 되며 α=1m/s^{2}이므로 다음과 같이 나타낼 수 있다.

$$I = \frac{GD^2}{4\alpha} = \frac{GD^2}{4} \tag{2.44}$$

$$GD^2 = 4I\alpha = 4I[\text{N} \cdot \text{m}^2] \tag{2.45}$$

한편 말할 것도 없지만 관성모멘트 I의 단위는 [kg · ㎡]이다. 또한 중력 단위 [kgf]와 SI단위 [N]의 환산은 다음과 같다.

$$1kgf = 9.8N \tag{2.46}$$

2.2.2 각종 입체의 관성모멘트(GD^2) 계산법

가. 원주, 원판

기계설계에서 취급하는 여러 가지 부품의 형상은 모델화 하면 원주와 직육면체 등 기본적인 형상의 입체를 조합시킨 것으로 생각할 수 있다. 따라서 아래에 기본적인 형상의 입체의 중심(center of gravity)축에 관한 관성모멘트 GD^2 구하는 방법을 서술한다.

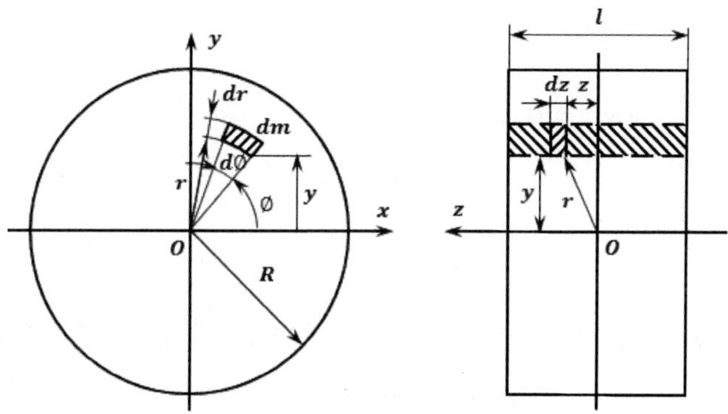

그림 2.11 원주의 관성모멘트

그림 2.11과 같이 원주의 중심위치 O를 원점으로 하고 좌표와 기호를 R : 원주의 반경, l: 원주의 길이, r:회전축으로부터 미소부분까지의 거리, ϕ: 미소부분의 xz면으로부터의 위치각, ρ: 원주물체의 밀도, dm: 미소부분의 질량, m:원주의 전체질량, I: 회전축에 관한 원주의 관성모멘트와 같이 정한다.

(1) z축(원주의 중심축)에 관한 관성모멘트와 GD^2

r, ϕ의 미소부분을 dr, $d\phi$로 하고 z축으로부터의 거리 r의 위치에 있는 체적 $dr \cdot rd\phi \cdot l$의 미소부분을 생각하면 그 질량 dm은 다음과 같이 나타낼 수 있다.

$$dm = \rho l r \, dr \, d\phi \tag{2.47}$$

이 미소부분의 관성모멘트 dI는 식 (2.30)의 관계로부터 다음과 같이 된다.

$$dI_z = r^2 dm = \rho l r^3 \, dr \, d\phi \tag{2.48}$$

따라서 원주 전체로서는 다음과 같이 된다.

$$I_z = \sum r^2 dm = \int_0^R \int_0^{2\pi} \rho l r^3 \, dt \, d\phi = \frac{1}{2}\rho\pi l R^4 \tag{2.49}$$

여기서 원주의 전체질량 m은 다음과 같이 된다.

$$m = \rho\pi R^2 l \tag{2.50}$$

따라서 z축에 관한 관성모멘트 I_z는 다음과 같이 된다.

$$I_z = \frac{1}{2} m R^2 \tag{2.51}$$

z축에 관한 GD^2_z는 식 (2.43)의 관계에 따라 환산해서 구하면 된다. 즉, D: 원주의 외경, W: 원주의 중량, $D = 2R$[m], $W = mg$[kgf]로 하고 중량의 단위를 [kgf]로 하면 다음과 같이 된다.

$$GD^2_z = 4gI_z = 4g \cdot \frac{1}{2} m R^2 = 4g \cdot \frac{1}{2}\left(\frac{W}{g}\right)\left(\frac{D}{2}\right)^2$$

즉,

$$GD^2_z = \frac{1}{2} WD^2 [\text{kgf} \cdot \text{m}^2] \tag{2.52}$$

중량의 단위로서 [N]을 이용한 경우는 m[kg]×1m/s²= W [N]으로 하고 식 (2.45) 으로부터 다음과 같이 된다.

$$GD^2_z = 4I \times 1m/s^2 = 4 \times \frac{1}{2} m \left(\frac{D}{2}\right)^2 \times 1m/s^2$$

즉,

$$GD^2_z = \frac{1}{2} WD^2 [\text{N} \cdot \text{m}^2] \tag{2.53}$$

식 (2.52)와 식 (2.53)을 비교하면 알 수 있듯이 당연한 사실이지만 다만 중량 단위가 [kgf]표시로부터 [N]표시로 바꿨을 뿐이며 식의 형식은 어느 것도 동일하다.

(2) x, y축에 관한 관성모멘트와 GD^2

이 경우 약간 번거롭지만 그림 2.12와 같이 z축으로부터 r, 위치 각 ϕ, xy평면으로부터 z의 위치에 있으며 체적 $dr \cdot rd\phi \cdot dz$의 미소 부분을 생각하여 계산할 필요가 있다.

미소부분의 질량은

$$dm = \rho r \cdot dr \cdot d\phi \cdot dz \tag{2.54}$$

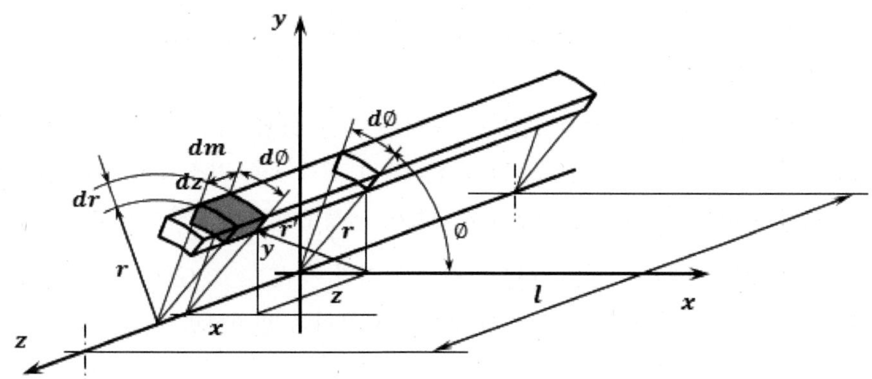

그림 2.12 원주의 x축에 관한 관성모멘트

x축으로부터 미소부분까지의 거리 r'는 $y = r\sin\phi$이므로 다음과 같이 된다.

$$r' = \sqrt{y^2 + z^2} = \sqrt{r^2\sin^2\phi + z^2} \tag{2.55}$$

x축에 관한 관성모멘트 dI_x는 다음과 같이 된다.

$$dI_x = r'^2 dm = (r^2\sin^2\phi + z^2)\rho r dr d\phi dz \tag{2.56}$$

따라서 x축에 관한 관성모멘트는 다음과 같이 된다.

$$I_x = \rho\int_0^R\int_0^{2\pi}\int_{-\frac{l}{2}}^{\frac{l}{2}} r\,(r^2\sin^2\phi + z^2)dr\,d\phi\,dz = \rho\pi R^2 l\left(\frac{R^2}{4} + \frac{l^2}{12}\right) \tag{2.57}$$

원주의 형상으로부터 x축과 y축을 바꾸어도 동일하므로 x, y축의 관성모멘트 I_x, I_y는 동일하다. 즉, 다음과 같이 된다.

$$I_x = I_y = m\left(\frac{R^2}{4} + \frac{l^2}{12}\right) \tag{2.58}$$

관성모멘트를 GD^2으로 환산하면 중량의 단위(kgf) 또는 (N)에 따라 식 (2.52) 또는 식 (2.53)에 의해 다음과 같이 된다.

$$GD^2_x = GD^2_y = W\left(\frac{D^2}{4} + \frac{l^2}{3}\right)[\text{kgf} \cdot \text{m}^2]\cdots[\text{N} \cdot \text{m}^2] \tag{2.59}$$

이상과 같이 물체의 관성모멘트를 구하는 데는 물체 내부의 임의 위치에 있는 미소부분을 생각하고 그 질량 dm과 회전축과의 거리 r을 기초로 미소부분의 관성모멘트 dI를 r^2dm으로 구하고 적분하여 전체의 관성모멘트를 계산하면 된다.

GD^2으로서 구하는 데는 중량의 단위에 따라 식 (2.43) $GD^2 = 4gI[\text{kgf} \cdot \text{m}^2]$ 또는 식 (2.45) $GD^2 = 4I[\text{N} \cdot \text{m}^2]$의 관계를 이용하여 환산하면 된다.

나. 중공원주, 중공원판

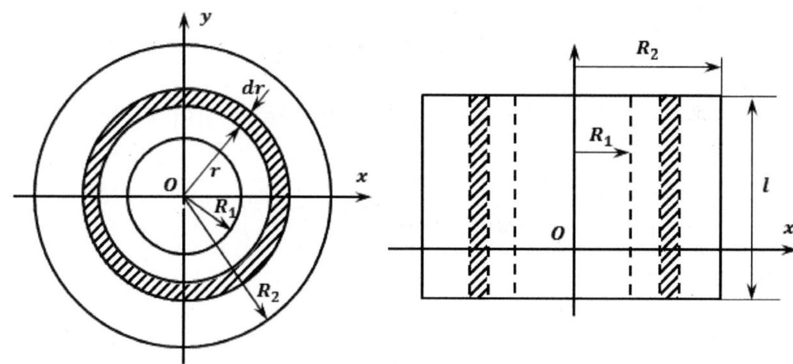

그림 2.13 중공원주의 관성모멘트

그림 2.13과 같이 중공원주의 중심위치 O를 원점으로 하고 좌표와 기호를 R_1 : 중공원주의 내경, R_2 : 중공원주의 외경, l: 중공원주의 길이, r:회전축으로부터 미소부분까지의 거리, ϕ: 미소부분의 xz면으로부터의 위치각, ρ: 중공원주물체의 밀도, dm: 미소부분의 질량, m:중공원주의 전체질량, I: 회전축에 관한 중공원주의 관성모멘트로 정하고 z축(원주의 중심축)에 관한 관성모멘트와 GD^2을 구해보기로 한다.

원주의 관성모멘트와 마찬가지로 해서 구할 수 있지만 보다 간략하게 구할 수 있다.

미소부분으로서 그림과 같은 두께 dr의 얇은 두께의 원통을 생각하면 그 질량 dm은 다음과 같이 나타낼 수 있다.

$$dm = 2\pi\rho l r\, dr \tag{2.60}$$

이것은 원주에서 이용한 미소부분 $\rho l r\, dr\, d\phi$를 ϕ에 관해 적분한 것에 상당한다.

$$dm = \rho\int_0^{2\pi} lr\, dr\, d\phi = 2\pi\rho l r\, dr$$

관성모멘트는 r에 관해 중공원주의 경우는 내경 R_1으로부터 외경 R_2까지 적분해서 다음과 같이 된다.

$$I_z = \sum r^2 dm = \int_{R_1}^{R_2} r^2 dm = \int_{R_1}^{R_2} 2\pi\rho l r^3 dr = \frac{1}{2}\pi\rho l\left(R_2{}^4 - R_1{}^4\right) \tag{2.61}$$

중공원주의 전체질량 m은 다음과 같이 나타낼 수 있다.

$$m = \pi\rho l\left({R_2}^2 - {R_1}^2\right) \tag{2.62}$$

따라서 중공원주의 z축에 관한 관성모멘트 I_z는 다음과 같이 된다.

$$I_z = \frac{1}{2}\pi\rho l\left({R_2}^2 - {R_1}^2\right)\left({R_2}^2 + {R_1}^2\right)$$

즉,

$$I_z = \frac{1}{2}m\left({R_2}^2 + {R_1}^2\right) \tag{2.63}$$

z축에 관한 $GD^2{}_z$는 식 (2.52) 또는 식 (2.53)에 의해 환산해서 구하면 된다. 즉, D_1: 중공원주의 내경$(D_1 = 2R_1)$, D_2: 중공원주의 외경$(D_2 = 2R_2)$, W: 중공원주의 중량으로 하고, 중량의 단위를 [kgf]로 하면 다음과 같이 된다.

$$GD^2{}_z = 4gI_z = 4g \cdot \frac{1}{2}m\left({R_2}^2 + {R_1}^2\right) = 4g \cdot \frac{1}{2}\left(\frac{W}{g}\right)\left\{\left(\frac{D_2}{2}\right)^2 + \left(\frac{D_1}{2}\right)^2\right\}$$

중량의 단위로서 [N]을 이용한 경우는 위 식의 g를 $\alpha = 1m/s^2$으로 바꾸면 되므로 W [kgf], W [N]의 어느 경우도 다음과 같다.

$$GD^2_z = \frac{1}{2}W\left({D_2}^2 + {D_1}^2\right)[\text{kgf}\cdot\text{m}^2]\cdots[\text{N}\cdot\text{m}^2] \tag{2.64}$$

다. 타원주

그림 2.14에 나타냈듯이 타원주의 중심 위치를 원점 O로 하고 좌표축과 기호를 a'는 타원의 장반경(x축 방향), b'는 타원의 단반경(y축 방향), l는 타원주의 길이(z축 방향)로 정한다. 그 밖의 기호는 원주의 경우와 마찬가지로 한다.

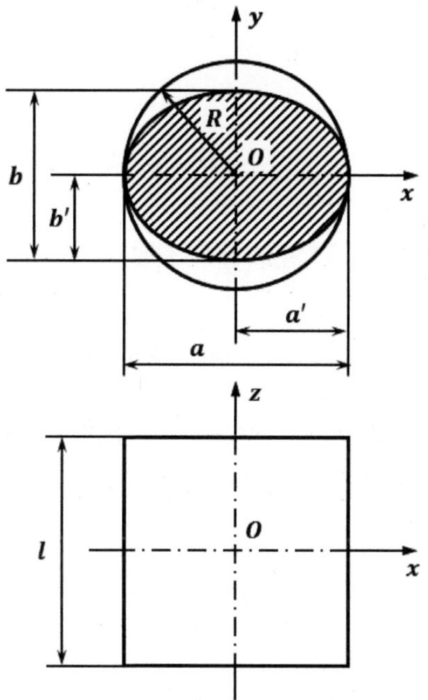

그림 2.14 타원주의 관성모멘트

타원은 원을 x, y 방향에 잡아 늘린다든지 줄인다든지 한 형상이다. 이 형상적 성질을 이용하면 관성모멘트는 원주에서의 공식을 기반으로 적분 등을 행하지 않고 용이하게 구할 수 있다. 또한 이 사고방식은 응용상 중요하다.

(1) z축에 관한 관성모멘트와 GD^2

장반경 a', 단반경 b'의 타원 면적 S는 다음과 같다.

$$S = \pi a' b' \tag{2.65}$$

원의 면적은 윗식에서 $a' = b' = R$로 된 특별한 경우이다.

$$S = \pi R \times R = \pi R^2 \tag{2.66}$$

이 장반경, 단반경과 원의 반경 관계를 이용하여 $R^2/2 = R^2/4 + R^2/4$로 하고 식 (2.51)을 변형하면 다음과 같다.

$$I_z = \frac{1}{2}mR^2 = m\left(\frac{R^2}{4} + \frac{R^2}{4}\right) \tag{2.67}$$

여기서 타원의 전질량은 다음과 같이 나타낼 수 있다.

$$m = \pi abl \tag{2.68}$$

윗식 가운데 2개의 $R^2/4$와 $R^2/4$이 각각 타원에서는 장반경과 단반경에 상당한다고 생각해도 좋다. 따라서 타원주의 관성모멘트 I_z는 다음과 같다.

$$I_z = m\left(\frac{a'^2}{4} + \frac{b'^2}{4}\right) \tag{2.69}$$

설계에서는 실제로 계측하기 쉬운 장지름 a, 단지름 b를 이용하기 때문에 GD^2은 이하의 기호를 이용해서 식 (2.43) 또는 식 (2.45)에 의해 환산하면 된다. 예를 들어 중량을 W[kgf] 단위로 한 경우는 a 타원의 장지름($a = 2a'$), b 타원의 단지름($b = 2b'$)으로부터 다음과 같이 된다.

$$GD^2{}_z = 4gI_z = 4g \cdot m\left\{\frac{1}{4}\left(\frac{a}{2}\right)^2 + \frac{1}{4}\left(\frac{b}{2}\right)^2\right\}$$

즉,

$$GD^2{}_z = \frac{W}{4}(a^2 + b^2)\,[\mathrm{kgf \cdot m^2}] \ \cdots \ [\mathrm{N \cdot m^2}] \tag{2.70}$$

한편 중량이 [N] 단위의 경우도 위의 식과 동일하다.

(2) x, y축에 관한 관성모멘트와 GD^2

상기의 경우와 마찬가지로 원주의 x, y축에 관한 관성모멘트의 식 (2.58)에서 반경 R을 각각 b', a'로 바꾸면 다음과 같다.

$$I_x = m\left(\frac{b'^2}{4} + \frac{l^2}{12}\right) \tag{2.71}$$

$$I_y = m\left(\frac{a'^2}{4} + \frac{l^2}{12}\right) \tag{2.72}$$

GD^2은 타원의 장지름 $a = 2a'$, 단지름 $b = 2b'$로 하여 식 (2.43), (2.45)에 의해 중량 W[kgf], W[N]의 어느 경우도 다음 식으로 계산하면 된다.

$$GD^2{}_x = W\left(\frac{b^2}{4} + \frac{l^2}{3}\right)[\text{kgf} \cdot \text{m}^2] \cdots [\text{N} \cdot \text{m}^2] \tag{2.73}$$

$$GD^2{}_y = W\left(\frac{a^2}{4} + \frac{l^2}{3}\right)[\text{kgf} \cdot \text{m}^2] \cdots [\text{N} \cdot \text{m}^2] \tag{2.74}$$

라. 직육면체의 관성모멘트(GD^2) 계산법

그림 2.15에 나타냈듯이 직육면체의 중심위치를 원점 O로 하고 좌표를 취해 a: x축 방향의 길이, b: y축 방향의 길이, c: z축 방향의 길이로 기호를 정하기로 한다.

더욱이 a, b, c는 실제로 계측된 치수, 전장 치수로 하고 있다(역학에서는 통상 전장 치수는 $2a$, $2b$, $2c$로 취한다).

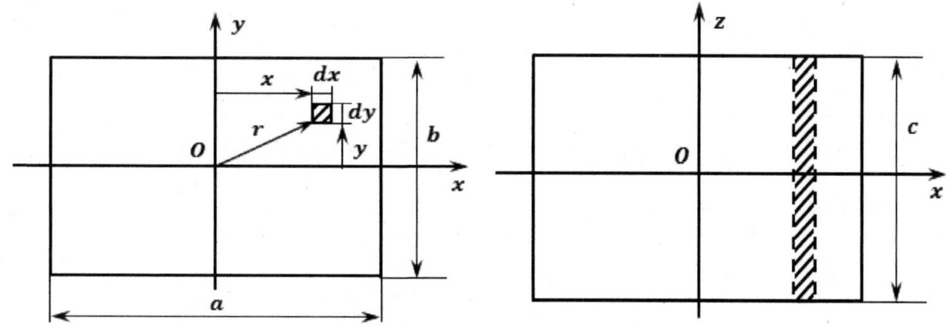

그림 2.15 직육면체의 관성모멘트

(1) z축에 관한 관성모멘트와 GD²

직육면체 내부의 임의 위치에 체적 $dx\,dy\,dz$의 미소부분을 생각하면 그 질량 dm은 다음과 같이 나타낼 수 있다.

$$dm = \rho c dx dy \tag{2.75}$$

이 미소부분과 회전축(z축)과의 거리 r은 다음과 같다.

$$r = \sqrt{x^2 + y^2} \tag{2.76}$$

관성모멘트 I_z는 $dI = r^2 dm$을 x의 범위 $-a/2 \sim a/2$, y의 범위 $-b/2 \sim b/2$로 하고 적분하면 다음과 같다.

$$I_z = \sum r^2 dm = \int_{-a/2}^{a/2}\int_{-b/2}^{b/2}(x^2+y^2)\rho c dx dy = \frac{1}{12}\rho abc(a^2+b^2) \tag{2.77}$$

직육면체 전체의 질량 m은 다음과 같이 된다.

$$m = \rho abc \tag{2.78}$$

따라서

z축에 관한 관성모멘트 I_z는 다음과 같다.

$$I_z = \frac{1}{12}m(a^2+b^2) \tag{2.79}$$

GD_z^2은 중량의 단위[kgf] 또는 [N]에 따라 식 (2.43) 또는 식 (2.45)에 의해 다음과 같다.

$$GD_z^2 = \frac{1}{3}W(a^2+b^2)[\text{kgf}\cdot\text{m}^2]\cdots[\text{N}\cdot\text{m}^2] \tag{2.80}$$

(2) x축에 관한 관성모멘트와 GD²

이상의 직육면체에서 정한 x, y, z축과 각 방향의 전장 a, b, c에 대해 z축을 x축으로 치환하고 $x \to y$, $y \to z$, $a \to b$, $b \to c$, $c \to a$로 변환하면 된다. 식 (2.79)로부터 x축에 관한 관성모멘트 I_x는 다음과 같다.

$$I_x = \frac{1}{12} m (b^2 + c^2) \tag{2.81}$$

마찬가지로 GD_x^2은 중량의 단위[kgf] 또는 [N]에 따라 식 (2.43) 또는 식 (2.45)에 의해 다음과 같이 된다.

$$GD_x^2 = \frac{1}{3} W(b^2 + c^2) [\text{kgf·m}^2] \cdots [\text{N·m}^2] \tag{2.82}$$

(3) y축에 관한 관성모멘트와 GD²

x축과 마찬가지로 식 (2.79), 식 (2.80)에 있어서 $z \to y$, $y \to x$, $x \to z$, $c \to b$, $b \to a$, $a \to c$로 변환하면 된다. 식 (2.79)로부터 y축에 관한 관성모멘트 I_y는 다음과 같다.

$$I_y = \frac{1}{12} m (a^2 + c^2) \tag{2.83}$$

마찬가지로 GD_y^2은 중량의 단위[kgf] 또는 [N]에 따라 식 (2.43) 또는 식 (2.45)에 의해 다음과 같이 된다.

$$GD_y^2 = \frac{1}{3} W(a^2 + c^2) [\text{kgf·m}^2] \cdots [\text{N·m}^2] \tag{2.84}$$

더욱이 관성모멘트의 공식에 나타난 특징으로서 회전축 방향의 변수는 거리의 제곱에 관한 항은 나타나지 않는다. 이상의 변환은 이 특징을 이용하면 보다 간단히 구할 수 있다.

2.3 평행축의 정리

기계장치 설계에서 취급하는 부품은 반드시 원주나 직육면체뿐만 아니라 이들 기본형상의 물체를 조합시킨 것이 많다. 또한 회전축은 이들 물체의 중심(重心)축과 일치하지 않는 경우도 많다. 이와 같은 조합형상 물체나 중심축 이외의 회전축을 갖는 물체의 관성모멘트(GD^2)을 구할 경우에 불가결한 것이 **평행축의 정리**이다.

그림 2.16처럼 물체 중심G를 지나는 축을 z축이라 한다. z축으로부터 η떨어진 점 O를 지나고 z축에 평행한 축을 Z축이라 하고 각각 점 G, O를 원점으로 하고 x, y축, X, Y축을 정한다.

원점 O로부터 거리 r_i만큼 떨어진 위치(X_i, Y_i)에 있는 미소질량 m_i의 Z축에 관한 관성모멘트 dI는 $r_i^{\,2} = X_i^{\,2} + Y_i^{\,2}$이므로 다음과 같다.

$$dI = m_i r_i^{\,2} = m_i (X_i^{\,2} + Y_i^{\,2}) \tag{2.85}$$

물체 전체의 Z축에 관한 관성모멘트는 다음과 같다.

$$I_Z = \sum m_i (X_i^{\,2} + Y_i^{\,2}) \tag{2.86}$$

원점O로부터 본 물체의 중심위치를 (X_o, Y_o)로 하고 중심 G로부터 본 미소질량의 위치를 (x_i, y_i)로 하면 다음과 같다.

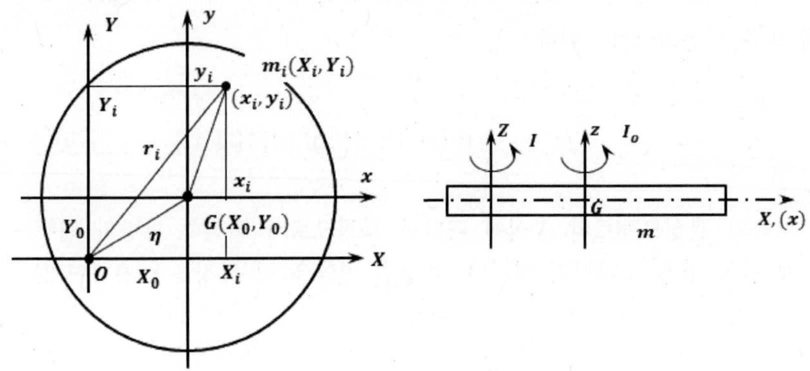

그림 2.16 평행축의 정리

$$X_i = X_o + x_i, \qquad Y_i = Y_o + y_i \tag{2.87}$$

따라서 관성모멘트 I_z는 식 (2.86)과 식 (2.87)로부터 다음과 같다.

$$I_Z = \sum m_i\{(X_o + x_i)^2 + (Y_o + y_i)^2\} =$$

$$\sum m_i(X_o^2 + Y_o^2) + \sum m_i(x_i^2 + y_i^2) + 2X_o\sum m_i x_i + 2Y_o\sum m_i y_i \tag{2.88}$$

식 (2.88)의 제 3항과 제 4항의 $\sum m_i x_i$, $\sum m_i y_i$는 각각 y축, x축에 관한 1차 모멘트(정지모멘트)를 의미한다.

그림 2.17에 나타냈듯이 개념적으로 알기 쉬운 평판을 예로 취하면 중심 G를 지나고 y축에 대칭인 위치 $-x_i$, $+x_i$에 있는 질량 m_i는 y축에 대해 1차모멘트 $-x_i m_i$, $x_i m_i$를 만들지만 이들은 균형이 잡혀 있다. 중심 g를 지나는 x축에 관해서도 마찬가지이다. 즉, 다음과 같다.

$$\sum m_i x_i = 0, \qquad \sum m_i y_i = 0 \tag{2.89}$$

역으로 말하면 중심축(重心軸)이란 그 축의 좌우에서 물체의 1차모멘트가 균형이 잡힌 축이다. 2개의 중심축의 교점이 소위 중심이다. 따라서 식 (2.88)과 식 (2.89)에 의해 다음과 같이 된다.

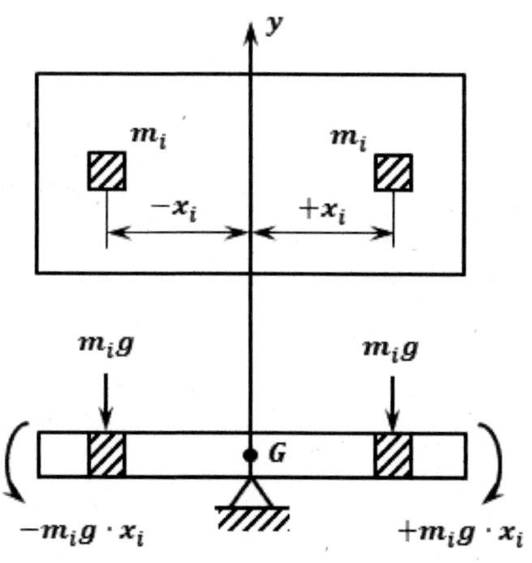

그림 2.17 1차모멘트의 평형과 중심축

$$I = \sum m_i ({X_o}^2 + {Y_o}^2) + \sum m_i ({x_i}^2 + {y_i}^2) \tag{2.90}$$

여기서 관성모멘트 정의로부터 중심 G를 지나는 z축에 관한 관성모멘트를 I_o라 하면 I_o는 다음과 같이 된다.

$$I_o = \sum m_i ({x_i}^2 + {y_i}^2) \tag{2.91}$$

또한 원 O와 중심 G까지의 거리 η와 (X_o, Y_o)의 관계는 다음과 같다.

$$\eta^2 = {X_o}^2 + {Y_o}^2 \tag{2.92}$$

따라서 전체 질량을 $m = \sum m_i$로 하면 식 (2.90)은 다음과 같이 된다.

$$I = I_o + m\eta^2 \tag{2.93}$$

즉, 중심을 지나는 축에 평행한 임의 축에 관한 관성모멘트는 그 물체 중심축에 관한 관성모멘트 I_o에 전체 질량과 이들 양축간의 거리 제곱의 곱 $m\eta^2$을 더하면 얻을 수 있다. 한편 회전축은 물체의 외부에 설치해도 이 관계는 성립한다. 이 관계를 평행축의 정리라 하며 응용상 상당히 중요하다.

이상은 해석적으로 평행축의 정리를 유도했지만 다음과 같이 생각하면 잘 이해할 것이다.

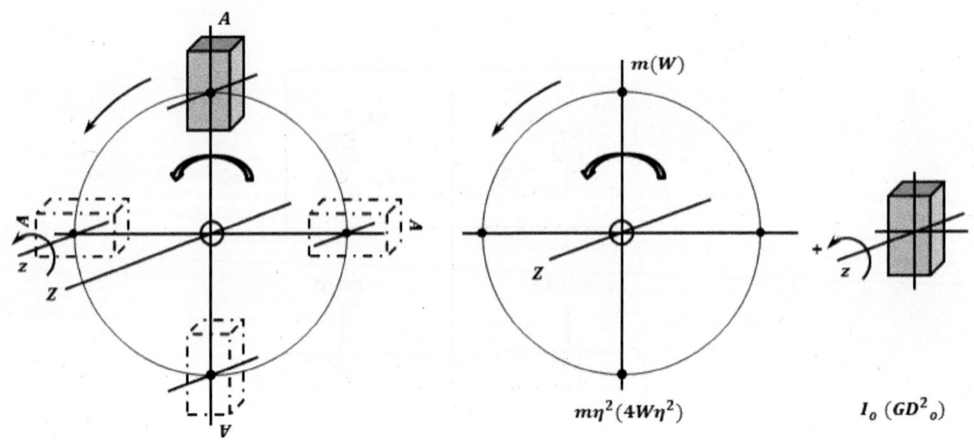

그림 2.18 평행축의 정리 개념

그림 2.18과 같이 질량 m의 어떤 물체를 중심축 z에 평행하고 η만큼 떨어진 회전축 Z의 주위로 1회전시키면 물체 자체도 그 중심축의 주위로 1회전하고 원래대로 돌아온다. 즉, 관성모멘트는 회전축 Z의 주위로 질량 m의 물체가 선회하는 것에 의한 것과 물체 자체의 중심축 z의 주위의 회전에 의한 것의 2개를 더해 얻을 수 있다. 즉, 다음과 같다.

$$I = I_o + m\eta^2 \tag{2.94}$$

평행축의 정리를 GD^2을 이용하여 나타내면 지금 중량을 [kgf]단위로 나타내는 것으로 하면 식 (2.93)로부터 $GD^2 = 4gI$이므로 물체의 중심축에 관한 GD^2을 $GD_o^{\ 2}$으로 하고 식 (2.93)은 다음과 같이 된다.

$$\frac{GD^2}{4g} = \frac{GD_o^{\ 2}}{4g} + \frac{W}{g}\eta^2$$

즉, GD^2에 있어서의 평행축 정리는 물체의 중량을 W로 하여 다음과 같이 된다.

$$GD^2 = GD_o^{\ 2} + 4W\eta^2 \tag{2.95}$$

더욱이 중량 단위를 [N]으로 한 경우는 g를 $\alpha = 1\text{m/s}^2$와 치환하여 식 (2.95)와 동일하게 된다.

2.4 분할 입체 및 조합 입체의 관성모멘트(GD²) 계산법

실제 설계에서 취급하는 입체에는 원주나 직육면체 등의 기본 형상의 입체를 조합한 입체 등 여러 가지가 있다. 또한 기본 입체의 조합에는 복수개의 입체를 조합시킨 가법 조합의 경우와 입체로부터 입체를 뺀 감법 조합이 있다. 여기서는 이들의 기본적인 응용 수법에 대해 서술한다.

2.4.1 분할 입체의 관성모멘트

가. 직육면체의 대칭 분할 부분

여러 입체 형상 가운데는 반원주나 부채꼴형판 등과 같이 어떤 기본 입체를 분할한 형상의 것도 많다. 이들 형상 입체에 대해서는 전술의 기본 입체의 관성모멘트(GD^2)의 경우와 마찬가지로 미소 부분에 착안하여 적분을 하여 구해도 좋지만 상당히 계산은 귀찮게 된다. 이 경우 평행축의 정리를 이용하여 계산하면 비교적 간단히 구할 수 있다.

이 사고 방식의 기본은 어떤 기준 입체의 편측 반쪽(대칭 부분)을 제거한 입체의 관성모멘트는 원래 입체의 중심축에 관해 그 크기가 반쪽으로 되는 것이다. 이것을 개념적으로 알기 쉬운 직육면체를 예로 들어 서술한다.

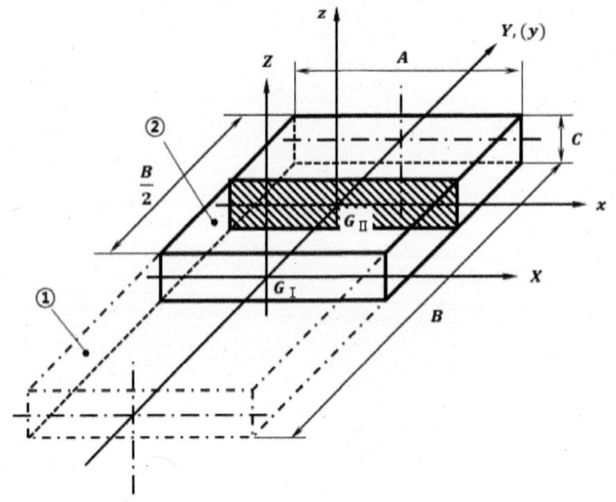

그림 2.19 직육면체의 대칭 부분의 관성모멘트(GD²)

그림 2.19에 나타낸 3변의 길이가 A, B, C의 직육면체 ①을 생각한다. 그 중량을 W_1, 중심 G_1을 지나는 X, Y, Z축에 관한 GD^2을 각각 $GD^2{}_{1X}$, $GD^2{}_{1Y}$, $GD^2{}_{1Z}$으로 하면 식 (2.78), (2.79), (2.80)로부터 다음과 같이 된다.

$$GD^2{}_{1X} = \frac{1}{3} W_1 (B^2 + C^2) \tag{2.96}$$

$$GD^2{}_{1Y} = \frac{1}{3} W_1 (A^2 + C^2) \tag{2.97}$$

$$GD^2{}_{1Z} = \frac{1}{3} W_1 (A^2 + B^2) \tag{2.98}$$

직육면체 ①을 X축에 대해 대칭 부분을 취해 내어 3변의 길이 A, $B/2$, C의 직육면체 ②로 한다. 이 반쪽이 된 직육면체 ②의 관성모멘트(GD^2)이 원래 직육면체 ①의 반쪽이 되는 것을 나타내어 보자. 직육면체 ②의 중량 W_2는 다음과 같다.

$$W_2 = \frac{1}{2} W_1 \tag{2.99}$$

직육면체 ②의 중심축 x축에 관한 $GD^2{}_{2x}$은 식 (2.96)에서 B를 $B/2$로 하여 나타내면 된다.

$$GD^2{}_{2x} = \frac{1}{3} W_2 \left\{ \left(\frac{B}{2} \right)^2 + C^2 \right\} \tag{2.100}$$

X축과 직육면체 ②의 중심축 x축과의 거리 η는 다음과 같다.

$$\eta = \frac{1}{4} B \tag{2.101}$$

직육면체 ②의 X축에 관한 $GD^2{}_{2X}$은 식 (2.100)과 평행축의 정리 (2.101)에 의해 다음과 같이 된다.

$$GD^2{}_{2X} = GD^2{}_{2x} + 4W_2\eta^2 = \frac{1}{3}W_2\left\{\left(\frac{B}{2}\right)^2 + C^2\right\} + 4W_2\left(\frac{1}{4}B\right)^2$$
$$= \frac{1}{3}W_2\left(\frac{1}{4}B^2 + C^2 + \frac{3}{4}B^2\right)$$

즉,

$$GD^2{}_{2X} = \frac{1}{3}W_2(B^2 + C^2) \tag{2.102}$$

위의 식을 직육면체 ①의 X축(중심축)에 관한 $GD^2{}_{1X}$의 식 (2.96)과 비교하면 식의 형태는 동일하지만 W_1이 W_2로 되었다는 것뿐이다. $W_2 = 1/2\,W_1$이므로 식 (2.102)은 다음과 같이 된다.

$$GD^2{}_{2X} = \frac{1}{3}\left(\frac{W_1}{2}\right)(B^2 + C^2) = \frac{1}{2}GD^2{}_{1X} \tag{2.103}$$

이상으로부터 원래 중심축(회전축 X)에 관한 직육면체 ②의 관성모멘트(GD^2)은 원래 직육면체의 관성모멘트(GD^2)의 반이 되는 것을 알 수 있다. 이 관계는 중량이 반쪽이 되었기 때문에 당연한 것이지만 Y, Z축에 관해서도 마찬가지로 말할 수 있다. Y축에 관해서는 y축과 일치하고 있기 때문에 η는 0이다. 따라서 다음과 같이 된다.

$$GD^2{}_{2Y} = \frac{1}{3}W_2(A^2 + C^2) = \frac{1}{3}\left(\frac{W_1}{2}\right)(A^2 + C^2)$$

즉,

$$GD^2{}_{2Y} = \frac{1}{2}GD^2{}_{1Y} \tag{2.104}$$

Z축에 관해서는 $\eta = B/4$이므로 평행축의 정리로부터 다음과 같다.

$$GD^2{}_{2Z} = \frac{1}{3}W_2\left\{A^2 + \left(\frac{B}{2}\right)^2\right\} + 4W_2\left(\frac{B}{4}\right)^2 = \frac{1}{3}W_2\left\{A^2 + \frac{1}{4}B^2 + \frac{3}{4}B^2\right\}$$

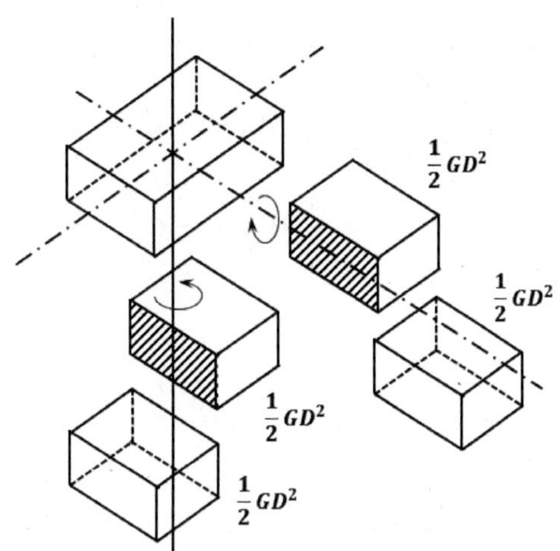

그림 2.20 대칭 분할 부분의 관성모멘트(GD²)

즉,

$$GD^2{}_{2Z} = \frac{1}{3}W_2(A^2 + B^2) = \frac{1}{3}\left(\frac{W_1}{2}\right)^2(A^2 + B^2) = \frac{1}{2}GD^2{}_{1Z} \tag{2.105}$$

여기서 서술한 대칭으로 분할한 부분의 원래 축(중심축, 대칭축)에 관한 관성모멘트 GD^2이 원래 관성모멘트 GD^2의 반쪽으로 되는 관계는 그림 2.20에 개념적으로 나타냈듯이 대칭 형상의 입체의 모두에 성립한다.

이 관계를 역으로 이용하면 대칭 부분의 그 중심축에 관한 GD^2을 계산할 수 있다. 직육면체를 예로 해서 대칭 분할 부분 ②의 중량을 $W_2 = W_1/2$로 하여 ②의 중심축 x에 관한 $GD^2{}_{1x}$를 구해 보자.

직육면체 ②의 X축에 관한 $GD^2{}_{2X}$은 다음과 같다.

$$GD^2{}_{2X} = \frac{1}{2}GD^2{}_{1X} = \frac{1}{2} \cdot \frac{1}{3}W_1(B^2 + C^2) = \frac{1}{3}W_2(B^2 + C^2)$$

여기서 $GD^2{}_{2X}$은 평행축의 정리로부터 다음과 같이 된다.

$$GD^2{}_{2X} = GD^2{}_{2x} + 4W_2\left(\frac{B}{4}\right)^2$$

따라서 역으로 $GD^2{}_{2x}$ 은 다음과 같이 된다.

$$GD^2{}_{2x} = GD^2{}_{2X} - 4W_2\left(\frac{B}{4}\right)^2 = \frac{1}{3}W_2(B^2 + C^2) - 4W_2\frac{B^2}{16}$$

$$= \frac{1}{3}W_2\left(B^2 + C^2 - \frac{3}{4}B^2\right) = \frac{1}{3}W_2\left(\frac{1}{4}B^2 + C^2\right)$$

즉,

$$GD^2{}_{2x} = \frac{1}{3}W_2\left\{\left(\frac{1}{2}B\right)^2 + C^2\right\} \tag{2.106}$$

이상과 같이 하여 대칭 분할 부분의 그 자체의 중심축에 관한 관성모멘트 GD^2이 간단히 얻어질 수 있다. 이 계산 수법은 대칭 분할 부분의 관성모멘트가 계산이 어려운 경우에 효과적으로 이용할 수 있다.

나. 반원판

그림 2.21에 나타낸 반원판의 중심축(the central axis of gravity) x, y, z에 관한 관성모멘트 GD^2을 구해보자. 기호는 반원판의 반경을 R, 반원판의 두께를 t, 반원판의 중량을 W로 정한다.

가상적으로 직경 $D=2R$의 원판을 생각하고 그 중심을 통하는 3축 X, Y, Z로 한다. 가상 원판의 중량을 $2W$로 하고 식 (2.59)에 의해 X, Y축에 관해 가상 원판의 관성모멘트 (GD^2)은 다음과 같다.

$$GD^2{}_{OX} = GD^2{}_{OY} = (2W)\left\{\frac{(2R)^2}{4} + \frac{t^2}{3}\right\} = 2W\left(R^2 + \frac{t^2}{3}\right) \tag{2.107}$$

식 (2.107)로부터 Z축에 관해서는

$$GD^2{}_{OZ} = \frac{1}{2}(2W)(2R)^2 = 4WR^2 \tag{2.108}$$

반원판은 가상 원판의 대칭 부분을 제거한 것이므로 반원판의 X, Y, Z축에 관한 관성모멘트 (GD^2)은 이 관성모멘트의 반이 된다. 따라서 반원판의 GD^2은

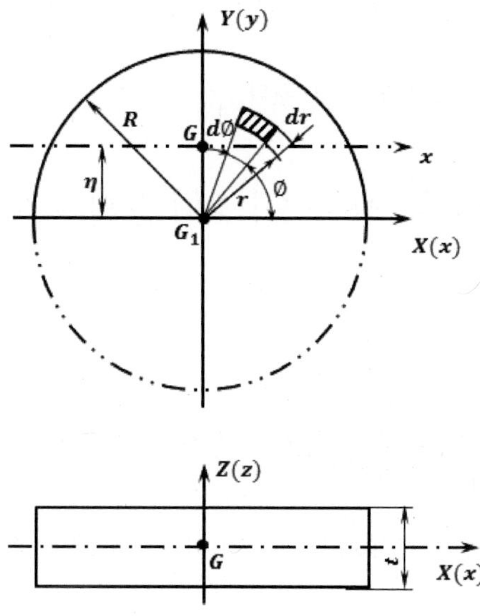

그림 2.21 반원판의 관성모멘트

$$GD^2{}_X = \frac{1}{2} GD^2{}_{OX} = W\left(R^2 + \frac{t^2}{3}\right) \tag{2.109}$$

$$GD^2{}_Y = W\left(R^2 + \frac{t^2}{3}\right) \tag{2.110}$$

$$GD^2{}_Z = 2WR^2 \tag{2.111}$$

한편 반원판의 중심축 x, y, z에 관한 관성모멘트 GD^2과 상기의 X, Y, Z축에 관한 관성모멘트 GD^2의 관계는 x, z축의 거리 η는 다음과 같이 된다.

$$\eta = \frac{4}{3\pi} R \tag{2.112}$$

따라서 예를 들어 X, x축에 관한 GD^2의 관계는 평행축의 정리로부터 다음과 같이 된다.

$$GD^2{}_X = GD^2{}_x + 4W\eta^2 \tag{2.113}$$

식 (2.113)를 변형하여 다음과 같이 된다.

$$GD^2{}_x = GD^2{}_X - 4W\eta^2 = W\left(R^2 + \frac{t^2}{3}\right) - 4W\left(\frac{4}{3\pi}R\right)^2 = WR^2 + \frac{1}{3}Wt^2 - \frac{64}{9\pi^2}WR^2 \tag{2.114}$$

즉,

$$GD^2{}_x = \left(1 - \frac{64}{9\pi^2}\right)WR^2 + \frac{1}{3}Wt^2 \ \text{[kgf·m²]···[N·m²]} \tag{2.115}$$

Y, y축에 관해서는 축이 일치하므로 $\eta = 0$이므로 다음과 같이 된다.

$$GD^2{}_y = GD^2{}_Y = W\left(R^2 + \frac{t^2}{3}\right) \ \text{[kgf·m²]···[N·m²]} \tag{2.116}$$

Z, z축에 관해서는 x축의 경우와 마찬가지 이므로 다음과 같이 된다.

$$GD^2{}_z = GD^2{}_Z - 4W\eta^2 = 2WR^2 - 4W\left(\frac{4}{3\pi}R\right)^2 \tag{2.117}$$

즉,

$$GD^2{}_z = 2\left(1 - \frac{32}{9\pi^2}\right)WR^2 \ \text{[kgf·m²]···[N·m²]} \tag{2.118}$$

이상과 같이 번잡한 적분을 이용하지 않고 평행축 정리에 의해 간단히 반원판의 각 중심축에 관한 GD^2을 구할 수 있다. 더욱이 관성모멘트 I가 필요한 경우에는 중량에 이용한 단위 [kgf] 또는 [N]에 따라 식 (2.43) 또는 식 (2.45)에 의해 GD^2을 환산해서 구하면 된다.

다. 부채형 판

반원판에서 서술한 대칭 2분할 입체의 관성모멘트 구하는 방법은 분할 수를 많게 했을 경우에도 특정의 중심축에 한정되지만 확대해서 적용할 수 있다.

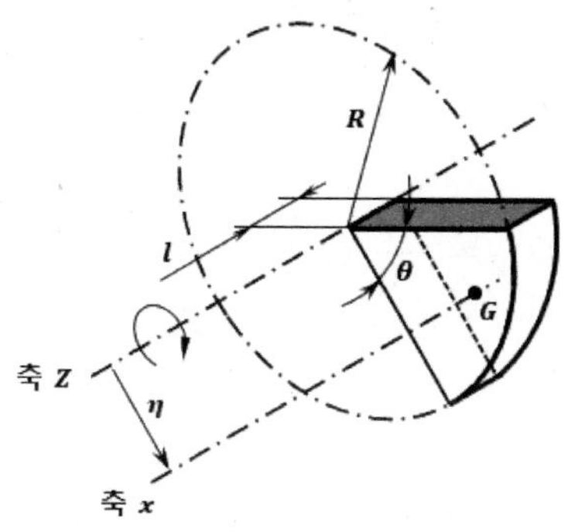

그림 2.22 부채형 판의 관성모멘트

그림 2.22에 나타냈듯이 원판을 분할한 부채형 판에 적용해 보자. 이 경우는 그림의 Z축을 회전축으로 한 경우만 적용할 수 있다.

여기서는 그림 2.22에 나타난 중심각을 θ, 반경을 R, 두께를 t로 한 부채형 판의 Z축, z축에 관한 관성모멘트(GD^2)의 계산법을 나타내기로 하자.

반경 R, 두께 t, 중량 W_0의 원판을 가상적으로 생각하고 그 중심축(회전축)을 Z축으로 하여 부채형 판의 중심 G를 지나는 중심축을 z축으로 한다. 비중량을 γ로 하면 가상 원판의 중량 W_0, Z축에 관한 $GD^2{}_0$는 식 (2.52)에 의해 다음과 같이 된다.

$$W_0 = \pi\gamma R^2 t \tag{2.119}$$

$$GD^2{}_0 = \frac{1}{2} W_0 (2R)^2 = 2 W_0 R^2 \tag{2.120}$$

중심각 θ를 [rad]로 나타내면 중량 W는 다음과 같이 된다.

$$W = \frac{1}{2}\gamma R^2 t\theta = \frac{1}{2}\pi\gamma R^2 t\frac{\theta}{\pi} = \frac{1}{2}\frac{\theta}{\pi} W_0 \tag{2.121}$$

Z축과 부채형 판의 중심축 z축과의 거리 η는 다음과 같이 된다.

$$\eta = \frac{4}{3}R\frac{\sin(\theta/2)}{\theta} \tag{2.122}$$

Z축에 관한 부채형 판의 $GD^2{}_Z$는 원판의 $GD^2{}_0$의 중량비로 되므로 다음과 같이 된다.

$$GD^2{}_Z = \frac{W}{W_0}GD^2{}_0 = \frac{1}{2}\frac{\theta}{\pi} \cdot 2W_0R^2$$

즉,

$$GD^2{}_Z = \frac{\theta}{\pi}W_0R^2 \tag{2.123}$$

부채형 판의 중심축에 관한 GD^2을 $GD^2{}_Z$로 하면 평행축의 정리에 의해 다음과 같이 된다.

$$GD^2{}_Z = GD^2{}_z + 4W\eta^2$$

따라서 다음과 같이 된다.

$$\begin{aligned} GD^2{}_z &= GD^2{}_Z - 4W\eta^2 \\ &= \frac{\theta}{\pi}W_0R^2 - 4 \cdot \frac{\theta}{2\pi}W_0\left\{\frac{4Rsin(\theta/2)}{3\theta}\right\}^2 \end{aligned}$$

즉,

$$GD^2{}_z = \frac{\theta}{2\pi}W_0R^2\left\{2 - \left[\frac{4\sin(\theta/2)}{3\theta}\right]^2\right\} = WR^2\left\{2 - \left[\frac{4\sin(\theta/2)}{3\theta}\right]^2\right\} \tag{2.124}$$

한편, 관성모멘트 I는 중량의 단위 [kgf], [N]에 따라서 식 (2.43), (2.45)에 의해 환산하여 W[kgf]의 경우는 다음과 같으며

$$I_z = \frac{WR^2}{4g}\left\{2 - \left[\frac{4\sin(\theta/2)}{3\theta}\right]^2\right\}$$

W[N]의 경우는 다음과 같다.

$$I_z = \frac{WR^2}{4}\left\{2 - \left[\frac{4\sin(\theta/2)}{3\theta}\right]^2\right\} \tag{2.125}$$

2.4.2 조합 입체의 관성모멘트

가. 원주의 가법 조합

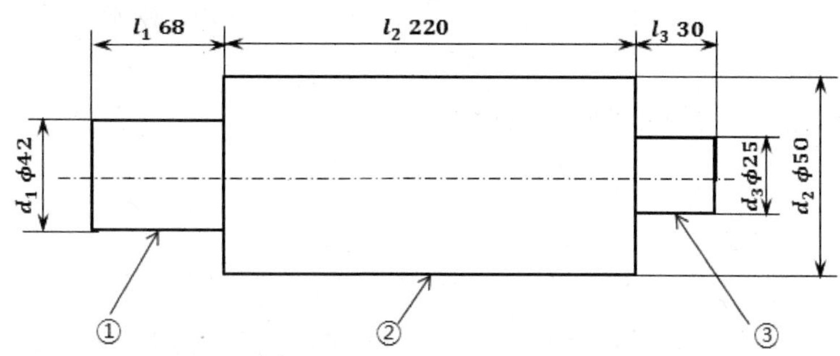

그림 2.23 원주의 조합(가법 조합)

그림 2.23과 같은 S30C제 단붙임 축이 있다고 하자. 각부 치수를 도시한대로 하고 구체적인 수치를 이용하여 중심축에 관한 관성모멘트(GD^2)의 계산법을 나타내자. 필요한 기호는 γ를 재료의 중량($\gamma = 7.8$[grf/㎤]), V_i를 임의 부분의 체적[㎤], W_i를 임의 부분의 중량[kgf]으로 하며 나머지는 그림 2.23에 나타낸다.

계산 순서는 다음과 같이 하면 된다.

① 입체 형상에 따라서 기본적 형상으로 분할한다.

② 각 분할부분의 체적을 구한다.

③ 각 분할부분의 중량을 구한다.

④ 각 부분의 GD^2을 공식에 의해 계산한다.

⑤ 각 부분의 GD^2을 합하고 전체의 GD^2을 구한다.

축의 형상에 의해 도시한 것처럼 ①~③으로 분할한다. 첨자 1, 2,…는 각각 부분 ①, ②, …에 관한 것으로 한다.

체적은 다음과 같다.

$$V_1 = \frac{\pi}{4} d_1^2 l_1 = \frac{\pi}{4} \times 4.2^2 \times 6.8 = 94.21 [㎤]$$

$$V_2 = \frac{\pi}{4} d_2^2 l_2 = \frac{\pi}{4} \times 5.0^2 \times 22 = 431.97 [㎤]$$

$$V_3 = \frac{\pi}{4} d_3^2 l_3 = \frac{\pi}{4} \times 2.1^2 \times 3.0 = 14.73 [㎤] \quad (2.126)$$

중량은 단위를 [kgf]로 하여 다음과 같이 된다.

$$W_1 = \gamma V_1 = 7.8 \times 94.21 = 734.84 [grf]$$

$$W_2 = \gamma V_2 = 7.8 \times 431.97 = 3369.37 [grf]$$

$$W_3 = \gamma V_3 = 7.8 \times 14.73 = 114.89 [grf] \quad (2.127)$$

각부의 GD^2은 식 (2.52)를 이용하여 다음과 같이 된다.

$$GD_1^2 = \frac{1}{2} W_1 d_1^2 = \frac{1}{2} \times 734.84 \times 4.2^2 = 6481.29 [grf \cdot ㎠]$$

$$GD_2^2 = \frac{1}{2} W_2 d_2^2 = \frac{1}{2} \times 3369.37 \times 5.0^2 = 42117.13 [grf \cdot ㎠]$$

$$GD_3^2 = \frac{1}{2} W_3 d_3^2 = \frac{1}{2} \times 114.89 \times 3.0^2 = 517.01 [grf \cdot ㎠] \quad (2.128)$$

전체의 GD^2은 각부의 GD_1^2, GD_2^2, GD_3^2을 합하여 다음과 같이 된다.

$$GD^2 = GD_1^2 + GD_2^2 + GD_3^2 = 6481.29 + 42117.13 + 517.01 = 49115.43 [grf \cdot ㎠] \quad (2.129)$$

즉, 49.12[kgf·㎠]이다. GD^2을 관성모멘트 I로 환산하면 중량이 중력단위 [kgf]로 표현되고 있으므로 식 (2.43)으로부터 단위를 [gr], [cm]로 하여 다음과 같다.

$$I=\frac{GD^2}{4g}=\frac{49115.43}{4\times 9.8}=12.53[\mathrm{gr\cdot cm^2}] \tag{2.130}$$

또한 필요하다면 중량의 단위에 주의해서 관성모멘트 I로 환산한다. 한편 분할 부분의 체적과 중량은 동시에 계산해도 좋다.

나. 원주의 감법 조합

그림 2.24에 나타낸 중공부를 갖는 원주를 예로 감법 조합 물체의 관성모멘트(GD^2)의 계산법을 나타낸다. 기호와 치수는 그림대로 하며 비중량은 $\gamma=7.85\times 10^{-3}$ [kgf/cm²]로 한다. 한편 첨자 1, 2는 각 부분 ①, ②, …에 관한 것으로 한다.

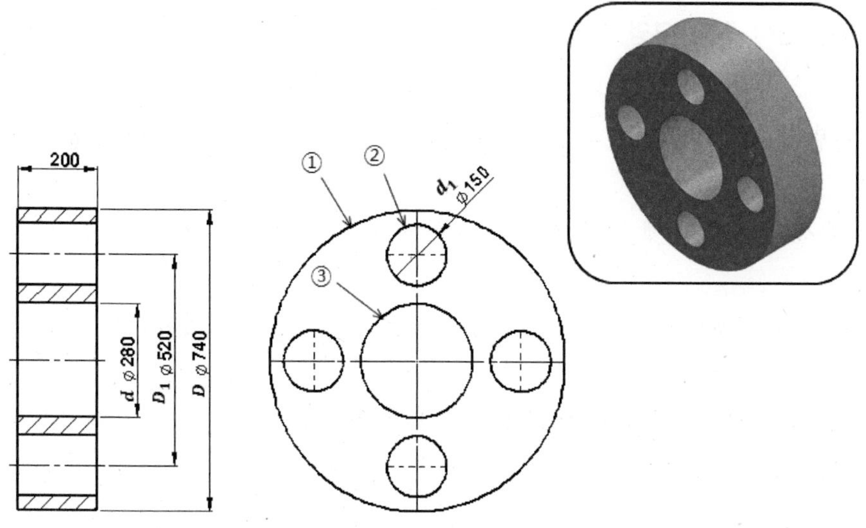

그림 2.24 원주의 조합체(감법 조합)

(1) 부분①

중공부가 없다고 가정한 직경 D, 두께 B인 중실원주이다. 이것의 회전축에 대한 GD^2은 다음과 같다.

중량은 다음과 같다.

$$W_1 = \frac{\pi}{4}\gamma D^2 B = \frac{\pi}{4} \times 7.85 \times 10^{-3} \times 74^2 \times 20 = 675.23[\text{kgf}] \quad (2.131)$$

$$GD_1{}^2 = \frac{1}{2} W_1 D^2 = \frac{1}{2} \times 675.23 \times 74^2 = 1848779.7[\text{kgf}\cdot\text{m}^2] \quad (2.132)$$

(2) 부분 ② : 축 구멍 부분

중량 : $W_2 = \frac{\pi}{4}\gamma d^2 B = \frac{\pi}{4} \times 7.85 \times 10^{-3} \times 28 \times 20 = 96.67[\text{kgf}]$ (2.133)

$$GD_2^2 = \frac{1}{2} W_2 d^2 = \frac{1}{2} \times 96.67 \times 28^2 = 37894.64[\text{kgf}\cdot\text{m}^2] \quad (2.134)$$

(3) 부분 ③ : 원판 구멍 부분

중량 : $W_3 = \frac{\pi}{4}\gamma d_1^2 B = \frac{\pi}{4} \times 7.85 \times 10^{-3} \times 15^2 \times 20 = 27.74[\text{kgf}]$(1개 당) (2.135)

우선 무게중심축에 관한 GD^2을 구하면 다음과 같이 된다.

$$GD_{03}^2 = \frac{1}{2} W_3 d_1^2 = \frac{1}{2} \times 27.74 \times 15^2 = 3120.75[\text{kgf}\cdot\text{m}^2] \quad (2.136)$$

다음에 중심축에 관한 GD^2을 구한다. 회전축과 중공부③의 무게중심축과의 축간 거리는 η는 다음과 같다.

$$\eta = \frac{1}{2} D_1 = \frac{1}{2} \times 21 = 26[\text{cm}] \quad (2.137)$$

따라서 중공부 1개당 회전축에 관한 GD^2은 평행축 정리에 의해 다음과 같이 된다.

$$GD^2{}_3 = GD^2{}_{03} + 4W_3\eta^2 = 3120.75 + 4 \times 27.74 \times 26^2 = 78129.71[\text{kgf}\cdot\text{cm}^2] \quad (2.138)$$

전체 GD^2은 중실부 ①의 GD^2으로부터 부분 ②, ③×n(4개)의 GD^2을 빼면 다음과 같다.

$$GD^2 = GD^2_1 - GD^2_2 - nGD^2_3 = 1848779.70 - 37894.64 - 4 \times 78129.71 = 1498366[\text{kgf}\cdot\text{cm}^2] = 149.84[\text{kgf}\cdot\text{m}^2] \quad (2.139)$$

GD^2을 관성모멘트로 환산하면 다음과 같다.

$$I = \frac{GD^2}{4g} = \frac{149.84}{4 \times 9.8} = 3.82[\text{kgf}\cdot\text{m}^2] \quad (2.140)$$

다. 직육면체의 가법 조합

그림 2.25와 같이 2개의 직육면체 조합을 예를 들어 관성모멘트(GD^2)을 계산하는 방법을 나타낸다.

직육면체를 부분 ①, ②로 분할하고 첨자 1, 2를 붙인다. 회전축은 부분 ①의 무게 중심축으로 하고 비중량을 $\gamma = 7.85 \times 10^{-3}$[kgf/㎤]로 한다.

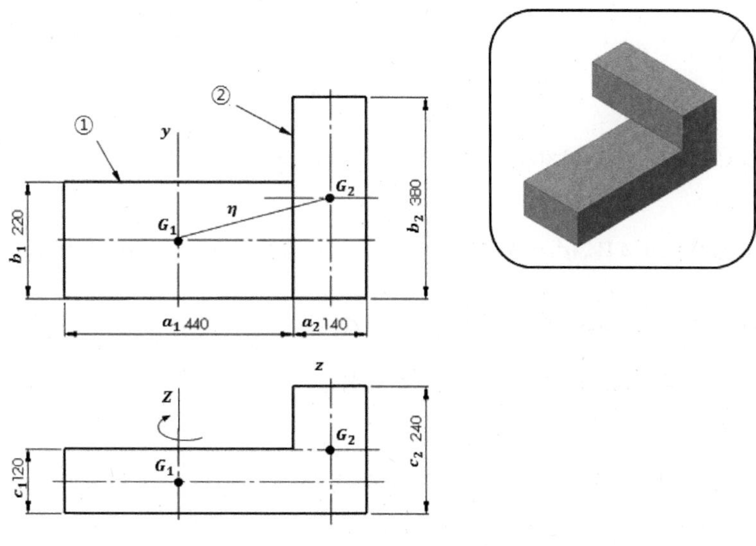

그림 2.25 직육면체의 조합(가법 조합)

(1) 부분 ①

$$\text{중량} : W_1 = \gamma a_1 b_1 c_1 = 7.85 \times 10^{-3} \times 44 \times 22 \times 12 = 91.19[\text{kgf}] \tag{2.141}$$

부분 ①의 GD^2은 다음과 같다.

$$GD_1^2 = \frac{1}{3} W_1 (a_1^2 + b_1^2) = \frac{1}{3} \times 91.19 \times (44^2 + 22^2) = 73559.93[\text{kgf} \cdot \text{cm}^2] \tag{2.142}$$

(2) 부분 ②

$$\text{중량} : W_2 = \gamma a_2 b_2 c_2 = 7.85 \times 10^{-3} \times 14 \times 38 \times 24 = 100.23[\text{kgf}] \tag{2.143}$$

무게 중심축과 회전축이 다르므로 ②의 무게중심축에 관한 GD_{02}^2를 계산하여 축간 거리 η와 평행축 정리에 의해 회전축에 관한 GD^2을 계산한다.

$$GD_{02}^2 = \frac{1}{3} W_2 (a_2^2 + b_2^2) = \frac{1}{3} \times 100.23 \times (14^2 + 38^2) = 54792.40[\text{kgf} \cdot \text{cm}^2] \tag{2.144}$$

축간 거리는 η는 다음과 같다.

$$\eta^2 = \left(\frac{a_1}{2} + \frac{a_2}{2}\right)^2 + \left(\frac{b_1}{2} - \frac{b_2}{2}\right)^2 = \left(\frac{44}{2} + \frac{14}{2}\right)^2 + \left(\frac{38}{2} - \frac{22}{2}\right)^2 = 905[\text{cm}^2] \tag{2.145}$$

따라서 부분 ②의 회전축에 관한 GD^2은 다음과 같다.

$$GD_2^2 = GD_{02}^2 + 4 W_2 \eta^2 = 54792.40 + 4 \times 100.23 \times 905 = 417625[\text{kgf} \cdot \text{cm}^2] \tag{2.146}$$

한편 축간거리 η는 무게중심점 G_1, G_2의 거리가 아니므로 회전축(Z축) 방향의 어긋남은 구할 필요가 없다. 또한 계산에서는 η^2을 이용하므로 η^2을 구해 놓는 것이 편리하다.

전체 GD^2은 회전축에 관한 부분 ①과 부분 ②의 GD^2을 합하면 다음과 같다.

$$GD^2 = GD_1^2 + GD^2_2 = 73559.93 + 417625 = 491184.93[\text{kgf}\cdot\text{cm}^2] \qquad (2.147)$$

계산치의 자릿수가 많으므로 단위를 바꾸면 다음과 같다.

$$GD^2 = 491184.93[\text{kgf.cm2}] = 491.12[\text{kgf}\cdot\text{m}^2]$$

GD^2을 관성모멘트로 환산하면 다음과 같다.

$$I = \frac{GD^2}{4g} = \frac{49.12}{4\times 9.8} = 1.253[\text{kgf}\cdot\text{m}^2] \qquad (2.148)$$

라. 직육면체의 감법 조합

그림 2.26에서처럼 일부 절취부가 있는 입체를 예로 하여 계산법을 나타낸다.

입체를 도시와 같이 부분①, 부분②, 부분③으로 분할한다. 회전축은 부분①의 중심축으로 하고 비중량을 $\gamma = 7.85\times 10^{-3}$[kgf/㎤]로 한다. 더욱이 여기서는 계산에 이용하는 단위를 [kgf][㎝]로 한다.

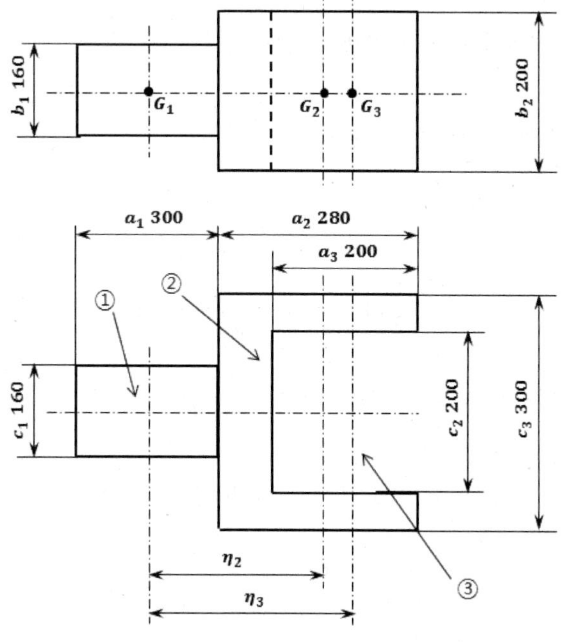

그림 2.26 직육면체의 조합(감법조합)

(1) 부분 ①-중실축으로 취급

중량은 다음과 같다.

$$W_1 = \gamma a_1 b_1 c_1 = 7.85 \times 10^{-3} \times 30 \times 16 \times 16 = 60.29[\text{kgf}] \quad (2.149)$$

식 (2.149)에 의해 중심 G_1을 지나는 회전축에 관한 GD^2_1은 다음과 같다.

$$GD^2_1 = 1/3 \times W_1(a_1^2 + b_1^2) = 1/3 \times 60.29 \times (30^2 + 16^2) = 23231.75[\text{kgf·cm}^2] \quad (2.150)$$

(2) 부분 ②-절취 부분 ③이 없는 직육면체로 취급

중량은 다음과 같다.

$$W_2 = \gamma a_2 b_2 c_2 = 7.85 \times 10^{-3} \times 28 \times 22 \times 30 = 145.07[\text{kgf}] \quad (2.151)$$

부분 ②의 중심축은 회전축과 η떨어져 있으므로 ②의 중심축에 관한 GD^2_{02}을 식 (2.151)로부터 구하고 더욱이 평행축 정리를 이용하여 회전축에 관한 GD^2을 계산한다.

$$GD^2_{02} = 1/3 \times W_2(a_2^2 + b_2^2) = 1/3 \times 145.07 \times (28^2 + 22^2) = 61316.25[\text{kgf·cm}^2] \quad (2.152)$$

축간 거리 η는 다음과 같다.

$$\eta_2 = \frac{1}{2}(a_1 + a_2) = \frac{1}{2}(30 + 28) = 29[\text{cm}] \quad (2.153)$$

부분 ②의 회전축에 관한 GD^2_2는 다음과 같다.

$$GD^2_2 = GD^2_{02} + 4W_2\eta_2^2 = 61316.25 + 4 \times 145.07 \times 29^2 = 549331.73[\text{kgf·cm}^2] \quad (2.154)$$

(3) 부분 ③-절취부가 중실 직육면체로 가정

중량은 다음과 같다.

$$W_3 = \gamma a_3 b_3 c_3 = 7.85 \times 10^{-3} \times 20 \times 22 \times 20 = 69.08[\text{kgf}] \tag{2.155}$$

부분 ②와 마찬가지로 중심축에 관한 GD^2_{03}과 평행축 정리에 의해 GD^2을 계산한다.

$$GD^2_{03} = 1/3 \times W_3(a_3^2 + b_3^2) = 1/3 \times 69.08 \times (20^2 + 22^2) = 20355.57[\text{kgf}\cdot\text{cm}^2] \tag{2.156}$$

축간 거리η는 다음과 같다.

$$\eta_3 = \frac{a_1}{2} + a_2 - \frac{a_3}{2} = \frac{1}{2}(a_1 - a_3) + a_2 = \frac{1}{2}(30 - 20) + 28 = 33[\text{cm}] \tag{2.157}$$

부분 ③의 회전축에 관한 GD^2_3는 다음과 같다.

$$GD^2_3 = GD^2_{03} + 4W_3\eta_3^2 = 20355.57 + 4 \times 69.08 \times 33^2 = 321268.05[\text{kgf}\cdot\text{cm}^2] \tag{2.158}$$

전체의 GD^2은 부분①, 부분 ②의 GD^2으로부터 부분 ③을 빼면 된다.

$$\begin{aligned} GD^2 &= GD^2_1 + GD^2_2 - GD^2_3 [\text{kgf}\cdot\text{cm}^2] \\ &= 23231.75 + 549331.73 - 321268.05 = 251295.43 \end{aligned} \tag{2.159}$$

즉, 25.13[kgf·cm²]이다.

전체의 관성모멘트 I는 다음과 같다.

$$I = \frac{GD^2}{4g} = \frac{251295.43}{4 \times 980} = 64.11[\text{kg}\cdot\text{cm}^2] \tag{2.160}$$

마. 직육면체와 원주(원판)의 조합

그림 2.27에 나타낸 직육면체와 원주의 조합 물체의 회전축(Z축)에 관한 관성모멘트(GD^2)을 구해보자. 이형상의 분할에 있어서는 그림 2.27의 4개 분할이 보통이다. 재료의 비중량을 $\gamma = 7.85 \times 10^{-3}$[kgf/cm^2]로 한다. 한편 첨자 1, 2, 3, 4는 각 부분 ①, ②, …에 관한 것으로 한다.

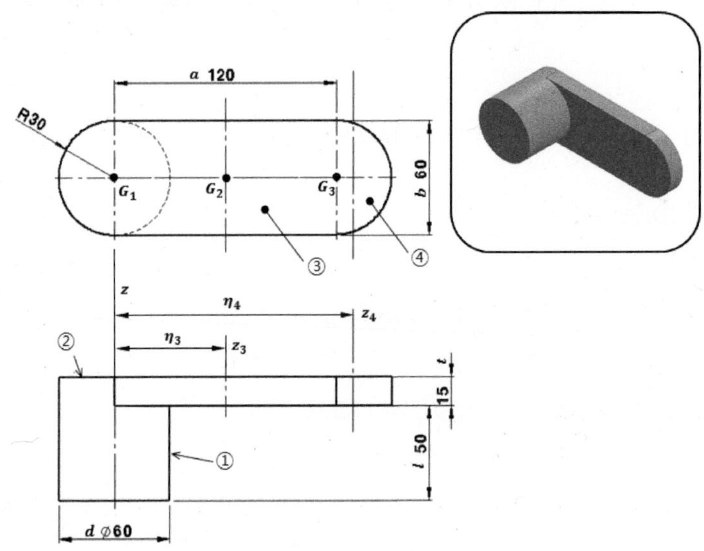

그림 2.27 직육면체와 원주의 조합

(1) 부분 ①

원주 부분으로 직경 $d = 2R = 2 \times 30$[㎜], 길이 l[㎜]이다. 이것의 회전축에 대한 GD^2은 다음과 같다.

중량은 다음과 같이 된다.

$$W_1 = \frac{\pi}{4}\gamma D^2 l = \frac{\pi}{4} \times \gamma R^2 l = \pi \times 7.85 \times 10^{-3} \times 3^2 \times 5 = 1.102[\text{kgf}] \qquad (2.161)$$

GD^2은 식 (3.13)에 의해 다음과 같이 된다.

$$GD_1^{\,2} = \frac{1}{2} W_1 d^2 = 2 W_1 R^2 = 2 \times 1.102 \times 3^2 = 19.848[\text{kgf·cm}^2] \qquad (2.162)$$

(2) 부분 ② : 반경 $R=30$[㎜], 두께 $t=15$[㎜]인 반원판 부분

중량은 다음과 같다.

$$W_2=\frac{1}{2}\pi\gamma R^2t=\frac{\pi}{2}\times 7.85\times 10^{-3}\times 3^2\times 1.5=0.165[\text{kgf}] \quad (2.163)$$

Z축에 관한 GD_2^2는 반원판에 대한 식 (2.111)에 의해 다음과 같이 된다.

$$GD_2^2=2W_2R^2=2\times 0.165\times 3^2=2.977[\text{kgf}\cdot\text{cm}^2] \quad (2.164)$$

(3) 부분 ③ : 길이 $a=120$[㎜], 폭 $b=60$[㎜], 두께 $t=15$[㎜]인 직육면체

중량은 다음과 같다.

$$W_3=\gamma abt=7.85\times 10^{-3}\times 12\times 6\times 1.5=0.842[\text{kgf}] \quad (2.165)$$

무게 중심축 Z_3에 관한 GD_{03}^2는 식 (2.80)과 평행축 정리에 의해 $\eta_3=a/2$이므로 다음과 같이 된다.

$$\begin{aligned}GD_3^2&=GD_{03}^2+4W_3\eta_3^2=\frac{1}{3}W_3(a^2+b^2)+4W_3\left(\frac{a}{2}\right)^2\\&=\frac{1}{3}\times 0.842\times(12^2+6^2)+4\times 0.842\times 6^2=171.849[\text{kgf}\cdot\text{cm}^2]\end{aligned} \quad (2.166)$$

(4) 부분 ④ : 반경 $R=30$[㎜], 두께 $t=15$[㎜]인 반원판 부분

중량은 다음과 같다.

$$W_2=\frac{1}{2}\pi\gamma R^2t=\frac{\pi}{2}\times 7.85\times 10^{-3}\times 3^2\times 1.5=0.165[\text{kgf}] \quad (2.167)$$

부분 ①의 경우는 회전축 Z축과의 관계이며 직접 축에 관한 반원판의 GD^2으로서 식 (2.118)으로부터 구할 수 있지만 부분 ④에서는 이 반원판의 중심축 Z_4에 관한 GD_{04}^2를 구하고 더욱이 평행축의 정리를 활용하여 회전축에 관한 GD^2을 계산하지 않으면 안 되므로 주의가 필요하다.

중심축 z_4축에 관한 GD^2은 식 (2.118)에 의해 다음과 같이 된다.

$$GD^2_{04} = 2\left(1 - \frac{32}{9\pi^2}\right)W_4R^2 = 2\left(1 - \frac{32}{9\pi^2}\right)\times 0.165\times 3^2 = 1.904[\text{kgf}\cdot\text{cm}^2] \quad (2.168)$$

축간 거리는 η_4는 다음과 같다.

$$\eta_4 = a + \frac{4}{3\pi}R = 12 + \frac{4}{3\pi}\times 3 = 13.273[\text{cm}] \quad (2.169)$$

GD^2은 평행축 정리에 의해 다음과 같이 된다.

$$GD^2_4 = GD^2_{04} + 4W_4\eta_4^{\;2} = 1.904 + 4\times 0.165\times\left(12 + \frac{4}{3\pi}\times 3\right)^2 = 118.464[\text{kgf}\cdot\text{cm}^2] \quad (2.170)$$

GD^2_4는 다음과 같이 구해도 좋다. 반원판의 중심축에 관한 GD^2_{04}는 식 (2.113)에서 축간 거리를 η_5로 하여 이것을 평행축의 정리에 의한 Z축에 관한 GD^2의 식을 혼합하면 다음과 같이 된다.

$$GD^2_4 = GD^2_{04} + 4W_4\eta_4^{\;2} = (2W_4R^2 - 4W_4\eta_5^{\;2}) + 4W_4\eta_4^{\;2}$$

즉, 다음 식이 얻어진다.

$$GD^2_4 = 2W_4R^2 + 4W_4(\eta_4^{\;2} - \eta_5^{\;2}) \quad (2.171)$$

위의 식에 각 수치를 대입하면 식 (2.170)과 동일한 결과를 얻을 수 있다.

전체 GD^2은 부분 ①~④의 GD^2을 더하면 다음과 같다.

$$\begin{aligned} GD^2 &= GD^2_1 + GD^2_2 + GD^2_3 + GD^2_4 \\ &= 19.848 + 2.977 + 171.849 + 118.464 = 313.14[\text{kgf}\cdot\text{cm}^2] \end{aligned} \quad (2.172)$$

GD^2을 관성모멘트로 환산하면 다음과 같다.

$$I = \frac{GD^2}{4g} = \frac{313.14}{4 \times 980} = 0.32[\text{kgf} \cdot \text{cm}^2] \tag{2.173}$$

바. 크랭크축

그림 2.28에 나타낸 형상 치수의 크랭크 축을 예로 들어 크랭크 축의 회전축(중심축)에 대한 GD^2을 계산한다.

크랭크 축의 재질은 SM45C로 비중(γ)는 786×10^3(kg/㎥)로 한다.

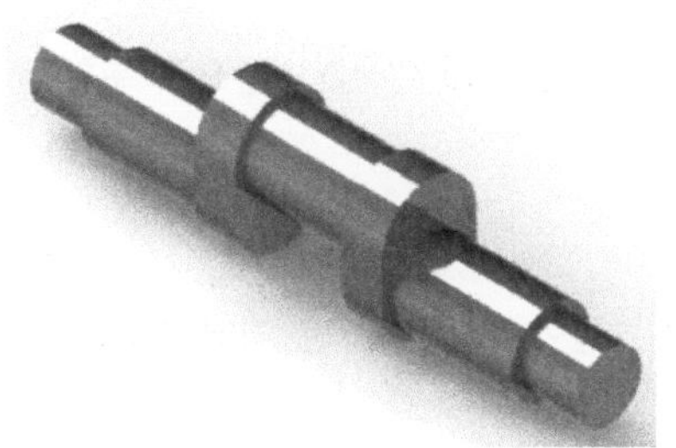

사진 2.1 크랭크 축

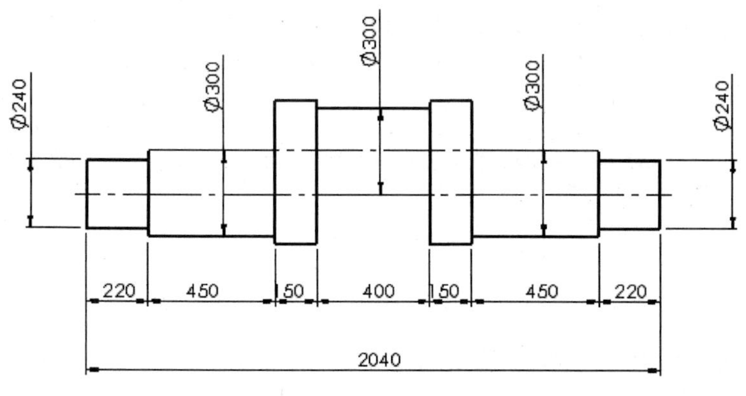

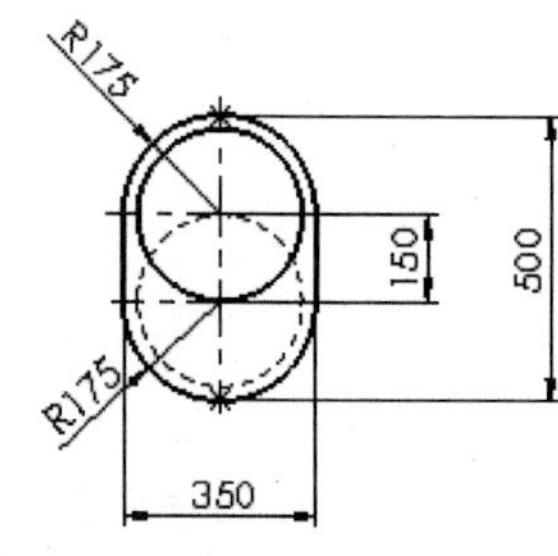

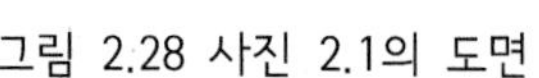

그림 2.28 사진 2.1의 도면

그림 2.28을 그림 2.29와 같이 ①~⑦의 부분으로 분할해서 계산한다.

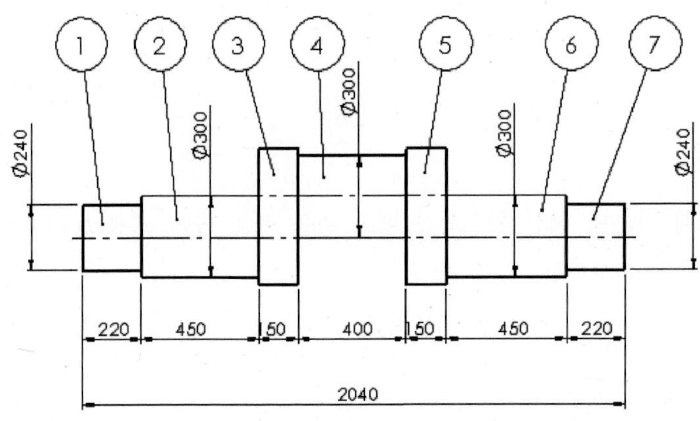

그림 2.29 ①~⑦ 부분으로 분할

(1) 부분①의 GD^2

부분①을 지름 d_1[m], 길이 l_1[m]의 원 기둥으로 생각하면 그 중량은 다음 식으로 구할 수 있다.

$$\begin{aligned} W_1 &= \gamma \times \pi/4 \bullet d_1^{\,2} \times l_1 \\ &= 7.86 \times 10^3 \times \frac{\pi}{4} \times 0.24^2 \times 0.22 = 78.23[\text{kgf}] \end{aligned} \tag{2.174}$$

$$GD_1^2 = \frac{1}{2} W_1 d_1^2 = \frac{1}{2} \times 78.23 \times 0.24^2 = 2.25[\text{kgf·m}^2] \tag{2.175}$$

(2) 부분②의 GD^2

부분②를 지름 d_2[m], 길이 l_2[m]의 원 기둥으로 생각하면 그 중량은 다음 식으로 구할 수 있다.

$$W_2 = \gamma \times \pi/4 \cdot d_2^{\,2} \times l_2$$
$$= 7.86 \times 10^3 \times \frac{\pi}{4} \times 0.3^2 \times 0.45 = 250.02[\text{kgf}] \qquad (2.176)$$

$$GD_2^2 = \frac{1}{2} W_2 d_2^{\,2} = \frac{1}{2} \times 250.02 \times 0.3^2 = 11.25[\text{kgf·m}^2] \qquad (2.177)$$

(3) 부분③의 GD^2

부분③은 더욱이 3-1~3-3으로 분할해서 생각한다(그림 2.30 참조).

a) 부분 3-1의 GD^2

부분 3-1은 반지름 r[m], 두께 t[m]의 반원판이므로 부분 3-1의 중량은 다음과 같다.

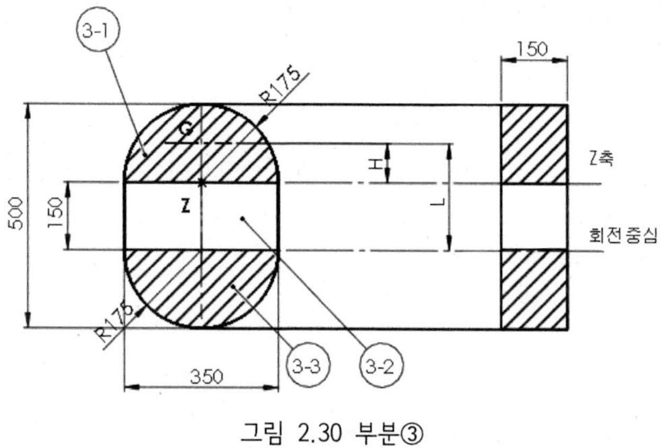

그림 2.30 부분③

$$W_{31} = 1/2 \times \gamma \times \pi r^2 \times t$$
$$= \frac{1}{2} \times 7.86 \times 10^3 \times \pi \times 0.175^2 \times 0.15 = 56.72\,[\text{kgf}] \qquad (2.178)$$

다음에 점 Z를 지나는 회전축에 평행축에 관한 반원판 3-1의 $GD^2(GD^2{}_Z)$은 다음과 같이 간단히 구할 수 있다.

임의의 대칭 형상의 물체에 대해 그 한 쪽 편을 제외한 경우의 GD^2은 원래의 대칭 형상물체의 반쪽이 된다. 따라서 구하는 $GD^2{}_Z$은 중량 $2W_{31}$, 직경 $2r$[m], 두께 t[m]인 원판의 GD^2의 절반이다.

$$GD^2{}_Z = \frac{1}{2}\left\{\frac{1}{2}(2W_{31}) \cdot (2r)^2\right\} = 2W_{31}r^2 = 2 \times 56.72 \times 0.175^2 = 3.47[\text{kgf}\cdot\text{m}^2] \quad (2.179)$$

여기서 회전축으로부터 3-1의 중심(重心) G까지 거리를 L[m], Z축으로부터 중심까지 거리 H[m]로 하면 평행축 정리로부터 부분 3-1의 회전축에 관한 GD^2을 $GD^2{}_{31}$ [kgf·m²]로 하여 다음과 같이 된다.

$$GD^2{}_{31} = GD^2{}_Z + 4W_{31}(L^2 - H^2) \quad (2.180)$$

여기서 $H = \frac{4}{3\pi}r$에 의해 다음과 같이 된다.

$$H = \left(\frac{4}{3\pi}\right) \times 0.175 = 0.074[\text{m}]$$

$$GD^2{}_{31} = 3.47 + 4 \times 56.72\{(0.15 - 0.074)^2 - 0.074^2\} = 13.61[\text{kgf}\cdot\text{m}^2] \quad (2.181)$$

b) 부분 3-2의 GD^2

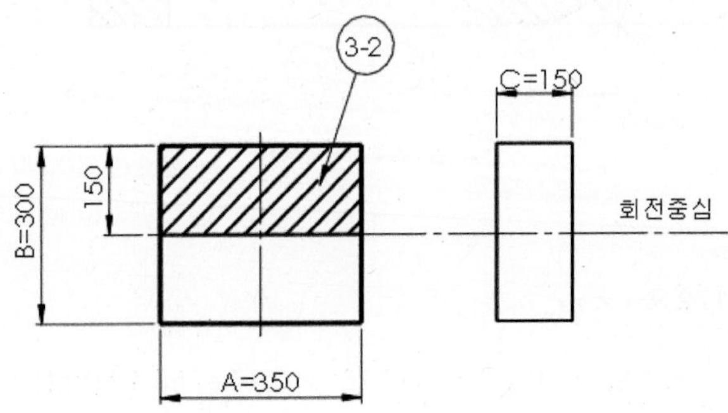

그림 2.31 회전축에 관해 대칭 형상의 직육면체

부분 3-2는 그림 2.31에 나타내는 직육면체(회전축에 관해 대칭)의 한 쪽 편을 제외한 형상이라고 할 수 있으므로 다음과 같이 된다.

$$GD^2_{32} = \frac{1}{2} GD^2_r \tag{2.182}$$

GD^2_{32} : 3-2의 회전축에 관한 GD^2[kgf·m²]

여기서 그림 2.31의 직육면체 중량을 W_r로 하면

$$W_r = (A \times B \times C) \times \gamma$$
$$= (0.35 \times 0.30 \times 0.15) \times 7.86 \times 10^3 = 123.80[\text{kgf}] \tag{2.183}$$

$$GD^2_{32} = \frac{1}{2}\left\{\frac{1}{3} \times W_r \times (A^2 + B^2)\right\}$$
$$= \frac{1}{2}\left\{\frac{1}{3} \times 123.80 \times (0.35^2 + 0.30^2)\right\} = 4.38[\text{kgf·m}^2] \tag{2.184}$$

c) 부분 3-3의 GD^2

부분 3-3은 부분 3-1의 Z축을 회전축으로 바꿔 놓은 형상이므로

$$GD^2_{33} = GD^2_Z = 3.47[\text{kgf·m}^2] \tag{2.185}$$

따라서 부분 ③의 회전축에 관한 $GD^2(GD^2_3)$은

$$GD^2_3 = GD^2_{31} + GD^2_{32} + GD^2_{33} = 13.61 + 4.38 + 3.47 = 21.46[\text{kgf·m}^2] \tag{2.186}$$

(4) 부분④의 GD^2

먼저 회전축에 평행하며 부분④의 중심을 지나는 축(Z_4축으로 한다)에 관한 GD^2 ($GD^2{}_P$)을 구한다.

$$\begin{aligned} W_4 &= \gamma \times \pi/4 \bullet d_4^2 \times l_4 \\ &= 7.86 \times 10^3 \times \frac{\pi}{4} \times 0.30^2 \times 0.40 = 222.24[\text{kgf}] \end{aligned}$$

$$GD^2{}_P = \frac{1}{2} W_4 d_4^2 = \frac{1}{2} \times 222.24 \times 0.30^2 = 10.00[\text{kgf}\cdot\text{m}^2] \quad (2.187)$$

여기서 회전축과 Z_4축과의 거리를 η라고 하면 부분 ④의 회전축에 관한 GD^2 ($GD^2{}_4$)은

$$GD^2{}_4 = GD^2{}_P + 4 W_4 \eta^2 = 10.00 + 4 \times 222.24 \times 0.15^2 = 30.00 \quad [\text{kgf}\cdot\text{m}^2] \quad (2.188)$$

그런데 부분 ⑤, ⑥, ⑦은 부분 ③, ②, ①과 같은 형상이므로 각각의 GD^2도 같다. 즉, $GD^2{}_5 = GD^2{}_3$, $GD^2{}_6 = GD^2{}_2$, $GD^2{}_7 = GD^2{}_1$ 이다.

따라서 크랭크 축 전체의 GD^2은

$$\begin{aligned} GD^2 &= GD^2{}_1 + GD^2{}_2 + GD^2{}_3 + GD^2{}_4 + GD^2{}_5 + GD^2{}_6 + GD^2{}_7 \\ &= 2(GD^2{}_1 + GD^2{}_2 + GD^2{}_3) + GD^2{}_4 \\ &= 2(2.25 + 11.25 + 21.46) + 30.00 = 99.92[\text{kgf}\cdot\text{m}^2] \end{aligned} \quad (2.189)$$

2.5 기계장치의 등가 관성모멘트(GD²)

기계장치의 각 부분의 관성모멘트는 기본적인 형상의 관성모멘트의 공식과 지금까지 서술한 평행축 정리를 이용하여 모델화 하고 조합형상으로 하면 계산할 수 있다. 이 각 부분의 관성모멘트는 기본적으로 중요하지만 설계에서 필요로 하는 것은 장치로서의 관성모멘트이며 이것은 간단히 각부의 관성모멘트를 단순히 합계하여 얻을 수 있는 것은 아니다.

기계장치에서는 각 부분의 운동은 연동하고 있으며 하나의 축(예를 들면 모터축)에 의해 전체의 운동이 구동되어 제어된다. 장치의 **등가관성모멘트**란 이 특정의 구동축(제어축)에 관해 전체에 어느 정도의 관성모멘트로 되는지 라는 것이다.

본 절에서는 운동하고 있는 각 부분의 관성모멘트를 하나의 특정축(일반적으로 모터축이 선정됨)에 관한 관성모멘트로 변환하는 계산법에 대해 그 요점과 사고방식을 서술하기로 한다. 이 변환의 기본이 되는 것은 운동에너지이다. 에너지 개념은 설계자에 있어서 상당히 중요한 개념으로 세부의 운동에 연연하지 않고 에너지의 입력과 출력을 전체적으로 생각하고 구하는 결과를 도출할 수 있다. 관성모멘트의 변환도 운동에너지의 개념에 의해 용이하게 이해할 수 있을 것이다.

2.5.1 회전 기구 장치의 등가 관성모멘트

이미 서술했듯이 회전체의 운동에너지는 식 (2.39)와 같이 된다.

$$E = \frac{1}{2} I\omega^2 \tag{2.190}$$

실제의 설계에서는 관성모멘트 I대신에 GD^2을, 각속도 ω 대신에 축회전수 n(rpm)이 많이 사용되므로 설계상 이용하기 쉬운 식으로 고치면 다음과 같다.

$$I = \frac{GD^2}{4g} \text{[kgf·m}^2\text{]} \tag{2.191}$$

$$\omega = \frac{2\pi n}{60}\,[\text{rad/s}] \tag{2.192}$$

이므로 회전 운동에너지는 다음과 같이 된다.

$$E = \frac{1}{2} \cdot \frac{I}{4g} \cdot \left(\frac{2\pi n}{60}\right)^2 \tag{2.193}$$

즉,

$$E = \frac{GD^2 n^2}{7150}\,[\text{kgf, m, rpm 단위}] \tag{2.194}$$

또는

$$E = 1.4 \times 10^{-4} GD^2 n^2\,[\text{kgf, m, rpm 단위}] \tag{2.195}$$

그림 2.32에 나타낸 모터축에서 구동되는 기어를 모델로 등가 관성모멘트의 개념과 그의 계산법을 나타내기로 하자.

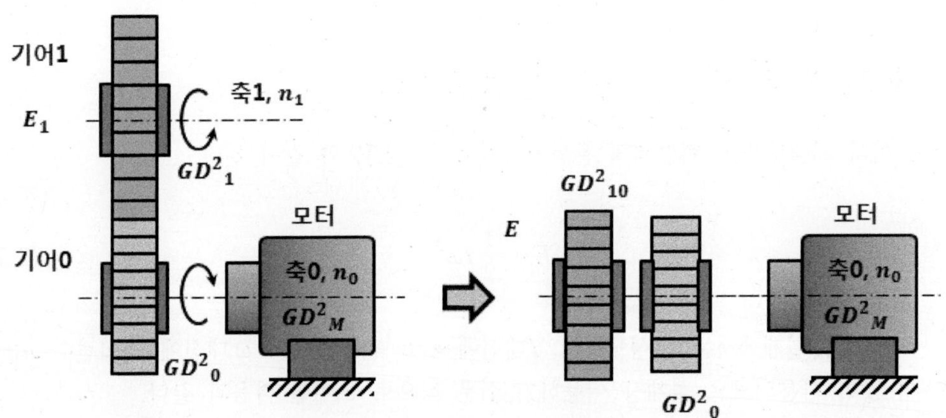

그림 2.32 등가 관성모멘트의 개념

요점은 어떤 관성모멘트를 갖는 회전체가 소정의 회전속도로 회전할 때에 갖는 운동에너지를 생각하고 이 운동에너지를 어떤 회전수로 회전하는 특정의 회전축에 관해서 갖는 데는 어느 정도의 관성모멘트가 이 특정축에 대해 있으면 좋을까를 생각하면 된다. 다음과 같은 기호로 생각하기로 한다.

- ${GD^2}_1$: 축1에 속한 GD^2(기어1과 축1의 GD^2)
- n_1: 축1의 회전속도
- n_0: 축0(제어축)의 회전속도

축1에 속한 회전체의 회전 운동에너지는 식 (2.195)에 의해 다음과 같이 된다.

$$E = \frac{{GD^2}_1 {n^2}_1}{7150} \tag{2.196}$$

지금 제어축0에 어떤 가상적으로 ${GD^2}_{10}$의 회전체가 부착되어 있다고 생각하고 이 회전체의 회전 운동에너지를 구하면 다음과 같다.

$$E = \frac{{GD^2}_{10} {n^2}_0}{7150} \tag{2.197}$$

에너지보존법칙은 항상 성립하므로 이들 에너지를 같다고 하면 다음과 같다.

$$\frac{{GD^2}_1 {n^2}_1}{7150} = \frac{{GD^2}_{10} {n^2}_0}{7150}$$

즉, 다음과 같이 된다.

$${GD^2}_{10} = {GD^2}_1 \left(\frac{n_1}{n_0} \right)^2 \tag{2.198}$$

상기의 ${GD^2}_{10}$가 축1의 ${GD^2}_1$을 축0의 ${GD^2}_0$으로 환산한 등가 GD^2이다. 이 환산은 어떤 축이 갖는 회전 운동에너지를 특정 축이 갖는 회전 운동에너지로 치환하는 환산이다. 에너지를 기본으로 하고 있으므로 반드시 축0와 축1은 직접 서로 이웃할 필요는 없고 축이 연동하고 있으면 식 (2.197)은 항상 성립한다. 일반적으로 GD^2_i는 임의 연동 축 i에 속한 GD^2이고, n_i는 임의 축 i의 회전속도이며 GD^2_{i0}를 축 i의 GD^2을 축 0로 환산한 등가 GD^2으로 하면 다음 식이 성립한다.

$$GD^2_{i0} = GD^2_i\left(\frac{n_i}{n_0}\right)^2 \tag{2.199}$$

그림 2.33과 같이 다수의 회전체가 운동하고 있는 일반적인 경우, 운동 회전체의 개수를 m개로 하고 특정 제어 축에 관한 등가 GD^2은 제어 축에 속한 GD^2_0을 포함하여 다음과 같이 나타낸다.

$$GD^2 = GD^2_0\left(\frac{n_0}{n_0}\right)^2 + GD^2_1\left(\frac{n_1}{n_0}\right)^2 + \cdots + GD^2_i\left(\frac{n_i}{n_0}\right)^2 + \cdots + GD^2_m\left(\frac{n_m}{n_0}\right)^2$$

즉, 일반식으로 하여 다음과 같이 된다.

$$GD^2 = \sum_{i=1}^{m} GD^2\left(\frac{n_i}{n_0}\right)^2 \tag{2.200}$$

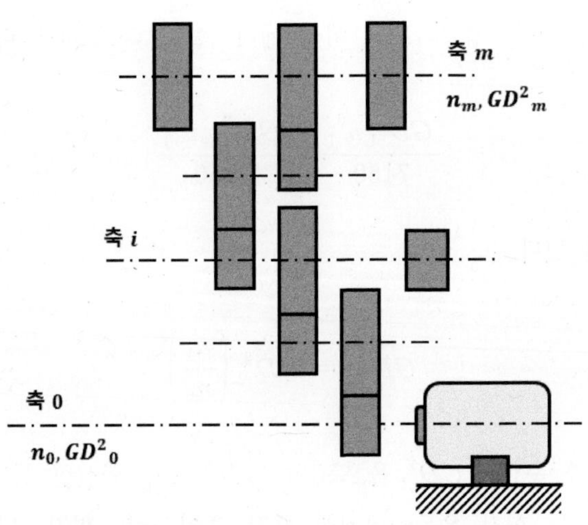

그림 2.33 운동 회전체의 등가 관성모멘트(GD²)

예제 2.1

회전 연동체의 제어 축에 관한 등가 GD^2의 계산 예로서 그림 2.34와 같은 브레이크 부착 모터 M, 기어 G_1, G_2, 차륜 A로 구성된 차륜 구동 장치의 예를 들어 이들 회전 운동체의 모터 축 환산의 등가 GD^2을 구해 보아라. 여기서 모터는 카탈로그로부터 정격 회전수 n_0=950[rpm], $GD^2{}_M$=0.25[kgf•㎡], 축 지름 d_0=32[㎜]로 한다. 각 부재의 비중량을 $\gamma = 0.78 \times 10^{-3}$[kgf/㎤]로 하고 우선 각 회전체의 중량과 GD^2을 구한다. 계산은 [kgf][㎝] 단위로 행하고 그 결과를 보고 [m] 단위로 바꿔라.

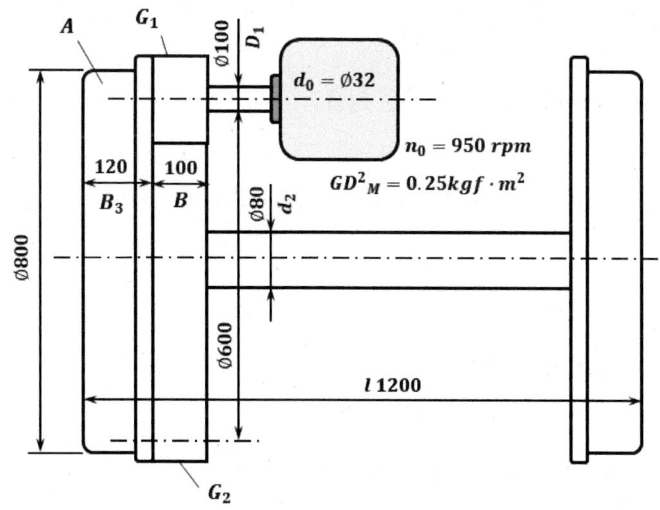

그림 2.34 차륜 구동 장치의 등가 관성모멘트(GD²)

풀이

(1) 기어 G_1

축0의 중량과 GD^2은 모터의 GD^2_0에 포함되어 있기 때문에 계산은 불필요하다.

중량 W_1은 다음과 같다.

$$W_1 = \frac{\pi}{4}\left(D_1^2 - d_0^2\right)B\gamma = \frac{\pi}{4}\left(10^2 - 3.2^2\right)\times 10 \times 7.86 \times 10^{-3} = 5.54\text{[kgf]} \quad (2.201)$$

중공 원주의 식 (2.64)로부터 GD^2은

$$GD^2{}_1 = \frac{1}{2}W_1\left(D_1{}^2 + d_0{}^2\right) = \frac{1}{2} \times 5.54 \times \left(10^2 + 3.2^2\right) = 305.36kgf \cdot cm^2 = 0.031[\text{kgf}\cdot\text{m}^2] \qquad (2.202)$$

(2) 기어 G_2

중량 W_2은 다음과 같다.

$$W_2 = \frac{\pi}{4}D_2{}^2B\gamma = \frac{\pi}{4}60^2 \times 10 \times 7.86 \times 10^{-3} = 222.24[\text{kgf}] \qquad (2.203)$$

중공 원주의 식 (2.64)로부터 GD^2은 다음과 같다.

$$GD^2{}_2 = \frac{1}{2}W_2D_2{}^2 = \frac{1}{2} \times 222.24 \times 60^2 = 400032kgf \cdot cm^2 = 40.00[\text{kgf}\cdot\text{m}^2] \qquad (2.204)$$

(3) 차륜 A

중량 W_3은 다음과 같다.

$$W_3 = \frac{\pi}{4}D_3{}^2B_3\gamma = \frac{\pi}{4} \times 80^2 \times 12 \times 7.86 \times 10^{-3} = 474.10[\text{kgf}] \qquad (2.205)$$

차륜 2개분의 GD^2을 구하면 다음과 같다.

$$GD^2{}_3 = 2 \times \frac{1}{2}W_3D_3{}^2 = 2 \times \frac{1}{2} \times 474.1 \times 80^2 = 3034240kgf \cdot cm^2 = 303.42[\text{kgf}\cdot\text{m}^2] \qquad (2.206)$$

(4) 차륜 축

중량 W_4는 축의 길이로부터 차륜 2개분의 폭과 기어 G_2의 폭을 빼면 다음과 같다.

$$W_4 = \frac{\pi}{4}d_2{}^2(l - 2B_3 - B)\gamma = \frac{\pi}{4} \times 8^2 \times (120 - 2 \times 12 - 10) \times 7.86 \times 10^{-3} = 33.98[\text{kgf}] \qquad (2.207)$$

차륜 축의 GD^2을 구하면 다음과 같다.

$$GD^2{}_4 = \frac{1}{2}W_4 d_2^2 = \frac{1}{2}\times 33.98\times 8^2 = 1087.36kgf \cdot cm^2 = 0.109[\text{kgf}\cdot\text{m}^2] \quad (2.208)$$

등가 GD^2을 구하는데 있어서는 각축(회전수가 동일한 축)에 착안하여 그 축마다 회전하는 부분의 GD^2을 합계하면 된다.

(5) 모터 축에 속한 GD^2

모터와 기어 G_1이 모터 축에 속하므로 $GD^2{}_I$은 다음과 같다.

$$GD^2{}_I = GD^2{}_M + GD^2{}_1 = 0.25 + 0.031 = 0.281[\text{kgf}\cdot\text{m}^2] \quad (2.209)$$

(6) 차륜 축에 속한 GD^2

기어 G_2와 차륜 A(2개분)이 축2에 속하므로 $GD^2{}_{II}$은 다음과 같다.

$$GD^2{}_{II} = GD^2{}_2 + GD^2{}_3 + GD^2{}_4 = 40.00 + 303.42 + 0.109 = 342.529[\text{kgf}\cdot\text{m}^2] \quad (2.210)$$

(7) 연동계 전체의 등가 GD^2

모터 축에 속한 $GD^2{}_1$ 은 환산 불필요하며 회전수의 비는 다음과 같다.

$$\frac{n_1}{n_0} = \frac{D_1}{D_2} = \frac{100}{600} = \frac{1}{6} \quad (2.211)$$

따라서 등가 GD^2은 다음과 같다.

$$GD^2 = GD^2{}_1 + GD^2{}_{II}\left(\frac{n_2}{n_0}\right)^2 = 0.281 + 343.529\times\left(\frac{1}{6}\right)^2 = 9.823[\text{kgf}\cdot\text{m}^2] \quad (2.212)$$

이 차륜 구동 장치는 모터 축에 $GD^2 = 9.823$[kgf•㎡]의 회전체를 부착한 경우와 완전히 동일한 구동하기 어려움(관성적 거동)을 나타내는 것이 된다. 한편 관성모멘트 I는 식 (2.97)로부터 다음과 같이 된다.

$$I = \frac{GD^2}{4g} = \frac{9.823}{4 \times 9.8} = 0.251 \text{kgf} \cdot \text{m}^2] \qquad (2.213)$$

2.5.2 직동 기구 장치의 등가 관성모멘트

기계장치에는 컨베이어나 리프트, 이적 장치 등 직선 운동 기구를 갖는 것도 많다. 이들의 직선 운동체도 그 구동은 통상 회전축에서 행해진다.

구동이나 운동제어를 회전축에서 행하기 위해서는 직선 운동체의 관성량을 회전체의 관성모멘트(GD^2)으로 환산하는 것이 필요하다. 이 환산법을 아래에 서술한다. 그 기초는 에너지의 개념이다.

그림 2.35에 나타낸 가장 간단한 이송나사에 의한 테이블 장치를 예로 들어 그 사고 방식의 요점을 서술하기로 한다. 기호는 각각 W는 테이블의 중량[kgf], v는 테이블의 이송속도[m/s], n은 모터축(구동 제어축)의 회전수[rpm]으로 한다.

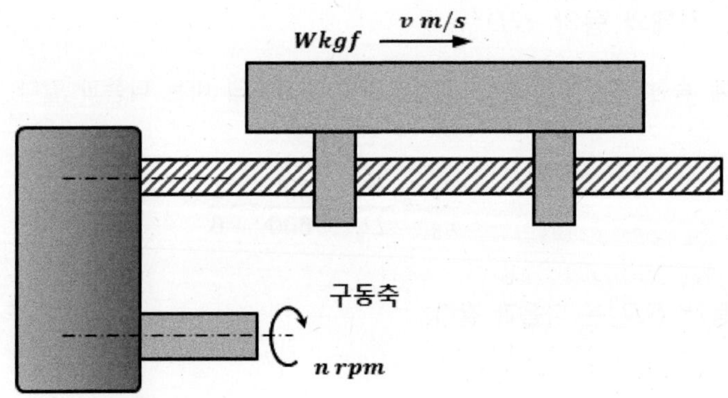

그림 2.35 직선 운동체의 등가관성모멘트(GD²)

테이블의 운동에너지는 식 (2.33)에 의해 다음과 같다.

$$E = \frac{1}{2}\frac{W}{g}v^2 \tag{2.214}$$

이 운동에너지가 제어회전축에 부착된 회전체의 회전 운동에너지와 같다고 놓으면 식 (2.214)와 식 (2.193)에 의해 다음과 같이 된다.

$$E = \frac{1}{2}\frac{W}{g}v^2 = \frac{1}{8g}GD^2\left(\frac{2\pi n}{60}\right)^2$$

즉, 직동테이블의 등가 GD^2은 다음과 같다.

$$GD^2 = \frac{3600}{\pi^2} \cdot \frac{Wv^2}{n^2} \text{[kgf, m, s, rpm단위]} \tag{2.215}$$

식 (2.215)이 직동체(중량 W, 속도 v(m/s))의 등가관성모멘트를 구한 식이다.

계수를 정리하면 다음과 같다.

$$GD^2 = 365\,W\left(\frac{v}{n}\right)^2 \text{[kgf, m, s, rpm단위]} \tag{2.216}$$

계수는 사용단위에 의해 달라진다. 속도 v가 m/min단위의 경우는 다음과 같다.

$$GD^2 = \frac{W}{\pi^2}\left(\frac{v}{n}\right)^2 \text{[kgf, m, min, rpm단위]} \tag{2.217}$$

위의 식을 보면 등가 GD^2은 속도와 회전수비의 제곱 $(v/n)^2$에 비례할 뿐이므로 일체의 구동축에서 다수의 직동체가 연동하여 움직이는 경우에도 다음과 같이 적용할 수 있다. 지금 m개의 직동체가 연동하는 경우 각 직동체의 중량을 W_1, W_2, ⋯, W_i, ⋯, W_m [kgf]으로 하고, 각 직동체의 속도를 v_1, v_2, ⋯, v_i, ⋯, v_m [m/s]로 하며 구동 제어축의 회전수를 n_0 [rpm]으로 하면 제어축에 관한 등가 관성모멘트는 다음과 같다.

$$GD^2 = 365\,W_1\left(\frac{v_1}{n_0}\right)^2 + 365\,W_2\left(\frac{v_2}{n_0}\right)^2 + \cdots + 365\,W_m\left(\frac{v_m}{n_0}\right)^2 \tag{2.218}$$

즉,

$$GD^2 = \sum_{i=1}^{m} 365\,W_i\left(\frac{v_i}{n_0}\right)^2 \text{[kgf, m, s, rpm단위]} \tag{2.219}$$

직동체의 속도 v가 (m/min) 단위의 경우는

$$GD^2 = \sum_{i=1}^{m} \frac{W_i}{\pi^2}\left(\frac{v_i}{n_0}\right)^2 \text{[kgf, m, min, rpm단위]} \tag{2.220}$$

예제 2.2

그림 2.35와 같이 이송테이블 장치가 테이블 중량을 $W = 120$[kgf], 테이블의 속도를 $v = 80$[cm/s], 구동축의 회전수를 $n = 1750$[rpm]으로 할 때 구동축에 관한 등가관성모멘트를 구하라.

풀이

식 (2.216)에 의해

$$GD^2 = 365\,W\left(\frac{v}{n}\right)^2 = 365 \times 120\left(\frac{80}{1750}\right)^2 = 91.53\text{[kgf · ㎠]} \tag{2.221}$$

관성모멘트 I로 나타내면 식 (2.42)에 의해

$$I = \frac{GD^2}{4g} = \frac{91.53}{4 \times 980} = 23.35 \times 10^{-3}\text{[kgf · ㎠]} \tag{2.222}$$

예제 2.3

그림 2.36과 같은 수평 설치의 컨베이어가 있다. 사양은 벨트 자중을 $w=6$[kgf/m], 스팬(span)은 $l=8$[m], 시이프 푸트 로울러(sheep's foot roller) 지름은 $D=400$[㎜], 시이프 푸트 로울러 GD^2은 1개당 $GD^2_s=5.21$[kgf · ㎡], 반송 중량은 $W=84$[kgf], 반송 속도를 $v=100$[m/min]이라고 할 때 구동축에 관한 수평 설치 컨베이어 장치의 등가 관성모멘트를 구하라.

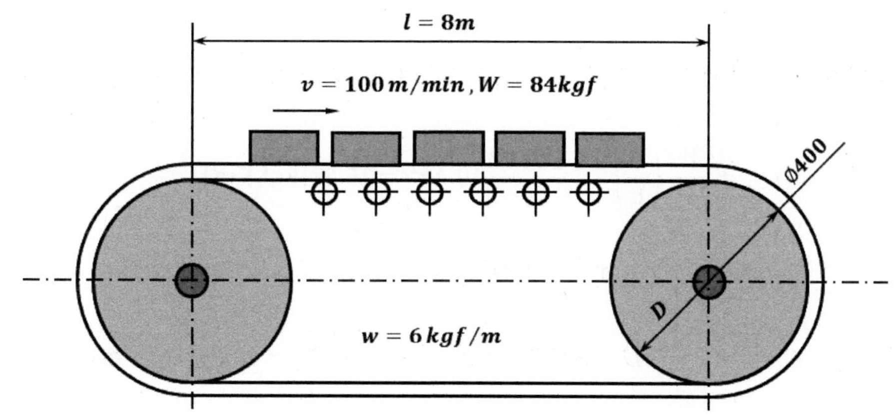

그림 2.36 벨트 컨베이어의 등가 관성모멘트

풀이

벨트는 직동체로서의 관성을 가지며 이 등가 GD^2과 2개의 시프의 GD^2을 합계한 것이 공부하 운전시의 컨베이어의 등가 GD^2이며 부하의 직동체로서의 등가 GD^2을 더하면 반송 운전시의 컨베이어의 등가 관성모멘트(GD^2)가 된다.

(1) 무부하 운전시의 등가 GD^2_0

벨트의 길이 l_b와 중량 W_b는 다음과 같다.

$$l_b=2l+\pi D=2\times 8+\pi\times 0.4=17.26[\text{m}] \tag{2.223}$$

$$W_b=l_b w=17.26\times 6=103.56[\text{kgf}] \tag{2.224}$$

벨트의 등가 관성모멘트(GD^2)은 벨트의 이송속도 v와 구동축의 회전 속도 n의 비를 알면 된다. v와 n의 관계는 다음 식과 같다.

$$v = \pi Dn \tag{2.225}$$

단위를 D[m], v[m/min]으로 하면 다음과 같다.

$$\frac{v}{n} = \pi D = \pi \times 0.4 = 1.25[\text{m/rev}] \tag{2.226}$$

벨트의 등가 관성모멘트(GD^2)은 단위에 주의하여 식 (2.217)로부터 다음과 같이 된다.

$$GD^2{}_b = \frac{W_b}{\pi^2}\left(\frac{v}{n}\right)^2 = \frac{103.56}{\pi^2}(0.4\pi^2) = 16.57[\text{kgf}\cdot\text{m}^2] \tag{2.227}$$

따라서 공부하 운전시의 컨베이어의 등가 관성모멘트(GD^2)은 다음과 같다.

$$GD^2{}_1 = 2\times GD^2{}_s + GD^2{}_b = 2\times 5.21 + 16.57 = 26.99[\text{kgf}\cdot\text{m}^2] \tag{2.228}$$

부하 반송시의 컨베이어의 등가 관성모멘트(GD^2)은 다음과 같다.

$$GD^2{}_W = \frac{W}{\pi^2}\left(\frac{v}{n}\right)^2 = \frac{84}{\pi^2}\times(0.4\pi)^2 = 13.44[\text{kgf}\cdot\text{m}^2] \tag{2.229}$$

위의 계산에서는 $v/n = \pi D$의 관계를 직접 이용하였지만 벨트 속도 v와 구동축 회전수 n을 계산하여 대입해도 된다. 이 경우 n은 다음과 같다.

$$n = \frac{v}{\pi D} = \frac{100}{\pi\times 0.4} = 79.58[\text{rpm}] \tag{2.230}$$

$$\frac{v}{n} = \frac{100}{79.58} = 1.257[\text{m/rev}] \tag{2.231}$$

$$GD^2{}_W = \frac{W}{\pi^2}\left(\frac{v}{n}\right)^2 = \frac{84}{\pi^2}\times 1.25^2 = 13.44[\text{kgf}\cdot\text{m}^2] \tag{2.232}$$

따라서 반송시의 컨베이어의 등가 관성모멘트(GD^2)은 다음과 같다.

$$GD^2 = GD^2{}_1 + GD^2{}_W = 26.99 + 13.44 = 40.43[\text{kgf} \cdot \text{m}^2] \quad (2.233)$$

한편 관성모멘트 I로 나타내면 다음과 같다.

$$I = \frac{GD^2}{4g} = \frac{40.43}{4 \times 9.8} = 1.03[\text{kgf} \cdot \text{m}^2] \quad (2.234)$$

일반적으로 부하가 변화하는 장치에서는 무부하시의 장치의 등가 관성모멘트(GD^2)을 계산해 놓는 것이 좋다. 다음에 부하만의 등가 관성모멘트(GD^2)을 별도로 계산한다. 설계상은 이와 같이 분리해 놓으면 부하가 변해도 대응하기 쉽다.

2.5.3 차축의 등가 관성모멘트

직동 기구 장치의 등가 관성모멘트(GD^2)의 특별한 경우로서 차축 환산의 등가 관성모멘트(GD^2)가 있다. 대차나 차륜, 크레인 등의 차륜으로 이동하는 장치에서는 차륜이나 차축에 직접 브레이크를 부착하여 속도 제어나 위치 제어를 행하기 위해 차륜에 관한 등가 관성모멘트(GD^2)가 필요하게 된다. 기본적으로는 상술의 구동, 제어축에 관한 등가 관성모멘트(GD^2)의 구하는 방법과 동일하며 다만 주목한 축이 차륜으로 되었다는 것뿐이다.

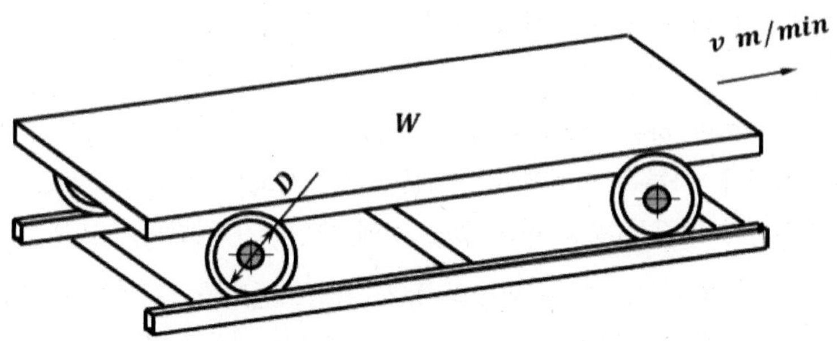

그림 2.37 차축 환산의 등가 관성모멘트

그림 2.37과 같은 대차를 예를 들어 계산법의 요점을 설명한다. 기호는 다음과 같이 정하기로 한다.

- W : 차축의 중량을 포함한 대차 전체의 중량[kgf]
- v : 대차의 주행 속도[m/min]
- n : 대차 차륜의 회전수[rpm]
- D : 차륜의 직경[m]

차축(차륜)의 회전수 n과 주행 속도 v의 관계는 다음과 같다.

$$n = \frac{v}{\pi D} \tag{2.235}$$

단위에 주의하여 직동체의 등가 관성모멘트(GD^2)의 식 (2.217)을 적용하면 다음과 같다.

$$GD^2{}_W = \frac{W}{\pi^2}\left(\frac{v}{n}\right)^2 = \frac{W}{\pi^2} \cdot \frac{v^2}{\left(\dfrac{v}{\pi D}\right)^2}$$

즉, 차축 환산의 등가 관성모멘트(GD^2)은 다음 식으로 주어진다.

$$GD^2{}_W = WD^2[\text{kgf} \cdot \text{m}^2] \tag{2.236}$$

위의 식으로부터 알 수 있듯이 차축 환산의 등가 관성모멘트(GD^2)은 속도나 차축 회전수에 관계없고 대차 고유의 관성모멘트(GD^2)의 값으로서 그의 중량과 차륜 지름으로 정해진다.

설계상 주의 해야만 하는 점은 차륜의 중량을 잊지 않고 반드시 대차 전체의 중량에 포함 된다는 것이다. 차륜은 회전체이기 때문에 직동체로서 취급하는 것을 잊어야 하지만 차륜도 마찬가지로 직선 운동 하고 있는 것에 주의하기 바란다.

한편, 각종 설계 자료에는 차축 환산의 등가 관성모멘트를 GD^2이 아니고 관성모멘트 I_W의 형식으로 주어져 있는 경우도 많다. 이 경우는 다음과 같이 된다.

$$I_W = \frac{1}{4g} WD^2[\text{kgf} \cdot \text{m}^2] \tag{2.237}$$

예제 2.4

그림 2.38에 나타낸 대차가 중량 W의 부하로 주행한다. 각 제원의 기호와 수치를 아래와 같이 할 때 이 대차의 차축 환산의 등가 관성모멘트(GD^2)와 적재시의 관성모멘트(GD^2)를 구하라.

- 차축의 총 중량 $W_0 = 8.5$[tonf]
- 차륜의 직경 $D = 600$[m]
- 적재 중량 $W = 6.3$[tonf]

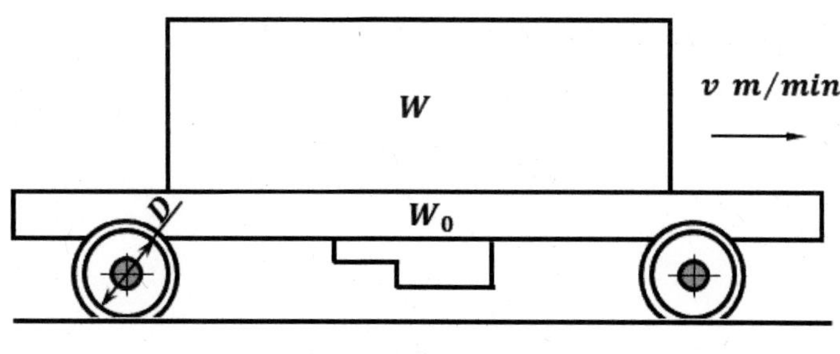

그림 2.38 적재 대차의 차축 환산의 등가 관성모멘트

풀이

대차의 차축 환산 관성모멘트(GD^2)은 식 (2.236)에 의해 다음과 같이 구할 수 있다.

$$GD^2{}_W = W_0 D^2 = 8.5 \times 10^3 \times 0.6^2 = 3060[\text{kgf} \cdot \text{m}^2] \tag{2.238}$$

적재 중량 W는 대차와 함께 이동하기 때문에 대차 중량이 W만큼 증대했다고 생각해도 좋으므로 적재시의 대차의 등가 관성모멘트(GD^2)은 다음과 같다.

$$GD^2 = (W + W_0)D^2 = (8.5 + 6.3) \times 10^3 \times 0.6^3 = 5328[\text{kgf} \cdot \text{m}^2] \tag{2.239}$$

2.6 감속기 내장 기계장치의 관성모멘트(GD²)

2.6.1 기어 감속기의 관성모멘트

일반적으로 서보모터를 이용하여 물체를 구동시키는 동력 전달 기구부의 경우에 모터의 출력 토크를 증폭하기 위해 기어 감속기를 모터축에 직결하는 경우가 많다. 기어 감속기에는 주로 평기어 감속기나 유성기어 감속기, 유성차동기어 감속기 등이 있다.

택트(tact) 타임을 단축하기 위해 가감속 시간을 짧게 해야 하며 이를 위해 장치 설계 시에 기어 감속기를 고려한 GD^2 산출이 불가결한 것으로 되어 있다.

여기서 그림 2.39 (a)와 같이 회전수 n[rpm]의 모터만을 사용하고 직경 D[m], 중량 M[kgf]의 중실 원통인 부하를 회전속도 v[m/min]로 가속시킬 경우의 모터로부터 본 부하의 GD^2(이것을 $GD^2{}_L$으로 한다)을 생각해 본다.

$$GD^2{}_L = \frac{MD^2}{2}\,[\text{kgf}\cdot\text{m}^2] \tag{2.240}$$

$$D = \frac{v}{\pi n}\,[\text{m}] \tag{2.241}$$

즉,

$$GD^2{}_L = \frac{M}{2}\left(\frac{v}{\pi n}\right)^2[\text{kgf}\cdot\text{m}^2] \tag{2.242}$$

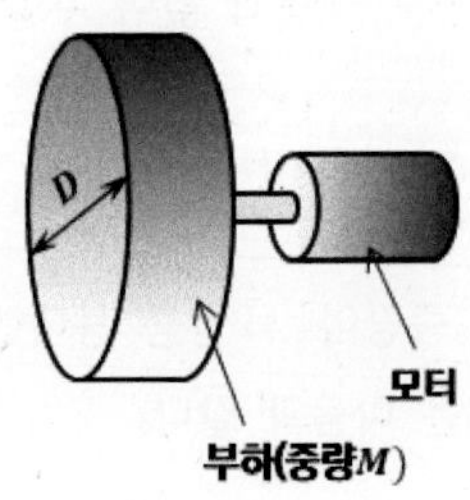

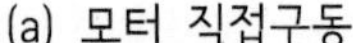

(a) 모터 직접구동

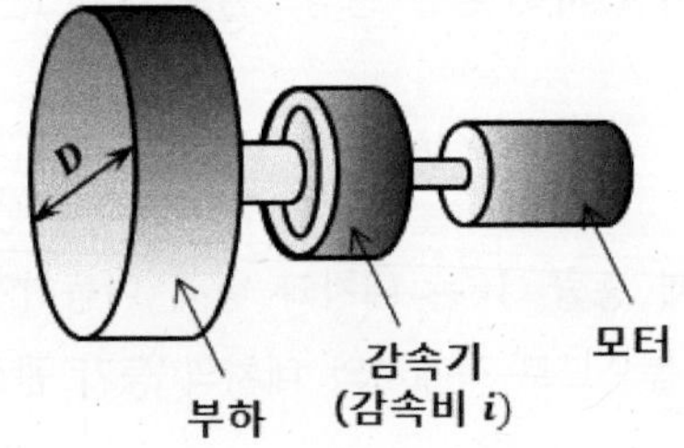

(b) 감속기 삽입 모터구동

그림 2.39 모터 구동 기구

또한 그림 2.39 (b)와 같이 감속비 i의 기어 감속기를 사이에 넣어 가속시키는 경우를 생각해 보면 부하의 회전 속도는 $1/i$로 되므로 다음과 같이 나타낼 수 있다.

$$D = \frac{v}{i}\frac{1}{\pi n}\,[\mathrm{m}] \tag{2.243}$$

따라서 모터로부터 본 부하의 GD^2은 $\frac{1}{i^2} \times \frac{M}{2}\left(\frac{v}{\pi n}\right)^2$이며 결국, $\frac{1}{i^2} \times GD^2{}_L$ [kg · ㎡]으로 된다.

이것은 기어 감속기를 사용하는 것에 의해 모터로부터 본 부하의 GD^2을 $1/i^2$으로 줄이는 것을 알 수 있다.

실제의 장치를 설계할 때는 부하 자체의 GD^2 이외에 모터와 기어 감속기의 GD^2 ($GD^2{}_M$, $GD^2{}_R$)도 고려하지 않으면 안 되며 전체 GD^2은 $GD^2{}_L/i^2 + GD^2{}_M + GD^2{}_R$으로 된다.

한편, 모터 및 기어 감속기의 GD^2은 카탈로그 등의 정격표에 기재되어 있으므로 각각 이 값을 이용한다.

또한 모터 및 기어 감속기 선정 시에는 가감속시의 관성에 의한 토크(기동 및 정지 시의 허용 토크)를 각각 산출하여 이들 값이 정격표의 허용치를 넘지 않도록 최적의 형번을 선택할 필요가 있다.

그러므로 그림 2.39 (b)에 있어서 모터 및 기어 감속기에 대한 가감속시의 관성 토크의 산출에 대해 생각해 본다.

모터에 있어서의 관성 토크를 T_M으로 하면 다음과 같이 된다.

$$T_M = \frac{1}{4}\left(\frac{GD^2{}_L}{i^2} + GD^2{}_M + GD^2{}_R\right) \times \dot{\omega}\ [\mathrm{N \cdot m}] \tag{2.244}$$

여기서 $\dot{\omega}$는 모터의 각가속도[rad/s²]이다. 또한 기어 감속기에 있어서의 관성 토크를 T_R로 하면 기어 감속기 출력 측에서 모터의 각가속도는 $1/i^2$로 감속되며 더욱이 부하 자체의 GD^2만이 관계하기 때문에 다음과 같이 된다.

$$T_R = \frac{GD^2{}_L}{4} \times \frac{\dot{\omega}}{i^2}\ [\mathrm{N \cdot m}] \tag{2.245}$$

예제 2.5

그림 2.40에 나타낸 기어 감속기를 개입하고 부하를 랙과 피니언으로 직동운동을 시키는 반송장치의 경우 모터 축에 가해는 GD^2은 어떻게 되는가? 여기서 부하의 중량은 M_w[kgf], 랙의 중량은 M_R[kgf], 피니언의 중량은 M_P[kgf], 회전 직경은 D_P[m], 감속비는 i로 한다.

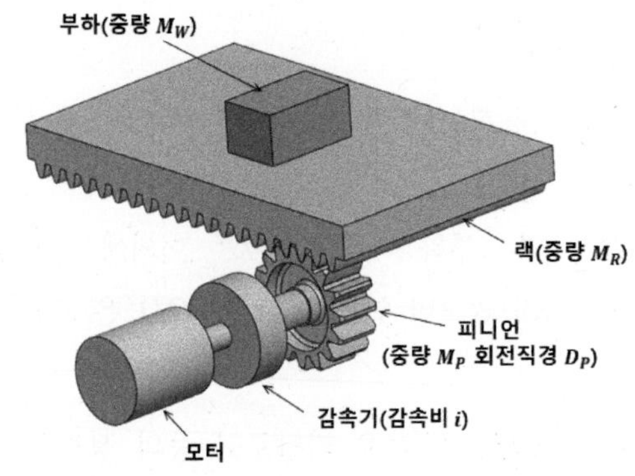

그림 2.40 직선 운동장치

풀이

모터 축에 가해지는 GD^2은 다음과 같다.

$$GD^2 = \frac{((M_w + M_R + M_P)/2) \times {D_P}^2}{i^2} + {GD^2}_M + {GD^2}_R \text{[kg · m²]} \quad (2.246)$$

예제 2.6

그림 2.41에 나타낸 기어 감속기를 개입한 회전 테이블을 구동시키는 회전 장치의 경우 모터 축에 가해는 GD^2은 어떻게 되는가? 여기서 회전 테이블 GD^2은 ${GD^2}_T$, 1차측 기어 GD^2은 ${GD^2}_{G1}$, 2차측 기어 GD^2은 ${GD^2}_{G2}$, 1차측과 2차측 기어부에서의 감속비는 i_1, 기어 감속기의 감속비는 i_2로 한다.

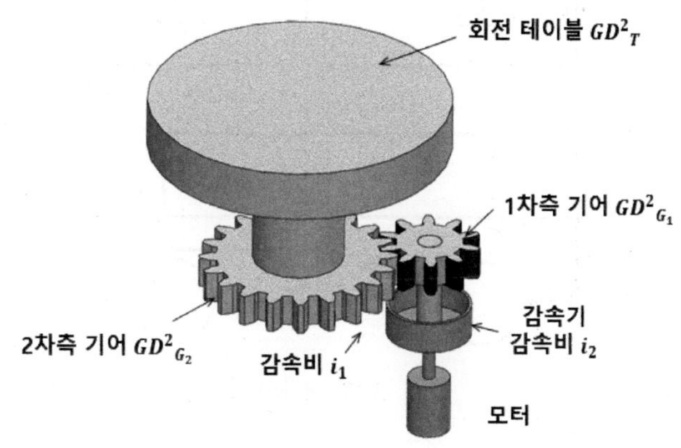

그림 2.41 회전 운동장치

풀이

모터 축에 가해지는 GD^2은 다음과 같다.

$$GD^2 = \left(\frac{1}{i_1 i_2}\right)^2 \times ({GD^2}_T + {GD^2}_{G2}) + \left(\frac{1}{i_2}\right)^2 \times {GD^2}_{G1} + {GD^2}_M + {GD^2}_R \,[\text{kg} \cdot \text{m}^2] \tag{2.247}$$

2.6.2 감속기 내장 대차의 관성모멘트

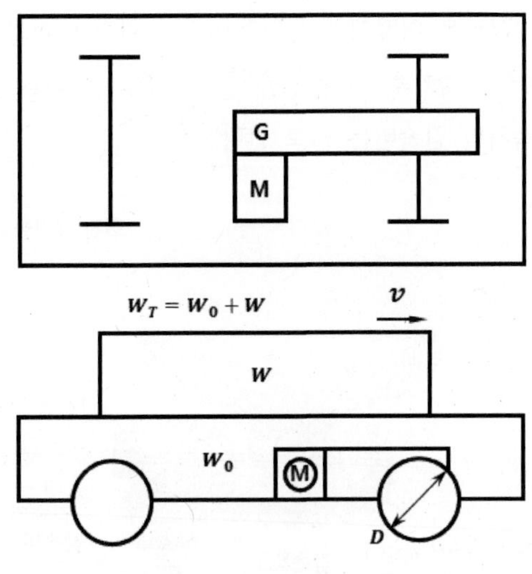

그림 2.42 대차의 구조

그림 2.42와 같은 대차의 GD^2을 계산하는 경우 회전 구동부(모터, 감속기, 바퀴)의 GD^2과 대차의 적재 중량을 포함한 차축 환산의 GD^2을 계산하고 이들의 값을 구동원인 모터 축에 모터 축과 차륜 축의 회전수를 고려하여 환산을 행하고 전체의 등가 관성모멘트(GD^2)을 산출한다. 그림 2.42에서 기호와 사양은 다음과 같다.

M : 모터, $DC48\,V$[1kW], G : 감속기, $i = 1/29$, T : 타이어, 타이어 직경 $D = 0.215$[m], W_0 : 대차 자중, 500[kgf], W : 하중, 500[kgf], W_T : 총중량, $W_0 + W = 1000$[kg] 그리고 주행속도 : $V = 600$[m/min] $= 1$[m/sec]]이며 이때의 각부의 회전수는 바퀴의 회전수 : $n_T = \dfrac{V}{\pi D} = \dfrac{60}{\pi \times 0.215} = 88.8$[rpm], 모터의 회전수 : $n_M = \dfrac{n_T}{i} = 88.8 \times 29 = 2576$[rpm]이다.

가. 각부의 GD^2

모터 및 감속기의 GD^2은 각각 카탈로그로부터 다음과 같다고 하자.

- 모터의 GD^2 : $GD^2{}_M = 0.03$[kgf · m²]
- 감속기의 GD^2 : $GD^2{}_G = 0.003$[kgf · m²] (입력축 환산)

강재 바퀴의 중량 $W_T = 8.65$[kgf]와 직경 $D = 0.125$[m]로부터 바퀴 1개의 GD^2은 다음과 같이 된다.

$$GD^2{}_t = \frac{1}{2} W_T D^2 = \frac{1}{2} \times 8.65 \times 0.215^2 = 0.2[\text{kgf} \cdot \text{m}^2] \quad (2.247)$$

즉, 바퀴 4개이므로 다음과 같다.

$$GD^2{}_T = 0.2 \times 4 = 0.8[\text{kgf} \cdot \text{m}^2] \quad (2.248)$$

직동 운동체로서 대차는 적재 중량을 포함하여 차축 환산의 GD^2으로 한다.

$$GD^2{}_W = W_T \times D^2 = 1000 \times 0.215^2 = 46.2 \quad [\text{kgf} \cdot \text{m}^2] \quad (2.249)$$

즉, 대차의 차축 환산의 GD^2은 $GD^2{}_W = 46.2$[kgf · m²]이다.

나. 모터 축에 걸리는 전체 GD^2(등가 GD^2)

상기의 각 GD^2을 감속비를 고려하여 합계하면 된다.

따라서 모터 축에 걸리는 전체의 GD^2은 다음과 같다.

$$\begin{aligned} GD^2 &= GD^2{}_M + GD^2{}_G + GD^2{}_T \times i^2 + GD^2{}_W \times i^2 \\ &= 0.03 + 0.003 + 0.8 \times \left(\frac{1}{29}\right)^2 + 46.2 \times \left(\frac{1}{29}\right)^2 = 0.089[\text{kgf} \cdot \text{m}^2] \end{aligned} \quad (2.250)$$

이 예의 경우 전체 GD^2 가운데 34%가 모터의 GD^2이고 56%가 직동 운동의 GD^2이다. 그 밖의 감속기나 바퀴의 GD^2은 비교적 작은 값이 되어 있다. 대차의 속도, 총중량의 조건이 변화하면 비 비율도 변화하지만 모터의 GD^2과 대차의 총 중량으로 전체의 GD^2의 거의 모두가 결정되어 버리게 된다.

다. 가속 시간의 계산

모터의 정격 토크가 표시되어 있지 않는 경우 다음 식으로 정격 토크 T[kgf · m]를 산출한다.

여기에 정격 출력($P=1$㎾), 정격 회전수($n=3000$ rpm)의 사양으로서 하면 정격 토크 T는 다음과 같다.

$$T=\frac{973\times P}{n}=\frac{973\times 1}{3000}=0.324[\text{kgf}\cdot\text{m}] \tag{2.251}$$

모터의 기동 토크 T_M[kgf · m]을 정격 토크의 1.5배로 가정하면 다음과 같다.

$$T_M=0.324\times 1.5=0.486[\text{kgf}\cdot\text{m}] \tag{2.252}$$

부하 토크는 본 계산 예에서는 $T_l=0.18$[kgf · m]로 가정하는 것으로 한다. 이 값은 주행 저항 및 구동계의 기계 손실에 의해 발생하는 것이다. 정상 주행의 모터 전류를 기초로 추정값을 얻을 수 있다.

(1) 가속 시간

0부터 정상 주행 $v=1$m/sec까지의 가속 시간은 다음과 같다.

$$t=\frac{GD^2}{375}\times\frac{n_M}{T_M-T_l}=\frac{0.089}{375}\times\frac{2576}{0.486-0.18}=2[\text{sec}] \tag{2.253}$$

(2) 가속도

마찬가지로 이 구간의 평균 가속도는 다음과 같다.

$$\alpha=\frac{V}{t}=\frac{1}{2.0}=0.5[\text{m/sec}^2] \tag{2.254}$$

대차 주행의 타임 스케줄은 그림 2.43과 같이 된다.

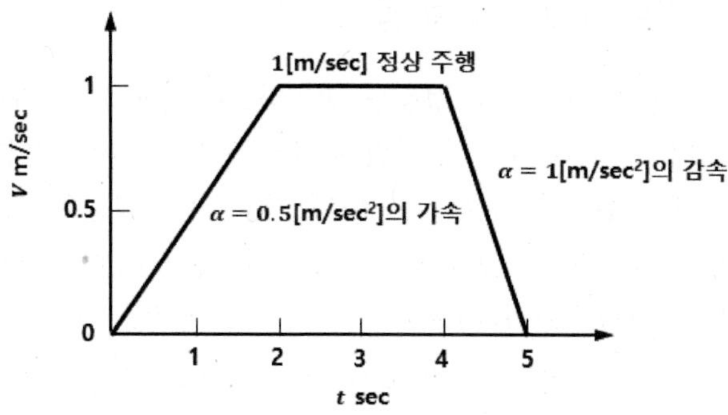

그림 2.43 대차 주행의 속도 패턴

라. 감속 시간의 계산

감속 시간을 계산하는 경우도 가속 시간과 같은 식으로 계산할 수 있다. 비상 정지 시에는 모터 토크만이 아니고 기계 브레이크를 병용하는 경우가 있다. 이 경우의 토크는 모터 토크와 브레이크 토크의 합계의 토크로 되므로 감속 시간을 짧게 할 수 있다.

브레이크 토크를 $T_B = 0.84$[kgf · m]로 하면 다음과 같이 된다.

$$t = \frac{GD^2}{375} \times \frac{n_M}{T_B + T_l} = \frac{0.089}{375} \times \frac{2576}{0.84 + 0.8} = 1[\text{sec}] \tag{2.255}$$

마. 감속 거리의 계산

안전상의 문제로부터 감속 거리 S를 계산하는 것이 많지만 자동차의 경우와 마찬가지로 제어 지령으로부터 브레이크가 걸릴 때까지의 타주 거리를 더해서 계산할 필요가 있다. V_0를 초속[m/sec], t_0를 타주 시간[sec]으로 하면 다음과 같이 된다.

$$S = V_0 \times t_0 + \frac{1}{2}\alpha t^2 \tag{2.256}$$

바. 대차 설계를 위한 GD^2의 활용

GD^2의 계산은 통상 가속도의 성능을 만족하도록 모터와 브레이크의 선정을 위해 사용되고 있다. 일정 속도로 주행하고 있을 때의 모터의 소비 전류에 대해 기동 시에 얼마만큼 많은 전류를 흘리게 하는 가에 따라 기동 시의 성능은 크게 변화한다. 일반적으로 같은 정격의 모터라도 DC 모터와 AC 모터에서는 과전류 특성이 뛰어난 DC 모터 쪽이 성능이 좋다고 말할 수 있다. 서보 드라이버로 컨트롤 하는 경우에서도 모터에 여유가 없으면 지령대로 속도가 나지 않기 때문에 GD^2과 토크의 계산이 필요하다.

2.6.3 감속기 내장 XY 테이블의 관성모멘트

가. XY 테이블

XY 테이블은 위치결정 장치로서 반도체, 액정관련 제조의 검사 장치를 비롯하여 각종 계측, 정밀 가공, 조립, 반송 등의 용도로 널리 사용되고 있다.

테이블의 구조는 그림 2.44와 같으며 판상의 베이스와 스테이지를 안내부로 연결하여 구동축에 볼나사를 조립한 직선 스테이지식의 1축 테이블을 직각으로 적층한 것이다. 상하, 좌우의 직진성을 중시하고 고정도의 위치결정을 행하기 위해 구동축은 스테이지 중앙부에 설치하고 안내부는 일반적으로 구름 안내 기구를 이용한다.

나. 관성모멘트의 계산식

볼나사 구동 방식의 경우는 회전모터의 운동을 직선 운동으로 변환하고 있기 때문에 모터에 대한 부하 조건을 검토하는 경우, 운동 방정식을 모터 회전계로 치환하고 계산할 필요가 있다. 그림 2.44에 나타낸 XY 테이블의 외관도를 알기 쉽게 전개한 개략도를 그림 2.45에 나타낸다.

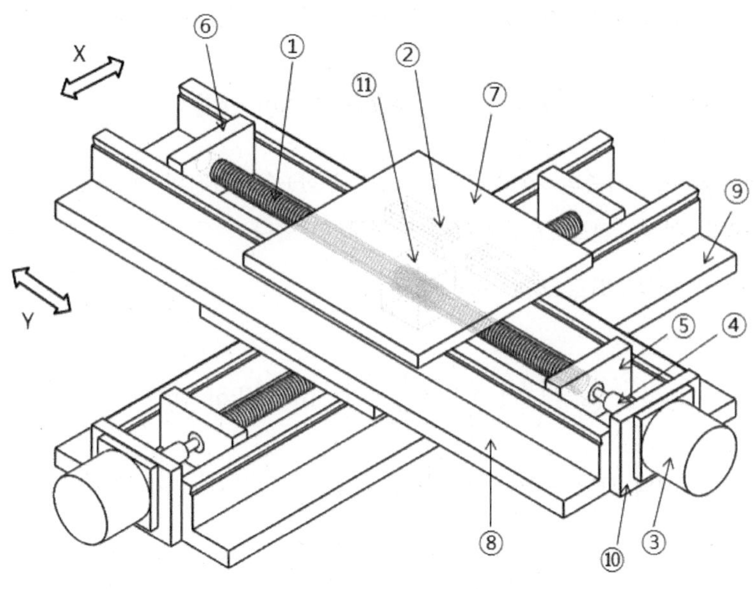

그림 2.44 XY테이블 외관도

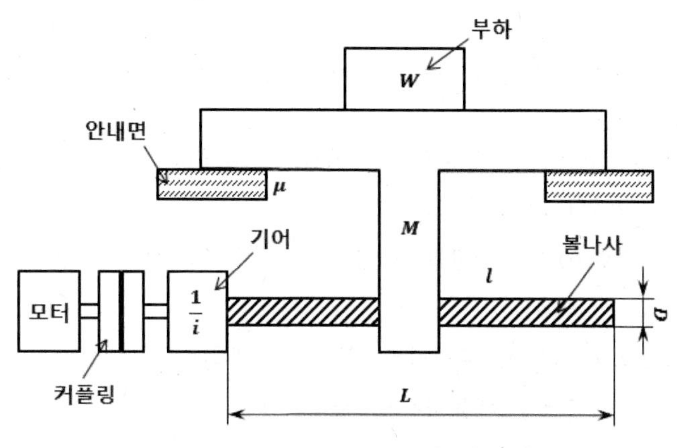

그림 2.45 XY테이블 개략 전개도

각각의 변수를 W: 부하 중량 [kgf](XY테이블의 하측축의 경우는 상측 테이블의 중량을 포함한다), M: 스테이비의 중량[kgf], μ : 안내부의 마찰계수(미끄럼 안내 ; 0.15, 구름 안내 ; 0.01), l: 볼나사의 리드[mm], D: 볼나사의 외경[mm], L: 볼나사의 길이[mm], ρ: 볼나사의 비중, $1/i$: 기어의 감속비로 정의한다.

XY테이블의 모터축 변환 총부하관성모멘트 I_L[kgf · m²]은 아래 식으로 나타낸다.

$$I_L = I_B + I_W + I_C + I_G[\text{kgf} \cdot \text{m}^2] \tag{2.257}$$

여기서 I_B: 볼나사축의 관성모멘트, I_W: 부하+스테이지의 모터축 환산 관성모멘트, I_C: 커플링의 관성모멘트, I_G: 기어의 관성모멘트이다.

볼나사축의 관성모멘트 I_B는 다음과 같다.

$$I_B = \left(\frac{1}{i}\right)^2 \times \left(\frac{\pi \rho D^4 L}{32}\right) \times 10^{-12}[\text{kgf} \cdot \text{m}^2] \tag{2.258}$$

부하+스테이지의 모터축 환산 관성모멘트 I_W는 다음과 같이 된다.

$$I_W = \left(\frac{1}{i}\right)^2 \times (M + W) \times \left(\frac{l}{2\pi}\right)^2 \times 10^{-6}[\text{kgf} \cdot \text{m}^2] \tag{2.259}$$

예제 2.7

다음과 같은 각 변수의 사양을 가진 XY테이블의 관성모멘트를 계산해 보아라.

- 부하 중량(W) : 10[kgf](상측 테이블의 중량 : 15[kgf])
- 스테이지의 중량(M) : 5[kgf]
- 안내부의 마찰계수(μ) : 0.01(구름 안내)
- 볼나사의 리드(l) : 4[mm]
- 볼나사의 외경(D) : 16[mm], 볼나사의 길이(L) : 200[mm]
- 볼나사의 비중(ρ) : 7.8[g/cm³](볼나사의 재질 : 철)
- 기어의 감속비($1/i$) : 1/2
- 커플링의 관성모멘트(I_C): 2.74×10^{-6}[kgf · m²]
- 기어의 관성모멘트(I_G) : 3.50×10^{-6}[kgf · m²]

풀이

상기 사양의 XY테이블의 상하 축 각각의 관성모멘트를 구한다.

(1) 상측축의 경우

상측축의 모터축 환산 관성모멘트 I_{L1}은 다음과 같다.

$$I_{L1} = I_B + I_{W1} + I_C + I_G \tag{2.260}$$

여기서 볼나사축의 관성모멘트 I_B는 다음과 같다.

$$I_B = \left(\frac{1}{2}\right)^2 \times \left\{\frac{\pi \times 7.8 \times (16)^4 \times 200}{32}\right\} \times 10^{-12} = 2.51 \times 10^{-6}[\text{kgf} \cdot \text{m}^2] \tag{2.261}$$

상측축의 부하+스테이지의 모터축 환산 관성모멘트 I_{W1}는 다음과 같다.

$$I_{W1} = \left(\frac{1}{2}\right)^2 \times (5+10) \times \left(\frac{4}{2\pi}\right)^2 \times 10^{-6} = 1.52 \times 10^{-6}[\text{kgf} \cdot \text{m}^2] \tag{2.262}$$

각 관성모멘트를 합하면 다음과 같이 된다.

$$I_{L1} = (2.51 + 1.52 + 2.74 + 3.50) \times 10^{-6} = 10.3 \times 10^{-6}[\text{kgf} \cdot \text{m}^2] \tag{2.263}$$

따라서 상측축의 모터축 환산 관성모멘트 I_{L1}은 10.3×10^{-6}[kgf · ㎡]이다.

(2) 하측축의 경우

하측축의 모터축 환산 관성모멘트 I_{L2}은 다음과 같다.

$$I_{L2} = I_B + I_{W2} + I_C + I_G \tag{2.264}$$

여기서 하측축의 부하+스테이지의 모터축 환산 관성모멘트 이외는 상하축과 동일하므로 I_{W2}만을 계산한다. 이 때 하측축의 경우, 부하질량에 상측테이블의 질량을 가산한다.

$$I_{W2} = \left(\frac{1}{2}\right)^2 \times (5+10+15) \times \left(\frac{4}{2\pi}\right)^2 \times 10^{-6} = 3.04 \times 10^{-6}[\text{kgf} \cdot \text{m}^2] \tag{2.265}$$

상측축과 마찬가지로 각 관성모멘트를 합하면 다음과 같이 된다.

$$I_{L2} = (2.51 + 3.04 + 2.74 + 3.50) \times 10^{-6} = 1.18 \times 10^{-5} [\text{kgf} \cdot \text{m}^2] \qquad (2.266)$$

따라서 하측축의 모터축 환산 관성모멘트 I_{L2}은 11.8×10^{-6}[kgf · m²]이다.

2.6.4 감속기 내장 로봇 암의 관성모멘트

로봇 암의 관성모멘트 계산은 일반적으로 복잡하다고 생각하기 쉽다. 그러나 실제로는 기본적인 공식으로 간단히 구할 수 있다. 그의 예에 대해 서술하기로 한다.

가. 로봇 암의 구성

단순 로봇 암의 구성을 그림 2.46에 나타낸다. 이 로봇 암은 모터, 감속기, 암, 베이스로 구성되어 있다. 로봇 암의 관성모멘트는 다음 3가지로 크게 구분된다.

① 모터 로터의 관성모멘트(브레이크 부착 모터의 경우는 브레이크의 관성모멘트 포함)

② 감속기의 관성모멘트

③ 암의 관성모멘트

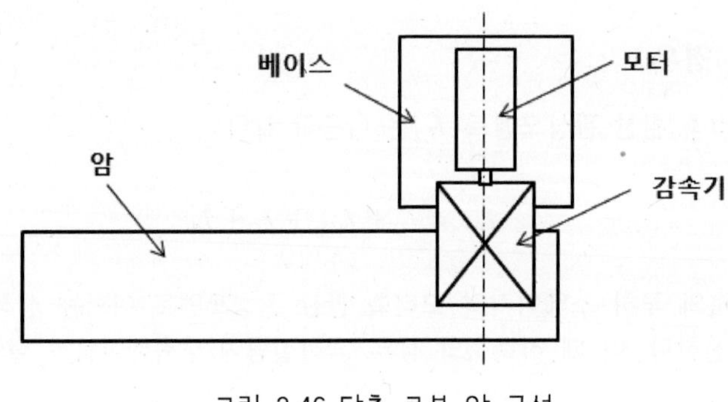

그림 2.46 단축 로봇 암 구성

일반적으로 모터 및 감속기의 관성모멘트는 카탈로그 값을 이용하므로 여기서는 암의 관성모멘트의 계산 예에 대해 서술한다.

나. 암의 관성모멘트

그림 2.47에 암의 상세 형상을 나타낸다. 이 암을 그림 2.48에 나타낸 ①~⑩의 부분으로 나누어 계산한다.

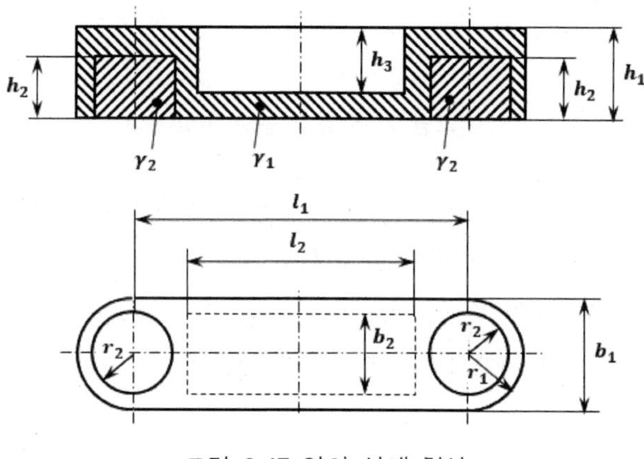

그림 2.47 암의 상세 형상

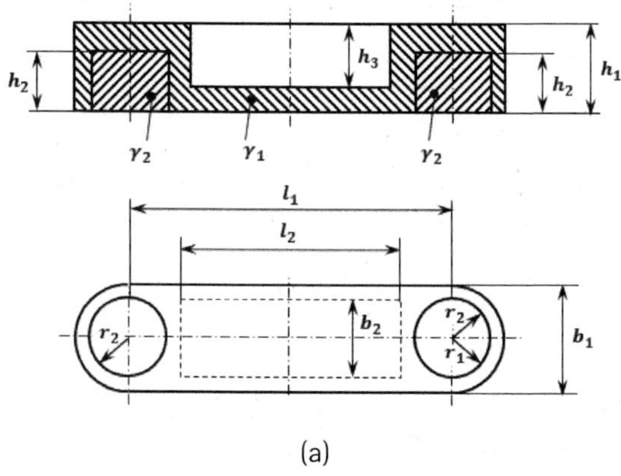

(a)

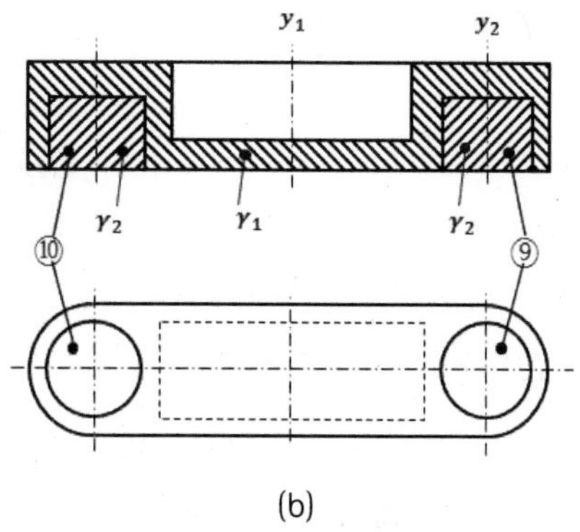

(b)

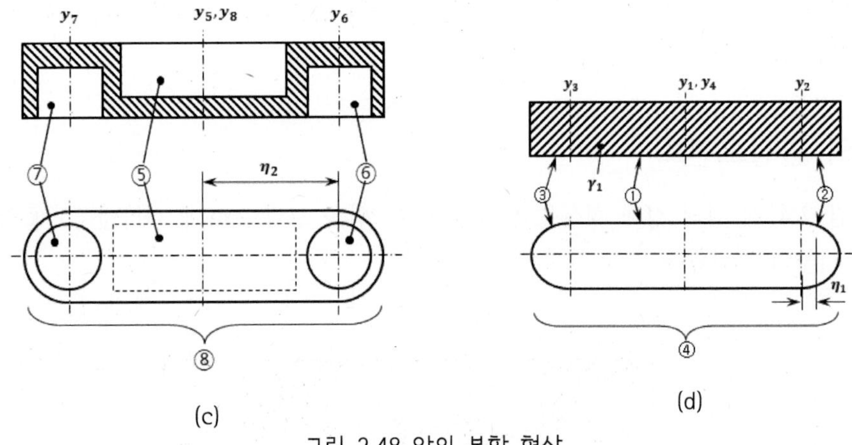

(c) (d)

그림 2.48 암의 분할 형상

우선 전체를 비중 γ_1의 중실 형상 ④로 하고 계산하며 그 후에 ⑤~⑦을 중공축으로 하고 뺀 형상 ⑧로서 계산을 행하며 최후에 비중 γ_2의 ⑨, ⑩의 형상을 합하여 암의 관성모멘트를 구한다. 암의 중량을 w, i 부의 중량을 w_i로 한다. 한편, 중량의 계산식은 앞의 반원판의 관성모멘트 계산법을 참조하기 바란다.

(1) ①의 관성모멘트

①의 중심축 y_1축 주위의 관성모멘트는 직육면체 관성모멘트에 의해 다음과 같이 된다.

$$GD^2{}_1 = \frac{1}{3} \times w_1 \times (l^2_1 + b^2_1) \tag{2.267}$$

(2) ②의 관성모멘트

우선 y_2축 주위의 반원판 ②의 관성모멘트를 원주의 관성모멘트의 절반으로 구하고 다음에 평행축의 정리를 역으로 이용하여 부분 ②의 중심축 주위의 관성모멘트를 구한다.

y_2축 주위 ②의 관성모멘트는 다음과 같이 된다.

$$GD^2_{2'} = \frac{1}{2} \times \frac{1}{2} \times w_2 \times (2 \times r_1)^2 = w_2 \times r_1^2 \tag{2.268}$$

y_2축과 중심축의 거리는 $y = 4r_1/3\pi$이므로 평행축의 정리로부터 다음과 같이 된다.

$$GD^2_2 = GD^2_{2'} - 4 \times w_2 \times \left(\frac{4}{3\pi} r_1\right)^2 = \left(1 - \frac{64}{9\pi^2}\right) \times w_2 \times r_1^2 \tag{2.269}$$

(3) ③의 관성모멘트

③의 관성모멘트는 ②와 동일 형상이며 더욱이 $w_3 = w_2$이므로 다음과 같이 된다.

$$GD^2_3 = GD^2_2 \tag{2.270}$$

(4) ④의 관성모멘트

부분 ①~③을 모아 놓은 ④의 y_4(y_1과 같음)축 주위의 관성모멘트는 평행축 정리와 가법 정리에 의해 다음과 같이 된다.

$$\begin{aligned} GD^2_4 &= GD^2_1 + GD^2_2 + GD^2_3 + 4 \times w_2 \times \left(\frac{l_1}{2} + \frac{4r_1}{3\pi}\right)^2 + 4 \times w_3 \times \left(\frac{l_1}{2} + \frac{4r_1}{3\pi}\right)^2 \\ &= GD^2_1 + 2 \times GD^2_2 + 8 \times w_2 \times \left(\frac{l_1}{2} + \frac{4r_1}{3\pi}\right)^2 \end{aligned} \tag{2.271}$$

(5) ⑤의 관성모멘트

⑤의 $y_5(y_1)$축 주위의 관성모멘트는 ①과 마찬가지로 다음과 같이 된다.

$$GD^2_5 = \frac{1}{3} \times w_5 \times (l_2^2 + b_2^2) \tag{2.272}$$

(6) ⑥의 관성모멘트

⑥의 y_6축 주위의 관성모멘트는 원주의 관성모멘트 식으로부터 다음과 같이 된다.

$$GD^2_6 = 2 \times w_6 \times r_2^2 \tag{2.273}$$

(7) ⑦의 관성모멘트

⑦의 y_7축 주위의 관성모멘트는 ⑥과 동일 형상이며 더욱이 $w_7 = w_6$이므로 다음과 같다.

$$GD^2_{\ 7} = GD^2_{\ 6} \tag{2.274}$$

(8) ⑧의 관성모멘트

중실체 ④로부터 중공부 ⑤~⑦을 뺀 ⑧의 $y_8(y_1)$축 주위의 관성모멘트는 평행축 정리와 감법 정리에 의해 다음과 같이 된다.

$$\begin{aligned} GD^2_{\ 8} &= GD^2_{\ 4} - \left[GD^2_{\ 5} + GD^2_{\ 6} + GD^2_{\ 7} + 4 \times w_6 \times \left(\frac{l_1}{2}\right)^2 + 4 \times w_7 \times \left(\frac{l_1}{2}\right)^2 \right] \\ &= GD^2_{\ 4} - (GD^2_{\ 5} + 2 \times GD^2_{\ 6} \times 2 \times w_6 \times l_1^2) \end{aligned} \tag{2.275}$$

(9) ⑨의 관성모멘트

이상은 부재를 경합금으로 계산하고 있지만 부분 ⑨는 강재를 상정하고 있으므로 비중이 다르다. 그러나 이것은 단지 ⑥의 γ_1이 γ_2로 되었던 것이므로 다음과 같이 된다.

$$GD^2_{\ 9} = 2 \times w_9 \times r_2^{\ 2} \tag{2.276}$$

(10) ⑩의 관성모멘트

⑩의 관성모멘트는 ⑨와 동일 형상이며 더욱이 $w_{10} = w_9$이므로 다음과 같다.

$$GD^2_{\ 10} = GD^2_{\ 9} \tag{2.277}$$

(11) y_1축 주위의 전체 관성모멘트

가법 정리에 의해 다음과 같이 된다.

$$GD^2_{y_1} = GD^2_8 + GD^2_9 + GD^2_{10} + 4 \times w_9 \times \left(\frac{l_1}{2}\right)^2 + 4 \times w_{10} \times \left(\frac{l_1}{2}\right)^2$$
$$= GD^2_8 + 2 \times GD^2_9 \times 2 \times w_9 \times l_1^2 \quad (2.278)$$

(12) y_2축 주위의 전체 관성모멘트

실제 암의 구동은 y_2축을 중심으로 행한다. 평행축 정리에 의해 다음과 같이 된다.

$$GD^2_{y_2} = GD^2_{y_1} + 4 \times w \times \left(\frac{l_1}{2}\right)^2 \quad (2.279)$$

이 $GD^2_{y_2}$이 모터가 구동하는 부하의 관성모멘트이다.

예제 2.8

그림 2.47에서 그림 2.49와 같이 암의 각 제원이 주어졌을 때 $GD^2_{y_2}$을 구하라.

l_1 : 300 ㎜	l_2 : 200 ㎜	b_1 : 100 ㎜	b_2 : 70 ㎜
r_1 : 50 ㎜	r_2 : 40 ㎜	h_1 : 70 ㎜	h_2 : 50 ㎜
h_3 : 55 ㎜	γ_1 : 2.7×10^{-6} kgf/㎣		γ_2 : 7.86×10^{-6} kgf/㎣

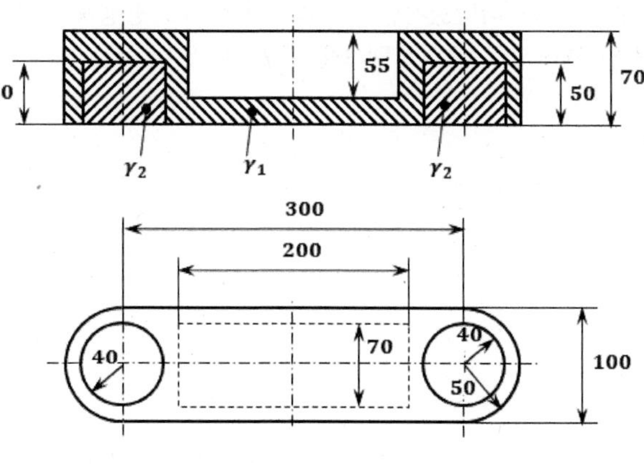

그림 2.49 암의 상세 형상 제원

풀이

(a) $GD^2{}_1 = \frac{1}{3} \times 5.5 \times (300^2 + 100^2) = 18.3 \times 10^4$kgf · ㎜²

(b) $GD^2{}_{2'} = \left(1 - \frac{64}{9\pi^2}\right) \times 0.7 \times 50^2 = 0.05 \times 10^4$kgf · ㎜²

(c) $GD^2{}_3 = 0.05 \times 10^4$kgf · ㎜²

(d) $GD^2{}_4 = (18.3 + 2 \times 0.05) \times 10^4 + 8 \times 0.7 \times (171.2)^2 = 34.8 \times 10^4$kgf · ㎜²

(e) $GD^2{}_5 = \frac{1}{3} \times 2.0 \times (200^2 + 70^2) = 3.0 \times 10^4$kgf · ㎜²

(f) $GD^2{}_6 = 2 \times 0.7 \times 40^2 = 0.2 \times 10^4$kgf · ㎜²

(g) $GD^2{}_7 = 0.2 \times 10^4$kgf · ㎜²

(h) $GD^2{}_8 = 34.8 \times 10^4 - [(3.0 + 2 \times 0.2) \times 10^4 + 2 \times 0.7 \times (300)^2] = 18.8 \times 10^4$ kgf · ㎜²

(i) $GD^2{}_9 = 2 \times 2.0 \times 40^2 = 0.6 \times 10^4$kgf · ㎜²

(j) $GD^2{}_{10} = 0.6 \times 10^4$kgf · ㎜²

(k) $GD^2{}_{y_1} = (18.8 + 2 \times 0.6) \times 10^4 + 2 \times 2.0 \times (300)^2 = 56.0 \times 10^4$kgf · ㎜²

(l) $GD^2{}_{y_2} = 56.0 + 4 \times 7.7 \times \left(\frac{300}{2}\right)^2 = 125.3 \times 10^4$kgf · ㎜²

단축 로봇 암의 계산 예를 나타냈지만 복수의 경우에도 평행축의 정리 및 가법의 정리를 이용하여 마찬가지의 계산으로 관성모멘트를 구할 수 있다.

CHAPTER 3

서보의 요소 - 증폭부

CHAPTER 3

서보의 요소 - 증폭부

그림 1.22의 서보 기구 블록선도에서 입력 지령에 대한 목표 전달 및 목표와의 편차 연산을 실행하는 증폭부에 대해 알아보기로 한다.

기계를 제어 구동하기 위해서는 서보 모터가 필요한데 이 서보 모터는 컨트롤러로부터 지령을 받아 임의 가변 속도로 운전해야 한다. 그런데 컨트롤러로부터의 직접적인 신호로는 서보 모터가 움직이지 않는다. 그 때문에 컨트롤러로부터의 미약한 신호를 증폭하여 서보 모터를 구동해야 하는데 이 증폭 부분을 서보 기구에서 증폭부라 한다.

본 장에서는 서보 모터를 구동하기 위해 입력되는 전력을 제어하는 전력 변환기의 기초 내용과 서보 모터 구동에 실용되고 있는 서보 드라이버(여기서는 DC 서보 드라이버)의 기본 구성과 제어장치에 대해 간단하게 설명하며 마지막으로 시판되는 서보 드라이버를 선정하는 방법에 대해 설명한다.

3.1 전력 변환기 개요

3.1.1 서보 앰프

서보 모터를 구동하기 위해서 모터에 입력되는 전력을 제어하는 전자 회로부를 **서보 앰프**(Servo-amplifier) 또는 **드라이버**(Driver)라고 한다. 이는 로봇이나 공작기계 등과 같은 제어용 기기들에 널리 사용되고 있다. 이와 같은 서보 앰프는 **선형 서보 앰프**(Linear servo- amplifier)와 **PWM 서보 앰프**(PWM servo-amplifier)로 구분할 수 있다.

가. 선형 서보 앰프

서보 앰프는 내장된 반도체 소자를 구동하는 방식에 따라 크게 2가지로 구분할 수 있다. 하나는 선형 서보 앰프로써 바이폴라 트랜지스터를 선형동작 영역에서 구동하는 방식이고, 다른 하나는 PWM 서보 앰프로써 바이폴라 트랜지스터나 MOSFET를 스위칭 모드에서 구동하는 방식을 말한다.

그림 3.1은 DC 모터를 제어하는 기본적인 선형 서보 앰프에 대한 회로를 나타내고 있다. 그림에서 보듯이 베이스와 이미터단자 사이에 전압(제어신호)을 인가하면 전원 E에 의해서 모터에 전류가 흐르게 된다. 결국 소신호인 제어신호(V_i)에 의해서 대신호인 전원 전압 E가 제어되는 것이다($V_i < E$).

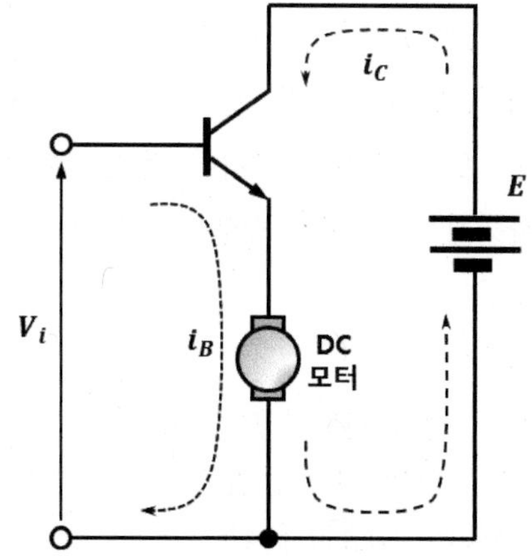

그림 3.1 선형 서보 앰프(Unipolar, 단극성)

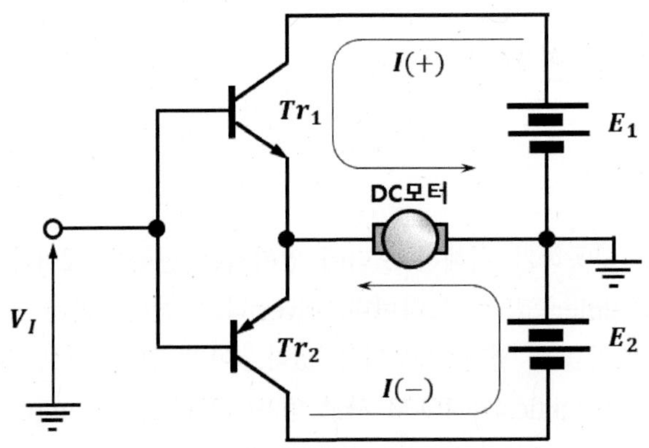

그림 3.2 선형 서보 앰프(Bipolar , 양극성)

그림 3.1과 같은 회로 방식은 모터에 가해지는 전압의 극성이 항상 일정한 **유니폴라**(Unipolar) 방식이다. 이와 같은 방식에서는 모터에 흐르는 전류가 항상 일정한 방향을 유지하게 되므로 회전방향 또한 한쪽 방향으로만 가능하다.

위치 제어에 사용되는 서보 모터는 양방향 제어가 필수적이므로 모터에 가해지는 전압의 크기와 극성이 게이트 단자에 입력되는 제어신호에 의해서 제어되어야 한다.

그림 3.2는 DC 모터를 양방향(정회전, 역회전)으로 제어하는 선형 서보 앰프에 대한 기본 회로를 나타내고 있다. 그림에서 보듯이 이 회로는 PNP형과 NPN형 트랜지스터를 조합해서 사용하고 있다.

그림 3.2에서 입력 전압 V_I가 정방향일 때 Tr_1이 통전되어 전원 E_1으로부터 모터로 전류가 흐르게 된다. 이때 Tr_2에는 베이스와 이미터 단자 사이에 역전압이 인가되어 Tr_2가 OFF된 상태이다. 반대로 입력 전압 V_I가 역방향일 때는 Tr_2이 OFF, Tr_2가 ON 상태가 되어 전원 E_2에 의해서 모터에 전류가 흐르게 된다. 결과적으로 모터에 흐르는 전류의 방향이 바뀌게 되어 회전 방향이 바뀌게 된다.

나. PWM 서보 앰프

선형 서보 앰프는 회로 구성이 간단하고, 전자파 잡음이 발생되지 않는 장점이 있다. 그러나 트랜지스터에서 많은 양의 전력이 열로 발생하므로 이를 소모시켜 트랜지스터를 보호하기 위해서는 큰 방열판이 필요하게 된다.

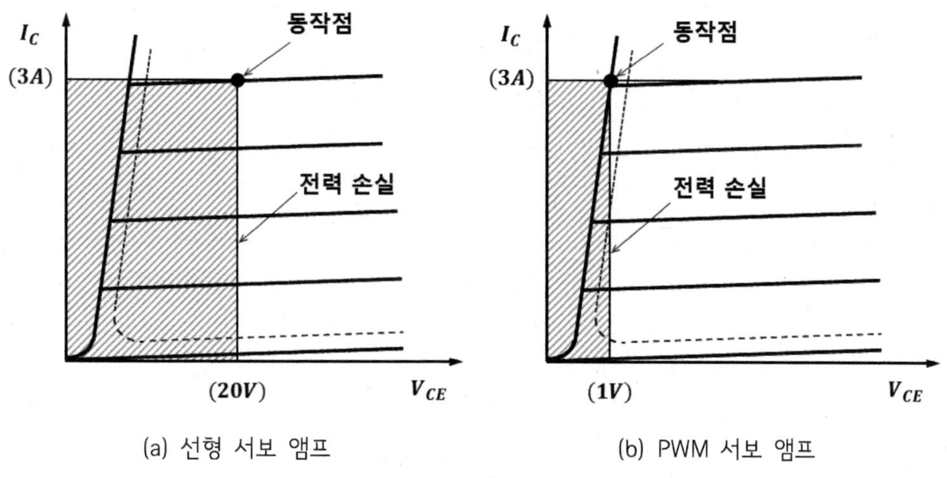

(a) 선형 서보 앰프 (b) PWM 서보 앰프

그림 3.3 트랜지스터에서의 전력 손실

그림 3.3은 트랜지스터 내의 전력 소모를 나타내고 있다. 그림 3.3 (a)는 트랜지스터를 선형 서보 앰프로 사용하는 경우로서, 예를 들어 컬렉터와 이미터 단자 사이의 전압이 20[V]였을 때 켈렉터 전류가 3[A]였다면 전력손실은 3[A] x 20[V] = 60[W]가 된다. 그림 3.3에서 빗금 친 부분이 트랜지스터에서 발생하는 전력 손실을 나타내고 있다.

트랜지스터의 열손실을 줄여 앰프의 효율을 높이는 방법으로 **펄스폭 변조방식**(Pulse-Width Modulation, PWM)을 이용한 **PWM 서보 앰프**를 이용하고 있다.

PWM 서보 앰프에서 트랜지스터는 포화영역과 컷오프 영역에서 동작한다. 트랜지스터가 ON상태에서는 포화영역에서 동작하게 되고, 이때 컬렉터와 이미터 단자 사이에 걸리는 전압은 1V 정도의 낮은 전압이 걸리게 되어 결국 전력 손실이 줄게 되는 것이다(그림 3.25 (b)). 트랜지스터가 OFF 상태에서는 컷오프 영역에서 동작하기 때문에 컬렉터와 이미터 단자 사이에 걸리는 전압은 크지만 컬렉터 전류가 거의 제로이므로 결국 전력 손실이 줄게 된다. 그러나 스위칭 모드에서 높은 주파수로 ON, OFF를 반복하게 되면 전력 손실 또한 문제가 된다. 왜냐하면 트랜지스터가 ON, OFF를 반복하게 되면 포화영역과 컷오프 영역 사이의 과도적인 선형영역을 거치게 되어 전력 손실이 발생하기 때문이다. 그러므로 효율이 높은 PWM 서보 앰프를 설계하는데 있어서 빠른 스위칭이 필수적이다.

스위칭 동작에 의한 전력 손실을 회로적인 측면에서 설명하면 다음과 같다.

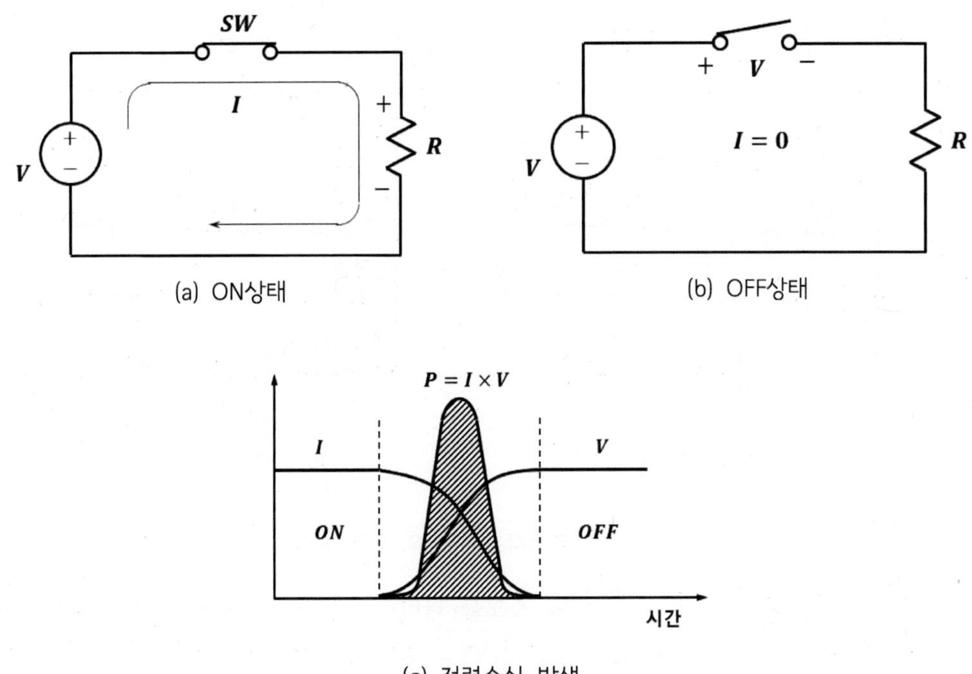

그림 3.4 스위칭 동작에 의한 전력 손실

그림 3.4 (a)의 경우와 같이 스위치(SW)가 ON된 상태에서는 SW를 통해서 전류 I가 흐르고 전압 V는 모두 저항 R에 걸리게 되어 SW에 걸리는 전압은 0이 된다.

그림 3.4 (b)의 경우 SW를 개방시키면 전류 I는 0이 되고 전압 V는 모두 개방된 SW 양단에 걸린다. 이와 같은 SW가 ON 상태이거나 OFF 상태에서는 전압 혹은 전류 가운데 한 가지는 반드시 0의 값을 갖기 때문에 전력($P = I \times V$) 또한 0의 값을 갖는다.

그러나 실제적으로 SW를 ON 상태에서 OFF 상태로 전환시키면 회로의 시정수 등 몇 가지 요인에 의해서 시간지연에 의한 과도현상이 나타난다. 이와 같은 상황이 그림 3.4 (c)에 나타나 있으며 이 때 SW에 나타나는 전압, 전류에 의해서 **전력 손실**이 발생하게 된다. 이렇게 발생한 전력 손실은 기계적인 SW의 경우에 아크(Arc)의 형태로 나타나 기계적인 손상을 입히게 되며 트랜지스터와 같은 전력용 스위칭 소자의 경우에는 열로 소모되어 진다.

(1) 전압 제어형 PWM 서보 앰프의 기본 동작이론

그림 3.5는 전압제어 방식의 PWM 서보 앰프에 대한 기본 동작을 나타내고 있다.

그림 3.5에서 **비교기**(Comparator)는 두 개의 입력단자를 갖고 있다. 이중에서 (+)단자에는 **전압 제어 신호**(Voltage control signal)가 입력되고, (-)단자에는 **삼각파 신호**(Triangular signal)가 입력된다. 비교기의 입력신호와 출력신호, 그리고 모터에 인가되는 전압과의 관계는 다음과 같다.

- 입력전압 V_I의 크기가 삼각파 신호보다 큰 경우 비교기의 출력전압은 $+V_{cc}$가 된다. 출력전압 $+V_{cc}$가 Tr_1과 Tr_2의 게이트 단자에 가해지면 Tr_1은 ON 상태가 되어 포화영역에서 동작하게 되고 Tr_2는 OFF상태가 되어 컷오프 영역에서 동작한다. 그러므로 모터에는 전원전압 $+E$가 인가된다.
- 입력전압 V_I의 크기가 삼각파 신호보다 작은 경우 비교기의 출력전압은 $-V_{dd}$가 된다. 출력전압 $-V_{dd}$가 Tr_1과 Tr_2의 게이트 단자에 가해지면 Tr_1은 OFF 상태가 되고 Tr_2는 On 상태가 되어 모터에는 전원전압 $-E$가 인가된다.

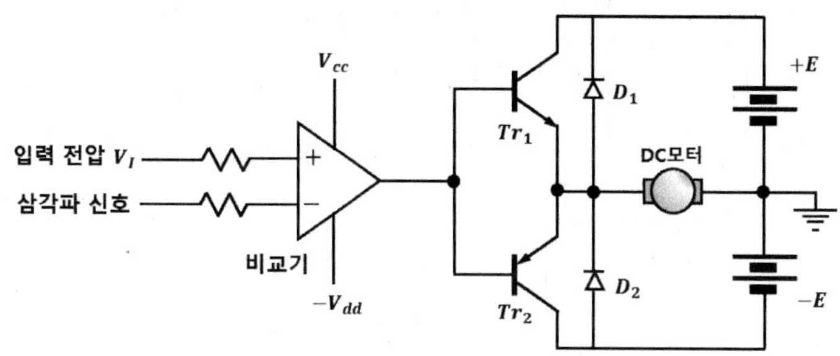

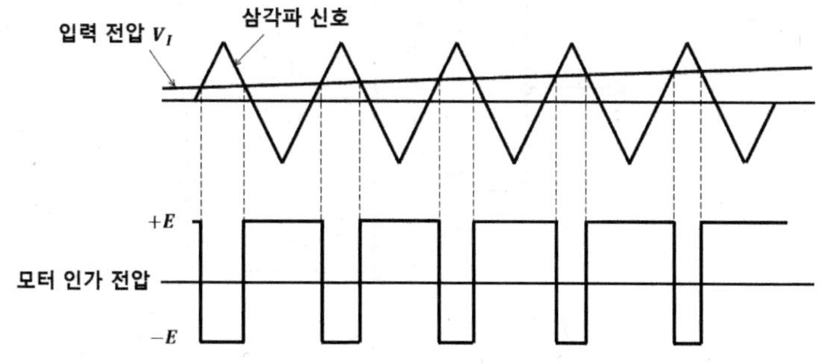

그림 3.5 전압 제어형 PWM 서보 앰프

그림 3.6은 그림 3.5의 PWM 서보 앰프에 의해서 모터의 양단에 인가되는 전압파형과 평균전압 그리고 전류파형에 대해서 나타내고 있다.

그림 3.6에서 보듯이 Tr_1 이 ON 상태인 t_p 구간이 Tr_2 가 ON 상태인 t_n 구간보다 길다. 그러므로 전류는 t_p 구간에서 그림 3.6 (b)의 실선 방향과 같이 모터의 좌측에서 우측으로 흐르게 된다. 결국 전원 전압 $+E$에 의해서 모터의 권선에 실선 방향의 전류가 흐르게 되고, 이때의 전류 방향을 (+)로 가정한다. 이 구간에서 전류는 시간에 따라 증가하게 된다. t_n 구간 동안 전류의 경로가 그림 3.6 (b)에서 점선으로 나타나 있다. 즉, 모터에 흐르던 전류가 다이오드 D_2를 통해서 전원전압 $-E$로 회생되고 있음을 알 수 있다. 이 전류는 시간에 따라 감소하게 된다. 이러한 상황에서 스위칭 주파수가 높게 되면 전류가 0으로 감소하기도 전에 다음 t_p 구간의 순서가 되어 전류는 다시 증가하게 된다. 그러므로 스위칭 주파수를 높일수록 전류의 리플이 감소하게 된다. 최근 PWM 서보 앰프에는 스위칭 주파수를 20[kHz] 혹은 그 이상의 높은 주파수 영역에서 사용하는 경우가 많다.

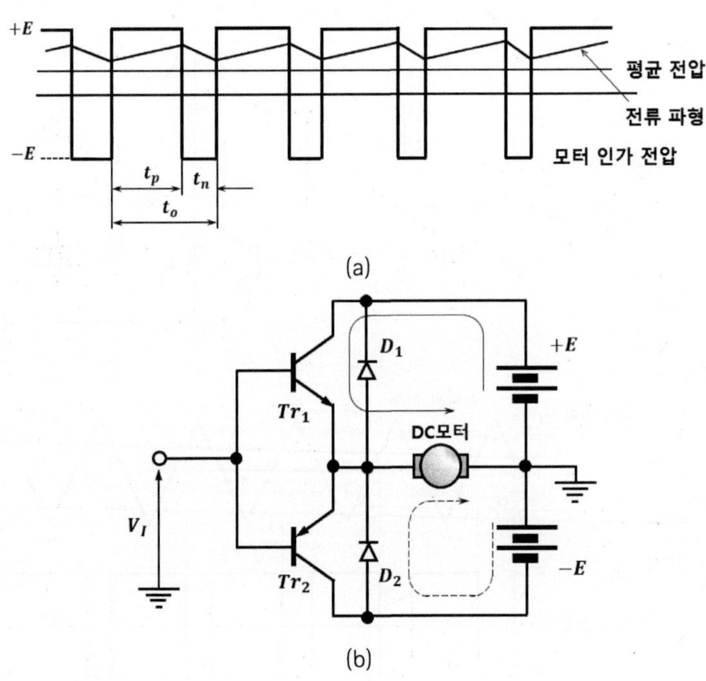

그림 3.6 PWM 전압파형과 전류파형

(2) 전류 제어형 PWM 서보 앰프

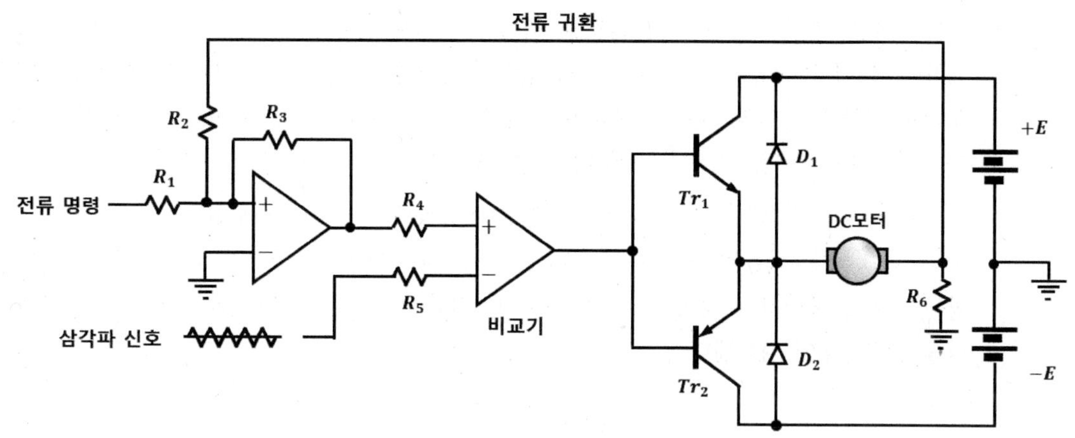

그림 3.7 전류 제어형 PWM 서보 앰프

그림 3.7은 전류 제어형 PWM 서보 앰프의 구성을 나타내고 있으며 그림 3.5에 나타나 있는 전압 제어형 PWM 서보 앰프와 비교하면 다음과 같은 특징을 갖고 있다.

- 모터에 흐르는 전류를 검출한다.
- 비교기의 (+)입력단자에 차동 앰프가 연결되어 있다.
- 차동 앰프의 입력신호로 **전류 명령신호**와 **귀환 전류신호**가 입력되고 있다.
- 전류 명령신호와 귀환 전류신호의 오차가 차동 앰프의 출력신호(전류 오차신호)로 된다.
- 비교기의 (+)입력단자에 전류 오차신호가 입력되고, 비교기의 (-)입력단자에 삼각파 신호가 입력된다.
- 비교기에서는 전류 오차신호와 삼각파 신호가 비교되어 최종적으로 PWM 파형이 출력된다.

3.1.2 초퍼

DC 서보 모터 등을 임의의 속도로 제어하기 위해서는 임의의 크기의 직류전압이 필요하다. 그러나 직류의 경우는 교류와 같이 변압기를 사용할 수 없다. 그 때문에 일정의 직류전압을 임의의 크기의 직류로 변환하기 위해 **초퍼**(Chopper)라 부르는 변환장치를 사용하여야 한다. 아래에 그에 대한 설명을 한다.

초퍼란 스위칭소자를 이용하여 고속적이며 연속적으로 스위칭을 행하여 ON시간 T_{on}, OFF시간 T_{off}의 비, $T_{on}/(T_{on}+T_{off})$를 제어하고 부하에 걸리는 평균 전압, 평균 전력을 제어하는 것이다. 이 비를 **듀티 팩터**(Duty factor)라 한다. 초퍼 회로의 원리를 그림 3.8에 나타낸다.

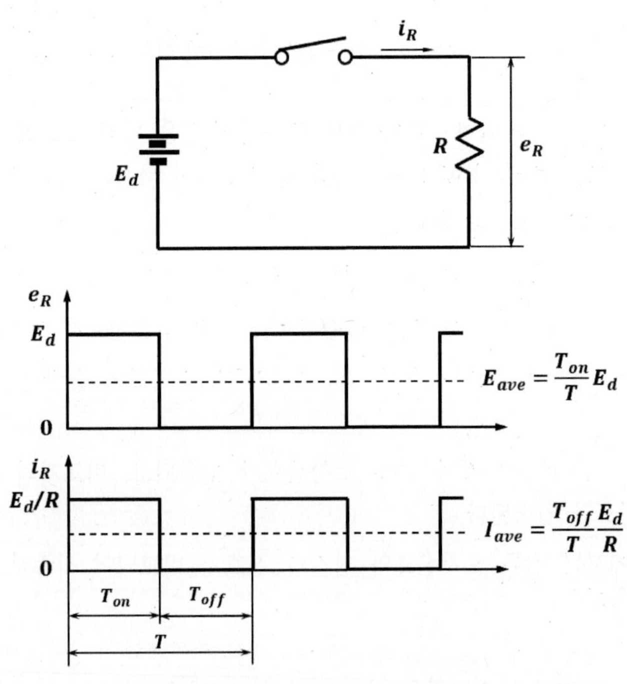

그림 3.8 초퍼 회로 : 저항 부하

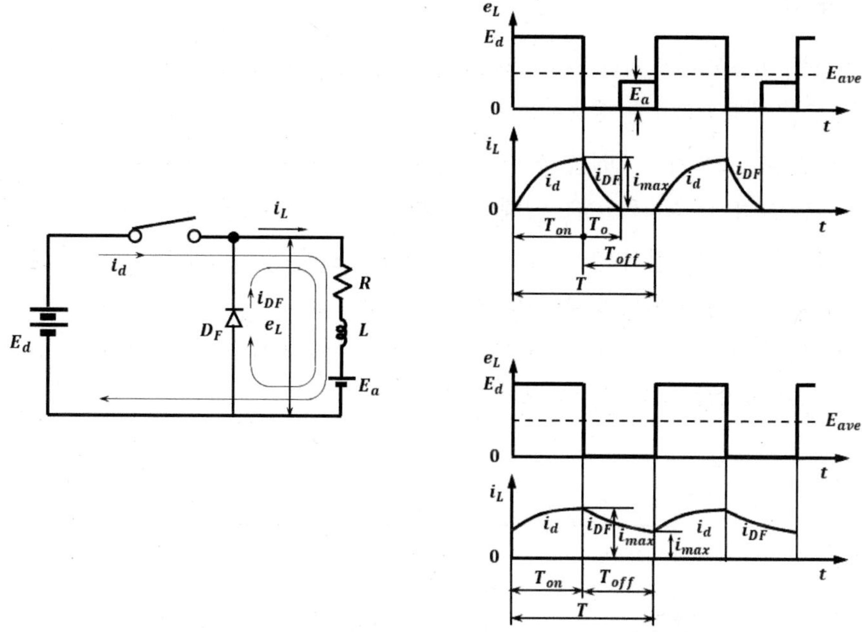

그림 3.9 초퍼 회로 : 유도 부하

가. 강압 초퍼

T_{on}, T_{off}의 시간비를 제어하고 초퍼의 출력전압의 평균값을 0전압으로부터 전원 전압과 같은 전압까지 연속적으로 변화할 수 있도록 한 것이다. 다음에 나타낸 그림 3.9에서 스위칭소자를 ON, OFF함으로써 평균전압을 임의로 얻을 수 있다.

$$E_{ave} = \frac{T_{on}}{T_{on} + T_{off}} E_d = \frac{T_{on}}{T} E_d \tag{3.1}$$

부하로서 서보 모터와 같은 유도성(인덕턴스를 주로 포함한 것) 부하가 연결될 경우는 그림 3.9와 같은 회로가 대표적인 것이다. 그림에서의 다이오드를 귀환 다이오드라 부르며 메인 스위치가 OFF인 경우에 부하의 전류가 연속적으로 흐르게 하는 회로이다.

나. 승압 초퍼

인덕턴스를 이용하고 인덕턴스에 축적된 에너지를 스위칭 동작의 적절한 방법에 의해 축적과 방출을 반복함으로써 승압하는 것이다.

그림 3.10에서 스위치가 ON일 때, 즉 T_{on}일 때는 전류 i_1이 흐르며 인덕턴스 L에 에너지가 축적된다. 스위치가 OFF일 때, 즉 T_{off} 사이는 축적된 에너지가 부하측에 방출된다. 이때의 전류는 감쇠전류이기 때문에 인덕턴스에는 전원전압과 같은 극성의 유도 기전력이 발생하여 전원전압과 서로 합해져 전류 i_2를 흐르게 하고 콘덴서 C를 충전하여 콘덴서의 전압이 높아지게 되고 부하 전압도 높아지게 된다. 이 때 L이 충분히 크면 i_1, i_2는 일정값 I_1이 된다고 생각할 수 있다.

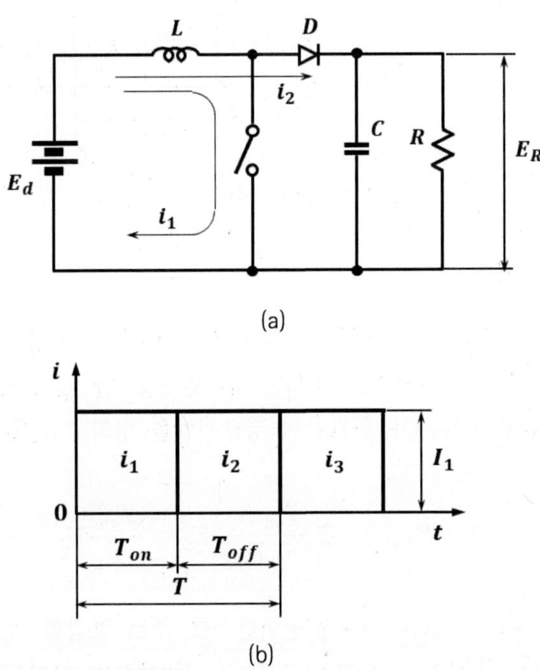

그림 3.10 승압 회로의 원리

$$T_{on} \text{기간에 } L \text{에 축적된 에너지 : } E_d I_1 T_{on}$$

$$T_{off} \text{기간에 부하에 방출된 에너지 : } (E_R - E_d) I_1 T_{off}$$

이들을 같다고 놓으면 다음과 같다.

$$E_d I_1 T_{on} = (E_R - E_d) I_1 T_{off} \tag{3.2}$$

이것에 의해 다음의 관계를 얻는다.

$$E_R = \frac{T_{on} + T_{off}}{T_{off}} E_d = \frac{T}{T_{off}} E_d \tag{3.3}$$

즉, 출력전압은 전원전압보다 크게 하는 것이 가능하다는 것을 알 수 있다. 또한 부하 전류 i_2의 평균값 I_2는 I_1이 T_{off} 기간만큼 부하회로에 흐르므로 다음의 관계를 얻는다.

$$I_2 = \frac{T_{off}}{T} I_1 \tag{3.4}$$

이것으로부터 다음과 같은 관계가 도출된다.

$$\frac{E_R}{E_d} = \frac{I_1}{I_2} = \frac{T}{T_{off}} \tag{3.5}$$

3.1.3 인버터

인버터(Inverters)는 직류전력을 교류전력으로 변화하는 전력변환기로서 직류로부터 원하는 크기의 전압 및 주파수를 갖는 교류를 발생한다. 이러한 인버터는 출력의 상수, 입력 전원의 형태, 출력 파형의 형태, PWM 방식에 따라서 표 3.1과 같이 여러 가지의 형태로 구분될 수 있다.

표 3.1 인버터의 형태에 따른 종류

형태	종류
출력의 상수	• 단상 인버터 (Single-phase inverter) • 3상 인버터(3-phase inverter)
입력 전원의 형태	• 전압원 인버터(Voltage-source inverter) • 전류원 인버터(Current-source inverter)
출력 파형의 형태	• 구형파 인버터(Square-wave inverter) • PWM 인버터(Pulse Width Modulation inverter)
PWM 방식	• 사인파 PWM 인버터 (Sinusoidal PWM inverter) • 히스테리시스 PWM 인버터 (Hystesis PWM inverter) • 공간벡터 PWM 인버터 (Space-Vector PWM inverter)

가. 단상 인버터

그림 3.11은 H형 브리지 회로를 이용하여 직류전원으로부터 단상 교류전압을 발생시키는 단상 인버터(Single Phase Inverter)의 원리를 설명하고 있다. 그림에서 보듯이 두 개의 스위치 S_1, S_2를 통해서 직류전원으로부터 부하로 전류가 공급된다. 이들 스위치의 (+)단자와 (-)단자를 조합함으로써 다음과 같이 4가지의 경우가 나타나게 된다.

- 상태 1. S_1 (+), S_2(-) : 부하에 정방향 전압이 걸린다.
- 상태 2. S_1 (-), S_2(-) : 부하에 전압이 걸리지 않는다.
- 상태 3. S_1 (-), S_2(+) : 부하에 역방향 전압이 걸린다.
- 상태 4. S_1 (+), S_2(+) : 부하에 전압이 걸리지 않는다.

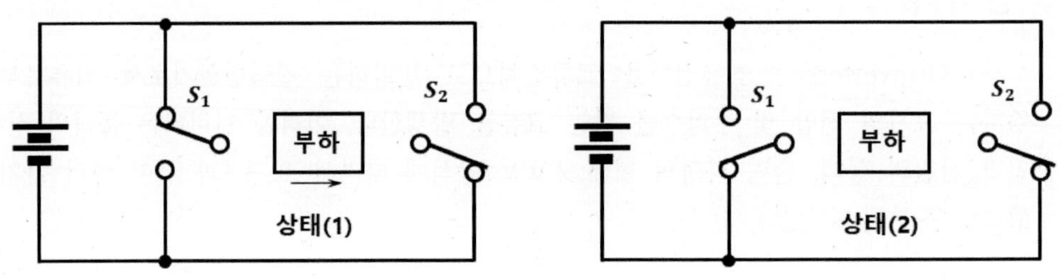

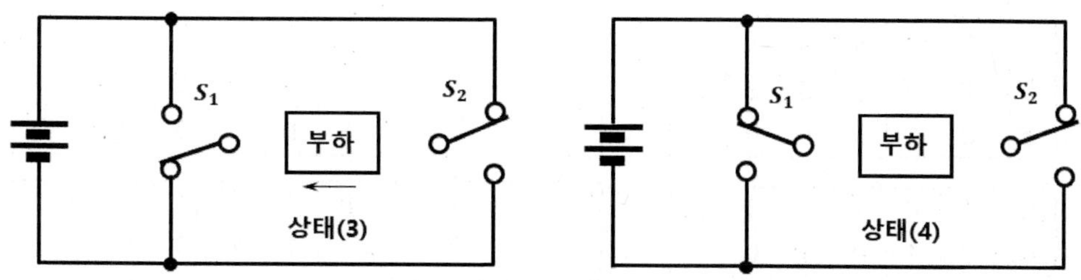

그림 3.11 단상 브리지 회로의 기본 동작 원리

이와 같은 4가지의 상태에서 상태(1)과 상태(4)만을 반복하게 되면 그림 3.12 (a)와 같은 구형파 전압이 부하에 인가된다. 반면에 그림 3.12 (b)와 같이 4가지의 상태를 순차적으로 반복하게 되면 그림과 같은 스텝 구형파의 전압이 부하에 인가된다. 이와 같은 두 가지 형태의 파형(구형파, 스텝 구형파)을 비교했을 때, 가장 큰 차이점은 각 파형에 포함된 고조파 성분(Harmonic components)의 차이점에 있다. 두 파형의 고조파 성분을 비교하면 표 3.2와 같다. 표에서 보듯이 스텝 구형파에서는 3차와 9차 고조파가 나타나지 않음을 알 수 있다. 즉, 스텝 구형파가 구형파보다는 더 사인파에 가깝다는 것을 의미한다.

표 3.2 고조파 성분의 비교

고조파 성분	구형파	스텝 구형파
기본파	1	1
3차고조파	1/3	0
5차고조파	1/5	1/5
7차고조파	1/7	1/7
9차고조파	1/9	0
11차고조파	1/11	1/11
13차고조파	1/13	1/13

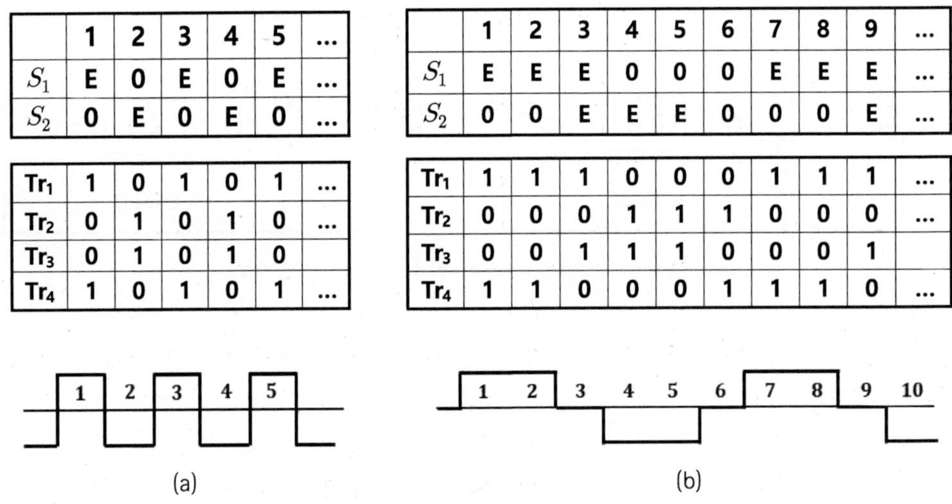

	1	2	3	4	5	…
S_1	E	0	E	0	E	…
S_2	0	E	0	E	0	…

Tr1	1	0	1	0	1	…
Tr2	0	1	0	1	0	…
Tr3	0	1	0	1	0	
Tr4	1	0	1	0	1	…

	1	2	3	4	5	6	7	8	9	…
S_1	E	E	E	0	0	0	E	E	E	…
S_2	0	0	E	E	E	0	0	0	E	…

Tr1	1	1	1	0	0	0	1	1	1	…
Tr2	0	0	0	1	1	1	0	0	0	…
Tr3	0	0	1	1	1	0	0	0	1	
Tr4	1	1	0	0	0	1	1	1	0	…

(a) (b)

그림 3.12 단상 브리지 회로의 출력파형

그림 3.11에서 두 개의 스위치 대신에 4개의 트랜지스터를 사용하고 각 트랜지스터와 역병렬로 다이오드를 연결하면 그림 3.13과 같은 기본적인 단상 브리지 인버터가 된다.

그림 3.13에서 Tr_1이 ON, Tr_2가 OFF이면 A단자의 전위는 전원전압 E가 되고 Tr_1이 OFF, Tr_2가 ON이면 A 단자의 전위는 GND전위가 된다. 마찬가지로 Tr_3이 ON, Tr_4가 OFF이면 B단자의 전위는 전원전압 E가 되고 Tr_3이 OFF, Tr_4가 ON이면 B단자의 전위는 GND전위가 된다.

그림 3.13에서 Tr_1이 ON, Tr_2가 OFF이면 A단자의 전위는 전원전압 E가 되고 Tr_1이 OFF, Tr_2가 ON이면 A 단자의 전위는 GND전위가 된다. 마찬가지로 Tr_3이 ON, Tr_4가 OFF이면 B단자의 전위는 전원전압 E가 되고 Tr_3이 OFF, Tr_4가 ON이면 B단자의 전위는 GND전위가 된다.

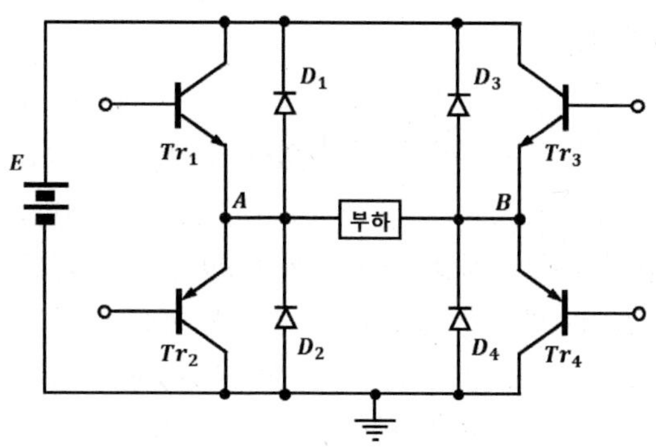

그림 3.13 단상 브리지 인버터

(1) 데드 타임보상

그림 3.13에서 쌍을 이루고 있는 두개의 트랜지스터(Tr_1과 Tr_2, 혹은 Tr_3과 Tr_4) 사이에 스위칭 상태의 전환이 일어날 때마다 짧은 시간 동안은 두 개의 스위치를 모두 OFF시켜야 한다. 이것을 **데드 타임**(Dead-time) **보상**이라고 한다.

이와 같이 데드 타임 보상을 행하는 이유는 쌍을 이루고 있는 두 개의 트랜지스터가 스위칭 동작이 전환될 때 동시에 ON 상태가 되는 과도구간이 발생하여 인버터 회로는 단락상태(Short-circuit)가 되고, 결국 회로가 파괴되는 현상이 발생하는데 이와 같은 단락 현상을 방지하기 위함이다.

데드 타임을 보상하는 방법으로는 쌍을 이루고 있는 두 개의 트랜지스터 중에서 ON 상태에서 OFF 상태로 전환하는 소자의 스위칭 타임은 빠르게 하고, 반면에 OFF 상태에서 ON 상태로의 전환은 일정한 시간지연을 가짐으로써 회로의 단락 현상을 방지할 수 있는 것이다.

이와 같은 데드 타임 보상 방법을 그림 3.14에 나타내고 있다.

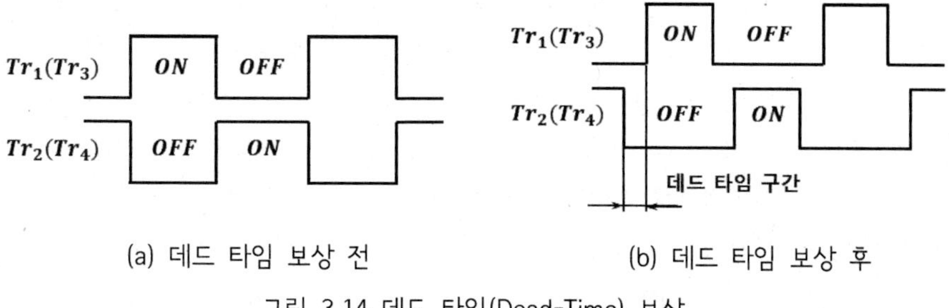

(a) 데드 타임 보상 전 (b) 데드 타임 보상 후

그림 3.14 데드 타임(Dead-Time) 보상

(2) 단상 PWM 인버터

그림 3.12 (a)에 나타난 구형파 펄스 방식과는 달리 PWM 방식에 의한 단상 인버터의 출력 파형이 그림 3.15에 나타나 있다. 그림 3.15 (a)는 그림 3.13에서 A점에 인가되는 전압파형을 나타내며 그림 3.15 (b)는 B점에 나타는 전압파형을, 그림 3.15 (c)는 부하 양단에 걸리는 전압파형으로서 (a)파형과 (b)파형을 합친 파형이 된다. 그림에서 보듯이 PWM 파형의 평균값이 사인파 형태로 나타나고 있다. 결국, 구형과 펄스에 의한 구동보다는 PWM 펄스에 의한 구동방식이 보다 더 사인파에 가까운 전압파형을 얻을 수 있음을 알 수 있다. 여기에서 사인파에 가깝다는 것은 그 만큼 고조파 성분이 적은 양호한 파형임을 의미한다. PWM 방식에 관한 자세한 내용은 뒤에서 설명한다.

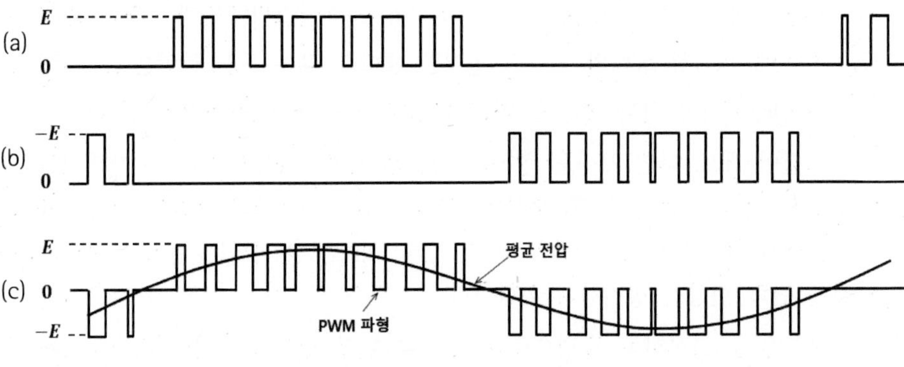

그림 3.15 PWM 방식에 의한 단상 인버터의 출력파형

나. 3상 인버터

3상 AC 모터에 3상전류를 공급하기 위한 기본적인 회로의 구성이 그림 3.16에 나타나 있다. 그림 3.16 (a)에서 모터는 스타결선(Star-connection)된 3상 코일로 표시하였으며 각 상에는 1개의 스위치가 연결되어 있다. 여기에서 각 상의 스위치(S_1, S_2, S_3)는 일정한 순서대로 스위칭 동작을 함으로써 DC 입력전원으로부터 3상 AC 전류를 발생하게 된다. 여기에서 각 상에 연결된 3개의 스위치가 3상전류를 발생하기 위한 스위칭 시퀀스에는 기본적으로 **120도 통전 타입**과 **180도 통전 타입**이 있다. 그림 3.16 (b)는 각 상에 연결된 스위치(S_1, S_2, S_3)를 트랜지스터와 다이오드로 대체한 형태로서, 이와 같은 형태가 **3상 인버터**(Three Phase Inverter)의 기본적인 형태이다.

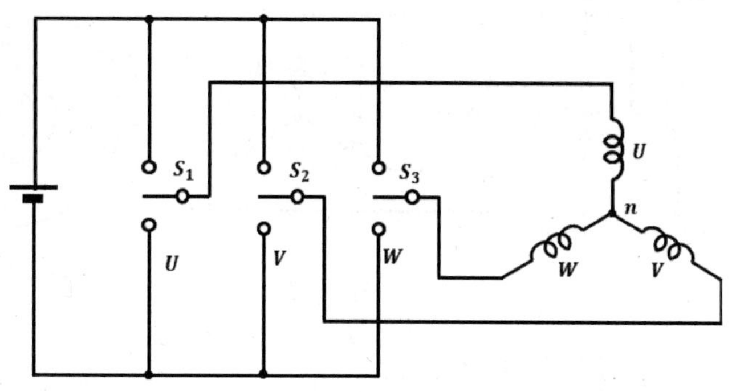

(a) 3개의 스위치에 의한 등가회로

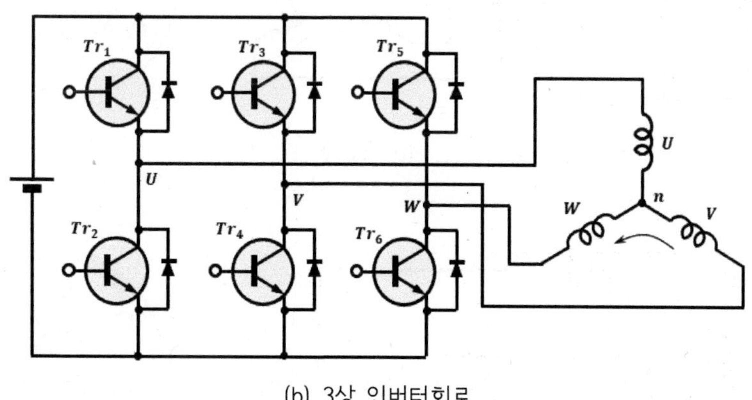

(b) 3상 인버터회로

그림 3.16 3상 인버터에 대한 기본 회로

(1) 120도 통전형 3상 인버터

120도 통전형 3상 인버터의 스위칭 시퀀스가 그림 3.17에 나타나 있다.

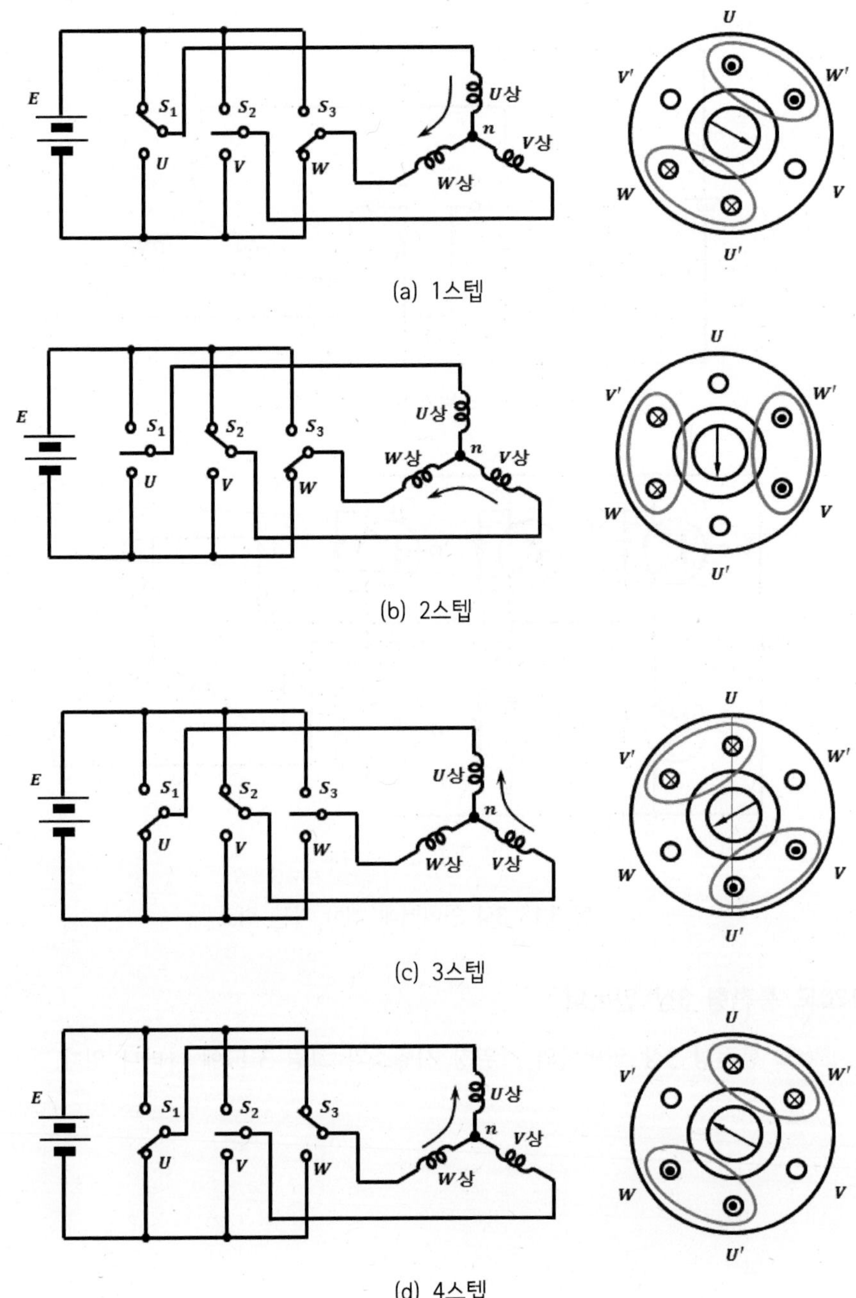

(a) 1스텝

(b) 2스텝

(c) 3스텝

(d) 4스텝

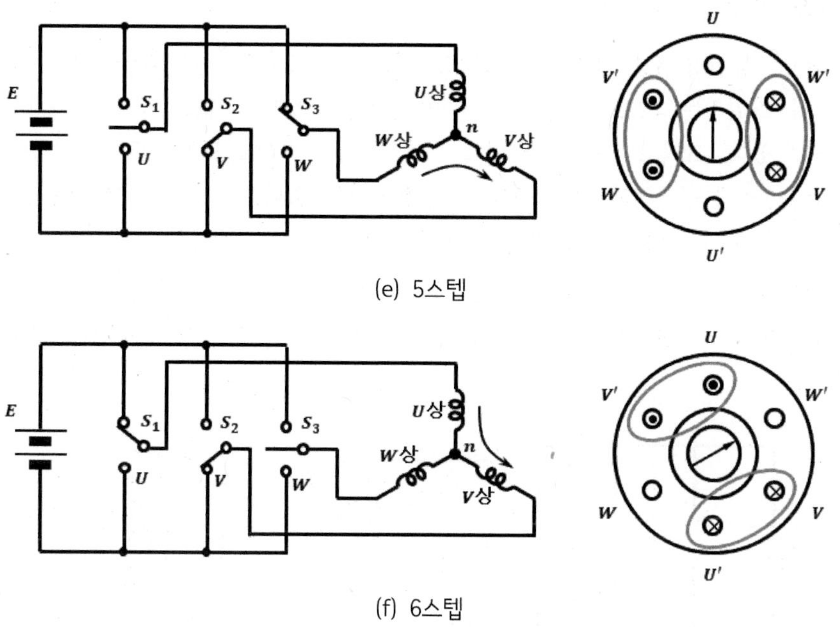

(e) 5스텝

(f) 6스텝

그림 3.17 120도 통전형 3상 인버터의 스위칭 시퀀스

그림 3.17에서 보듯이 1사이클이 6스텝으로 나누어져 있으며 각 스텝은 전기적으로 60도의 간격을 형성하고 있다. 각 상에 연결된 스위치의 상태를 살펴보면 하나의 스위치는 ON 상태에, 다른 하나는 OFF 상태에, 그리고 나머지 하나는 OPEN 상태에 있음을 알 수 있다. 또 한 모터 내에서 발생되는 회전자계(Rotating Magnetic Field)를 설명하기 위해서 전류의 분포와 이에 따른 자장의 분포가 그림에 나타나 있다. 이와 같은 자장 내에 위치한 회전자는 자장의 회전방향으로 회전하게 된다. 만약 그림 3.17에 나타난 시퀀스에 대해서 역방향으로 스위칭을 하게 되면 회전자계의 회전방향과 이에 따른 회전자(Rotor)의 회전방향이 역방향으로 바뀌게 된다. 다시 그림 3.17을 주목해 보면 1사이클 동안 각 상의 스위치가 연속해서 ON상태에 있는 구간은 항상 2스텝 즉, 전기적으로 120도를 유지하고 있음을 알 수 있다. 이와 같은 이유에서 그림 3.17과 같은 스위칭 시퀀스를 갖는 3상 인버터를 **120도 통전형 3상 인버터**라고 한다.

(2) 180도 통전형 3상 인버터

180도 통전형 3상 인버터의 스위칭 시퀀스가 그림 3.18에 나타나 있다. 각 상에 연결된 스위치는 120도 타입과는 달리 OPEN된 상태가 없고, ON 상태 또는 OFF 상태에 있다. 그리고 1 사이클 내에서 각 스위치가 ON 또는 OFF 상태를 유지하는 구간이 3스텝 즉, 전기적으로 180도를 유지하고 있다. 또한 그림 상에는 전류의 분포와 이에 따른 자장의 변화가 나타나 있다.

120도 통전형이나 180도 통전형 모두 전기적으로 60도의 간격을 갖고 자장이 회전하게 된다. 그러나 모터의 상에 인가되는 전압파형에 있어서는 차이가 있다.

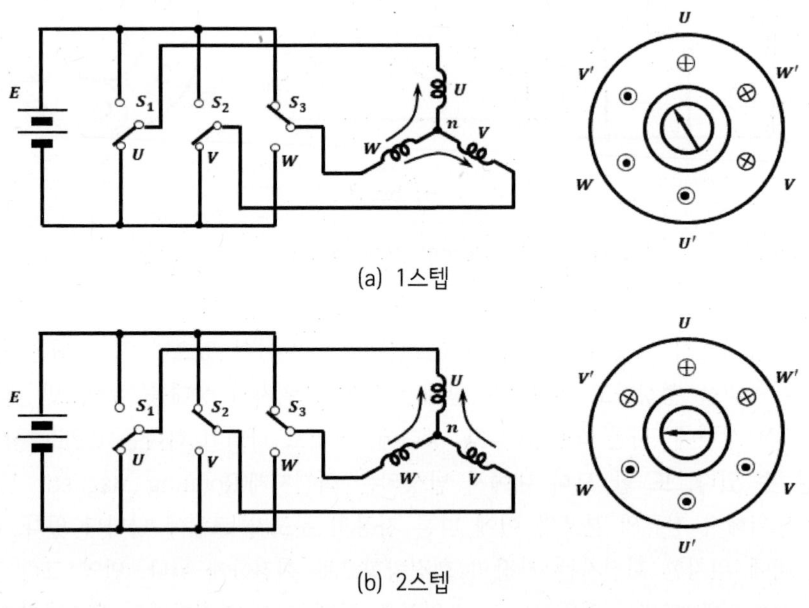

(a) 1스텝

(b) 2스텝

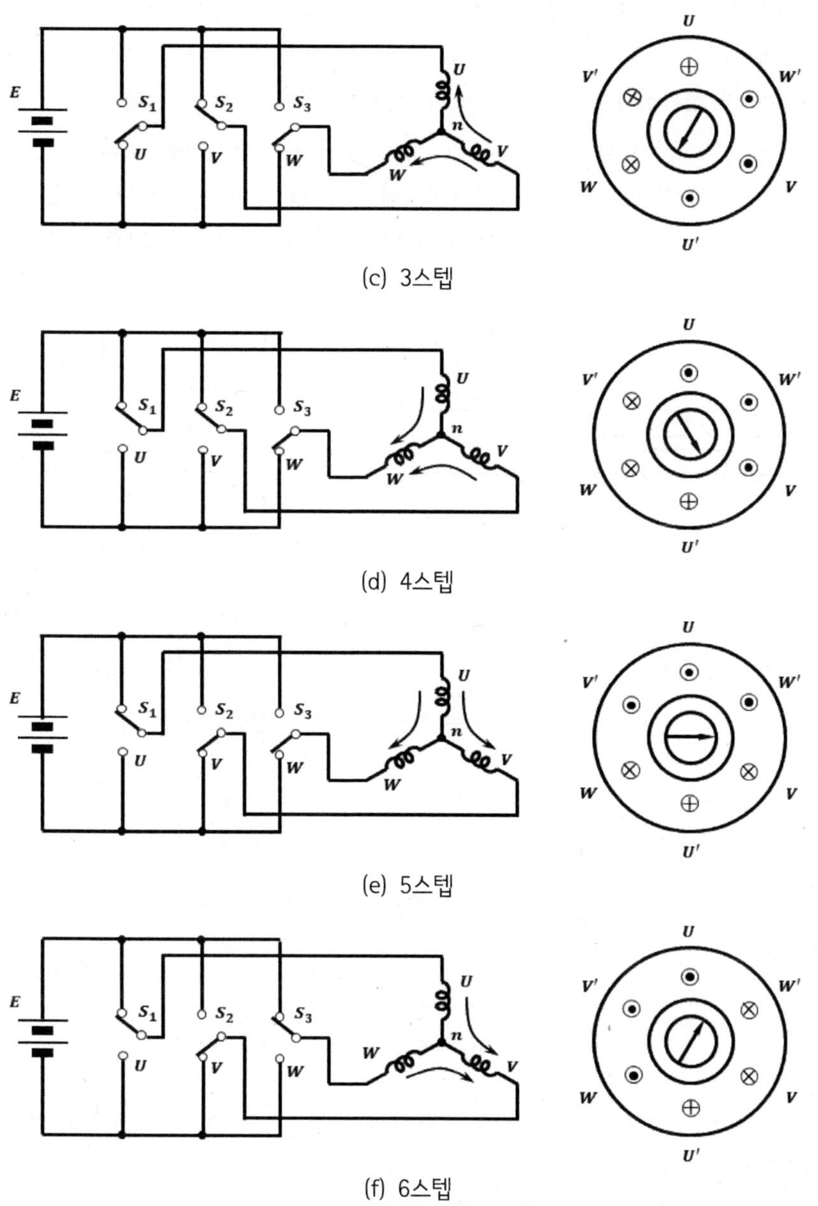

(c) 3스텝

(d) 4스텝

(e) 5스텝

(f) 6스텝

그림 3.18 180도 통전형 3상 인버터의 스위칭 스퀀스

그림 3.19는 스타결선(Y 결선)된 3상 저항 부하가 인버터의 출력단에 연결되어 있는 상태에서 120도 통전형 스위칭 시퀀스에 의해서 부하에 인가되는 **상전압**(Phase Voltage)과 **선간전압**(Line-to-Line Voltage) 파형을 나타내고 있다.

그림 3.19 (a)는 매 스텝마다 각 상에 인가되는 상전압을 나타내고 있으며, 그림 3.19 (b)는 상(Phase)사이에 인가되는 선간전압을 나타내고 있다. 그림 3.19를 이해하기 위해서 스텝1인 경우에 회로를 간단히 표현하면 그림 3.20과 같다.

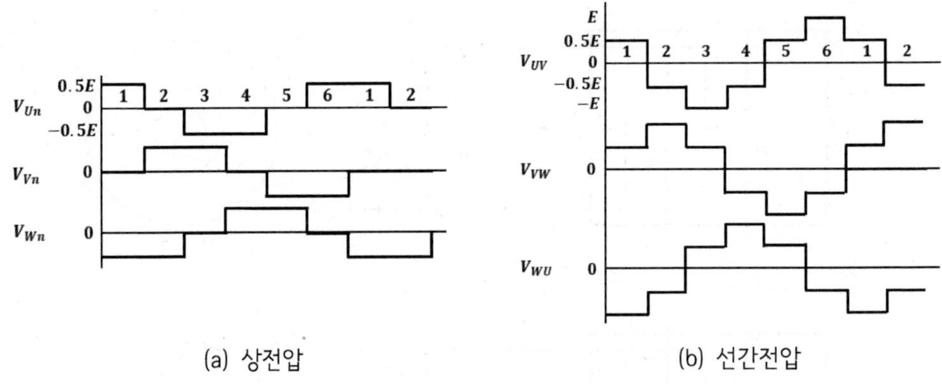

(a) 상전압 (b) 선간전압

그림 3.19 120도 통전형 3상 인버터의 상전압과 선간전압

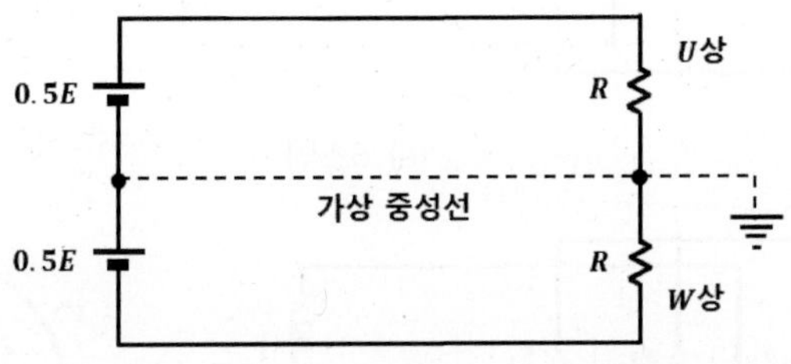

그림 3.20 스텝1에서의 등가회로(120도 통전형)

그림 3.20을 통해서 스텝1에서 각 상에 연결된 스위치의 상태와 인가전압을 정리하여 보기로 한다. 먼저 U상 스위치가 ON 상태이면 U상 인가전압(상전압)은 $V_{Un} = 0.5E$이고, V상 스위치가 OPEN 상태이면 V상 인가전압(상전압)은 $V_{Vn} = 0E$이다. 또한 W상 스위치가 OFF 상태이면 W상 인가전압(상전압)은 $V_{Wn} = -0.5E$이다. 이 때 각각의 선간전압을 계산하면 U-V간 선간전압은 $V_{UV} = V_{Un} - V_{Vn}$

$= 0.5E - 0E = 0.5E$이고, V-W간 선간전압은 $V_{VW} = V_{Vn} - V_{Wn} = 0E - (-0.5E)$ $= 0.5E$이다. 또한 W-U간 선간전압은 $V_{WU} = V_{Wn} - V_{Un} = -0.5E - 0.5E = -1E$ 이다.

이와 같은 관계를 통해서 6스텝을 한 주기로 하는 전압파형이 그림 3.21과 같이 나타난다.

그림 3.21은 스타결선(Y결선)된 3상 저항부하가 인버터의 출력단에 연결되어 있는 상태에서 180도 통전형 스위칭 시퀀스에 의해서 부하에 인가되는 상전압(Phase Voltage)과 선간전압(Line-to-Line Voltage) 파형을 나타내고 있다. 또한 그림 3.22는 180도 통전형 스위칭 시퀀스 중에서 스텝1과 스텝2의 경우에 등가회로를 나타내고 있으며 이를 통해서 매 스텝마다 각 상의 상 전압과 선간 전압을 쉽게 계산할 수 있다.

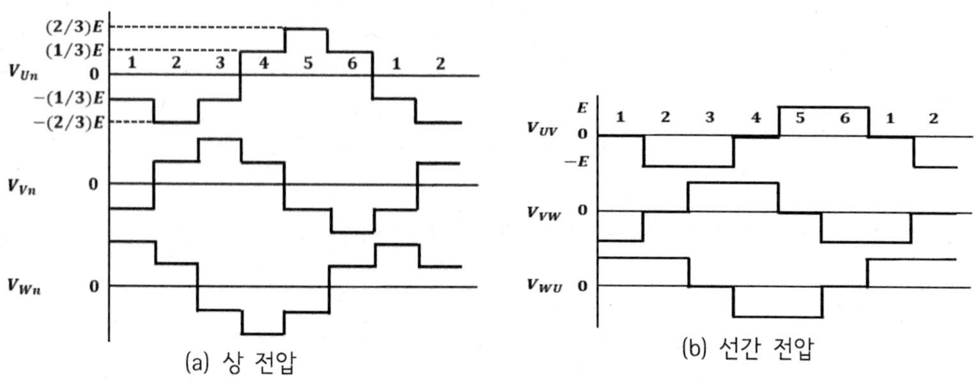

(a) 상 전압 (b) 선간 전압

그림 3.21 180도 통전형 3상 인버터의 상전압과 선간전압과 선간전압

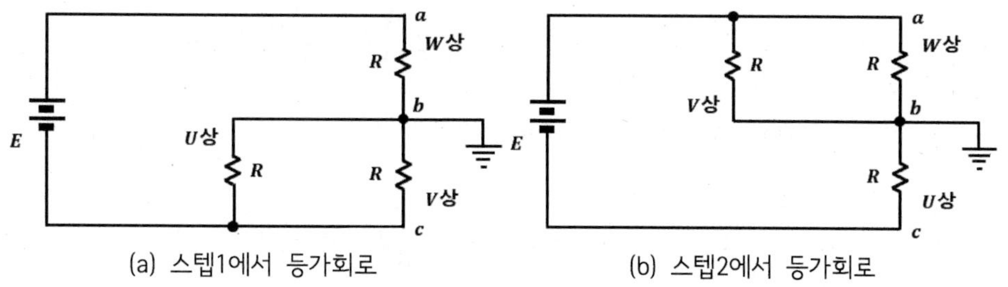

(a) 스텝1에서 등가회로 (b) 스텝2에서 등가회로

그림 3.22 스텝1과 스텝2에서 3상 인버터의 등가회로(180도 통전형)

180도 통전형에서 스텝1(그림 3.18 (a) 참조)의 경우 각 상의 스위칭 상태를 보면 U상 스위치가 OFF 상태, V상 스위치가 OFF 상태, W상 스위치가 ON 상태이다. 이때의 등가회로가 그림 3.22 (a)에 나타나 있으며, 이를 통해 상 전압에 대해 알아본다.

W 상의 상전압을 계산하면 다음과 같다.

$$V_{Wn} = \frac{R}{R+\frac{1}{2}R}E = \frac{R}{\frac{3}{2}R}E = \frac{2}{3}E \tag{3.6}$$

U상의 상전압을 계산하면 다음과 같다.

$$V_{Un} = -(1-\frac{2}{3})E = -\frac{1}{3}E \tag{3.7}$$

V상의 상전압을 계산하면 다음과 같다.

$$V_{Vn} = -(1-\frac{2}{3})E = -\frac{1}{3}E \tag{3.8}$$

또한 U상과 V상과의 선간전압을 계산하면 다음과 같다.

$$V_{UV} = V_{Un} - V_{Vn} = -\frac{1}{3}E-(-\frac{1}{3}E) = 0 \tag{3.9}$$

V상과 W상과의 선간전압을 계산하면 다음과 같다.

$$V_{VW} = V_{Vn} - V_{Wn} = -\frac{1}{3}E-\frac{2}{3}E = -E \tag{3.10}$$

W상과 U상과의 선간전압을 계산하면 다음과 같다.

$$V_{WU} = V_{Wn} - V_{Un} = +\frac{2}{3}E-(-\frac{1}{3}E) = E \tag{3.11}$$

이와 같이 계산된 스텝1의 각 상전압과 선간전압을 그림 3.21과 비교했을 경우 일치함을 알 수 있다.

180도 통전형에서 스텝2 (그림 3.18 (b) 참조)의 경우 각 상의 스위칭 상태를 보면 U상 스위치는 OFF 상태, V상 스위치는 ON 상태, W상 스위치는 ON 상태이다. 이때의 등가회로가 그림 3.22 (b)에 나타나 있으며 이를 통해 상전압을 알아본다.

V상의 상전압을 계산하면 다음과 같다.

$$V_{Vn} = \frac{\frac{1}{2}R}{R+\frac{1}{2}R}E = \frac{\frac{1}{2}R}{\frac{3}{2}R}E = \frac{1}{3}E \tag{3.12}$$

W상의 상전압을 계산하면 다음과 같다.

$$V_{Wn} = V_{Vn} = +\frac{1}{3}E \tag{3.13}$$

U상의 상전압을 계산하면 다음과 같다.

$$V_{Un} = -(1-\frac{1}{3})E = -\frac{2}{3}E \tag{3.14}$$

또한 U상과 V상과의 선간전압을 계산하면 다음과 같다.

$$V_{UV} = V_{Un} - V_{Vn} = -\frac{2}{3}E-(+\frac{1}{3}E) = -E \tag{3.15}$$

V상과 W상과의 선간전압을 계산하면 다음과 같다.

$$V_{VW} = V_{Vn} - V_{Wn} = +\frac{1}{3}E-\frac{1}{3}E = 0 \tag{3.16}$$

W상과 U상과의 선간전압을 계산하면 다음과 같다.

$$V_{WU} = V_{Wn} - V_{Un} = \frac{1}{3}E-(-\frac{2}{3}E) = E \tag{3.17}$$

이와 같이 계산된 스텝2의 각 상 전압과 선간 전압을 그림 3.21과 비교했을 경우 일치함을 알 수 있다.

다. PWM 인버터

앞에서 서술한 구형파 인버터는 제어로직이 다소 간단하며 기본 주파수의 한 주기 내에서 스위칭수가 적기 때문에 스위칭 손실이 적다. 그러나 모터에 흐르는 전류에는 (6n±1)차 고조파 성분들이 나타나며, 특히 6스텝 구형파 인버터에서 저속의 속도제어를 할 경우 고조파 전류가 심해져서 부하측 모터에서 열이 심하게 발생하고 토크 맥동이 나타나는 문제점이 있다. 또한 저속영역에서는 DC 링크단의 LC 필터에 의해서 시스템 안정도에 나쁜 영향을 미치게 된다.

이와 같은 문제점은 펄스폭 변조방식(PWM 방식)에 의한 인버터 제어를 통해서 해결될 수 있다. 이러한 인버터를 일반적으로 **PWM 인버터**라고 한다. 좀 더 구체적으로 설명하면 기본적인 3상 인버터의 회로구조는 같으며, 이를 제어하는 게이트 신호의 패턴이 구형파가 아닌 PWM 파형이 되는 것이다. PWM 파형은 구형파에 비해서 주파수가 높음을 알 수 있다. 이는 결과적으로 스위칭 주파수가 높아지게 되는데 이에 따라 흐르게 되는 모터의 전류에는 고조파 성분이 적게 포함되어 있다. 이러한 PWM 파형을 발생하는 방법에는 여러 가지가 있으나 여기서는 가장 일반적인 방법 중에서 **사인파 PWM 방식**(Sinusoidal PWM method)과 **히스테리시스 PWM 방식**(Hysteresis PWM method)을 서술한다.

(1) 사인파 PWM 인버터

사인파 PWM 방식은 실제 산업현장에서도 많이 적용되고 있으며 그림 3.23은 사인파 PWM 방식의 기본원리를 나타내고 있다.

그림 3.23에서 특정한 주파수의 삼각파와 사인파가 비교되고 이들 두 파형의 교점이 스위칭 소자의 스위칭 타임을 결정하게 된다. 즉, 이들 두 파형은 비교기에 입력되고 비교기에서는 이들 두 파형의 크기를 비교하여 최종적으로 PWM 파형을 출력하게 된다. 그림에서 보면 사인파의 크기가 삼각파보다 큰 지점에서 특정한 폭을 갖는 펄스가 나타나고 있음을 알 수 있다. 이와 같은 PWM 방식을 **삼각파 방식**(Triangular method), **고조파 저감 방식**(Subharmonic method), **진동 저감 방식**(Suboscillation method)이라고도 한다.

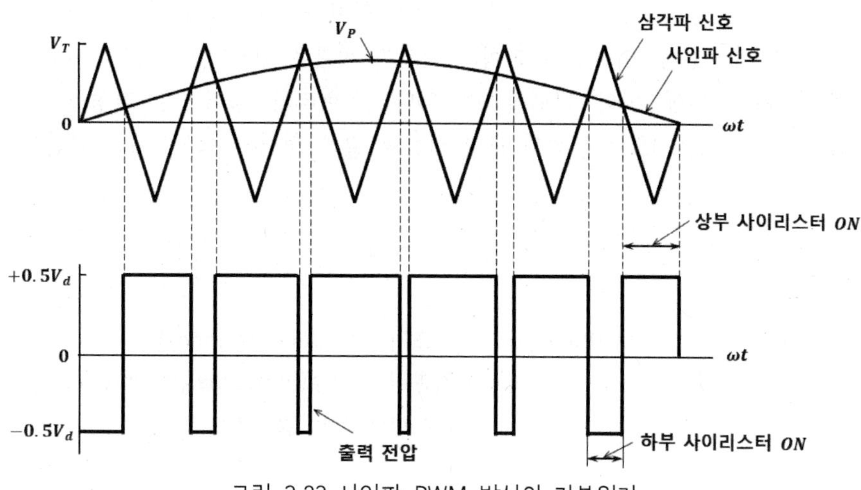

그림 3.23 사인파 PWM 방식의 기본원리

그림 3.24는 사인파 PWM 방식에 의해서 나타나는 전형적인 선간전압과 상전압을 중성점을 기준으로 해서 나타내고 있다.

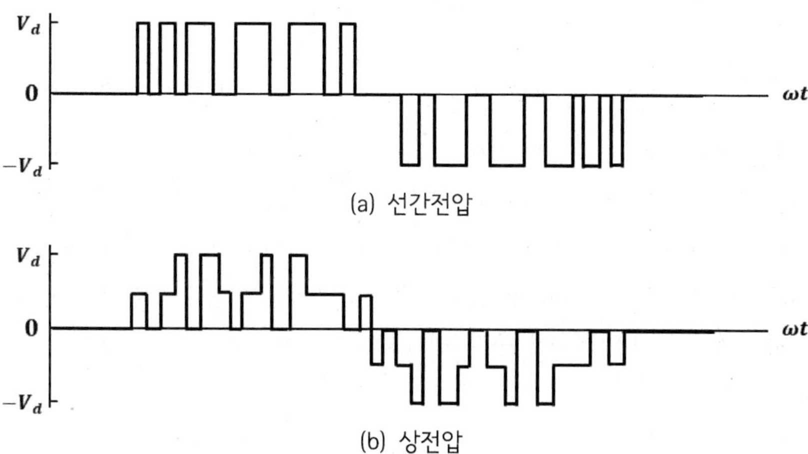

(a) 선간전압

(b) 상전압

그림 3.24 사인파 PWM 인버터의 선간전압과 상전압

그림 3.24와 같이 인버터의 출력전압 파형이 사인파와 비슷한 형태로 나타나고 있음을 알 수 있다. 이와 같은 파형의 기본파 성분은 삼각파와 비교되는 기본 사인파의 주파수와 크기에 따라 가변될 수 있다. 인버터의 출력전압 파형을 푸리에 해석(Fourier analysis)으로 분석해 보면 다음과 같은 형태의 수식으로 표현된다.

$$v(t) = m\frac{V_d}{2}\sin(\omega_s t + \Phi) + \text{고조파 성분} \tag{3.18}$$

여기서, m : 변조지수(Modulation index)
ω_s : 기본파 주파수(Fundamental frequency)
Φ : 사인파에 대한 출력파형의 위상각

위 식의 우변과 같이 출력파형을 푸리에 해석하게 되면 기본파(사인파) 성분과 고조파 성분으로 분리되어 나타난다. 기본파 성분에서 변조지수 m은 다음과 같이 정의한다.

$$m = \frac{V_P}{V_T} \tag{3.19}$$

여기서 V_P는 기본 사인파의 최대값이고 V_T는 삼각파의 최대값이다.

이러한 변조지수 m을 조정함으로써 기본파의 크기를 조종하게 된다. 일반적으로 V_T를 일정하게 유지하면서 V_P를 가변시키게 된다. 이 때 $m < 1$인 경우를 **선형변조**(Linear modulation)라고 하며, $m > 1$인 경우를 **과변조**(Over modulation)라고 한다.

인버터 출력파형의 고조파 성분은 삼각파의 주파수와 깊은 연관성이 있다. 이와 같은 이유로 인해서 제어변수인 주파수비(carrier-to-modulating frequency ratio, P)를 다음과 같이 정의한다.

$$P = \frac{F_c}{F_m} \tag{3.20}$$

여기서, F_c : 삼각파(carrier wave)의 주파수
F_m : 사인파(modulation wave)의 주파수

이와 같은 주파수비 P를 제어함으로써 인버터의 출력파형에 나타나는 고조파 성분을 어느 정도는 제거할 수 있다. 일반적으로 P는 3의 배수로 하며 사이리스터 인버터의 경우 F_c를 700에서 1,000[㎐]로 설정하게 되는데 이 때 P는 168(F_m 〈 6[㎐]인 경우)이거나 15(F_m 〉 50[㎐]인 경우)로 설정되어 진다.

정리하면 사인파 PWM 방식에 있어서는 출력파형을 제어하는 변수로서 변조지수(modulation index, m)와 주파수비(carrier-to-modulating frequency ratio, P)가 있는데 변조지수 m을 제어하여 기본 출력파형의 크기를 조절할 수 있으며 주파수비 P를 제어하여 출력파형에 포함된 고조파 성분을 어느 정도 제거할 수 있다.

(2) 히스테리시스 PWM 인버터

사인파 PWM 방식에서 언급되었던 출력파형의 고조파 성분은 DC 링크단의 전압이 이상적인 직류값임을 가정한 상태에서 설명되었다. 하지만 실제에 있어서는 3상 정류회로와 LC필터를 거친 파형이 이상적인 직류값이 될 수 없고 그 자체에 고조파 성분이 포함되어 있다. 그 결과 사인파 PWM 인버터의 출력파형에는 이론적인 고조파 성분보다 더 많은 고조파가 포함되어 있는데 이러한 문제점을 극복하기 위한 PWM 방식을 히스테리시스 PWM 방식(Hysteresis PWM inverter) 혹은 **적응제어 PWM 방식**이라고 한다.

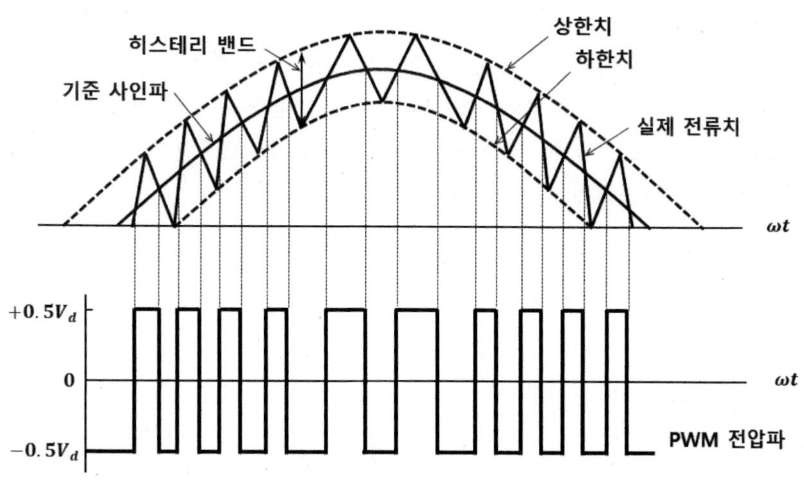

그림 3.25 히스테리시스 PWM 방식

그림 3.25는 히스테리시스 PWM 인버터의 기본원리를 나타내고 있으며, 이와 같은 방식은 사인파 PWM 방식과 같은 전압 제어식과는 상반된 전류 제어식임을 알 수 있다.

그림 3.25에서 임의의 주파수와 크기를 갖는 기준 사인파는 제어 회로에 의해서 발생한다. 이와 같은 기준 사인파는 귀환된 모터의 실제 전류와 비교되어 PWM 파형을 발생하게 된다. 모터에 흐르는 실제 전류와 상한선과 하한선 사이의 간격을 **히스테리스 밴드**라고 하며 모터의 각 상에 흐르는 실제 전류는 히스테리시스 밴드 내에서 진동하도록 제어된다.

히스테리시스 PWM 방식의 제어논리를 설명하면 다음과 같다.

- 실제 전류치 ≥ 히스테리시스 밴드의 상한치
  → Upper Tr : Turn-off, Low Tr : Turn-on
- 실제 전류치 ≤ 히스테리시스 밴드의 하한치
  → Upper Tr : Turn-on, Low Tr : Turn-off

이와 같은 논리에 의해서 그림 3.25와 같은 PWM 파형이 발생되는 것이다. 그 결과 모터의 상전류는 히스테리시스 밴드 사이를 진동하면서 기준 사인파의 형태를 나타낸다. 그러므로 모터에 흐르는 전류는 기준 사인파의 주파수와 크기를 변화시킴으로써 제어될 수 있음을 알 수 있다. 또한 전류 리플의 최대치는 히스테리시스 밴드 폭을 조정함으로써 제어될 수 있다. 히스테리시 밴드 폭을 줄이게 되면 전류 리플이 감소되어 바람직하지만 반면에 스위칭 주파수가 높아져 이에 따른 전력 손실을 유발하게 된다. 그러므로 전류 리플과 스위칭 주파수를 고려한 히스테리시스 밴드 폭을 결정하는 것이 핵심적인 내용이 된다.

3.2 범용 서보 모터 드라이버의 구성

3.2.1 기본 구성

서보 모터 드라이버는 서보 앰프(증폭기)라고도 하지만 앞에서는 기초적 전력 변환의 의미에서 다루었다면 여기서는 서보 모터의 실용 구동장치의 개념으로 서보 드라이버에 대해 설명하도록 한다. 서보 모터 드라이버의 위치 제어 기본 구성은 그림 3.26과 같이 되어 있다.

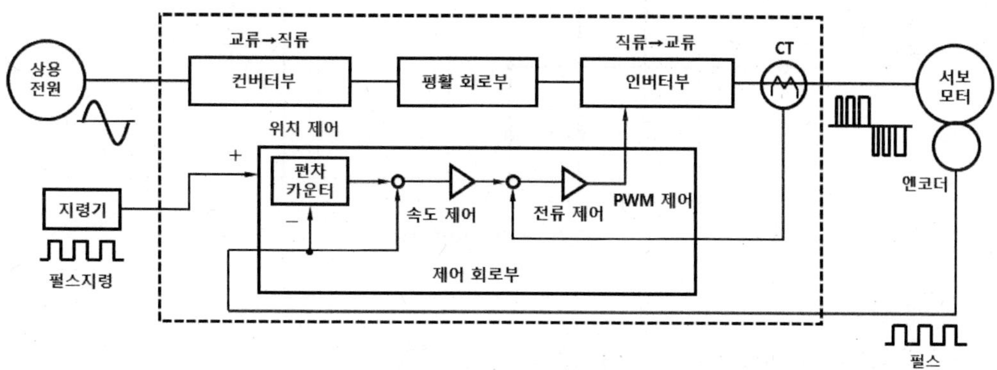

그림 3.26 서보 기본 구성

서보 모터 드라이버의 각 부분은 표 3.3과 같은 기능을 한다.

표 3.3 서보 모터 드라이버의 구성 항목과 기능

구성 항목	기능
컨버터부	상용 전원을 직류로 바꾸는 회로
평활 회로부	직류에 포함되는 맥동분을 매끄럽게 하는 회로
인버터부	직류를 가변 주파수의 교류로 바꾸는 회로
제어 회로부	인버터와 같게 주로 인버터부를 제어하는 회로이지만 지령 펄스와 엔코더에서의 피드백 펄스를 카운트 하는 편차 카운터를 갖고 있음
엔코더부	서보 모터가 회전한 회전량만큼의 펄스를 출력함

가. 컨버터부의 동작 원리

컨버터부는 그림 3.27에 나타내듯이 ① 컨버터, ② 돌입전류 억제 회로, ③ 평활 회로로 구성되어 있다.

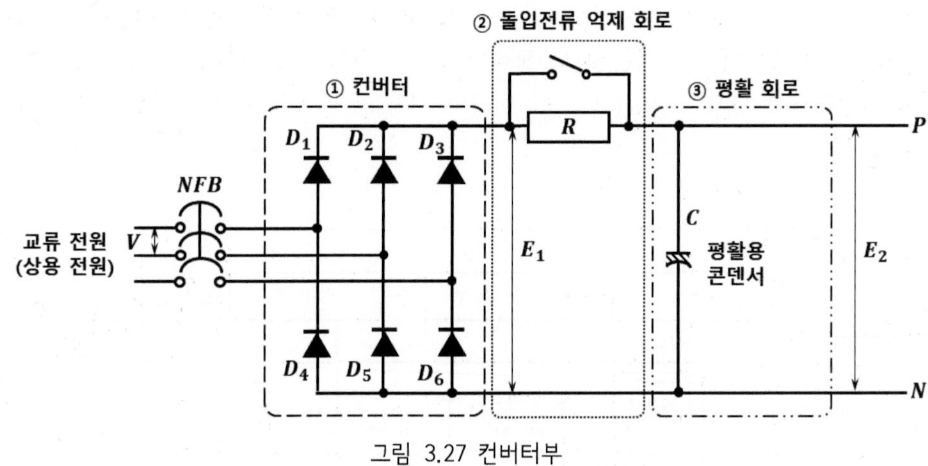

그림 3.27 컨버터부

(1) 교류(상용) 전원으로부터 직류를 만드는 방법

컨버터는 교류 전원으로부터 직류를 만드는 장치이다. 그 기본 원리를 가장 간단한 단상교류로 생각해 본다.

그림 3.29는 평활 콘덴서의 대신에 저항을 부하로 한 예로 교류를 직류로 변환하는 방법이다. 사용 소자는 다이오드이며 이 다이오드는 전압을 거는 방향에 의해 그림 3.28과 같이 전류가 흐르거나 흐르지 않거나 하는 성질을 갖고 있다.

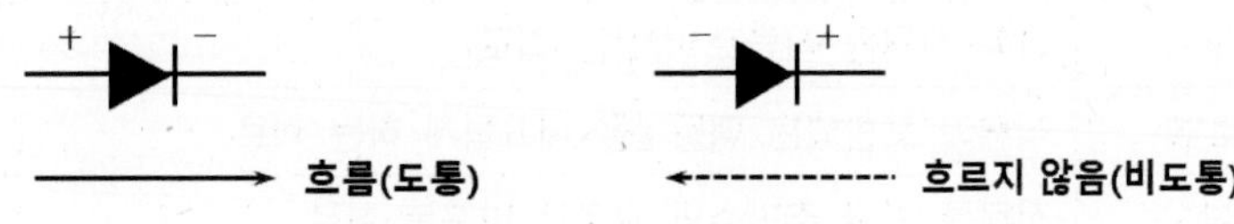

그림 3.28 다이오드

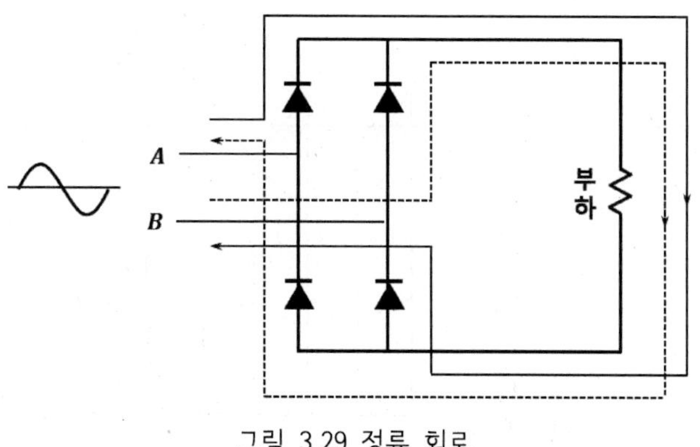

그림 3.29 정류 회로

이 성질을 이용해 그림 3.29의 A, B간에 교류 전압을 인가하면 표 3.4와 같이 부하에는 항상 같은 방향으로 전압이 인가된다. 즉, 교류가 직류에 변환된 것이 된다(교류를 직류로 변환하는 것을 일반적으로는 정류라고 한다).

표 3.4 부하에 걸리는 전압

교류 전압	교류가 흐를 방향	부하에 걸리는 전압
	실선의 방향	같은 방향
	파선의 방향	

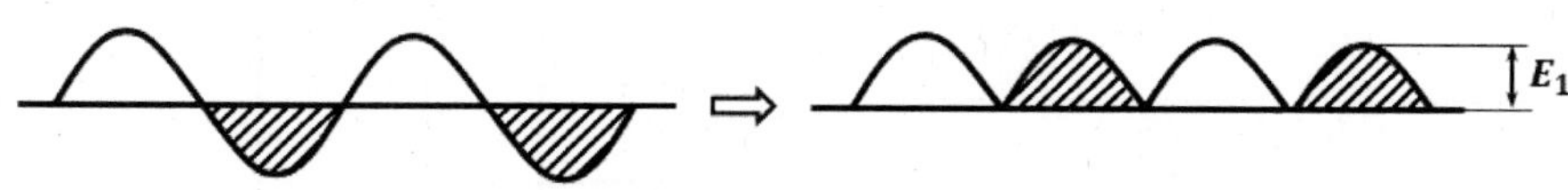

그림 3.30 표 3.2의 연속 파형

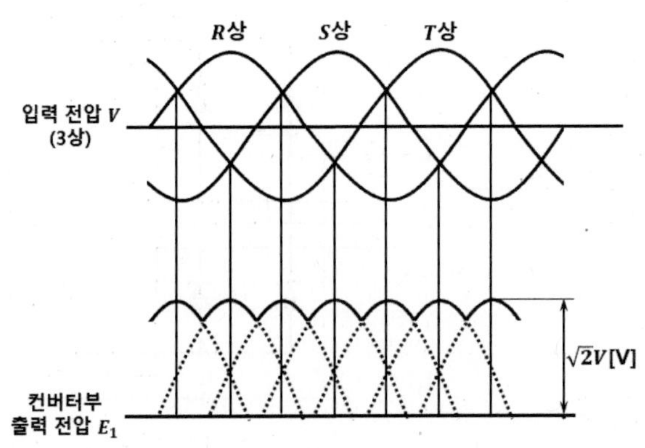

그림 3.31 컨버터부 파형

3상 교류 입력의 경우에는 다이오드를 6개 조합해 교류 전원을 전파 정류하면 그림 3.31에 나타내는 것 같은 출력전압이 된다.

(2) 콘덴서 부하의 경우의 입력 전류 파형

정류의 원리는 부하를 저항기로 설명했다. 실제는 평활용 콘덴서가 부하가 된다. 이 경우의 입력 전류 파형은 교류 전압이 직류 전압 이상일 때만 흐르기 때문에 정현파 파형이 아니고 그림 3.32에 나타내는 왜곡 파형이 된다.

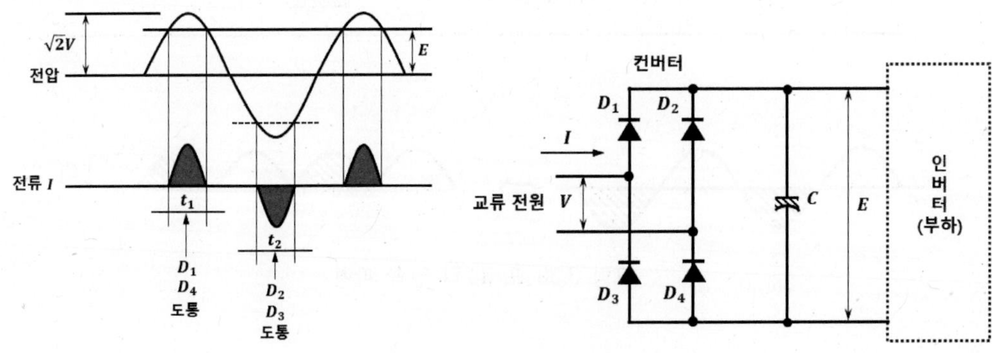

그림 3.32 컨버터의 원리

(3) 돌입전류 억제 회로

정류의 원리는 부하를 저항기로 설명했다. 실제는 평활용 콘덴서가 부하가 된다. 콘덴서는 전기를 축적하는 성질을 갖고 있지만 전압이 인가된 순간은 콘덴서를 충전하기 위해서 큰 돌입 전류가 흐른다(그림 3.33). 이 큰 돌입전류에 의한 정류용 다이오드의 파손 방지를 위해 전원 투입으로부터 약 0.5초간은 강제적으로 직렬로 저항기를 접속하여 돌입 전류값을 억제하고 그 후는 이 저항기의 양단을 전자 개폐기로 합선하여 저항기를 우회 하도록 시킨 회로를 구성한다. 이 회로를 **돌입 전류 억제 회로**라고 한다.

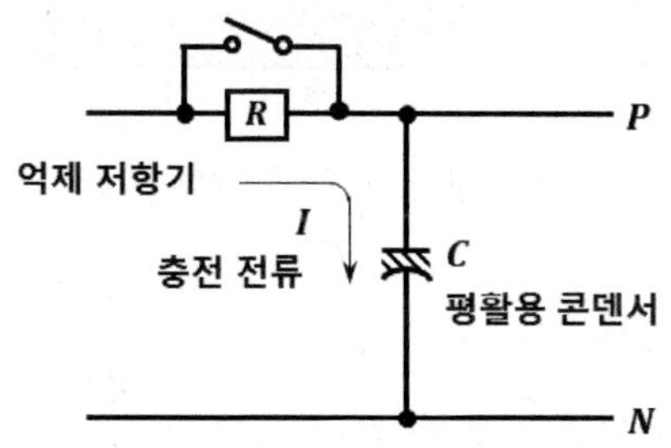

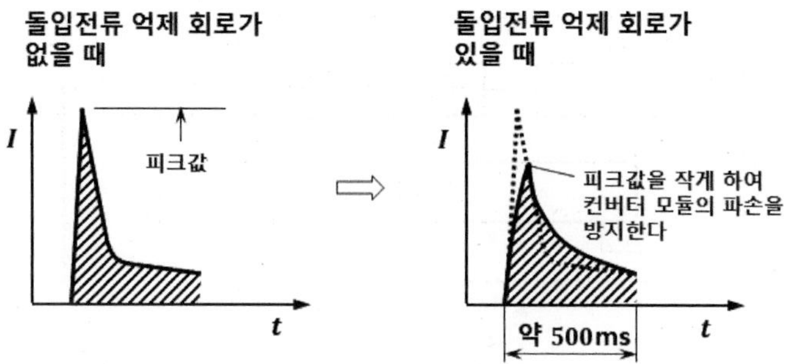

그림 3.33 돌입 전류

(4) 평활 회로부의 동작 원리

평활 회로부는 정류된 직류 전압 E_1을 평활용 콘덴서에 의해 맥동분의 적은 직류 전압 E_2로 한다(그림 3.34).

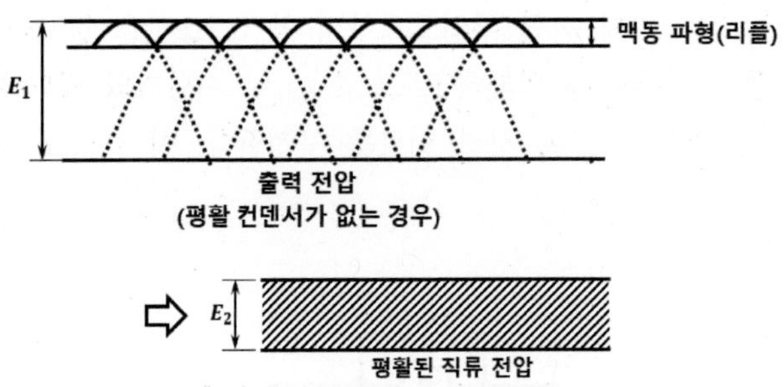

그림 3.34 직류 평활 파형

나. 인버터부의 동작 원리

인버터의 기본 구성은 그림 3.35와 같이 되어 있으며 표 3.5와 같은 기능을 한다.

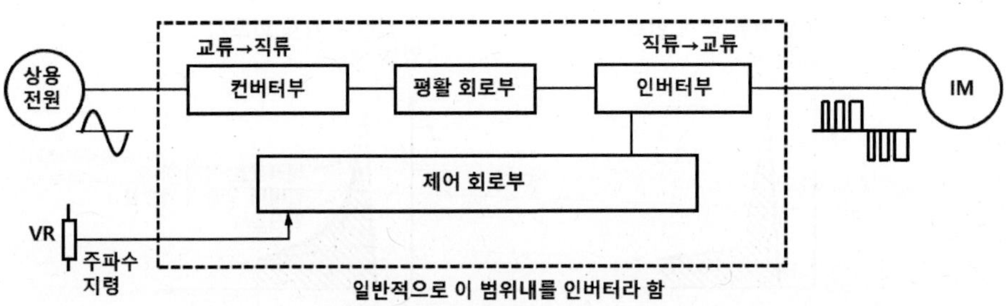

그림 3.35 인버터의 기본 구성

표 3.5 인버터의 구성 항목과 기능

항목	기능
컨버터부	상용 전원을 직류로 바꾸는 회로
평활 회로부	직류에 포함되는 맥동분을 매끄럽게 하는 회로
인버터부	직류를 가변 주파수의 교류로 바꾸는 회로
제어회로부	주로 인버터부를 제어하는 회로

(1) 직류로부터 교류를 만드는 방법

인버터는 직류 전원으로부터 교류를 만드는 장치입니다, 그 기본 원리를 가장 간단한 단상 교류로 생각해 보겠다. 그림 3.36은 모터를 대신에 램프를 부하로 했을 경우의 예로, 직류를 교류로 변환하는 방법을 설명한다. 직류 전원에 스위치 $S_1 \sim S_4$의 4개를 접속하여, S_1과 S_4를 1대, S_2와 S_3을 1대로서 교대로 ON - OFF하면 램프에는 그림 3.37과 같은 교류가 흐른다.

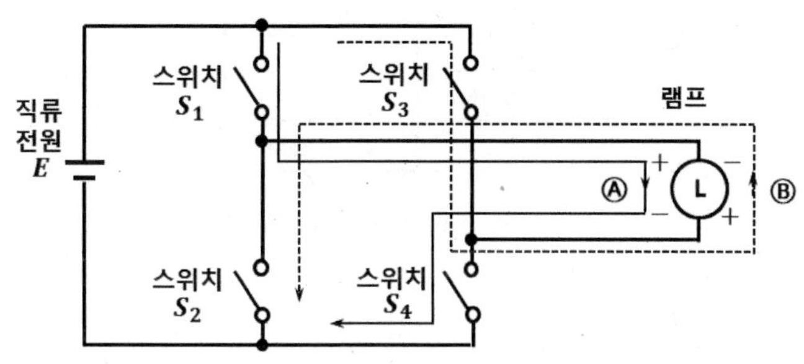

그림 3.36 교류 만드는 법

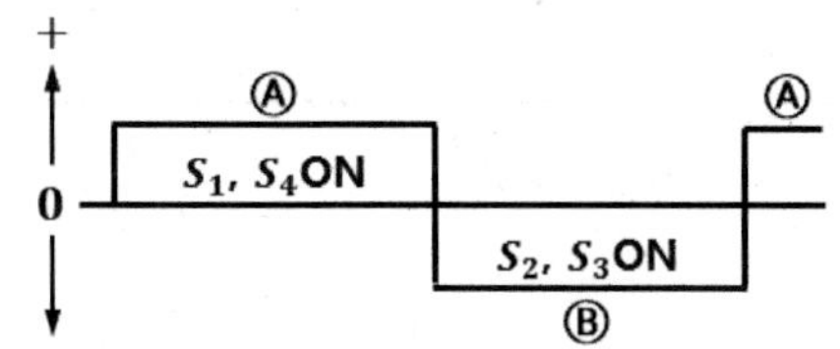

그림 3.37 전류 파형

- 스위치 S_1과 S_4를 ON하면 램프에는 A의 방향으로 전류가 흐른다.
- 스위치 S_2와 S_3을 ON하면 램프에는 B의 방향으로 전류가 흐른다.

이 조작을 일정 간격으로 연속하면 램프에 흐르는 전류의 방향이 교대로 반전하는 교류가 된다.

(2) 주파수를 변화시키는 방법

스위치 $S_1 \sim S_4$의 ON-OFF할 시간을 바꾸는 것에 의해 주파수가 변화한다(그림 3.38).

예를 들면 스위치 S_1과 S_4를 0.5초간 ON, 스위치 S_2와 S_3을 0.5초간 ON으로 하는 조작을 반복하면 1초간에 1회 반전하는 교류, 즉 주파수가 1 [Hz] 의 교류가 된다.

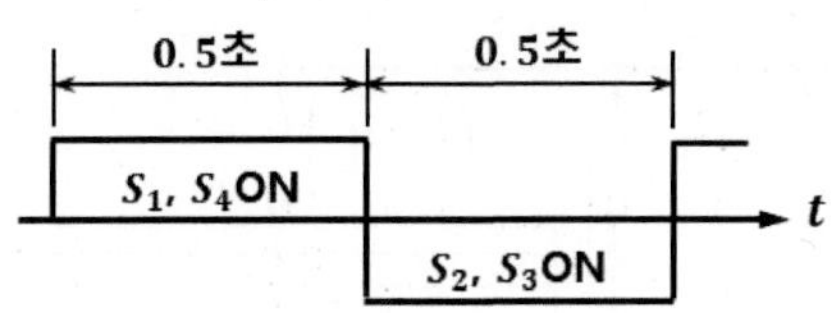

그림 3.38 1Hz의 교류 파형

일반적으로는, $S_1 \cdot S_4$와 $S_2 \cdot S_3$을 각각 같은 시간 ON하여, 1사이클의 합계를 t_o초로 하면 주파수 f는 $f = 1/t_o$ [Hz] 가 된다(그림 3.39).

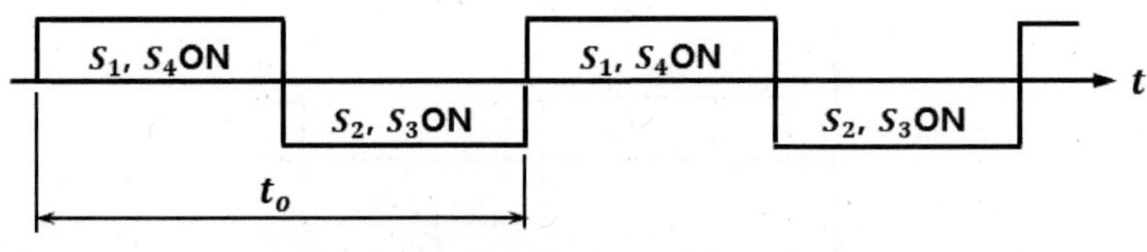

그림 3.39 주파수

(3) 전압을 변화시키는 방법

스위치를 ON-OFF하는 시간 내를 한층 더 세세하게 ON-OFF하는 것에 의해 전압을 가변한다. 예를 들면 스위치 S_1과 S_4가 ON하는 시간 동안을 반으로 하는 동작을 실시하면 그림 3.40과 같이 출력 전압은 직류 전원 E의 반의 전압인 $E/2$의 교류가 된다.

그림 3.41과 같이 전압을 높게 하려면 ON시간을 길고, 낮게 하려면 ON시간을 짧게 한다.

이러한 제어 방식을 펄스폭으로 제어하기 때문에 PWM이라고 부르며 현재 일반적으로 사용되고 있다. 펄스폭의 시간을 결정하는 기본이 되는 주파수를 **캐리어 주파수**라고 부른다.

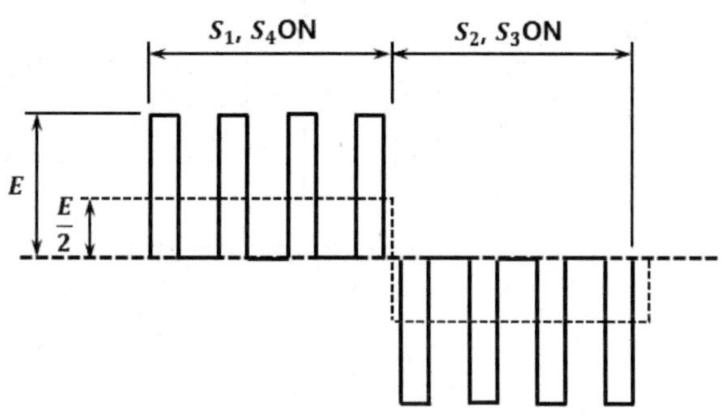

그림 3.40 E/2 전압 파형

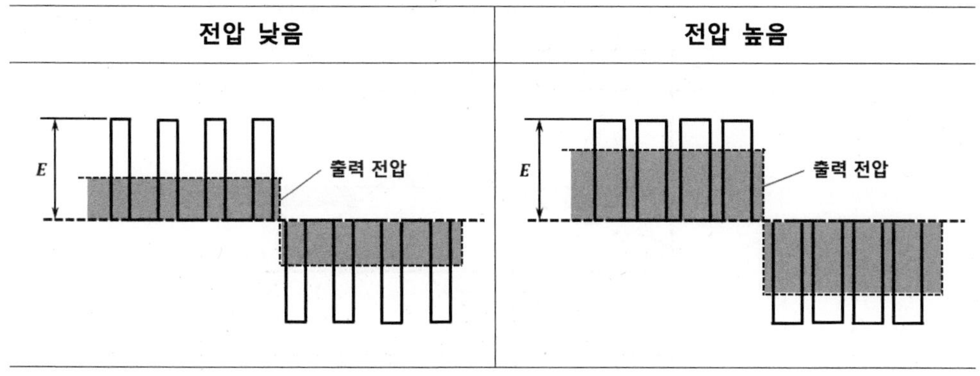

그림 3.41 전압 변화 방법

(4) 3상 교류의 경우

3상 인버터의 기본 회로 및 3상 교류를 만드는 방법을 그림 3.42, 그림 3.43에 나타낸다.

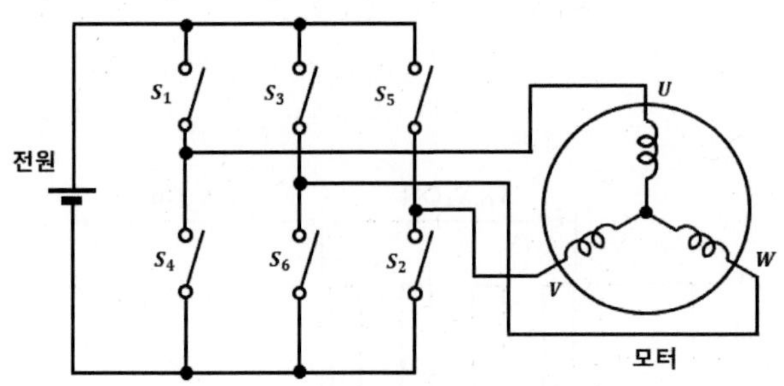

그림 3.42 3상 인버터 기본 회로

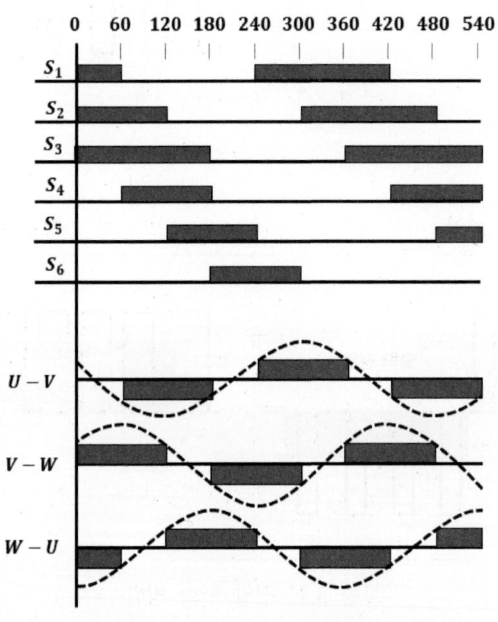

그림 3.43 3상 교류 만드는 방법

3상 교류를 얻으려면 스위치 $S_1 \sim S_6$을 접속하여 6개의 스위치를 동시에 그림 3.43의 타이밍에 ON/OFF 한다. 6개의 스위치의 ON/OFF 시키는 순서를 바꾸면 $U-V$, $V-W$, $W-U$의 상순서가 바뀌어 모터의 회전 방향을 바꿀 수가 있다.

(5) 스위치 소자

지금까지 설명해 온 스위치용 소자로서는 IGBT(Insulated Gate Bipolar Transistor)로 불리는 반도체 소자가 이용되고 있다.

(6) V/F 패턴

모터의 회전 속도를 가변으로 하기 위해서는 주파수를 변화시키면 좋겠지만 인버터의 출력 주파수를 바꾸었을 때는 출력 전압도 동시에 바꾼다.

모터의 출력 토크(T_M)는 모터내의 자속(ϕ)과 코일에 흐르는 전류(I)의 곱으로 표현된다(유도 모터의 동작 원리 플레밍의 왼손의 법칙 참조).

$$T_M = K \times \phi \times I = K \times \left(\frac{V}{F}\right) \times I \tag{3.21}$$

자속(ϕ)은 모터에 인가되는 전압(V), 주파수(F)에 의해 $\phi = V/F$가 되는 관계에 있다.

전압을 고정(예를 들면 200 V) 값으로 한 채로 주파수만을 내리면 자속(ϕ)은 커져 코어 철심이 자기 포화해 버려 전류가 증대하여 과열, 소실로 이행해 버린다.

또한 모터에 인가되는 전압(V), 주파수(F)의 관계를 일정하게 유지해 변화시키는 것으로 모터의 출력 토크를 모터 회전속도가 바뀌어도 일정하게 유지하는(일정하게 한다) 일이 생긴다. 이 2개의 이유에서 인버터의 출력 주파수가 낮을 때는 출력 전압도 낮고 출력 주파수가 높을 때는 그것에 알맞게 출력 전압도 높게 하도록 제어한다.

이 출력 주파수와 출력 전압의 관계를 **V/F 패턴**이라고 한다(그림 3.44).

AC 서보의 경우에는 회전자에 영구자석을 사용하고 있기 때문에 자속(ϕ)은 일정하기 때문에 인버터와 같이 V/F 패턴이라는 것은 없다.

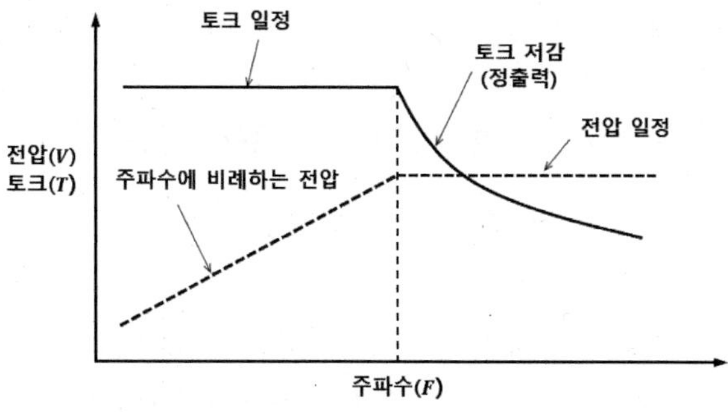

그림 3.44 V/F 패턴과 모터 출력 토크

다. 회생 브레이크

예를 들면 승강 장치에 있어서의 하강 운전 시 상태와 같이 모터의 회전 속도가 인버터의 출력 주파수(인버터에서의 속도 지령)보다 높아졌을 경우에는 모터가 발전기 상태가 되어 그 전기(에너지)가 인버터로 되돌아온다. 이 상태를 **회생**이라고 한다.

인버터에 전기가 돌아오면 인버터의 직류 전압(그림 3.45의 E_1)이 상승한다. 이 직류 전압이 어느 규정 값(200 V급의 경우 DC370 V) 이상이 되면 정류용 다이오드나 인버터부의 IGBT를 파손시켜 버린다. 이것을 방지하기 위해 그림 3.46에 나타내듯이 직류 전압(P - N사이)에 저항기와 스위치 소자로서 파워 트랜지스터를 직렬로 해 삽입하면 직류 전압이 어느 규정 값 이상이 되면 파워 트랜지스터를 ON해 저항기에 전류를 흘려 열로서 소비시킨다. 그림 3.46에 나타내듯이 직류 전압의 상승을 막는다. 이 저항기를 **회생 브레이크 저항**, 이 파워 트랜지스터를 **회생 브레이크 트랜지스터**라고 한다.

대용량 인버터에서는 회생 브레이크 저항기가 커져 주위로의 발열의 영향을 막기 위해 회생 에너지를 전원 측에 되돌려 주는 전원 회생 방식도 이용되고 있다.

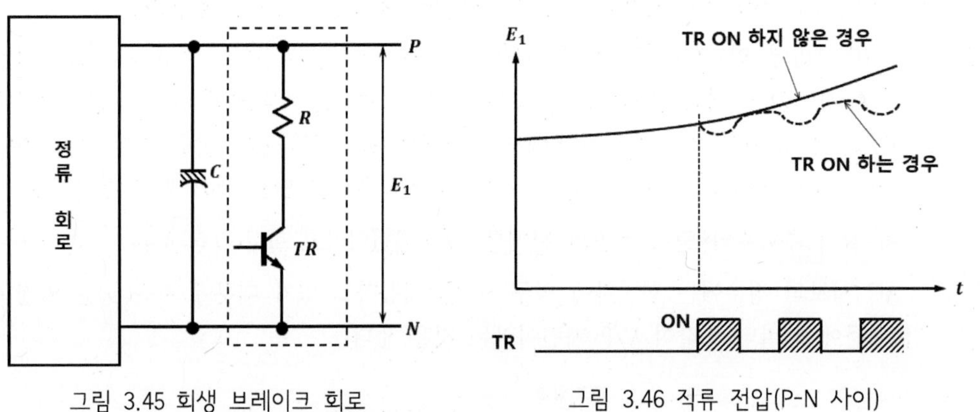

그림 3.45 회생 브레이크 회로

그림 3.46 직류 전압(P-N 사이)

라. AC 서보 모터에 있어서의 다이나믹 브레이크

서보 기구에서 모터를 운전 중에 서보 모터 드라이버로의 공급 전원이 끊어진 것을 상상해 보기로 한다.

서보 모터 드라이버는 기능하지 않게 되기 때문에 모터는 프리-런 정지 상태가 된다. 프리-런으로 정지할 때까지의 시간은 부하 조건에 따라 변하지만 일반적으로는 몇 초~

수십 초 걸린다. 이 정지할 때까지의 시간을 단축시키기 위해서 브레이크가 그림 3.47에 나타내는 **다이나믹 브레이크 회로**이다.

모터가 프리-런 중에는 모터는 발전기 상태로 되어 있기 때문에 그 에너지를 저항기를 통해 열로 소비시켜 버리는 것으로 급속히 모터를 정지시키는 기능이다(그림 3.48).

다이나믹 브레이크는 전자 브레이크와 달리 모터가 회전하고 있을 때만 기능한다. 모터가 정지하고 있을 때는 브레이크 능력은 없다.

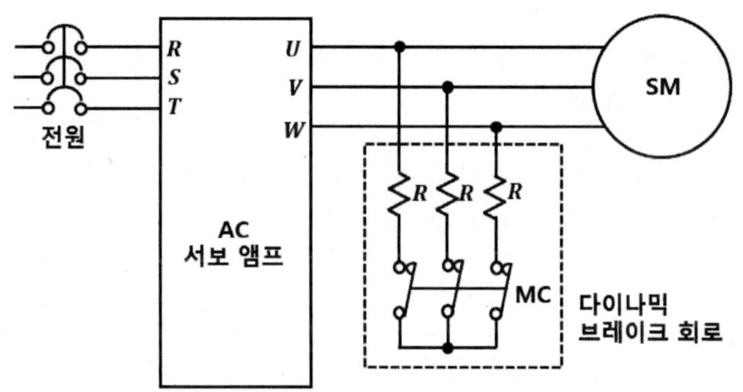

그림 3.47 다이나믹 브레이크 회로

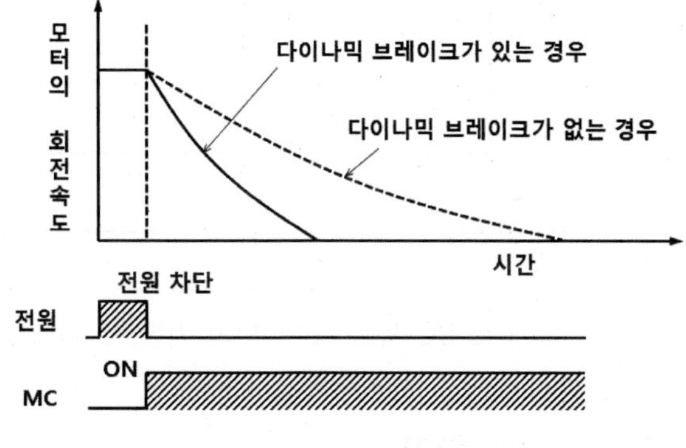

그림 3.48 모터 정지 특성

3.2.2 제어 장치

그림 3.26에서 서보 모터 드라이버의 기본 구성에 대해 이미 설명했다. 여기서는 서보 모터 드라이버의 제어장치 부분에 대해 상세히 설명한다.

서보 모터 드라이버의 제어장치 부분에서 DC 서보 모터의 제어(DC 서보 모터 드라이버)에 대한 기본 블록선도를 그림 3.49에 나타낸다.

보통 시판되고 있는 서보 드라이버는 1점 쇄선으로 쌓여 있는 속도제어 부분을 유닛으로 통합시킨 것이 가장 많다. 위치 제어 부분은 제어하려고 하는 기계에 맞춰 제어 시스템을 구성할 필요가 있기 때문에 다종다양한 형태를 갖게 되어 유닛으로 통합 시키면 약간 범용성이 부족하게 된다.

DC 서보 드라이버는 크게 1) 서보 모터에 정력을 공급하는 전력 변환기 2) 전류 제어부 3)속도 제어부 4) 위치 제어부로 구성되어 있다.

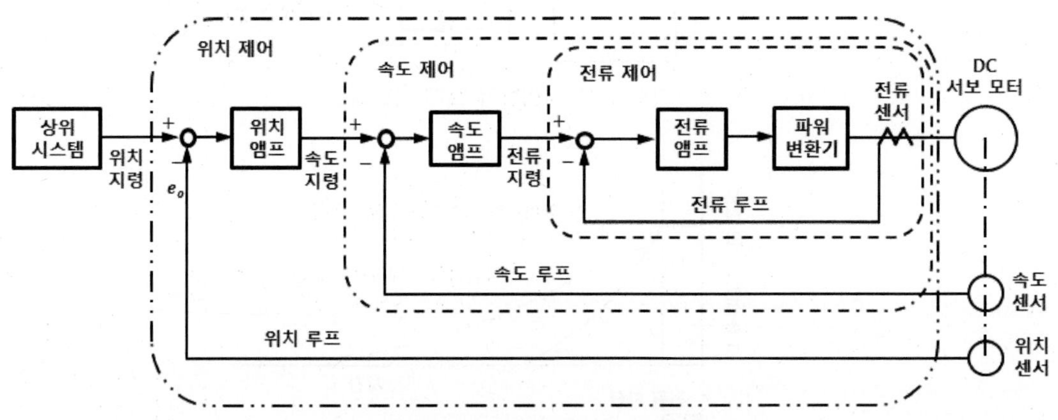

그림 3.49 DC 서보 드라이버의 기본 블록선도

가. Servo Motor의 전력 변환기

전력 변환기는 전력변환 디바이스에 의해 구성되지만 전력변환 디바이스의 특징에 따라 나눠 사용된다. 전력변환 디바이스에는 전력변환 트랜지스터, 전력변환 MOSFET, IGBT(Insulated Gate Bi-polar Transistor) 등이 있으며 이러한 디바이스로 전력 변환기를 구성했을 때의 취급 가능한 출력과 스위칭 주파수는 서로 다른 특성을 지닌다. 즉, 전력변환 트랜지스터는 상대적으로 대용량, 저 스위칭 주파수, 전력변환 MOSFET는 소용량, 고 스위칭 주파수로 동작 시키는데 적당하며, 최근에 각광을 받고 있는 IGBT는 위 두 소자의 단점을 동시 보완한 것으로서 대용량, 고 스위칭 주파수 동작이 가능하며 아울러 전력변환 소모가 상대적으로 적은 장점도 갖고 있다. 참고로 가장 대용량 쪽에 있어서는 사이리스터(Thyristor) 또는 GTO 등이 전력변환 디바이스로 사용되고 있다.

한편 제어하려고 하는 모터의 형태(DC 서보 모터, AC 서보 모터, 스테핑 모터 등)에 맞춰 전력 변환기의 구성도 달라진다. 그림 3.50에 일반적인 전력 변환기의 구성을 나타내었다.

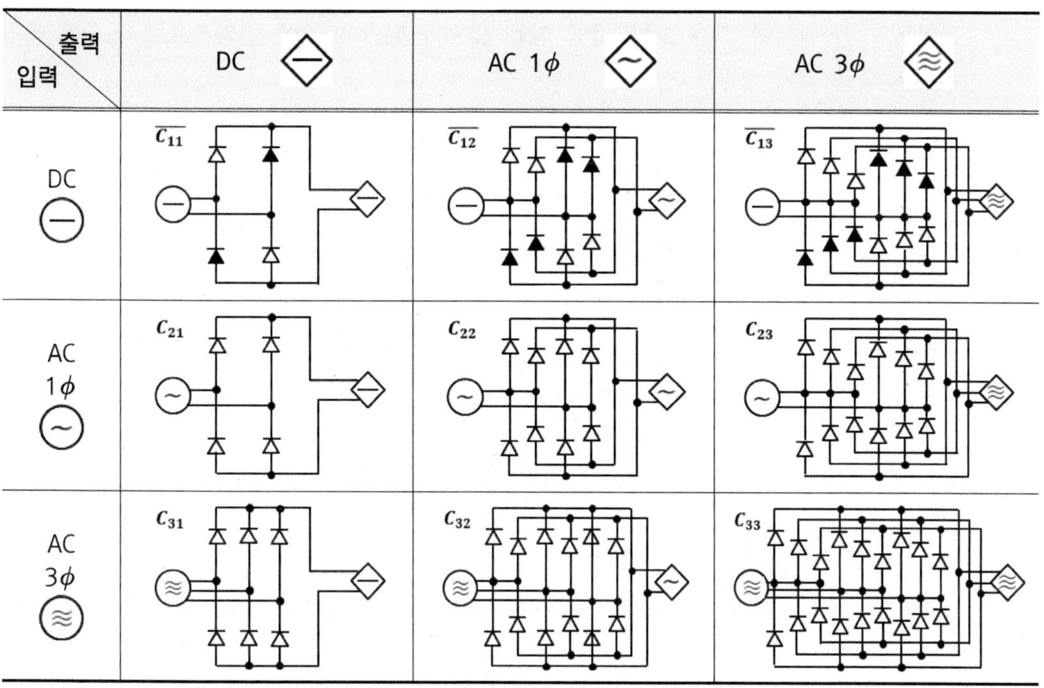

그림 3.50 전력 변환기의 구성

여기서 C_{21}, C_{31}은 사이리스트의 위상 제어에 의한 DC 서보 모터의 한 방향 제어 C_{22}, C_{32}는 사이리스트의 위상 제어에 의한 DC 서보 모터의 가역 제어에 쓰인다. $\overline{C_{11}}$은 펄스 폭 변조(PWM)를 함으로써 DC 서보 모터의 한 방향 제어가 가능하고, $\overline{C_{12}}$는 DC 서보 모터의 가역제어가 가능하다. 모터 제어에 있어서 중요한 개념인

PWM은 전력변환 디바이스의 ON-OFF비율을 변화시켜 모터의 단자 전압을 제어하는 방법으로서 그림 3.51과 같은 개념이다.

통상의 DC 서보 드라이버는 $\overline{C_{12}}$의 전력 변환기를 PWM방식으로 구동하는 방법이 일반적이고, AC 서보 드라이버는 $\overline{C_{13}}$의 전력 변환기를 PWM 방식으로 구동하는 것이 대부분이다. PWM의 캐리어 주파수(Carrier Frequency)는 서보의 속응성(response)을 나타내는 주파수 특성에 영향을 미치기 때문에 로스가 허락하는 한 높게 잡을 수 있다.

한편 전력변환 디바이스의 상하 암 사이 단락을 방지하기 위해 베이스 드라이브 신호에 온-딜레이(on-delay) 회로가 설치되어야 하는데 이 온-딜레이 시간은 전력변환 디바이스의 온-딜레이 시간 보다 길게 잡을 필요가 있기 때문에 결과적으로 입출력 특성은 불감대를 갖게 된다.

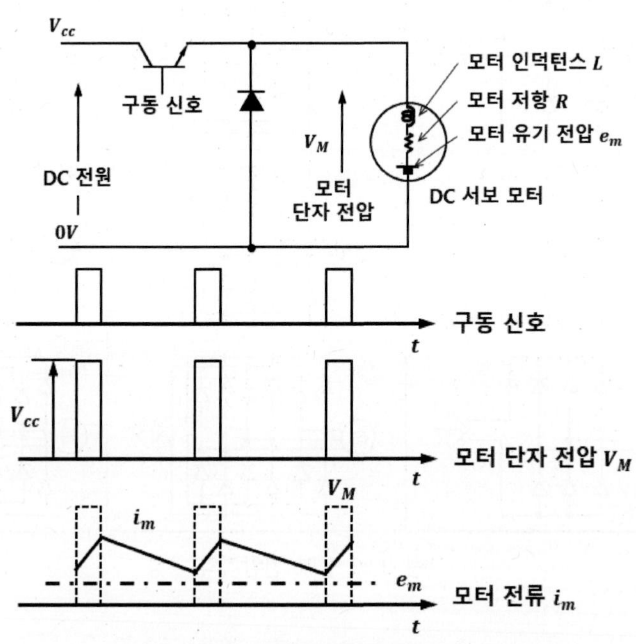

(a) 단자 전압이 낮을 때 (회전수가 낮을 때)

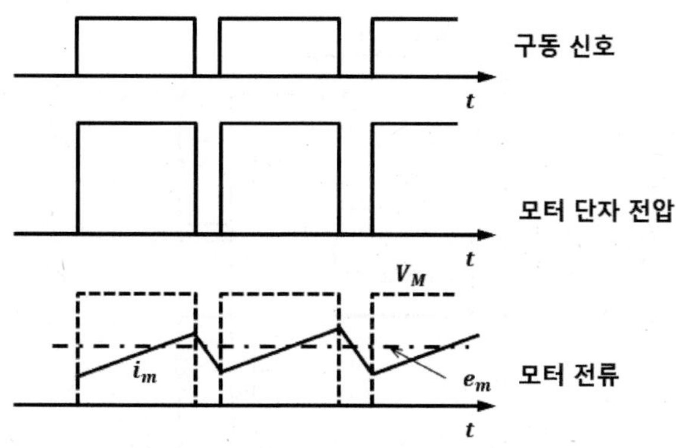

(b) 단자 전압이 높을 때 (회전수가 높을 때)

그림 3.51 PWM방식에 의한 모터의 단자전압 제어

나. 전류 제어부

서보 드라이버에는 대부분의 경우 전류 루프(Current Loop)를 두고 있다. 간단한 예를 (그림 3.52)에 나타내었는데 전류 루프를 설치함으로써 다음과 같은 이점이 생기기 때문이다.

① 모터의 전기적 시정수를 외관상으로 줄일 수 있다. 예를 들어 모터를 로크(Lock)한 상태에서 스텝(step) 상태의 전압을 가한 경우, 전류의 상승 시정수는 그림 3.53과 같이 된다.

② 모터의 유기전압과 전원 전압의 변동 등에 대해 전류의 변동을 누를 수 있다.

③ 전력 변환기의 불감대등을 외관상 줄일 수 있다.

④ 전류 지령을 클램프(Clamp)함으로서, 모터에 흐르는 최대 전류를 억제 할 수 있다. 모터나 전력 변환기의 과전류 보호에도 유효하게 작용한다.

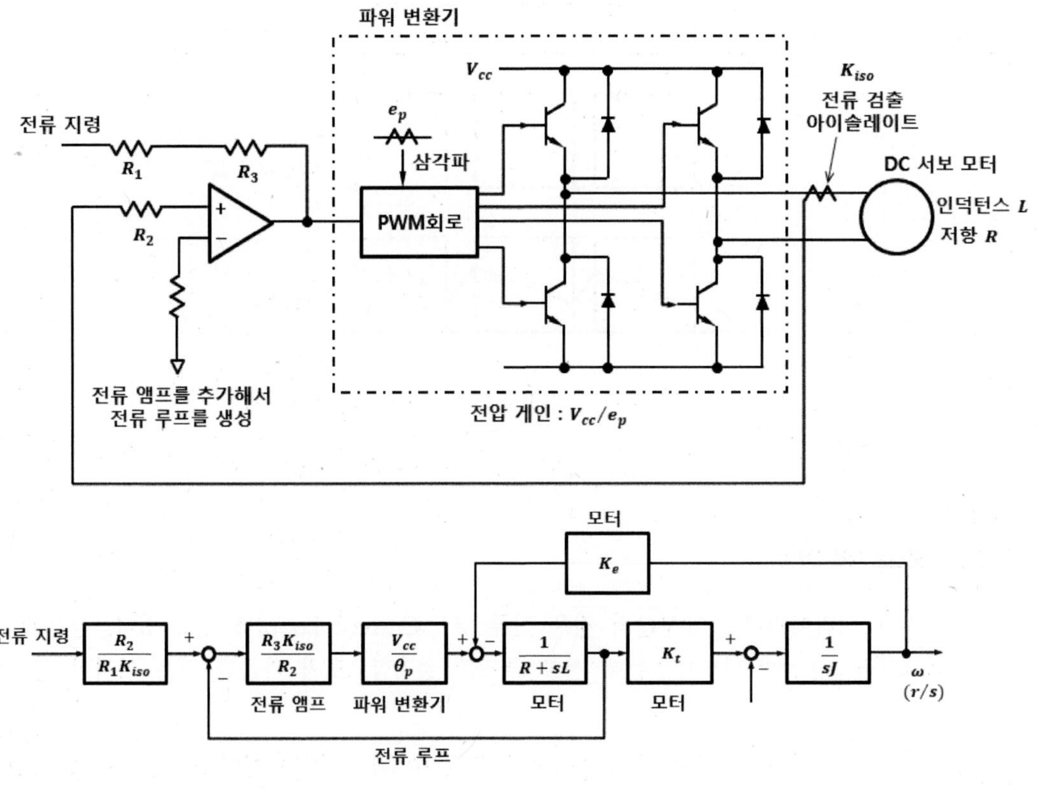

그림 3.52 전류루프

전류 루프의 주파수 특성은 모터의 저항을 $R(\Omega)$, 인덕턴스를 L(H), 전류 앰프의 게인(Gain)과 전력 변환기의 게인의 곱을 A_i로 하면 컷오프 주파수(Cut-off Frequence) f_{ic}는 다음과 같이 나타낼 수 있다.

$$f_{ic} = \frac{A_i + R}{2\pi L}(\text{Hz}) \tag{3.22}$$

전류 루프의 코너 주파수는 전력 변환기의 PWM 캐리어 주파수의 1/3 ~ 1/5 까지밖에 올라가지 않으며 이 이상 A_i를 올리려 하면 전류가 발진하여 불안정해진다.

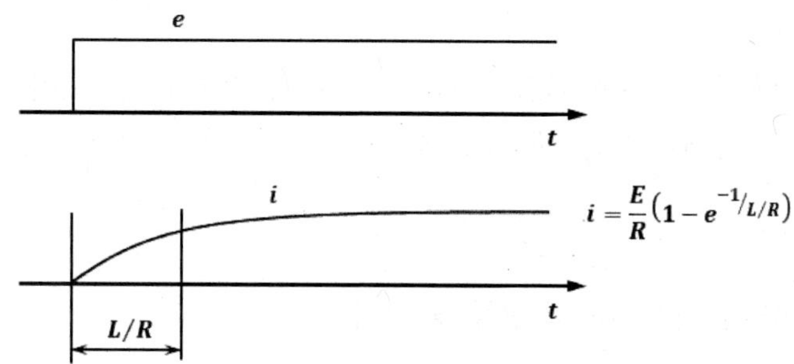

(a) 모터 단자에 스텝 전압을 가한 경우

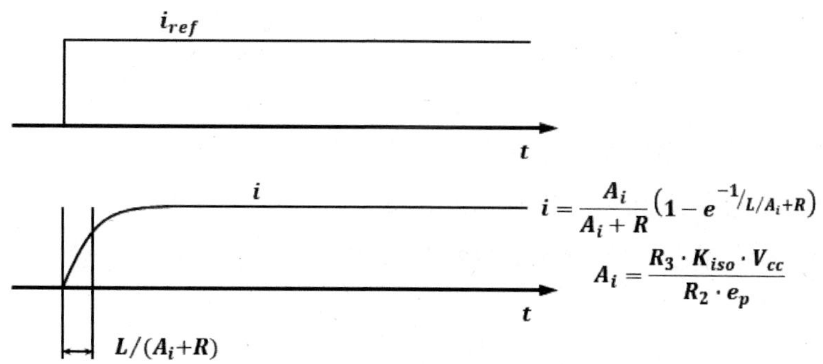

(b) 전류 지령을 스텝 상태로 가한 경우

그림 3.53 모터 로크시의 전류 스텝 응답

전류 루프의 전달 함수는 다음 식으로 표시된다. 여기서 G_i는 전류 루프 게인이다.

$$G_{ti}(s) = \frac{A_i}{A_i + R} - \frac{1}{1 + s\dfrac{L}{A_i + R}} \simeq \frac{1}{1 + s\dfrac{L}{A_i}} = \frac{1}{1 + s\dfrac{1}{G_i}} (A_i \gg R) \qquad (3.23)$$

전류의 응답은 전류 지령값에 대해 **1차 지연**(First-order Delay)을 나타내지만 다음에 설명하는 속도 제어의 응답에 대해 지연은 무시할 수 있을 정도로 작은 경우가 많다.

다. 속도 제어부

가장 범용적인 속도 제어형 서보 드라이브는 속도 루프가 설치되어 주 루프가 된다. 간단한 예를 그림 3.54에 나타내었다. 속도 루프를 설치함으로써 다음과 같은 이점이 생긴다.

① 모터의 기계적인 시정수를 외관상 줄일 수 있다.

예를 들어 모터를 무부하의 상태에서 스텝 상태의 전압 e를 가하면 회전 속도 ω는 다음과 같다.

$$\omega = \frac{e}{K_e}\left(1-\epsilon^{-t/(JR/K_tK_e)}\right)\text{(rad/s)} \tag{3.24}$$

이것은 1차 지연으로 작동한다. 여기서, K_e는 모터의 유기 전압 상수(V/rad/s), K_t는 토크 상수(N-m/A), J는 관성 모멘트(Kg • m²)이다. 속도 루프를 설치했을 때의 속도 지령 값을 스텝 상태로 가했을 때 모터의 응답은 다음과 같이 된다.

$$\omega = \omega_R\left(1-\epsilon^{-t/(J/A_vK_t)}\right) \tag{3.25}$$

시정수는 $\frac{JR}{K_tK_e}=\frac{JR}{\psi^2}$으로부터 $\frac{J}{A_vK_t}=\frac{J}{A_v\psi}$과 같이 작아지고 있다.

② 모터의 유기 전압과 전원 전압의 변동 등에 대해 회전속도의 변동을 억제할 수 있다.

③ 부하 토크의 변동에 대해 회전속도의 변동을 억제할 수 있다. 특히 속도 앰프의 구성을 PI형 보상(비례적분 보상) 회로로 함으로써 정상상태의 변동을 없앨 수 있다.

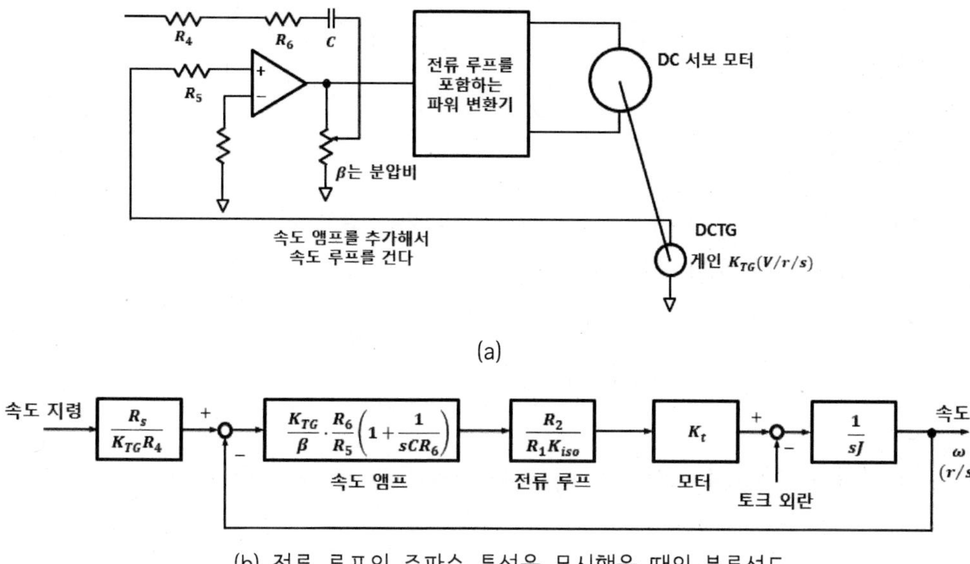

(b) 전류 루프의 주파수 특성을 무시했을 때의 블록선도

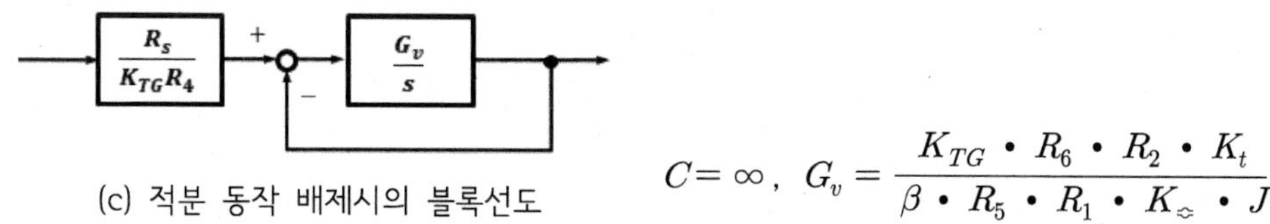

(c) 적분 동작 배제시의 블록선도

$$C=\infty,\ G_v=\frac{K_{TG}\cdot R_6\cdot R_2\cdot K_t}{\beta\cdot R_5\cdot R_1\cdot K_{\diamond}\cdot J}$$

그림 3.54 속도 루프

속도 루프의 주파수 특성으로 컷 오프주파수 f_{vc}는 다음과 같이 나타낼 수 있다.

$$f_{vc}=\frac{1}{2\pi\frac{J}{A_v\psi}}\,(\mathrm{Hz}) \tag{3.26}$$

또, 속도 루프의 전달 함수 $G_{tv}(s)$는

$$G_{tv}(s)=\frac{1}{1+s\frac{J}{A_v\psi}}=\frac{1}{1+s\frac{1}{G_v}} \tag{3.27}$$

이 된다. 여기서, G_v는 속도 루프 게인이다.

이처럼 속도 루프를 설치함으로써 속도 지령에 대해 회전 속도를 작은 지연으로 확실하게 추종할 수 있게 된다.

라. 위치 제어

속도 제어형 서보 드라이브라도 대부분의 경우 위치 제어로 이용되며 외측에 위치 루프를 설치할 수 있다. 위치 앰프의 게인을 G_θ로 하면, 전달함수는

$$G_{t\theta}(s) = \frac{G_\theta G_v}{s^2 + G_v s + G_\theta G_v} \tag{3.28}$$

의 2차 지연형으로 표시되고, ω_n, ζ는 다음과 같다(그림 3.55 참조).

$$\omega_n = \sqrt{G_\theta G_v}$$

$$\zeta = \frac{1}{2}\sqrt{\frac{G_v}{G_\theta}} \tag{3.29}$$

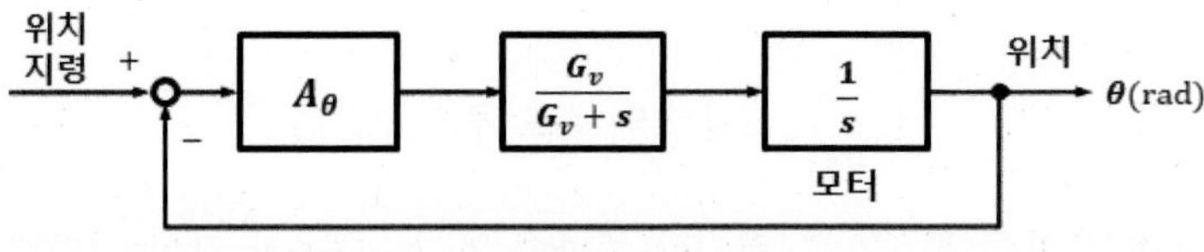

그림 3.55 위치 제어

3.3 서보 모터 드라이버의 선정 방법

서보 기구의 속도 제어를 목적으로 서보 모터와 서보 모터 드라이버를 선정하는 방법을 서술한다. 서보 모터는 정 토크 모터이며 서보 모터는 대부분 정 토크 부하에 가까운 이송용으로 사용되고 있으므로 이송용 서보 모터를 선정할 때 방법에 대해 서술한다.

다음은 서보 모터와 서보 모터 드라이버를 선정하는 순서를 나타낸다.

① 설계 사양을 명확히 한다.

② 속도 선도를 작성한다.

③ 모터의 회전 속도를 산출한다.

④ 부하 주행 토크를 구한다.

⑤ 모터 축 환산의 부하 GD^2을 구한다.

⑥ 부하 주행 파워를 구한다.

⑦ 부하 가속 파워를 구한다.

⑧ 서보의 가선정을 한다.

⑨ 가선정한 서보에서의 체크를 한다.

- 시동 시간의 체크
- 시동 토크의 체크
- 토크의 실효치 체크

⑩ 서보의 최종 선정

3.3.1 직선 이동 속도 제어 기구

가. 기구의 사양 확인

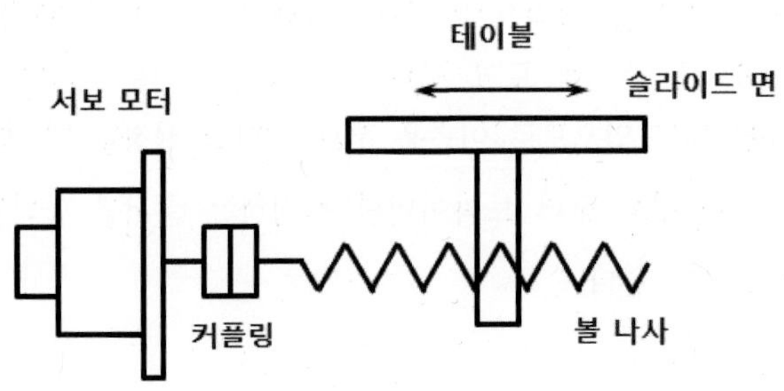

그림 3.56 직선 이동 속도 제어 기구 예

그림 3.56과 같은 볼나사 구동의 속도 제어 서보기구를 예로 하여 기구의 사양 확인을 해보도록 한다. 기구의 사양이 다음과 같다고 가정한다.

- 테이블 중량 : W = 500[kg]
- 테이블 속도 : V_L = 15[m/min]
- 슬라이드 면의 마찰계수 : μ=0.2
- 기어 감속비(커플링) : $1/R$=1/1
- 전달 효율 : η=90[%]
- 볼나사의 길이 : L_B=1400[mm]
- 볼나사의 지름 : D_B=36[mm]
- 볼나사의 피치 : P_B=10[mm]
- 커플링 중량 : W_C=1.5[kg]
- 커플링 지름 : D_C=60[mm]
- 1회전 당 이송량 : L=275[mm]
- 사이클 시간 : t=1.5[sec]
- 이동 시간 : t_m=1.2[sec]

나. 속도 패턴 작성

정정 시간을 고려한 속도 패턴을 작성한다(그림 3.57).

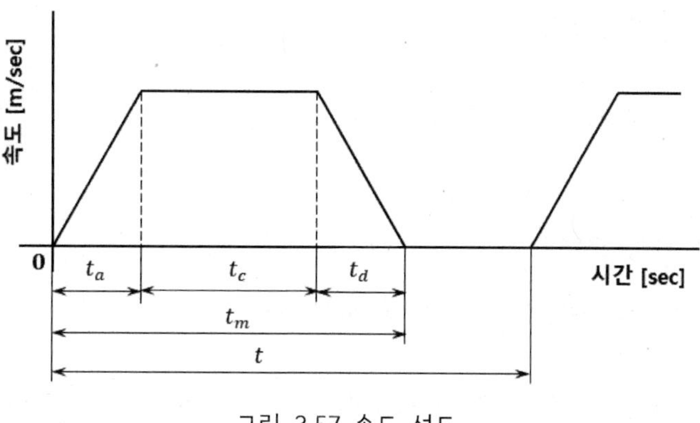

그림 3.57 속도 선도

$$\text{시동 시간 } t_a \fallingdotseq t_d = t_m - \frac{L}{\frac{1000\,V_L}{60}} = 0.1[\text{sec}]$$

다. 회전 속도

회전 속도 N_m는 다음과 같이 구한다.

$$N_m = \frac{1000 \times V_L}{P_B} = \frac{1000 \times 15}{0.01} = 1500(\text{r/min})$$

라. 부하 주행 토크

부하 주행 토크 T_L은 다음과 같다.

$$T_L = \frac{\mu \cdot W \cdot V_L}{2\pi \cdot N_m \cdot \eta} = \frac{0.2 \times 500 \times 15}{2 \times 3.14 \times 1500 \times 0.9} = 0.177[\text{kg} \cdot \text{m}]$$

마. 부하 관성모멘트(모터 축 환산)

사용하는 장치의 모터 축에 관한 모든 부하 관성모멘트 GD_L은 다음과 같이 구한다.

(1) 테이블의 관성모멘트

$$GD^2_{L1} = W\times\left(\frac{V_L}{\pi N_m}\right)^2 = 500\times\left(\frac{15}{3.14\times1500}\right)^2 = 50.7\times10^{-4}[\text{kg}\cdot\text{m}^2]$$

(2) 볼나사의 관성 모멘트

나사의 밀도를 ρ=0.0079(kg/㎤)로 계산한다.

$$GD^2_{L2} = 125\pi\times\rho\times L_B\times {D_B}^4 = 125\times3.14\times0.0079\times1.4\times(0.036)^4 = 72.6\times10^{-4}$$
[kg · ㎡]

(3) 커플링의 관성모멘트

$$GD^2_{L3} = W_C\times\left(\frac{{D_C}^2}{2}\right) = 1.5\times\frac{(0.06)^2}{2} = 27.0\times10^{-4}[\text{kg}\cdot\text{m}^2]$$

(4) 전체 부하 관성모멘트

$$GD^2_L = GD^2_{L1} + GD^2_{L2} + GD^2_{L3} = 150.3\times10^{-4}[\text{kg}\cdot\text{m}^2]$$

바. 부하 주행 파워

$$P_o = \frac{\mu\cdot W\cdot V_L}{6120\eta} = \frac{0.2\times500\times15}{6120\times0.9} = 0.272[\text{kW}]$$

사. 부하 가속 파워

$$P_a = \frac{GD^2_L\cdot {N_m}^2}{365\times10^3\times t_a} = \frac{150.3\times10^{-4}\times(1500)^2}{365\times10^3\times0.1} = 0.93[\text{kW}]$$

아. 모터의 가선정

기구의 사양(조건)을 만족할 수 있는 모터를 가선정한다. 즉, 모터의 가선정 조건은 다음과 같다.

① 정격 회전수 ≥ 필요 회전수N_m(1500)

② 정격 토크 ≧ (부하 토크T_L×안전율(1.5~2)=0.177×2=0.354)

③ 서보 모터 드라이버의 허용 부하 ≥ 모터 부하 관성모멘트 $GD^2{}_L$(150.3×10^{-4})

①의 조건으로부터 기구의 회전 속도가 1500 rpm이므로 정격 회전수 1500 rpm로 정한다.

②의 조건으로부터 부하 토크 T_L(0.354)에 대한 KAWASAKI SGMG형 서보 모터의 사양(표 3.6)으로부터 가장 가까우면서 만족하는 정격 토크는 0.55[kg · m]이며 09A□A 형식이다.

③의 조건으로부터 모터 부하 관성모멘트 $GD^2{}_L$(150.3×10^{-4})에 대한 KAWASAKI SGDB형 서보 모터 드라이버의 사양(표 3.7)으로부터 가장 가까우면서 만족하는 허용 부하 이너셔는 $J(GD^2 = 4J = 4 \times 69.5 \times 10^{-4} = 278 \times 10^{-4}$[kg · m²])를 즉, 10ADG형식을 선정한다.

자. 가선정한 서보의 체크

(1) 시동 시간 t_a, 제동 시간 t_d의 체크

$$t_d < t_a = \frac{(GD^2{}_M + GD^2{}_L) \cdot N_m}{375 \cdot (T_p - T_L)} = \frac{(55.6 + 150.3) \times 10^{-4} \times 1500}{375 \times (29.3 - 0.177)} = 0.067[\text{sec}]$$

모터의 $GD^2{}_M$은 카탈로그의 로터 이너셔($J = 13.9 \times 10^{-4}$)의 4배이며, 즉 55.6×10^{-4}이다.

따라서 기구 사양 시동시간 0.1[sec]보다 작아야 하는데 이를 만족하므로 선정이 잘 된 것을 알 수 있다.

(2) 시동 토크의 체크

$$T_a = \frac{(GD^2{}_M + GD^2{}_L) \cdot N_m}{375 \cdot t_a} + T_L = \frac{(55.6+150.3)\times 10^{-4}\times 1500}{375\times 0.1} + 0.177 = 1.001 \text{ [kg} \cdot \text{m]}$$

이것은 모터 최대 토크 1.41[kg · m]보다 작아야 하는데 이를 만족하므로 선정이 잘 된 것을 알 수 있다.

(3) 제동 토크의 체크

$$T_d = \frac{(GD^2{}_M + GD^2{}_L) \cdot N_m}{375 \cdot t_a} - T_L = \frac{(55.6+150.3)\times 10^{-4}\times 1500}{375\times 0.1} - 0.177 = 0.647 \text{ [kg} \cdot \text{m]}$$

표 3.6 정격 및 사양의 예(KAWASAKI SGMG형 서보 모터)

서보 모터 형식		05A□A	09A□A	13A□A	20A□A
정격 출력	kW	0.45	0.85	1.3	1.8
정격 토크	N · m	2.84	5.39	8.34	11.5
	kgf · cm	29	55	85	117
순간 최대 토크	N · m	8.92	13.8	23.3	28.7
	kgf · cm	91	141	238	293
정격 전류	A(rms)	3.8	7.1	10.7	16.7
순간 최대 전류	A(rms)	11	17	28	42
정격 회전수	rpm	1500			
순간 최대 회전수	rpm	3000			
토크 정수	N · m/A	0.82	0.83	0.84	0.73
	kgf · cm/A	8.4	8.4	8.6	7.5
로터 이너셔	kg · m² × 10^{-4}	7.24	13.9	20.5	31.7
	g · cm · s^2	7.39	14.2	20.9	32.3
정격 파워레이트	kW/s	11.2	20.9	33.8	41.5
정격 각가속도	rad/s^2	3930	3880	4060	3620
기계적 시정수	ms	5.0	3.1	2.4	1.9
전기적 시정수	ms	5.1	5.7	7.2	13.9

표 3.7 정격 및 사양의 예(KAWASAKI SGDB형 서보 모터 드라이버)

서보 모터 드라이버 형식		05ADM	09ADM	13ADM	20ADM
적용 모터	형식 SGMG	05A□A	09A□A	13A□A	20A□A
	용량 kW	0.45	0.85	1.3	1.8
	회전 속도 rpm	정격 1500/ 최대 3000			
연속 출력 전류 A(rms)		3.8	7.1	10.7	16.7
최대 출력 전류 A(rms)		11	17	28	42
허용 부하 이너셔 kg · m²×10⁻⁴		36.2	69.5	103	159

(4) 토크 선도의 작성

가속토크, 부하토크, 속도 패턴으로부터 그림 3.58와 같은 토크 선도를 작성한다.

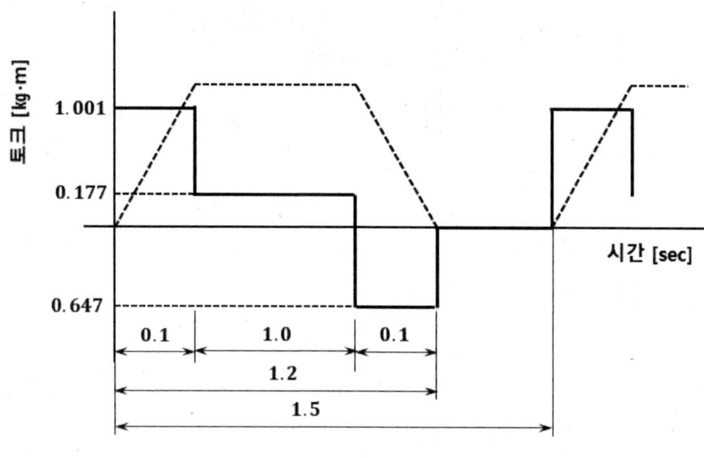

그림 3.58 토크 선도

(5) 실효 부하 토크의 체크

토크 패턴으로부터 실효 부하 토크를 구한다. 실효 부하 토크 T_{rms}는 다음과 같다.

$$T_{\mathrm{rms}} = \sqrt{\frac{T_a^{\,2} \cdot t_a + T_L^{\,2} \cdot t_c + T_d^{\,2} \cdot t_d}{t}} = \sqrt{\frac{1.001^2 \times 0.1 + 0.177^2 \times 1.0 + 0.647^2 \times 0.1}{1.5}} = 0.340$$

이것은 모터 최대의 정격 토크 0.55[kg · m]보다 작아야 하는데 이를 만족하므로 선정이 잘 된 것을 알 수 있다.

차. 서보의 최종 선정

서보 모터 SGMG-09A□A형식과 서보 모터 드라이버 SGDM-10ADG형식을 최종 선정한다.

3.3.2 회전 이동 속도 제어 기구

가. 기구의 사양 확인

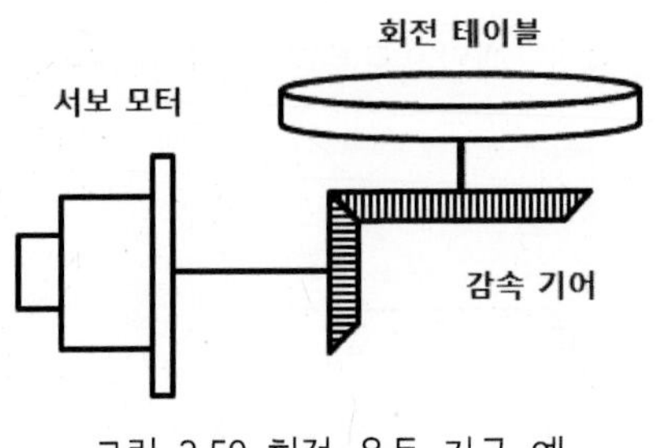

그림 3.59 회전 운동 기구 예

그림 3.59와 같은 회전체 구동의 속도 제어 서보기구를 예로 하여 기구의 사양 확인을 해보도록 한다. 기구의 사양이 다음과 같다고 가정한다.

- 테이블 중량 : W = 500[kg]
- 테이블 속도 : V_L = 15[m/min]
- 기어 감속비 : $1/R$=1/78
- 모터 축 환산 기어의 GD^2 : M_c=20×10^{-4}[kg · m²]
- 전달 효율 : η=92[%]
- 부하 축 마찰 토크 : T_l=1[kg · m]
- 회전체의 지름 : D_L=0.5[m]

- 1회전 당 이송량 : L=180[deg]
- 사이클 시간 : t=3[sec]
- 이동 시간 : t_m=2.1[sec]

나. 속도 패턴 작성

정정 시간을 고려한 속도 패턴을 작성한다(그림 3.60).

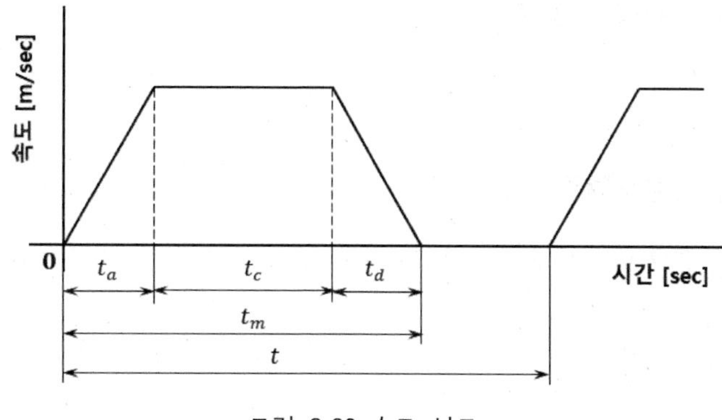

그림 3.60 속도 선도

$$\text{시동 시간 } t_a \fallingdotseq t_d = t_m - \frac{L}{\frac{360N_L}{60}} = 0.1[\text{sec}]$$

다. 회전 속도

모터의 회전 속도 N_m는 다음과 같이 구한다.

$$N_m = \eta \times N_L \times R = 0.92 \times 15 \times 78 = 1076(\text{r/min})$$

라. 부하 주행 토크

부하 주행 토크 T_L은 다음과 같다.

$$T_L = T_l \times \frac{1}{R} \times \frac{1}{\eta} = 1 \times \frac{1}{78} \times \frac{1}{0.92} = 0.014[\text{kg} \cdot \text{m}]$$

마. 부하 관성모멘트(모터 축 환산)

사용하는 장치의 모터 축에 관한 모든 부하 관성모멘트 GD_L은 다음과 같이 구한다.

(1) 테이블의 관성모멘트

$$GD^2_{L1} = \left(\frac{N_L}{N_m}\right)^2 \times GD^2_l = \left(\frac{15}{1076}\right)^2 \times 500 \times \frac{(0.5)^2}{2} = 121 \times 10^{-4}[\text{kg} \cdot \text{m}^2]$$

(2) 감속 기어의 관성 모멘트

$$GD^2_{L2} = 20 \times 10^{-4}[\text{kg} \cdot \text{m}^2]$$

(3) 전체 부하 관성모멘트

$$GD^2_L = GD^2_{L1} + GD^2_{L2} = 121 \times 10^{-4} + 20 \times 10^{-4} = 141 \times 10^{-4}[\text{kg} \cdot \text{m}^2]$$

바. 부하 주행 파워

$$P_o = \frac{T_l \cdot N_L}{973\eta} = \frac{1 \times 15}{973 \times 0.9} = 0.017[\text{kW}]$$

사. 부하 가속 파워

$$P_a = \frac{GD^2_L \cdot {N_m}^2}{365 \times 10^3 \times t_a} = \frac{141 \times 10^{-4} \times (1076)^2}{365 \times 10^3 \times 0.1} = 0.45[\text{kW}]$$

아. 모터의 가선정

기구의 사양(조건)을 만족할 수 있는 모터를 가선정한다. 즉, 모터의 가선정 조건은 다음과 같다.

① 정격 회전수 ≥ 필요 회전수N_m(1076)

② 정격 토크 ≧ (부하 토크T_L×안전율(1.5~2)=0.014×2=0.028)

③ 서보 모터 드라이버의 허용 부하 ≥모터 부하 관성모멘트 $GD^2_L(141 \times 10^{-4})$

①의 조건으로부터 기구의 회전 속도가 1076 rpm이므로 정격 회전수 1500 rpm로 정한다.

②의 조건으로부터 부하 토크 T_L(0.028)에 대한 KAWASAKI SGMG형 서보 모터의 사양(표 3.6)으로부터 가장 가까우면서 만족하는 정격 토크는 0.29[kg · m]이며 05A□A 형식이다.

③의 조건으로부터 모터 부하 관성모멘트 $GD^2{}_L(141\times10^{-4})$에 대한 KAWASAKI SGDB형 서보 모터 드라이버의 사양(표 3.7)으로부터 가장 가까우면서 만족하는 허용 부하 이너셔는 $J(GD^2=4J=4\times36.2\times10^{-4}=144.8\times10^{-4}$[kg · m²])를 즉, 05ADG 형식을 선정한다.

자. 가선정한 서보의 체크

(1) 시동 시간 t_a, 제동 시간 t_d의 체크

$$t_d < t_a = \frac{(GD^2{}_M + GD^2{}_L)\cdot N_m}{375\cdot(T_p - T_L)} = \frac{(28.96+141)\times10^{-4}\times1076}{375\times(0.91-0.014)} = 0.054[\text{sec}]$$

모터의 $GD^2{}_M$은 카탈로그의 로터 이너셔($J=7.24\times10^{-4}$)의 4배이며, 즉 28.96×10^{-4}이다.

따라서 기구 사양 시동시간 0.1[sec]보다 작아야 하는데 이를 만족하므로 선정이 잘 된 것을 알 수 있다.

(2) 시동 토크의 체크

$$T_a = \frac{(GD^2{}_M + GD^2{}_L)\cdot N_m}{375\cdot t_a} + T_L = \frac{(28.96+141)\times10^{-4}\times1076}{375\times0.1} + 0.014 = 0.502[\text{kg}\cdot\text{m}]$$

이것은 모터 최대 토크 0.93[kg · m]보다 작아야 하는데 이를 만족하므로 선정이 잘 된 것을 알 수 있다.

(3) 제동 토크의 체크

$$T_d - \frac{(GD^2{}_M + GD^2{}_L)\cdot N_m}{375\cdot t_a} - T_L = \frac{(28.96+141)\times10^{-4}\times1076}{375\times0.1} - 0.014 = 0.474[\text{kg}\cdot\text{m}]$$

(4) 토크 선도의 작성

가속토크, 부하토크, 속도 패턴으로부터 그림 3.61과 같은 토크 선도를 작성한다.

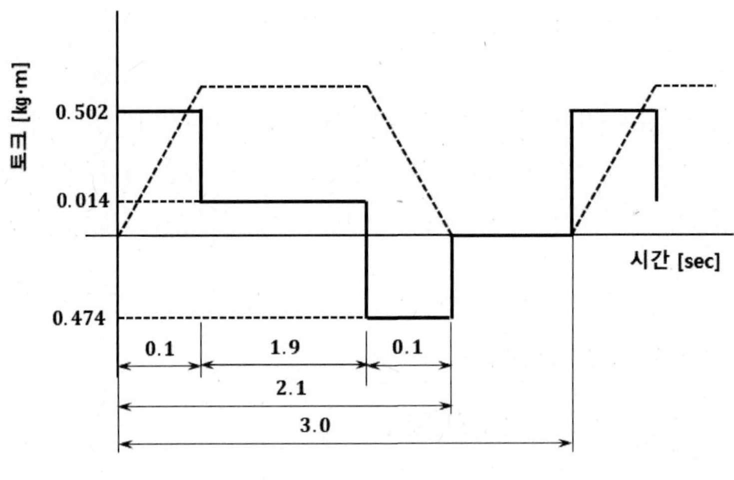

그림 3.61 토크 선도

(5) 실효 부하 토크의 체크

토크 패턴으로부터 실효 부하 토크를 구한다.

실효 부하 토크 T_{rms}는 다음과 같다.

$$T_{\mathrm{rms}} = \sqrt{\frac{T_a^{\,2} \cdot t_a + T_L^{\,2} \cdot t_c + T_d^{\,2} \cdot t_d}{t}} = \sqrt{\frac{1.001^2 \times 0.1 + 0.177^2 \times 1.0 + 0.647^2 \times 0.1}{1.5}} = 0.340$$

이것은 모터 최대의 정격 토크 0.55[kg · m]보다 작아야 하는데 이를 만족하므로 선정이 잘 된 것을 알 수 있다.

차. 서보의 최종 선정

서보 모터 20A□A형식과 서보 모터 드라이버 20ADG형식을 최종 선정한다.

CHAPTER 4

서보의 요소 - 조작부

CHAPTER 4

서보의 요소 - 조작부

그림 1.22의 서보 기구 블록선도에서 제어 대상을 속도, 위치 및 자세제어 구동하는 부분이 조작부(서보 모터)이다. 이러한 서보 모터에는 여러 가지가 있으며 그의 적절한 선정은 시스템 설계자에 있어서 항상 문제이다. DC, AC 서보모터, 스테핑 모터 등은 제각각 특징이 있으며 이것을 충분히 파악하여 최적의 모터를 선정하는 것이 중요하다.

본 장에서는 서보모터에 관해 그 선정을 위한 모터의 특징과 각 모터의 선정 포인트 및 이송용 서보 모터의 선정 방법에 대해 간단하게 설명한다. 또한 모터에 의해 동력을 전달하는 동력 전달 기구의 선정 방법에 대해서도 설명을 하도록 한다.

4.1 서보 모터의 원리 및 요구 성능

4.1.1 모터의 원리 및 종류

전기 모터의 발명은 영국 물리학자 마이켈 패러데이(1791~1876)인데 전자기유도의 발견이 그 계기이다. 전자기 유도에 의하여 변압기를 만들고 더 발전하여 발전기를 만들었으며, 발전기의 반대개념이 모터이며 유도모터가 모터의 원형이다.

그러면 모터의 원리를 자세하게 설명하기로 한다. 지금 자기력선이 왼쪽에서부터 오른쪽을 향해 그림 4.1과 같이 균일한 밀도로 평행하게 배열해 있다고 하자. 자력선에 수직으로 앞쪽을 향해 도선을 관통시키고 여기에 그림 4.1과 같은 방향으로 전류를 흘려보낸다고 하자.

이때 도선의 주위에는 도선을 둘러싸고 전류가 나오는 쪽에 대해 반시계방향으로 도는 원형의 자기력선이 몇 개나 생긴다. 도선의 위쪽과 아래쪽에서는 자기력선의 방향이 반대로 되며 도선의 아래쪽에서는 처음부터 있었던 자기력선 방향과 같은 자기력선이 새로 더해져서 증가하고, 도선의 위쪽에서는 반대로 전부터 있던 자기력선 방향과 반대인 자기력선이 생성되어 줄어들게 된다. 즉, 도선의 아래쪽에서는 자기력선의 밀도가 증대하고 위쪽에서는 밀도가 줄어들게 된다. 그러면 자기력선이 빽빽하게 밀집해 있는 곳에서는 이웃끼리의 반발력이 강하게 작용될 것이며 또한 자기 자신이 수축하려는 힘은 자기력선이 뻗어있는 곳에서 강해질 것이다. 이 힘은 그림 4.1과 같이 위쪽으로 밀어내려 한다. 이와 같은 현상을 「자계와 전류가 서로 작용하여 전자기력이 발생했다」고 말한다.

이 경우는 전자기유도에 의한 전류의 발생과 반대 개념으로 힘의 방향은 **플레밍의 왼손 법칙**을 적용할 수 있다. 즉, 그림 4.2와 같이 왼손의 세 손가락을 앞처럼 서로 직각으로 벌리고, 인지를 자기력선, 중지를 전류의 방향으로 돌리면 엄지가 운동의 방향을 가리켜 준다.

전류를 흘리면 운동이 일어나기 때문에 이것은 전기에너지를 회전이라고 하는 운동에너지로 바꾸는 모터의 원리에 해당한다.

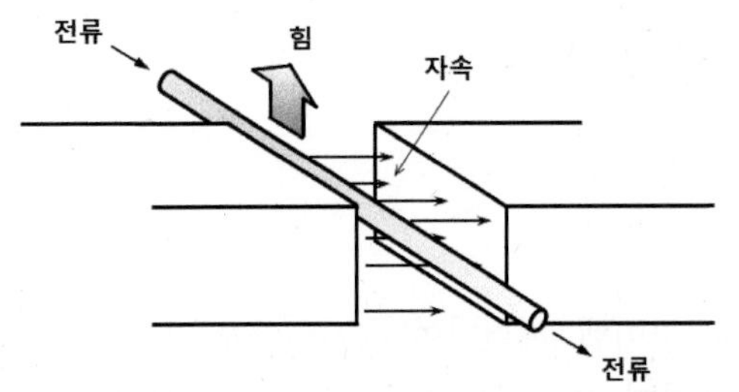

그림 4.1 균일한 자계 속의 도선에 전류를 흘렸을 때 모습

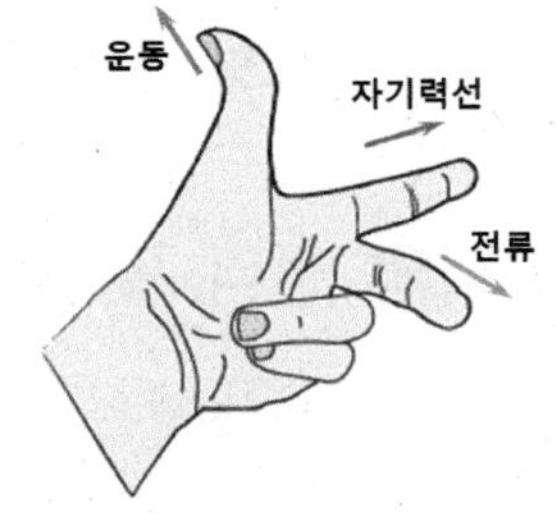

그림 4.2 플레밍의 왼손 법칙

4.1.2 모터의 토크 발생 원리

일반적으로 모터의 발생 토크는 **전자 토크**와 **자기저항**(Reluctance) **토크**로 분류된다.

$$\text{전자 토크} : T = \frac{dM}{d\theta} I_1 I_2 \tag{4.1}$$

$$\text{자기저항 토크} : T = \frac{1}{2}\frac{dL}{d\theta} I \tag{4.2}$$

I_1: 1차회로의 전류, I_2: 2차회로의 전류, M: 상호 인덕턴스,
I: 전류, L: 자기 인덕턴스, θ: 각도 위치

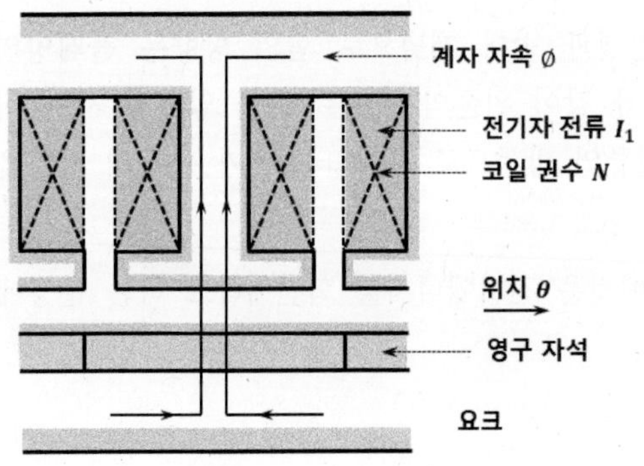

- 1차측 회로 : 전기자 코일 회로
- 2차측 회로 : 영구 자석 계자와 등가인 코일 회로
  계자 자속 ϕ를 발생하기 위한 등가 전류 I_2가 흐르는 코일로 한다. 자기 발생원은 모두 전류이기 때문에 영구 자석을 코일로 바꾸어도 지장이 없다. 영구 자석에서는 그것을 구성하는 원자에 있어서 전자가 궤도 운동 및 자전 운동 하는 것(전류 작용)으로 자속을 발생한다.

그림 4.3 영구 자석형 AC, DC 서보 모터(직선계로 전계)

예를 들어 그림 4.3과 같은 영구 자석형 DC, AC 서보 모터에서는 식 (4.1)의 전자 토크를 이용하고 있다. I_1이 전자기 전류, MI_2가 코일 권수 N, 영구자석에 의한 계자 자속수 ϕ의 곱 $N\phi$로 코일의 쇄교 자속 수를 나타낸다. 더구나 I_2는 계자 자속 ϕ를 발생하기 위해 필요한 등가 전류이다.

식 (4.1)을 변형하면 아래와 같이 된다.

$$T = \frac{dM}{d\theta} I_1 I_2 = N \frac{d\phi}{d\theta} I_1 \tag{4.3}$$

식 (4.3)에 있어서 $N \cdot d\phi/d\theta$는 토크 정수에 해당하며 모터 고유의 값이다.

한편 모터를 외부 구동할 때에 코일 사이에 발생하는 **유기전압**은 $e = -N \cdot d\phi/dt$이며 단위 회전 속도당 유기 전압, 즉 유기 전압 정수에 상당하는 값은 아래와 같이 된다.

$$\frac{e}{(d\theta/dt)} = -N \cdot d\phi/d\theta \tag{4.4}$$

식 (4.3), (4.4)로부터 토크 정수와 유기전압 정수는 같은 물리량이고 단위가 다르다는 것뿐인 것을 알 수 있다. 더구나 토크는 전류에, 유기 전압은 회전 속도에 비례하는 것이 포인트이다. 다만 전류 토크에 대해서는 식으로서는 비례관계에 있지만 대전류가 흘렀을 때는 전기자 반작용에 의해 토크 정수가 저하하여 이 관계가 포화하는 경우가 있다.

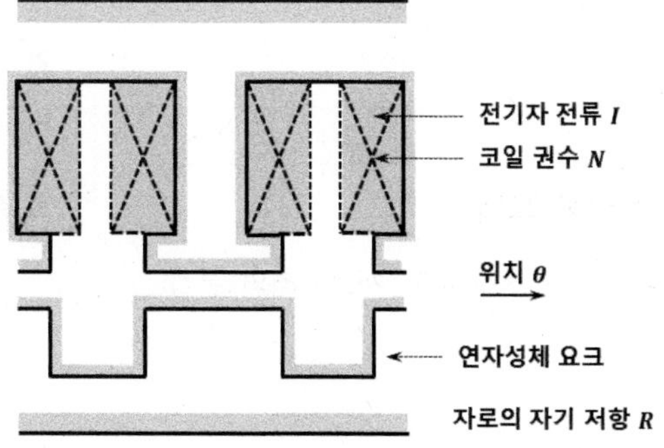

(전기자 이와 요크측 이가 대면했을 때 자기 저항은 최소로 됨)

그림 4.4 VR형 스테핑 모터(직선계로 전계)

한편 그림 4.4와 같은 VR(Variable Reluctance; 가변 자기 저항)형 스테핑 모터에서는 요크측 이(teeth)의 위치에 따라 자기 저항 R이 변화함으로써 식 (4.2)의 자기 저항 토크를 발생한다. 자기 인덕턴스는 $L=N^2/R$의 관계에 있으며 전류(I)가 일정하면 $dL/d\theta$에 비례한 토크가 발생한다. 또한 같은 스테핑 모터라도 영구 자석을 사용한 HB(Hybrid)형 등은 자기 토크를 이용하고 있다.

4.1.3 서보 모터의 종류와 요구 성능

서보 모터의 종류는 성능, 사용 환경 조건 및 용도 등에 따라 그림 4.5와 같이 분류할 수 있다.

서보 모터라는 개념은 모터의 구동시스템까지 포함하는 것이다. 다시 말하면 어떠한 종류의 모터라 하더라도 적당한 알고리즘과 회로를 가지는 구동시스템을 갖다 붙여서 위치와 속도를 추종할 수 있도록 만들면 서보시스템이 이루어지는 것이다.

모터는 일반적으로 전기 에너지를 기계 에너지로 변환하여 동력을 발생하는 기계이지만 서보 모터로서 특히 요구되는 성능, 조건은 다음과 같이 된다.

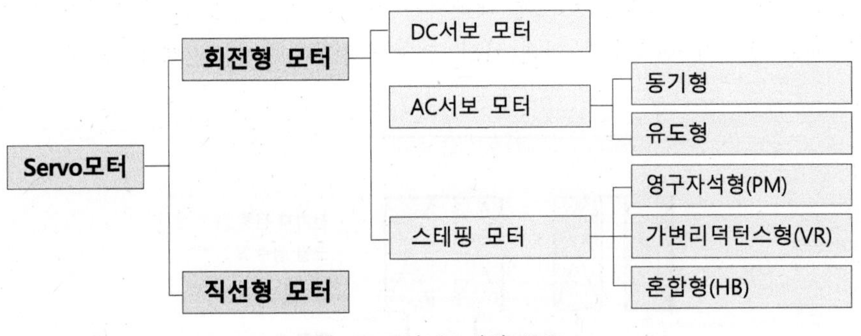

그림 4.5 서보모터의 분류

① 빈번한 시동, 제어, 정지, 역전 및 미세한 속도의 운전이 연속적으로 이루어지는 것.

② 지령에 대해 응답성이 양호한 것. 결국, 관성이 작고 전기적 기계적 시상수가 작은 것.

③ 허비 시간이 작은 것. 구체적으로는 기계적인 마찰 손실이 작고, 자기 전기적으로 균일한 것(코깅 토크, 토크 리플이 작은 것).

④ 모터 자신이 안전한 것(속도 토크 특성이 될 수 있는 한 편평한 것).

⑤ 정회전 역회전의 특성이 동일한 것.

⑥ 입력 신호와 발생 토크가 직선적인 관계에 있는 것(토크의 직선성).

⑦ 보수, 수명을 포함하여 신뢰성이 높은 것.

⑧ 사용 환경에 충분히 적응할 수 있을 것.

그림 4.6은 모터의 각부 명칭이며 브레이크가 장착되지 않은 모터에는 브레이크 케이블이 없다. 모터의 각부 명칭은 모터 기종에 따라 그림 4.6과 다를 수 있다.

현재 서보 기구용으로서 시장에 공급되고 있는 모터의 종류로는 AC 서보 모터, DC 서보 모터, 스테핑 모터로 크게 나눌 수 있다. 표 4.1은 각각의 서보 모터로서 요구되는 성능 및 조건에 따라 비교하여 나타낸 것이다.

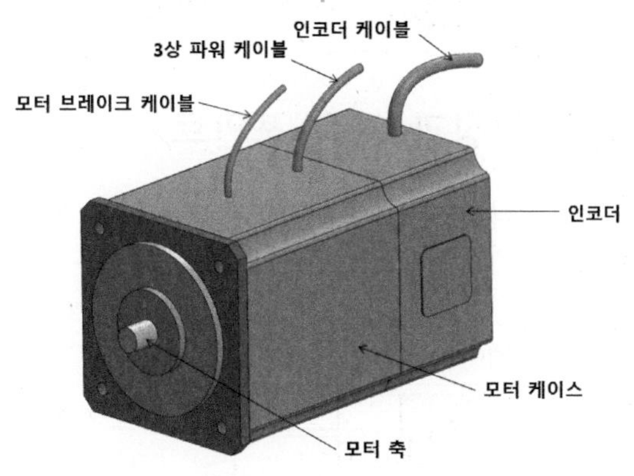

그림 4.6 서보 모터의 명칭

표 4.1 각 모터의 성능 및 조건에 따른 비교

	AC 서보 모터 (PM형)	DC 서보 모터 (PM형)	스테핑 모터
적정 용량	~수10kW	~수kW	~수kW
회전 속도 범위	~10000 r/min	~5000 r/min	~1000 r/min
자극 센서	엔코더, 리졸버	불필요	불필요
원활한 운전	○	○ (코어리스형은 더욱 좋음)	×
위치 결정 정도	○ (엔코더에 의함)	○ (엔코더에 의함)	△ (모터 기어수에 의함)
진동, 소음	○	○	×
수명	○ (베어링 수명에 의함)	× (브러시 수명에 의함)	○ (베어링 수명에 의함)
내환경성	○	△	○
서보계 구축 비용	△	△	○

4.2 서보 모터의 특징과 이용 포인트

4.2.1 직류 서보 모터의 특징과 이용 포인트

영구 자석형 DC 서보 모터의 단면도는 그림 4.7과 같다. 한편, 직류 서보 모터와 교류 서보 모터의 특성 비교를 표 4.2에 표시한다.

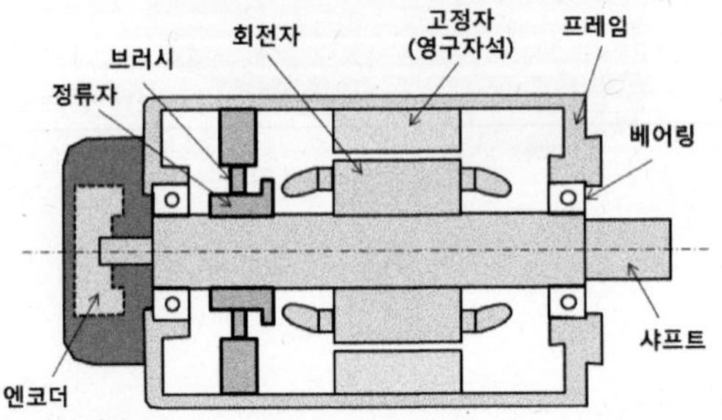

그림 4.7 PM(Permanent Magnet; 영구자석)형 DC 서보 모터의 단면도

표 4.2 직류 서보 모터와 교류 서보 모터의 특성 비교

항목		직류 서보 모터	교류 서보 모터
1	시동회전력, 최대토크	• 크다	• 직류보다 떨어진다.
2	속도 변속비	• 크다	• 극수 및 주파수에 따라 한계가 있다.
3	속도제어의 효율	• 양호하며 입력 신호 0일 때에는 소비 전력을 0으로 할 수 있고 또 큰 출력 제어에도 적합하다.	• 여자 입력을 항상 필요로 하며 큰 출력의 것을 2차 동성에 의한 발열 대책이 필요하다. 따라서 큰 출력 제어에는 적합하지 않다.
4	제어방식	• 계자, 전기자 제어의 어느 쪽도 좋다. • 계자 제어에는 히스테리시스, 비선형 인덕턴스의 영향이 안정 문제에 관계된다.	• 전압 제어, 위상 제어 방식이 있는데 위상 제어는 온도 상승에 의해 제한을 받는다. • 전원 임피던스가 특성에 영향을 준다.
5	증폭기	• 같은 정격의 AC 모터보다 작은 증폭기로 구동할 수 있다. 단, 직류 전원과 직류 증폭기가 필요하며 드리프트가 문제이다.	• 교류 증폭기이므로 제어가 용이하고 값이 싸다.
6	제어회로의 절연	• 변압기를 사용할 수 없으므로 절연이나 임피던스 매칭의 곤란을 수반하는 경우가 있다.	• 출력 트랜스에 의해 제어 회로로부터 절연할 수 있다.
7	보수	• 정류자가 있으므로 보수가 까다롭다. • 브러시에 의한 잡음도 하나의 문제점이다. • 정류자에 의해 모터도 커지며 마찰 토크도 증가한다.	• 마찰 손실이 없고 단단하여 보수가 용이하다.

가. 직류 모터의 종류와 제어 방식

(1) 직류 모터의 종류

직류 모터는 계자 권선과 전기자 권선의 접속방법에 의해 표 4.3에 나타낸 종류가 있다.

표 4.3 직류 모터의 접속법에 의한 분류

종류	특징 및 접속법
직권 직류 모터	전기자와 계자 선륜을 직렬로 접속한 속도 가변의 정출력 모터로 전동차의 모터로 사용되고 있다(그림 4.8 (a)).
분권 직류 모터	전기자와 계자선륜을 병렬로 접속한 것으로 타여와는 거의 같은 특성을 표시하며 파워 서보용으로 사용된다(그림 4.8 (b)).
복권 직류 모터	동일 철심으로 전기자에 직렬의 선륜(직권 선륜)과 병렬 선륜 (분권 선륜)을 감은 것으로, 직권과 분권을 합병한 것으로 그의 특성은 분권과 직권과의 중간을 나타내고 있다(그림 4.8 (c)).
타여 직류 모터	주로 작은 파워의 제어용에 사용한다(그림 4.8 (d)).

그림 4.8은 직류 모터의 종류를 계자코일과 전기자 코일의 접속방법에 따라 구분한 것이다.

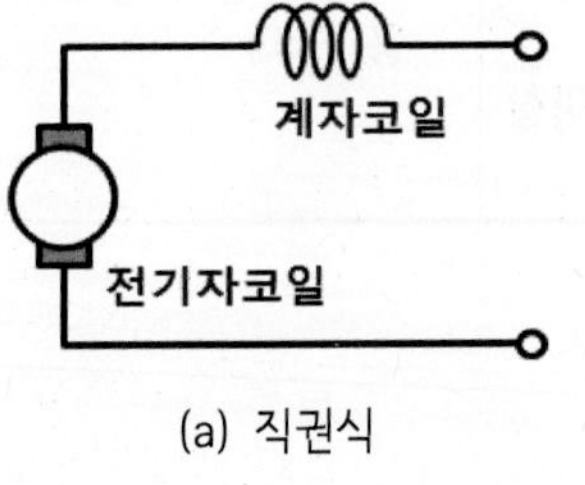

(a) 직권식

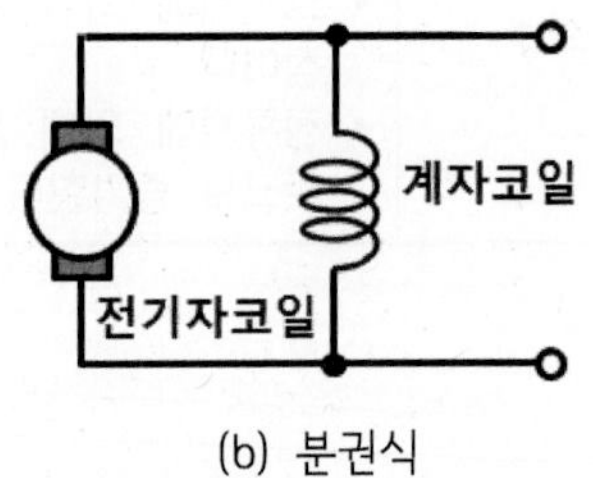

(b) 분권식

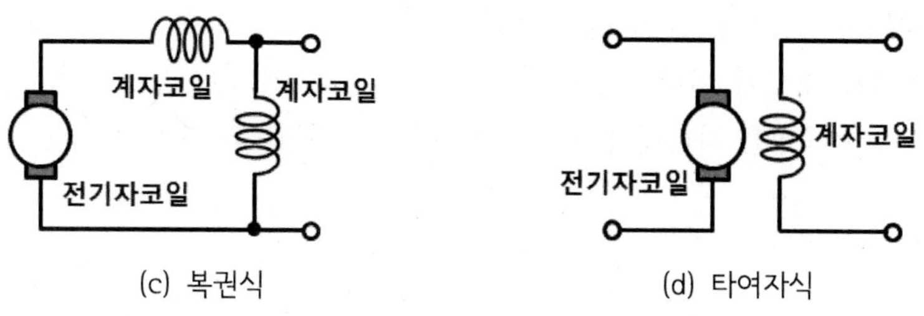

(c) 복권식 (d) 타여자식

그림 4.8 직류 모터의 접속방법에 따른 종류

직권식(Series winding type) 모터는 그림 4.9와 같이 전기자 코일과 계자 코일이 전원에 대해 직렬로 접속한 것이다.

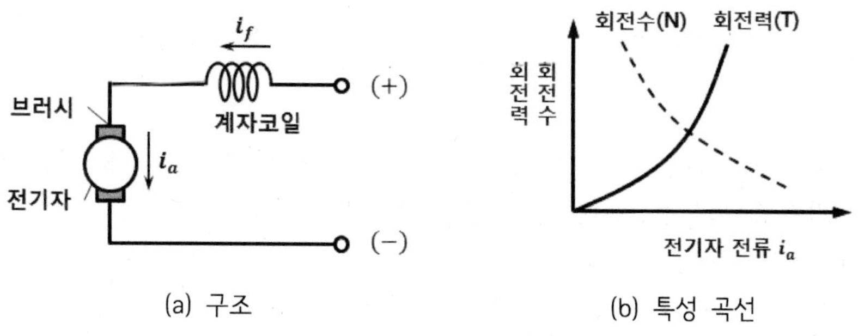

(a) 구조 (b) 특성 곡선

그림 4.9 직류 직권식 모터 구조와 특성 곡선

분권식(Shunt winding type) 모터는 그림 4.10과 같이 전기자 코일과 계자 코일이 전원에 대해 병렬로 접속한 것으로 가해진 전원 전압이 일정하면 계자 전류도 일정/자장의 세기도 일정하다.

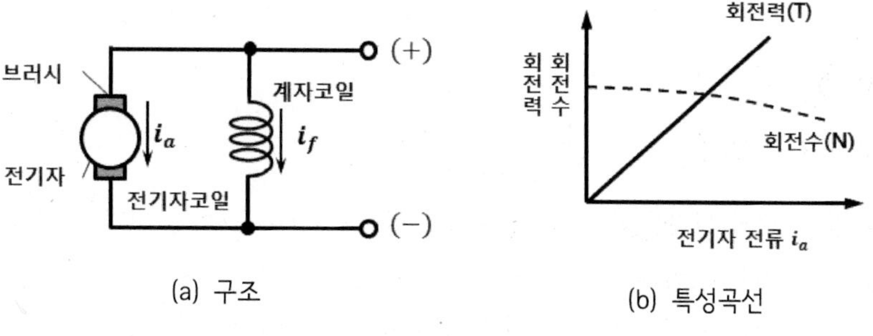

(a) 구조 (b) 특성곡선

그림 4.10 직류 분권식 모터 구조와 특성 곡선

복권식(Compound winding) **모터**는 그림 4.11과 같이 두개 계자 코일 가운데 하나는 전기자 코일에 직렬하고 다른 하나는 병렬로 접속한 것으로 시동할 때에는 직권식과 같은 특성을 나타내며 시동이 된 뒤에는 분권식과 같은 특성을 나타낸다.

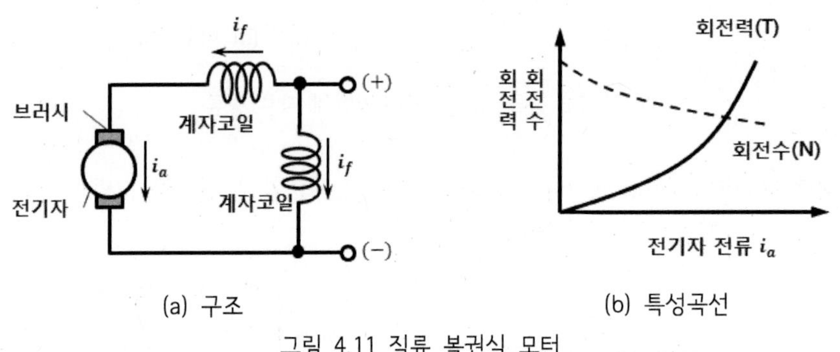

(a) 구조 (b) 특성곡선

그림 4.11 직류 복권식 모터

직류 서보 모터는 속도 제어를 목적으로 사용하는 경우가 많다. 직류 서보 모터의 회전 각속도 ω의 정상상태식은 다음과 같다.

$$\omega = \frac{V_a - R_a i_a}{K_\phi \phi} \tag{4.5}$$

여기서, V_a는 전기자 전압, R_a는 전기자 저항, i_a는 전기자 전류, ϕ는 주자속 및 K_ϕ는 비례 정수(=토크/전기자 전류)이다.

따라서, 회전각속도 ω는 V_a, R_a, ϕ의 어느 것인가를 변화시키면 제어할 수 있다.

(2) 제어 방식

a) 전기자 제어(V_a 제어 방식)

그림 4.12에 나타냈듯이 계자 권선에 일정한 전류를 주어 전기자 전압 V_a를 제어하는 방식이다. 전기자 제어는 기동 토크가 크고 감쇠도 잘 되고 응답도 빠르며 직선성이 좋은 동작을 하므로 소출력용으로부터 대출력용까지 서보용으로서 널리 사용되고 있다.

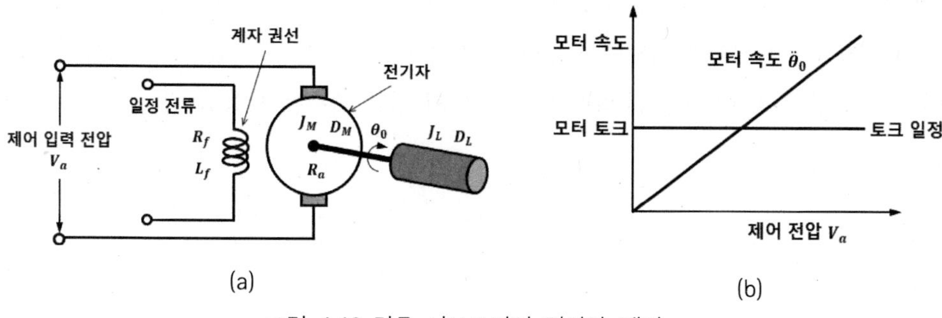

(a) (b)

그림 4.12 직류 서보모터의 전기자 제어

전기자 전압을 제어하는 수단으로서는 계자 제어되는 직류 발전기(Ward Leonard system), 격자 제어되는 수은 정류기나 사이리스터(Static ward Leonard system) 등이 있다.

제어 입력전압 V_a에 대한 출력축 회전각 θ_0의 전달함수는 다음 식과 같이 된다.

$$\frac{\theta_o(s)}{V_a(s)} = \frac{K_M}{s(1+T_M s)} \tag{4.6}$$

$$\text{단, } K_M = \frac{K_\varphi}{K_e K_\varphi + R_a D},\ T_M = \frac{R_a J}{K_e K_\varphi + R_a D}$$

여기서, K_e는 모터의 속도 계수(전기자 역기전력/모터 속도), D는 전기자와 부하의 점성 저항 계수($D = D_m + D_L$) [kg·㎝·s], J는 전기자와 부하의 관성 모멘트 ($J = J_M + J_L$)[kg·㎝·s^2]이다.

b) 계자 제어(ϕ가변 방식)

계자 전압 또는 계자 분로 저항을 바꾸어 계자 전류 즉, 계자 자속을 바꾸어 회전 속도를 제어하는 방식이다.

그림 4.13은 전기자에 일정 전류를 주어 계자 전압을 제어하고 있는 것이다. 이 방식은 제어 입력으로 되는 계자 전류 i_f가 작아도 되므로(전기자 제어의 수분의 1), 제어용 증폭기는 작아도 되는 이점이 있지만, 계자 권선의 인덕턴스 L_f가 크기 때문

에 계자 시정수 T_f는 전기자 시정수 T_a에 비해 크게 되어 응답성에서 떨어지고 입력전압 0에서 모터가 정지해 있을 때도 전기자 전류가 흐르고 있으므로 효율이 나쁘다.

입력전압 V_f에 대한 출력축 회전각 θ_o의 전달 함수는 다음과 같다.

$$\frac{\theta_o(s)}{V_f(s)} = \frac{K_{Mf}}{s(1+T_{Mf}s)(1+T_f s)} \tag{4.7}$$

여기서, $K_{Mf} = \dfrac{K_{\phi f}}{DR_f} = \dfrac{(\text{토크/계자전류})}{(\text{모터와 부하의 점성저항계수})(\text{계자저항})}$

$T_{Mf} = \dfrac{J}{D} = \dfrac{\text{모터와 부하의 관성모멘트}[kg \cdot cm \cdot s^2]}{\text{모터와 부하의 점성저항계수}[kg \cdot cm \cdot s]}$

$T_f = \dfrac{L_f}{R_f} = \dfrac{\text{자기권선의 인덕턴스}}{\text{계자저항}}$

$K_{\phi f}$: 비례정수(토크/계자전류)

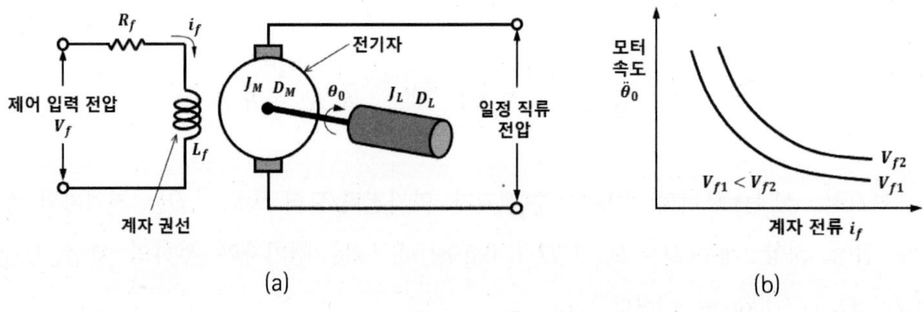

그림 4.13 직류 서보모터의 계자 제어

식 (4.7)은 전기자 제어의 전달식(4.6)와 비교해서 $1/(1+T_f s)$라 하는 1차 지연 요소가 증가하고 있기 때문에 제어계의 안정에 나쁜 영향을 주고 있다. 일반적으로 이 제어 방식은 발생 회전력이 작고 또 전기자의 반작용을 받기 쉬우므로 속도 제어의 범위가 좁다.

c) 전기자 저항 제어(R_a 가변방식)

전기자에 직렬 저항을 붙여 그 크기를 제어하는 것으로 제일 간단하게 속도 제어를 할 수 있으나 효율이 나쁘다. 전지를 전원으로 하는 초소형의 영구 자석 직류 모터(마이크로 모터)에 의한 것은 거버너를 이용하고 이 직렬 저항을 ON-OFF하여 속도 제어하고 있다. 서보 구동용에는 사용되고 있지 않다.

나. 직류 서보모터의 구조

직류 서보 모터의 구조는 크게 나눠서 계자와 전기자(Armature)로 되어 있다. 여기서 계자란 모터의 내부에 일정의 자계를 만드는 것이며 자력선을 통한 요크와 마그네트로 구성된다.

또한 회전자(Rotor)는 외부로부터 전류를 공급받아 회전 자석을 만드는 것이며 여기서는 구동 권선이 사용되고 있다. 이 경우 회전자는 연속적으로 회전할 필요가 있으므로 정류자(Commutator)가 부가되고 있다.

정류자의 역할은 브러시를 통하여 공급된 전류의 극성을 일치시켜 전기자가 어느 위치에 있어도 일정 방향으로 회전하게 하는 것이다.

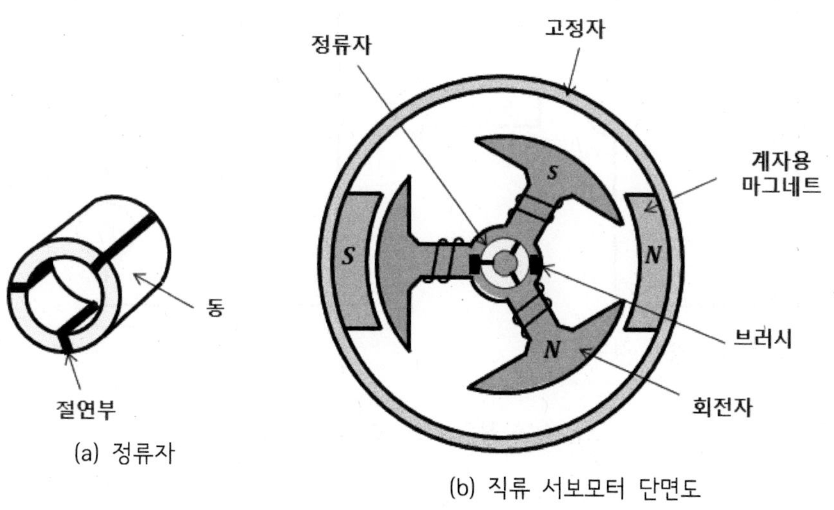

(a) 정류자

(b) 직류 서보모터 단면도

그림 4.14 직류 서보 모터의 구조

그림 4.14는 직류 서보 모터의 구조를 나타낸 것이다. 회전구조를 한 회전자는 브러시, 정류자의 동작에 의해 전자석의 극성을 바꾸고 고정자(Stator) 측의 자계와 흡인/반발을 반복하며 회전자를 연속적으로 회전시키는 것이다.

그림 4.14의 모터는 3슬롯(극수)이지만 이 밖에도 5~11슬롯 등이 있다. 이 경우 슬롯수가 많은 모터일수록 모터의 전류가 완만하게 되며 제어성도 우수하다. 이 때문에 산업용 모터는 7슬롯 이상의 것이 많이 사용되고 있다.

다. 직류 서보모터의 등가회로

직류 서보 모터를 사용하여 제어를 할 경우 직류 서보 모터의 등가회로를 고려할 필요가 있다. 그 이유는 모터의 등가회로를 보면 모터의 특성을 알 수 있고 회로 설계가 용이하기 때문이다.

그림 4.15 (a)는 모터와 전원을 접속한 회로의 예이다. 이것을 전기의 등가회로로 치환하면 그림 4.15 (b)와 같이 된다. 여기서 그림 4.15 (b)에는 아래의 관계식이 성립한다.

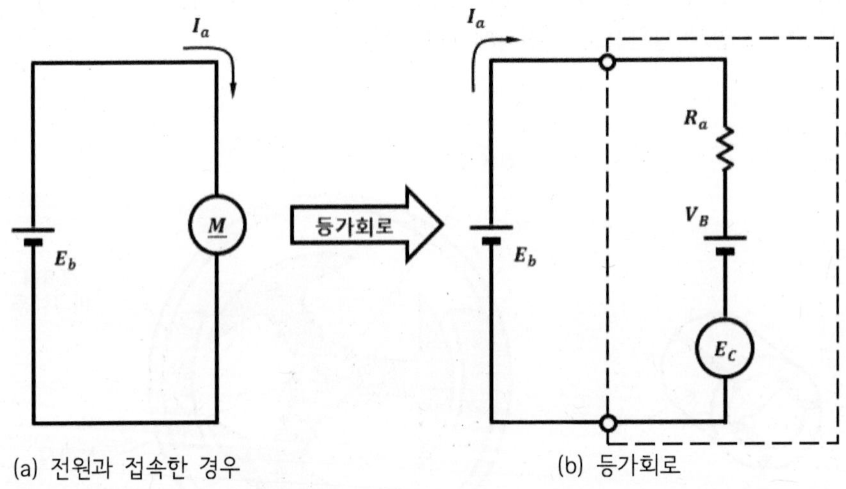

그림 4.15 직류 서보 모터의 등가회로

$$E_b = R_a \cdot I_a + V_B + E_C = R_a \cdot I_a + V_B + K_R N \tag{4.8}$$

여기서 E_b : 전원전압[V]
R_a : 전기자 저항[Ω]
I_a : 모터전류[A]
V_B : 브러시 정류자 사이의 접촉전압[V]
E_C : 모터의 유도전압[V]
K_R : 역기전력 상수[V/rpm]
N : 모터의 회전속도[rpm]

브러시와 정류자 사이에 발생하는 접촉 전압 V_B는 $E_b \gg V_B$, $E_C \gg V_B$로부터 V_B를 무시하면 식 (4.8)은 다음과 같이 된다.

$$E_b = R_a \cdot I_a + K_R N \tag{4.9}$$

$$T = KI_a = \frac{-KK_R N}{R_a} + \frac{KE_b}{R_a} \tag{4.10}$$

식 (4.10)에서 K는 토크 상수이다.

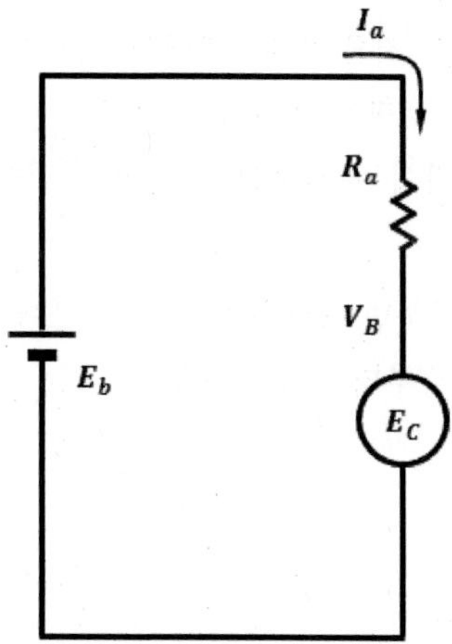

그림 4.16 정상상태의 등가회로

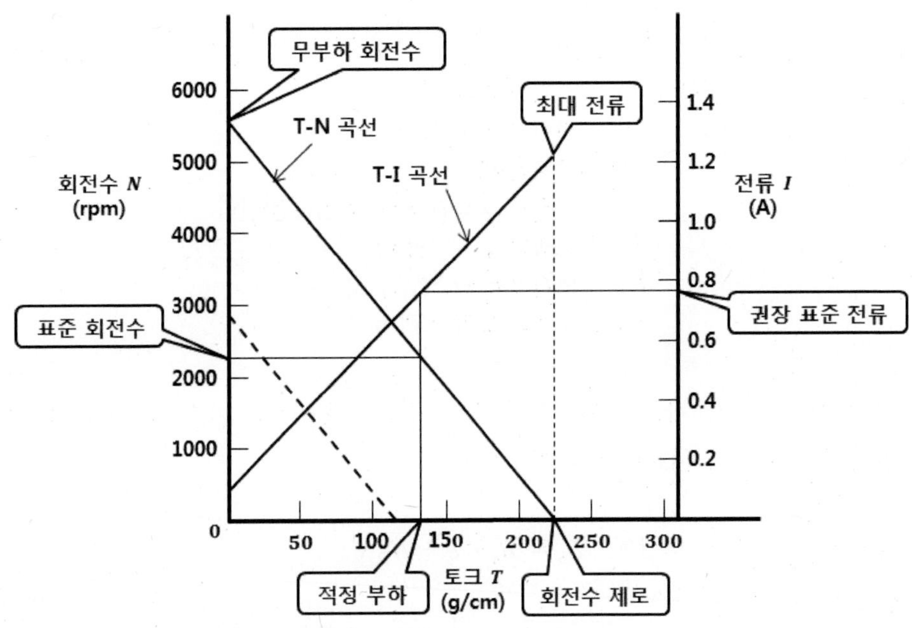

그림 4.17 직류 서보모터의 특성곡선

따라서 식 (4.9)로부터 직류모터가 일정 회전수로 돌고 있는 경우는 그림 4.16과 같은 등가회로로 나타낼 수 있다. 또한 토크(T)는 식 (4.9)의 I_a를 대입하면 식 (4.10)과 같이 되며 그림 4.17와 같은 직류 서보 모터의 특성을 얻을 수 있다. 즉, 전압이 일정하면 회전속도 증가에 따라 토크는 직선적으로 감소한다. 또한 전압과 회전속도나 토크는 비례적 관계에 있다. 따라서 부하토크를 알면 전압제어에 의하여 회전속도를 제어할 수 있다.

실제로는 회전속도가 증가하면 전기자의 리액턴스에 의해 **직류 모터의 T-N 특성**은 그림 4.18과 같이 직선형으로부터 곡선형으로 변하고 반대로 회전속도가 감소하면 리플 현상이 일어난다.

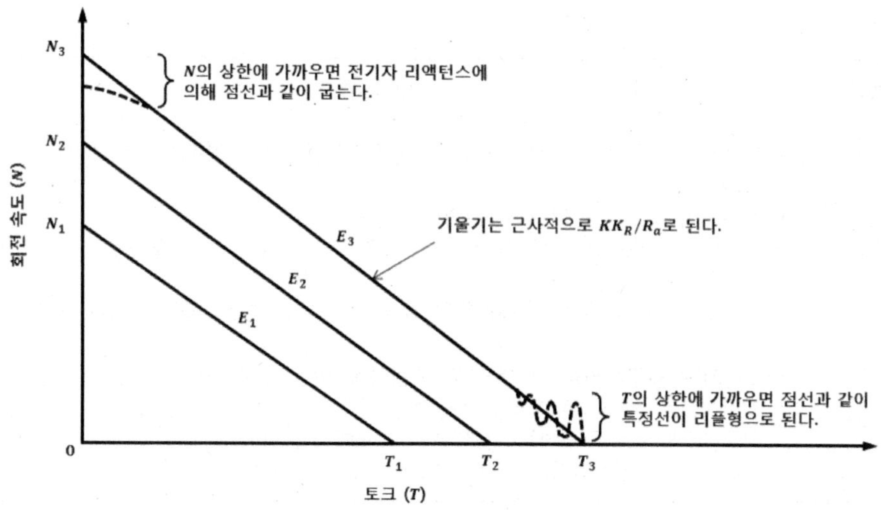

그림 4.18 직류 서보 모터의 T-N 특성

라. 브러시리스 직류 모터

(1) 브러시 리스 직류 모터의 특징

브러시리스 직류 모터(Brushless DC motor; BLDC)는 브러시를 사용하지 않고 비접촉의 위치 검출기와 반도체 소자로서 통전 및 전류시키는 기능을 바꾸어 놓은 모터이다. 즉, 직류 서보 모터의 문제점이었던 기계적 접점을 광센서나 자기 센서로 바꾸어 무접점화한 것이다.

그림 4.19는 브러시 모터와 브러시리스 모터의 외관상 차이를 알기 위해 나타낸 것이다.

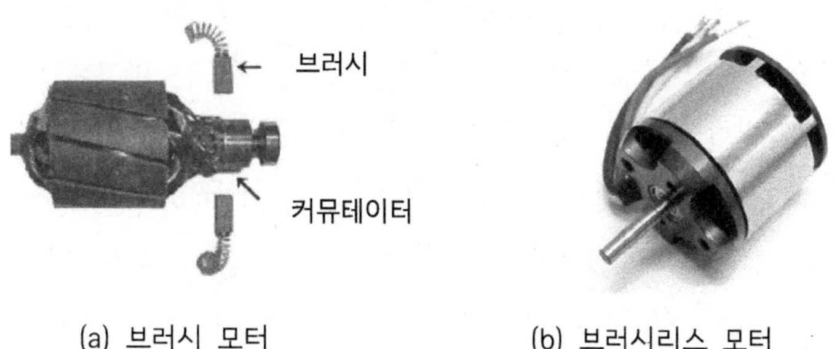

(a) 브러시 모터 (b) 브러시리스 모터

그림 4.19 브러시 모터와 브러시리스 모터 외형 구분

표 4.4 브러시리스 직류 모터의 전반적 특징

종류	전반적 특징
장점	• 기계적 정류 기구를 전자화(무접점화)하여 전기적 노이즈(불꽃), 기계적 노이즈가 작다. • 신뢰성이 높고 수명이 길고 고속화가 용이하다. • 기기의 고밀도화에 따른 요청에 용이하게 대응된다(형상, 구조의 자유도화 → 경박단순화 → 기전일체화). • 기기의 다기능화에 쉽게 대응된다(일정 속도제어, 가변 속도제어 등).
단점	• 회전자에 영구자석을 사용하므로 저관성화에는 제한이 있다. • 일반적으로 페라이트 자석을 사용할 경우가 많으므로 체적당 토크가 작다(결점 보완을 위해 희토류 자석을 사용하는데 비용이 높음). • 정류 기구를 전산화하기 위해 반도체 회로를 필요로 하여 비용이 높아진다.

브러시리스 모터의 특징은 표 4.4와 같다. 브러시와 정류자 사이의 마모가 없게 되기 때문에 수명이 길며 전기적 노이즈나 소음이 경감되었다. 이 때문에 고속 회전과 수명이 긴 것을 필요로 하는 기기에 폭 넓게 사용되고 있다.

(2) 브러시리스 직류 모터의 동작

브러시리스 모터의 구동 상수는 2~20상 정도까지 있지만 기본적으로는 3상 구동에 대응할 수 있을 것이다. 저속에서 부드러운 회전 특성을 요하는 경우 회전자에 다극 마그네트를 사용하는 방법이 유리하다. 일반적으로 브러시리스 모터는 사용 목적에 따른 구동회로를 필요로 하고 있지만 아주 특수한 경우가 아니고는 시판하고 있는 구동용 IC를 활용하고 있다.

브러시리스 직류 모터를 구조면에서 분류하면 권선으로의 통전은 브러시 등 접동 요소를 사용하지 않는 고정식으로 하므로 자계를 만드는 마그네트 회전기를 어디에 배치하느냐에 따라서 자로의 구성방법, 권선의 배치방법이 변한다.

그림 4.20 (a)는 브러시리스 직류 모터의 구조도와 구동 회로를 나타낸 것이다.

N-S극 1쌍의 마그네트 회전자가 구동코일 $L_1 \sim L_4$의 중간에 있다. 이와 같은 위치에 있을 때 홀소자 H_1에 전압이 발생하며 트랜지스터 Tr_1이 통전한다. Tr_1이 ON 되면 L_3가 여자 되어 회전자 근방의 선단에 S극이 발생하며 회전자 자석을 90° 끌어

당긴다. 다음에 회전자 자극의 N극이 L_3 중심까지 오면 H_2 에 전압이 발생하고 Tr_4 가 통전한다. 여기서 Tr_4 가 ON이 되면 L_2 가 여자 되어 회전자 근방의 선단에 S극이 발생하며 회전자 자석을 90° 더 끌어당긴다. 이와 같은 과정으로 브러시리스 직류 모터는 계속 회전하게 된다. 그림 4.20 (b)에 구동 코일의 통전 순서를 나타낸다.

브러시리스 모터 중에는 홀소자 등의 검출기를 제거한 센서리스형도 있다. 회전 쏠림이나 토크 쏠림이 크고 기동 특성은 나쁘지만 구조가 단순하고 저가격이라는 이점이 있다.

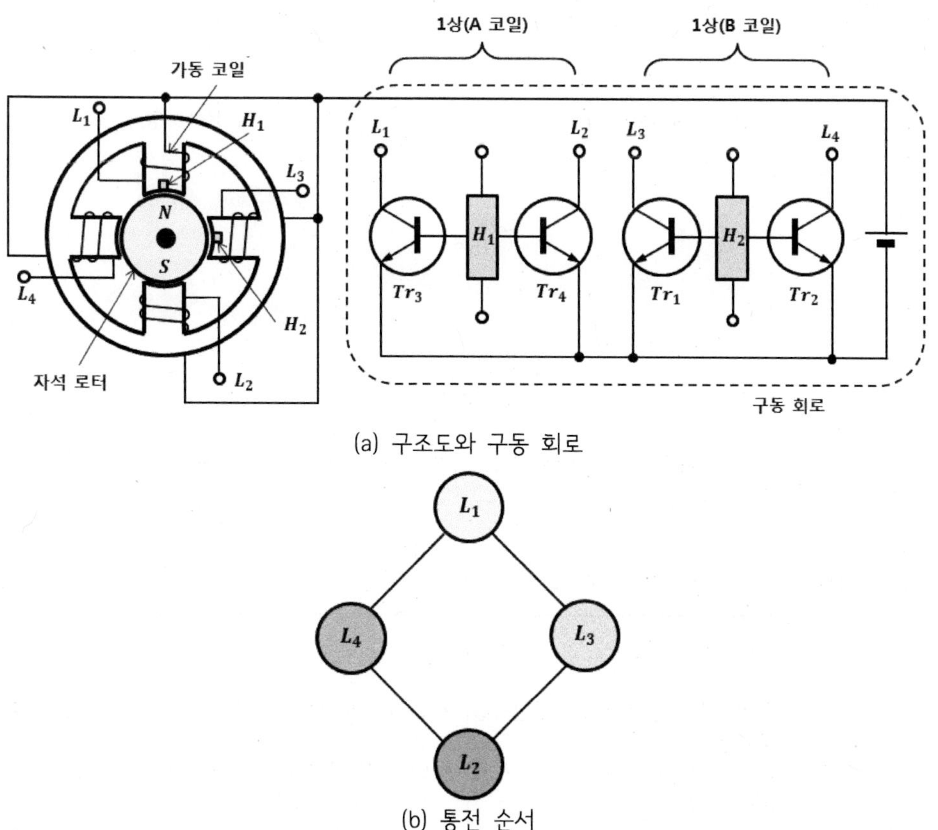

(a) 구조도와 구동 회로

(b) 통전 순서

그림 4.20 2상 브러시리스 직류 모터의 동작 원리

(3) 브러시리스 직류 모터의 종류

브러시리스 모터는 모터의 구조와 특성상 높은 토크, 고효율 및 낮은 소음을 갖고 있다. 브러시리스 직류 모터의 종류는 그림 4.21과 같이 (a) Inner Rotor형과 (b) Outer Rotor형이 있으며 그림 4.21 (c)는 분해한 모습이다. 이들의 특징은 표 4.5와 같다.

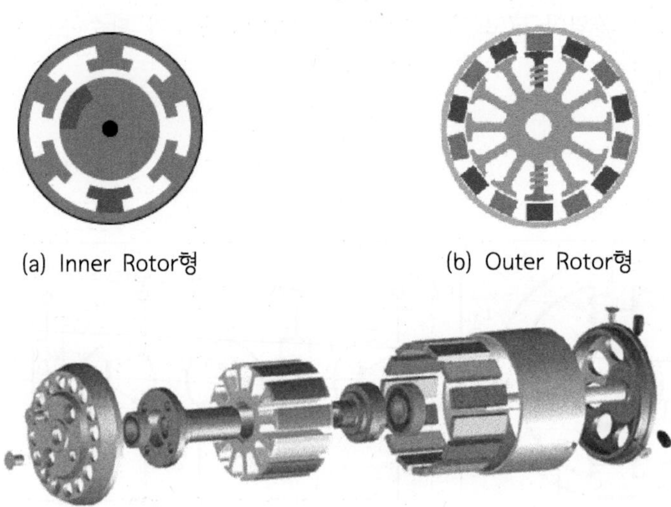

(a) Inner Rotor형 (b) Outer Rotor형

(c) 분해 모습

그림 4.21 브러시리스 직류 모터 종류와 분해 모습

표 4.5 브러시리스 직류 모터의 종류와 그의 특징

종류	구조	특징
Outer Rotor형	• 모터의 외주측으로 회전자를 배치함 • 모터의 내부 측면으로 회전자 계를 만듦	• 회전자의 관성모멘트가 크므로 정속도 주행에 유리함 • 마드네트를 비교적 크게 할 수 있으므로 고효율, 고토크화하기 쉬움 • 권선의 1코일 평균길이가 짧게 되어 손실절감, 고효율화가 쉬움 • 회전자 지지기구가 복잡함 • 밀폐 구조가 어려움

Inner Rotor형	• 모터의 내주측으로 회전자를 배치함 • 모터의 외주측으로 회전자계를 만듦	• 회전자의 관성모멘트가 Outer motor에 비하여 작음 • 모터구조를 비교적 간단하게 구성할 수 있음
Gap형	• 축방향의 두께를 비교적 얇게 한 원판상의 모터 회전자의 전기자를 축 방향으로 나열한 구조임	• 축수간 간격이 짧기 때문에 공작의 정확을 요하며 축수구조도 복잡함 • 권선과 전기자를 분리 Slotless구조로 함 • 회전율을 저감시킬 필요가 있는 곳에서 많이 사용되고 있지만, 권선의 배치정도와 권선형상의 밸런스를 작게 하여야 할 필요가 있음

마. 직류 모터의 이용 포인트

(1) 위치결정 정도는 엔코더와 제어방식에 의존

스테핑 모터와 달리 위치결정 정도는 엔코더의 분해능과 정도에 의존한다. 제어계의 게인에도 관계하지만 기본적으로는 엔코더이다.

(2) 응답성을 좌우하는 기계적 시상수

서보 모터로서 구동 속도는 기계적 시상수 τ_M에 따라 거의 결정된다. τ_M은 최종 속도에 거의 63%에 달할 때의 시간을 의미하며, 직류 서보모터의 경우 다음과 같이 나타낸다.

$$\tau_M = (J_M + J_L)R/K_E K_T \tag{4.11}$$

J_M : 모터의 관성모멘트, J_L : 부하의 관성모멘트, R : 모터의 단자로부터 본 전기저항,
K_E : 역기전력 상수, K_T : 토크 상수

계수 K_T와 K_E는 앞에서 언급했지만 여기서 다시 한 번 언급하기로 한다.

모터가 발생하는 토크는 전류에 비례하고 다음 식으로 주어진다.

$$T = K_T I \tag{4.12}$$

실제로는 모터 내부 손실이 있지만 이론적으로는 식 (4.12)와 같이 나타낸다.

한편 회전자에 발생하는 역기전력 e는 회전속도 ω에 비례하고 다음 식으로 주어진다.

$$e = K_E \omega \tag{4.13}$$

그런데 K_T와 K_E는 사용하고 있는 영구자석에도 관계한다. 페라이트 자석은 낮고, 희토류 자석의 경우는 높으므로 τ_M이 작다. 더구나 모터 제어에 이용되는 속도 센서의 하나인 태코제너레이터가 있지만 식 (4.12)는 그 원리이다. 결국 태코제너레이터의 축을 외부로부터 돌렸을 때 거의 전류가 취출되지 않을 경우에 식 (4.12)의 전압이 관측된다. 은을 함유한 흑연 브러시를 사용하게 되면 브러시에 소비되는 전압은 거의 제로로 된다.

(3) 모터의 종류와 브러시

모터의 사용자가 브러시의 선정에 상세한 지식을 갖고 있을 필요는 없지만 DC모터에 있어서 브러시는 매우 중요한 부품인 것을 인식할 필요는 있다.

직류 모터는 기본적으로 아마추어(자속과 쇄교하여 토크를 발생하기 위한 전류가 흐르는 권선시스템)가 회전한다. 결국 아마추어가 회전자가 되고 있다. 자속을 공급하는 계자(필드) 시스템에는 영구 자석을 이용한다. 아마추어와 계자의 차이에 의해 다양한 종류가 있으며 각각의 특징을 갖고 있다.

이용되는 브러시의 종류는 다양하지만 기본적으로 다음 3가지가 있다.

a) 카본(흑연)이 100%에 가까운 브러시

색은 흑색으로 정류자의 동과 친근감이 좋지만 브러시와 정류자 사이에 1~2 V의 전압 손실이 있다.

b) 금속 분말 함유 카본 브러시

대부분은 동 분말을 넣어 브러시 정류자 사이의 전압 손실을 0.1 V 단위로 하고 있다.

c) 귀금속 브러시

정류자에도 귀금속을 이용하고 있으며 브러시 정류자 사이 전압을 거의 0 V로 하고 있다.

(4) 코깅

모터의 코깅이란 전류가 흐르고 있지 않은 상태에서 아마추어의 이 부분과 계자인 영구자석이 상호 작용하여 들쑥날쑥한 토크 진동이 발생하는 현상을 말한다. 이것은 위치결정에 약간의 영향을 주는 경향이 있다고 생각된다. 그러나 브러시와 정류자가 닿아 접촉하면서 전류가 절환될 때의 토크 맥동이 코깅과 마찬가지 주기를 가지며 크기가 필적한다. 따라서 본래 코깅이 없는 코어리스 모터에서도 통전에 의한 코깅은 있다.

(5) 최대 효율 조건

직류 모터의 이점의 하나는 에너지 효율이 높다는 것이다. 결국 전력 손실이 낮다는 것이다. 그러나 모터의 선정이나 사용 방법을 잘못하면 이 장점을 활용할 수 없다. 최대 효율 운전에 관해서는 극히 간단한 법칙이 있으므로 그것을 참고로 하는 것이 좋다.

해당 모터가 상시 어떤 전압 V로 부하를 구동한다고 하자. 그 때의 전류가 I로 한다. 한편 그 전압에서 공회전할 때의 전류를 I_{no}로 한다. 또한 그 전압에서 구속했을 때의 전류를 I_{st}로 한다. 최대 효율 전류 I_M은 I_{no}와 I_{st}의 기하학 평균은 다음과 같이 나타낸다.

$$I_M = \sqrt{(I_{no} I_{st})} \tag{4.14}$$

따라서 I가 이 값에 가까워지면 좋다는 것이다. 이 관계는 브러시리스 모터에도 해당된다고 생각할 수 있다.

바. 직류모터를 이용한 부하 산정법

모터의 종류는 상당히 많지만 그 가운데 영구자석을 이용한 직류 모터가 소위 정직한 특성을 나타낸다. 그 가운데에서도 코어리스 모터는 들쑥날쑥한 회전 불균일이 적으며 특히 심플한 특성을 나타낸다. 앞에서 지적했듯이 직류 모터는 브러시와 정류자의 접촉기구가 있으며 그것 때문에 마찰이라든지 수명 문제가 있으므로 용도에 따라서 배제된다. 그래서 실제로는 브러시리스 모터를 이용하는 경우에서도 부하의 산정 등 때문에 단순한 성질의 직류 모터를 부착하고 조사할 수 있다.

영구 자석형 직류 모터에서는 구동시의 토크는 흐르는 전류에 거의 비례한다. 그러나 정확히는 다음 식으로 주어질 수 있다.

$$T = K_T(I - I_o - I_e) \tag{4.15}$$

여기서 K_T는 토크 정수라 불려지는 계수이며 제품의 카탈로그에 기재되어 있다.

다음에 중요한 것은 I_o의 취급이다. 이것은 모터의 속도에 관계없이 모터 내부의 기계적 마찰이나 자기 회로의 히스테리시스로 손실되는 토크를 대표하는 전류이다. I_o의 계측은 간단하다. 그 직류 모터에 낮은 전압을 가하고 천천히 공회전 시켰을 때 흐르는 전압이다. 그림 4.22에 보는 것처럼 전압을 조금 변화시켜도 이 전류는 그다지 변화하지 않을 것이다. I_e는 속도에 관계해서(예를 들어 비례해서) 증가하는 토크 손실이지만 거의 모든 모터에서는 I_o에 비해 상당히 작으므로 I_e는 무시해도 바꾸지 않는다. 이처럼 직류 모터의 토크는 회전속도에는 그다지 관계없고 흐르는 전류에 의존하는 것을 알 수 있다. 취부한 직류 모터의 속도는 전압에 의해 조정할 수 있다. 이 원리를 이용하여 부하의 속도와 필요 토크의 관계나 조건에 의한 토크의 변화를 조사할 수 있다.

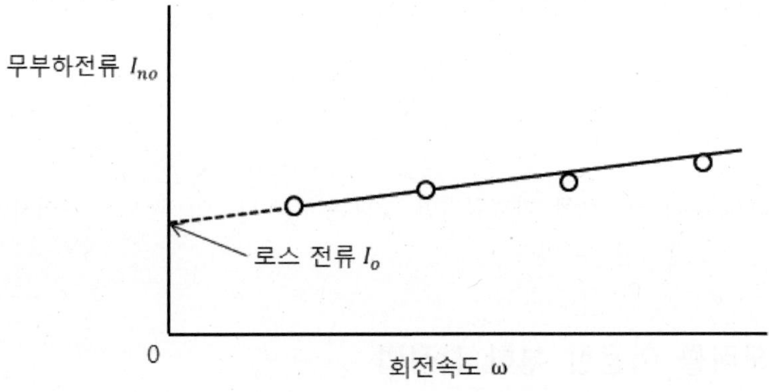

그림 4.22 무부하 전류 특성

4.2.2 교류 서보모터의 특징과 이용 포인트

가. 서론

FA 분야에 있어서 빼 놓을 수 없는 산업용 로봇을 비롯하여 NC 공작기계 등의 전기식 서보 모터로서 종래는 직류 서모 모터가 많이 사용되었다. 그러나 최근에 보면 이들 서보 모터는 교류 서보 모터로 치환되고 있다. 그 중요한 이유는 내환경성, 내구성, 고속(회전)성 등에서 교류 서보 모터가 유리하기 때문이다.

직류 서보 모터의 최대 약점은 기계적 슬라이드부를 갖는 정류자와 브러시의 존재에 있지만 교류 서보 모터에는 그것이 없기 때문에 나쁜 환경 하에서도 보수할 필요가 없다. 그 반면 정류 기능을 전기적인 구동 회로에 의존하기 때문에 제어 장치가 복잡하고 고가로 될 수밖에 없으며 이 단점의 해소가 종래의 기술 과제였다. 그러나 최근의 파워 일렉트로닉스를 비롯하여 마이크로프로세서나 LSI의 발선 보급은 이 과제를 극복하였으며 전동 서보 모터에 관한 새로운 국면을 맞이했다.

교류 서보모터의 구조(회전 계자형)는 고정자(stator)측 구성은 기계적 지지를 목적으로 하는 원통형의 프레임과 프레임 내경에 원통형의 고정자 코어(stator core)가 있고, 코어에 전기자 권선이 감겨져 있다. 교류 서보모터는 직류 서보모터와 반대로 그림 4.23과 같이 영구자석이 회전자측에 부착되어 있고, 전기자 권선은 고정자측에 감겨져 있다.

교류 서보모터 장점은 높은 최대속도와 용량의 증대, 악조건 하에서의 신뢰성 확보, 낮은 유지비와 저소음, 구조적 간결성, 설치의 용이성 등이며 브러시리스 서보모터는 반도체 스위칭 소자인 싸이리스터 기술의 발달에 따라서 대용량이 요구되는 산업현장에 널리 사용한다.

브러시리스 서보모터의 적용이 늘어가는 이유는 파워 TR의 용량증대와 가격인하, PWM인버터에 의한 전류제어 기술의 발달, 영구자석 재료의 개발, 센서 기술의 발달, 제품의 소형화이다.

브러시리스 서보모터는 직류모터의 정확한 제어성과 교류모터의 견고성을 동시에 겸비한 특징을 갖고 있다. 정류자에 의한 전력손실이 없고, 유지비가 거의 들지 않으므로 경제적으로도 유리한 잇점을 갖고 있다. 무엇보다도 브러시리스 서보모터의 가장 큰 특징은 직류모터의 정류자 기능을 반도체 소자를 이용한 전력변환기로 대체한 점이다.

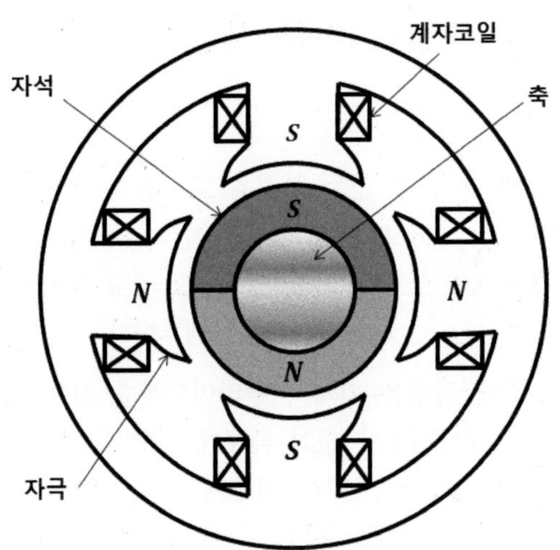

그림 4.23 교류(PM형) 서보 모터

회전자에 영구자석을 사용한 것을 "동기형(PM형태)"이라 하며 영구자석을 사용하지 않고 범용 모터와 동일한 구조를 가진 것을 "유도형(IM형태)"라 한다. 일반적으로 대용량에는 유도형, 소-중 용량에는 동기형이 채용되고 있다. 분리한 이유는 제작상의 문제, 토크 특성, 제어성능 및 소형화의 측면에서 분리한 것이다.

동기형과 같이 영구 자석을 사용하면 모터의 효율이 높고, 발열이 적고, 소형화가 가능하며, 저속 회전 성능이 좋으며 고토크를 얻기 쉽다. 반면 용량이 커짐에 따라 영구자석의 크기도 커지므로 회전자를 설치할 때 기계적 강도나 제작상의 어려움과 가격으로 인하여 문제가 발생하였으나 근래는 동기형의 장점이 인정되면서 대용량화가 실현되어 교류 서보모터는 전반적으로 동기형 모터가 대세이다.

인버터로 구동되는 범용 모터나 유도형 모터는 정전이 생기면 모터의 정지 제어능력이 없고 모터는 자연 정지(프리런 정지)의 상태이기 때문에 기계단의 충돌 등의 위험이 있으므로 일반적으로 기계식의 브레이크(전자브레이크)를 채용한다.

동기형은 영구자석의 효과(자석의 에너지 이용)로 정전 시에는 모터를 발전기의 상태로 하여 급정지시키는 제동(다이나믹 브레이크)을 할 수 있다.

표 4.6은 직류 모터와 교류 모터를 항목별로 비교해 본 것이다.

표 4.6 서보 모터의 비교

항목	직류 서보모터	교류 서보모터(PM형)	교류 서보모터(IM형)
적정 용량	수 [W] ~ 수 [kW]	수십 [W] ~ 수 [kW]	수백 [W]이상
구동전류파형	직류	사각파, 정현파	정현파(사각파에서는 토크 리플이 큼)
자극센서	불필요	홀소자 옵티컬 인코더 리졸버	불필요
속도센서	DCTG	브러시리스 DCTG 옵티컬 인코더 리졸버	브러시리스 DCTG 옵티컬 인코더 리졸버
수명	브러시 수명	베어링 수명	베어링 수명
모터정수	브러시전압으로 제약	• 고압저전류가 가능 • 모터 구조에 의해 저속 • 대토크가 가능	• 고압 저전류가 가능 • 정출력 특성을 낼 수 있음 (약한 계자제어)
고속회전	부적당	적용가능	최적
비상제동	큰 다이내믹 브레이크 토크	중간 다이내믹 브레이크 토크	• 직류 전원이 필요 • 작은 다이내믹 브레이크 토크
내환경성	나쁘다	좋다	좋다
영구 감자석	있음	있음	없음

나. 영구 자석형 AC 서보 모터

동작 원리는 기본적으로 DC 서보 모터와 동일하지만 3상 권선에 3상 교류를 인가하는 점이 다르다. AC 서보 모터의 1상당 유기 전압 정수는 일반적으로 전기자와 계자의 위치 변화에 대해 정현파가 되도록 설계되어 있다. 결국 토크 정수도 정현파로 되기 때문에 이것에 동기한 교류 전류를 흘리면 정현파의 2제곱의 토크가 발생한다. 3상 권선에 3상 교류를 흘리는 격이 되기 때문에 이 토크가 전기각으로 120° 위상차로 가산되어 모터로서는 평평한 토크가 얻어진다. 이 관계를 식으로 나타내면 다음과 같이 된다.

각 상의 토크 정수는

U상 : $k_{tu} = K_t \sin(\theta)$ (4.16)

V상 : $k_{tv} = K_t \sin(\theta - 2\pi/3)$ (4.17)

W상 : $k_{tw} = K_t \sin(\theta - 4\pi/3)$ (4.18)

각 상의 전류는 다음과 같다.

U상 : $i_u = I \sin(\theta)$ (4.19)

V상 : $i_v = I \sin(\theta - 2\pi/3)$ (4.20)

W상 : $i_w = I \sin(\theta - 4\pi/3)$ (4.21)

각 상의 토크는 다음과 같다.

U상 : $\tau_u = k_{tu} \cdot i_u = K_t \cdot I \sin^2(\theta)$ (4.22)

V상 : $\tau_v = k_{tv} \cdot i_v = K_t \cdot I \sin^2(\theta - 2\pi/3)$ (4.23)

W상 : $\tau_w = k_{tw} \cdot i_w = K_t \cdot I \sin^2(\theta - 4\pi/3)$ (4.24)

모터로서 발생하는 토크 T는 다음과 같이 된다.

$$T = \tau_u + \tau_v + \tau_w = 1.5 K_t \cdot I = \text{일정값} \quad (4.25)$$

또한 식 (4.3)으로부터 알 수 있듯이 토크 정수는 쇄교 자속수 ϕ와의 사이에 전기각 90°의 위상차를 갖게 된다. 결국 전기자 이(teeth)와 자석 중심선이 일치한 순간(자속수가 최대)에 전류가 제로로 되기 위한 타이밍이 필요하며 이것이 무너지면 발생 토크가 감소해 버린다.

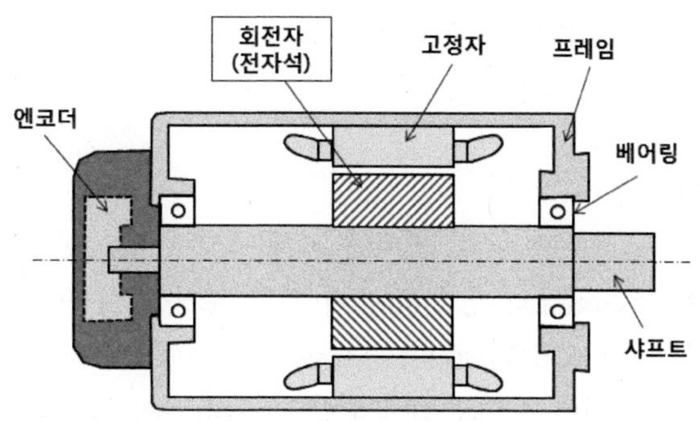

그림 4.24 영구 자석형 유도형 AC 서보 모터의 단면도

실제 이 타이밍을 검출하고 있는 것이 모터에 부착한 엔코더이며 전류 공급원인 서보 앰프에 이 신호를 전달하는 구성으로 되어 있다.

AC 서보 모터는 고정자 측에 권선하므로 생산 방법을 궁리함으로써 소형 고성능화가 DC 서보 모터에 비해 용이하다. 구체적으로는 코일을 고정자 철심에 대량으로 감아 권선 밀도를 높이고 쓸모없는 공간을 없애서 소형 고성능화 하는 생산 기술이 필요하다.

영구 자석형(유도형) AC 서보 모터 구조는 그림 4.24와 같다.

다. AC 서보 모터의 구동원리

3상 AC 서보 모터에 3상 전류를 공급하기 위한 기본적인 회로의 구성은 이미 그림 3.16에 나타내었다. 그림 3.16 (a)에서 모터는 스타결선(Star-connection)된 3상 코일로 표시하였으며 각 상에는 1개의 스위치가 연결되어 있다. 여기에서 각 상의 스위치(S_1, S_2, S_3)는 일정한 순서대로 스위칭 동작을 함으로써 DC 입력전원으로부터 3상 AC 전류를 발생하게 된다. 여기에서 각 상에 연결된 3개의 스위치가 3상 전류를 발생하기 위한 스위칭 시퀀스에는 기본적으로 120도 통전 타입과 180도 통전 타입이 있다. 이것에 대해서는 3.1.3항의 인버터에서 자세히 설명하였으니 참고하기 바란다.

라. 유도 모터(Induction Motor)

(1) 회전 원리

a) 아라고 원판

고정자 권선에 흐르는 교번 전류에 의해 회전자계를 만들고 그 회전 자계와 회전자에 발생하는 유도전류의 상호 작용에 의한 토크를 이용한 모터이다. 서보용의 유도 모터로서는 **농형 유도 모터**(squirrel-cage induction motor)가 주로 사용되고 있으며 이것은 1891년 유럽의 A.E,G 회사의 M.D Dobrowisky에 의해 발명되었다. 이 모터의 장점은 구조가 간단하고 취급이 용이하며 값이 싸고 보수가 거의 필요 없다. 또한 정전압 정주파수의 상용 전원으로 거의 정속 운전이 되는 특징을 갖고 있다.

유도 모터의 회전 원리는 그림 4.25와 같은 아라고의 원판에 근거하고 있다. 1820년 D.F Arago에 의해 실험된 것으로 동 혹은 알루미늄으로 만든 원판을 그림 4.25 처럼 축으로 지지하고 회전할 수 있게 하고 U자형 자석을 화살표 방향으로 급속히 움직이면 원판은 자석보다 느린 속도로 같은 방향으로 움직인다는 것을 발견하였다.

이것은 자석의 위를 N극, 밑을 S극으로 하고 플레밍의 오른손 법칙을 적용하면 그림 4.26 (a)와 같이 원판 중에 생기는 전류의 방향은 원판 중심에서 원판 주변으로 흐르는 것을 알 수 있다. 자석이 시계 방향으로 움직인다는 것은 상대적으로 자석이 정지하고 원판이 반시계 방향으로 움직인다는 것과 같으므로 전류의 방향은 자극 간에 원판 주변에서 중심 방향으로 된다. 이 와전류와 자석이 만드는 자력선 간에 발생하는 힘은 그림 4.26 (b)와 같이 플레밍의 왼손 법칙에 의해 자성이 움직이는 방향과 같은 방향으로 움직이는 것을 알 수 있다.

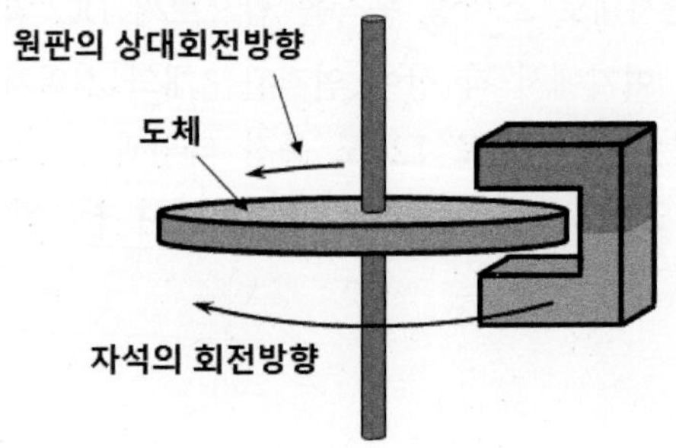

그림 4.25 아라고의 원판

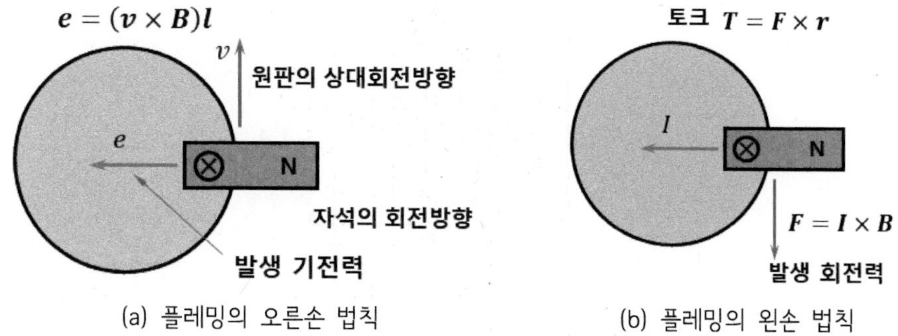

(a) 플레밍의 오른손 법칙 (b) 플레밍의 왼손 법칙

그림 4.26 아라고의 원판 회전 원리

b) 회전자계

유도 모터는 회전자계의 발생이 없으면 회전력은 생기지 않으므로 회전자계가 생명이라고 할 수 있다. 적당한 고정자 권선에 전원으로부터 교류 전압을 공급하면 회전자계가 생긴다. 교류 전압을 2상으로 공급하면 2상유도(two-phase induction)모터, 3상으로 공급하면 3상유도((three-phase induction) 모터라 한다.

가정에서 사용하는 모터는 그 자체만으로 회전자계를 만들 수 없으므로 모터 내에 2상이 되도록 결선하고 회전 후에는 단상으로 운전하므로 이것을 단상 유도 모터(single-phase induction motor)라고 한다.

① 단상 유도 모터의 회전자계

그림 4.27과 같이 크기가 같고 90° 의 위상차를 가진 2개의 교류 전류 i_A와 i_B가 있을 때 이 2개의 교류를 2상 교류라 한다.

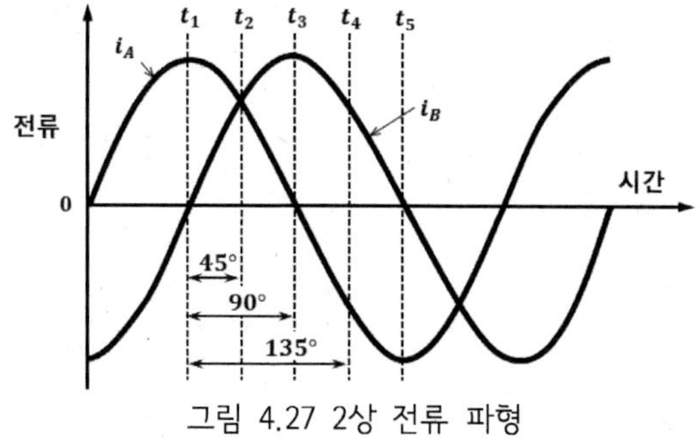

그림 4.27 2상 전류 파형

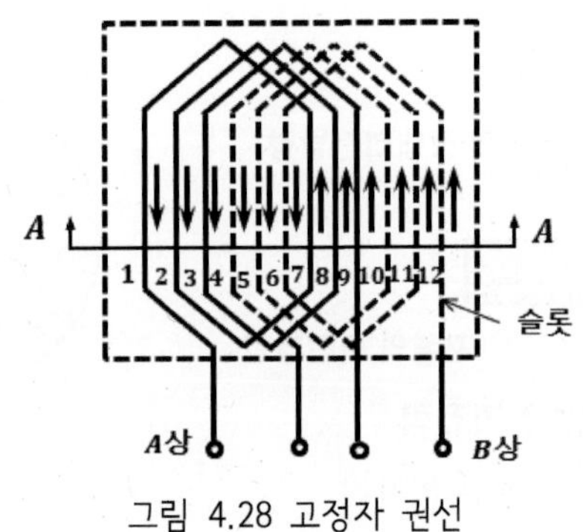

그림 4.28 고정자 권선

고정자의 슬롯에 A상, B상의 2권선을 중심이 전기적으로 90° 되도록 그림 4.28과 같이 삽입하여 각각 A상, B상의 전류를 흘리면 시간에 대한 전류와 자계와의 관계는 다음과 같다.

- t_1 순간

  전류는 A상이 +방향이고 최대이며, B상은 0이다. 그림 4.29 (a)와 같으며 자력선을 합성한 자계의 방향은 위쪽이 된다.

- t_2 순간(t_1 에서 45° 경과)

  전류는 A상, B상 모두 +방향이고 크기는 같다. 이 때 자계의 방향은 t_1보다 45° 오른쪽으로 회전한 그림 4.29 (b)와 같다.

- t_3 순간(t_1 에서 90° 경과)

  전류는 A상이 0이고, B상은 +방향이며 최대이다. 이 때 자계의 방향은 t_2보다 45° 오른쪽으로 회전한 그림 4.29 (c)와 같다.

- t_4 순간(t_1 에서 135° 경과)

  전류는 A상, B상 모두 크기는 같고 방향은 반대이다. 이 때 자계의 방향은 t_3보다 45° 오른쪽으로 회전한 그림 4.29 (d)와 같다.

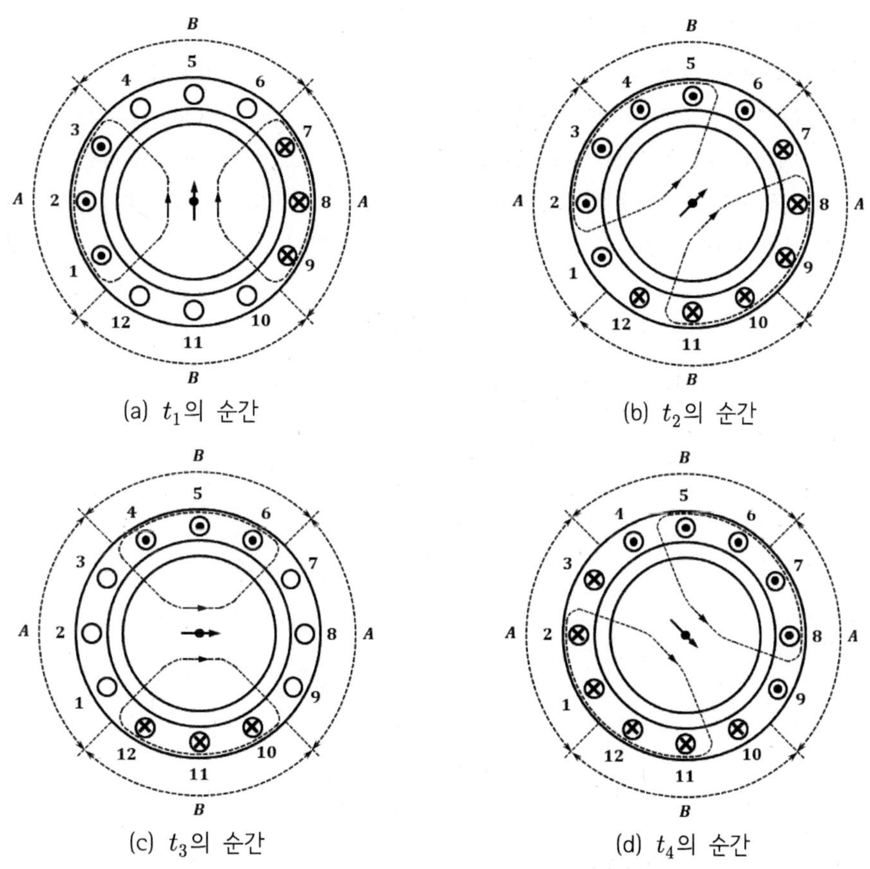

(a) t_1의 순간

(b) t_2의 순간

(c) t_3의 순간

(d) t_4의 순간

그림 4.29 2상 유도 모터의 회전자계

위와 같이 자계는 오른쪽으로 전류의 1주기마다 1회전한다. 전기각으로 90°의 위상차를 갖는 교류를 흘릴 때 시간적으로 90°, 전기적으로 90° 떨어진 2개의 자계가 존재한다. 이 두 자계는 회전자에 제각기 작용하는 것이 아니고 합성되어 크기가 일정한 회전자계가 되며 위상이 빠른 전류가 흐르는 코일에서 위상이 늦은 전류가 흐르는 코일 쪽으로 회전자계가 발생한다. 이 속에 농형 회전자를 놓으면 회전자계와 같은 방향으로 회전자계보다 늦은 속도로 회전을 한다. 즉, 2상 권선의 고정자는 기계적으로 정지되어 있어도 2상 전류를 흘리면 회전자계가 만들어지고 자석을 손으로 회전하는 것과 동일한 효과가 나타나는 것이다.

② 3상 유도 모터의 회전자계

3상 권선은 그림 4.30과 같이 원통형의 철심 내면, 즉 공극면의 주변에 3조의 코일을 분포시켜 슬롯에 배치하고 각 조의 권선축을 전기적으로 120°가 되도록 했을 때 각 권선을 **U상 권선, V상 권선, W상 권선**이라고 한다. 3상 교류를 흘리면 코일은 정지해 있지만 자계는 회전하여 회전자계를 발생한다. 2상과 같이 3상 전류를 흘리면 시간에 대한 전류와 자계의 관계는 다음과 같다.

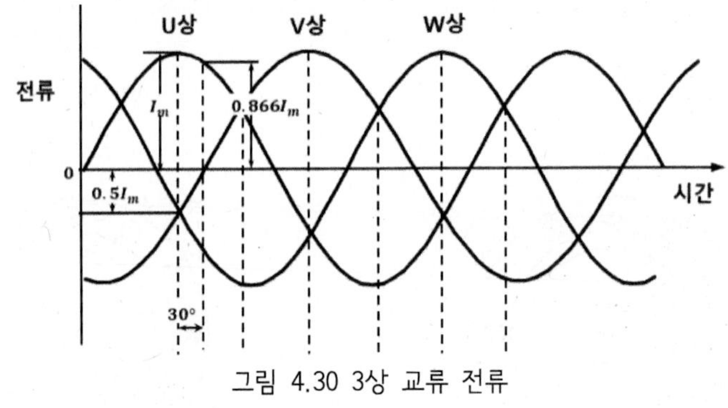

그림 4.30 3상 교류 전류

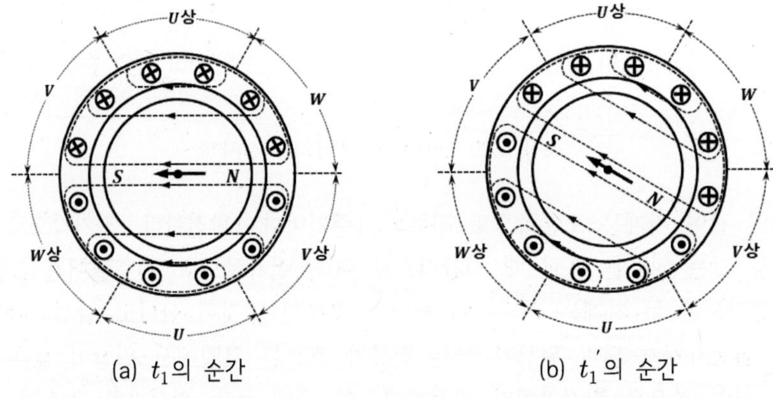

(a) t_1의 순간 (b) t_1'의 순간

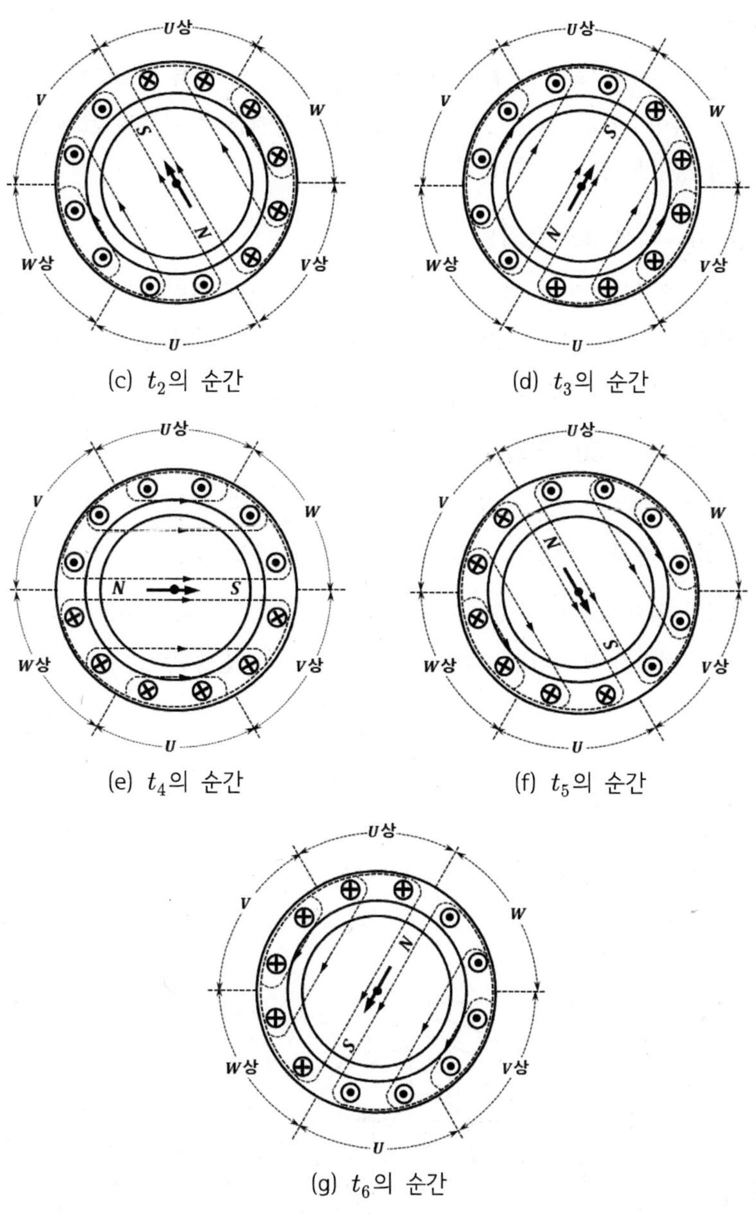

(c) t_2의 순간

(d) t_3의 순간

(e) t_4의 순간

(f) t_5의 순간

(g) t_6의 순간

그림 4.31 3상 교류 전류

- t_1 순간

U상의 전류가 최대값 I_m이 되고 V상과 W상의 전류는 $0.5I_m$이 되며 U상의 전류와 방향이 반대가 된다. 이 전류에 의해 생기는 자력선은 그림 4.31 (a)와 같이 자계의 방향은 9시 방향이 된다.

- t_1' 순간(t_1에서 30° 경과)

V상의 전류는 0이 되고 U상의 전류가 $0.866I_m$이 되며 W상의 전류는 $-0.866I_m$이 된다. 전류의 분포는 그림 4.31 (b)와 같이 되어 자력선이 생기므로 자계의 방향은 t_1보다 30° 회전한 방향이 된다.

- t_2 순간(t_1에서 60° 경과)

W상의 전류는 $-I_m$이고 U상과 V상의 전류는 $0.5I_m$이 되어 그림 4.31 (c)와 같이 합성 자계의 방향은 t_1보다 60° 회전한 방향이 된다.

상기와 같이 t_3~t_6의 순간에 자계의 방향은 그림 4.31 (d)~(g)와 같이 회전하며 1주기의 전류가 변화하면 1회전하는 회전자계가 발생한다.

(2) 구조와 특성

a) 구조

고정자에 규소 강판을 적층한 코어를 사용하고 이것에 회전자계 발생용의 코일을 2상으로 감은 것이다. 그림 4.32는 그 구조를 그림 4.33은 회전자 구조를 나타낸 것이다.

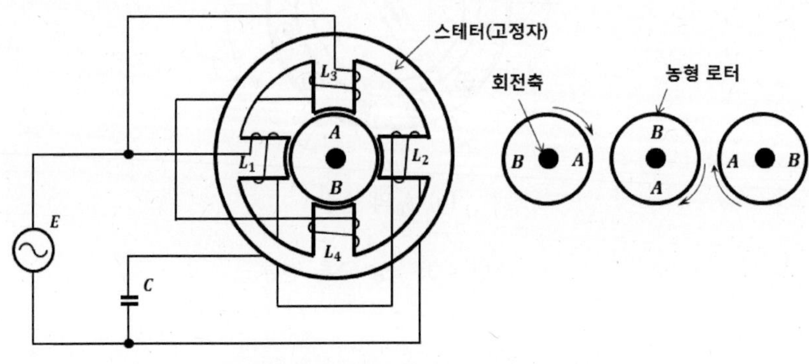

그림 4.32 유도 모터의 구조와 회로도

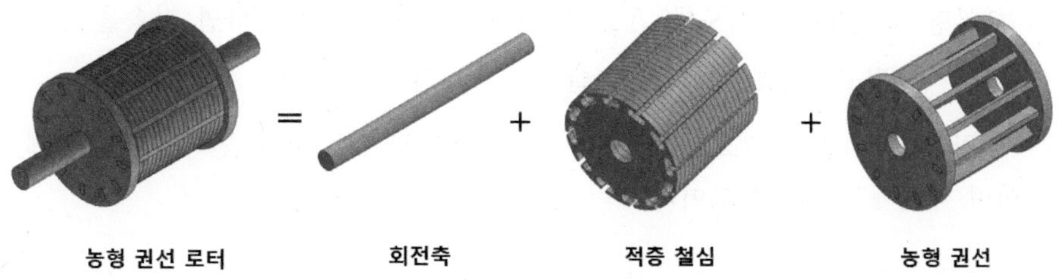

그림 4.33 2상 유도 모터의 회전자 구조

b) 동기 속도와 슬립

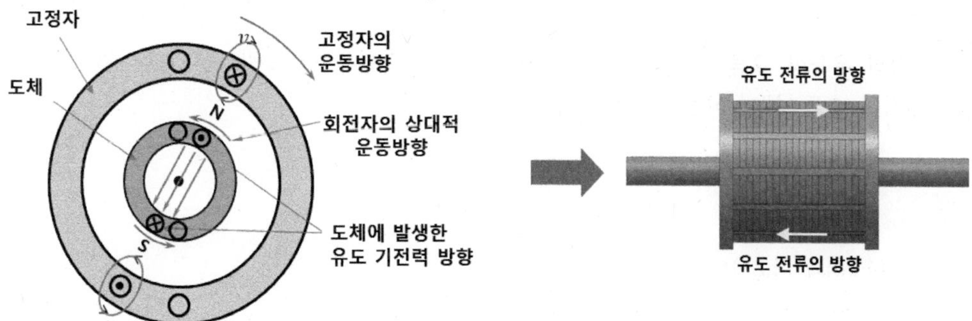

그림 4.34 플레밍의 오른손 법칙에 의한 회전자의 유도 기전력 방향

그림 4.34는 농형 유도 모터의 회전자에서 플레밍의 오른손 법칙에 의해 흐르는 유도 기전력의 방향을 나타낸 것이다.

농형 유도 모터의 극수는 N극과 S극을 한 쌍으로 하여 2배수이며 회전 속도는 극수(P)와 주파수(f)에 의해 결정된다.

동기속도(N_S)란 모터 회전자계의 회전속도로 1분당 회전수[rpm]으로 나타낸다. 결국, 전원 주파수에 동기하는 속도는 다음과 같이 된다.

$$N_S = \frac{f}{P/2} \times 60 = \frac{120f}{P} \tag{4.26}$$

회전자가 회전자계와 동일한 속도로 회전한다면 회전자 도체와 쇄교하는 자속의 시간당 변화량은 0이 되어 전압을 유기하지 못하고 회전력은 발생하지 않는다. 따라서 회전력을 발생하기 위해 회전자의 속도는 회전자계의 속도보다 늦어야 한다.

매분당 회전자계의 속도를 N_S, 회전자의 속도를 N이라 하면 자속을 끊는 속도는 N_S-N이 되고 N_S에 대한 비를 **슬립**이라 한다.

슬립 S는 다음과 같으며 이 슬립은 부하의 크기에 따라 변하며 무부하에서 거의 0이며 부하에서는 5~10%이다.

$$S=\frac{N_S-N}{N_S} \tag{4.27}$$

예제 4.1

4극의 유도형 교류 모터가 60 Hz의 전원에 의해 구동될 때 슬립 S가 5%라면 모터의 회전자의 속도 N[rpm]을 구하라.

풀이

식 (4.26)와 (4.27)로부터

$$N=\frac{120f(1-S)}{P}=\frac{120\times60(1-0.05)}{2}=1710[\text{rpm}]$$

c) 회전력

힘은 직선 운동에 회전력은 회전 운동에 사용되는 일의 양이다. 모터에서 회전력이란 회전자를 회전 시키는 힘으로 회전자의 반경 r[m]와 회전자의 바깥지름에 작용하는 접선 방향의 힘 F[N] 즉, $T=F\times r$이다. T의 회전력을 내면서 모터가 1회전한다면 반경 1m인 점에서는 T[N]의 힘으로 2π 움직인 것이고 $2\pi T$[J]의 일을 하게 된 것이다.

모터의 회전수가 n이면 1초당 $n/60$회전하며 1초당 일의 양, 즉 출력은 다음과 같이 된다.

$$P=2\pi T\frac{n}{60}[J/s]=\frac{2\pi}{60}Tn=0.1047Tn\,[\text{W}]$$

$$T=\frac{60}{2\pi}\cdot\frac{P}{n}=9.54\frac{P}{n}[\text{N}\cdot\text{m}] \tag{4.28}$$

1 ㎏은 9.8[N · m]이므로 토크를 ㎏ · m단위로 나타내면 다음과 같이 된다.

$$T = \frac{P}{1.026n} \text{ [kg} \cdot \text{m]} \tag{4.29}$$

① 기동 회전력(starting torque)

모터가 기동할 때 발생하는 회전력으로 **회전자 구속 회전력**(locked rotor torque) 또는 **출발 회전력**(breakaway torque)라 한다. 그림 4.35의 ①에 해당한다.

② 최소 회전력(pull-up torque)

모터가 기동할 때 나타나는 최소 회전력으로 정상적인 경우에는 이 회전력은 발생하지 않는다. 그림 4.35의 ②에 해당한다.

③ 최대 회전력(breakdown, maximum torque)

모터가 낼 수 있는 회전력의 최대값으로 **탈출 회전력**(pull-out torque)이라 한다. 통상 동기속도의 80~90%에서 발생한다. 그림 4.35의 ③에 해당한다.

④ 전부하 회전력(full-load torque)

정격 속도에서의 회전력으로 **정격 회전력**이라고도 한다. 그림 4.35의 ④에 해당한다.

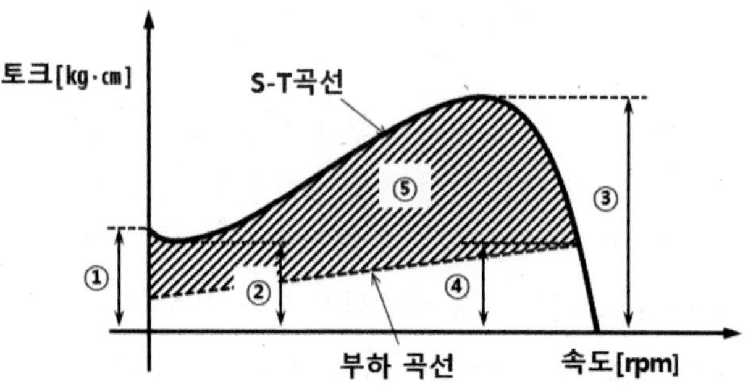

그림 4.35 유도 모터의 속도-회전력 특성

⑤ 가속 회전력(accelerating torque)

각 회전수에서 모터의 회전력과 부하에 필요한 회전력의 차를 **가속 회전력**이라 하며 가속 회전력이 크면 기동이 빨라진다. 그림 4.35의 ⑤(빗금친 부분)에 해당하며 모터의 회전력과 부하의 회전력이 같아져 일정 속도로 회전하게 된다.

d) 기동

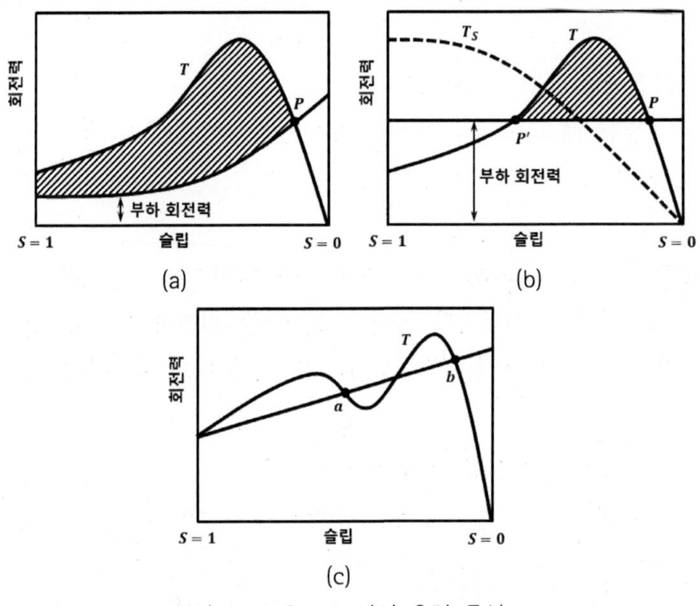

그림 4.36 유도 모터의 운전 특성

그림 4.36 (a)에서 모터의 회전력이 부하 회전력보다 빗금친 부분만큼 크므로 빗금친 부분이 가속 회전력이 되고 회전 속도가 상승하여 P점에 도달한다. 회전속도가 P점에 도달하면 모터의 회전력과 부하의 회전력이 같아져 일정 속도로 회전하게 된다.

그림 4.36 (b)처럼 모터의 기동 회전력이 부하 회전력보다 작으면 기동되지 않으므로 T_S처럼 기동 회전력을 부하 회전력보다 크게 해야 한다. 또한 P'점에서도 운전이 가능할 것 같지만 P'점에서는 안정된 운전을 할 수 없다. P'점에서 운전되고 있을 때 모터의 회전 속도가 떨어지면 부하 회전력은 모터의 회전력보다 크므로 정지하고 모터의 회전 속도가 상승하면 가속 회전력이 작용하여 P점에 도달하게 된다.

그러나 P점에서는 회전 속도가 떨어지면 가속 회전력이 생겨 P점으로 되돌아오고 회전 속도가 상승하면 부하 회전력이 모터의 회전력보다 크므로 회전속도가 떨어져 P점으로 되돌아오게 된다.

회전자 저항이나 슬롯 수에 이상이 있으면 그림 4.36 (c)와 같이 회전력 곡선에 이상이 생긴다. 직선으로 표시된 부하에 대해 운전점은 a, b 2점이 되고 기동되면 정격 속도인 b점에 도달하지 못하고 a점에서 안정된다. 이 경우 모터는 가속되지 못하므로 과열되어 소손될 것이다. 이런 현상을 **이상 기동 현상** 또는 **크롤링**(crawling)이라 한다. 이러한 현상은 공극의 자속 밀도가 정현파 현상으로 분포하지 않는 경우에 발생되며 원인으로서는 다음과 같다.

① 권선이 슬롯의 형상에 따라 되어 있으므로 기자력의 분포가 계단 형상이고 시간적으로 변한다.

② 슬롯 부분과 이 부분의 자기 저항이 다르므로 공극의 퍼미언스(permeance)가 일정하지 않고 위치에 따라 변화한다.

위와 같은 이유로 공극의 자속 분포에는 많은 고조파 회전자계가 포함되어 기동할 때 기동 회전력이 발생되거나 운전 진동 및 소음을 발생시킨다. 이런 현상을 발생하지 않기 위해 슬롯 수를 적절히 선택하거나 회전자 슬롯에 경사(skew)를 두고 있다.

e) 최대 출력

회전수와 회전력의 곱에 비례하므로 최대 회전력이 발생하는 회전수 부근에서 최대 출력이 발생한다.

f) 손실과 효율

모터의 손실은 그림 4.37과 같이 분류한다.

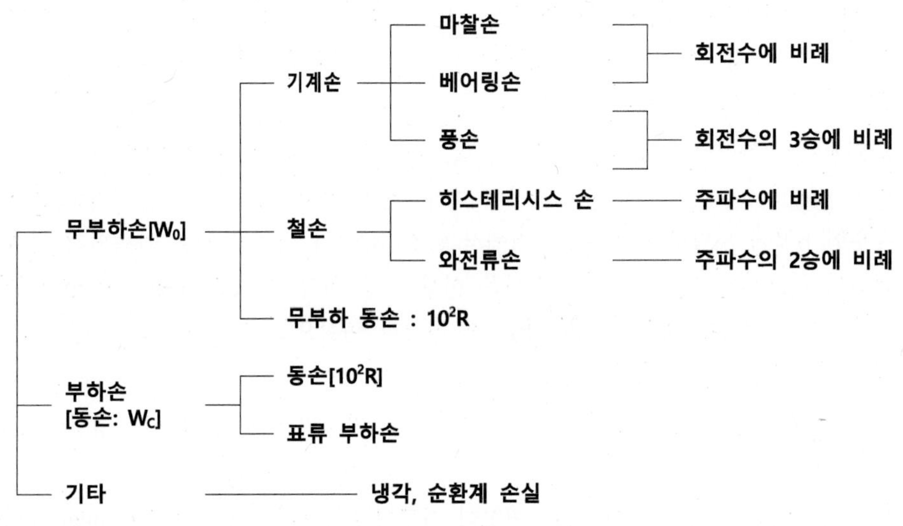

그림 4.37 모터의 손실

이들 손실은 열, 진동, 소음으로 변하고 모터의 온도 상승 원인이 된다.

출력은 입력에서 손실을 뺀 것으로 출력의 입력에 대한 비율을 효율이라 한다.

$$\text{효율}[\%] = \frac{\text{출력}}{\text{입력}} \times 100 = \frac{\text{입력} - \text{손실}}{\text{입력}} \times 100 = \frac{\text{출력}}{\text{출력} + \text{손실}} \times 100 \quad (4.30)$$

(3) 3상 유도 모터(three phase induction motor)

같은 마력수의 단상 유도 모터에 비해서 구조가 간단하고 더 소형이다. 회전자의 구조에 의해서 농형(squirrel cage induction motor)과 권선형(star winding induction motor)으로 나누어진다. 고정자의 권선법에는 성형결선(star winding or Y winding)법과 델타결선(delta winding)법이 있다. 대부분 공장용으로 사용되며 1마력 이상에서 수 천 마력까지 다양한 크기가 생산된다.

표 4.7 3상 유도 모터

종류	특 징
농형 (squirrel cage induction motor)	• 회전자는 구리나 알루미늄 환봉을 도체 철심 속에 넣어서 그 양쪽 끝을 원형 측판(shorting ring)에 의해서 단락시킨 것으로, 그 모양이 마치 다람쥐 쳇바퀴처럼 생겼다하여 squirrel cage라고 함. • 회전자의 구조가 간단하고 튼튼하며 운전 성능이 좋으므로 건축설비에 쓰이는 대부분의 3상 모터는 농형임 • 권선이 타기 쉽고 공급전원에 나쁜 영향을 끼킴 • 기동 토크는 전부하 토크의 100~150% 정도
권선형 (wound-rotor induction motor)	• 회전자에도 3상의 권선을 감고(대개 wye 결선), 각각의 단자를 Slip Ring을 통해서 저항기에 연결하며 저항기의 저항치를 가감하여 광범위하게 기동특성을 바꿀 수 있음 • 회전자 권선으로 인하여 농형보다 구조가 복잡함 • 상대적으로 적은 전원 용량에서 큰 기동 토크를 얻을 수 있음 • 기동이 빈번하여 농형으로는 열적으로 부적합한 경우 및 대용량에 많이 사용

(4) 농형 유도 모터의 기동방법

전전압 기동기(full voltage starter)와 감압 기동기(reduced voltage starter)방법으로 구분한다. 전전압 기동법이나 감압 기동법의 선택 시 고려할 사항은 다음과 같다.

① 감압 기동시의 기동전류와 기동토크

② 모터의 용량

③ 비용

④ 전력공급회사의 규정 등이다.

농형유도모터의 기동기(starter)를 세분하면 표 4.8과 같다.

표 4.8 농형 유도모터의 기동 방법

<table>
<tr><th>종류</th><th colspan="3">특 징</th></tr>
<tr><td>전전압 기동</td><td>전전압 기동기</td><td>across-the-line starter(미국)
또는 direct-on-line starter(영국)</td><td></td></tr>
<tr><td rowspan="4">감압 기동</td><td>기동보상 기동기
(단권변압기식 기동기)</td><td>auto-transformer starter-compensator</td><td rowspan="3">어느 모터나 적용 가능</td></tr>
<tr><td>저항(삽입) 기동기</td><td>primary-resistor starter</td></tr>
<tr><td>리액터(삽입)기동기</td><td>primary reactor starter</td></tr>
<tr><td>스타-델타 기동기</td><td>star-delta starter
또는 wye-delta start</td><td>특별한 모터에만 적용 가능</td></tr>
</table>

마. 동기 모터(synchronous motor)

(1) 동작 원리

영구 자석형 동기 모터는 영구 자석을 회전자에 부착하며 한편 회전 자계를 발생하기 위한 코일이 고정자에 부착되어 있다. 이 모터는 소형의 제품화가 가능하기 때문에 고속 응답용 및 소, 중형 파워용 서보시스템에 적용하고 있다.

영구 자석형 동기 모터가 회전하는 원리는 다음과 같다. 우선 고정자 코일에 교류 전류를 주어 회전 자계(영구 자석을 회전시킬 때와 같은 효과)를 만들고 이것과의 사이에 움직이는 전기적 흡입력에 의해 회전자(영구자석)가 끌어 당겨져 회전 하게 된다. 따라서 회전자는 회전 자계와 같은 속도로 회전한다.

동기 모터는 인버터를 통해 전류를 조절한다. 전류가 급격히 변하여 동기가 끊어지면 모터가 감속하거나 정지해 버리기 때문이다. 따라서 회전자의 영구 자석 위치를 그림 4.38와 같이 위치 센서(홀 센서)로 지속해서 검출해서 전류의 양과 주파수를 제어하여 동기 상태를 유지한다.

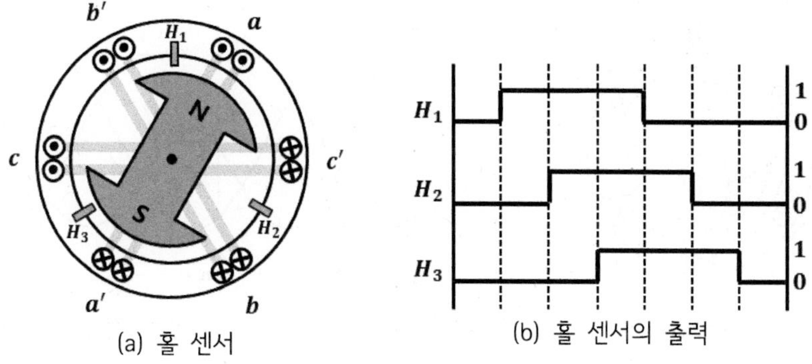

(a) 홀 센서 (b) 홀 센서의 출력

그림 4.38 홀 센서의 자석 위치 신호 출력

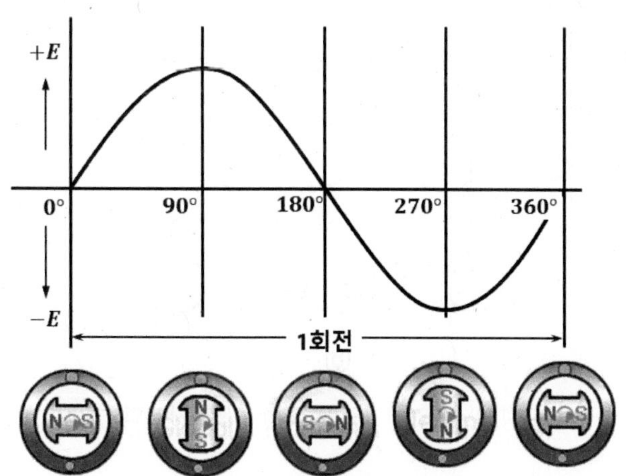

그림 4.39 단상 교류 동기모터의 동작 원리

그림 4.39는 단상의 교류 동기 모터의 동작 원리를 나타낸 것이다.

3상 교류에 의해 발생하는 회전 자계를 생각할 때 고정자 코일은 3상 코일에 의해 구성되며 그림 4.40 (a)에 나타냈듯이 3개의 코일 a, b, c로 되어 있고 그들이 공간적으로 120°씩 배열되어 있다. 또한 3상 교류는 서로 시간적으로 위상이 $2\pi/3$ (120°)씩 어긋난 그림 4.40 (b)와 같은 전류 i_a, i_b, i_c에 의해 표현된다.

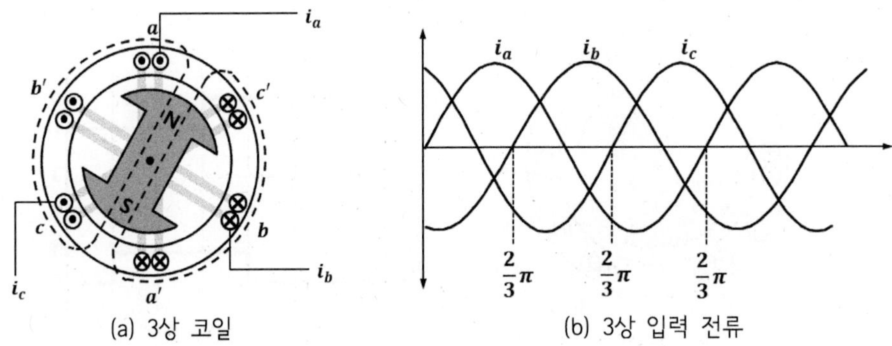

(a) 3상 코일 (b) 3상 입력 전류

그림 4.40 3상 교류 동기 모터의 입력 전류

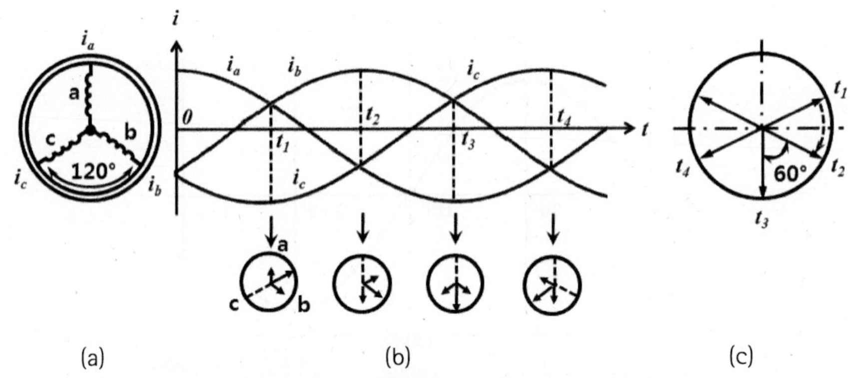

(a) (b) (c)

그림 4.41 3상 교류에 의한 회전 자계의 발생

이와 같은 3상 교류는 위상이 120° 씩 어긋난 그림 4.41 (a)와 같은 전류 i_a, i_b, i_c에 의해 입력된 코일에 발생하는 자속은 전류와 비례 관계에 있다. 이제 a상 코일에 있어서의 $t=0$의 시점에서 자속의 크기를 1로 하고 각 상의 코일에 발생하는 자속을 살펴본다.

예를 들어 a상 코일만 보면 t_1의 시점에서는 1/2, t_2의 시점에서는 -1/2(부의 부호는 역방향의 자속으로 된다), t_3의 시점에서는 -1의 자속이 발생한다. 마찬가지로 a, b, c의 각 상 코일에는 t_1의 시점에서는 각각 1/2, 1/2, -1의 자속이 발생한다.

이들 관계를 공간 벡터에 의해 표현하면 그림 4.38 (b)와 같은 자속 벡터 선도가 얻어진다. 그림 4.41 (c)는 그림 4.43 (b)의 자속 벡터를 합성한 것이며 그림에 의하면 합성 자속은 시간 경과와 함께 60° 씩 회전 하는 것을 알 수 있다. 즉, 공간적으로 120° 씩 어긋난 코일에 대해 시간적으로 120° 어긋난 전류를 흘리면 회전 자속이 발생하는 것이다.

(2) 발생 토크

3상 교류의 회전 자계에 의한 회전자의 회전수는 입력 전류의 주파수 f_{in}[Hz]와 같으므로 회전 각속도 ω_r[rad/s]은 식 (4.31)로 표현된다.

$$\omega_r = 2\pi f_{in} \tag{4.31}$$

식 (4.31)은 한 쌍의 3상 교류에 의해 이루어지는 한 쌍의 회전 자계에 대한 관계식, 즉 2극 모터에 대한 관계식이다. 일반적으로 3상 코일을 p조 배치한 다극 모터가 이용된다. 극수가 $2p$일 때 회전 자계는 전원의 1주기에 대해 공간적으로 $1/p$회전하므로 동기 속도 ω_r은 식 (4.32)으로 주어진다.

$$\omega_r = \frac{2\pi f_{in}}{p} \tag{4.32}$$

이와 같이 동기형 서보 모터에서는 그 회전수가 외부 신호인 전원의 주파수 f_{in}에 지배되는 외부형식으로 되어 있다. 따라서 주파수 f_{in}을 제어하는 것에 의해 회전 속도의 제어를 행할 수 있다. 주파수 f_{in}을 임의로 제어하는 데는 인버터를 이용한다. 인버터는 본래 직류를 교류로 변환하는 기기이지만 PWM 제어 방식 등의 인버터에 의하면 변환된 교류 전압의 크기와 함께 주파수도 제어할 수 있다.

무부하의 상태에서는 회전 자계와 회전자의 자기 축은 일치하면서 회전 하지만 회전자에 부하가 걸리면 그림 4.42에 나타냈듯이 θ가 증가하며 토크가 발생한다. 이 각도는 **위상차각** 또는 **토크각**이라 한다. 부하가 증대해서 $\theta = 90°$를 넘으면 역으로 토크가 감소하며 회전이 추종할 수 없어 정지하고 만다.

이와 같이 동기형 모터의 발생 토크는 θ와 함께 정현적으로 변화하며 식 (4.33)과 같이 표현된다.

$$\tau = k_t i \sin\theta \tag{4.33}$$

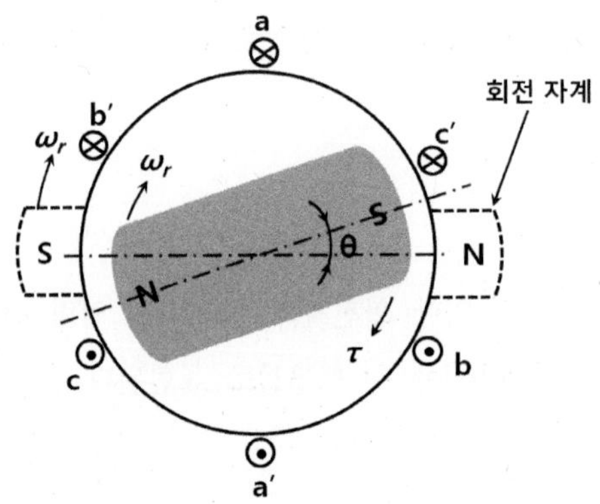

그림 4.42 동기형 모터의 발생 토크

예제 4.2

6극의 동기형 교류모터를 입력 주파수 $f_{in} = 60$ ㎐로 구동할 때의 회전수 N[rpm]을 구하라.

풀이

식 (4.32)로부터

$$\omega_r = \frac{2\pi f_{in}}{p} = \frac{2\pi \times 60}{3} = 40\pi \text{[rad/s]}$$

$$\therefore N = \frac{60\omega_r}{2\pi} = \frac{60 \times 40\pi}{2\pi} = 1200 \text{[rpm]}$$

(3) 동기 이탈-탈출 토크

그림 4.43에 동기 모터의 속도-토크 특성 곡선을 나타낸다.

그림 4.43에서 모터의 회전 속도가 a점에 도달하면 동기 인입되어 토크가 a~b인 동안은 동기 속도로 운전된다. 토크가 증가하여 b점에 도달하면 모터는 동기 속도에서 이탈되어(동기 이탈, 탈조) 원래 유도 모터의 속도-토크 점에서 운전하게 되나 이때의 부하 전류는 매우 크므로 계속 운전할 수는 없다. 동기 인입 토크는 부하의 관성모멘트(GD^2)에 따라 달라지므로 부하의 관성모멘트에 주의할 필요가 있으며 일반적으로 모터 회전자 관성모멘트의 5~6배로 제한하는 것이 일반적이다.

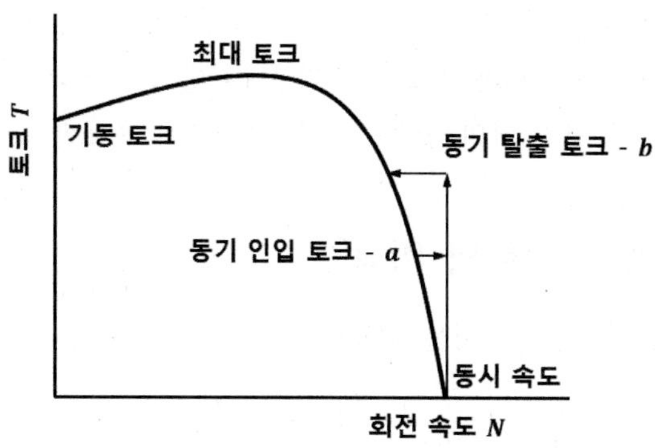

그림 4.43 동기 모터의 특성 곡선

(4) V-곡선

동기 모디를 일징한 전압에서 일정한 출력으로 운전하면서 계자 전류 I_f를 줄여나가면 필요한 자속을 더 발생시키기기 위하여 전기자 전류 중 지상분의 여자 전류가 더 흘러들어간다. 반대로 계자 전류를 차츰 증가시키면 일정한 자속을 유지하기 위하여 전기자 권선에 유입되는 전류 중 여자 전류는 점차 감소되고 계자 전류만으로 자속이 유지되는 점에 도달하면 전기자의 여자 전류는 0이 되어 역률은 100%가 된다. 이 점을 지나 다시 계자 전류를 증가시키면 전기자 권선에는 반대로 진상의 전류가 흘러 들어가게 된다. 이와 같이 계자 전류 I_f에 대해 전기자 전류 I_a가 증감하는 모양은 그림 4.44과 같이 V자 모양이 되어 **V-곡선**이라고 한다.

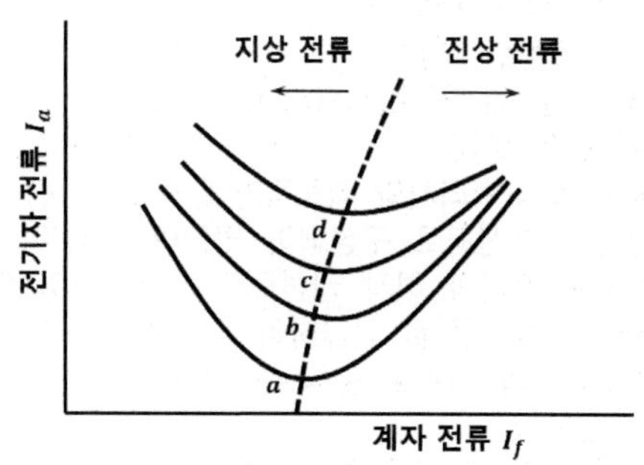

그림 4.44 V-곡선

동기 모터가 일정한 출력으로 운전하고 있는 상태에서 계자의 직류 여자를 증감함에 따라 전기자 전류의 지상분과 진상분을 취할 수 있게 되는데 이것은 역률을 조정할 수 있다는 것이 되고 동기 모터의 정속도 특성과 더불어 중요한 특성 중의 하나이다.

바. 유도 모터와 동기 모터의 비교

유도 모터과 동기 모터의 특징을 비교한 것이 표 4.9이다.

표 4.9 유도 모터과 동기 모터의 특징 비교

종류	특징
유도 모터 (induction motor)	• 고정자 : 교류 공급(주파수에 비례 전류흐름 변화) • 회전자 : 고정자의 자장변화에 의해 전류 유도(전자유도 작용/회전자에서 역기전력발생) → 회전력 발생 • 고정자와 회전자로 구성되어 있으며, 고정자 권선이 3상인 것과 단상인 것이 있다. 3상 고정자 권선에 교류가 흐를 때 발생하는 회전자기장에 의해서 회전자에 토크가 발생하여 모터가 회전하게 된다. • 직류 모터가 브러시를 필요로 하는 것과 달리 대부분의 유도 모터는 Brush가 필요 없다. • 세계에서 가장 많이 사용되는 모터. • 구조가 간단하고 튼튼하며 염가이고 취급이 용이하다. • 원래 정속도 모터이지만 가변속으로도 사용되고 있다. • 슬립이 있다.
동기 모터 (synchronous motor)	• 고정자 : 전류공급 • 회전자 : 영구자석 • 구동 시스템이 복잡하다 • 큰 힘을 낼 수 있다.(세탁기) • 방열특성이 좋다. • 수명이 길다(브러시와 정류자가 없음) • 고정자와 회전자로 구성되어 있으며 고정자는 유도모터의 고정자 같으나, 회전자는 자극과 여자 권선으로 되어있으며 이 권선에 브러시와 슬립링을 통하여 직류 전류를 공급하여 자극을 여자하게 된다. • 전원주파수와 극수로 결정되는 속도로 완전 동기되어 정확히 일정한 속도로 회전한다. • 부하의 증감으로 회전속도가 변화하지 않는다(슬립이 없다). • 여자용 직류 전원이 필요하다. • 컨베이어 벨트용 모터, 소형 시계 또는 타이밍 모터에 사용한다.

사. 교류 모터의 이용 포인트

(1) 설계 기술의 변천을 알기

AC 서보 모터는 교류 모토의 일종인 동기 모터의 구조를 이용한 위치 제어용 모터이다. AC 서보의 설계가 진보하고 영구 자석형 스테핑 모터에 가깝게 되어 왔다. 그 때문에 스테핑 모터로 할까, AC 모터로 할 것인지의 판단 기준이 애매하게 되고 있다. 이 주변의 상황을 이해하고 있는 것은 선정에 있어서 손해는 아니다.

이 배경에 권선 설계의 변천이 있다.

(2) 코깅 토크에 주의

모터 선정의 참고가 되는 요소로서 코깅 토크가 있다. 회전자의 영구 자석과 고정자 철심의 이 부분과의 작용에서 발생하는 회선력의 썰림이다. 모터 축이 회전하면 울퉁불퉁하다고 손가락으로 느끼는 토크로 원활한 운전을 방해하게 된다.

AC 서보 제어 기술에서 이것을 제거하자는 말은 오래 전부터 하지만 간단하지는 않다. 기업은 최초부터 코깅이 발생하지 않는 모터의 설계에 온 정성을 쏟고 있다.

4.2.3 스테핑 모터의 특징과 이용 포인트

가. 스테핑 모터의 종류와 특징

스테핑(Stepping) 모터는 다른 명칭, 즉 스텝 모터(Step motor), 펄스 모터(Pulse motor), 스테퍼 모터(Stepper motor) 등으로 부르고 있다. 우리말로는 계동(階動)모터라 부른다. 여기서 계동이란 의미는 한 걸음 두 걸음 단계적으로 움직이는 이미지를 나타낸 것이다. 따라서 스테핑 모터는 한 단계 한 단계 끊어서 일정각을 회전한다. 가령 60° 돌고 멈추고 60° 돌고 멈추고 이렇게 60°씩 돌면 1회전을 하면서 6번 멈춘다. 끊어지는 타이밍은 전류를 흘려보냄으로써 모터 안에 코일이 들어있다. 코일에 전류가 흐를 때 자기장이 발생한다. 타이밍을 어떻게 주냐에 따라서 1상 여자방식 2상 여자방식이 있고, 1.2상 여자방식이 있다. 속도는 펄스 속도에 비례한다. 스테핑 모터는 펄스신호 입력 때마다 일정 각도씩 움직인다.

스테핑 모터의 최대 특징은 펄스 전력에 의존한 회전 특성을 갖는 것이다. 입력 펄스에 비례한 회전각과 입력 주파수에 비례하는 회전 속도는 디지털 신호로 피드백계 없는 위치 결정 제어를 가능하게 한다.

위치결정 장치의 구동원은 직류 서보 모터나 교류 서보 모터에 로타리 엔코더를 조합시킨 것으로도 가능하지만 이 경우 고도의 제어기술을 필요로 한다. 이에 대해 스테핑 모터는 펄스 전력의 수를 컨트롤 하는 것만으로 사용할 수 있으므로 PC 등의 디지털 회로를 아는 사람이면 비교적 용이하게 사용할 수 있다.

스테핑 모터를 분류하는 경우 자기 회로, 즉 모터의 구조에 의한 분류법이 일반적이다. 여기에는 회전자를 영구 자석으로 만든 **PM형**(Permanent Magnet Type)과 회전자를 기어 모양의 철심으로 만든 **VR형**(Variable Reluctance Type), 그리고 회전자를 기어 모양의 철심과 자석으로 구성한 **HB형**(Hybrid Type)이 있다. 그 외에 모터의 구동 상수, 여자 모드 등에 의한 분류법도 있다.

PM형은 회전자의 바깥면(원통면)에 다극으로 착자된 자석을 사용하며, 그 주변으로 구동용 계자(고정자)를 설치한 것이다. 이 PM형 고정자는 얇은 판상의 **요크**(yoke)에 자극(Claw pole)을 붙인 방식을 가장 많이 채택하고 있다.

VR형은 회전자부에 투자율이 높은 재료의 기어 모양 회전체를 쓰는데 이것과 고정자, 코일 사이에서 발생하는 회전력을 이용한 것이다. 또한 이것은 모터부에 자석을 전혀 사용하지 않으므로 그만큼 전기의 소모가 커지고 조립, 가공 등에서도 더 많은 일손이 들어가 비싸지므로 그다지 많이 사용되지 않는다.

HB형은 PM형과 VR형의 장점을 잘 조합하여 만든 것으로 회전자부에 자석과 기어 모양의 자극을 가지고 있다.

나. 스테핑 모터의 구동 시스템

그림 4.45는 스테핑 모터의 토크대 주파수(T-f)특성이다. 그림 가운데 기동범위(starting range)는 갑자기 그의 **펄스 레이트**의 신호를 넣어도 확실하게 기동하는 범위이다. 이것에 대해 연속범위(through- range)는 일단 기동 범위에서 모터를 기동시킨 후 서서히 펄스 레이트를 높이며 사용할 수 있는 범위이다.

그림 4.46은 스테핑 모터의 개요를 나타낸 것이다. 여기서는 신호 펄스가 구동회로를 통하여 전력 펄스를 만들어 스테핑 모터에 공급하고 있는 모습을 나타내고 있다. 출력

축의 회전각은 전력 펄스가 입력 될 때마다 $\theta_1 \sim \theta_n$으로 변화하는 모습도 나타내고 있다. 구동회로는 구동 펄스를 증폭할 뿐만 아니라 모터의 회전 자계를 구성하는 여자 시컨스, 결국 좌회전, 1상 여자, 2상 여자 등의 기능도 포함하고 있다.

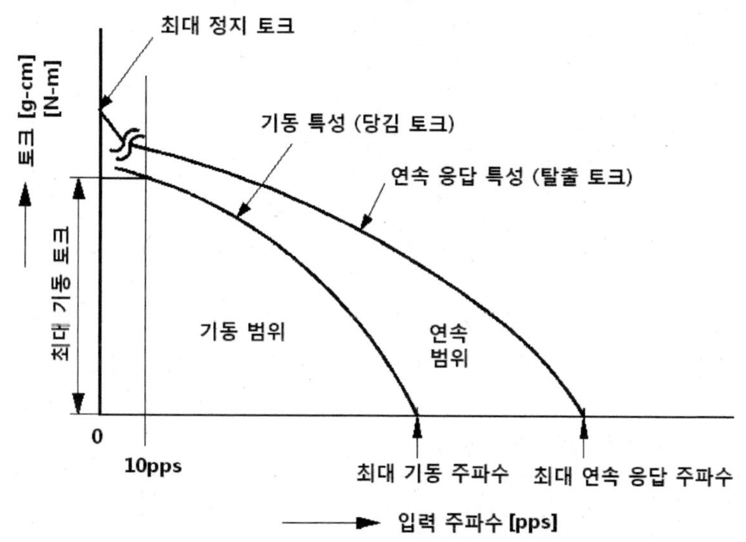

그림 4.45 스테핑 모터의 T-f 특성

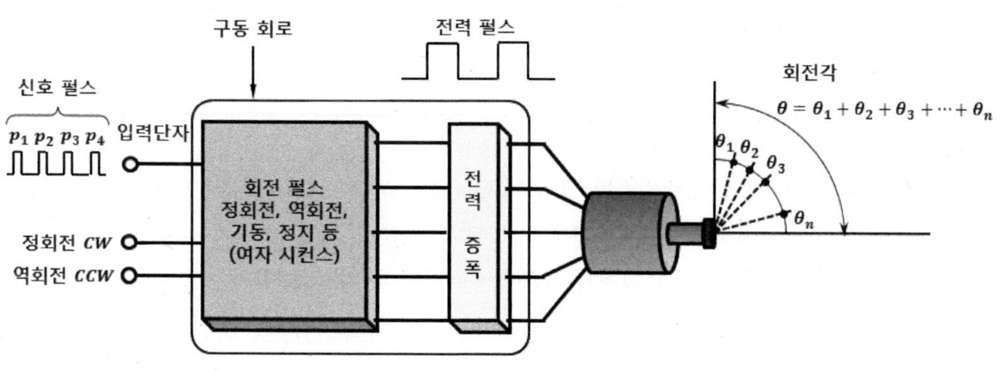

그림 4.46 스테핑 모터의 개요

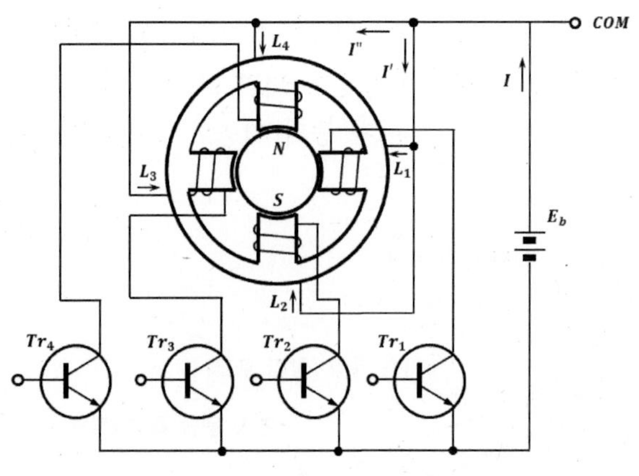

그림 4.47 스테핑 모터의 동작원리

그림 4.47은 스테핑 모터의 동작 원리를 나타내고 표 4.10은 스텝수와 여자상의 관계를 나타낸 것이다. 이 그림을 통하여 간단하게 동작원리를 설명한다.

표 4.10 스텝수와 여자상의 관계

스텝수	여자코일	Tr_1	Tr_2	Tr_3	Tr_4	회전각도
1	L_1	ON				90도
2	L_2		ON			180도
3	L_3			ON		270도
4	L_4				ON	360도
5	L_1	ON				450도

우선 그림 4.47에서 트랜지스터 Tr_1이 ON으로 되고 코일 L_1을 여자한다. 이에 따라 그림 4.47에 나타낸 화살표 방향으로 전류가 흐르며 자석 회전자에 S극이 발생한다. 여기에 S극이 발생하면 자석 회전자 N극을 끌어 당겨 자석 회전자가 90° 회전한다.

다음에 Tr_2가 ON이 되고 그 밖의 트랜지스터를 모두 OFF로 하면 이번은 코일 L_2가 여자되어 L_2가 전자석으로 되며 앞에서와 마찬가지로 자석 회전자가 또다시 90° 회전한다.

이 동작을 순서대로 반복하며 모터는 소정의 회전을 계속한다. 이 모터는 1스텝 각도가 90°이므로 4스텝 진행하면 1회전한다. 표 4.10은 스테핑 모터의 동작 형태를 정리한 것이다.

스테핑 모터는 구동 권선의 상수에 따라서도 특성이 크게 다르다. 현재 많이 사용되고 있는 것은 2~5상의 것이지만 숫자상 압도적으로 많은 것은 2상 모터이다. 특히 PM형은 소형, 경량화가 용이하며 저가격이기 때문에 많이 사용되고 있다. 예를 들면 팩스의 종이 피드, 소형 프린터 등이 있다. 구동 상수가 많은 것은 고속회전, 고토크, 토크쏠림이 작으며 저진동 등 우수한 특성을 나타내지만 고가이므로 특수 용도에 한정된다.

표 4.11 스테핑모터의 동작 형태

항목	특징 및 동작형태
간헐구동	간헐 초저속구동, 1시간에 1스텝, 1일 1스텝 등 입력펄스의 주기를 변화시켜 가변 감속기(전기적 기어)로서 사용한다.
연속회전	일반 모터와 같은 사용 방법, 간단한 동력원으로서 사용할 수 있다. 회전수는 입력 펄스의 주파수에 비례한다. 총 회전각은 입력 펄스의 총수에 비례한다.
정-역회전	회전자계의 방향을 바꾼다. 유니폴라 통전에서는 여자상의 순번을 바꾸는 것만으로 좋다. 브리지형의 스위치회로를 필요로 하지 않기 때문에 저가격이다.
변속회전	입력 펄스의 펄스 레이트를 바꾼다(입력 주파수를 가변한다).
다상구동	여자모드를 전환함으로서 스텝각, 발생토크, 주파수 특성을 변화시킬 수 있다.
마이크로-스텝구동	전기적으로 미세한 스텝각을 실현할 수 있다. 저진동

다. 스테핑 모터 이용의 포인트

예부터 컴퓨터 주변 기기에는 스테핑 모터가 잘 이용되고 있다. 물론 FA 분야에서도 미용이 많으며 스테핑 모터 이용에 있어서 주의해야할 포인트를 몇 가지 열거하기로 한다.

(1) 상수(相數)

2상, 3상, 5상이 있다. 예전에는 4상 모터가 있었으나 2상의 별도 개념으로 밖에 쓰이고 있지 않다. 서보 모터는 압도적으로 3상 모터가 많지만 스테핑 모터에서는 2상과 5상이 주류를 이루고 있다. 5상 모터가 FA분야에 쓰이고 있는 것은 분해능뿐만 아니라 안정하게 동작하는 주파수 영역이 넓기 때문이다.

(2) 진동

스테핑 모터는 본질적으로 진동을 발생하기 쉬운 성질을 갖고 있다. 그 때문에 한때 DC 모터로 대체하여 쓰기도 했으나 진동 문제가 많이 해결되어 현재는 많이 사용하고 있는 현실이다.

(3) 개성적

스테핑 모터는 개성이 강하다. 토크 특성이라는 여러 특성은 실제로는 복잡하여 모터마다 다르다. 이것은 이의 형태나 재료의 제조 처리공정에 따라 미묘하게 다르다고 할 수 있다. 진동이나 소음도 이 개성과 관계하고 있다.

스테핑 모터의 분해능(1회전의 스텝수) S는 회전자의 잇수(N_r), 스텝 권수의 상수(m), 구동법에 따라 다음 식으로 결정된다.

풀 스텝 구동(예를 들어 2상 여자)에서는 다음 식으로 된다.

$$S = 2mN_r \tag{4.34}$$

예를 들어 표준적인 $N_r = 50$의 경우, $m = 2$이면 $S = 200$스텝이지만 $m = 3$이면 300스텝, $m = 5$이면 500스텝이다.

영구자석을 이용하지 않는 VR형에서는 식 (4.34)의 2가 나타나지 않지만 현재의 스테핑 모터는 모두 영구자석을 사용하고 있다.

4.3 서보 모터의 선정 포인트

위치 결정 제어에 사용하는 모터에는 여러 종류가 있으며 그 가운데 적절한 선정은 시스템 설계자에 있어 항상 문제이다. DC 서보 모터, AC 서보 모터 및 스테핑 모터는 각각 특징이 있고 이것을 충분히 파악한 위에 최적 모터를 선정하는 것이 중요하다. 여기서는 서보 모터에 관해 그 선정을 위해 설계자가 알아 두어야 할 기본 사항과 각 모터의 선정 포인트에 대해 알아본다.

4.3.1 직류 서보 모터의 선정 포인트

가. 직류 서보 모터를 사용해야 할 곳

정밀 위치제어용 모터는 주로 스테핑 모터, DC 서보 모터, AC 서보 모터의 3가지 종류다. 최우선 선택 척도는 가격이며, 스테핑 모터는 가격이 싸지만 만능은 아니기 때문에 고성능 위치 제어에는 DC 서보 모터, AC 서보 모터나 그 밖의 모터가 사용된다.

(1) 스테핑 모터 또는 DC 서보 모터의 선택

위치제어 결정 방식에는 개방 루프 방식, 반폐쇄 루프 방식, 폐쇄 루프 방식의 순서로 위치 결정 정도가 높고 그 만큼 시스템도 복잡하고 가격을 상승시키는 원인이 된다. 개방 루프 위치결정 기술은 흥미 깊고 정도는 사용자 손에 좌우되는 경우가 있다. 평균적 정도를 얻기 위해서는 쓰기에 편리한 반폐쇄 루프가 최적이며, 서보의 대부분은 이 방식으로 한다. 폐쇄 루프 방식은 말단 부하까지 루프 내에 되먹임하기 때문에 거터나 비선형이 나타나는 제어가 훨씬 어렵다. 그래서 하이브리드 제어 피드백이 자주 행해진다. 모터로부터의 피드백 θ에는 하이패스 필터, 테이블부터의 피드백 x는 로패스 필터에 통과시킨다. 외란, 그밖에 의한 급변에는 고주파 성분이 포함되어 있기 때문에 θ의 변화는 하이패스 필터를 통과시키고 피드백 된다. 테이블 위치는 로패스 필터에 의해 차단, 결과적으로 반폐쇄 루프로서 제어된다. 역으로 위치 지령과 테이블 x사이에 온도 트러블 등의 편차가 생기는 경우 저주파 성분만 폐쇄 루프의 피드백으로 유효하게 된다.

(2) DC 서보 모터 또는 AC 서보 모터의 선택

표 4.12에서는 DC 서보 모터를 선택하는 경우의 포인트 등에 대해 나타내고 있다. DC와 AC를 비교한 차이는 브러시 유무가 대부분이며, 그것에 기초한 구조에 차이가 있지만 기본 동작 특성은 DC도 AC도 동일하다. 결론적으로 DC는 AC 서보보다 값이 싸지만 신뢰성과 보수 측면에서 불리하다.

표 4.12 DC 서보 모터를 살리는 사용법

① 공작 기계, 산업 기계 등 구조가 복잡하고 컴팩트화 설계를 위해 뒤얽힌 내부에 모터가 삽입되고 보수할 수 없는 것은 DC 서보모터가 수명에 견딜 수 있을까를 검토하고 안 된다면 AC 서보 모터를 사용한다.
② 시스템에 많은 서보 모터가 사용되어 그 가운데 1대라도 다운되면 시스템이 다운된다. 시스템의 성질을 이해하고 DC 서보의 수명과 신뢰성을 확인한다. 불가능하다면 AC 서보모터를 사용한다. 옵션 기구로 멘테넌스 가능한 장소에 DC 서보 모터를 사용한다(트랜스퍼 시스템).
③ AC와 비교하여 회전 레벨이 좋은 경우도 있고, 파워 레이트도 상당히 크기 때문에 중고속 XY테이블에 사용 가능한 경우도 많다.
④ 반도체 설비에서는 상류의 클린 환경에서의 사용은 적합하지 않지만 하류의 제조 프로세스에서는 많이 사용되고 있다.
⑤ 과도의 온도나 건조한 장소에서는 DC 서보 모터의 브러시 트러블이 있는 경우가 있지만 현재의 DC 서보 모터는 4계절 충분히 사용 가능하다.
⑥ 스테핑 모터의 제어에서는 불충분한 경우, 서보 모터가 필요로 된다. 그 경우 DC 서보 모터가 AC 서보 모터와 비교하여 가격이 싸기 때문에 위의 내용을 만족한다면 적극적으로 DC 서보 모터가 사용된다.

(3) 브러시, 정류자

브러시와 정류자는 전기자 내의 복수 코일 가운데 선택적으로 토크를 발생하는 코일에 통전하고 회전과 함께 그것을 차례로 절환(change-over)하는 동작을 갖고 있으며 그 절환을 **정류**라고 부르고 있다. 그림 4.48은 전류가 역전하는 구조를 나타내고 있다. 브러시가 정류자편 ①로부터 ②의 방향으로 가면 코일 L_c내 전류는 CW로부터 CCW 방향으로 반전한다. 여기서 $R_1 R_2$는 브러시와 정류자편 ①, ②와의 접촉 저항, R_0는 정류자가 전면 접촉했을 때의 저항, T_c를 정류 주기로 하면 전류의 시간적 변화는 아래 3개의 식과 같으며 그 모양을 그림 4.49에 나타낸다.

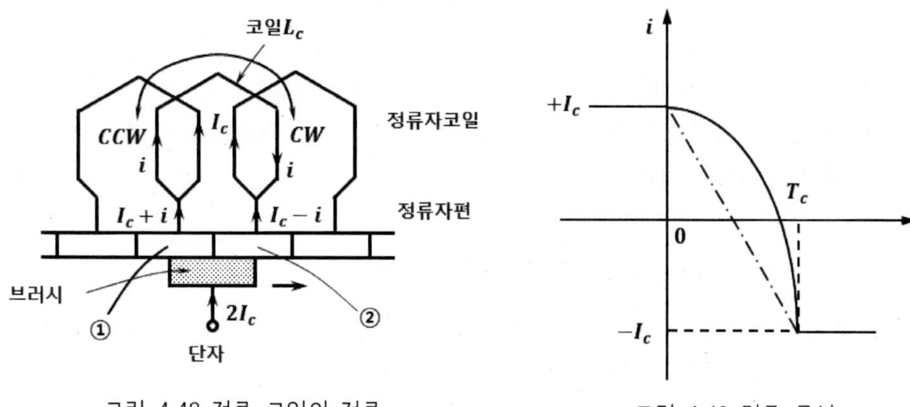

그림 4.48 정류 코일의 전류

그림 4.49 정류 곡선

$$L_c \frac{d_i}{d_t} + R_1 (I_c + i) + R_2 (i - I_c) = 0 \tag{4.35}$$

$$R_t = \frac{R_0}{1 - (t/T_c)} \tag{4.36}$$

$$R_3 = \frac{R_0}{(t/T_c)} \tag{4.37}$$

반전시 코일 전류의 변화는 인덕턴스가 없으면 그림 4.49의 일점쇄선의 경사를 따라가지만 실제는 인덕턴스의 영향으로 실선 곡선 상에서 I_c가 반전한다. 그 때문에 전류 지연에 의한 부족 정류로 되고 결과적으로 정류판 후단으로부터 불꽃이 발생하는 경우도 있다. 불꽃의 원인인 전류 지연을 작게 하는 방법으로서 인덕턴스를 작게 한다. 저항을 크게 하면 정류 주기를 길게 할 수 있지만 저항을 적절히 선택하는 것이 중요하다. 그 때문에 용도에 맞춘 여러 가지 재질의 브러시가 나와 있으며 정류자 재질도 접촉 저항의 변화, 마멸 등으로 고려되었던 것이 통상 사용되고 있다. 은이 포함되어 있지 않은 정류자는 100℃를 넘어가면 재질의 경도가 떨어지며 마멸이 빨라지는 경우가 있으므로 정류자 온도 관리는 중요하다.

표 4.12에서는 DC 서보 모터를 선택하는 경우의 포인트 등에 대해 나타내고 있다. DC와 AC를 비교한 차이는 브러시 유무가 거의이며, 그것에 기초한 구조에 차이가 있지만 기본 동작 특성은 DC도 AC도 동일하다. 결론적으로 DC는 AC 서보보다 값이 싸지만 신뢰성과 보수면에서 불리하다. 동작 특성 측면에서 절대 AC라는 요구는 도저히 납득하기 어렵다.

(4) AC 서보 모터와 DC 서보 모터의 비교

고정도 위치결정용에 서보 모터가 일반적으로 사용된다. AC 서보 모터의 대부분이 동기형이고 유도형은 대용량, 대출력 용도로 제한된 경향이 있다. 따라서 여기서의 비교는 동기형으로 내용을 표 4.13에 정리하였다.

표 4.13 DC와 AC 서보의 특징

	AC 서보 모터(동기형)	DC 서보 모터
장점	• 브러시리스로 보수 용이함 • 내환경성 좋음 • 정류 제한 없음 • 고신뢰성 • 고속, 고토크 이용 가능함 • 통상 스테터에 권선 있기 때문에 방열 좋음 • 최대 10 kW 정도까지 있음	• 기동 토크 큼 • 소형 대 토크임 • 고 효율임 • 제어성이 좋음 • 속도제어 범위를 넓게 취할 수 있음 • AC 서보 시스템보다 가격이 쌈 • 스테핑 모터보다 진동을 작게 할 수 있음
단점	• DC 서보 모터 보다 복잡한 만큼 가격이 비쌈 • 권선과 자극의 위치를 검출하기 위해 검출기가 필요함 • DC 서보 모터 보다 전기적 시정수가 큼 • DC와 비교해서 그 때마다의 극코일수가 작기 때문에 전류 분포에 의한 리플이 생기기 쉬움	• 브러시 마멸에 의해 기계 손실이 큼 • 브러시 수명에 의한 보수가 필요함 • 브러시 주위 접촉부의 신뢰성이 작음 • 라디오 노이즈가 있음 • 브러시 미끄럼 마찰음 • 정류 제한 속도 있음 • 브러시 진동 떨림에 의한 신뢰성 저하가 있음 • 사용 환경 제한 있음 • 회전자측에 발열이 있기 때문에 방열이 나쁨 • 회전자 구조가 복잡하기 때문에 밸런스 잡음에 의해 진동을 억제함

나. 직류 서보 모터의 기본적인 사양 체크

앞에서 서술한 것은 주로 어떤 종류의 모터를 선택해야 하는가에 대한 것이었다. 여기서는 부하와 모터를 별도로 용도, 움직임, 출력 용량, 부속 옵션 등에 대한 사양 작성이나 사양 체크를 위해 필요하다고 생각되는 사항을 정리하여 나타내고자 한다. 기종 선택을 포함해서 제어성, 정도, 모터 용량 등을 결정하기 위해 사용되는 항목이 있으며 반드시 전 항목의 체크는 필요하지 않다.

(1) 부하 기본 사양의 체크

어떤 모터를 사용할 것인지 결정되었다는 가정 하에 기종 선택을 포함하여 제어성, 정도, 모터 용량 등을 결정하기 위해 반드시 체크해야 할 부하 기본 사양 및 모터와 구동장치의 기본 사양들을 살펴보기로 한다. 먼저 부하 기본 사양 체크 항목에 대해 알아보기로 한다.

a) 부하용도

체크 내용은 ① 부하 환경(온도, 습도, 염해, 고도 등), ② 진동 그 외 부하의 영향이 모터 측에의 전달 가능성, ③ 부하에 요구되는 수명, 신뢰성의 정도, ④ 보수 점검 작동의 허용여부 등이 있다.

따라서 ① 직류 서보모터가 사용 가능한 환경인지, ② 구동장치 및 검출기 구조가 견딜 수 있을지, ③ 대책 가능한지 등을 체크한다.

b) 움직임 형태

체크 내용은 ① 불연속 위치결정(PTP) 제어인지, ② 연속 위치결정(윤곽) 제어인지, ③ 시동 및 정지의 빈도가 높은 제어인지 등이 있다.

따라서 ① 직류 서보모터가 사용 가능한 속도 및 토크 범위 내인지, ② 위치결정 방식인지 등을 체크한다.

c) 부하의 특성

체크 내용은 ① 속도 변화에 대해 마찰토크는 일정한지, 마찰토크가 변화하는 경우 속도와의 관계는 어떠한지, ② 속도 변화에 대해 관성모멘트는 일정한지, 관성모멘트가 변화한 경우 속도와의 관계는 어떠한지, ③ 부하의 속도 범위는 또는 변속이 아니면 정속인지, ④ 부하의 속도 선도, ⑤ 시동 가역운전 빈도는 또는 부하의 듀티 사이클, ⑥ 구조체의 거터, 백래시, 강성 등이 있다.

따라서 ① 시시각각 변화하는 동작에 동반하여 변하는 속도, 마찰력, 관성모멘트의 수치는 어떠한지, ② 부하로부터 모터 축까지의 토크 전달 기구의 관성모멘트, 마찰토크, 백래시, 전달 정도, 강성은 어떠한지, ③ 부하의 속도 선도가 모터 회전속도 선도로 변화 가능 한 것인지 등을 체크한다.

d) 요구 부하 동특성

체크 내용은 ① 응답속도, ② 추종정도, ③ 정속성, ④ 위치결정 정도, ⑤ 외란, ⑥ 허용진동 주파수 및 진폭, ⑦ 정정 시간, ⑧ 가감속 성능(가속-감속 시간, 가속-감속 거리) 등이 있다.

따라서 ① 요구되는 서보 성능으로부터 선정된 위치결정 방식, 모터의 종류와 구동장치의 적정 등을 체크한다.

(2) 모터와 구동장치의 기본 사양 체크

a) 부하 용도로부터 모터 측에의 영향

체크 내용은 ① 부하의 요구되는 성능 및 동작 성능을 만족시키기 위한 모터 특성 성능 외에 특히 유의해야 할 것은 무엇인지, ② 용도에 부합한 환경에의 방호책은 어떠한지, ③ 요구된 모터의 수명 및 신뢰성의 정도는 어떠한지, ④ 안전성에 대한 배려는 있는지, ⑤ 모터의 보수 작업을 허용할 수 있는지 등이 있다.

따라서 ① 부하 및 환경을 고려한 모터와 구동장치의 구조인지, ② 직류 서보모터를 사용 가능한지 등을 체크 포인트로 한다.

b) 모터토크 출력

체크 내용은 ① 정격토크, ② 순간 필요한 최대토크, ③ 정격 회전수, ④ 순간 필요한 최대 회전수, ⑤ 모터 축의 회전속도 선도, ⑥ 듀티 사이클, ⑦ 실효 토크, ⑧ 평균 출력, ⑨ 순간 필요한 최대 출력 등이 있다.

따라서 부하 특성 및 동작 성능과 모터 축에서 부하까지의 동력 전달 구조로부터 ① 직류 서보모터 사용 가부, ② 위치결정 방식, ③ 구동장치, ④ 파워레이트, ⑤ 토크대 속도의 사용영역, ⑥ 과부하내량 등을 체크 포인트로 한다.

c) 운전형태

부하의 특성 및 동작 성능을 만족시키기 위해서는 ① 수동운전 또는 자동 운전인지, ② 자동제어에 의한 위치결정인지, ③ 응답성, 안전성, 위치결정 정도는 얼마인지 등이 체크할 내용이다.

따라서 ① 직류 서보모터 사용 가부와 위치결정 방식, ② 검출기와 구동장치의 특성 및 성능 등을 체크 포인트로 한다.

d) 제동기

체크 내용은 ① 보유 브레이크 필요 여부 등이 있다.

따라서 ① 제동 토크, ② 제동 입력 전압-전류, ③ 수명, ④ 사용온도 등을 체크 포인트로 한다.

e) 감속기

체크 내용은 ① 감속기구의 치수는, ② 감속비는, ③ 감속기의 필요 여부는 등이 있다.

따라서 ① 백래시, ② 토크 전달효율, ③ 최대토크, ④ 최고 회전수, ⑤ 소음, ⑥ 전달 정도, ⑦ 최고 감속비 등을 체크 포인트로 한다.

f) 회생 저항

체크 내용은 ① 언밸런스 부한인지, ② 승강 운동하는 구조인지 등이 있다.

따라서 ① 회생 전력, ② 운전 주기에 있어서의 회생 에너지, ③ 운전 주기 등을 체크 포인트로 한다.

g) 검출기

체크 내용은 ① 속도 검출기의 필요 여부, ② 위치 검출기의 필요 여부, ③ 그 밖의 검출기의 필요 여부 등이 있다.

따라서 ① 검출기의 내환경성, ② 분해능과 정도, ③ 기준 원점의 필요 여부, ④ 응답 주파수, ⑤ 앱솔루트형(절대형)인지 인크리멘털형(증분형)인지 등을 체크 포인트로 한다.

h) 전원

체크 내용은 ① 전원 변압기 및 컨버터의 용량은 어떠한지, ② 전압, 상수, 주파수는 어떠한지, ③ 컨버터의 정류 방식은 어떠한지 등이 있다.

따라서 ① 허용 전원 용량, ② 복수 전원의 필요 여부, ③ 정류 방식(정류 방식에 따라서는 100% 파워를 취할 수 없는 경우도 있음) 등을 체크 포인트로 한다.

다. 직류 서보모터 선정 순서

선정을 잘못하면 모터가 움직였다가 안 움직였다가 하여 소손하기도 한다. 검출기의 선정을 잘못하면 올바른 위치 결정을 할 수 없다. 모터에는 브레이크 외에 부속 장치가 필요한 경우도 있다.

(1) 모터 용량의 선정

앞의 항에서 설명한 부하 기본 사양의 체크를 바탕으로 선정한다. 항목이 부하 용도에 있어서는 사용 환경, 수명 신뢰성, 부하의 모터에의 영향, 보수 점검으로 여기까지는 모터 구조 및 종류의 후보가 결정된다. 항목이 어떠한 움직임인가에 따라서는 제어 목적이 가능한 구동 장치의 후보가 결정된다. 항목이 부하 특성에 있어서는 모터 축 환산의 관성모멘트, 마찰 토크, 속도 선도, 듀티 사이클, 동력 전달 경로의 문제점을 알 수 있다. 항목이 어느 정도의 부하 동작 성능이 요구되는지에 따라서는 목표치이기 위해 후보로서 결정한 서보 시스템과 부하로부터 추정하고, 확실히는 테스트에 의한 개선책이 필요한 경우도 있다.

앞의 항에서 설명한 모터와 구동장치의 기본 사양 체크는 부하 기본 사양의 체크에서 결정한 후보를 확실히 하기 위해 모터 선정 후의 체크로서 이용한다.

(2) DC 서보 모터의 사용 영역

그림 4.50의 직류 서보 모터의 사용영역은 개별 모터에 사양이 결정되어 있고, 사양 내용은 3영역으로 구성되어 있다. 연속 사용영역은 상시 사용 가능한 부분이다. 그 밖의 영역은 시간 제한이 있고 특히 단시간이어도 순시 사용영역에서의 사용에는 주의를 요한다.

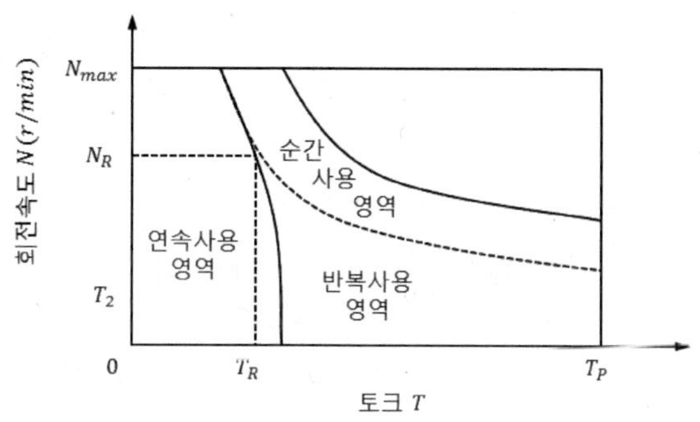

그림 4.50 직류 서보모터의 사용영역

(3) 부하 듀티 사이클 특성

부하율 100% 이상의 부하가 반복 동작할 때 그 모터는 열적으로 견딜 수 있는지의 판단으로 과부하 듀티 사이클이 사용되며 개별 모터에 대해 특성이 사양화 되어 있다. 부하 시간을 파라미터로 하는 경우와 부하율을 파라미터로 하는 경우가 있으며 예를 그림 4.51에 나타낸다.

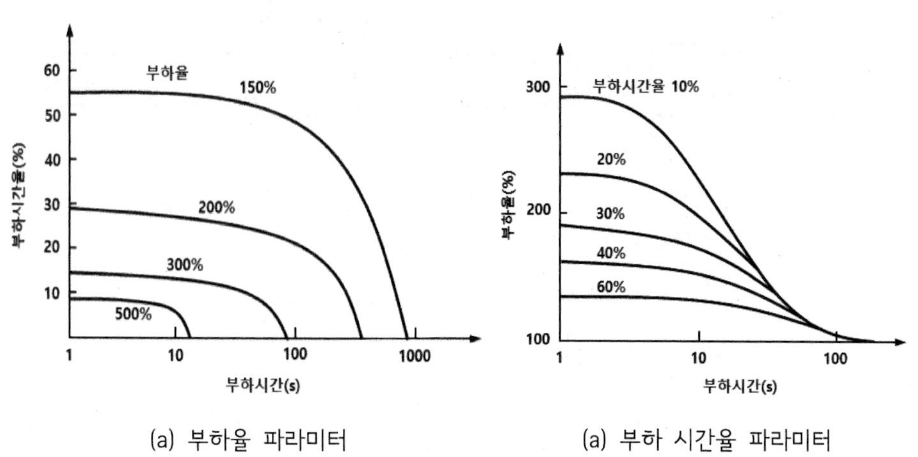

(a) 부하율 파라미터 (a) 부하 시간율 파라미터

그림 4.51 과부하 듀티 사이클 특성

(4) 엔코더 선정

현재 피드백 검출기의 대부분이 광학 인크리멘털형 엔코더이다. 그림 4.52는 사용 예이다. 엔코더 디스크 슬릿 수 P_{EN}[라인], 모터 최고 속도 N[r/m], 볼나사 사용 최대 길이 L[㎜], 리드 피치 P[㎜]로 하면 ①의 n, ②의 Q, ③의 f_E는 다음 식으로 된다.

$$n = P_{EN} \times 4\left(\frac{L}{P}\right)\text{[pulse]} \tag{4.38}$$

$$Q > \frac{N}{60} \times P_{EN} \times 4\text{[PPS]} \tag{4.39}$$

$$f_E > \frac{N}{60} \times P_{EN} \times 4\text{[Hz]} \tag{4.40}$$

식에서 4는 정수배를 나타낸다.

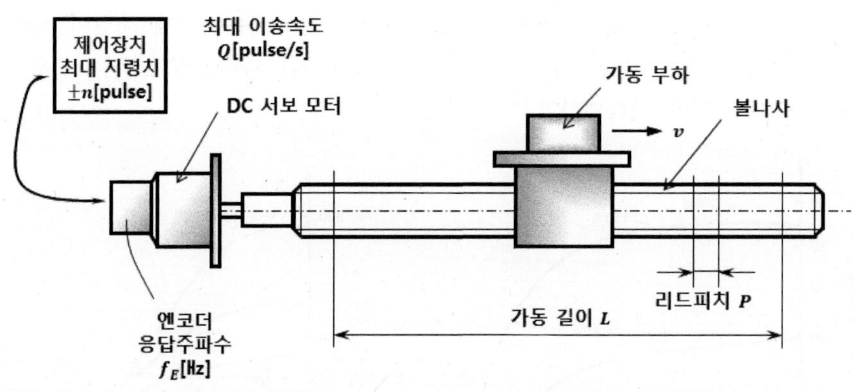

그림 4.52 엔코더 부착 모터 구성 예

(5) 회생 에너지

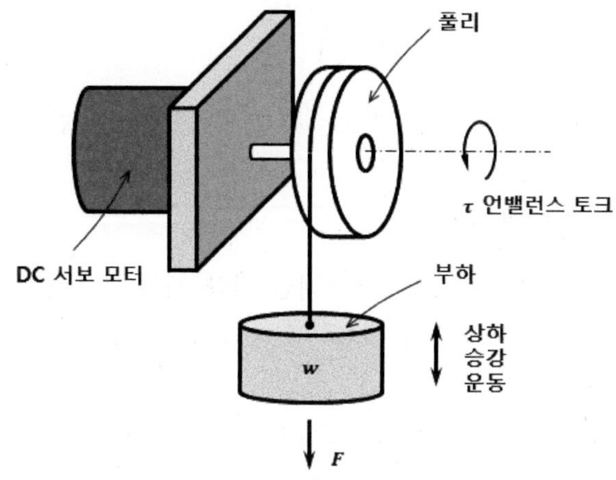

그림 4.53 회생 에너지 발생 구조 예

그림 4.53은 회생 에너지가 발생하는 사용 예이다. 통상 회생 운전 상태는 감속 시 또는 그림 속의 언밸런스 부하가 있는 경우 하강 시에 나타난다. 승강 운전을 고빈도로 행하는 경우 특히 주의해야 한다. 회생 운전 시에 발생하는 회생 전력은 구동 장치 내에서 열로 소비되기 때문에 회생 능력을 초과하면 구동 장치의 고장 원인이 되며 대책으로서는 회생 전력을 소비할 수 있는 저항기를 부착할 필요가 있다. 회생 전력을 W_r, 운전 주기에 있어서의 회생 에너지 J_r, 회전 주기를 t_r로 하면 회생 전력은 다음 식으로 된다.

$$W_r = \frac{J_r}{t_r} \tag{4.41}$$

(6) 감속기

감속기를 사용함으로써 속도, 운동 방향, 모터 축에 환산한 부하 관성모멘트, 부하 토크, 출력 토크를 변경할 수 있기 때문에 많은 목적으로 사용할 수 있다. 그 때문에 어떤 감속비가 좋은지의 결론은 낼 수 없다. 여기서 감속시의 모터 소용 토크를 최소로 하는 감속비를 최적 감속비라 하면 부하 마찰 토크를 무시한 경우 다음 식으로 나타낼 수 있다. 다만, $1/n$은 감속비, J_M, J_L은 모터 및 부하 관성모멘트이다.

$$\frac{1}{n} = \sqrt{\frac{J_M}{J_L}} \tag{4.42}$$

즉, 모터 축 환산 부하 관성모멘트는 모터 관성모멘트와 같다.

(7) 직류 서보모터 용량의 선정

① 4.3.1항에서 직류 서보 모터의 기본적인 사양 체크의 (1)에 의해 부하의 동작으로부터 모터축으로 환산한 부하 관성모멘트 I_L, 부하토크 T_L, 속도 선도, 듀티 사이클 등을 명확히 한다.

② 속도 선도로부터 최고 회전수 N, 각가속도 α_1 및 α_2, 가속 시간 t_1, 정속 시간 t_2, 감속 시간 t_3, 정지 시간 t_4로 하면 그림 4.54와 같은 속도 선도를 그릴 수 있다.

③ 모터 사이즈가 크게 되어도 구동 장치의 용량 증가를 하지 않을 수만 있다면 대폭으로 비용 증가는 없다. 또한 부하 관성모멘트와 모터의 관성 모멘트의 비는 10:1~3:1로 보통 하고 있다. 그러므로 큰 모터 3:1을 대신해서 선택하면 부하 관성모멘트 I_L과 모터 관성모멘트 I_M의 합계는 $I_L + I_M = 1.3I_L$로 해서 계산을 한다. 그 때 이미 후보로 선정하고 있는 기종의 카탈로그 가운데 동등한 관성모멘트의 모터를 선택해 본다. 관성모멘트에 수정이 있으면 $I_L + I_M$을 수정한다. 여기서는 수정이 없는 경우로 상정하여 $I_L + I_M = 1.3I_L$을 사용한다.

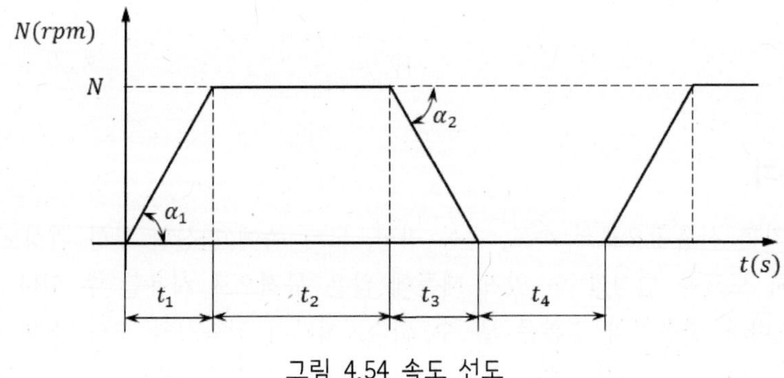

그림 4.54 속도 선도

④ 속도 선도로부터 토크 선도를 작성한다. 명확히 된 α_1, α_2 및 T_L을 사용하여 작성한다. 여기서는 간단을 위해 $\alpha_1 = \alpha_2$로 한다. 소요 각가속 토크 T_a는 다음과 같다.

$$T_{a1} = \frac{1.3I_L \times \alpha_1}{g}, \quad T_{a2} = \frac{1.3I_L \times \alpha_2}{g} = \frac{1.3I_L \times \alpha_1}{g} = T_{a1} \tag{4.43}$$

그림 4.55의 토크 선도는 T_a와 T_L의 구성으로 시간축은 속도 선도와 동일하다. 여기서 $T_1 = T_{a1} + T_L$, $T_2 = T_L$, $T_3 = T_L - T_{a2}$이다.

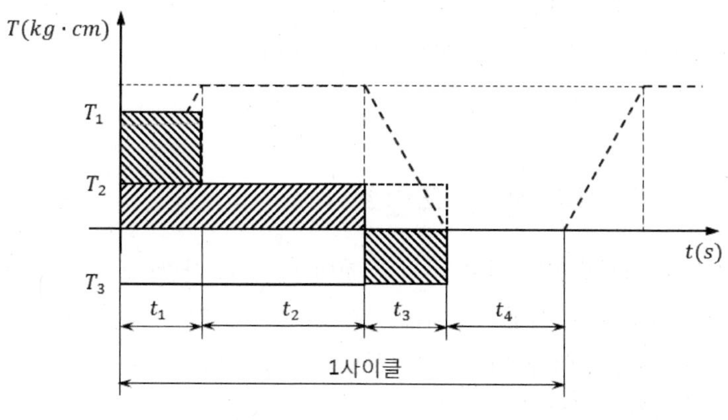

그림 4.55 토크 선도

⑤ **실효 토크**를 계산한다. ④에서 나타낸 토크 선도는 시시각각 토크가 변화한다. 장시간 평균해서 봤을 때 어느 정도의 토크를 평균적으로 내고 있는지를 앎으로써 모터의 온도 상승이 문제일지 어떨지를 시효 토크로 판단할 수 있다. 실효 토크 T_{rms}는 다음과 같다.

$$T_{rms} = \sqrt{\frac{T_1^2 \times t_1 + T_2^2 \times t_2 + T_3^2 \times t_3}{t_1 + t_2 + t_3 + t_4}} \tag{4.44}$$

⑥ 직류 서보 모터의 사용영역을 확인한다. 직류 서보 모터의 카탈로그에는 직류 서보 모터의 사용영역이 기재되어 있으며 이것을 사용하여 ⑤까지의 결과를 기초로 모터 용량을 선정한다.

사용 영역의 연속 사용 영역 내에서 계산으로 얻어진 점 $P_1(N, T_{rms})$가 있을 경우 $P_2(N, T_1)$은 그 밖의 영역에 있어서도 좋지만 사용 환경에 의해서는 온도 상승이나 정류 불꽃에 의해 정류자(commutator)의 불규칙성이 나올 수 있기 때문에 메이커에 상담하는 것이 좋다. P_1이 만족하지 않는 경우 혹은 여유가 있는 경우 재차 ③부터 다시 한다.

⑦ 과부하 듀티 사이클

반복 동작 영역에서 사용하는 경우, 열적으로 견딜 수 있는지를 카탈로그에 기재되어 있는 과부하 듀티 사이클 특성에 의해 체크한다.

⑧ 최후에 4.3.1절 나항의 (2)에 의해 선택한 모터의 재확인을 행한다.

⑨ 운전시의 진동, 지연 등 동작 개선책을 참조한다.

4.3.2 교류 서보모터의 선정 포인트

교류 서보모터의 선정은 결코 어려운 것이 아니다. 다만 몇 가지 포인트를 모르고 있다면 그것은 무의미한 선정으로 되고 결국은 의도한대로 움직이지 않게 되어 버린다. 여기서는 위치결정 제어를 위해 교류 서보 모터를 선정하는데 있어서 각 선정 단계에서의 포인트에 대해 서술하기로 한다.

가. 선정의 흐름

모터 선정전에 기구의 검토를 행하고 그 후에 모터의 선정에 들어가도록 한다. 모터의 선정은 크게 나누어 2단계로 행한다. 최초로 서보 모터를 사용하는 기구 사양의 확인을 행하고 다음에 그 사양에 부합하는 모터를 가선정하고 안전율을 고려한 모터라는 것을 확인한다. 이 내용을 정리하면 다음과 같다.

① 기구의 검토

② 기구의 사양 확인

㉠ 분해능의 확인
㉡ 속도 패턴의 작성
㉢ 이동량의 확인

㉣ 필요 속도의 확인
㉤ 감속비의 확인
㉥ 부하 토크의 확인
㉦ 부하 관성모멘트 확인

③ 모터 용량의 확인
㉠ 모터의 가선정
ⓐ 적용 부하 관성모멘트 〉 부하 관성모멘트
ⓑ 정격 토크 〉 부하 토크 × 안전율
ⓒ 정격 회전수 〉 운전 속도(모터축)
ⓓ 모터 분해능 〈 사양 분해능
ⓔ 모터의 크기
㉡ 가속도 토크, 소요 토크의 확인
㉢ 토크 패턴의 작성
㉣ 실효 부하 토크의 확인

나. 기구의 검토

서보 모터를 사용하는 목적으로서 ① 위치결정 시간의 단축(위치결정이 주된 경우), ② 시스템의 신뢰성 향상, ③ 공간 절약 등을 들 수 있다. 그러나 위치 결정 시간의 단축을 목적으로 서보 모터를 선정했음에도 불구하고 선정 그대로 움직이지 않는 경우도 있다. 이것은 선정 계산에는 나오지 않는 것은 기계 강성과 모터 제어의 안정성의 관계에 의한 것이다.

다음에 위치결정 시간 단축을 실현시키기 위해서 알아 두어야 할 포인트로서 기계 강성의 중요성에 대해 설명한다.

(1) 모터의 정정시간

서보 모터에 있어서 위치결정을 하는 경우, 모터를 n회전시키고 정지시킬 때 선정 계산상 다음 식이 성립한다(그림 4.56).

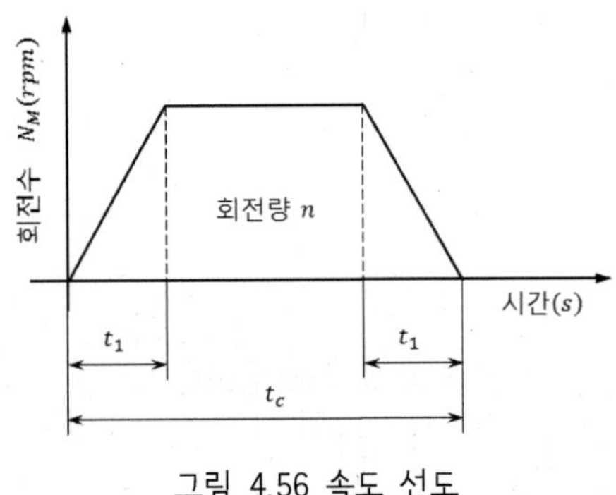

그림 4.56 속도 선도

$$n = \frac{N_M}{60} \times (t_c - t_1) \quad (4.45)$$

여기서 n은 회전수, N_M은 모터 회전수(r/min), t_1은 가감속 시간, t_c는 위치 결정 시간이다. 그러나 실제로는 드라이버 내부의 지연이나 댐핑에 의해 지연이 생긴다. 지령 펄스와 실제의 모터 운전에는 지연이 있으며 이 차를 정정 시간(dwell time)이라 부른다. 이들의 관계를 다음 식으로 나타낸다(그림 4.57).

$$t = \frac{60\,n}{N_M} + t_1 + t_D \quad (4.46)$$

여기서 t는 실제의 위치 결정 시간, t_D는 정정 시간이다. 특히 빠른 인칭(inching; 미동) 운전의 경우는 이 정정 시간을 고려하는 것이 중요하다.

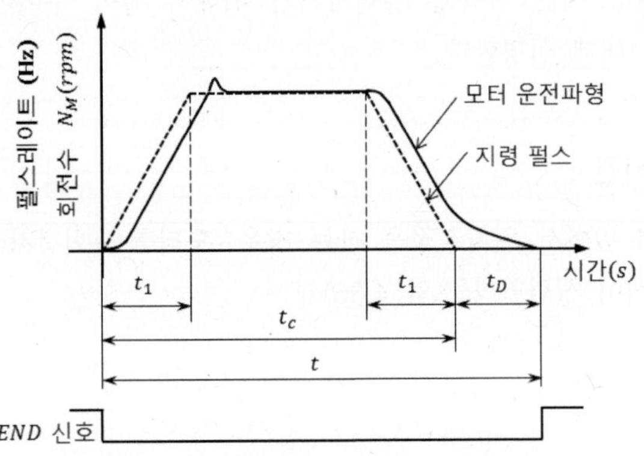

그림 4.57 지령 펄스와 모터 운전파형

(2) 기구의 강성

강성이 낮은 경우, 가감 속도, 정지 시의 댐핑이 발생하기 쉽게 되어 결과적으로 위치 결정 시간이 길게 된다. 예를 들어 볼나사 구동과 벨트-풀리 구동을 비교한 경우 강성이 높은 볼나사 구동 쪽이 정정 시간을 보다 짧게 할 수 있다. 더욱이 볼나사의 감속 효과에 의해 보다 큰 부하도 구동할 수 있으며 가감속 시간도 단축할 수 있다.

(3) 동력 전달 경로의 강성

위치결정 시간은 기구의 강성뿐만 아니라 동력 전달 경로의 강성에도 영향을 미친다. 커플링의 강성에 의한 정정시간의 차이를 나타낸다. 즉, 커플링의 강성을 높임으로써 정정 시간을 짧게 할 수도 있다.

(4) 부하의 경량화

이송량이 짧은 운전의 경우 위치결정 시간 가운데 가감속 시간이 점하는 비율이 크게 된다. 이 가감속 시간을 짧게 하는 데는 부하의 경량화가 효과적이다. 한편 관성 부하가 크게 되면 될수록 댐핑을 억제하기 때문에 가감속 시간을 길게 할 필요가 있다.

이상의 내용을 정리하면 다음과 같다.

위치 결정 단축을 위해서는 ① 기구의 강성을 고강성으로 함, ② 동력 전달 경로의 강성을 고강성으로 함, ③ 전체 부하를 경부하로 하고 아울러 저관성 모멘트이어야 한다.

다. 기구의 사양 확인

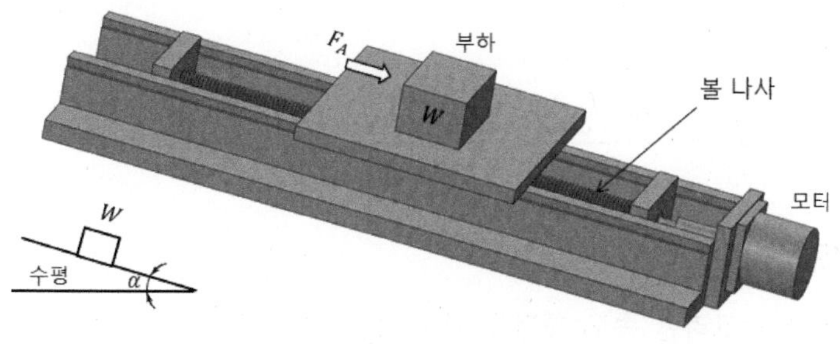

그림 4.58 볼나사 구동 예

그림 4.58과 같은 볼나사 구동의 위치결정 서보기구를 예로 하여 기구의 사양 확인을 해보도록 한다. 기구의 사양이 다음과 같다고 가정한다.

① 1회전 당 이송량 : l=1000(㎜)=100(㎝)

② 위치결정 시간 : t=2(sec)

③ 테이블과 부하의 총 중량 : W = 80(kg)

④ 외력 : F_A = 0(kg)

⑤ 볼나사의 각도 : α=0(°)

⑥ 볼나사 전장 : L_B=110(㎝)

⑦ 볼나사의 축 직경 : D_B=20(㎜)=2(㎝)

⑧ 볼나사의 피치 : P_B=20(㎜)=2(㎝)

⑨ 분해능(1펄스당 이송량) : Δl=0.02(㎜/step)=0.002(㎝/step)

⑩ 슬라이드 면의 마찰계수 : μ=0.05

⑪ 볼나사의 효율 : η=0.9

⑫ 예압 너트의 내부 마찰계수 : μ_0=0.3

⑬ 예압 하중 : F_0=1.67(kg)

⑭ 가감속 시간 : $t_1(t_2)$=0.4(sec)

⑮ 정지 시간 : t_4=1.5(sec)

(1) 분해능의 확인

테이블의 분해능 Δl이 0.002(㎝/step)으로 지정되어 있으므로 필요 분해능은 다음과 같다.

$$\theta_n = \frac{\Delta l \times 360}{P_B} = \frac{0.002 \times 360}{2} = 0.36(\text{deg/step})$$

(2) 속도 패턴 작성

정정 시간을 고려한 속도 패턴을 작성한다(그림 4.59).

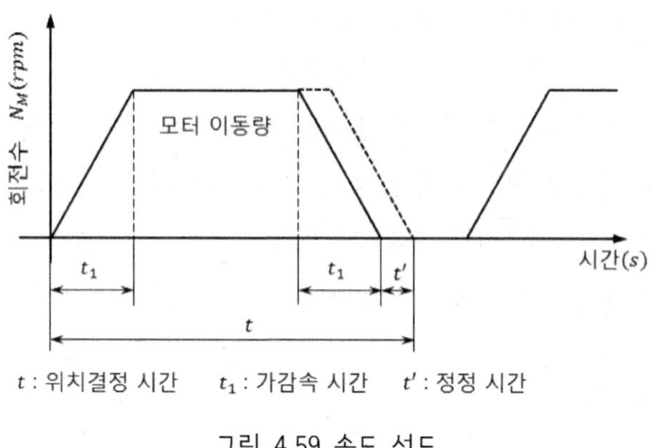

그림 4.59 속도 선도

(3) 이송 펄스량

이송 펄스량 A는 다음과 같이 정한다.

$$A = \frac{l \times 360}{P_B \times \theta_n} = \frac{100 \times 360}{2 \times 0.36} = 50000(\text{펄스})$$

(4) 회전 속도

일반적으로 정정 시간(dwell time)은 t'=0.05~0.2(sec)를 기준으로 한다. 회전 속도 N_0는 다음과 같이 구한다.

$$N_0 = \frac{l \times 60}{P_B(t - t_1 - t')} = \frac{100 \times 60}{2 \times (2 - 0.4 - 0.2)} = 2143(\text{r/min})$$

(5) 감속비의 확인

회전 속도보다 감속이 가능한지 계산한다.

$$i = \frac{N_M}{N_0} = \frac{3000}{2143} = 1.4$$

여기서 N_M은 모터의 정격 회전 속도(3000 rpm)이다. 따라서 이 경우는 유효한 감속기가 있으면 사용하지만 여기서는 필요 없기 때문에 그냥 감속기가 없는 모터를 직결로 하면 된다.

이 경우는 속도가 빨라 직결로 사용하지만 저속의 경우에는 감속기가 유효하다. 즉, 다음과 같은 경우에 감속기를 사용함으로써 유효할 수 있다.

- 회전수는 늦어도 좋지만 토크가 필요한 모터일 경우에 유효하다.
- 기구상에서 어떻게 해도 관성을 줄일 수 없을 경우에 유효하다.
- 1회전을 조금 더 세분해서 분해하고 싶을 경우에 유효하다.
- 0.1 r/min정도의 늦은 속도로 회전하는 모터가 필요한 경우에 유효하다.

(6) 부하 토크의 계산

부하 토크 T_L은 계산 혹은 실측으로 구할 수 있다. 축방향 하중 F는 다음과 같다.

$$F = F_A + W(\sin\alpha + \mu\cos\alpha) = 0 + 80 \times (\sin 0^\circ + 0.05 \times \cos 0^\circ) = 4(\text{kg})$$

볼나사의 예압 하중은 다음과 같다.

$$F_0 = \frac{F}{3} = \frac{4}{3} = 1.33(\text{kg})$$

모터축 환산 부하 토크 T_L은 다음과 같다.

$$T_L = \frac{F \times P_B}{2\pi \times \eta} + \frac{\mu_0 \times F_0 \times P_B}{2\pi} = \frac{4 \times 2}{2 \times 3.14 \times 0.9} + \frac{0.3 \times 1.33 \times 2}{2 \times 3.14} = 1.54(\text{kg}\cdot\text{cm})$$

(7) 부하 관성모멘트의 계산

기구에 대응한 계산 방법으로 구한다. 사용하는 장치의 모터축에 관한 모든 부하 관성모멘트 GD_L을 구한다.

a) 볼나사의 관성 모멘트

나사의 밀도를 ρ=0.0079(kg/㎤)로 계산한다.

$$GD^2{}_B = \frac{\pi \times \rho \times L_B \times D^4{}_B}{8} = \frac{3.14 \times 0.0079 \times 110 \times 2^4}{8} = 5.46(\text{kg}\cdot\text{cm}^2)$$

b) 테이블+부하의 관성모멘트

$$GD^2{}_W = W \times \left(\frac{P_B}{\pi}\right) = 80 \times \left(\frac{2}{3.14}\right)^2 = 32.5(\text{kg}\cdot\text{cm}^2)$$

c) 전체 부하 관성모멘트

$$GD^2{}_L = GD^2{}_B + GD^2{}_W = 5.46 + 32.5 = 37.9(\text{kg}\cdot\text{cm}^2)$$

라. 모터 용량의 확인

(1) 모터의 가선정

기구의 사양(조건)을 만족할 수 있는 모터를 가선정한다. 즉, 모터의 가선정 조건은 다음과 같다.

① 정격 토크 〉 (부하 토크×안전율(1.5~2)) : 1.54×2=3.08(kg·㎠)

② 적용 부하 관성모멘트 〉 부하 관성모멘트 : 36.9(kg·㎠)

③ 정격 회전수 ≥ 필요 회전수 : 2143(r/min)

④ 분해능 ≤ 필요 분해능 : 0.36°

⑤ 모터 사이즈 : 취부 각도, 길이

위의 가선정 조건을 바탕으로 다음과 같이 가선정했다고 가정한다.

① 정격 회전수 N=3000(r/min)

② 정격 토크 T_M=4.4(kg·㎝)

③ 순간 최대 토크 $T_{\max}$=8.8(kg·㎝)

④ 모터 부하관성모멘트 $GD^2{}_M$=3.62(kg·㎠)

⑤ 적용 부하관성모멘트 $GD^2{}_{Mmax}$=107.6(kg·㎠)

⑥ 분해능 θ_s=0.36(deg/pulse)

(2) 가감속 토크의 계산

가속 토크 T_a는 다음과 같이 계산된다.

$$T_a = \frac{(GD^2{}_M + GD^2{}_L) \times N_M}{37500 \times t_1} = \frac{(3.62 + 37.9) \times 2143}{37500 \times 0.4} = 5.9(\text{kg·cm})$$

이 식을 변형함으로써 최단 가속 시간 $t_1{}'$을 구할 수 있다.

$$t_1{}' = \frac{(GD^2{}_M + GD^2{}_L) \times N_M}{37500 \times (T_{\max} - T_L)} = \frac{(3.62 + 37.9) \times 2143}{37500 \times (9.8 - 1.54)} = 0.29(\text{sec}) < t_1$$

이것에 의해 가속 시간(t_1:0.4sec)를 만족하는 것을 확인한다.

(3) 소요 토크

소요 토크 T는 다음과 같이 구할 수 있다.

$$T = T_a + T_L = 1.54 + 5.9 = 7.44(\text{kg·cm})$$

이 소요 토크의 경우 앞에서 가선정한 모터의 순간 최대 토크 8.8(kg·㎝)보다 작아야 하는데 이를 만족하므로 선정이 잘 된 것을 알 수 있다.

(4) 토크 선도의 작성

가속토크, 부하토크, 속도 패턴으로부터 그림 4.60과 같은 토크 선도를 작성한다.

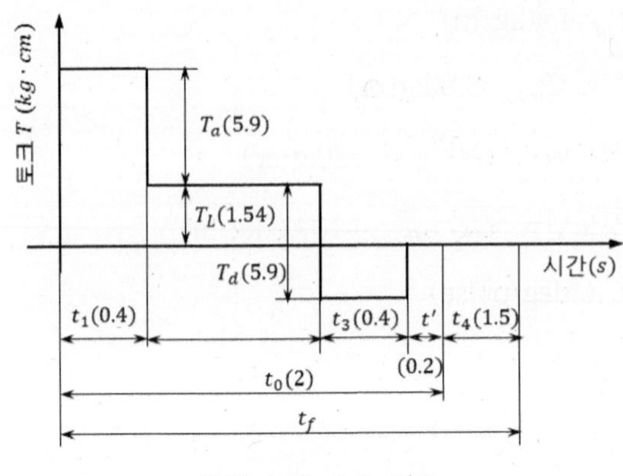

그림 4.60 토크 선도

(5) 실효 부하 토크의 계산

토크 패턴으로부터 실효 부하 토크를 구한다. 실효 부하 토크를 계산하는 사이클 타임 t_f는 다음과 같이 구할 수 있다.

$$t_f = t_0 + t_4 = 2 + 1.5 = 3.5(\text{sec})$$

정속 운전 시간 t_2는 다음과 같이 구할 수 있다.

$$t_2 = t_0 - t_1 - t_3 - t' = 2 - 0.4 - 0.4 - 0.2 = 1(\text{sec})$$

실효 부하 토크 T_{rms}는 다음과 같이 구할 수 있다.

$$\begin{aligned} T_{\mathrm{rms}} &= \sqrt{\frac{(T_a + T_L)^2 \times t_1 + T_L \times t_2 + (T_a - T_L)^2 \times t_3}{t_f}} \\ &= \sqrt{\frac{(5.9 + 1.54)^2 \times 0.4 + 1.54^2 \times 1 + (5.9 - 1.54)^2 \times 0.4}{3.5}} = 3.03(\text{kg·cm}) \end{aligned}$$

4.3.3 스테핑 모터의 선정 포인트

가. 스테핑 모터 종류에 의한 선정

영구 자석식 스테핑 모터는 VR형에 비해 효율이 좋고 더욱이 댐핑이 좋다는 특징이 있다. 그러나 영구 자석식 스테핑 모터에도 표 4.14와 같이 제어에 따라 응용 예가 다른 종류가 있으며 각각의 특징이 있으므로 최적의 모터 종류를 올바르게 고르는 것이 우선 필요하다. 올바른 모터의 종류를 선택할 수 있으면 그 다음에 여자 방식이나 부하 토크, 부하 관성모멘트로부터 모터 크기나 스텝각의 크기 등을 결정해 가게 된다.

표 4.14 제어별 스테핑 모터의 응용 예

제어 방법	응용 예
위치결정제어	프린터, 디스크플레이어, XY플로터, 의료기기, 급탕기, XY테이블 등
속도제어	레이저 프린터의 드럼 구동, 복사기의 스캐너 구동, 복사기의 드럼 구동, 팩스 등

나. 구동방식 결정

스테핑 모터의 동특성은 구동방식에 의해 크게 영향을 받는다. 따라서 적절한 구동방식을 고르는 것이 중요하다. 여기서는 대표적인 구동방식에 대해 서술한다.

(1) 정전류 구동과 정전압 구동

스테핑 모터의 코일 인덕턴스의 영향으로 입력 펄스 레이트가 빨라지게 되면 전류가 흐르지 않게 되기 때문에 고속으로 모터를 구동시키는 경우에는 통상 PWM 초퍼 방식의 정전류 구동방식으로 한다. 이 경우 필요한 구동 펄스 레이트에 동토크가 충분히 얻어질 수 있도록 코일 사양을 할 필요가 있으며 필요 구동 펄스 레이트에 초퍼가 가동되고 있고 정전류화가 되어 있는 것이 바람직하다.

그러나 현실적으로 필요 펄스 레이트가 초핑 가능한 주파수보다 빠르고 초핑 이득이 없는 영역(즉, 정전압 영역)에서 사용될 경우가 많다. 이와 같은 경우에도 정전류 구동방식으로 함으로써 저속역일 때의 과대 전류를 방지할 수 있기 때문에 정전류 방식은 유효하다.

이 경우 초퍼가 잘리는 펄스 레이트에 접근한 구동펄스로 하면 전류값이 불안정하게 되어 진동 소음 등의 문제가 일어날 수 있는 경우가 있기 때문에 주의가 필요하다. 이것에 대해 비교적 저속역에서 사용하는 경우나 일정의 펄스 레이트만으로 사용하는 경우에는 정전압 구동방식이 저렴하기 때문에 취할 수 있을 것이다.

(2) 풀스텝, 하프스텝, 마이크로스텝 구동

저속일 때의 스테핑 모터의 진동 소음은 주로 전류의 고주파수 성분에 기인한다. 따라서 이들 소음진동을 줄이는 데는 풀스텝 구동으로부터 하프스텝 구동에 더욱이 마이크로스텝 구동이 필요하게 된다. 그러나 마이크로스텝 구동의 경우는 고속까지는 전류제어가 추종하지 않고 통상 저속역까지 밖에 이용할 수 없는 것과 구동회로 비용이 증가하는 문제가 발생하는 경우가 있다.

(3) 구동 선도(사각선도, 사다리꼴선도, S선도)

스테핑 모터의 자기동 주파수(starting pulse rate) 영역 내에서 부하를 구동할 수 있는 경우에는 통상 사각선도 구동으로 된다. 그러나 연속 범위 영역에서 부하를 구동하는 경우에는 자기동 영역에서 부하를 가동하고 나서 through up slow down 구동에 의한 사다리꼴선도를 일반적으로 행한다. 이 때 연속 상승 구동으로부터 정속 구동으로 이행할 때 오버슈트가 문제되는 경우가 있으며 이 경우에는 속도의 증가 프로파일을 S선도로 해결하는 경우가 많다.

(4) 댐핑 구동

스테핑 모터가 정지할 때의 오버슈트, 언더슈트 되는 진동이 문제로 되는 경우는 모터 축 혹은 부하시스템에 기구적 댐핑을 부가하는 경우도 있지만 역상 제어구동이나 최종 펄스 지연제어 등을 행하여 댐핑을 개선한다.

(5) 폐루프 구동

스테핑 모터는 통상 개방 루프 제어이지만 보다 고속의 특성을 요구할 경우에는 폐루프 구동을 행할 수 있다. 이 경우 회전자 위치를 검출하기 위해 엔코더 등의 센서가 필요하며 구동계가 고가로 되지만 그 특성이 다극의 브러시리스 모터로 되어 특히 고속 특성이 개선된다.

다. 스테핑 모터 사양의 결정

스테핑 모터의 종류, 구동방식 다음으로는 스테핑 모터의 사양 결정을 행하게 된다. 그 개요 및 주의사항에 대해 서술한다.

(1) 스텝각

2상 PM형에서는 115°, 15°, 18° 되는 스텝 각도가 많다. 2상 HB형에서는 0.9°, 1.8°, 3상 HB형에서는 0.6°, 1.2°, 5상 HB형에서는 0.72° 등이 있다. 이들로부터 최적의 스텝각 모터를 고를 때의 주의 점을 서술한다.

용도가 위치결정 제어인 경우에는 일반적으로 스텝각도가 작은 쪽이 위치결정 정도가 향상한다. 왜냐 하면 위치제어 시 스텝각도 정도는 적산되지 않으며 따라서 최종 스텝각 정도에 거의 결정되기 때문에 구동 스텝수를 많게 한 쪽이 정도는 향상하게 된다.

그러나 위치결정 속도는 스텝수가 많아지면 늦어지는 점을 배려해야 한다. 용도가 속도제어인 경우에는 사용속도에 주의할 필요가 있다. 고속 구동에는 소음이나 토크의 점에서 스텝각도가 큰 것이 유리하다.

모터의 리액턴스는 다음과 같다.

$$X = N_r \omega_m L \tag{4.47}$$

다만 N_r은 회전자 잇수 또는 극수이고 ω_m은 기계 각속도이며 L은 인덕턴스이다.

스텝각도는 N_r에 역비례하기 때문에 리액턴스 X를 작게 할 수 있고 고속시의 전류를 더 유지할 수 있기 때문이다.

역으로 저속 구동이 메인일 경우는 스텝각도가 큰 모터를 사용하면 고토크를 얻지 못하는 것 외에 용도에 따라서는 회전 불균일이 문제되는 경우가 있으므로 주의를 요한다. 다상으로 할수록 미소 각으로 되기 때문에 그런 경우에는 비용과 필요 특성에 따라 선택하여야 한다.

(2) 모터 축 환산 부하토크, 부하 관성모멘트

부하와 모터란 통상 감속기를 포함하고 있는 경우가 많다. 이 경우 모터 축 환산 부하토크 T_f는 부하 토크를 1단 당 90% 정도의 감속 효율로 고려한 감속비로 나눈 값으로 할 것과 50% 정도의 토크 여유가 필요하게 된다. 부하 관성모멘트는 속도비의 2제곱으로 나눈 것이다.

(3) 가속 토크 T_a, 필요 토크 T의 산정

스테핑 모터의 필요 토크는 $T = T_a + T_f = I(d\theta/dt) + T_f$로 계산할 수 있다. 여기서 I는 모터 축 환산 총 관성모멘트이며 θ는 각도이다.

(4) 수명, 비용

스테핑 모터의 선정에는 용도의 수명을 고려해야 한다. HB형이나 RL형과 같이 베어링이 볼베어링의 경우는 수명의 문제는 거의 없지만 2상 PM형과 같이 베어링이 슬립메탈의 경우에는 부하에 의해 수명을 충분히 검토할 필요가 있다. 비용도 중요한 모터 선택의 요소이다.

예제 4.3

그림 4.61과 같은 드럼 구동계의 사양이 다음과 같다고 한다.

- 드럼 지름 : ∅24 ㎝
- 드럼 중량 : 1.2 kg
- 마찰토크 : 1kg · ㎝
- 기어비 : 1/3
- 기어1 피치 내경 : 3 ㎝(중량 0.05 kg)
- 기어2 피치 내경 : 9 ㎝(중량 0.15 kg)
- 기어 전달 효율 : 90%

부하를 1.8° 스텝각의 스테핑 모터(회전자 관성모멘트 0.5 kg · ㎠)로 0.5s 걸려서 모터 축에서 800스텝 이동시킬 때의 모터 소요 토크를 구하라. 가속은 직선 가속으로 하고 상승과 하강은 그림 4.59와 같은 삼각선도 구동에서 행한다.

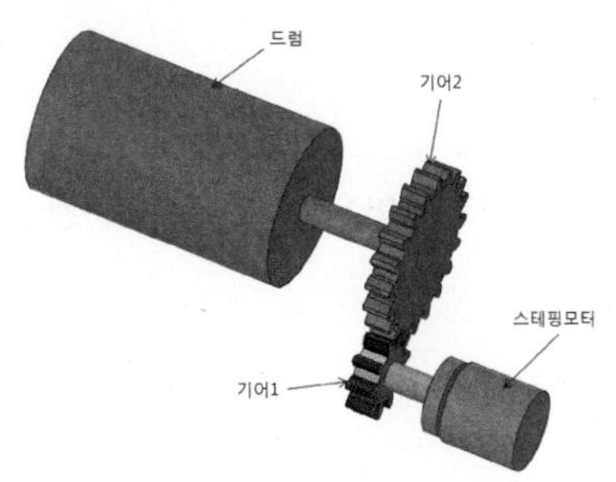

그림 4.61 드럼 구동계

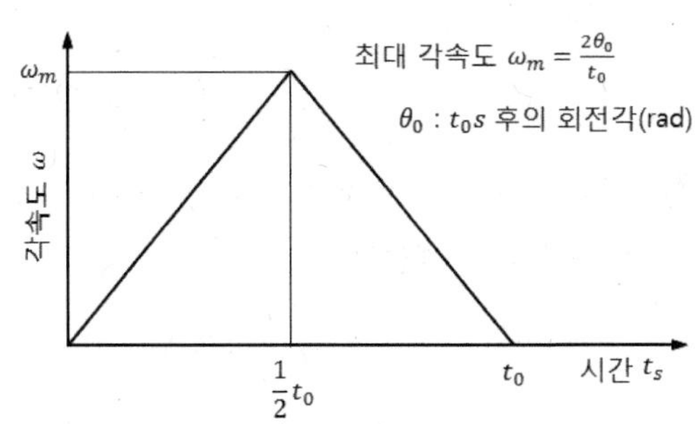

그림 4.62 삼각구동의 동작 패턴

풀이

(1) 모터 축으로 환산한 부하 관성모멘트

① 기어1, 2의 관성모멘트(I_1, I_2)

$$I_1 = \frac{1}{2}W_1{r_1}^2,\ I_2 = \frac{1}{2}W_2{r_2}^2$$

여기서 W_1, W_2 : 기어1, 기어2 중량, r_1, r_2 : 기어 1,2의 반경

② 드럼의 관성모멘트(I_3)

$$I_3 = \frac{1}{2}W_3{r_3}^2$$

여기서 W_3 : 드럼 중량, r_3 : 드럼 반경에 따라 모터 축으로 환산한 전체 관성모멘트는 다음과 같다.

$$I = I_1 + I_M + i^2(I_2 + I_3)$$

여기서 I_M : 모터의 회전자 관성모멘트, i : 기어비이므로 기어1, 2 및 드럼의 관성모멘트는 다음과 같이 계산된다.

$$I_1 = \frac{1}{2}\times 0.05\times 1.5^2 = 0.056(\text{kg}\cdot\text{cm}^2)$$

$$I_2 = \frac{1}{2}\times 0.15\times 4.5^2 = 1.52(\text{kg}\cdot\text{cm}^2)$$

$$I_3 = \frac{1}{2}\times 1.2\times 12^2 = 86.4(\text{kg}\cdot\text{cm}^2)$$

그러므로 모터축으로 환산한 부하 관성모멘트는 다음과 같다.

$$I = 0.056 + 0.5 + \left(\frac{1}{3}\right)^2(86.4 + 1.52) = 10.32(\text{kg}\cdot\text{cm}^2)$$

따라서 I를 중력계 단위로 환산한 관성모멘트 J는 다음과 같다.

$$J=\frac{I}{g}=\frac{10.32}{980}=0.0105(\text{kg}\cdot\text{cm}\cdot\text{s}^2)$$

(2) 최대 응답주파수 f_m은 스텝수가 S_0일 때 다음과 같다.

$$f_m=\frac{2S_0}{t_0}=\frac{2\times800}{0.5}=3200\text{pps}$$

(3) 가속 토크 T_a는

$$T_a=J\frac{4\theta_0}{{t_0}^2}$$

여기서 $\theta_0=\frac{2\pi}{360}\times1.8^\circ\times800=25.12(\text{rad})$

그러므로

$$T_a=0.0105\times\frac{4\times25.12}{0.5^2}=4.22(\text{kg}\cdot\text{cm})$$

(4) 모터 소요 토크 T는

$$T=T_a+T_f$$

여기서 $T_f=i\frac{T_f'}{\eta}=\frac{1}{3}\cdot\frac{1}{0.9}=0.37(\text{kg}\cdot\text{cm})$

T_f : 모터 축으로 환산한 마찰토크, T_f' : 드럼 마찰토크, η : 기어 전달효율

그러므로

$$T=4.22+0.37=4.59\ (\text{kg}\cdot\text{cm})$$

결국 본 구동 기구를 스테핑모터로 구동시킬 경우 3200 pps이며 4.59(kg · cm) 이상의 토크가 필요 하다.

4.4 이송용 서보 모터의 선정 방법

4.4.1 부하의 속도- 토크 특성

일반적으로 모터로부터 보아 부하의 속도 토크 특성은 표 4.15와 같이 분류되지만 서보 모터는 대부분 정토크 부하에 가까운 이송용에 사용되고 있다. 여기서는 이송용 서보 모터의 선정법을 서술한다.

표 4.15 대표적 부하의 속도-토크 특성

부하 특성		속도-토크 특성
정토크 부하	속도에 대해 부하 토크가 일정한 부하 일반적으로 마찰 부하	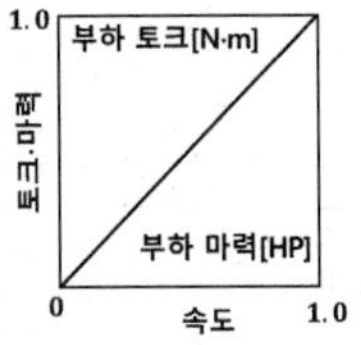 1.0 부하 토크[N·m] 토크·마력 부하 마력[HP] 0 속도 1.0
저감 토크 부하	속도에 대해 부하 토크가 변하는 부하	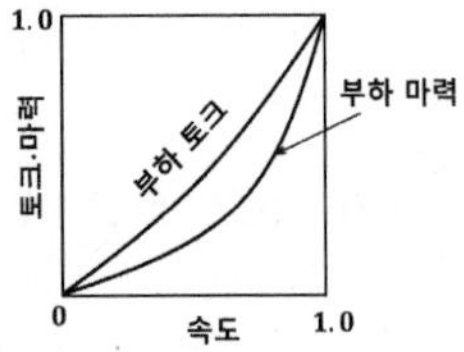 1.0 부하 토크 부하 마력 토크·마력 0 속도 1.0
정출력 부하	속도에 대해 소요 출력이 일정하게 되는 부하	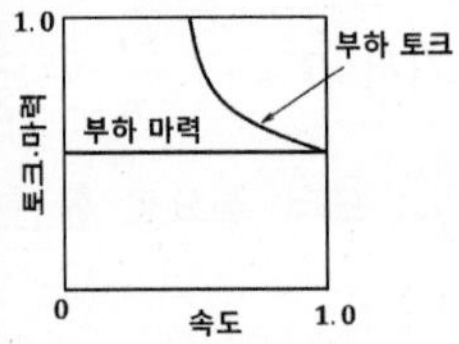 1.0 부하 토크 부하 마력 토크·마력 0 속도 1.0
저감 출력 부하	속도에 대해 부하 토크가 변하는 부하, 정출력 부하와 정토크 부하의 중간 성질을 갖는 부하	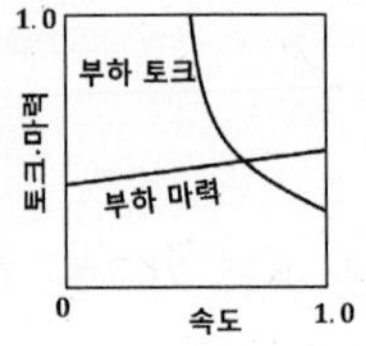 1.0 부하 토크 부하 마력 토크·마력 0 속도 1.0

부하가 정토크 특성이어도 더욱 다음과 같이 나눌 수 있다.

(1) 마찰 부하

공작기계의 절삭 테이블의 이송 등과 같이 절삭 반력에 저항하여 테이블을 이송하는 경우로 이송 그 자체에 토크가 요하는 부하이다.

(2) 관성 부하

펀치 프레스나 인서터, 다이아 본더 등과 같이 이송 자체는 상당히 가볍지만 매초 수회의 기동-정지가 필요한 것으로 기동-정지를 위해 큰 토크가 소요되는 부하 각각에 사용되는 모터에 요구되는 특성은 다르기 때문에 최적의 모터를 선택하지 않으면 안 된다.

4.4.2 서보 모터의 테크니컬 데이터시트 보는 방법

테크니컬 데이터시트에는 대체로 정격 및 사양, 전기적 특성, 기계적 특성, 사용 환경, 부가 사양 및 그 밖의 항목으로 나누어 데이터가 기재되어 있다.

다음은 각 항목에 대해 설명한다.

가. 정격 및 사양

모터의 제조자가 보증하는 출력의 한도나 지정하는 전압, 전류(토크), 회전수, 주파수, 주위 온도 등의 값을 총칭해서 정격이라 한다. 이러한 제원은 정격 출력, 정격 전류(정격 토크), 정격 회전수 등이라 한다.

출력의 정격에는 연속 정격, 단시간 정격, 반복 정격(Duty 정격)이 있다. 연속 정격은 장시간에 걸쳐 연속해서 낼 수 있는 일정 출력이고, 단시간 정격은, 얘를 들어 1시간에 정격이라면 모터가 차가운 상태로부터 1시간만 연속해서 낼 수 있는 일정 출력이다. 한편 반복 정격은 부하가 주기적으로 변화하는 경우에 대한 부하시의 출력을 나타낸다.

정격 및 사양의 예를 표 4.16에 나타낸다.

표 4.16 정격 및 사양의 예

항목 \ 데이터 형식	A형식	B형식	C형식	D형식
정격 출력 kW	0.4	0.75	1.5	2.2
정격 토크 kg · cm	22.3	41.7	83.5	123
정격 회전수 rpm	1750	1750	1750	1750
정격 전압 V	67	144	158	150
정격 전류 A	8.2	6.7	11.2	16.9
파워레이트 kW/s	2.13	3.78	6.63	9.56
순간 최대 각가속도 rad/s²	4870	4625	4055	3970
순간 최대 토크 kg · cm	112	209	418	615
순간 최대 전류 A	40	33	55	84
순간 최대 회전수 rpm	2900	2900	2900	2900
회전자 관성모멘트(GD²/4) kg · cm²	22.4	44.2	101	152
토크 정수 kg · cm/A	2.97	6.72	7.98	7.77
마찰토크 kg · cm	0.67	0.8	0.95	0.95
기계적 시정수 ms	34.4	31.2	22.1	18.3
전기적 시정수 ms	0.61	0.85	1.42	1.86

(1) 정격 출력, 정격 토크, 정격 회전수

일반적으로 DC 서보모터의 정격이란 배터리와 같은 평활한 전압 파형을 갖는 전원으로 주위 온도 40℃ 이하의 장소에 있어서 연속적으로 운전할 수 있는 값을 말한다.

출력 P[kW], 토크 T[kgf · cm], 회전수 N[rpm] 사이에는 $P = 1.027 \cdot T \cdot N \times 10^{-3}$의 관계가 있다.

토크의 단위는 힘×거리이며 힘은 질량×가속도이므로 중력의 가속도 force의 f를 붙여 kgf · m로 쓰는 것이 정확하지만 카탈로그에는 f를 생략하고 kg · m로 쓰이고 있는 것이 많다.

(2) 순간 최대값

그 모터에 허용할 수 있는 최대값으로 허용할 수 있는 시간이 병기되어 있다.

모터의 기동 시에 필요한 가속 피크토크가 어디까지 취할 수 있는지는 이 값보다 서보 컨트롤러의 파워 트랜지스터의 능력으로 정하는 경우가 많기 때문에 주의를 요한다.

(3) 회전자의 GD²

회전자의 플라이휠 효과로 회전자의 중량과 지름으로 정한다.

일반적으로 기동, 정지 빈도가 심한 용도에는 이 값이 되도록 작은 것을, 저속으로 부드러운 운전이 필요한 용도(절삭 시 등)에는 큰 값을 선택한다.

(4) 가속 정수

정격 토크에 동등한 일정한 가속 토크이며 모터만을 정지 상태로부터 정격 속도까지 가속하는데 필요한 시간(t초)을 가속 정수라 하고, 회전자의 GD^2을 kg · ㎡으로 하면 다음 식으로 구할 수 있다.

$$t = \frac{GD^2 \cdot N}{375 \cdot T} \tag{4.47}$$

이 값에 의해 기계 시스템를 포함해서 대략 어느 정도로 가속할 수 있는지를 가늠할 수 있다.

예를 들어 부하의 GD^2이 모터의 GD^2과 같으며 부하 토크도 정격 토크와 같으며 가속 토크를 정격 토크의 2배로 설정했다고 하면 가속 시간은 카탈로그 값의 2배가 된다.

(5) 마찰 토크, 점성 제동계수

마찰 토크는 브러시와 정류자 면 등 모터 내부에 존재하는 평균 마찰 토크이다.

점성 제동계수는 철손, 동손, 베어링손으로 되는 점성적 손실 토크이며 1[rpm]당으로 표현된다. 어째든 정격 토크보다 충분히 작기 때문에 일반적으로 사용상 신경 쓸 필요가 없다.

(6) 전기자 저항, 유기 전압 정수, 토크 정수

전기자 저항은 전기자 권선의 저항값, 유기 전압 정수는 1[rpm]당 모터 단자 사이에 유기되는 전압, 토크 정수는 전류 1A당 토크를 말한다. 모터를 사용하는 입장에서 다이나믹 브레이크용 저항값을 계산할 때 이용한다.

예를 들어 N[rpm]으로 회전하는 있을 때 정전이 일어났다고 할 때 서보 컨트롤러는 제어 능력이 없기 때문에 모터는 자연 타주(coasting) 정지한다. 이것이 위험한 경우는 모터 단자 사이에 저항 R_0를 삽입한다.

이· 때 모터 단자 사이에는 $N \cdot V$의 전압이 유기되기 때문에 모터에 흐르는 전류는 $(NV)/(R+R_0)A$로 된다. 따라서 브레이킹 토크는 $K_T(NV)/(R+R_0)$이다.

다만 이 값은 정전했을 순간의 값이고, 브레이킹 토크가 작동하면 감속한다. 감속하면 유기 전압도 내려가고 브레이킹 토크도 감쇠하게 된다. 최후에는 브레이킹 토크로 계산(표 4.18에서 제동 시간 계산식의 T_p에 이 값을 이용한다)한 값의 3배 정도 보면 된다.

나. 전기적 특성

여기서는 정격 및 사양 일람표에는 표현할 수 없는 토크-회전수나 시동-과부하 특성, 반복 부하 특성 등이 그래프로 게재되어 있으니 사용 전에 한 번 훑어보는 것이 좋다.

다. 기계적 특성

여기서는 모터를 기계에 부착할 때에 필요한 사항에 대해 기재되어 있다.

(1) 베어링과 허용하중

허용 하중에는 축과 동일 방향의 트러스트 허용 하중과 축과 직각 방향의 레이디얼 허용 하중으로 나누어 기재되어 있다.

(2) 공작 정도

공작 정도란 모터의 마무리 정도를 말한다.

(3) 진동 계급

모터 운전 중에 베어링에 되도록 가까운 장소에 축에 직각인 2방향과 축에 평행한 방향의 진동을 진동계로 측정하고 진폭의 최대값을 ㎛ 단위로 표현한 것을 진동 계급이라 한다.

(4) 외형도

부착 치수, 축의 형상뿐만 아니라 단자 상자의 위치, 방향, 치수 등에도 충분한 주의를 할 필요가 있다.

라. 사용 환경

서보 모터는 일반적으로 옥내 사용을 전제로 하고 있다. 부착 장소에 대한 주의 사항이 열거되어 있으므로 훑어보는 것이 좋다.

마. 부가 사항

서보 모터는 그것 단독으로 사용되는 것은 없다. 최저라도 속도 검출기(TG)는 필요로 한다. 위치 검출기는 리니어 타입을 기계에 직접 부착한다든지 광학 엔코더(PG)라도 모터 이외의 장소에 취부 가능하지만 속도 검출기는 반드시 모터 일체로 부착해야 한다.

4.4.3 이송용 서보 모터의 선정

서보 모터의 선정은 다음의 순서로 행한다.

(1) 기계 제원을 정리함

그림 4.63에 나타냈듯이 제어 대상 기계시스템을 정리하고 제원을 정한다.

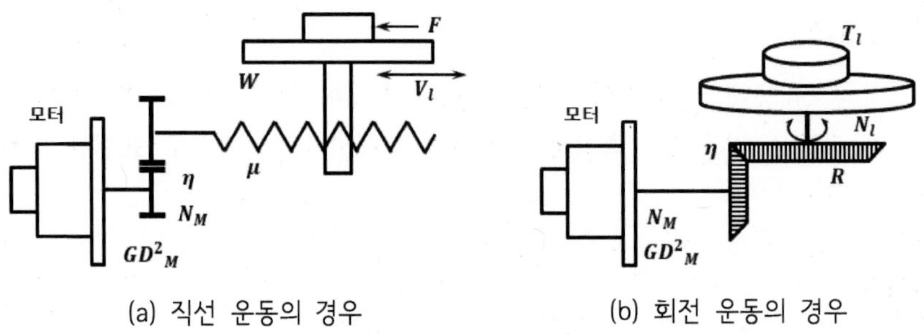

(a) 직선 운동의 경우 (b) 회전 운동의 경우

그림 4.63 제어 대상 기계

(2) 운전 패턴을 정함

기계의 제어 내용으로부터 운전 패턴을 정한다(그림 4.64). t_a나 t_d는 작업 능률이나 기계의 강성으로부터 정한다.

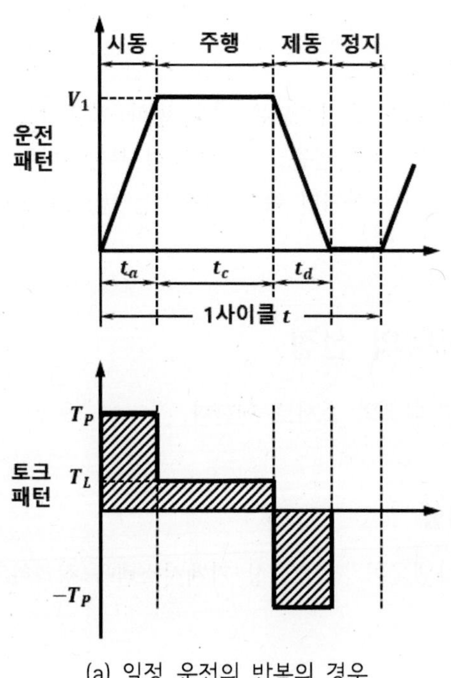

(a) 일정 운전의 반복의 경우

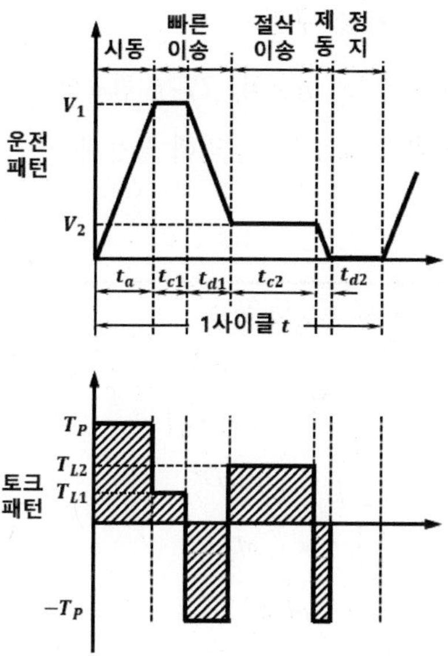

(b) 빠른 이송, 절삭 이송이 있는 경우

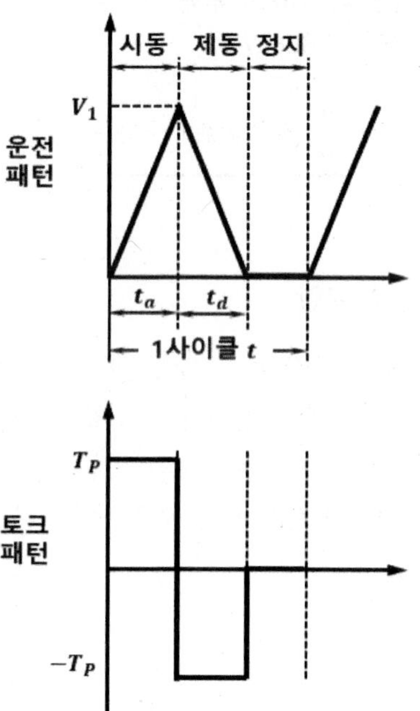

(c) 정상 주행 없이 운전, 정지를 반복하는 경우

그림 4.64 운전 패턴 예와 대응하는 토크 패턴

(3) 부하의 모터축 환산 GD^2을 구함

t_a를 실현하기 위해서는 어느 정도의 T_P가 필요한지를 계산하기 위해 우선 부하의 GD^2을 구한다. 계산 예를 표 4.17에 정리해 놓는다.

표 4.17 부하 GD^2의 계산

항목	직선 운동의 경우	회전 운동의 경우
부하 GD^2 (모터축 환산)	$GD^2_L = W \cdot \left(\frac{V_l}{\pi \cdot N_M}\right)^2 + \left(\frac{1}{R}\right)^2 \times \frac{\pi}{8}\rho L D^4 + \left(\frac{1}{R}\right)^2 \times \frac{\pi}{8}\rho l_2 d_2^4 + \frac{\pi}{8}\rho l_1 d_1^4$	$GD^2_L = \left(\frac{N_l}{N_M}\right)^2 GD^2_l + \left(\frac{1}{R}\right)^2 \times \frac{\pi}{8}\rho l_2 d_2^4 + \frac{\pi}{8}\rho l_1 d_1^4$

여기서 L: 나사의 길이, D: 나사의 지름, l_2: 부하측 기어의 두께, d_2: 부하측 기어의 지름, l_1: 모터측 기어의 두께, d_1: 모터측 기어의 지름, ρ: 재료의 비중(강의 경우 ; 7.866g/㎤)

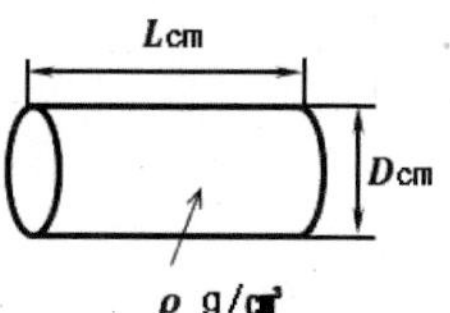

중실 원통, 원판의 GD^2은 $GD^2 = \frac{\pi}{8}\rho L D^4$g㎠로 구할 수 있음

(4) 계산에 의해 모터 용량을 구함

다음에 표 4.18의 공식에 의해 P_o, T_L의 값을 구하고 카탈로그 값으로부터 모터 용량을 가선정한다. t_d의 식으로부터 구할 수 있다. T_P값은 가선정한 모터의 정격 토크 이상이어도 좋지만 그것이 모터의 순간 최대 토크(통상 정격 토크의 5~10배) 이하이면 OK라는 이유만은 아니고 서보 제어기의 최대 출력 전류에 의해 제한을 받기 때문에 주의를 요한다.

표 4.18 모터 가선정을 위한 기본 공식

항목	직선 운동의 경우	회전 운동의 경우
부하 정상 파워	$P_0 = \dfrac{(\mu W + F) \cdot V_l}{6120 \cdot \eta}$	$P_0 = \dfrac{T_l \cdot N_l}{973 \cdot \eta}$
부하 가속 파워	$P_a = \dfrac{W \cdot {V_l}^2}{365 \times 10^3 \times t_a}$ 가속시에는 절삭 반력은 없는 것으로 함	$P_a = \dfrac{GD_l^2 \cdot {N_l}^2}{365 \times 10^3 \times t_a}$
부하 토크 (모터축 환산)	$T_L = \dfrac{\mu \cdot W \cdot V_l}{2\pi \cdot N_M \cdot \eta}$	$T_L = \dfrac{N_l}{N_M \cdot \eta} \cdot T_l$
시동 시간	$t_a = \dfrac{(GD^2_M + GD^2_L) \cdot N_M}{375(T_p - T_L)}$	$t_a = \dfrac{(GD^2_M + GD^2_L) \cdot N_M}{375(T_p - T_L)}$
제동 시간	$t_d = \dfrac{(GD^2_M + GD^2_L) \cdot N_M}{375(T_p + T_L)}$	$t_d = \dfrac{(GD^2_M + GD^2_L) \cdot N_M}{375(T_p + T_L)}$

주) 일반적으로 빠른 이송시의 속도를 V_1, 그때의 모터 회전수를 N_1, 절삭 이송시의 속도를 V_2, 그 때의 모터 회전수를 N_2로 하면 $T_L = \dfrac{1}{2\pi\eta}\left(\dfrac{\mu W V_1}{N_1} + \dfrac{F V_2}{N_2}\right)$이지만 볼나사 피치, 기어비가 정해지면 $\dfrac{V_1}{N_1} = \dfrac{V_2}{N_2}$이므로 T_L은 상기 식으로 표현함

(5) 토크 실효치의 계산

이상에서 구한 값으로부터 1사이클의 실효 토크를 계산한다. 이 값이 선택한 모터의 정격 토크이하이면 「사용 가능」이라 하게 된다. 계산식을 그림 4.64 (a)를 예로 들어 나타낸다. 다른 경우도 마찬가지의 방법으로 계산할 수 있다.

$$T_{rms} = \sqrt{\frac{{T_P}^2 t_a + {T_L}^2 t_c + {T_P}^2 t_d}{t}} \times f_w \tag{4.48}$$

여기서 f_w는 파형율(서보 컨트롤러의 성능을 나타내는 데이터의 한 가지), t_{rms}가 정격 토크에 들어가지 못하면 모터 용량을 높여서 재검토하든지 기계 사양을 재검토하는 것이 필요하다.

이상의 순서로 모터는 선정할 수 있지만 감속비 R은 주어지는 것으로 해 왔다.

다음에는 모터의 필요 토크가 최소로 되는 감속비 R_0를 구하고 이것에 기반하여 파워레이트로부터 모터를 선택하는 방법에 대해서 서술한다.

파워레이트란 단위 시간당 낼 수 있는 출력을 말하며 서보 모터 성능의 양부를 결정하는 수치로 클수록 성능은 좋다고 할 수 있다.

기동 정지나 가감속이 심한 용도에서는 모터 출력이 커도 능력이 부족한 경우가 있으며 이 경우 모터 성능의 선정 기준으로서 파워레이트가 역할을 한다.

일반적으로 관성모멘트 J를 각가속도 α로 가속하는데 필요한 토크는 $T = J\alpha$로 얻을 수 있다.

그런데 그림 4.64 (a)에 대해 나사 축의 각가속도를 α_L로 하면 모터의 소요 가속 토크 $T_L^{'}$는 다음 식과 같이 된다.

$$T_L^{'} \geq J_M \cdot R \cdot \alpha_L + \frac{J_L \cdot \alpha_L + T_l}{R \cdot \eta} \tag{4.49}$$

여기서 J_M은 모터의 관성모멘트[kg · m · s^2], $GD^2{}_M$=4g · J_M의 관계가 있다. g는 중력 가속도로 9.8[m/s^2], J_L은 부하의 관성모멘트, α_L은 각가속도[rad/s^2]이다.

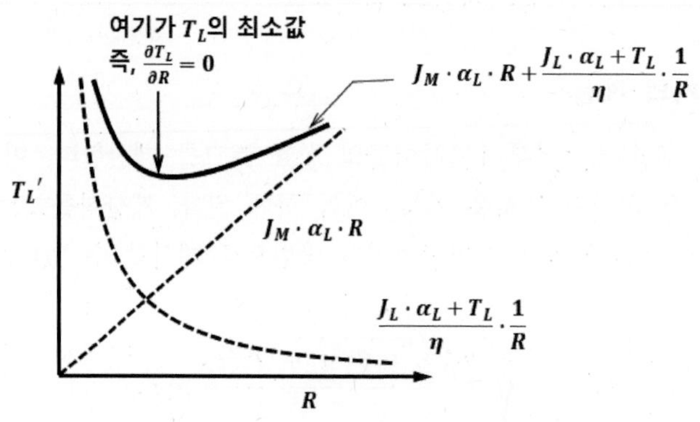

그림 4.65 식 (4.49)의 그래프

식 (4.49)에 대해 T_L'를 가로축, R을 세로축으로 취하고 그래프를 그리면 그림 4.65와 같이 되기 때문에 T_L'를 최소로 하는 R은 식 (4.49)를 R로 편미분하여 그 값을 0으로 해서 구할 수 있으며 그것을 구하면 다음과 같이 된다.

$$R_0 = \sqrt{\frac{J_L \cdot \alpha_L + T_l}{J_M \cdot \alpha_L \cdot \eta}} \tag{4.50}$$

여기서 $J = GD^2/4g$, α_L은 각가속도로 [rad/s²]의 단위이다. 이것을 [rpm]으로 환산하는 데는 t_a초로 N_l[rpm]으로 가속하는 것으로 보면 되므로 $\alpha_L = (2\pi N_l)/(60\, t_a)$를 각각 식 (4.50)에 대입하면 다음과 같이 된다.

$$R_0 = \sqrt{\frac{\dfrac{GD^2{}_l L_l^2}{375\, t_a} + T_l}{\dfrac{GD^2_M}{375\, t_a} N_l \eta}} \tag{4.51}$$

이 R_0가 최적 감속비라 부르며 감속비를 이와 같이 선택하면 소요의 시동 토크가 최소로 된다.

그 값은 식 (4.50)을 식 (4.49)에 대입함으로써 구할 수 있다.

$$T_L' \geq 2\sqrt{\frac{J_M \alpha_L (J_L \alpha_L + T_l)}{\eta}} \tag{4.52}$$

시동 후, 일정 속도로 모터가 회전하고 있을 때, 소요 토크 T_0는 다음 식으로 된다.

$$T_0 = \frac{T_l}{R_0 \eta} = \frac{T_l}{\eta}\sqrt{\frac{J_M \alpha_L \eta}{J_L \alpha_L + T_l}} \tag{4.53}$$

지금 식 (4.48)의 양변을 제곱하여 J_M으로 나누고 T_P에 T_L'를 T_L에 T_0를 대입하면 다음과 같이 된다.

$$\left(\frac{T_{rms}^{2}}{J_M}\right)=\frac{f_w^{2}}{\eta}\left\{4\alpha_L(J_L\alpha_L+T_l)(t_a+t_d)+\frac{T_l^{2}\alpha_L}{J_L\alpha_L+T_l}t_c\right\} \tag{4.54}$$

여기서 N · m를 ㎾/s로 맞추기 위해 $\alpha_L=(2\pi N_L)/(60t_a)=N_L/(9.55t_a)$를, $J_L\alpha_L+T_l=9.8T_P$를, $t_a \fallingdotseq t_d$로 하여 식 (4.54)에 대입하고 더욱이 좌변을 1/1000 (∵N · m/s=W/s)으로 하면 다음 식이 구해진다.

$$\left(\frac{T_{rms}^{2}}{J_M}\right)=\frac{f_w^{2}}{\eta t}\left(\frac{N_L}{973t_a}\right)\times\left(8T_Pt_a+T_l^{2}\frac{t_c}{T_P}\right)[\text{kW/s}] \tag{4.55}$$

식 (4.55)의 우변은 부하 조건만으로 결정되는 값이며, 좌변은 모터에 의해 결정되는 값이다.

그런데 서보 모터의 성능을 좌변의 형으로 주어지면 부하 조건으로부터 우변의 계산을 하여 적용해야 하는 모터를 간단하게 선정할 수 있다.

T_M^2/J_M은 파워레이트라 부르며, 다음과 같이 나타낸다.

$$\dot{P}=\frac{T_M^{2}}{J_M}=T_M\alpha_M=T_M\frac{\omega}{t}=\frac{P}{t}[\text{W/s}] \tag{4.56}$$

이것은 테크니컬 데이터시트에 기재되어 있다.

4.5 동력 전달 기구의 선정 방법

4.5.1 기어 기구의 선정 방법

가. 평기어 감속기구

그림 4.66에 나타낸 모터에 기어를 개입하여 부하를 감속 구동하는 경우를 생각하기로 한다.

입력측을 1, 출력측을 2의 첨자로 구별한다. 모터, 부하, 기어의 관성모멘트를 각각 J_M, J_L, J_T로 나타내며 모터의 발생토크, 기어 1의 전달토크, 기어 2의 피전달 토크를 T_M, T_1, T_2로 한다. 회전각을 θ, 감속비를 $R(>1)$로 한다. 점성감쇠와 기어전달 효율을 생략하면 아래의 식이 성립한다.

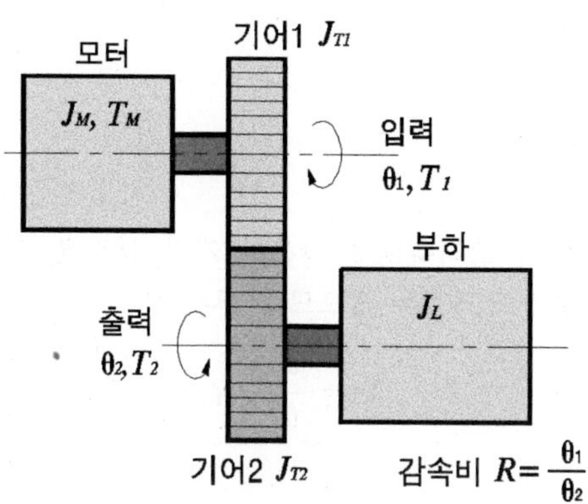

그림 4.66 평기어 감속기구

$$J_1 = J_M + J_{T1} \tag{4.57}$$

$$J_2 = J_L + J_{T2} \tag{4.58}$$

$$T_M = J_1\ddot{\theta}_1 + T_1 \tag{4.59}$$

$$T_2 = J_2\ddot{\theta}_2 \tag{4.60}$$

$$T_1\theta_1 = T_2\theta_2 \tag{4.61}$$

$$\theta_1 = R\theta_2 \tag{4.62}$$

식 (4.61)과 식 (4.62)로부터 다음을 얻을 수 있다.

$$T_2 = RT_1 \tag{4.63}$$

식 (4.59)에 식 (4.60)~(4.62)을 대입하여 정리하면 다음을 얻을 수 있다.

$$T_M = (J_1 + J_2/R^2)\ddot{\theta}_1 \tag{4.64}$$

식 (4.63)로부터 부하에 주어지는 토크는 모터 발생토크 중 부하에 전달되는 토크 T_1의 R배로 된다. 또한 식 (4.64)로부터 부하의 관성모멘트를 모터축으로 환산하는 데는 $1/R^2$을 곱하면 된다.

예제 4.4

그림 4.67의 기어열에서 모터축으로 환산한 기어 1~4 및 부하의 총 관성모멘트를 구하시오. 다만 각 축의 관성모멘트는 작으므로 무시한다.

$$R_1 = \frac{\theta_2}{\theta_1}, R_2 = \frac{\theta_3}{\theta_2}$$

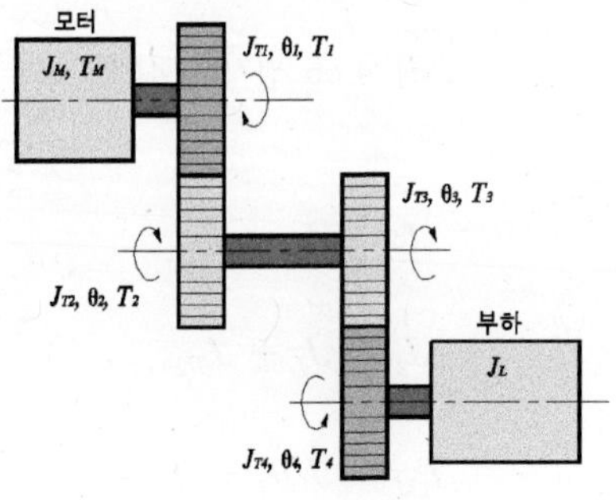

그림 4.67 평기어 감속기구

풀이

모터축, 중간 기어축, 부하축 회전의 관성모멘트를 J_1, J_2, J_3로 하면 $J_1 = J_M + J_{T1}$, $J_2 = J_{T2} + J_{T3}$, $J_3 = J_{T4} + J_L$로 된다. 중간 기어축 회전 관성모멘트를 모터축으로 환산하면 $J_2/(R_1^2)$, 부하와 모터 사이의 감속비는 $\theta_3/\theta_1 = (\theta_2/\theta_1) \cdot (\theta_3/\theta_2) = R_1 R_2$로 되므로 부하축 회전 관성모멘트를 모터축으로 환산하면 $J_3/(R_1^2 R_2^2)$으로 된다. 따라서 총 관성모멘트 J는 다음과 같이 된다.

$$J = J_1 + \frac{J_2}{R_1^2} + \frac{J_3}{R_1^2 R_2^2}$$

나. 구동 모터의 부하를 최소로 하는 기어비의 선택 방법

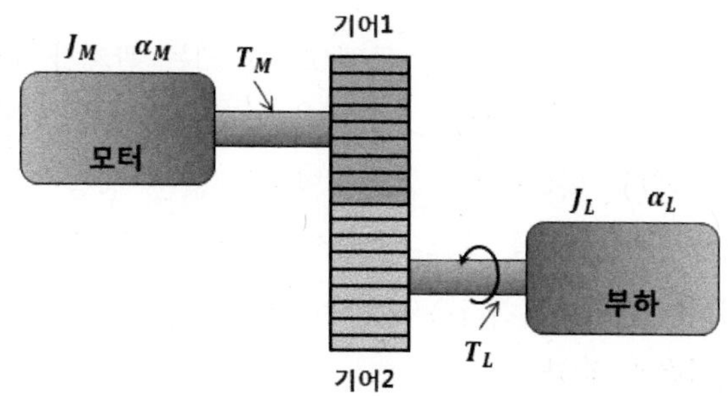

그림 4.68 모터 구동 기어계

그림 4.68에 있어서 모터의 구동 토크 T_M과 부하에 의한 토크 $T_L + J_L \alpha_L$이 평형이다 가정하면 다음 식이 성립한다.

$$(T_M - J_M \cdot \alpha_M)\ N\eta = T_L + J_L \alpha_L \tag{4.65}$$

여기서, T_M : 모터의 구동 토크, T_L : 부하의 마찰에 의한 토크, J_M : 모터의 관성 모멘트,

J_L : 부하의 관성 모멘트, α_M : 모터의 각가속도, α_L : 부하의 각가속도,

N : 기어비, η : 기어열의 효율

식 (4.65)에 있어서의 가정에 의해 $\alpha_M = N\alpha_L$이므로 다음과 같이 나타낼 수 있다.

$$T_M\ N - \frac{T_L}{\eta} = \left(J_M\ N^2 + \frac{J_L}{\eta}\right)\alpha_L \tag{4.66}$$

계산의 간단을 위해 효율 $\eta = 1$, 마찰 부하 토크 $T_L = 0$의 경우에 대해서 생각하면 다음과 같이 된다.

$$\alpha_L = \frac{T_M\ N}{J_L + J_M\ N^2} \tag{4.67}$$

식 (4.67)을 기어비 N의 함수로 구동 토크와 관성 모멘트와의 관계를 나타내면 그림 4.69 (a)와 같이 된다.

그러면 「가속도 = 구동 토크/관성 모멘트」로 되는 관계가 있으므로 그림 4.69 (a)에 있어서 가속도 α_L은 원점 O와 식 (4.67)을 나타내는 곡선상의 임의점과를 연결하는 직선과의 기울기로 된다. 따라서 이 가속도의 최대값은 원점으로부터 그 곡선에 그은 접선이다. 즉, (관성 모멘트/구동 토크)가 최소로 되는 값과 동일하다.

식 (4.67)에 있어서 N의 최적값을 구하기 위해서는 N에 대해서의 미분값을 0으로 놓으면 된다. 즉, 다음과 같다.

$$\frac{d}{dN}\left(\frac{T_M\ N}{J_L + N^2 J_M}\right) = \frac{T_M\ (J_L - N^2 J_M)}{(J_L + N^2 J_M)^2} = 0 \tag{4.68}$$

$$\therefore\ J_M = \frac{J_L}{N^2} \tag{4.69}$$

덧붙여서, $\eta = 1$, 정마찰 토크 0으로 되는 이상 상태에서의 최대 가속도를 얻는 조건은 모터축 측으로부터 본 부하의 관성 모멘트와 모터의 관성 모멘트를 같게 한다는 것이다.

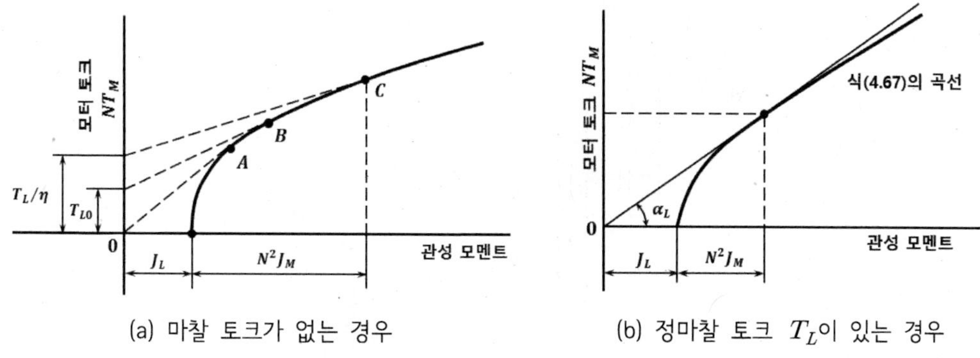

(a) 마찰 토크가 없는 경우 (b) 정마찰 토크 T_L이 있는 경우

그림 4.69 기어비를 생각한 경우의 모터 토크 관성 모멘트 곡선

더욱이 정마찰 토크와 기어 효율과의 영향을 생각해 보면 그림 4.69 (b)에 나타냈듯이 정마찰 토크 T_L은 모터 토크로부터 감소되므로 이 영향을 생각한 가속도는 세로축상에 그 값만을 이동한 점으로부터 이 곡선상의 임의 점에 그은 직선의 기울기로 나타난다. 따라서 그림 4.69 (a)의 경우보다도 큰 기어비를 필요로 하는 것을 알 수 있다.

식 (4.66)으로부터 기어 효율 η의 값은 정마찰 부하 토크와 관성 부하에 의한 토크의 크기에 영향을 주므로 효율을 좋게 하는 것이 바람직하다.

그림 4.69 (b)에 있어서 기어비 N을 최대값보다 작게 하면 가속도는 급하게 저하한다. 또한, 최적 값보다 큰 기어비로 하면 가속도가 상당히 일정값에 수렴하는 것을 알 수 있다. 따라서 기어비를 크게 함으로써 최적의 범위에 상당히 가깝게 근접할 수가 있다. 그러나 부하의 소요 최대 속도를 유지하기 위해서는 기어비를 얼마든지 크게 할 수는 없다. 만약 이 한계에 달하는 경우에는 가속도를 희생하든지 보다 마력이 큰 모터를 선택하지 않으면 안 되기 때문이다.

다. 기어열의 관성 모멘트를 최소로 선택하는 방법

원판 기어의 관성 모멘트 J는 다음 식으로 구한다.

$$J = \frac{D^2}{4} \cdot \frac{W}{g} \fallingdotseq \rho D^4 \cdot B \cdot 10^{-6} \quad [\mathrm{kg}f \cdot \mathrm{cm} \cdot s^2] \tag{4.70}$$

여기서 ρ: 밀도, D: 피치원 직경[mm], W: 중량[kgf], g: 지구 중력 가속도[cm/s^2], B: 두께[mm]

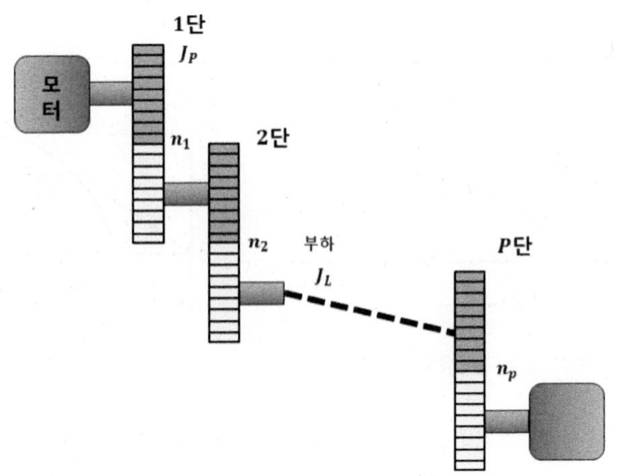

그림 4.70 감속 기어열

이와 같은 원판 기어를 그림 4.70과 같은 기어열로 하여 큰 감속비를 얻는 경우에 각 단의 기어비를 어떻게 선택하면 모터에 있어서의 전체 관성 모멘트를 최소로 할 수 있을까를 생각해 본다.

그림 4.70에 있어서 각 피니언의 관성 모멘트는 전부 같은 값 J_P로 가정하고 두께가 같은 기어의 관성 모멘트는 각각의 직경의 4제곱에 비례하는 것으로 하여 제 2단까지의 모터 축에 대한 기어의 관성 모멘트 J_T를 구하면 다음과 같다.

$$J_T = J_P + \frac{1}{n_1^2}(J_P n_1^4 + J_P) + \frac{1}{n_1^2 n_2^2}(J_P n_2^4)$$

$$= J_P\left(1 + n_1^2 + \frac{1}{n_1^2} + \frac{n_2^2}{n_1^2}\right) \tag{4.71}$$

$n = n_1 \cdot n_2$로 놓고 위 식에 대입하면 다음과 같다.

$$J_T = J_P\left(1 + n_1^2 + \frac{1}{n_1^2} + \frac{n^2}{n_1^4}\right) \tag{4.72}$$

$\partial J_T / \partial n_1 = 0$으로 하여 관성 모멘트 J_T의 최소값에 대한 n_1의 값을 구하면 다음과 같다.

$$n_2 = \left(\frac{n_1^4 - 1}{2} \right)^{\frac{1}{2}} \fallingdotseq \frac{n_1^2}{\sqrt{2}} \tag{4.73}$$

다단의 경우에 있어서 서로 인접하는 단의 감속비 사이에 이와 같은 관계가 있으면 전체의 관성 모멘트가 최소로 된다.

지금, 그림 4.70에 표시한 기어열의 전체 감속비를 n으로 하면 다음과 같다.

$$n = n_1 \cdot n_2 \cdot n_3 \cdots n_i \cdots n_p \tag{4.74}$$

각 점의 기어비 사이에 식 (4.73)의 관계가 있도록 n_i가 선택되도록 하면 n_i의 값은 다음 식과 같이 된다.

$$n_i = \sqrt{2} \left(\frac{n}{2^{\frac{P}{2}}} \right)^{\frac{2^i - 1}{2^r - 1}} \tag{4.75}$$

식 (4.75)로부터 알 수 있는 것은 P(단수)가 증가 할수록 n_i값은 감소하므로 등가 관성 모멘트의 비 J_T / J_P 또한 감소하게 되어 기어의 관성 모멘트를 작게 하도록 단수를 증가시키는 것은 무의미한 것을 알 수 있다. 또한, 단수를 많게 하면 백래시나 각도 전달 오차의 누적, 구조의 복잡화 등 바람직하지 않은 결과를 초래한다.

라. 기어의 직경과 관성 모멘트와의 관계

서보기구에 이용하는 기어의 설계에서는 강도를 계속 보지하는 관성 모멘트를 작게 하지 않으면 안 된다.

원통 회전체의 관성 모멘트 J는 다음 식으로 구한다.

$$J = \frac{1}{g} W R^2 = D^4 L \times 77.5 \times 10^{-5} = \frac{1}{4} GD^2 \text{[kgf·cm}^2\text{]} \tag{4.76}$$

여기서, W: 중량[kgf], R: 원통의 반경[cm], D: 원통의 직경[cm], L: 길이[cm]

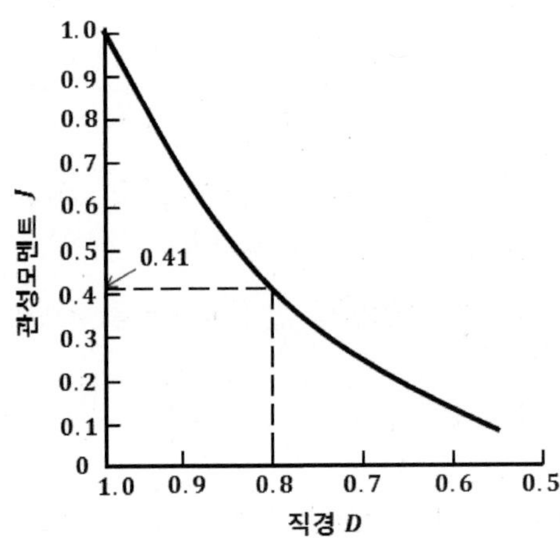

그림 4.71 기어의 직경과 관성 모멘트의 관계

식 (4.76)으로부터 원통 회전체의 관성 모멘트는 원통 직경의 4제곱에 비례하고 있다. 이 관계를 나타낸 것이 그림 4.71이며 직경의 약간의 감소에 대해서도 관성 모멘트 J는 대폭으로 감소하는 것을 알 수 있다.

예를 들면 기어열의 전체 회전부의 직경을 20% 작게 하면 그림 4.71로부터 관성 모멘트는 59% 감소한다.

4.5.2 볼나사의 선정 방법

볼나사는 회전 운동으로부터 직선 운동을 얻기 위해서 이용된다. 서보 구동의 발달에 따라서 이송축으로서의 볼나사에의 기술적 요구도 단지 나사의 정적 정도나 기계 부품으로서의 강도만이 아니고 볼나사의 강성, 정적 변형, 열에 의한 신축, 수명 등에 이르고 있다.

여기서는 이들의 제 특성 중 특히 중요한 것에 대해서 서술한다.

가. 구조와 종류

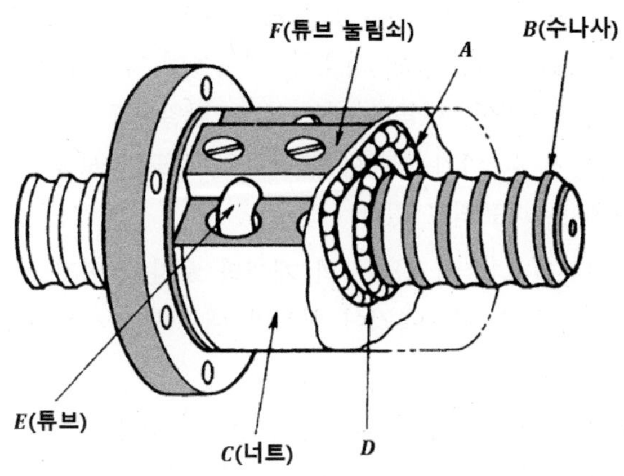

그림 4.72 볼나사의 구조

볼나사는 수나사와 너트 사이에 강구를 넣어 전동하도록 한 것으로 나사의 미끄럼마찰을 구름마찰로 바꾼 것이다. 그 구조는 그림 4.72에 나타냈듯이 A점으로부터 들어온 강구가 수나사 B와 너트 C 사이를 굴러가며 진행되어 나사를 2회반 내지는 3회반 돌고 나서 D점에 있어서 튜브 E의 선단에 의해 밖으로 배출되어 튜브 속을 통해 원래의 A점에 돌아와 재차 수나사와 너트 사이를 굴러간다.

볼나사의 종류는 나사봉의 바깥지름, 리드의 크기, 강구의 순환 방식의 조합으로 나누고 있다. 강구의 순환 방식의 종류는 권수와 회로수와의 조합으로 결정한다.

권수는 강구가 수나사의 주위를 몇 회 굴러가고 나서 튜브에 들어가는가를 나타내며 공작기계에서는 보통 2.5권, 3.5권을 사용한다. 회로 수는 순환 회로가 몇 열 있는가를 나타내는 것이며 1열, 2열, 3열 등이 있다.

폐쇄 루프 제어 공작기계의 이송 나사에 이용하는 볼나사의 정도나 백래시는 직접 조작량의 정도에 영향을 주기 때문에 아래 4개 항목이 필요조건이다.

① 정확한 위치 결정을 할 수 있도록 한 피치 정도일 것

② 장시간의 사용에도 피치 정도가 저하하지 않을 것

③ 이송축의 원인에 의한 오차가 작고 장기간의 사용에도 증대하지 않을 것

④ 미소한 이송에 대해서도 스틱 슬립 현상을 일으키지 않을 것

나. 정적 정도와 오차

볼나사의 정적 정도에 영향을 주는 요인에는 여러 가지 요소(단일리드 오차, 누적리드 오차, 나사봉의 굽힘, 유효지름의 상호차, 나사골에 대한 나사 봉이나 너트의 기계부착부의 흔들림)가 생각되지만, 이들은 어느 것도 단일리드 오차, 누적리드 오차에 의해 그 오차 범위를 결정할 수 있기 때문에 볼나사의 정도는 보통 이 2개의 오차(단일리드 오차, 누적리드 오차)로 대표되고 있다.

리드 오차는 나사봉과 너트에 있어서의 개개의 오차와 이것을 조합시킬 때의 너트의 진행 오차가 생각되지만 후자는 측정이 어렵기 때문에 나사봉의 오차를 정도 규격으로 하고 있다.

너트의 진행 오차는 강구의 순환 회로의 권수가 많을수록 각 골 사이의 강구로 간섭을 받아 나사봉의 단일리드 오차 보다 작게 된다. 예를 들면 3.5권의 경우는 너트 1회전에 의한 진행량의 오차는 나사봉의 단일리드 오차의 약 1/2 정도로 된다. 또한, **누적리드 오차**도 그 오차 변화의 상태가 안정한다. 그림 4.73에 나사봉의 리드 오차와 너트의 진행 오차와를 비교한 예를 나타내고 있다.

볼나사는 장기간의 사용에도 정도 저하가 비교적 작고 고정도 이송 나사로서의 성능을 유지할 수가 있다. 그림 4.74는 운전전과 2000시간 운전후의 볼나사의 피치 정도의 변화 상황의 한 가지 예이다.

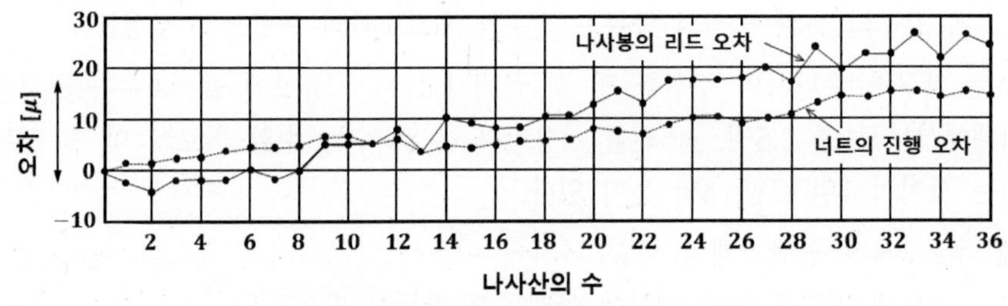

그림 4.73 나사봉의 리드 오차와 너트의 진행 오차

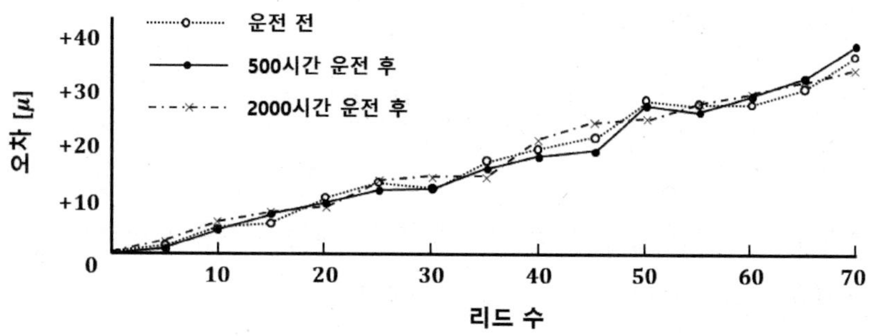

그림 4.74 운전 전후에 있어서의 나사봉의 리드 오차

다. 동적 변형량

공작기계 이송축계의 로스트모션에 기인하는 요소로서는 축 방향 간격 등의 백래시 외에 나사봉의 신축, 비틀림 변형, 너트의 변형, 볼나사의 압력 영향, 지지 베어링의 축 방향 탄성 변위 등이 있다. 여기서는 순기하학적인 백래시에 대해서는 생략하고 주로 동적 변형량에 대해서 서술한다.

(1) 나사봉의 신축

볼나사에 인장, 압축 하중이 작용하면 나사 봉에 신장 또는 신축이 축 방향과 반지름 방향에 발생한다. 축방향의 신축은 나사봉의 변형량으로서 직접 나타나며 반지름 방향의 신축은 내부 간격이나 예압의 증감에 영향을 주어 2차적인 변형량으로서 나타난다.

나사봉의 신장량 δ_1[㎝]은 그림 4.75에 나타낸 나사봉의 지지 방법에 대해 다음 식으로 주어진다.

$$\delta_1 = \frac{P}{K_s} \tag{4.77}$$

다만 지지 방법 1일 때 다음과 같다.

$$K_s = \frac{A \cdot E}{a} \tag{4.78}$$

그리고 지지 방법 2일 때 다음과 같다.

$$K_s = \frac{A \cdot E \cdot L}{a \cdot b} \tag{4.79}$$

여기서 P는 하중[kgf], K_s는 스프링 상수, A는 나사축 단면적[㎠], E는 영율 = 2.1×106 kgf/㎠, 그리고 a, b, L은 길이[㎝]이다.

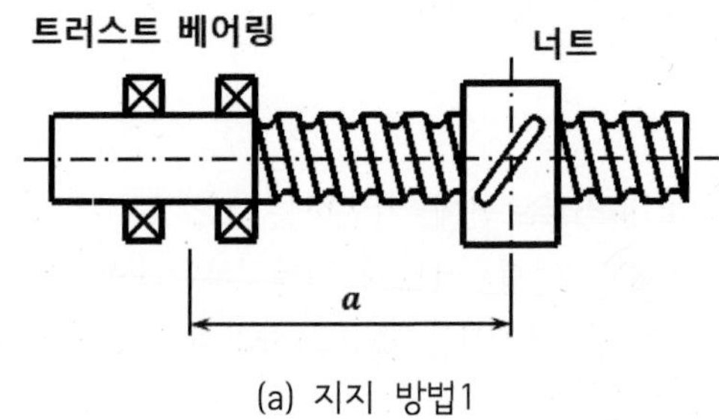

(a) 지지 방법1

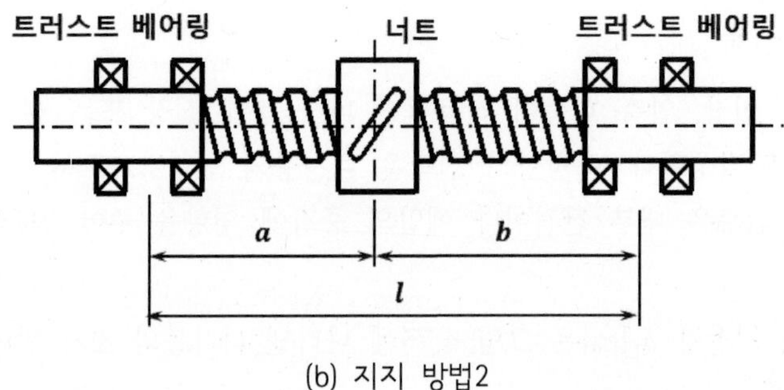

(b) 지지 방법2

그림 4.75 나사봉의 지지 방법

지금 볼나사의 지름 및 길이가 동일한 경우 지지 방법 1일 때는 너트가 트러스트 베어링보다 가장 떨어진 곳에서 δ_1은 최대로 되고 지지 방법 2일 때는 양단 트러스트 베어링의 중간의 곳에 δ_1은 최대로 된다. 전자와 후자와의 비율은 4 : 1로 되는 것을 알 수 있다.

(2) 나사봉의 비틀림 변형

나사봉은 구동 토크와 하중과의 관계에서 비틀림 변형을 발생한다. 그 나사축 방향의 변형량 δ_2는 다음 식으로 구한다.

$$\delta_2 = a \cdot \theta \cdot \frac{l}{2\pi} \quad [\text{cm}] \tag{4.80}$$

$$\theta = \frac{32Tl}{\pi D^4 G} \quad [\text{rad}] \tag{4.81}$$

$$K_T = \frac{T}{\theta} = \frac{\pi D^4 G}{32l} \quad [\text{kgf.cm/rad}] \tag{4.82}$$

여기서 a: 길이 [cm](그림 4.76 참조), θ: 비틀림각 [rad/cm], l: 리드 [cm], T: 구동 토크 [kgf.cm], D: 나사 지름 [cm], G: 횡 탄성 계수 = 8.5×10^5 kgf.cm², K_T: 나사축의 비틀림 강성 [kgf.cm/rad]

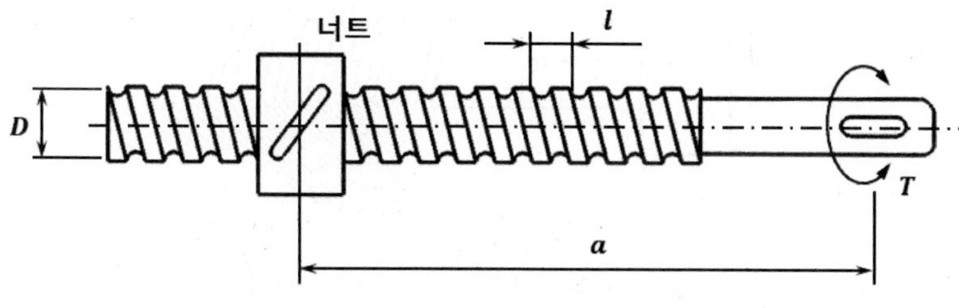

그림 4.76 나사봉의 비틀림 변형

나사축의 비틀림 변형 오차는 나사 축에 예압을 걸면 약간 감소한다. 또한, 구동 모터와 검출기(리졸버)를 그림 4.77와 같이 부착하면 비틀림에 의한 오차는 무시할 수가 있다.

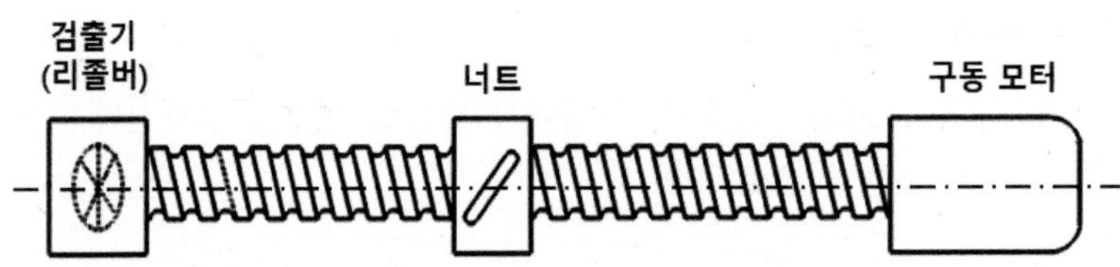

그림 4.77 나사 봉에 대한 구동 모터와 검출기의 부착 위치

(3) 볼나사용 너트의 변형

너트의 변형량으로서는 너트와 하우징 본체의 변형량 및 너트 부착 볼트의 변형, 강구와 골면 사이의 축방향 변위를 생각할 수 있다.

너트 부착 볼트의 변형량 δ_3는 다음 식으로 계산할 수 있다.

$$\delta_3 = \zeta \cdot L \tag{4.83}$$

여기서 δ_3: 너트 부착 볼트의 신장[㎝], ζ: 볼트의 변형, L: 길이[㎝](그림 4.78)

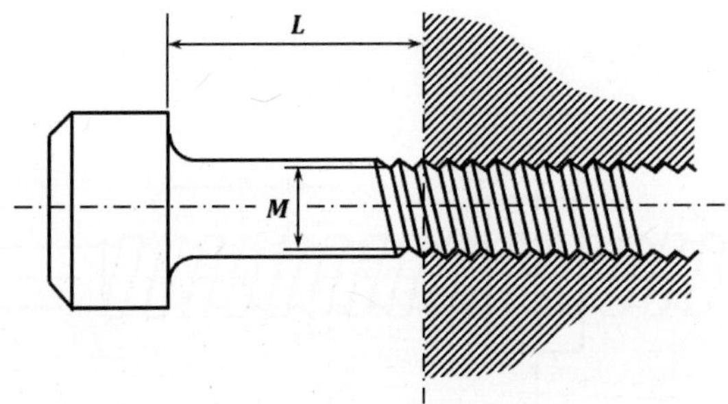

그림 4.78 볼트 1개당 하중과 변형과의 관계

강구와 골과의 접촉면의 축방향 탄성 변위량 $\delta 4$는 볼 베어링의 경우와 마찬가지로 다음 식으로 나타내는 Hertz의 점접촉 이론이 적용된다.

$$\delta_4 \propto F_4^{2/3} \tag{4.84}$$

여기서 F_4: 축 방향 하중[kgf]

또한 비례 정수는 1보다 작다. 이것은 축 방향 하중의 증감에 따라서 축 방향 탄성 변형량의 증감 비율이 작게 되는 것을 의미하며 예압을 주면 축 방향 탄성 변위량을 작게 할 수 있다는 것을 보여주고 있다.

(4) 축 방향 변위와 예압

NC기의 이송축용 볼나사는 보통 더블 너트를 이용하여 예압을 주는 것에 의해 부하시의 축 방향 변위량을 작게 하고 있다(그림 4.79).

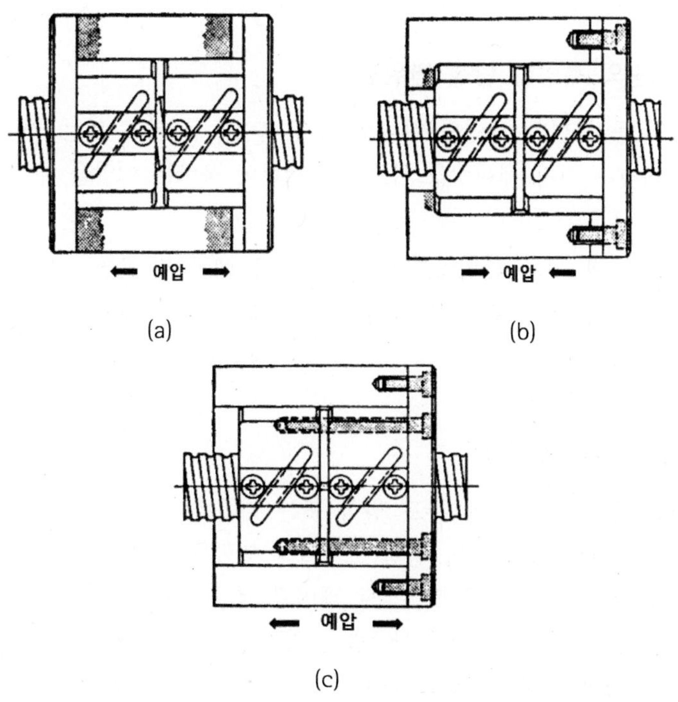

그림 4.79 더블너트에 의해 예압을 주는 방법

이론적으로는 하중 P의 1/3의 예압량 P_{PL}이 효율 및 수명을 저감 시키지 않는 가장 적절한 값이라고 말할 수 있지만 하중 P는 개개의 경우와 다르다. 즉, 다음과 같다.

$$P_{PL} = \frac{1}{3}P \tag{4.85}$$

여기서 P : P_{mean}, P_{medium}, P_{mode}, $P_{\max}$

나사 축에 예압을 가할 경우 실제의 예압량은 인장 방향 예압일 때 감소하고 압축 방향 예압일 때 증대하므로 주의하기 바란다.

일반적으로 더블 너트에 주는 예압량이 $P_{PL} = 1/3P$의 경우 하중 P에 있어서의 축 방향 변위량은 싱글 너트일 때의 약 1/2로 된다.

(5) 지지 베어링의 축방향 탄성 변위량

이송축의 동적 변형 요인의 하나로 나사 봉을 지지하고 있는 베어링의 탄성 변위가 있다. 이것은 지지 베어링을 바르게 선정하여 올바른 예압을 주는 것에 의해 줄일 수 있다.

보통 볼나사의 지지 베어링으로서는 앵귤러 베어링, 원추 구름 베어링, 트러스트 볼 베어링, 트러스트 원통 구름 베어링 등과 깊은 골 볼 베어링, 원통 구름 베어링과를 병용하고 있다.

(6) 볼나사 양단 지지의 효과

펄스 모터를 이용한 폐쇄 루프 방식 또는 리졸버를 이용한 반폐쇄 루프 방식에서는 볼나사가 트러스트의 위치 결정 스케일의 역할을 하고 있다. 그림 4.80은 슬라이더에 추력을 주고 볼 너트, 트러스트 베어링 볼나사 등 각부의 변위 비율을 측정한 것이다. 그림으로부터 볼나사의 한쪽만을 지지할 경우 나사의 신장은 전 변위의 62%나 되고, 그 양이 트러스트의 위치에 의해 변화하는 것을 나타내고 있다. 이 양은 나사를 압축하는 방향으로 보낼 때는 역 부호로 되어 나타난다.

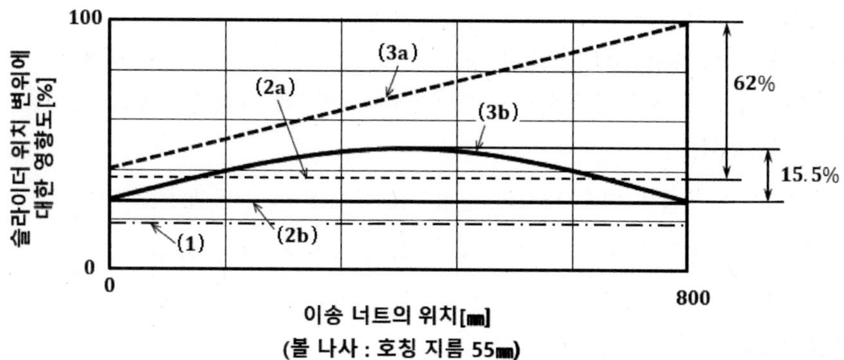

a : 나사의 한쪽에만 트러스트 베어링이 있는 경우
b : 나사의 양쪽에 트러스트 베어링이 있는 경우
(1)=볼나사와 그의 브래킷의 찌그러짐
(2)=(1)+(원통 구름 트러스트 베어링과 그 지지대의 찌그러짐
(3)=(2)+(볼나사의 신장)

그림 4.80 볼나사 양단 지지의 효과

양 지지의 경우 최대 변형은 전자의 44%, 그중 변동하는 변형량은 전자의 1/4 (15.5%)로 되고 있다.

(7) 이송축의 동적 변형량의 총합

상술의 볼나사에 의한 이송축의 동적 변형량 $\delta 1$, $\delta 2$, $\delta 3$, $\delta 4$, $\delta 5$의 총합과 하중 P와의 관계는

$$K = \frac{P}{\sum_{i=1}^{5} \delta_i} \tag{4.86}$$

여기서, $\sum_{i=1}^{5} \delta_i = \delta_1 + \delta_2 + \delta_3 + \delta_4 + \delta_5$: 동적 변형량의 총합 [㎝], P: 하중[kgf], K: 이송축의 강성[kgf/㎝]

이상으로부터 이송축의 강성이 클수록 고정도의 공작기계가 만들어진다는 것을 알 수 있다. 폐쇄 루프 방식에 의한 서보기구도 안정한 계를 얻기 위해 이송축의 강성이 큰 것을 필요로 하고 미국의 공작기계에서는 아래에 나타낸 정도의 강성을 기준으로 채용하고 있다.

- 위치 결정 제어용 이송 나사의 강성 K ≤ 1.8 × 105 kgf/㎝
- 연속 절삭 제어용 이송 나사의 강성 K ≥ 27 × 105 kgf/㎝

라. 이송축의 구동 토크

이송축의 각 변위를 리졸버 등으로 검출하는 폐쇄 루프 제어 방식에서는 문제로 되지 않지만 개방 루프 제어 방식에서는 펄스 모터의 작동 오차는 공작기계의 오차에 직접 영향을 준다. 따라서 기어를 포함한 이송축의 관성 모멘트나 볼나사의 구동 토크, 예압에 의한 드래그 토크(drag torque) 등을 확실히 파악하고 구동 모터를 선택하지 않으면 안 된다.

이송축계와 필요한 시동 토크 T_S는 다음 식으로 구한다.

$$T_S = T_A + T_D + T_{PL} \tag{4.87}$$

여기서, T_A: 가속토크[kgf.㎝], T_D: 구동토크[kgf.㎝], T_{PL}: 드래그토크[kgf.㎝]

$$T_A = \ddot{\theta} J_B = \frac{\ddot{\theta} W r^2}{2g} \tag{4.88}$$

$$T_D = \frac{Pl}{2\pi \eta_B} \tag{4.89}$$

$$T_{PL} = \frac{P_{PL}\, l}{2\pi} \times \eta_S \tag{4.90}$$

여기서, $\ddot{\theta}$:각가속도[rad/s^2], J_B: 볼나사의 관성 모멘트[kgf·㎝·s^2], g: 중력 가속도 [980㎝/s^2], W: 볼나사의 중량[kgf], r: 볼나사의 반지름[㎝], P: 볼나사의 하중[kgf], l: 볼나사의 리드[㎝], η_B: 볼나사의 효율, P_{PL}: 볼나사의 예압량[kgf], η_S: 면 트러스트의 마찰 계수(면 트러스트의 경우 시동시 $P = \eta_S W = 0.3W$, 회전시 $P = \eta_S W = 0.1W$)

볼나사의 효율 η_B는 이론적으로 다음과 같이 구한다.

$$\eta_B = \frac{1-\mu\tan\beta}{1+\mu\cot\beta} \quad (\text{회전} \rightarrow \text{직동}) \tag{4.91}$$

여기서, μ: 볼나사의 마찰 계수, β: 볼나사의 비틀림각

마찰 계수 μ는 그림 4.81에 나타냈듯이 시동시 $\mu = 0.005$, 회전시 $\mu \leq 0.002$ 정도이다.

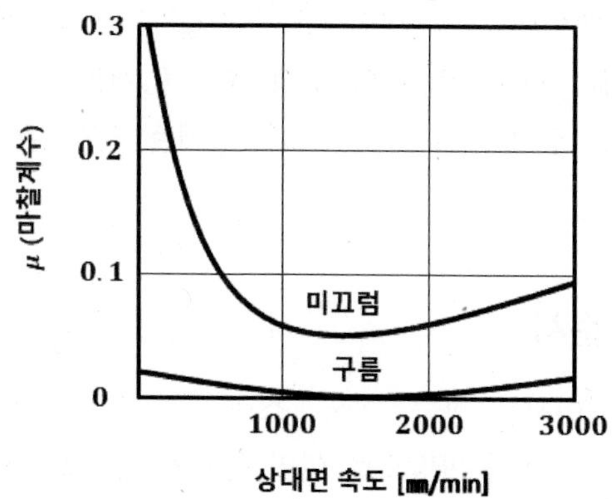

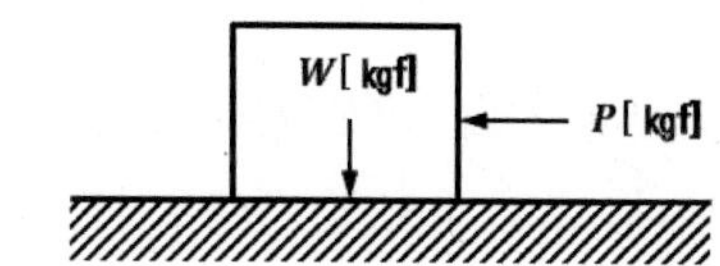

그림 4.81 상대면 속도와 마찰 계수와의 관계

마. 볼나사의 온도 변형

볼나사는 수나사와 암나사가 볼을 개입하여 구름 접촉하고 있기 때문에 사각형 나사와 같은 미끄럼 접촉의 이송 나사에 비해 구동에 의한 발열은 적다. 따라서 구동 빈도가 적은 NC기에서는 온도 변형을 무시할 수 있지만, 온도에 의한 강재의 변형량은 대략 0.01 ㎜/1000 ㎜/1℃이기 때문에 머시닝 센터나 연삭반, 치공구 보링 머신과 같은 고정도를 요구하는 기계는 온도 변형에 의한 정도에의 영향을 면밀히 검토하지 않으면 안 된다.

고정도의 공작기계에서는 오일 온도 조정 장치를 갖추어 볼나사를 오일 목욕시킴과 동시에 나사축에 예압을 걸어 인장 응력을 발생시켜 나사축의 발열에 의한 신장을 내부 응력의 변화에 의해 흡수해 버리도록 하여 열 변형에 의한 오차를 작게 하고 있다. 이 경우 기계 본체의 강성이 충분히 크고 예압에 대해 변형하지 않는 것이 필요하다.

볼나사의 발열은 나사의 바깥지름과 회전 속도와의 곱 및 사용 빈도에 의해 다르지만, 상정 온도는 최대로 5~10℃ 이내에 억제하지 않으면 안 된다.

이상은 주로 개방 루프 제어의 경우의 볼나사의 정도에 대한 주의 사항이지만 인덕토신 등을 이용하여 최종 변위량을 직접 검출하는 폐쇄 루프 제어 공작기계에서는 볼나사의 온도에 의한 변형이나 동적 변위량은 무시할 수 있다. 따라서 이 경우에는 커터(cutter), 드릴(drill)이나 바이트(bite)의 강성보다 큰 서보 강성을 필요로 하며, 장시간 일정 위치에 고정도로 정지가 요구되는 경우 등에는 역시 온도에 의한 영향이 문제로 된다.

바. 볼나사의 선정 순서

볼나사의 선정에 있어서는 하중, 속도, 스트로크, 위치 결정 정도, 희망 수명, 환경 등의 사용조건 및 필요조건을 바탕으로 여러 종류의 검토를 행할 필요가 있다. 이들 조건에는 볼나사에 있어서 상반의 특성을 요구하는 것도 있으며 그 때문에 다각적 검토가 필요하다.

볼나사의 선정 순서는 사용 실적, 경험 등에 의해서도 다르게 나타나지만 그 한 가지 예를 그림 4.82에 나타낸다. 그림 4.82의 플로우차트에 있는 각 항목에 대해 요점을 서술한다.

(1) 리드 정도

정밀 볼나사의 리드 정밀에 대해서는 JIS B1192에 있어서 $C0 \sim C5$의 정도 등급에 의해 다음의 4가지의 특성 항목으로 규정되어 있다.

① 누적 대표 리드 오차(E)

② 나사부 유효 길이에 대한 변동(e)

③ 임의의 300 mmdp 대한 변동(e300)

④ 나사 축 1회전에 대한 변동(e2π)

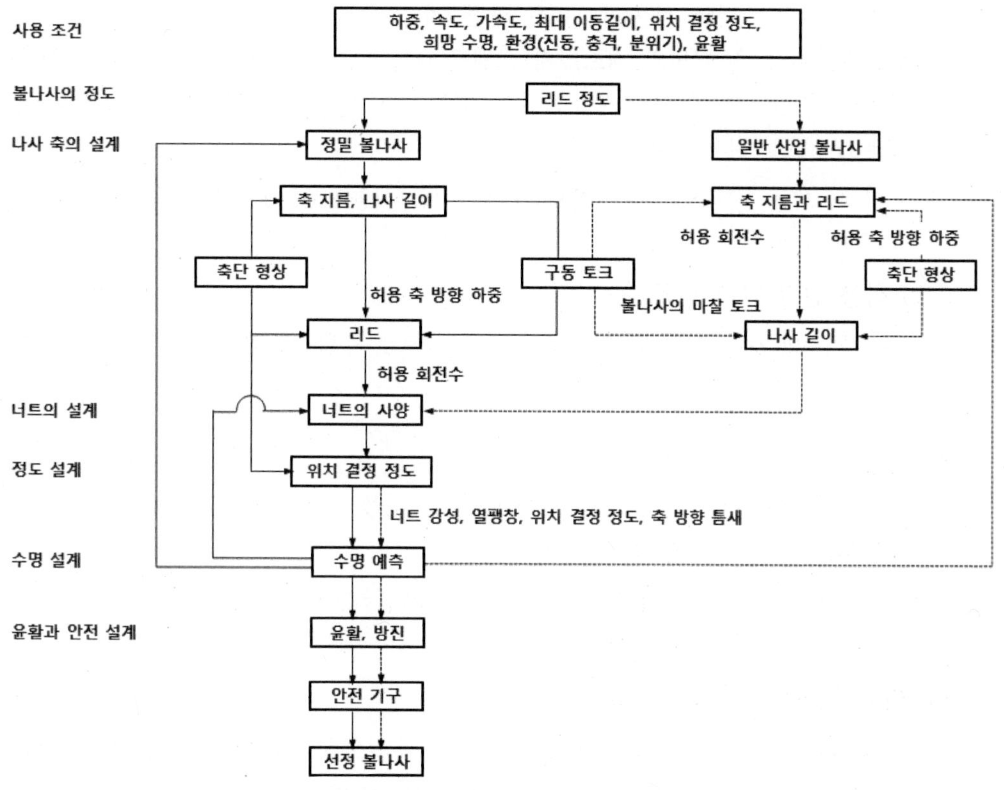

그림 4.82 볼나사의 선정 순서

(2) 허용 축 방향 하중

볼나사는 그 기능으로부터 기본적으로 축 방향 하중만을 받게 된다. 볼나사의 나사 축은 일반적으로 가늘고 긴 축이므로 안전성을 체크하는 의미에서 허용 축 방향 하중을 검토해 놓을 필요가 있다. 볼나사의 허용 축 방향 하중은 압축 하중에 의한 나사 축의 좌굴 하중과 나사 축의 항복점 응력에 대한 허용 인장 압축 하중이 있다.

a) 좌굴 하중

나사 축의 좌굴 하중은 다음 식으로 구할 수 있다.

$$P = \alpha \frac{N\pi^2 EI}{L^2} \tag{4.92}$$

여기서 P는 좌굴 하중(N), α은 안전 계수(=0.5), E는 종탄성 계수(=2.06×105 ㎫), I는 나사 축 단면의 최소 2차 모멘트(㎜^{4}), L은 취부간 거리(㎜), N은 볼나사의 취부에 의한 계수, 즉 $N=1$(지지-지지), $N=2$(고정-지지), $N=4$(고정-고정), $N=1/4$(고정-자유)이다.

이 때 허용 한계 하중은 안전을 위하여 좌굴 하중의 50~80%를 적용하는 것이 좋다.

b) 허용 인장-압축 하중

나사 축의 허용 인장-압축 하중은 다음 식으로 구할 수 있다.

$$P = \sigma A = 11.8 dr^2 \tag{4.93}$$

여기서 P는 허용 인장-압축 하중(N), σ는 허용 인장 압축 응력(㎫), A는 나사 축 단면적(㎜2), dr은 나사 축 골 지름(㎜)이다.

볼나사 축은 허용 인장-압축 하중 이내로 사용하도록 굵기를 선정한다.

(3) 허용 회전수

볼나사의 회전수는 필요한 이송 속도와 볼나사의 리드에 의해 결정된다. 볼나사의 회전수에는 볼의 공전 속도로부터 제한되는 **DmN 값**과 나사 축의 고유 진동수로 결정되는 **위험 속도**가 있다.

a) DmN의 한계

DmN이란 볼의 공전 속도를 편의적으로 나타낸 것이지만 볼의 공전 속도가 크게 되면 그 반복 충격력에 의해 순환부나 볼 홈에 손상을 발생한다.

DmN의 한계는 일반적으로 다음과 같다.

- 정밀(정도 C7이상) DmN ≦ 70000
- 일반(정도 C10) DmN ≦ 50000

그렇지만 순환 부품 등의 재검토에 의해 더욱 높은 영역까지 대응할 수 있도록 하고 있다.

b) 위험 속도

회전수가 높게 되면 볼나사 축의 고유 진동수에 가깝게 되어 나사 축은 몇 ㎜라는 크기로 공진 현상을 일으켜서 운동 불능 상태가 되는 수가 있다. 따라서 위험 속도는 안전을 위해 위험 회전수의 약 50~80% 이하에서 사용한다.

볼나사의 위험 속도는 다음 식으로 구할 수 있다.

$$n = \alpha \frac{60\lambda^2}{2\pi L^2}\sqrt{\frac{EIg}{rA}} \tag{4.94}$$

여기서 α : 안전 계수(=0.8), L: 취부간 거리(㎜), E: 종탄성 계수(=2.06×105 ㎫), I는 나사 축 단면의 최소 2차 모멘트(㎜^{4}), g: 중력 가속도(=9.8×103 ㎜/s^2), γ: 재료의 비중량(=7.65×10-5 N/㎣), A: 나사 축 단면적(㎜^{2}), λ: 볼나사의 취부에 의한 계수[$\lambda = \pi$(지지-지지), $\lambda = 3.927$(고정-지지), $\lambda = 4.730$(고정-고정), $\lambda = 1.875$(고정-자유)]이다.

그러나 볼나사는 양단지지 베어링과 너트의 3점에서 지지되는 기둥 구조이기 때문에 너트의 이동과 함께 취부간 거리는 시시각각 변화한다. 따라서 너트의 스트로크 범위를 고려하여 검토할 필요가 있다.

(4) 위치 결정 정도

볼나사를 사용한 이송장치의 고정도화를 꾀하는 데는 전술한 리드 정밀도 등의 개개의 정도를 높일 뿐만 아니라 시스템 전체로서의 검토나 최적화가 중요하다.

a) 축 방향 강성

나사 주위의 강성이 약하면 로스트모션이나 진동의 원인이 된다. 공작기계 등 정밀기계의 위치 결정 정도를 향상시키기 위해 강성은 빼놓을 수 없는 검토 항목이다.

볼나사로서는 너트의 강성을 어떻게 설정하는가가 포인트가 되지만 이송 나사계로서 생각했을 경우는 각 구성 요소에 대해 밸런스 좋게 설정하는 것이 중요하다.

이송 나사축계의 강성은 스프링 상수로 나타낸다.

$$K_T = \frac{F}{\delta} \tag{4.95}$$

$$\frac{1}{K_T} = \frac{1}{K_S} + \frac{1}{K_N} + \frac{1}{K_B} + \frac{1}{K_H} \tag{4.96}$$

표 4.21 이송 나사계의 축 방향 강성

		①	②	③
지지베어링(앵귤러 볼 베어링)		내경 ∅20	내경 ∅20	내경 ∅25
볼나사 지름		∅25	∅25	∅32
볼나사 너트 예압량		1670N ($C_a \times 0.1$)	2450N ($C_a \times 0.15$)	1670N ($C_a \times 0.9$)
나사 축 강성	K_S	176	176	294
너트 강성	K_N	873	1000	1020
지지베어링 강성	K_B	735	735	980
너트 브래킷과 베어링 하우징 강성	K_H	980	980	980
이송 나사축계 강성	K_T	109	111	156

표 4.21은 그림 4.83 및 아래의 사양의 볼나사에 대해 이송 나사계의 강성을 계산한 예이다.

[볼나사의 사양]

- 축 지름: ∅25(그리고 ∅32)㎜
- 리드: 5 ㎜
- 회전수: 2.5권 2열
- 지지 조건: 고정-지지
- 하중 작용 거리: 400 ㎜

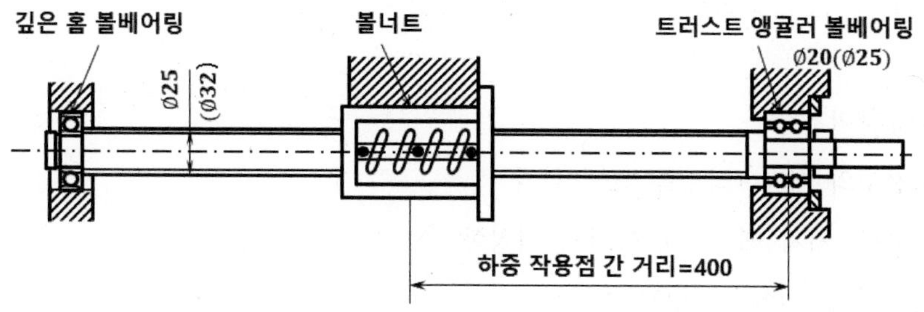

그림 4.83 이송 나사계의 축 방향 강성

표의 ①과 ②는 축 지름이 ∅25이고 예압 하중을 바꾼 경우의 차이를 나타내며, ③은 축 지름을 ∅32로 올렸을 경우를 나타내고 있다. 이 계산 예로부터도 알 수 있듯이 통상의 경우 이송 나사계의 강성을 지배하는 것은 나사 축이다. 강성을 높이기 위해 너트나 지지 베어링의 예압을 올리는 것은 효과가 극히 작다. 역으로 마찰 토크에 의한 제어계에의 악영향, 발열에 의한 나사 축의 열팽창 등의 문제를 남기게 되며 덧붙여 위치결정 정도의 열화를 초래할지도 모른다.

b) 열팽창

고속화에 따라 볼나사의 열 변위 영향은 더욱 중요하게 되었다. 볼나사의 온도 상승은 마찰에 의한 발열과 외부에의 방열의 밸런스로 결정되며 다음의 식에 의해 간략화 할 수 있다.

$$\theta = \frac{Q}{\beta}\left\{1 - \exp\left(-\frac{\beta}{CM}t\right)\right\} \tag{4.97}$$

여기서 θ: 온도 상승(℃), t: 시간(h), Q: 단위 시간당 발열량(㎉/h), β: 단위 시간당 방열량(㎉/h · ℃), CM: 열용량(㎉/℃)이다.

발열량은 실제 기계에서는 모터나 지지 베어링으로부터의 발열도 크고 볼나사만으로 생각할 수 없지만 볼나사만으로 생각하면 마찰 토크와 회전수의 곱에 비례한 값이 된다.

열변위 대책을 정리하면 다음과 같이 된다.

① 발열량의 억제

- 회전수의 저감→리드를 크게 한다.
- 볼나사, 지지 베어링의 예압의 적정화
- 윤활제의 올바른 선정과 공급

② 강제 윤활에 의한 방열

- 나사 축의 중공 냉각→중공 볼나사
- 윤활제, 공기 등의 외주 냉각

③ 온도 상승의 열변위에의 영향 회피

- 나사 축에 예장력을 준다.
- 폐쇄 루프 제어

윤활제의 점성 저항이나 교반 저항은 속도에 따라서 그 크기가 증가하고 마찰 토크가 증대하며 발열의 원인이 된다. 그 이유로 윤활제의 선택은 극히 중요하다. 일반적으로 그리스 윤활에서는 기유점도 30~140cSt(40℃), 기름 윤활에서는 ISO 그레이드 32~100이 사용되고 있지만 고속 영역에서는 저점도의 것, 또는 역으로 저속 영역이나 고하중에는 고점도의 것이 바람직하다.

온도 상승의 영향을 피하는 방법에서 가장 잘 행하는 방법으로서는 나사 축에 예장력을 주는 방법이 있다. 기본적으로는 열 변위에 따라서 예장력을 줄 수 있지만 축 회전의 사용에서는 지지 베어링 등에의 영향을 생각한 경우 보통 2~3℃, 특별한 경우에도 5℃ 상당의 예장력이 한도로 생각할 수 있다. 한편 나사 축의 신장에 맞추어 리드 정도의 목표값(T)를 마이너스 보정으로 놓는 것도 필요하다. 열변위의 크기는 다음 식으로 구할 수 있다.

$$\Delta L = \rho \cdot \theta \cdot L \tag{4.98}$$

여기서 ΔL: 열 변위량(㎜), ρ: 열팽창 계수($= 12.0 \times 10^{-6}$ ℃$^{-1}$), L: 나사 축의 길이(㎜)

(5) 수명 예측

볼나사의 수명을 기능, 성능 면으로부터 생각하면 파손 수명, 구름 피로 수명, 마멸 수명으로 구분된다. 파손 수명으로서는 볼나사의 장축으로서의 좌굴이나 굽힘, 비틀림 피로에 의한 파손, 위험 속도에 의한 파손 등을 생각할 수 있다. 일반적으로 볼나사의 수명이라 하는 경우 구름 피로 수명을 지칭하는 경우가 많지만 정밀 기계 등에 있어서는 볼나사 자신의 마멸에 의한 강성의 저하, 백래시의 증가 등에 의해 기계로서의 기능이나 정도를 만족하지 못하게 되는 경우도 수명으로서 생각할 수 있다.

a) 구름 피로 수명

볼나사의 구름 피로 수명은 기본 동정격 하중에 의해 추정하는 것이 가능하며 기계의 필요 수명에 대해 적정한 사양의 볼나사를 선정할 수 있다. 볼나사의 피로 수명은 다음 식에 의해 구할 수 있다.

$$L=\left(\frac{C_a}{F_a \cdot f_w}\right)^3\times 10^6 \qquad L_t=\frac{L}{60n} \qquad L_s=\frac{L\cdot l}{10^6} \tag{4.99}$$

여기서 L: 피로 수명(rev), L_t: 시간 수명(h), L_s: 주행 거리 수명(㎞), C_a: 기본 동정격 하중(N), F_a: 축방향 하중(N), n: 회전수(rpm), l: 리드(㎜), f_w: 하중 계수이다.

b) 취부 오차의 영향

취부 오차 등에 의해 볼나사에 편하중(모멘트, 레이디얼 하중)이 가해지면 작동성뿐만 아니고 피로 수명에도 악영향을 끼친다. 그림 4.84은 취부오차에 의해 모멘트가 작용했을 때의 피로수명을 시험적 계산한 것이다. 그림 4.84에서는 취부부의 지지강성(나사 축, 지지 베어링, 안내 등)을 무한대로 해서 산출한 것이기 때문에 실제로는 조금 더 작게 완화되지만 볼나사 선정, 장치의 설계에 즈음해서는 충분한 취부 정도가 확보될 수 있도록 배려할 필요가 있다.

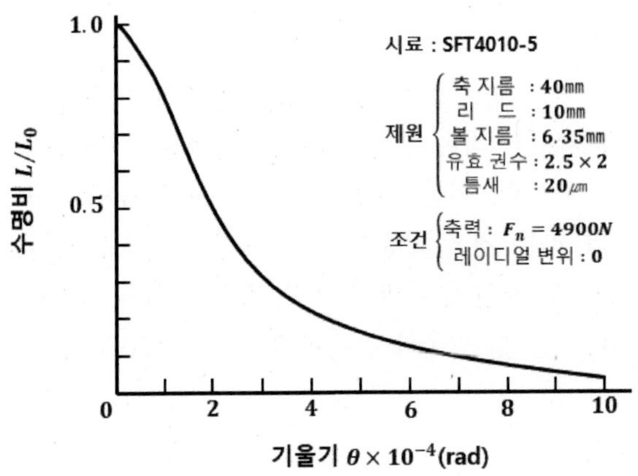

그림 4.84 기울기 취부 오차의 영향

c) 마멸 수명

볼나사의 마멸 수명은 다른 기계요소와 마찬가지로 사용 조건, 유활 조건 등의 원인에 의해 큰 영향을 받기 때문에 그 보편적인 양 예측은 어렵다. 많은 기초 실험이나 조건을 특정한 실험 및 현장에서의 데이터 축적이 필요하다.

(6) 마찰 토크

볼나사의 마찰 토크는 그 주된 것이 예압에 의한 것이다. 마찰 토크는 예압 하중의 크기에 비례하기 때문에 그 대용 특성으로서 규격화 되어 기준 토크(T_p)와 변동 허용치가 규격화 되어 있다.

$$T_p = 0.05(\tan\beta)^{-0.5}\frac{F_{ao} \cdot l}{2\pi} \tag{4.100}$$

여기서 T_p: 기준 토크(N · ㎝), F_{ao}: 예압 하중(N), β: 리드 각(°), l: 리드(㎝)이다.

(7) 윤활 방진

선정한 볼나사의 정도를 장기간 유지하기 위해서는 윤활이나 방진도 배려해야 할 과제이다. 볼나사의 윤활 방법은 사용 조건에 따라 윤활성, 토크 특성의 양면으로부터 선정할 필요가 있다. 선정의 기준으로서는 그리스, 윤활 기름 어느 쪽이라도 기름 점도가 중요하지만 그 기준은 전술했던 그대로이다.

4.5.3 커플링의 선정 방법

커플링은 기계 시스템의 구동 쪽의 축과 피구동 쪽의 축을 연결하여 동력의 전달을 행하는 기계요소이다. 커플링의 기본 역할은 2축의 평행 오차, 각도 오차, 축방향 오차를 흡수하여 동력을 원활하게 전달하는 것이다.

서보 구동기구를 응용한 장치로서 NC공작기계와 로봇이 대표적이다. 이들도 서보 모터가 고속, 고정도 됨에 따라 그것에 발맞추어 동력 전달의 역할을 담당하는 커플링도 고속, 고정도에 대응 가능하도록 해야 한다.

서보 기구를 설계할 때에 일반적으로 기계 기구가 이상적인 동적 특성을 갖는 것으로 해서 설계되는 경우가 많다. 그러나 실제로는 이상적인 특성을 갖는 기계 등은 존재하지 않으며 고성능 서보 모터를 이용해도 설계대로 성능을 얻을 수가 없는 경우가 태반이다. 따라서 커플리을 포함한 피구동체의 설계, 선택은 충분한 주의가 필요하다.

여기서는 서보 모터에 대응 가능한 커플링의 조건을 나타내면 3가지, 즉 ① 고성능일 것, ② 백래시가 없을 것, ③ 저관성일 것이다. 이와 같이 3가지 조건이지만 이것은 고속, 고정도로 제어하기 위한 필요 불가결한 조건이다.

서보 구동기구에 있어서의 커플링의 조건은 앞에서 서술한 것처럼 고강성, 백래시리스, 저관성이다. 그러나 커플링을 선정하는데 있어서 더욱이 잊지 말아야 할 중요한 2가지 요소가 있다.

첫째는 보하 토크이다. 커플링은 거의 모든 경우, 구동부와 피구동부 사이에 있으며 주동력에 대해 과도의 지연이나 오버런을 일으키지 않게 피구동부를 정확히 동작시키는 역할이다. 특히 서보 구동 기구에 있어서는 고정도 운전을 위해 주의하지 않으면 안 되는 중요한 요소이다.

둘째는 허용 취부 오차, 즉 구동축과 피동축의 편심, 편각 등의 흡수성이다. 일반적으로 구동축과 피동축은 완전히 일직선으로 되지 않는다. 따라서 커플링에 의해 그 오차를 흡수하지 않으면 안 된다.

그래서 여기서는 이상의 점을 포함하여 서보 구동 기구에 있어서 커플링의 선정에 대해 설명하도록 한다.

가. 백래시

백래시는 서보 구동 기구에 있어서 치명적이라고도 할 수 있는 장애의 하나이다.

그림 4.85에 서보 구동 기구에 있어서의 백래시를 모델화 한 것을 나타내었다. 테이블에 지그재그의 곡선을 그리며 미리 곡선 패턴을 기억시켜 놓은 로봇에 링을 가지게 한다. 그리고 링으로 원주를 곡선에 따라 움직이게 한 것이라 한다. 로봇을 서보 모터, 원주를 부하, 그리고 링을 커플링으로 생각하면 알기 쉬울 것이다(그림 4.86).

이제 언주와 링 사이에 커다란 틈새가 존재하고 있다. 이것이 백래시에 해당한다. 실제로 곡선에 연해 원주를 움직이려고 한다. 로봇 자체는 미리 이 곡선을 기억시켜 놓았기 때문에 충실히 선에 연해 움직이지만 원주는 링과의 사이에 틈새가 있기 때문에 그 틈새만큼 지연이 생기고 곡선 상을 어긋남 없이 움직이는 것이 쉽지 않다. 그러나 만약 틈새가 없다면, 즉 백래시가 없다면 원주는 로봇이 기억하고 있는 대로 곡선 상을 용이하게 움직일 터이다.

이와 같이 서보 구동 기구의 고정도화를 생각하면 백래시리스는 필요 불가결하며, 백래시리스의 커플링을 선정하는 것이 제일 첫 걸음일 것이다. 구체적으로는 슬라이드 부분이 없는 커플링이 이상적이며 헬리컬 커플링, 서보 플렉스 커플링 등이 적합하다고 할 수 있다.

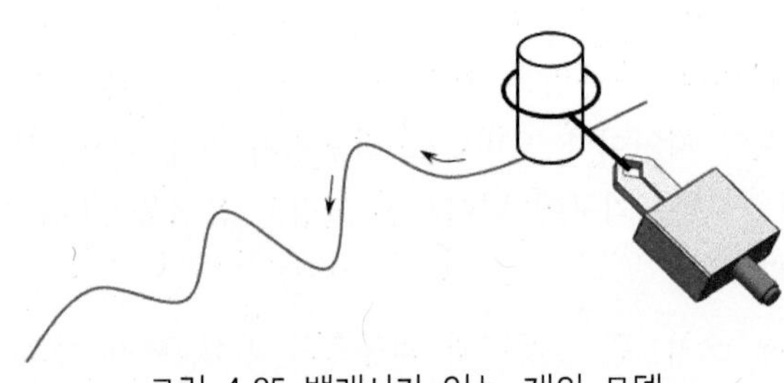

그림 4.85 백래시가 있는 계의 모델

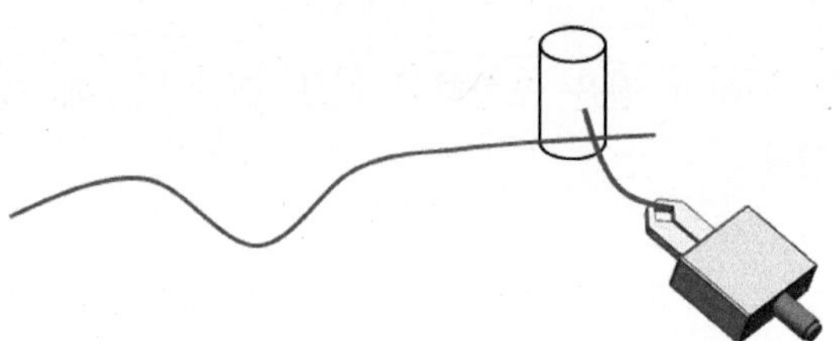

그림 4.86 로스트모션이 있는 계의 모델

또한 백래시 리스화는 커플링만을 백래시 리스 하는 것은 의미가 없고 당연히 시스템 전체를 생각하지 않으면 안 된다. 그런 가운데도 커플링과 축과의 결합부는 특히 주의할 필요가 있다.

나. 토크

커플링은 부하 저항에 이겨 동력을 정확히 전달하는 역할이 있다. 따라서 모터 축환산 총부하 이상의 토크 전달이 가능한 커플링을 선정하는 것이 기본이다.

그러면 서보 구동기구에 있어서의 커플링의 선정에서는 관성에 의한 부하를 특히 주의할 필요가 있다. 왜냐하면 서보 구동기구에 있어서는 가속 속도, 감속 속도를 중시하는 경향이 극히 강하기 때문에 가속 토크가 상당히 높은 값으로 되는 경우가 있기 때문이다. 적어도 (모터 축 환산 총부하 토크)+(가속 토크) 이상의 허용 토크를 갖는 커플링을 선정하는 것을 신경 쓸 필요가 있다.

$$T_a = \frac{2\pi \cdot N \cdot J}{60 \cdot t_a} [\mathrm{N \cdot m}] \tag{4.101}$$

여기서 T_a는 가속 토크, N은 회전수[rpm], J는 관성 모멘트[kg · m²], ta는 가속 시간[sec]이다.

다음에 안전율의 문제이지만 이것은 커플링의 종류에 따라 다르지만 서보 구동 기구는 일반적으로 엔진 등에 비해 부하 변동은 그다지 크지 않다고 생각해도 좋다. 특히 판스프링 커플링과 같은 금속 커플링에서는 상당히 크게 취할 필요는 없다고 생각한다. 그러나 안전율의 지나침은 가격과 연결되므로 커플링 메이커와 상담 후에 선정하는 것이 바람직하다.

다. 허용 취부 오차

구동축과 피구동축은 중심선을 될 수 있는 한 일직선으로 해서 사용하는 것이 이상적이다. 그러나 이것을 달성하는 것은 매우 곤란하며 이 축의 어긋남에 의해 움직이는 힘이 반력이다. 커플링은 이 반력을 될 수 있는 한 작게 억제하기 위해 사용하는 것이지만 커플링 자체의 파손을 생각했을 경우 가장 많은 트러블 원인이 이 반력에 의한 트러블, 즉 허용 취부 오차에 의한 트러블이며 토크 백래시에 의한 트러블의 비율은 결코 많지 않다.

따라서 커플링을 선정할 즈음에 이와 같은 트러블 방지를 위해서도 반드시 생각해야 할 요소를 다음의 3가지로 분류한다.

(1) 편심(평행 오차)

구동축과 피동축의 평행적인 어긋남을 나타낸 것으로(그림 4.87) 모터 및 샤프트의 조합 부품의 동축도, 거터, 조립 정도 등의 정도에 영향을 미친다.

(2) 편각(각도 오차)

구동축과 피동축의 각도 차이의 크기를 나타낸 것으로(그림 4.88) 모터 및 샤프트의 취부면의 평행 정도, 조립 정도 등의 정도에 영향을 미친다.

(3) 축 방향 변위(축 방향 오차)

구동축과 피동축의 수직적인 어긋남을 나타낸 것으로(그림 4.89) 온도 변화, 커플링의 취부 미스 등에 영향을 받는다.

그렇다면 이상적으로는 이 3가지 요소를 각각 「0」으로 할 수 있다면 어떤 커플링을 사용해도 원활하게 동력을 전달할 수 있다. 그러나 이것은 현실적으로 불가능에 가깝다.

그러면 플렉시블성이 높은 커플링의 선정이 바람직하지만 일반적으로 고속, 고정도 대응의 커플링이 될수록 허용 취부 오차의 허용치가 작다. 따라서 적어도 축끼리 커플링의 허용치 이내가 되도록 조합할 필요가 있으며 구동축과 피구동축의 허용 취부 오차를 「0」에 가깝도록 노력할 필요가 있다.

또한 커플링은 이 3요소를 각각 단독적으로 있을 때의 허용치로 생각하는 경우가 많으며 만약 복합적으로 작용하는 가능성이 있는 경우는 더욱 주의가 필요하다.

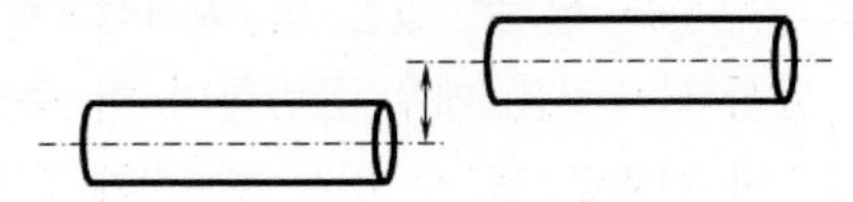

그림 4.87 구동축과 피구동축의 평행적 어긋남

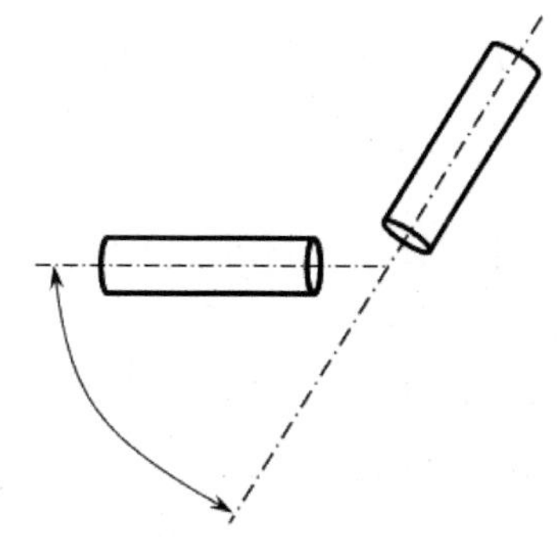

그림 4.88 구동축과 피구동축의 각도의 차이

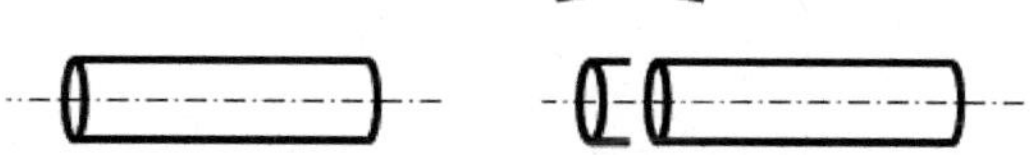

그림 4.89 구동축과 피구동축의 수직적 어긋남

(4) 강성

구동측이 회전하고 피구동측에 토크가 작용해도 비틀림 작용에 의해 반드시 지연이 생긴다. 이것을 구동측으로부터 본 **로스트모션**이라 한다.

그림 4.86은 서보 구동 기구에 있어서 로스트모션을 모델화 한 것이다. 백래시 때와 마찬가지로 테이블의 곡선 상을 움직이는 것으로 한다. 그러나 이번에는 링이 아니고 원주에 직접 강성이 약한 봉을 취부하고 그것을 로봇이 잡고 있게 한다.

그러면 실제로 원주를 움직여 본다. 로봇은 곡선에 따라 움직이지만 봉의 강성이 낮기 때문에 봉이 확실히 바로 원주는 로봇의 움직임에 추종하지 않는다. 그리고 봉의 구부러짐의 스프링 정수에 비례하고 서서히 원주에 힘이 작용하여 겨우 원주가 움직이기 시작한다. 그러면 서보 구동 기구에 있어서 응답성을 높이기 위해서는 기계 시스템의 로스트모션, 결국 기계 시스템의 스프링 정수를 얼마나 높게 하는지가 중요하다는 것을 알 수 있다.

또한 기계 시스템의 스프링 정수를 높이기 위해서는 커플링의 강성을 높이는 것은 중요하지만 커플링만의 강성을 높여도 기계 시스템의 강성은 거의 변하지 않는 경우는 적지 않다. 기계 시스템의 강성은 커플링 이외에 모터 자체의 강성, 볼나사의 강성 등 복수의 요소에 의해 결정되고 있다. 그리고 전체의 강성은 다음과 같이 된다.

$$K = \frac{1}{\frac{1}{M} + \frac{1}{C} + \frac{1}{B}} \text{ [kg · cm/rad]} \tag{4.102}$$

여기서 K는 스프링 상수, M은 모터의 스프링 상수, C는 커플링의 스프링 상수 그리고 B는 볼나사의 스프링 상수이다.

따라서 볼나사 등의 강성이 커플링에 비해 극단적으로 낮은 경우는 커플링 자체의 강성을 높여도 기계 시스템 전체를 본 경우에 거의 영향이 없는 경우가 있다. 물론 이 경우가 압도적으로 많다. 서보 구동 기구의 커플링을 생각했을 경우 고강성 커플링을 선정하는 것은 당연하지만 설계할 때에 기계 전체의 강성을 중시해야 한다.

(5) 관성

서보 구동은 고속, 고정밀에 덧붙여 고응답성을 요구하고 있다. 즉, 얼마나 빠르게 시작해서 얼마나 빠르게 정지할 수 있을 것인가이다.

그러면 고응답성을 실현하기 위해서는 서보 모터의 제어 주파수를 높게 할 필요가 있지만 그 때문에 구동체인 서보 모터, 커플링을 포함한 피구동체의 저관성화가 중요한 조건이 된다. 커플링의 저관성화는 소형, 경량화이다. 그러나 그것을 중시한다고 하여 성능이나 강도를 너무 경시하지 않도록 주의할 필요가 있다. 따라서 당연히 한계가 발생한다.

(6) 공진

지금까지 커플링 선저에 있어서의 중요 항목에 대해서 서술했지만 여기서 서보 구동계의 발진에 대해 조금 다루고자 한다.

강성, 관성은 서보 구동 기구의 응답성을 향상시키기 위해 중요한 요소인 것은 이미 서술해서 알고 있겠지만 서보 구동 기구의 제어 주파수는 기계 시스템의 고유진동수에 의해 결정되는 것을 잊지 말아야 한다. 서보 모터는 구동시에 높은 주파수가 발생한다. 또한 서보 모터의 제어 가능 주파수는 상당히 높은 주파수까지 대응 가능하게 되었다. 그 때문에 기계 시스템가 갖는 고유 주파수와 제어 주파수가 일치하고 비틀림 진동이 발생하는 경우가 있다. 이것이 공진이다.

서보 구동 기구에서 공진이 발생하면 제어 불능이 되고 중대한 트러블이 생긴다. 그래서 이 공진을 막기 위해서 아래의 3가지 요소를 생각할 필요가 있다.

① 감쇠성을 높이고 공진의 피크값을 억제한다.

② 기계 시스템의 강성을 높이고 제어 주파수역으로부터 고유 진동수를 어긋나게 한다.

③ 모터의 게인을 낮추고 기계 시스템 고유진동수와 제어주파수의 공존을 피한다.

④ 그러면 고유진동수와 기계 시스템 요소와의 관계지만 고유진동수는 다음과 같이 나타낼 수 있다.

$$F = \frac{1}{2\pi} \cdot \sqrt{\frac{K}{J}} \tag{4.103}$$

여기서 f는 기계 시스템의 고유진동수[㎐], K는 기계 시스템의 스프링 정수[kgf · ㎝/㎭], J는 기계 시스템의 관성모멘트[kgf · ㎝/s^2]이다.

서보 구동 기구의 공진을 막기 위해서는 얼마나 고유진동수를 높게 설정하느냐에 따르지만 그를 위한 요소로서 식 (4.130)대로 기계 시스템의 강성, 관성이 얼마나 중요한지를 알 수 있다. 결국 커플리을 포함한 기계 시스템 전체를 얼마나 저관성으로 하고 고강성으로 할 것인지가 고응답성의 조건이며 공진은 커플링만이 아니고 기계 시스템 전체로 생각하지 않으면 안 된다는 것이다.

CHAPTER 5 서보의 요소 - 검출부

5.1 위치와 각도 검출 센서의 개요

5.2 센서의 최적 선정 순서

그림 1.22의 서보 기구 블록선도의 검출부에서 주요 요소는 센서(sensor)인데 이 센서는 서보 기구를 구성하는 되먹임 요소로서 주로 서보 모터 및 제어 대상의 운동에 관계하는 기계량을 검출하며 계산기 제어를 위해 사용된다. 특히 공작기계용 검출부는 기계의 위치, 회전 각도나 속도를 전기량으로 취하고 있다. 이들의 검출 정도는 공작기계 서보의 정도를 결정하므로 고정도를 얻기 위해서는 센서의 특성 및 성능을 정확히 파악하여 적절하게 센서를 사용해야 한다.

따라서 본 장에서는 서보 기구의 위치와 각도를 검출하는 센서에 대해 대략적인 내용을 알아보고 적절한 선택의 센서를 사용함으로써 피드백 기계제어 시스템의 성능을 보다 높일 수 있으므로 센서 최적 선정 순서에 대해 알아보기로 한다.

5.1 위치와 각도 검출 센서의 개요

5.1.1 포텐셔미터의 개요

포텐셔미터(potentiometer)는 아날로그식 각변위 센서의 대표적인 것으로 각변위를 직접 전기 저항의 변화로 바꾸고 부가 회로에 의해 이것을 전압 또는 전류의 변화로 하는 것이다. 이것은 위치나 각도를 검출할 때 주로 이용하며 디지털식에 비해 정밀도가 떨어지지만 간단한 회로만으로 동작하므로 널리 사용되고 있는 센서이다.

포텐셔미터의 검출 원리는 브러시가 저항체 위를 접촉하면서 위치 변경하면 전기 저항이 변화하는 것에 의해 회전각이나 직선 변위를 검출할 수 있다. 저항체로서는 가는 저항선을 틀에 감은 권선형과 도전성 재료를 함유하는 수지로 만든 도전성 플라스틱형이 있으며 권선형은 선의 굵기가 저항 분해능으로 되는 것에 대해 도전성 플라스틱형에서는 연속 저항값이 얻어진다.

포텐셔미터의 구성 회로는 그림 5.1과 같으며 포텐셔미터의 분해능은 「풀스케일 변위/감은 수」로 나타낸다. 예제 5.1을 통해 분해능에 대해 조금 더 알아보도록 한다.

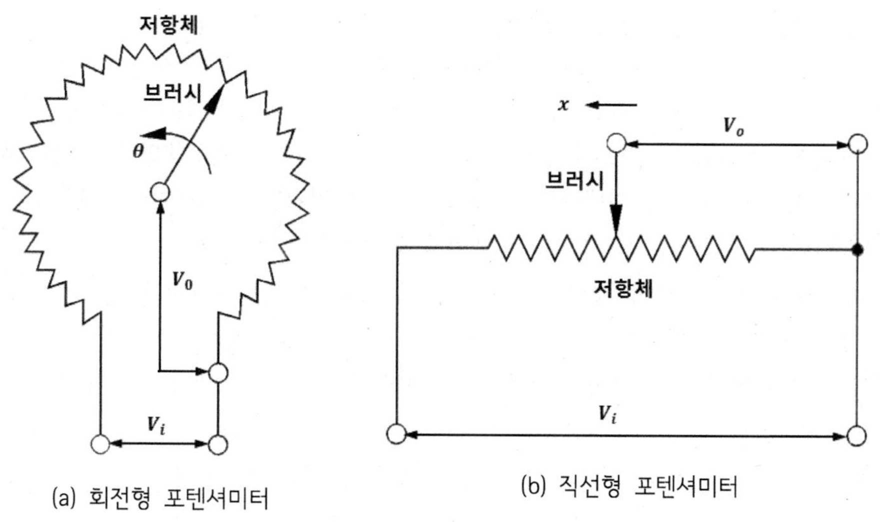

(a) 회전형 포텐셔미터

(b) 직선형 포텐셔미터

그림 5.1 포텐셔미터의 구성 회로

예제 5.1

0.8 m이동하는 어떤 물체의 위치를 측정하려고 한다. 그 물체의 위치를 0.1 ㎝ 이내의 범위에서 측정해야 한다. 물체를 이동시키는 기계장치는 축으로 구동하며 회전 범위는 최대 250°이다. 300° 풀스케일 이동 범위를 갖고 1000개 턴수를 갖는 포텐셔미터를 사용할 수 있는가?

풀이

기계장치의 축은 250°/0.8 m=312.5°/m 또는 3.125°/㎝ 분해능을 갖는다.

물체의 0.1 ㎝ 분해능은 0.1 ㎝×3.125°/㎝=0.3125°이다.

그리고 포텐셔미터의 분해능은 300°/1000=0.3°이다.

따라서 포텐셔미터는 0.3°의 변화를 검출하며 이것은 물체 이동범위 0.3125°보다 높은 분해능이므로 사용 가능하다.

그림 5.1에서 변위량당 저항값이 일정하므로 입력단에 일정 전압(V_i)을 가하면 변위에 비례하는 출력 전압(V_o)이 회전형에서는 $V_o = kV_i\theta$(θ =회전각도), 직선형에서는 $V_o = kV_i x$(x = 직선변위)로 구해진다.

회전형에는 1회전형 외에 저항체를 나선상으로 만든 다회전형도 있다. 또한 권선틀을 반경이 변하도록 만든 원통형에 저항체를 권선하며 이 권선 단면을 접촉하면서 위치 변경을 하여 정현, 여현, 제곱 등의 비선형 출력을 얻는 특수한 포텐셔미터도 있다. 브러시가 접속하기 때문에 마모가 발생한다는 것, 측정 범위가 저항체의 끝 부분까지 제한된다는 것, 정도도 1% 이내라는 것 등의 단점이 있지만 저가격이며 간편하기 때문에 아날로그형의 변위 센서로서 다수 사용되고 있다.

자계를 가하면 저항이 직선 변화하는 자기 저항 소자를 이용하여 영구 자석의 회전에 의해 저항값을 변화시킴으로써 출력 전압을 얻는 비접촉형 포텐셔미터도 있으며 마모가 없고 수명이 길며 고속 응답에 우수하지만 외부 자계의 영향을 받기 쉽다.

포텐셔미터는 전압 출력형이므로 사용 중의 전력 소비, 온도 상승 및 발열 상에 주의해야 한다. 이러한 제한 조건은 예제 5.2를 통해 알아보기로 한다.

예제 5.2

포텐셔미터의 정격이 150 Ω, 1 W, 30℃/W일 때 10 V 공급 전압과 80℃의 온도에서 사용 가능한가를 결정하라.

풀이

포텐셔미터에서 소비되는 전력 P는 다음과 같다.

$$P = \frac{V^2}{R} = \frac{10^2}{150} = 667\ \text{mW}$$

포텐셔미터의 실제 온도는 주변 온도와 소비전력에 의해 상승되는 온도의 합으로 나타내므로 다음과 같다.

$$\begin{aligned} T_{포텐셔미터} &= T_{주변온도} + P\theta \\ &= 80[℃] + 667[\text{mW}] \times 30[℃/\text{W}] = 80 + 20 = 100[℃] \end{aligned}$$

정격 전력(Rated power)은 주위 온도에 의존하며 한국 물리학회에 따르면 주위 온도 70˚C 이상에서 사용하면 전력 경감 곡선에 따라 전력을 낮출 필요가 있다고 한다(그림 5.2). 이때 규정의 정격 부하를 가할 때 연속 사용이 가능한 저항기의 주위 온도의 최고치(그림 5.2에서는 70˚C)를 **정격 주위온도**(Rated ambient temperature)라고 부른다.

그림 5.2에 따르면 허용 소비전력은 포텐셔미터의 실제 온도 100℃에서는 정격 전력의 약 45%가 되도록 감소해야 하므로 다음과 같이 된다.

$$P_{허용전력} = P_{정격전력} \times 0.45 = 1000 \times 0.45 = 450[\text{mW}]$$

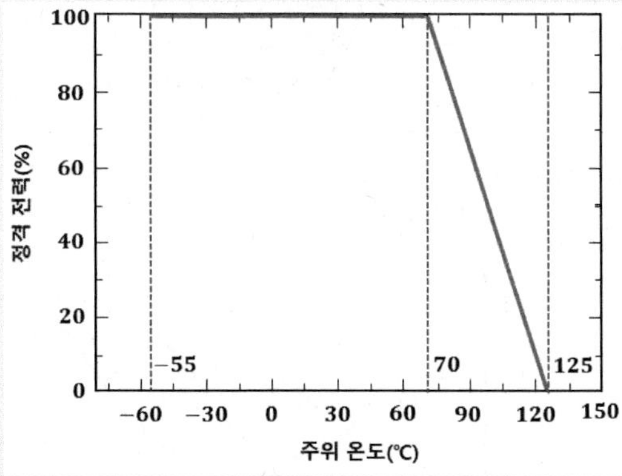

그림 5.2 주위 온도에 따른 정격 전력비 그래프(출처 : 한국물리학회)

따라서 최대 허용전력이 450㎽이고 포텐셔미터의 소비 전력은 667㎽이므로 정격에 맞지 않아 사용할 수 없다.

5.1.2 리졸버의 개요

리졸버(resolver)는 교류의 전자유도를 이용한 각도 센서이다. 브러시가 있는 형태와 없는 형태가 있다. 그림 5.3에는 리졸버의 원리도를 나타내고 있다. 회전자의 권선을 슬립링을 통해서 교류 전압 V_R로 여자하면 한쪽의 고정자 권선에는 $V_S = kV_R\sin\theta$, 다른 쪽의 권선에는 $V_C = kV_R\cos\theta$로 되는 평행 변조파가 유기된다. k는 전자기 유도에 있어서의 결합 계수, θ는 회전자의 축 위치를 나타낸다. 즉, θ방향의 자속(벡터)을 2성분으로 분해하는 움직임이기 때문에 리졸버라는 명칭이 주어지게 되었다. 전압의 쌍 (V_S, V_C)는 1회전 이내의 θ값에 1대 1로 대응한다. 따라서 이것은 절대 좌표형의 위치 검출기이다.

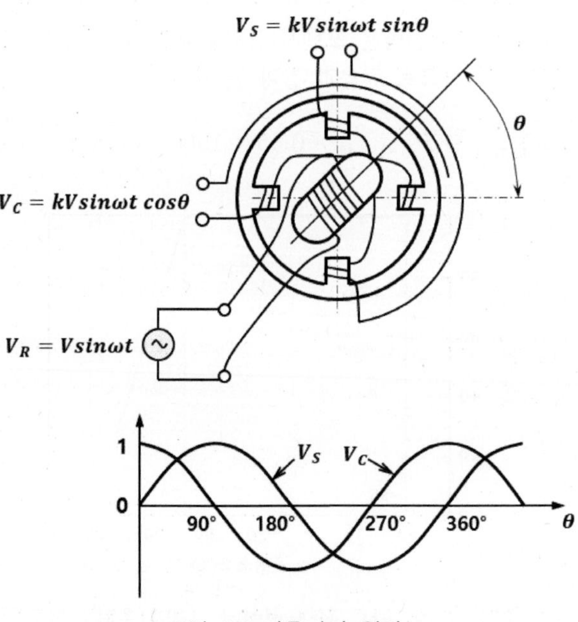

그림 5.3 리졸버의 원리

가. 위상기

이것은 정현파의 위상을 회전자의 회전각만큼 어긋나게 하기 위한 것으로서 고정자 권선에 그림 5.4와 같이 CR 회로를 접속하면 이하의 계산에 의해 이것이 **위상기**(phase shifter)로서 작용된다는 것을 나타낸다.

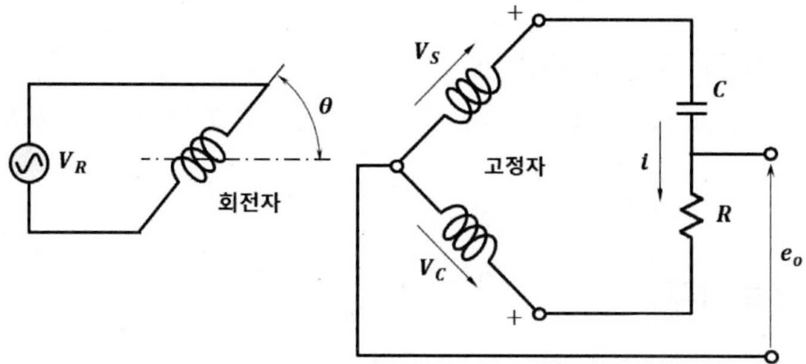

그림 5.4 리졸버에 의한 위상기

$$V_S = kV_R \sin\theta$$

$$V_C = kV_R \cos\theta \tag{5.1}$$

$$e_o = \frac{-1}{j\omega C}i + V_S = Ri + V_C \tag{5.2}$$

$i = \dfrac{j\omega C}{j\omega CR+1}(V_s - V_c)$ 이므로 식 (5.2)는 다음과 같이 된다.

$$e_o = \frac{V_S + (V_C/j\omega CR)}{1+(1/j\omega CR)} \tag{5.3}$$

이 된다. 여기서 CR의 값을 $\omega CR = 1$이 되도록 조정하면 다음과 같이 된다.

$$e_o = \frac{V_S - jV_C}{1-j} = \frac{kV_R(1+j)}{2}(\sin\theta - j\cos\theta)$$

$$= \frac{kV_R}{\sqrt{2}}e^{j\left(\theta - \frac{\pi}{4}\right)} \tag{5.4}$$

여기서 $V_R = E_o\ \sin\omega t$ 이며 따라서 오일러 공식($\cos\theta + j\sin\theta = e^{j\theta}$)으로부터 식 (5.4)는 다음과 같이 된다.

$$e_o = \frac{kE_0}{\sqrt{2}} sin\left(\omega t + \theta - \frac{\pi}{4}\right) \tag{5.5}$$

이 식에서 일정의 위상 어긋남 $\pi/4$는 회전각 θ의 기준을 어긋나게 하면 제거할 수 있으므로 결국 $V_o\sin(\omega t + \theta)$로 되는 진폭 일정에서 위상 어긋남 θ의 정현파가 얻어진다.

나. 신크로 서보기구

같은 형의 **신크로 리졸버** R_1, R_2를 그림 5.5와 같이 결선하고 R_1의 회전자 권선을 교류 전압 V_R로 여자하는 시스템을 생각해 보기로 한다. R_1중에 발생하는 자속 ϕ_1에 의해 각각의 고정자 권선에 유기되는 전압 V_S, V_C에 의해 R_2에는 ϕ_1에 평행하게 자속 ϕ_2가 생긴다. 자속 ϕ_2 때문에 R_2의 회전자 권선에 교류 전압 e가 유기된다.

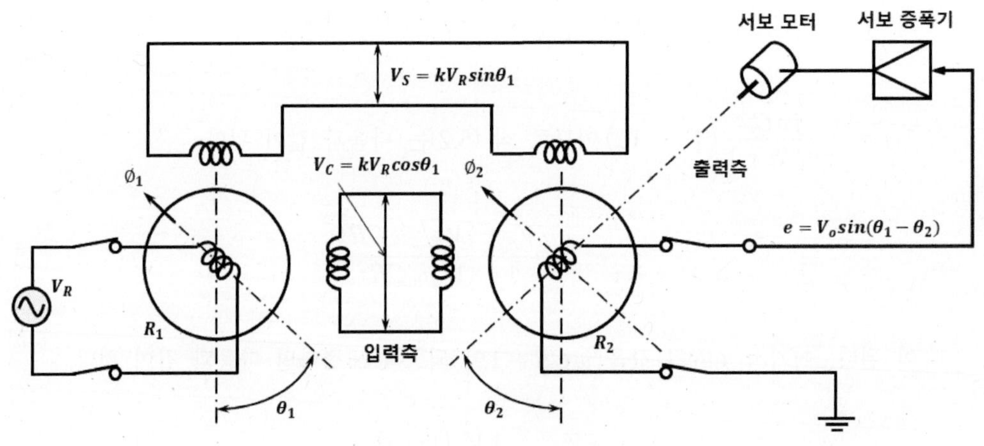

그림 5.5 신크로 서보기구

여기서 R_1, R_2의 회전자의 축 위치 θ_1, θ_2의 기준을 그림과 같이 90° 어긋나게 놓으면 유기 전압 e는 다음과 같이 된다.

$$
\begin{aligned}
e &= k' V_R \sin\theta_1 \cos\theta_2 - k' V_R \cos\theta_1 \sin\theta_2 \\
&= k' V_R \sin(\theta_1 - \theta_2) \\
&= k' E_0 \sin\omega t \sin(\theta_1 - \theta_2) \\
&= V_0 \sin(\theta_1 - \theta_2) \sin\omega t
\end{aligned}
\tag{5.6}
$$

즉, 진폭이 $\sin(\theta_1 - \theta_2)$에 비례하는 평형 변조파로 된다. 유기 전압 e를 편차 신호로 하여 R_2의 회전자축을 교류 서보 모터로 구동하면 θ_2가 θ_1에 추종하는 서보기구가 얻어진다.

다. 다속도 신크로 시스템

신크로 서보기구에 의한 각도 추종의 정도를 높이기 위해, 소위 **다속도 신크로 시스템**(multi-speed synchro system)이 널리 이용되고 있다. 다속도 신크로 시스템은 시계의 시침, 분침, 초침에 의해 시각의 지시를 정밀하게 하는 것과 마찬가지 사고방식이다. 그림 5.6의 2속도계를 예로 하여 다속도 신크로 시스템을 설명하기로 한다. 즉, 그림 5.6 (a)의 시스템에서 R_1, R_2를 거침계로 하고 F_1, F_2를 정밀계로 한다. F_1, F_2의 회전자는 기어에 의해 R_1, R_2 회전자를 10배로 증속하고 있다고 가정한다. 이 때 거침계와 정밀계의 편차 신호 e_c, e_f는 그림 5.6 (b)와 같이 된다. 즉, 거침계의 편차 36°가 정밀계의 편차 360°에 대응하기 때문에 편차 0의 근방에 있어서의 정밀계의 편차 검출 감도는 상당히 높게 된다. 그러므로 편차 $(\theta_1 - \theta_2)$가 큰 것은 거침 서보계에 의해 추종을 행한다. 그림 5.6 (c)와 같이 편차가 18° 이하의 α로 될 때에 서보계를 거침으로부터 정밀로 바꿔 추종을 속행시키도록 하면 추종의 정도는 상당히 향상된다. 더구나 3속도, 4속도로 하면 정도는 더욱 개선된다.

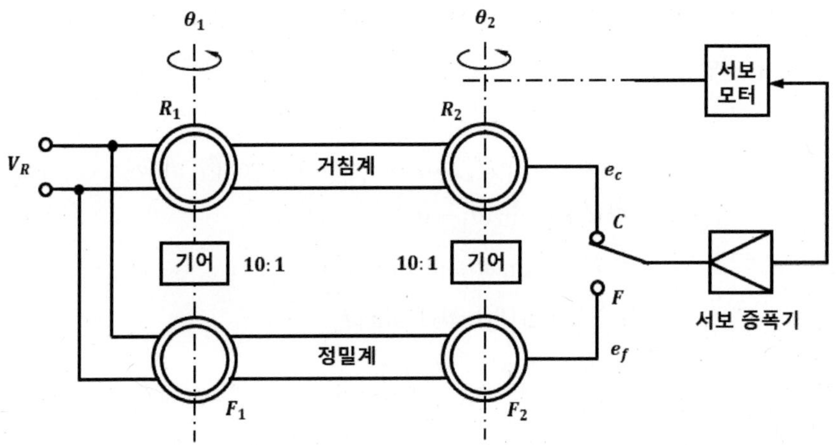

(a) 거침과 정밀계

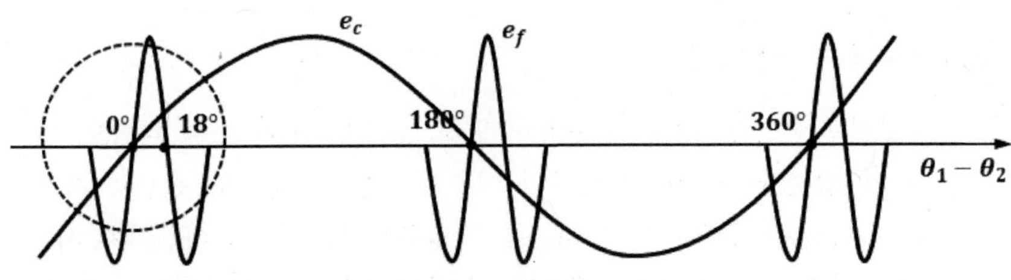

(b) 거침과 정밀의 편차신호

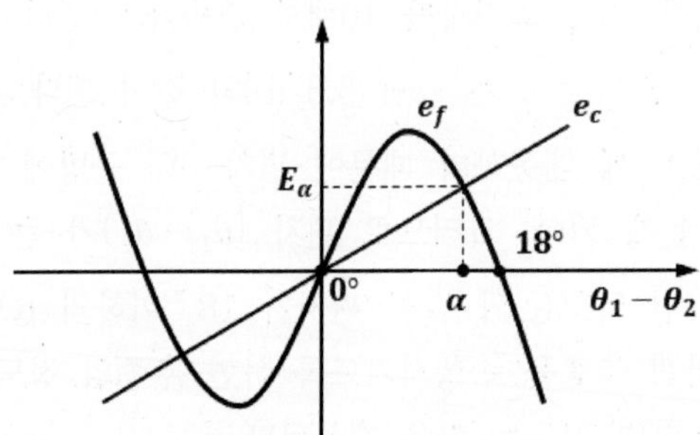

(c) 거침으로부터 정밀에의 전환

그림 5.6 2속도 신크로

5.1.3 인덕토신의 개요

가. 원리

인덕토신(inductosyn)의 원리는 리졸버의 원리와 마찬가지이다. 구조는 유리판 또는 절연판의 표면에 빗살형의 전기적 통로가 설치되어 있다.

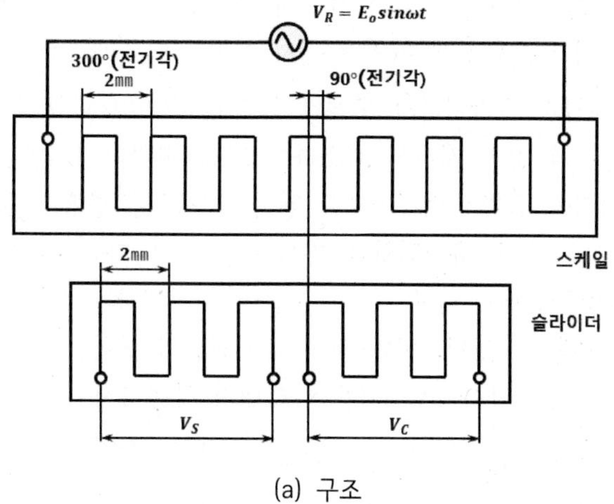

(a) 구조

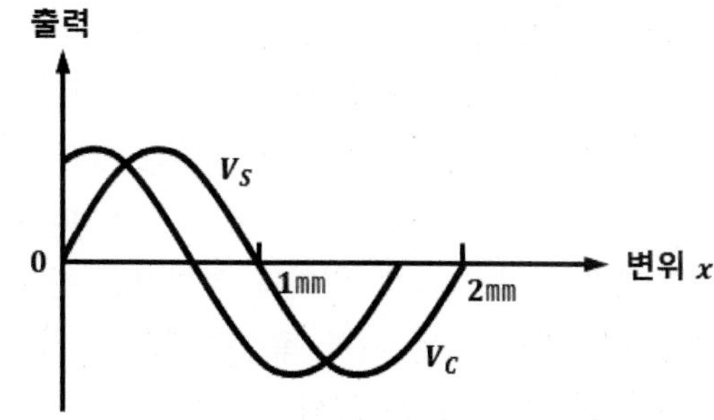

(b) 슬라이더 변위에 따른 출력

그림 5.7 리니어 인덕토신의 원리도

그림 5.7에 리니어 인덕토신의 원리도를 나타내고 있다. 이것은 스케일(scale)과 슬라이더(slider)로 되어 있으며 사용할 때에는 양자를 조그마한 틈(0.25 ㎜)으로 대향시킨다. 스케일 상의 코일은 리졸버의 회전자 코일에 대응하는 것으로 2 ㎜의 피치로 되어 있고 테이블 스트로크 전역을 커버하고 있다. 보통 1개의 스케일 길이는 250 ㎜이기 때문에

테이블의 길이에 대응해서 스케일을 몇 개인가 연결하여 상호 코일을 접속하여 사용하고 있다. 한편 슬라이더는 2개의 같은 모양의 코일을 가지며 리졸버에 있어서 고정자의 역할을 하고 있다. 2개의 코일이 리졸버와 마찬가지로 전기적으로 즉, 1/4피치(90°) 어긋나 있다. 조금 더 구체적으로 인덕토신의 동작원리를 고찰해 보자.

그림 5.8에서 2개의 도체 스케일과 슬라이더를 미소한 간격으로 하고 평행으로 대향시키며 한쪽에 교류를 여자하면 전자기 유도 작용에 의해 다른 쪽에 전압이 유기된다. 이 유기전압의 크기는 스케일과 슬라이더 사이의 전자 결합도에 의해 즉, 상대 위치에 의해 변화한다. 그림 5.9에 상대 위치와 전자 결합도와의 관계를 나타내고 있다.

유기전압은 스케일과 슬라이더의 도체가 중복된 위치(0 피치)에서 최대로 되고 슬라이더를 평행 이동시켜 가면 서서히 감소하여 코일 피치의 1/4만큼 어긋난 위치에서는 자속이 서로 상쇄되어 유기전압은 0으로 된다. 더욱 더 평행 이동시키면 1/2피치에서 0피치와는 역 극성의 최대 유기전압을 발생한다. 또한 더욱 더 평행 이동시키면 재차 감소하여 3/4 피치에서 0이 되며 1피치 이동한 위치에서는 0피치일 때와 같은 극성의 최대 유기전압을 얻을 수 있다. 이와 같이 유기전압의 변화는 코일의 1피치 사이에 슬라이더의 평행 이동에 따라서 1사이클을 나타내며 다음 1사이클도 마찬가지로 된다.

인덕토신의 슬라이더에는 앞에서도 서술했듯이 1/4피치(90°) 어긋난 2개의 코일이 그림 5.9과 같이 되어 있으며 스케일 측에 교류(0.1~0.5 W, 10 ㎑)를 가한 경우 슬라이더 측으로부터는 서로 90°의 위상차를 갖는 2개의 유기전압이 얻어진다. 이때의 스케일, 슬라이더 사이의 전자 결합도는 X를 스케일과 슬라이더 사이의 상대 위치 변위로 하고 p를 코일의 1피치의 길이로 하면 코일 1피치는 전기각 360°에 해당되기 때문에 한 쪽은 $\sin(2\pi/p)X$로 되고 다른 쪽은 $\cos(2\pi/p)X$로 된다. 따라서 전자 결합도 즉, 유기전압의 변화는 2개의 코일 사이의 상대 위치와 임의적인 관계에 있기 때문에 이 유기전압을 검출함으로써 위치 결정 또는 위치 측정을 할 수 있다. 따라서 이들의 코일을 직렬로 접속하면 그의 출력 전압 E_o는 그림 5.10과 같이 항상 그의 위상각 θ는 슬라이더의 이동 거리에 비례하여 일정 전압으로 변화한다.

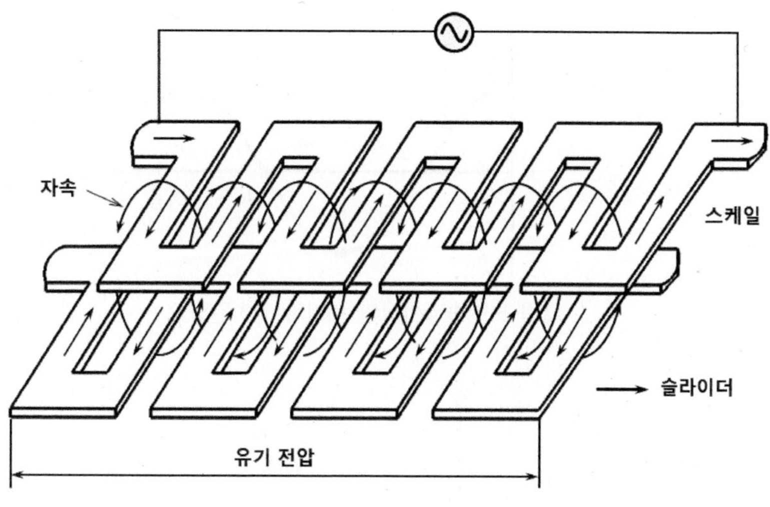

그림 5.8 리니어 인덕토신의 동작 원리도

스케일		
슬라이더의 위치	A	
	B	$1/4\,p$
	C	$1/2\,p$
	D	$3/4\,p$
	E	p

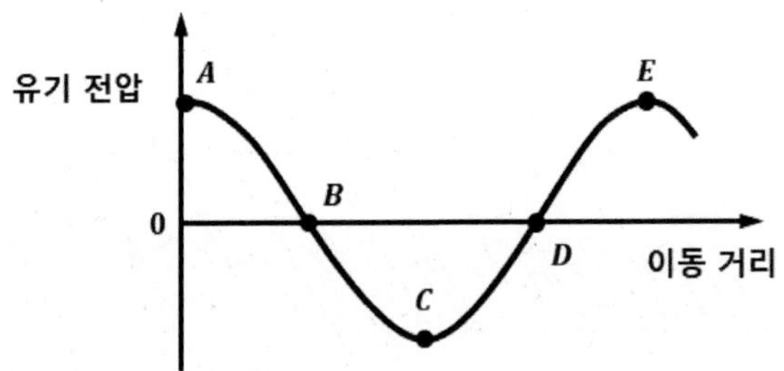

그림 5.9 슬라이더의 위치와 전자결합도

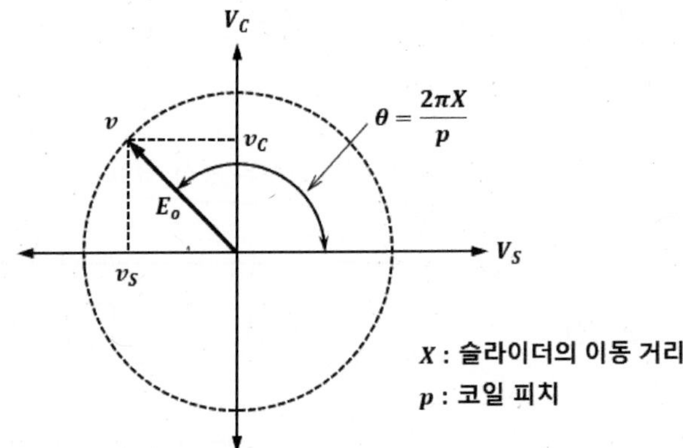

그림 5.10 인덕토신의 출력전압의 벡터도

리니어 인덕토신이 고정도의 검출 능력을 갖고 있는 이유는 리졸버가 360° 에 대해 10분의 정도 즉, $10/(360 \times 60) = 1/2160$인 것에 대해 인덕토신의 1피치를 2 ㎜로 하면 2 ㎜의 1/2160 즉, 약 1 ㎛의 검출 정도를 기대할 수 있으며 또한 다수의 코일을 직렬로 접속해서 각 코일의 공작 오차를 평균화할 수 있기 때문이다.

인덕토신의 출력측은 임피던스가 높고 미소 전압(약 2 ㎷)밖에 취할 수 없기 때문에 공작기계와의 연결선이 1.5 m 이상으로 되면 노이즈 장애를 받는다. 이와 같은 경우에는 1.5 m 이내의 곳에 전치증폭기(preamplifier)를 설치해 증폭한 신호를 공작기계에 연결한다. 또한 철분이나 철조각과 같은 자성체가 고정부와 가동부의 사이에 들어가면 곤란하므로 인덕토신의 접촉부는 밀폐 구조로 해야 한다.

나. 다속도 시스템

위에서 서술했듯이 리니어 인덕토신의 출력은 2 ㎜를 주기로 하므로 이것을 넘는 범위의 변위 제어에 대해서는 **다속도 시스템**에 의한 서보기구를 사용하여야 한다.

그림 5.11에 인덕토신을 정밀의 검출기에 이용한 2속도 시스템의 예를 나타낸다. 이것을 그림 5.5와 비교하면 정밀계의 리졸버 F_2를 리니어 인덕토신으로 바꿔 놓은 것 이외는 아무 것도 아닌 것을 알 수 있다. 리졸버 F_2를 이용하면 테이블의 움직임을 F_2의 회전으로 고치는 랙과 피니언을 이용하여야 하는 것에 반해서 이 계의 특징은 랙과 피니언을 사용하지 않아도 되는 것이다.

인덕토신 자체의 높은 검출 능력과 반드시 변환 오차를 포함한 랙과 피니언의 사용을 피할 수 있다는 것이 서로 어울려서 이 시스템에 의한 테이블의 위치 결정 정도는 상당히 높은 것으로 된다.

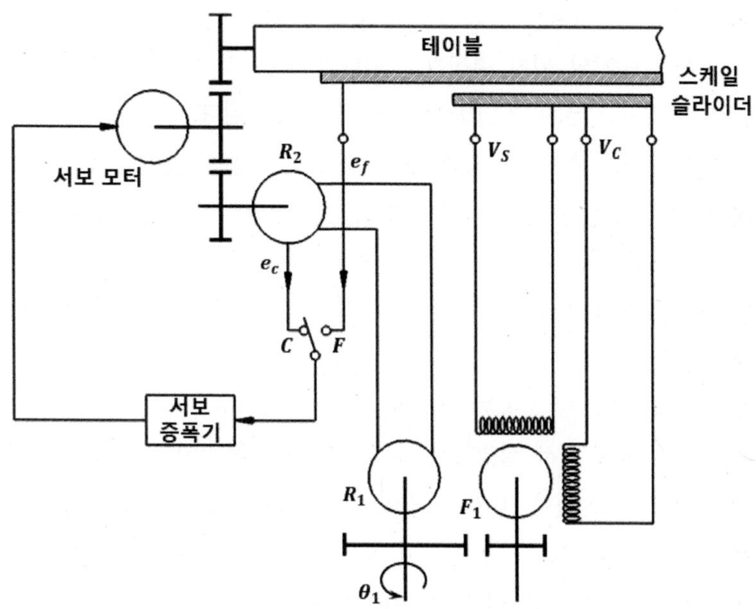

그림 5.11 인덕토신을 이용한 2속도 시스템

다. 절대 좌표 방식의 위치 결정 장치

그림 5.11의 시스템은 입력 θ_1과 테이블의 위치가 1대 1로 대응하기 때문에 절대 좌표 방식의 위치 결정 제어의 한 예로 생각할 수 있다. 이것을 공작기계 지령에 의해 제어하기 위해서는 입력 형식을 수정하여야 한다.

절대 좌표 방식에서는 위치 결정해야 할 테이블의 좌표값이 공작기계 지령에 의해 주어져야 한다. 그림 5.11에서 말하면 좌표값에 대응하는 축 위치 θ_1을 주는 것과 등가이다. 지령의 좌표값은 몇 자리 수인가를 10진수로 준다. 여기서 간단을 위해 그림 5.11의 R_1, R_2의 시스템이 1 ㎜ 자리 수의 위치 결정을 담당하고 F_1과 인덕토신의 시스템이 0.1 ㎜ 이하의 자리 수를 담당한다고 가정한다. 물론 10 ㎜ 이상의 자리 수를 담당하는 시스템은 R_1, R_2와 마찬가지의 시스템을 병렬로 설치하여야 한다. 그리고 큰 자리수로부터 작은 자리수의 위치 결정으로 순서 제어시스템을 바꿔 가면 된다.

그러면 1 ㎜ 자리 수를 담당하는 R_1, R_2 및 서보 모터로부터 위치 결정 제어시스템을 고찰하기로 한다. 이것은 그림 5.4의 신크로 서보 그 자체이다. 더구나 이 경우는 0~9 ㎜의 10가지 수치의 위치 결정만을 행하면 되는 것이다. 따라서 입력 θ_1의 각도로서는 0˚, 36˚, 72˚,⋯, 324˚의 10개소만을 사용하면 된다.

그런데 R_1회전자의 축 위치 θ_1과 그의 고정자 출력의 쌍(V_S, V_C)이 1대 1로 대응하는 것은 앞에서 서술했다. 여기서는 위의 10개소의 축 위치 대신에 10종류의 교류 전압 쌍$(V_S, V_C)_i(i=0, 1, 2, \cdots, 9)$을 리졸버 R_1을 이용하지 않고 공작기계 지령으로 제어하는 것에 의해 발생시키도록 하는 것이다. 다만 $(V_S, V_C)_i$는 $\theta_i = i \times 36^\circ$일 때의 고정자 권선 출력의 쌍과 같다.

그림 5.12는 이 생각을 실현한 하나의 원리를 나타낸다. 예를 들면 1자리의 지령 수치가 7의 경우를 예로 해서 설명하자. 공작기계 지령을 읽어 들이면 스테핑 스위치 S_0의 접점 7이 접지(어스)된다. 다음에 와이퍼 W_0가 접점 0으로부터 솔레노이드로 구동되어 스텝을 개시한다. W_0가 접점 7에 오면 릴레이가 작동하여 솔레노이드의 전류를 단절하므로 와이퍼는 여기서 머문다. 따라서 S_0과 연동하고 있는 스테핑 스위치 S_1, S_2의 와이퍼 W_1, W_2도 각각의 접점 7에서 정지한다. 이들의 접점에는 변압기의 탭으로부터 각각 V_S, V_C로 되는 교류 전압이 준비되어 있다. 물론 이것은 그림 5.5에서 리졸버 R_1이 $\theta_1 = 36^\circ \times 7 = 252^\circ$일 때의 고정자 권선의 출력 쌍$(V_S, V_C)_7$과 같다.

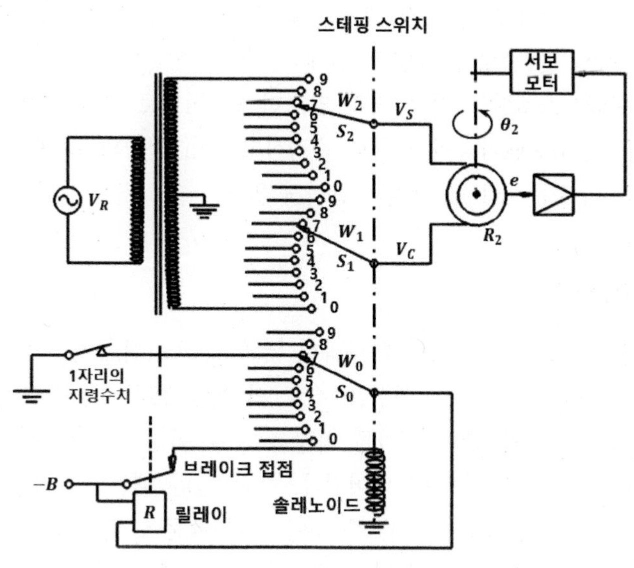

그림 5.12 수치입력의 신크로 서보 구성

그러므로 이 전압 쌍을 받은 리졸버 R_2의 축은 서보 모터에 의해 $\theta_2 = 252°$의 축 위치에 위치 결정된다. 이 원리를 그림 5.11의 리졸버 R_1, F_1대신에 응용하면 공작기계 지령에 의해 제어되는 절대 좌표 방식의 위치 결정 장치를 얻을 수 있는 것이다.

5.1.4 자기 스케일의 개요

자기 스케일은 인청동과 같은 비자성체의 띠의 표면에 자성 매체를 도포 또는 도금한 것에 일정 파장의 정현파 또는 구형파를 자기 기록한 것이다. 이것을 기준의 눈금으로서 자기 읽기 헤드에서 재생하여 전기 신호로 바꾸는 것이지만 위치 검출기에 이용하기 위해서는 이 전기 신호가 재생시의 헤드의 속도에 무관할 필요가 있다. 이 때문에 **자속 응답형 헤드**가 이용된다. 여기서는 소니(sony)사에서 개발되어 공작기계용에도 사용되고 있는 것을 소개하기로 한다.

이것의 특징은 종래의 단일캡 헤드에 대해 **멀티캡 헤드**를 사용하고 있는 것과 스케일에 탄성 한계 이내로 장력을 걸어 연강의 프레임 속에 그의 양끝을 고정하고 있는 것이다. 전자에 의해 안정한 고출력이 얻어지고, 후자에 의해 스케일의 열팽창 계수가 프레임의 그것과 같게 되어 공작 기계의 테이블에 부착한 경우에 양자의 열팽창이 거의 같게 된다. 또한 한 줄로 스케일을 길게 만들 수 있다(약 3 m까지 가능하다. 이 경우 인덕토신은 짧은 스케일을 계속 잇지 않으면 안 되므로 조정이 번거롭다)는 이점도 들 수 있다. 정도는 0.2 ㎜마다의 피치로 측정하고 1 m 길이의 누적 오차가 ±5 ㎛ 이내이며 또한 반복 오차는 ±1 ㎛ 이내로 알려져 있다.

가. 멀티캡 헤드

구조는 원리적으로 그림 5.13에 나타낸 것과 같이 n개(보통 30개)의 헤드를 $\lambda_m/2$의 간격으로 배치하여 옆의 헤드 권선을 서로 역 방향으로 전부를 직렬로 접속한 것이다. 각 헤드의 출력은 각각 합쳐져 기록 파장을 λ로 하면 $\lambda = \lambda_m$일 때에 출력은 최대로 되고 1개 헤드의 n배의 출력이 얻어진다. $\lambda \neq \lambda_m$일 때는 각 헤드의 출력에 위상차를 발생하여 출력은 급격히 감소한다. 즉, n이 크기 때문에 멀티 캡 헤드는 그림 5.13에서와 같이 급격한 **파장 선택 특성**을 갖게 된다. 그러므로 기록을 자성 매체의 포화까지 갖고 가면(구형파의 기록) 재생 출력은 크게 되며 또한 이 급격한 파장 선택 특성 때문에 고주파 성분은 거의 감쇠하여 출력 파형은 파장 λ의 거의 완전한 정현파로 된다. 또한 기록 파장 λ에 다소 흩어짐이 있어도 이 특성 때문에 출력에는 정확한 파장의 정현파가 얻어진다.

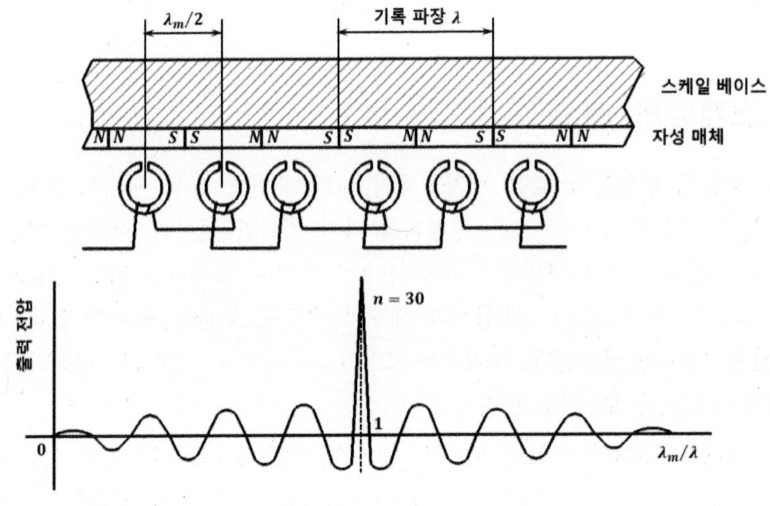

그림 5.13 멀티캡 헤드의 원리 및 재생 출력 전압

나. 자속 응답형 헤드

보통의 테이프 레코더와 달리 자기 스케일의 경우는 스케일과 헤드의 상대 속도가 일정하지 않고 끊임없이 변동하고 있으며 더구나 정지하고 있을 때도 스케일의 자화 패턴을 검출하지 않으면 안 되므로 자속 응답형 헤드를 이용할 필요가 있다.

그림 5.14에 **가포화 철심**에 의한 자기 변조 방식의 자속 응답형 헤드의 원리를 나타낸다. 이것은 보통의 자기 변조형 직류 증폭기와 구조도 동작도 같지만, 다만 신호 입력 권선이 없고 그 대신에 자극에 의해 자기 스케일로부터의 자속을 직접 도입하고 있다. 다만 그림에 있어서 자극은 단일 캡으로 하고 있지만 실제로는 멀티 캡을 이용하고 있는 것이다. 또한 이동 방향의 판별과 기록 파장 λ를 보간하기 위해서 2개의 헤드를 $(m\pm1/4)\lambda$의 간격으로 배치하고 있다.

그러면 그림 5.14에 있어서 헤드 1과 헤드 2의 여자 권선에 다음과 같은 여자 전류를 흘린다.

$$i_1 = i_2 = I\,\sin\frac{\omega_c}{2}t \tag{5.7}$$

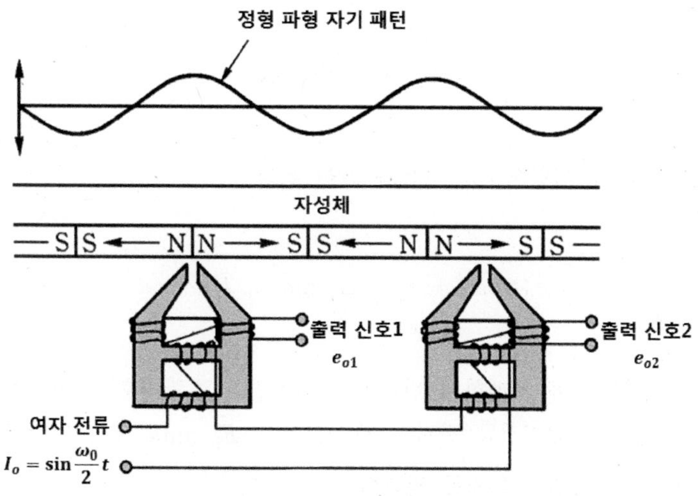

그림 5.14 2개의 검출 헤드

그러면 자기 스케일로부터 2개의 헤드에 들어오는 신호 자속의 위상은 90° 만큼 어긋나고 있으므로 각각의 출력 전압은 다음과 같이 된다.

$$e_1 = E_0 \sin\frac{2\pi}{\lambda}x \cdot \sin\omega_c t \tag{5.8}$$

$$e_2 = E_0 \cos\frac{2\pi}{\lambda}x \cdot \sin\omega_c t \tag{5.9}$$

다만, x는 스케일에 대한 헤드의 위치를 표현한다. 이 파형은 **평형 변조파**이며, 그림 5.7의 인덕토신과 완전히 같은 형태다. 다만, 이 경우 주기는 λ=0.2 ㎜이다.

다. 위치 검출법

고정도의 위치 검출에는 **위상 변조 검출 방식**이 이용된다. 즉, 식 (5.4)의 반송파 위상을 90° 만큼 어긋나게 한다든지 또는 여자전류의 위상을 재차 어긋나게 해서 다음과 같이 되는 신호를 만든다.

$$e_1' = E_0 \sin\frac{2\pi}{\lambda}x \cdot \cos\omega_c t \tag{5.10}$$

식 (5.10)을 e_2에 더함으로써 다음과 같이 된다.

$$e_0 = e_1' + e_2 = E_0 \sin\left(\omega_c t + \frac{2\pi}{\lambda}x\right) \tag{5.11}$$

즉, 위상이 위치 x에 비례하여 변화하는 위상변조 변환신호가 얻어진다. 위상변조 변환신호와 식 (5.8)의 여자전류 전원의 제 2고조파 $E_0 \sin\omega_c t$의 위상차를 측정하는 것에 의해 1파장 λ 이내의 위치를 검출할 수가 있다.

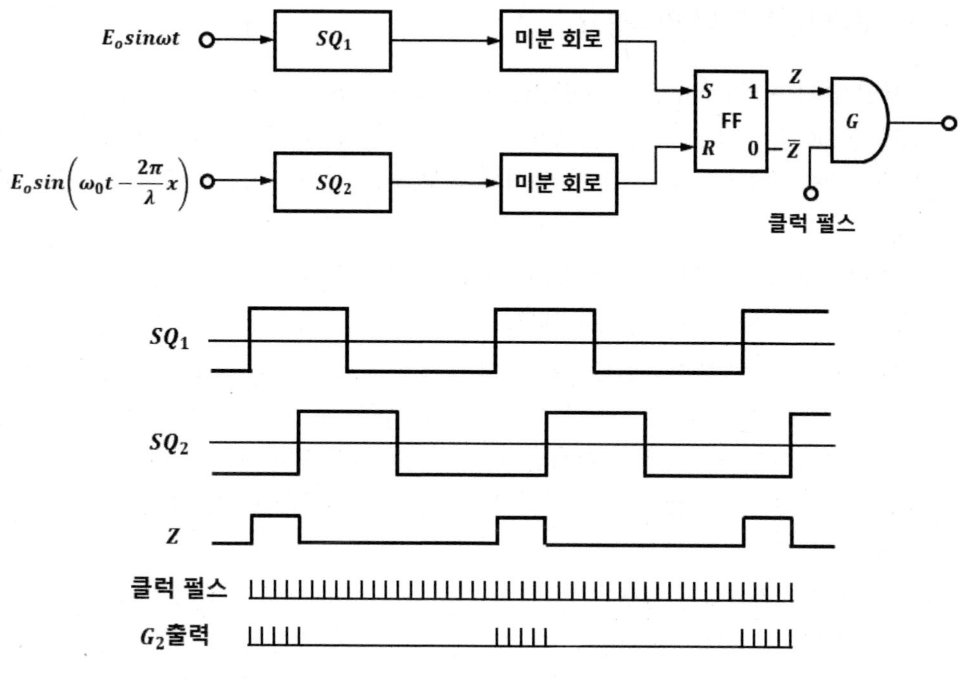

그림 5.15 펄스에 의한 위상차 측정

그림 5.15에 위상차 측정 회로를 나타낸다. 즉, E_0 $\sin\omega_c\ t$를 구형파로 고쳐 그의 첫 동작에서 플립플롭 FF의 세트 입력 S를 트리거하고 E_0 $\sin[\omega_c\ t-(2\pi/\lambda)\ x]$를 구형파로 고쳐 그의 첫 동작에서 플립플롭 FF의 리세트 입력 R을 트리거하면 같은 그림에 나타냈듯이 FF의 Z출력은 폭이 위상차 $2\pi x\ /\lambda$와 같은 구형파로 된다. 그러므로 이 구형파에서 클럭 펄스를 게이트해 보면 AND 게이트 G의 출력에는 x에 비례한 수의 펄스가 얻어진다.

클럭 펄스의 주파수를 $N\omega_c\ /\ 2\pi$로 하면 1파장 λ를 N분할 할 수 있고 최소 단위 λ/N로 x의 읽기를 할 수 있다. 그림에는 x가 부(負)의 경우를 나타냈지만 정(正)의 경우에는 FF의 Z출력 극성이 역전하므로 이 변화에 의해 이동 방향을 판별할 수 있다.

5.1.5 태코제너레이터의 개요

태코제너레이터(tachometer generator)는 출력 전압의 차이로부터 그림 5.16과 같이 AC형과 DC형이 있다. AC형은 브러시가 없으므로 메인터넌스 프리(maintenance free) 이지만 저속 운전시의 출력은 불안정하게 되고 제로 범위가 넓으며 정류 회로도 필요하다.

그림 5.16 (a)와 같은 2상 유도형은 1차측에 일정 교류 전압을 가하여 2차측에 회전 속도에 비례한 출력 전압을 취해 낸다.

그림 5.16 (b)의 DC 태코제너레이터의 구조는 타여자 직류 발전기로 되어 있다. DC 태코 제너레이터는 자계의 강도를 일정하게 유지하기 위해 고정자에 영구자석을 이용하고 회전자에 브러시를 부착하여 회전 속도에 비례하는 직류 전압을 얻지만 회전 방향에 따라 전압의 부호가 변한다. 브러시와의 접촉상태가 변동하기 때문에 전압 파형에 잡음이 중첩한다.

회전자가 원통형의 코일로 되어 있고 고정 영구 자석이 그의 내측에 있는 구조의 코어리스형(그림 5.17)은 잡음이 적으며 직선성에 우수하다. AC형은 영구 자석의 회전자와 고정자 코일로 이루어지며 회전 속도에 비례하는 전압과 주파수의 교류 기전력이 얻어지고 회전 방향은 각 코일의 위상차로부터 검출할 수 있다.

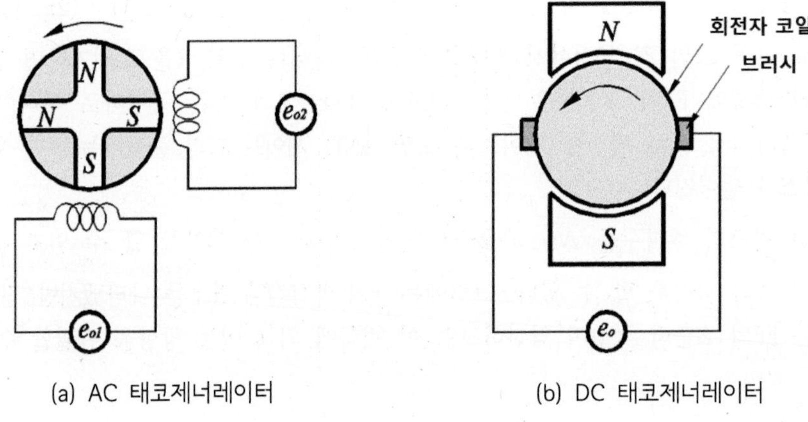

(a) AC 태코제너레이터　　(b) DC 태코제너레이터

그림 5.16 태코제너레이터

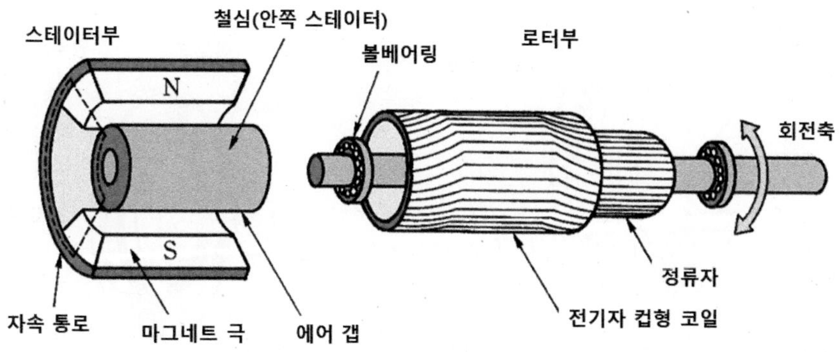

그림 5.17 코어리스형 DC 태코제너레이터

5.1.6 엔코더의 개요

가. 원리

엔코더(encoder)는 부호화 장치로서 자기식과 광학식이 있다. 회전 구동시스템에서는 로터리엔코더를, 직선 구동시스템에서는 리니어엔코더를 이용한다. 한편 직선 구동시스템이어도 모터 축에 로터리엔코더를 취부하여 반폐쇄로 이용하는 경우도 많다.

여기서는 그림 5.18의 광학식 로터리엔코더에 대해 그 원리를 설명한다.

광학식 엔코더는 자연 램프나 발광 다이오드의 광원으로부터 빛을 평행광속으로 보낸 후에 회전 디스크의 슬릿을 통과시켜 수광 소자(포토다이오드, 포토트랜지스터)로 받는 구조로 되어 있다. 입력축이 회전하면 슬릿을 통과한 빛은 정현파로 되지만 일정 전압 레벨로 끊어서 펄스 파형으로 변환한다. 슬릿의 배치에 따라 2가지 형태로 나눈다. 즉, 그림 5.18과 같이 **인크리멘털(incremental)형 엔코더**과 **앱솔루트(absolute)형 엔코더**로 나눈다.

인크리멘털형 엔코더는 회전에 대응한 펄스 출력을 내는 것으로 그림 5.19는 신호 처리하는 모습을 대략적으로 나타내고 있다. 출력 신호는 1회전당 36의 정수배의 것과 10의 정수배의 것이 있다.

인크리멘털형 엔코더는 그림 5.20과 같이 위상을 90° 어긋나게 한 일정 피치의 2개의 슬릿(A상, B상)을 동심원상에 배치하며 회전에 따라서 발생하는 펄스의 적산치를 변위로 나타낸다.

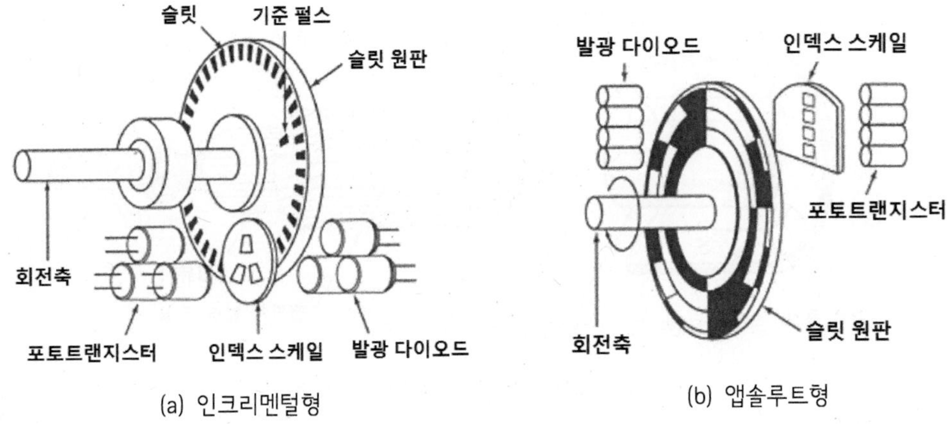

그림 5.18 로터리엔코더의 구조

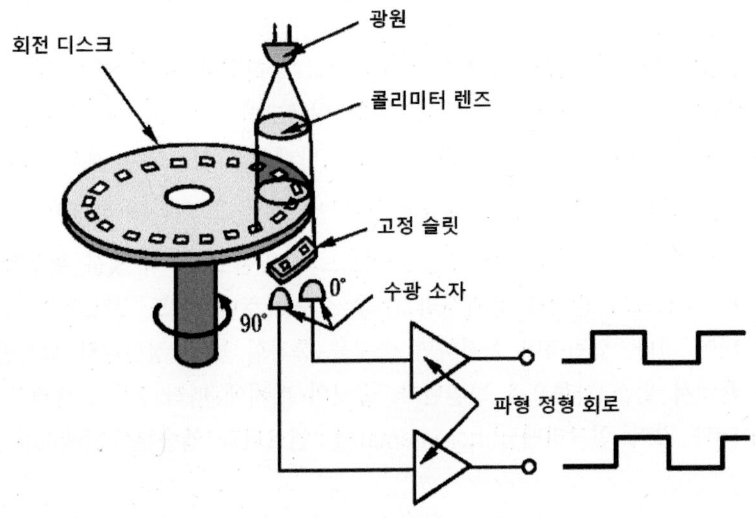

그림 5.19 인크리멘털형 엔코더의 신호처리 모습

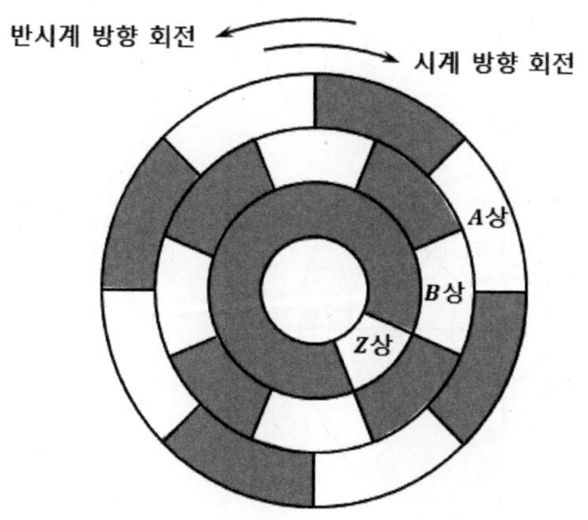

그림 5.20 인크리멘털형 엔코더 회전방향

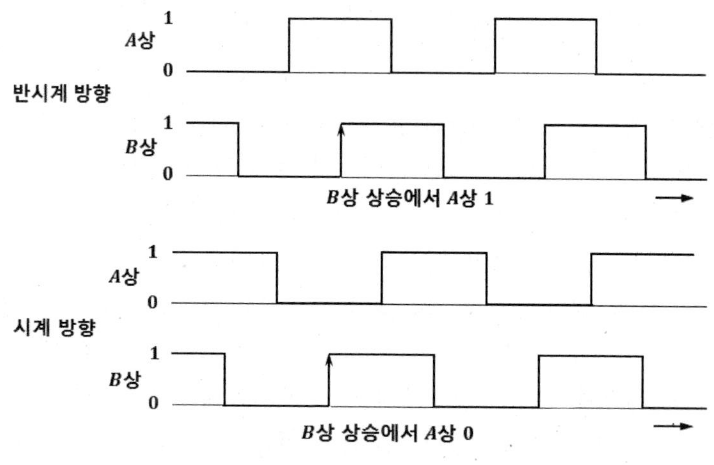

그림 5.21 회전방향과 A상, B상

그림 5.21에서 회전 방향에 따라 A상과 B상의 대응관계가 다르며 대응 관계에 따라 회전 방향을 판별할 수 있다. 회전 슬릿은 한 개로 90° 위상이 어긋난 고정 슬릿을 갖추고 그 곳을 빛이 통과하도록 함으로써 2개의 펄스를 얻는 것도 같은 효과가 있다. 더구나 앞에서 서술한 회전 슬릿과는 별도로 1개의 슬릿(Z상)만 만들어 그 위치를 검출하면 영점을 정할 수 있다. 인크리멘털형 엔코더는 회전 중 정전되면 현재 위치가 지워지는 단점이 있다.

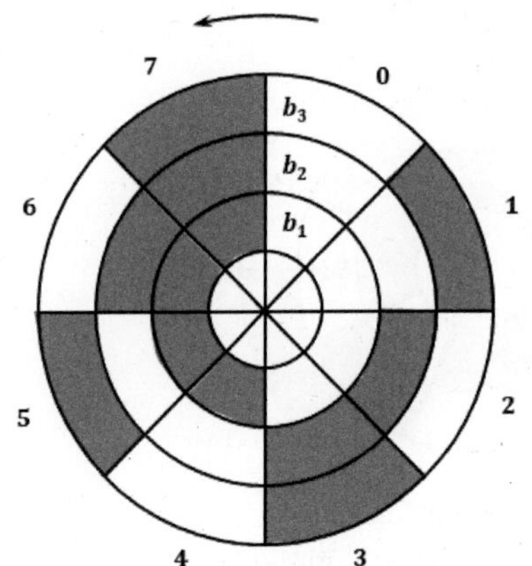

n	b_1	b_2	b_3
0	0	0	0
1	0	0	1
2	0	1	0
3	0	1	1
4	1	0	0
5	1	0	1
6	1	1	0
7	1	1	1

그림 5.22 앱솔루트형 엔코더

출력 펄스의 빠르기 단위는 pps(pulse per second)를 이용한다. 예를 들어 1000슬릿의 엔코더를 1800 rpm으로 회전시켰을 때 출력 펄스의 빠르기는 1800/60×1000 =30000(pps)로 된다.

한편 동심원 상의 슬릿을 2진 부호가 되도록 형성하고 비트수의 발광-수광 소자의 짝을 준비하여 절대 위치를 상시 검출할 수 있도록 한 것이 앱솔루트형 엔코더이다. 그림 5.22의 순수 2진 부호에서는 어떤 수로부터 다음의 수로 옮겨갈 때 동시에 2자리가 변화하는 것이 있으며 애매한 부호로 되어 버린다. 예를 들면 3에서 4로 옮겨갈 때 011에서 100으로 변하지만 0과 1의 변화는 2자리 이상 동시에 될 수 없으며 순간적으로 111 즉, 7이 발생해 버린다. 이 때문에 수의 변화에 따라서 항상 1자리의 부호밖에 변화하지 않는 그림 5.23의 교번 2진 부호(그레이 코드, gray code)가 사용된다. 그림 5.23에서는 3(010)에서 4(110)로 된다. 앱솔루트형 엔코더는 원점 복귀시킴 없이 절대 위치를 검출할 수 있으며 편리하지만 복잡한 슬릿 모양을 작성하기 때문에 값이 비싸다.

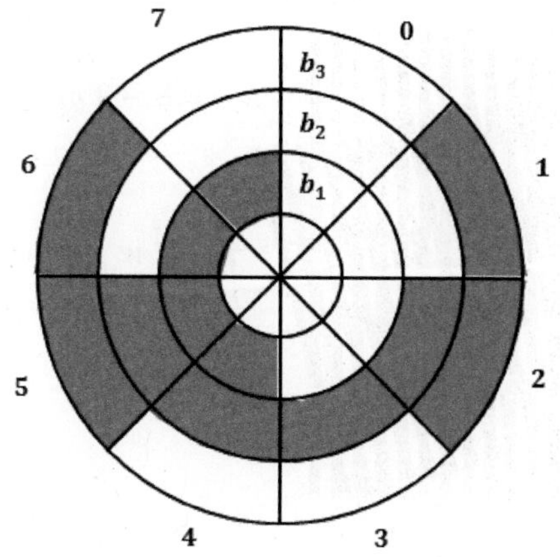

n	b_1	b_2	b_3
0	0	0	0
1	0	0	1
2	0	1	1
3	0	1	0
4	1	1	0
5	1	1	1
6	1	0	1
7	1	0	0

그림 5.23 앱솔루트형 엔코더(그레이 코드 부호)

5.1.7 회절격자의 개요

회절격자(optical grating)는 특히 고정도의 위치 검출을 할 수 있다. 광학으로 이용할 수 있는 회절격자를 사용하면 증분형의 고정도 위치 검출을 할 수 있다. 즉, 이것은 1 ㎛의 고정도 변위 검출도 가능하다.

가. 모아레 무늬

회절격자는 유리나 플라스틱과 같은 투명한 판에 극히 가는 평행선을 1㎜에 수백 개로 한 미소한 피치로 새겨져 있는 것이다. 회절격자는 빛을 통과하는 가는 슬릿을 극히 미소한 피치로 나열한 것이며 가는 슬릿에 빛을 비추면 회절 현상을 발생하므로 회절격자라는 이름이 붙여지게 된 것이다.

이와 같은 두 장의 격자에 각각 새기고 있는 평행선의 방향을 약간 기우려 접근시키면 그림 5.24에 나타낸 것과 같이 격자의 선과 직각 방향으로 굵고 두터운 무늬가 보인다. 이것을 **모아레 무늬**라 부르고 있다.

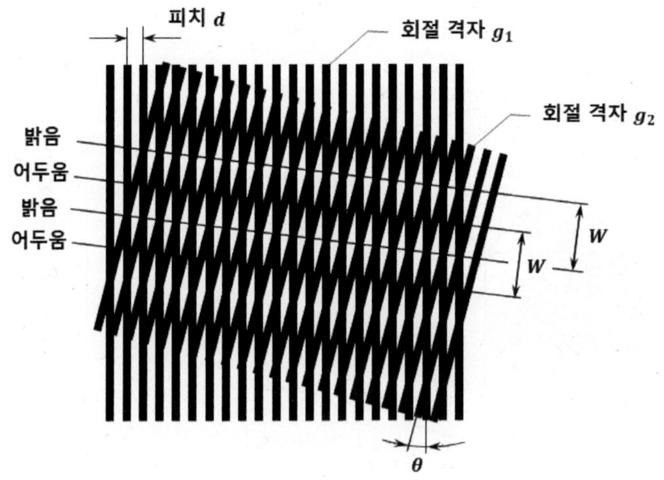

그림 5.24 모아레 무늬

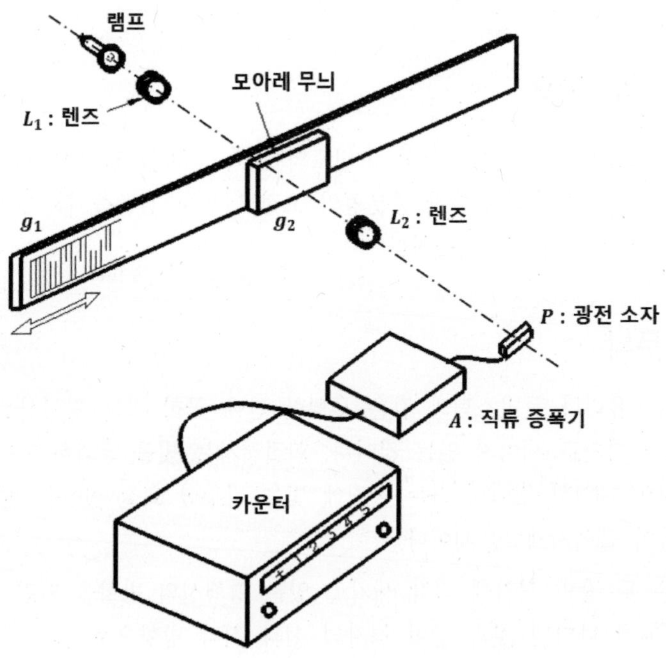

그림 5.25 모아레 무늬 읽기의 디지털화

그림 5.24에 있어서 모아레 무늬의 간격 W는 다음과 같다.

$$W = \frac{d}{\sin\theta} \tag{5.12}$$

여기서 d는 세로무늬의 피치이고 θ는 2장 째의 세로무늬의 경사각이다.

식 (5.12)에서 θ가 작을수록 띠 상의 가로무늬의 간격 W는 크게 확대된다. 이와 같은 모아레 무늬의 이동을 광전관을 이용해서 검출하면 미소한 변위를 확대해서 검출할 수 있다. 이 방법에 의하면 격자의 피치 오차가 평균된다는 이점이 있다.

그림 5.25에 있어서 스케일 격자 g_1과 이것과 조그마한 간격을 갖고 대향하는 인덱스 격자 g_2사이에 모아레 무늬를 만들어 이 상을 렌즈로 광전 소자 P에 투영하면 스케일 격자 g_1의 움직임에 대응해서 세로 방향으로 움직이는 모아레 무늬의 명암 사이클을 전압으로 바꿀 수 있다. 격자 g_1을 1피치 d만큼 옆으로 이동시키면 모아레 무늬는 1개(W) 만큼 세로 방향으로 이동하므로 격자 g_1의 이동량은 모아레 무늬의 명암 변화의 수를 카운터로 카운트하면 되며 디지털 양의 검출에 적합하다.

나. 변위의 검출

그림 5.26에 나타냈듯이 한 쪽의 격자 g_2를 고정하고 또 한쪽의 격자 g_1을 X방향으로 좌우로 움직이면서 모아레 무늬의 이동을 관찰하면 위에서도 서술했듯이 모아레 무늬는 간격 W를 유지한 채로 상하로 이동한다. 물론 x의 어긋남이 격자의 1피치마다 같은 패턴의 무늬 모양이 반복된다. 그러므로 시야 내에 광전 소자를 놓아서 무늬의 수를 계수하면 x의 변위를 측정할 수 있다.

격자 g_1의 움직임과 모아레 무늬의 움직임과는 그 이동 방향에 대해서도 대응하고 있지만 위에서 서술한 방법과 같이 모아레 무늬가 이동한 갯수를 광전 소자로 취해 카운터로 세는 것만으로는 이동 방향을 판별할 수 없다. 격자의 이동 방향을 판별하기 위해서는 파의 위상이 1/4피치 어긋난 2종의 신호를 만들면 된다.

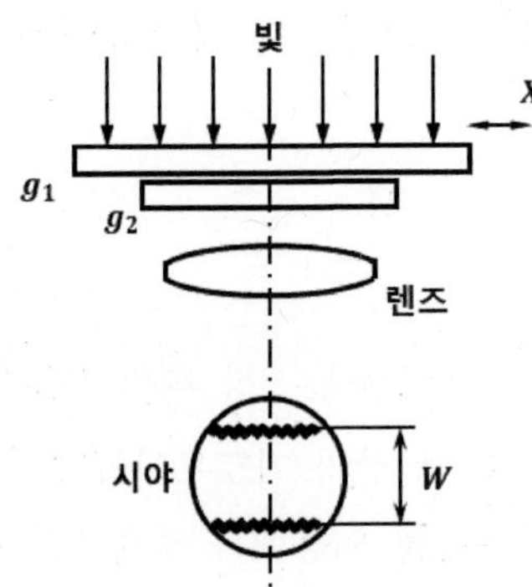

그림 5.26 변위의 검출

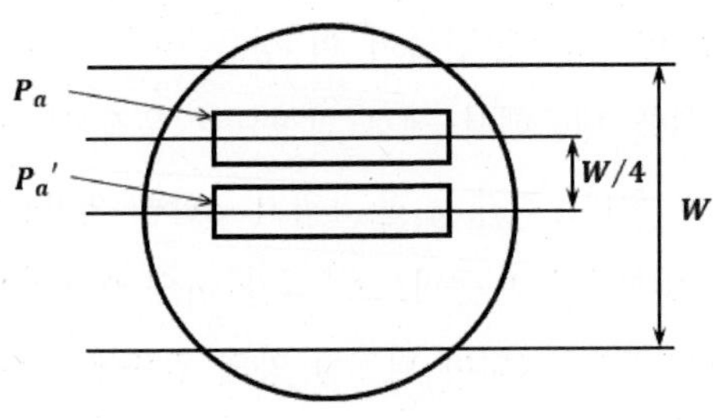

(a) 방향 판별용의 슬릿

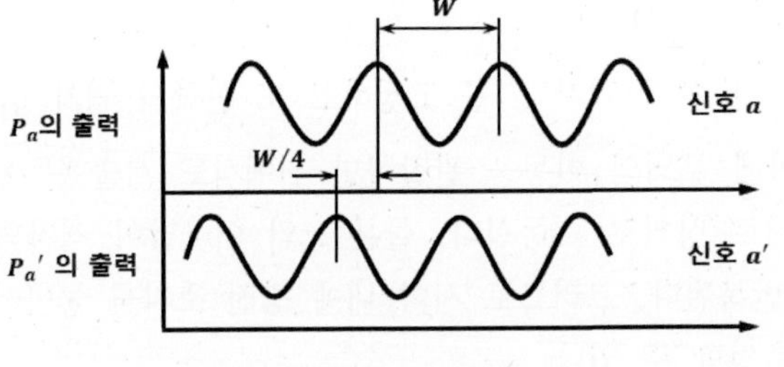

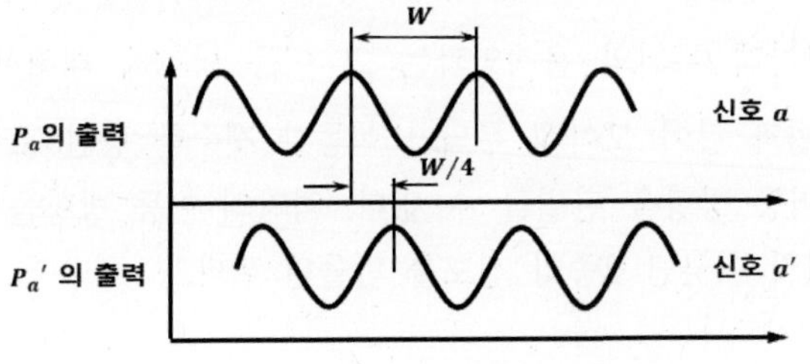

(b) 이동 방향과 출력신호의 차이

그림 5.27 모이레 무늬 이동 방향 판별의 원리

그림 5.27 (a)와 같이 2개의 광전 소자 Pa, Pa'를 모아레 무늬의 피치 W의 1/4에 상당하는 간격으로 놓으면 Pa, Pa'로부터 얻어지는 신호는 그림 5.27 (b)와 같이 위상이 1/4피치 어긋나서 나타난다.

여기서 모아레 무늬가 아래로부터 위로 움직인다고 하면 Pa가 먼저 어둡게 되고 1/4피치 어긋나서 Pa'가 어둡게 되므로 신호 a는 a'보다 1/4피치만큼 위상이 진행한 형으로 된다. 역으로 무늬가 위로부터 아래로 움직이면 신호 a'의 위상이 1/4피치 진행한 형으로 된다. 이와 같이 해서 2개의 신호 a, a'를 비교하여 격자의 이동 방향을 판별하고 있다.

그림 5.28은 이동 판별 회로를 나타내고 있다. 즉, g_1이 왼쪽으로 이동하면 모아레 무늬는 아래 방향으로 이동하므로, Pa의 출력은 Pa'의 출력에 대해서 90° 위상이 진행한다. 따라서 Pa'의 출력을 구형파로 고쳐서 그 첫 시동할 때에 얻어지는 펄스 ①은 AND회로 G_1을 통과한다. 마찬가지로 g_1이 오른 쪽으로 이동하면 그의 1피치마다 AND회로 G_2에 출력 펄스가 얻어진다.

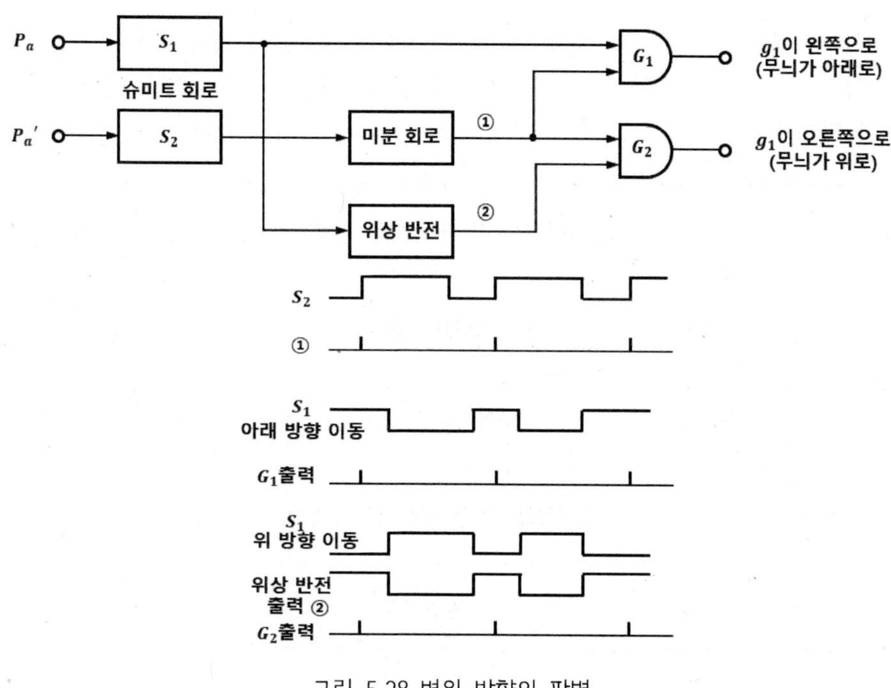

그림 5.28 변위 방향의 판별

이상의 원리로부터 알 수 있듯이 이 검출기는 g_1이 정지하고 있을 때는 출력이 없고 g_1이 이동하면 그의 위치 변화에 비례한 수의 펄스가 얻어지기 때문에 증분형의 위치 검출기이다.

모아레 무늬 1개의 이동에 대해 광전 소자 2개를 사용하면 이동 방향도 판별할 수 있는 2개의 신호를 취해 낼 수가 있다. 더욱 더 많은 전기 신호를 취해낼 수가 있다면 그것만큼 미세한 측정, 소위 「**분할 읽기**」에 의한 정밀 측정을 할 수 있다. 여기서는 1개의 모아레 무늬로부터 4개의 신호를 취해내는 방법에 대해서 그 개요를 설명한다.

그림 5.29에 있어서 광전 소자 Pa로부터 나온 정현파 신호 a를 슈미트 회로에서 구형파 신호 b로 바꾼다. 이것을 미분 회로에 의해 펄스 신호 c로 바꾸고 그 위상이 + 인 것을 전기 신호로서 취해낸다. 여기서는 1개의 펄스 신호 ①이 얻어진다.

다음에 정현파 신호 a의 위상을 반전하고 마찬가지 방법으로 펄스 $\overline{c}$를 취해내어 +위상의 펄스만을 전기 신호로서 사용하여 여기서 2개째의 신호 ③이 얻어진다. 또 하나의 광전 소자 Pa'에 의해 생긴 정현파 신호 a'로부터도 마찬가지 방법으로 펄스 신호 c', $\overline{c'}$로 바꾸고 +인 것을 전기 신호로서 취해내어 2개의 펄스 신호 ④, ②를 얻는다.

이들의 펄스 ①, ②, ③, ④를 정리하면 모아레 무늬 1개마다 4개의 펄스열을 만들 수 있다. 이와 같이 해서 분할 읽기에 의한 정밀 측정을 할 수 있다. 실제로는 피치 4 ㎛의 격자를 만들어 그것을 4분할하여 1 ㎛까지의 측정을 가능하게 하고 있다.

광전소자 Pa	a	광전소자 Pa의 정형파 신호	a
	b	a의 구형파 변환	b
	c	b의 펄스신호	c ①
	$\overline{b}$	a의 위상을 반전하여 구형파 변환	$\overline{b}$
	$\overline{c}$	$\overline{b}$의 펄스신호	$\overline{c}$ ③

광전소자 Pa'	a'	광전소자 Pa'의 정현파 신호	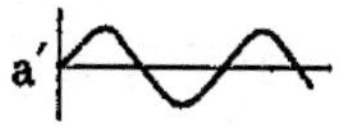 a'
	b'	a'의 구형파 변환	 b'
	c'	b'의 펄스신호	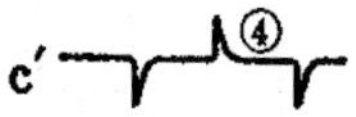 c' ④
	$\overline{b}'$	a'의 위상을 반전하여 구형파 변환	 $\overline{b}'$
	$\overline{c}'$	$\overline{b}'$의 펄스신호	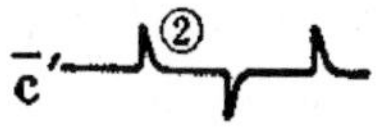 $\overline{c}'$ ②
		①,②,③,④의 합	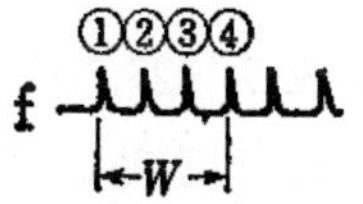 ①②③④ f W 모아레무늬 1주기

그림 5.29 모아레 무늬 분할 읽기의 원리

다. 조합 방식 위치 검출 장치

1 ㎛라 하는 높은 정도의 위치 결정이 요구되는 경우에 회절격자에 의한 초정밀한 위치 검출기를 이용한 제어시스템의 예를 그림 5.30에 나타낸다. 회절격자의 위치 검출 범위가 좁기 때문에 이것은 정밀 스케일로 하고 1 ㎜ 이하의 위치 결정을 담당하며 이것은 증분 방식의 제어로 한다.

절대 좌표 방식의 특징을 이용하기 위하여 1 ㎜ 이상의 지령 수치에 대한 위치 결정은 다속도 신크로시스템에 의한 제어를 이용한다. 다만 다속도 신크로시스템에 의한 위치 결정은 1.000 ㎜의 정도가 필요하다. 그러므로 이 정도를 확보하기 위한 거침 스케일로서 1.000 ㎜의 간격으로 눈금 매긴 표준자를 이용한다.

예를 들어 지령 수치가 123.456 ㎜라고 하자. 우선 신크로시스템을 이용해서 테이블의 위치를 123 ㎜ 근방으로 이동시킨다. 전압 비교 회로로 이것을 검지하고 AND 게이트 G_c를 연다. 테이블이 정확히 표준자의 눈금 123의 위치에 오면 거침 스케일 펄스에서 벗어난다.

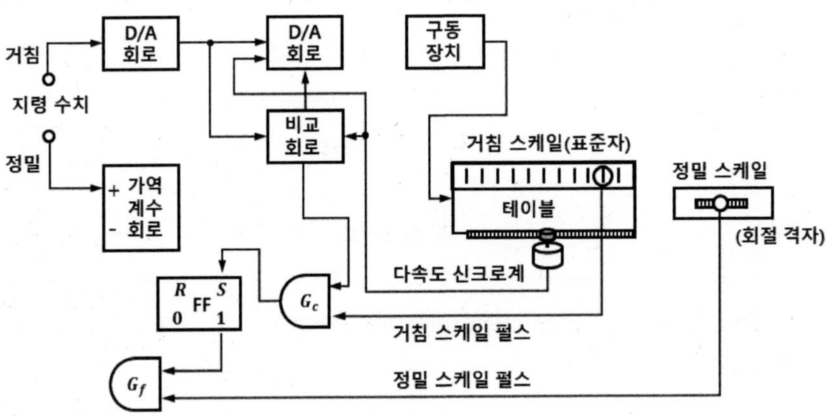

그림 5.30 조합방식 위치결정 장치

이것으로 123.000 ㎜의 위치 결정이 종료한다. 이 후는 정밀 스케일 펄스에 의해 플립플롭을 반전하고 AND 게이트 G_f를 열어 제어시스템을 바꾸며 0.456 ㎜의 지령에 대한 위치 결정을 정밀 스케일을 이용하여 증분 방식으로 행하게 함으로써 123.456 ㎜의 위치 결정을 완료한다.

5.2 센서의 최적 선정 순서

초보 기계 기술자가 잘못하기 쉬운 미스는 오버 스펙이나 가공할 수 없는 도면을 작성한다는 것이다. 이것은 센서 선정의 경우도 마찬가지이다. 과잉 정도의 센서를 선택하여 비용 상승을 초래한다든지 역으로 사용 환경에 맞지 않는 센서를 선택하여 신뢰성을 떨어뜨린다든지 하는 것은 피해야 한다.

여기서는 최적의 서보 기구를 만들 때에 중요한 역할을 발휘하는 센서에 대해 그 선정 순서를 확인해 보도록 한다.

5.2.1 센서의 종류 알기

센서는 서보 기구에 있어서 제어 대상에의 제어량을 검출하고 그것을 전기 신호로 하여 컨트롤러에 전달하는 중요한 부품이다. 모터 자체에 삽입되어 있는 센서도 여러 가지 있기 때문에 우리에게는 미처 보지 못하고 지나치기 쉽지만 제어 시스템 전체에 걸쳐 성능을 크게 좌우하는 포인트이기에 충분한 주의를 기우릴 필요가 있다.

서보 기구에 사용되는 센서에는 이동량 그 자체를 아는 것과, 원점이나 중간 위치를 검출하는 것이 있다. 이들의 대표적인 센서를 표 5.1에 나타낸다.

표 5.1 서보용 검출기

		품명	정도	용도
직선위치검출	점	리미트 스위치	1 ㎜	위치 결정
		자기 센서	0.1~0.002 ㎜	무 접촉 리미트 스위치
	제로 위치 편차	차동 변압기	0.01~0.002 ㎜	측정 범위: full scale(0.01~100 ㎜), 제로 위치 결정, 직선도±0.25%
		광전 검출기	1~5 ㎜	일정 치수 위치 결정
		홀 제너레이터	0.001~0.005 ㎜	제로 위치 결정
	연속	포텐셔미터	0.04~0.1 ㎜	서보 곱셈기, 측정 범위 120 ㎜ 직선도 ±0.1%
	디지털 아날로그 보간	리니어 인덕토신 자기 스케일 어큐핀	±0.0025 ㎜ ±0.002 ㎜ ±0.0025 ㎜	자동 위치 결정 자동 위치 결정 자동 위치 결정
	디지털	회절 격자 무늬 광학적 부호판	0.005 ㎜ 0.001 ㎜	자동 위치 결정 자동 위치 결정
각도검출	제로위치 편차	마이크로신 (회전형차동트랜스)	10분	위치 결정
	연속	포텐셔미터	0.3~1.5°	서보 곱셈기 1회전, 10회전, 25회전, 직선도 ±0.01%
	디지털 아날로그 보간	리졸버 로터리인덕토신	±5초 ±2~10초	위치 결정 위치 결정
	디지털	광학적 부호판 코드 디스크	2분 15초	회전각 검출 절대각 검출

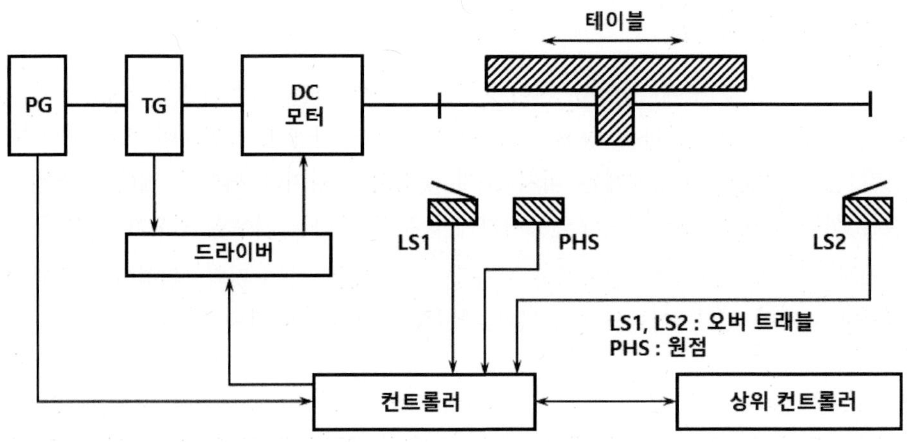

그림 5.31 서보 기구와 센서

실제의 예로부터 센서의 사용 방법을 알아보도록 하자. 그림 5.31과 같은 위치결정 시스템이며 테이블의 이동을 제어할 때에 정점의 체크, 현재 위치의 정보, 테이블이나 모터의 속도 정보가 필요하게 된다.

그림 5.31에서는 좌로부터 순서로 보면 위치 피드백용의 PG(Pulse Generator; 엔코더에 상당), 속도 피드백용 TG(Tacho Generator; 속도 발생기), 오버 트래블(Over Travel) 검출용과 원점 검출용의 마이크로 스위치로 총 3개이다.

서보 기구용 센서라 하면 특히 엔코더나 타코 제너레이터에만 눈을 돌리기 쉽지만 원점 배출을 위해 각종 스위치의 역할도 중요하다. 반복 수명이나 취부 정도 등이 포인트가 된다. 그러면 여기서 기계의 원점 배출을 예로 들어 보기로 하자. 기본적 동작은 그림 5.32와 같이 된다.

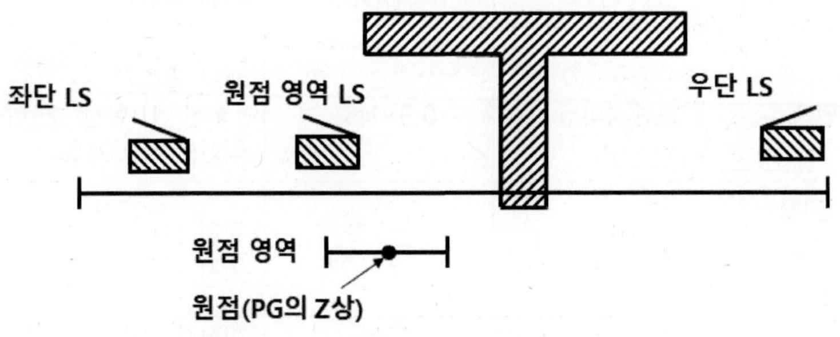

그림 5.32 기계 원점의 배출 방법

① 테이블을 우측으로 이동한다.

② 우측 끝단 위치를 확인하고 다음에 좌측으로 이동한다.

③ 원점 영역에 들었다는 것을 원점 영역 LS(리밋 스위치)로 확인하고 스피드를 낮춘다.

④ 원점 신호를 PG의 Z상 신호(제로 위치 신호)로 확인하고 정지한다.

여기서 주의할 것은 ④에서 정지 지령을 컨트롤러가 내어도 테이블의 기계시스템은 곧바로 정지하지 않는다. 이때의 오버슈트(지나쳐 가기)량이 미리 결정된 최소 위치결정 정도 이내가 아니면 안 된다. 결국 그림 5.33과 같이 된다.

피드백 제어라는 이유만으로 예를 들어 오버 슈트해도 편차 카운터가 작동하여 테이블을 정확한 원점으로 보낼 것 같은 생각이 든다. 그러나 현실적으로 컨트롤러가 정지 지령을 출력하고 있는 동안에는 위치 검출을 행하고 있지 않는 경우가 많다.

따라서 이때의 어긋남을 작게 하는 데는 원점 복귀 속도를 충분히 속도 줄임 할 필요가 있다. 또한 정지 명령 출력 직후에 정지 확인을 하지 않고 회전 상태를 확인할 정도의 시간적 여유를 갖고 나서 판단하는 것이 좋다. 이것은 원점 배출만이 아니고 통상의 위치 결정에 있어서도 마찬가지이다.

이상과 같이 센서 그 자체의 물리적 성질뿐만 아니고 센서나 컨트롤러로부터의 전기적 출력 신호와 기계측의 움직임의 어긋남을 항상 염두 해 두고 시스템 설계를 하는 것이 중요하다.

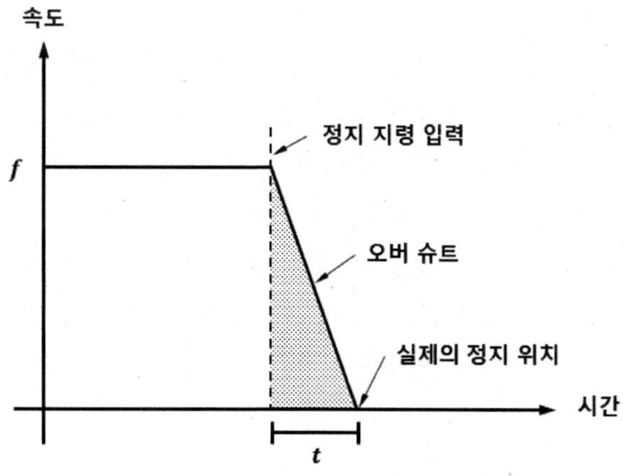

그림 5.33 기계계의 오버슈트

5.2.2 센서의 원리 알기

앞에서 서술한 대표적인 센서의 기본 원리를 정리한 것이 표 5.2이다.

표 5.2 센서의 기본 원리

센서	원리	출력 형식
증분형 엔코더	자기, 광학	펄스열
절대형 엔코더	자기, 광학	디지털
태코제너레이터	발전	AC, DC
리졸버	자기, 광학	아날로그
포텐셔미터	저항	아날로그
홀소자	자기	펄스

가. 광학식 엔코더

앞에서도 서술했지만 광학식 엔코더는 기능면에서 인크리멘털형 엔코더와 앱솔루트형 엔코더로 분류할 수 있다.

광학식 엔코더는 투광용 광원과 수광 소자와 슬릿이 있는 회전 디스크의 3가지로 구성되어 있으며, 회전 디스크를 투광용 광원과 수광 소자의 중간에 넣어서 회전 시키면 회전각에 비례한 펄스 출력을 얻을 수 있다.

앞의 그림 5.19는 투광용 광원으로 발광 다이오드(LED)를 이용하여 회전 디스크를 통과한 광선을 똑바로 수광 소자에 투시되도록 한 것으로 고정 슬릿만을 붙인 광학식 엔코더의 한 예를 보여주고 있다. LED로부터 투사된 광선(적외 광선)은 회전 디스크의 슬릿과 고정 슬릿판의 슬릿을 통과하여 수광 소자에 검출된다.

광학식 엔코더의 내환경성은 리졸버 보다 열악한 것이 일반적이다. 사용 온도 범위가 0~70℃ 정도이다. 이것은 내부의 반도체 회로 부분의 성능에 의한 인크리멘털형과 앱솔루트형의 차이를 표 5.3에 나타내었다.

표 5.3 엔코더의 인크리멘털형과 앱솔루트형 비교

비교 항목	인크리멘털형	앱솔루트형
가격	값이 쌈	값이 비쌈
주변 회로	카운터 회로	없음
정전시	정보 소실	회전 위치 잔존
내노이즈	미스 카운터 누적	누적 오차 없음
배선량	작음	많음, 시리얼 전송임

(1) 인크리멘털형 엔코더

앞에서 설명한 그림 5.18 (a)는 Zero상 신호 Z를 가지고 있는 A, B 출력형 인크리멘털형 엔코더의 구조도이다.

LED로 부터 광 투사된 광선은 회전 디스크의 슬릿을 통과한 뒤 고정 슬릿판의 A, B, Z에 해당하는 각각의 슬릿을 통과하여 A, B, Z의 수광 소자에서 검출된다. 고정 슬릿판 상의 A, B의 슬릿은 90° 의 위상차를 갖도록 배치되어 있으며, 파형이 정비된 전기적 신호 출력도 90° 의 위상차를 갖는 구형파로 된다.

인크리멘털형 엔코더는 구조가 간단하고 가격이 싸며 출력 전선의 갯수도 작아서 신호 전달이 간단하다. 엔코더의 출력 펄스는 축의 회전 위치의 절대치를 나타내지는 않고 축이 회전한 각도에 비례한 펄스 수가 얻어지는 것이며 절대치 표시를 수행하는 경우는 엔코더 출력 펄스를 카운터에 축적한 것으로 표시한다.

사용상의 주의 점으로는 신호 전달중의 노이즈를 카운터에 축적하는 결점이 있기 때문에 노이즈 대책을 충분히 세워야 될 필요가 있다. 또 전원이 끊어진 경우에는 다시 전원을 투입하여도 원래 위치의 표시는 불가능하게 되기 때문에 충분히 주의를 기울여야 한다. 인크리멘털형 엔코더는 엔코더 자체에서 단지 펄스열을 발생하기 때문에 회전 속도를 검출하기 위한 아날로그 신호를 얻기 위해서는 엔코더의 출력 펄스 수를 F/V 컨버터(Converter)에서 펄스 주파수에 비례한 아날로그 신호로 변환하여야 한다.

(2) 앱솔루트형 엔코더

앱솔루트형 엔코더의 기본적인 구성은 인크리멘털형 엔코더와 동일하다. 회전 디스크의 슬릿은 2진 부호열로 되어 있는데 회전 디스크의 바깥 둘레를 최하위 비트로 하고 중심을 향하여 필요한 비트(행)수 만큼의 슬릿이 동심원상으로 배치되어 있다. 앞에서 설명한 그림 5.18 (b)는 앱솔루트형 엔코더의 구조도이다.

앱솔루트형 엔코더는 명칭 그대로 입력축의 절대 위치를 검출할 수 있기 때문에 신호 전송중의 노이즈에 의한 오차가 누적되지 않으며 또한 전원이 단절되어 재투입하는 경우에도 인크리멘털형 엔코더와 같이 원래의 위치를 잃어버리지 않고 정상적으로 올바른 현재 값을 검출할 수가 있다. 단점으로는 비트수가 많아지면 출력 신호선의 수가 많아져 구조상 소형화, 저가화가 어렵다는 것을 들 수 있다.

나. 자기 엔코더

자기 엔코더는 미소 다극 착자 된 자기 드럼과 이 드럼에 근접하도록 설치된 자기 저항 소자로 구성되어 있다. 자기 드럼과 자기 저항 소자의 위치 관계는 그림 5.34에서 보여주는 바와 같이 드럼의 바깥 둘레에 착자 되고 자기 저항 소자를 드럼의 바깥둘레에 대향하도록 배치된 것과, 드럼의 측면에 착자 되고 이 면에 자기 저항 소자를 대향하도록 배치된 것이 있다. 어느 쪽의 경우에 있어서도 기본적인 원리는 동일하다. 이와 같이 자기 엔코더는 광학식 엔코더와는 검출부의 구조는 다르지만 출력신호를 만들어 내는 방법은 완전히 동일하다.

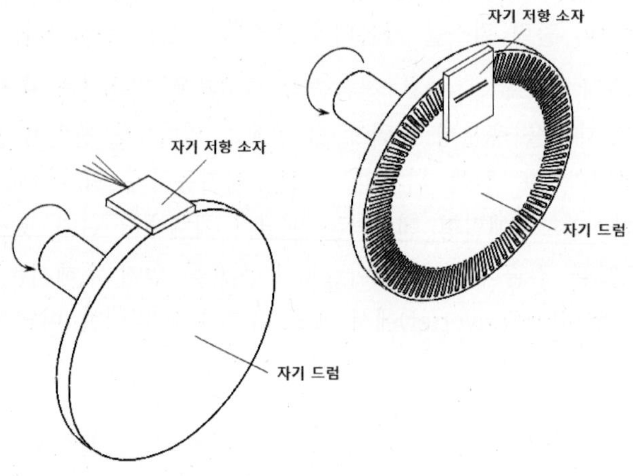

그림 5.34 자기 엔코더

다. 리졸버

리졸버는 회전각과 위치의 검출기로써 모터의 센서로 사용되고 있다. 엔코더가 변위량을 디지탈 양으로 변환하는 것에 비하여 리졸버는 아날로그 양으로 변환한다. 일반적으로 브러시리스 리졸버라 부르는 것은 회전 트랜스를 사용한 형을 말한다.

리졸버는 고정자(Stator), 회전자(Rotor), 회전 트랜스의 3요소로 구성되어 있고, 고정자와 회전자의 권선은 자속 분포가 각도에 대하여 정현파가 되도록 분포되어 있다. 여자 권선에 있는 고정자 권선은 전기적으로 90도 위상차가 나고 2상 구조로 되어 있으며, 출력 권선의 회전자는 단권선이나 2상 권선이 용도에 따라 감겨져 있다.

그림 5.35는 2상 여자, 단상 출력의 구성 예이다. 2개의 고정자에 각각 $Vsin\omega t$, $Vcos\omega t$의 교류 전압을 가하면 $Vsin(\omega t+\theta)$의 출력이 얻어지므로 위상으로 회전각을 구할 수 있다.

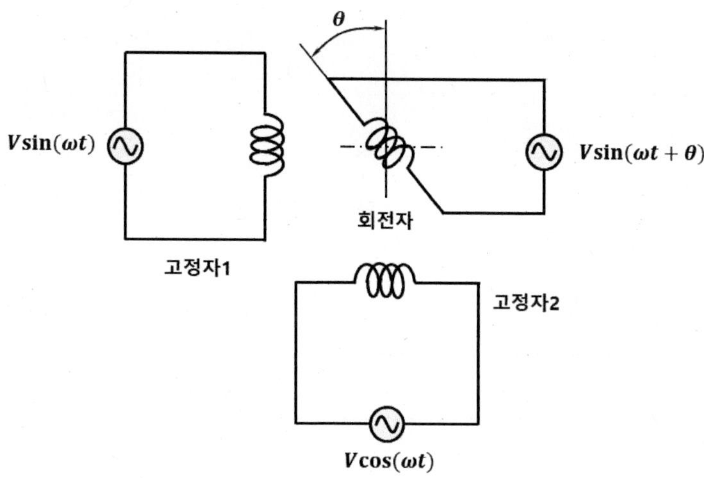

그림 5.35 2상 여자-단상 출력 리졸버

5.2.3 센서의 특징 알기

앞에서 서술한 대표적인 센서의 특징에 대해서 체크해 보도록 한다.

가. 광학식 엔코더

광학 디지털 엔코더는 움직임을 연속적인 디지털 펄스로 변화시키는 장치이다. 하나의 비트를 카운팅 하거나 여러 개의 비트를 디코딩함으로써 펄스는 상대적이거나 절대적인 위치의 측정값으로 변환될 수 있다.

엔코더는 선형 방식과 회전 방식 2가지가 있다. 그러나 일반적인 형태는 회전 방식이다. 회전형 엔코더는 2가지 기본적인 형상으로 구성되어 있다.

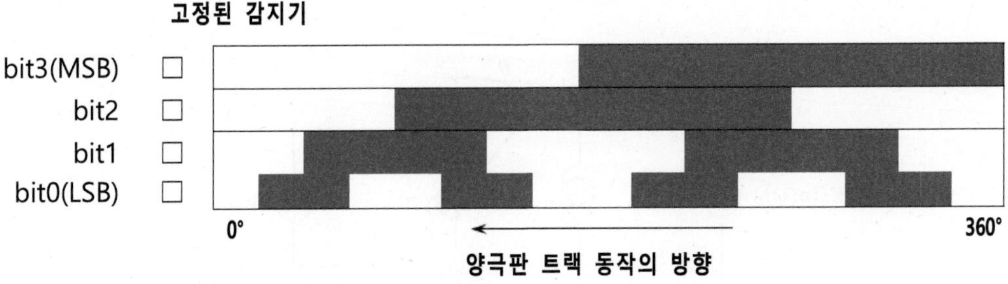

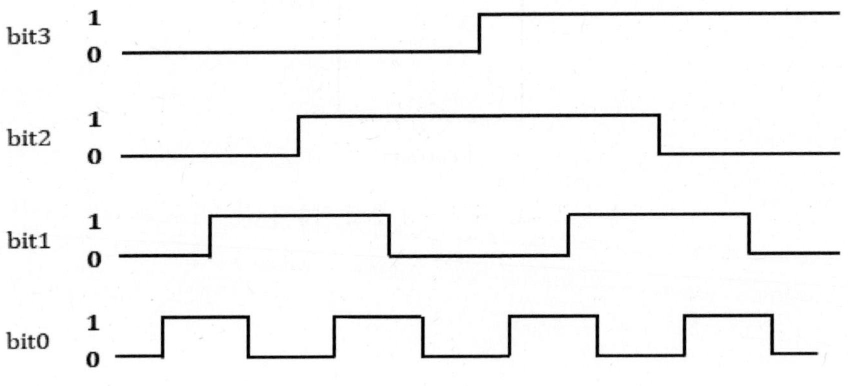

그림 5.36 4비트 그레이 코드의 엔코더 트랙 양식

앱솔루트형 엔코더에서는 회전하는 축의 각각의 위치에 맞는 유일한 디지털 신호를 일치시킨다. 반면 인크리멘털형 엔코더는 축의 회전에 따른 디지털 펄스를 생산하고 축의 상대적인 위치와의 관계를 측정한다. 대부분의 로터리 엔코더는 유리나 플라스틱 코드 디스크이며 이들은 트랙이 방사형으로서 유기적으로 조직화되어 이루어져 있다. 그리고 각 트랙 안의 방사형 선들이 한 쌍의 광 검출기 사이에서 광선을 방해함으로써 디지털 펄스를 만들어낸다.

앱솔루트형 엔코더의 광학 디스크는 명확한 축의 위치를 구별해 내는 디지털 인자를 만들어내도록 고안되어 있다. 예를 들어 8개의 트랙이 있다면 엔코더는 2^8=256개의 구별 가능한 위치를 만들어낼 수 있거나 360/256인 1.406의 각도 정도를 만들어낼 수 있다.

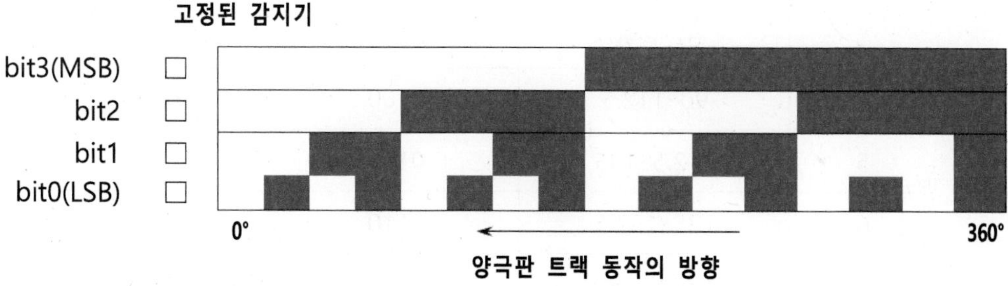

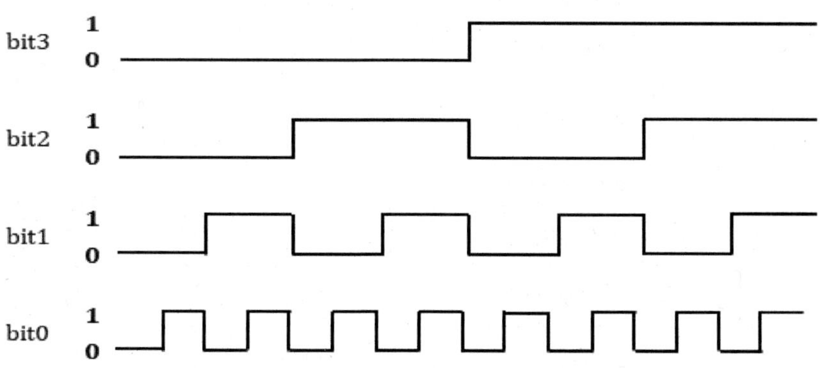

그림 5.37 4비트 바이너리 코드의 엔코더 트랙양식

수치 인코딩의 대부분은 앱솔루트형 엔코더에서 사용된 그레이 코드(그림 5.36)와 순수 바이너리 코드(그림 5.37) 타입이다. 이 앱솔루트형 엔코더의 동작을 그림으로 설명하면 간단한 4트랙 엔코더는 같은 패턴으로 회전하며 일련의 패턴들과 연결되어져 있는 타이밍 다이어그램들은 광 검출기가 코드 디스크의 회전하는 트랙과 축이 회전할 때 감지된 것이다. 축의 1회전과 4bit 코딩 설계는 표 5.4에 열거되어 있다.

표 5.4 4비트 그레이 코드와 이진코드

10진 코드	회전 거리	이진법 코드	그레이 코드
0	0~22.5	0000	0000
1	22.5~45	0001	0001
2	45~67.5	0010	0011
3	67.5~90	0011	0010
4	90~112.5	0100	0110
5	112.5~135	0101	0111
6	135~157.5	0110	0101
7	157.5~180	0111	0100
8	180~202.5	1000	1100
9	202.5~225	1001	1101
10	225~247.5	1010	1111
11	247.5~270	1011	1110
12	270~292.5	1100	1010
13	292.5~315	1101	1011
14	315~337.5	1110	1001
15	337.5~360	1111	1000

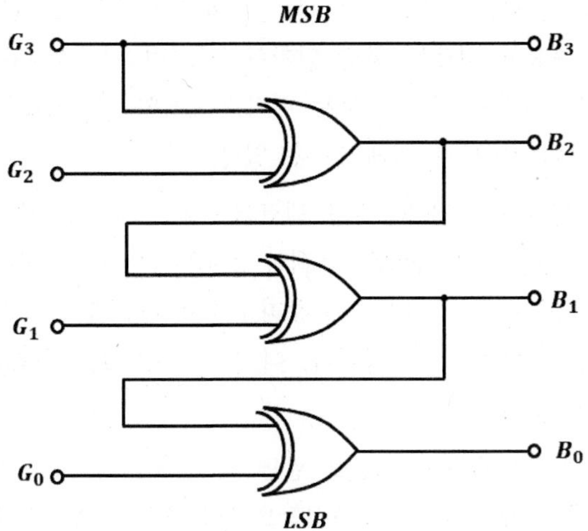

그림 5.38 그레이 코드의 이진법 코드 전환

그레이 코드는 각 카운트의 변화에 대해 상태를 변화시키는 반면 바이너리 코드는 다수의 트랙을 특정한 카운트의 변화로 바꾼다. 이것은 그림 5.36과 그림 5.37 및 표 5.4의 마지막 두 칼럼에서 명확하게 볼 수 있다. 그레이 코드에서는 변화가 불확실하게 일어나지 않도록 오직 하나만이 카운트되는데 이것은 불확실한 다수가 카운트될 수 있는 바이너리 코드와는 차이가 있다. 그레이 코드는 변하기 쉬운 최소한의 데이터를 제공하지만 바이너리 코드는 컴퓨터와 다른 디지털 장치 사이에 직접적 인터페이스를 선호하기 때문에 그레이 코드를 바이너리 코드로 변환하는 것이 바람직하다. 그림 5.38은 이런 기능을 수행할 수 있는 배타적 OR게이트를 이용한 간단한 회로를 보여준다.

그레이 코드 비트 G_i와 바이너리 비트 B_i를 불리언(Boolean) 표현식으로 표현하면 다음과 같이 설명된다.

$$
\begin{aligned}
B_3 &= G_3 \\
B_2 &= B_3 \oplus G_2 \\
B_1 &= B_2 \oplus G_1 \\
B_0 &= B_1 \oplus G_0
\end{aligned}
\tag{5.13}
$$

N비트의 어떤 숫자를 그레이 코드에서 바이너리 코드로 변환할 때 바이너리와 그레이 코드의 가장 중요한 비트는 항상 일치한다. 그리고 각각 다른 비트의 대하여 바이너리 비트의 인접한 그레이 코드 비트는 배타적 OR의 결합으로 이루어진다. 이때의 패턴들은 예에서와 같이 4비트로 쉽게 볼 수 있다.

인크리멘털형 엔코더는 앱솔루트형 엔코더보다 디자인이 간단하며 채널 A, B라 불리는 두 개의 출력 값을 갖는 2개의 트랙과 2개의 센서로 구성된다. 축이 회전함에 따라 연속된 펄스는 축의 속도에 비례하는 주파수에서 채널을 발생시킨다. 채널은 회전 방향과 신호 영역의 관계에 대한 위상이다. 이 코드 디스크의 형태와 출력 신호 A, B는 그림 5.39에 그려져 있다.

펄스의 수를 세고 디스크의 조합을 알면 각 운동을 측정할 수 있다. 채널 A, B는 채널이 다른 채널을 유도하는 것을 측정함으로써 회전 방향을 결정한다. 이 두 채널로부터의 신호는 각각의 위상차가 1/4 사이클이며 이것은 **구적**(Quadrature) **신호**라고 한다. 세 번째 출력 신호는 index라고 불리고 각 회전의 산출된 펄스 값은 완전한 회전을 카운트하는 데 유용하다. 또한 이것은 홈베이스나 영점을 정의할 때 기준으로서 유용하다.

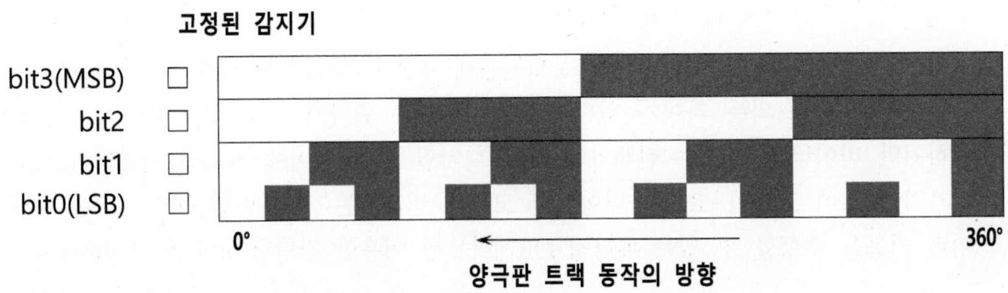

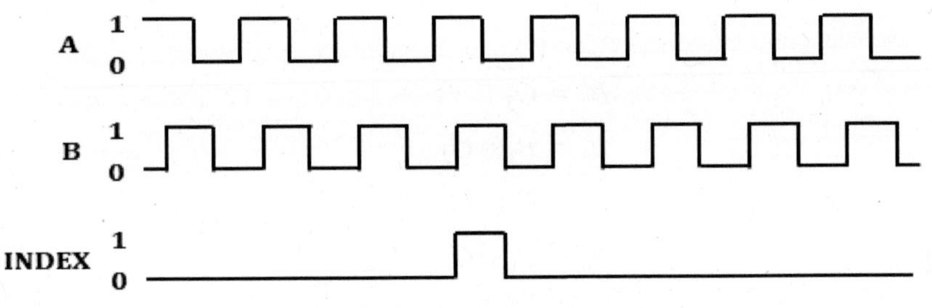

그림 5.39 인크리멘털형 엔코더 디스크 트랙 양식

그림 5.39는 두 개의 분리된 채널 A, B를 보여준다. 그러나 일반적인 형태는 하나의 트랙을 사용하는데 이와 같은 싱글 패턴을 만들기 위해 A, B 센서를 트랙 위에 1/4 사이클만큼 옵셋 시킨다. 싱글 트랙 디스크는 제작시 간단하고 값이 싸다.

구적 신호 A, B는 그림 5.40과 같이 회전의 방향을 산출해 내기 위하여 디코드 될 수 있다. 일련의 논리회로를 이용하여 디코딩 A, B의 변환을 출력 펄스 1X, 2X, 4X의 다른 세 가지 조합으로 제공할 수 있다. 1X 조합은 단지 A 또는 B 하나의 사이클에 대한 하나의 위상만을 제공한다. 4X 조합은 매번의 가장자리 변환 위상을 제공하며 1X 조합을 네 번 반복한다. 회전 방향(CW 또는 CCW)은 두 번째 신호의 변환 끝에서 하나의 신호 레벨에 의해 결정된다. 예를 들어 1X 모드에서 A=↓이고 B=1이면 CW가 되고 B=↓이고 A=1이면 CCW가 된다.

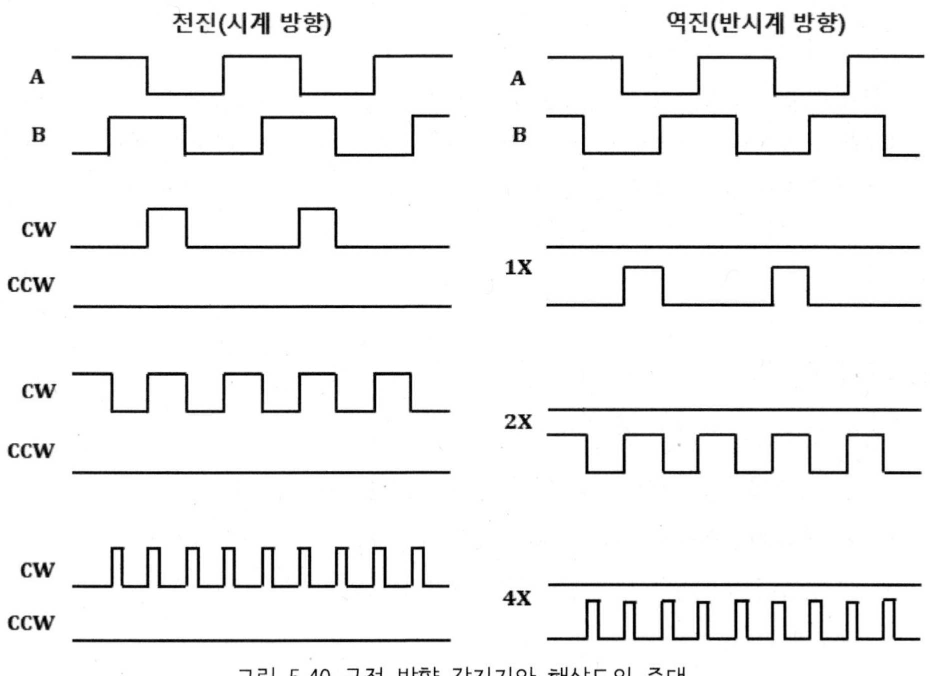

그림 5.40 구적 방향 감지기와 해상도의 증대

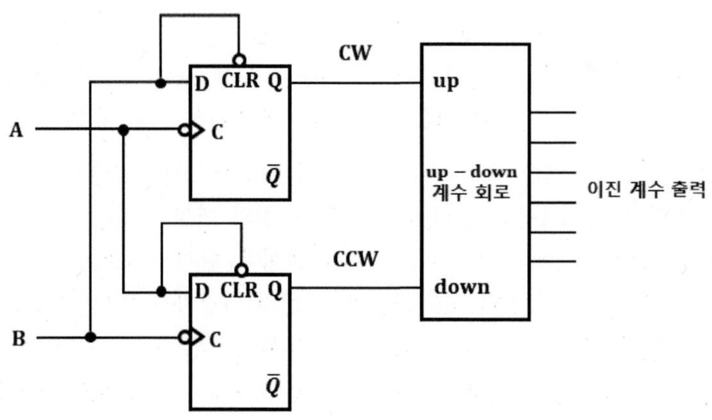

그림 5.41 1X 구적 엔코더 회로

그림 5.41은 1X 구적 엔코더 회로이며 D-플립플롭은 축이 시계방향으로 회전하거나 반시계 방향으로 회전하도록 디코드 한다.

인크리멘털형 엔코더는 앱솔루트형 엔코더보다 더 많은 해답을 제공하지만 운동과의 관계만 측정하고 절대적인 위치를 직접 제공하지는 못한다. 하나의 인크리멘털형 엔코더는 스위치로부터 정의된 홈의 위치와 절대위치와의 관계를 정하는 스위치의 연결로 사용될 수 있으며 앱솔루트형 엔코더는 참조된 위치가 실용적이지 못할 때 사용될 수 있다.

나. 자기 엔코더

자기 엔코더는 다음과 같은 특징을 가지고 있다.

- 먼지, 결빙 등의 영향을 잘 받지 않기 때문에 내환성이 좋다.
- 고 분해능(1000 ~ 3000 pulse/rev은 표준사양)
- 고 응답성(200 ㎑ 정도까지는 출력 저하가 생기지 않음)
- 구조가 간단하다.

자기 엔코더는 자력을 응용한 엔코더이므로 강자계와 자성분이 많은 장소에서 사용하는 경우에는 다음과 같은 점을 주의해야 한다.

- 외부로 부터 강력한 자계를 가하면 오동작을 한다.
  이와 같은 경우에는 자성체의 케이스를 이용하여 쉴드해서 사용한다.
- 자성분이 들어오면 드럼에 부착되어 오동작을 일으킨다.
  이와 같은 장소에서 사용하는 경우는 자성분이 들어오지 못하도록 케이스로 보호한다.

다. 리졸버

리졸버는 분해능이 낮지만 고온 다습에는 강하다. -40℃에서도 견딜 수 있고 20000 rpm의 고속 회전에는 대응할 수 있는 것도 있다. 또한 출력 신호선이 길게 취하는 것도 이점이다. 일부 고분해능도 가능하다. 주요 특징은 다음과 같다.

- 진동, 충격 등의 내환경성이 우수하다.
- 사용 온도 범위가 넓다.
- 장거리 전송이 가능하다.
- 형상의 소형화가 가능하다.
- 신호처리 회로가 복잡해진다.

라. 포텐셔미터

포텐셔미터 내부의 저항체에는 권선 저항이나 도전성 프라스틱을 이용하지만 저항체가 온도에 변화하므로 전압 신호로 취해내는 것이 일반적이다. 그런데 포텐셔미터의 허용 소비 전력은 온도 상승 및 발열 등에 따라 주위 온도가 70℃ 이상에서는 전력을 낮출 필요가 있으므로 이 점을 감안하여 센서를 선정해야 한다.

마. 태코제너레이터

태코제너레이터의 출력은 30~40 Vmax와 같이 높은 값이지만 이것은 최고 회전수의 경우이다. 저속 회전에서는 낮은 전압을 취하게 되어 외부 노이즈에 취약하다. 그 때문에 출력 신호선에는 반드시 실드선을 이용한다든지 각종 동력선과는 되도록 멀리 떨어뜨려야 한다.

5.2.4 센서의 선정 포인트

가. 엔코더의 분해능

+12 V의 전압을 가할 때 1800 rpm으로 회전하는 DC모터 시스템이 있다. 여기서 1000(p/r)의 인크리멘털형 엔코더를 사용할 때에 20 kpps의 피드백 펄스를 얻었다고 한다. 이 때 모터 회전수를 구해 보는 예를 통해 엔코더의 분해능에 대해 생각해 본다.

필요한 수치만을 사용해서 구해 보도록 한다.

$$\frac{20kpps}{1000\,(p/r)} = 20rps\,,\ \ 20rps \times 60 = 1200rpm$$

컴퓨터를 제어에 이용할 때 A/D컨버터에 의해 발생하는 비트수가 측정할 때의 분해능이 될 수 있다. 그 이유를 그림 5.42와 같은 센싱 시스템을 통해 알아보기로 한다.

아날로그 표시기(예를 들어 전압계 또는 전류계)보다는 당연히 디지털 표시기 또는 컴퓨터를 이용하는 것이 효과적이다.

아날로그 표시기에 센서 출력을 접속할 경우에는 임피던스(impedance)를 맞추어 직접 접속하면 되지만 디지털 표시기 또는 컴퓨터에 접속하는 경우에는 센서 출력의 아날로그 신호를 컴퓨터가 알아들을 수 있도록 디지털 신호로 변환시켜야 한다. 이것이 바로 **A/D 컨버터**(Analog to Digital Converter)이다. 따라서 센서의 분해능이 A/D 컨버터의 분해능보다 좋아도 소용없게 된다. 왜냐하면 최종적으로 컴퓨터에 정보를 전달하는 것이 A/D 컨버터이기 때문이다. 그러면 A/D 컨버터가 어떻게 분해능과 관련되는가를 알아보자.

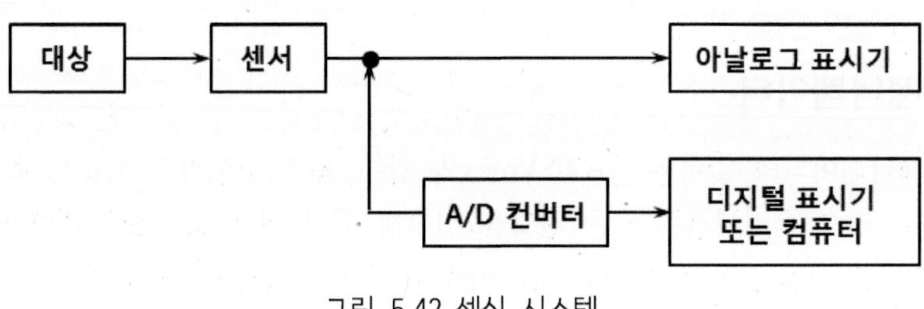

그림 5.42 센싱 시스템

A/D 컨버터의 분해능은 $resolution = 2^n$ (n : 비트수)으로 표시된다. 예를 들어 8비트 A/D 컨버터는 센서 출력의 아날로그 신호를 256 부분($2^8 = 256$)으로 분해할 수 있다. 10비트 A/D 컨버터는 아날로그 신호를 1024 부분($2^{10} = 1024$)으로 분할한다. 그리고 12비트 A/D 컨버터는 4096 부분($2^{12} = 4096$)으로 분할할 수 있다. 그러나 A/D 컨버터는 분해능이 좋을수록 (예를 들면 8비트보다 12비트가 좋다) 가격이 비싸진다. 그러므로 측정 목적에 알맞게 센서의 분해능과 A/D 컨버터의 분해능을 적절히 선택하여 조합할 필요가 있다.

그러면 다음 예제를 통해 엔코더의 분해능 개념을 알아보자.

예제 5.3

길이 2.5 m의 날개를 가진 풍차가 있다. 모터와 기어는 날개의 중심에 붙어 있으며 늦은 속도로 회전한다. 오차 2 cm 내의 풍차 위치를 알려고 한다. 엔코더를 축에 직접 설치할 때 엔코더의 분해능은 적어도 얼마나 필요한가?

풀이

원주의 둘레는 다음과 같이 된다.

$$\text{원주 둘레} = \pi d = 3.1415 \times 2.5\,[\text{m}] = 7.854\,[\text{m}]$$

그리고 원호의 길이는 다음과 같이 계산된다.

$$\frac{\text{arc}}{360^\circ} = \frac{2cm}{785.4cm} \qquad \therefore \quad \text{arc} = 0.917^\circ$$

그러므로 엔코더의 출력 펄스 수는 다음과 같다.

$$\frac{360^\circ}{0.917^\circ} = 392.6\,\text{pulse/rev}$$

즉, 엔코더는 모터축 1회전 당 적어도 393 펄스의 분해능이 필요하다.

나. 리니어 엔코더의 선정 포인트

리니어 엔코더는 금속, 글라스, 등의 소재에 인공적으로 소정의 눈금을 매긴 스케일을 기준으로 하여 검출기로서의 아날로그적인 상대 이동량을 디지털량으로 검출하는 위치에 관한 AD 변환기이다.

(1) 선택 및 활용 포인트

위치 결정 시스템의 주된 사양 항목과 그것에 관한 리니어 엔코더의 사양 항목의 관계는 그림 5.43에 나타냈듯이 일의적으로 결정하므로 리니어 엔코더 선택은 이 사양에 기초하여 행하면 된다. 그러나 리니어 엔코더의 사양을 결정하는 요인은 그림 5.43과 같이 여러 가지에 걸쳐 있으며 각각의 기본 구조에 있어서 어떠한 방식을 이용하고 있는지, 어떻게 그 성능을 달성하고 있는지에 따르는 경우가 많다. 같은 리니어 엔코더에서도 각종 방식에 의해 쓰기 편리함 등 특징이 다르기 때문에 사용에 즈음해서는 리니어 엔코더의 특징이나 성능 한계를 이해하는 것도 중요하다. 또한 한편으로는 리니어 엔코더의 사양이 위치 결정 시스템의 사양에 어느 정도의 영향을 주는지를 이해해 놓는 것도 필요하다. 그를 위해서는 리니어 엔코더를 위치 결정 시스템에 있어서의 제어요소로서 생각할 필요가 있다.

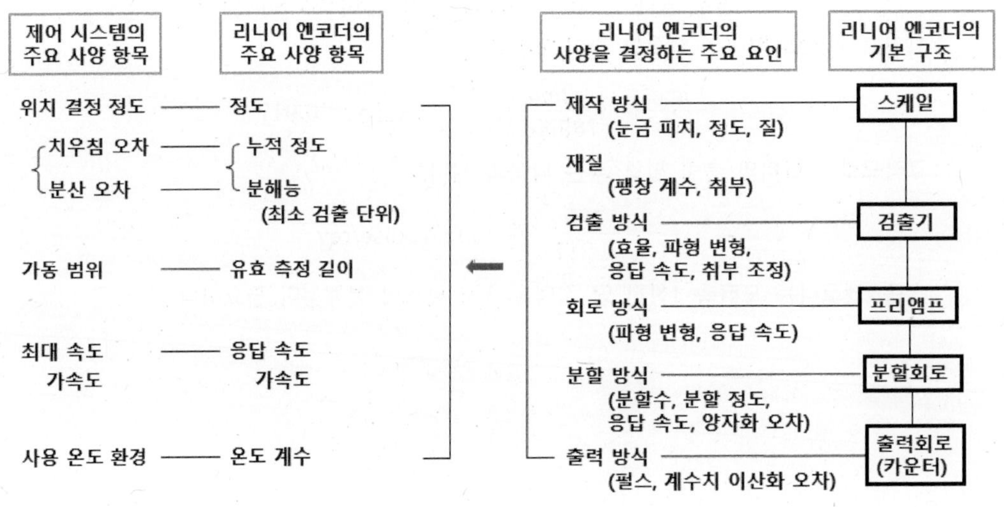

그림 5.43 위치 결정 시스템과 리니어 엔코더의 사양 관계

(2) 제어 요소로서의 유의점

그림 5.44에 위치 결정 제어계의 기본적인 블록선도를 나타내며 리니어 엔코더의 특성을 $H(s)e^{-Ls}$로 나타낸다. 여기서 e^{-Ls}로 표현된 정지 시간 요소는 그림 5.43에 있어서 스케일의 아날로그적 위치 정보로부터 출력의 디지털적 검출 위치 정보까지의 신호 전달 시간을 L(초)로 했을 때의 위상 지연을 초래하여 제어시스템의 안정성에 영향을 줄 염려가 있다.

이 정지 시간 요소는 리니어 엔코더에 있어서 신호의 AD변환 때의 양자화 오차와 이산화 오차에 기인한다. 또한 양자화 오차는 스케일에 대한 검출기의 이동 속도에 반비례하여 크게 되는 속도 의존성을 가지는 성질이 있다. 결국 이동 속도가 커질 때는 양자화 오차에 의한 정지 시간 요소의 영향은 지장 없다. 그러나 이동 속도가 작을 때에는 이 영향이 크게 되며 특히 이동 정지 시에는 위치 검출의 불감대로서 정지 위치 근방에서 리밋 사이클과 같은 비선형적 거동을 갖고 있는 경우가 있으므로 주의를 요한다. 또한 이산화 오차는 검출 신호의 위상 지연 외에 디지털화 처리 방식에 의해 이동 속도가 큰 경우에 현재화 하는 경우가 있다.

다음에 리니어 엔코더의 특성으로서 정지 시간 요소를 제거한 $H(s)$에 대해 검토하기로 한다. 그림 5.44에 있어서 정지 시간 요소의 영향을 무시할 수 있다고 하고 목표위치와 그것에 대한 현재 위치 사이의 전달 함수 $W(s)$를 구하면 다음과 같이 된다.

$$W(s) = \frac{X_c(s)}{X_r(s)} = \frac{G_c(s)\,G_o(s)}{1 + G_c(s)\,G_o(s)\,H(s)} \tag{5.14}$$

그림 5.44에 있어서는 제어 장치의 게인 $G_c(s)$가 충분히 크다고 가정한다. 지금 $G_o(s)$가 $\Delta G_o(s)$만큼 변동한 경우의 $W(s)$에 대한 변동 $\Delta W(s)$는 식 (5.16)과 같이 되며 $G(s)$의 변동이 $G_c(s)\,G_o(s)\,H(s)$에 의해 경감되며 $G_o(s)$의 변동 $\Delta G_o(s)$가 전체 제어시스템에 끼치는 영향이 억제된다.

$$\frac{\Delta W(s)}{W(s)} \fallingdotseq \frac{1}{G_c(s)\,G_o(s)\,H(s)} \cdot \frac{\Delta G_o(s)}{G_o(s)} \tag{5.15}$$

이것에 대해 $H(s)$가 $\Delta H(s)$만큼 변동했을 경우의 $W(s)$에 대한 변동 $\Delta W(s)$는 식 (5.16)이 되며 $H(s)$의 변동 $\Delta H(s)$가 직접 $W(s)$의 변동으로 된다. 결국 리니어 엔코더의 오차가 직접 위치 결정 제어의계의 오차로 되며 주의를 요한다.

$$\frac{\Delta W(s)}{W(s)} \fallingdotseq \frac{\Delta H(s)}{H(s)} \tag{5.16}$$

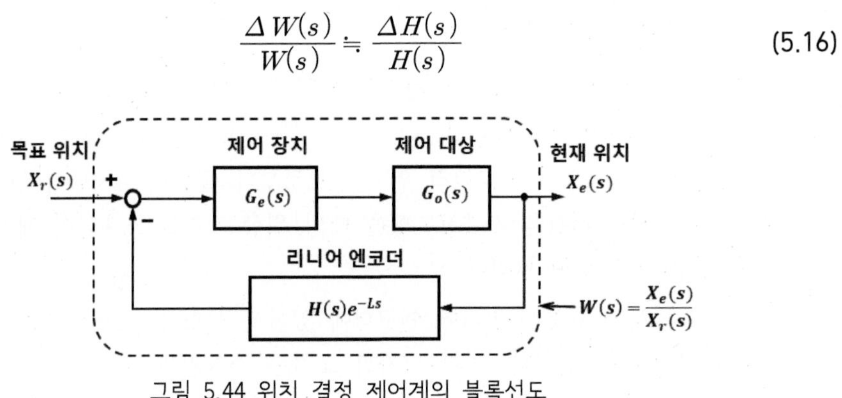

그림 5.44 위치 결정 제어계의 블록선도

다. 로터리 엔코더의 선정 포인트

각도 검출기의 일종인 로터리 엔코더는 NC공작기계나 로봇의 위치 제어를 비롯해 메카트로닉스에 불가결한 센서이다.

이러한 로터리 엔코더에서 회전 방향을 판별하는 데는 그림 5.45와 같이 90° 위상차를 갖는 슬릿을 이용한다.

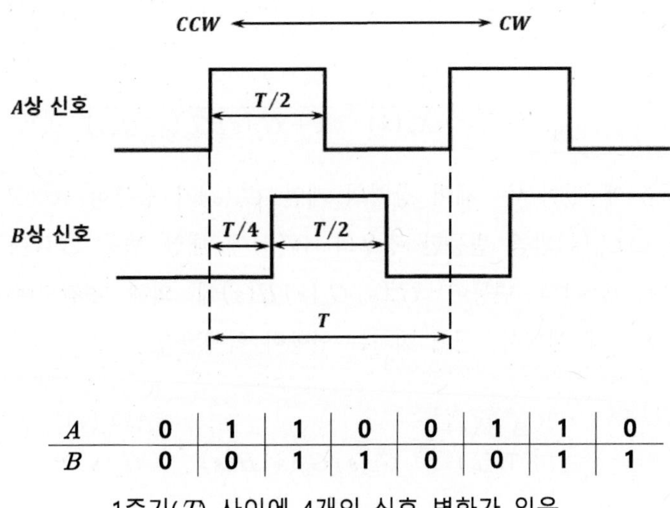

A	0	1	1	0	0	1	1	0
B	0	0	1	1	0	0	1	1

1주기(T) 사이에 4개의 신호 변화가 있음

그림 5.45 증분형 엔코더의 A상과 B상의 출력

좌회전(CW: Clockwise, 시계 방향 회전)과 우회전(CCW: Counterclockwise, 반시계 방향 회전)에서는 A상과 B상의 출력 패턴이 다르다. 이것을 조합하여 그림 5.46과 같은 회로(IC화 되어 있다)에서 필요한 펄스 신호로 하고 있다.

또한 Z상(제로) 신호는 1회전에 1펄스이고, 원점 잡기나 카운터 오차 보정에 이용한다. A, B, Z상 이외에 DC 브러시리스 모터용의 엔코더에서는 120°의 위상 검출을 하며 전원 투입시의 모터 위치를 조기 인식 가능한 것이 있다.

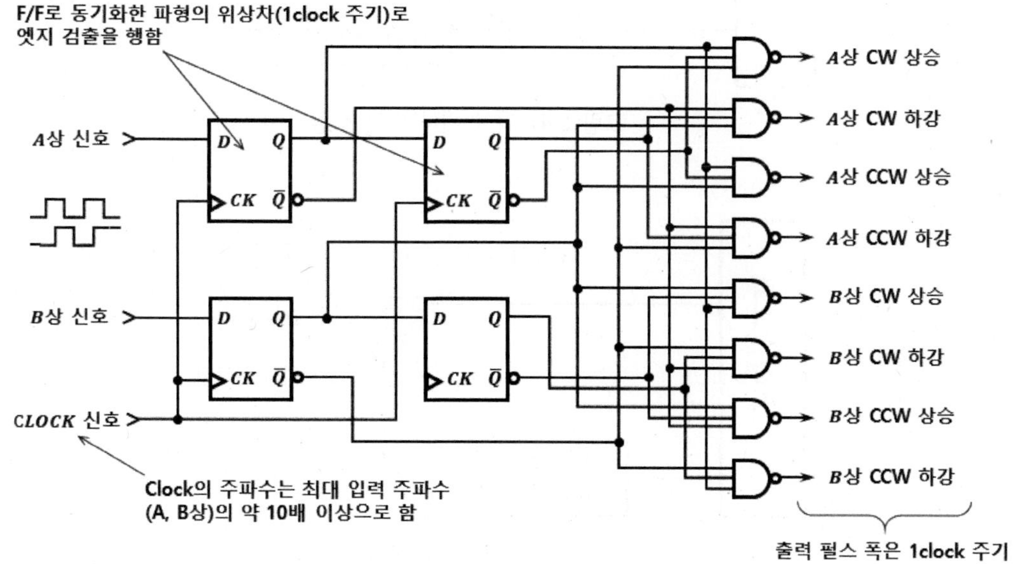

그림 5.46 90° 위상 출력 변별 회로(IC)

(1) 선정 조건

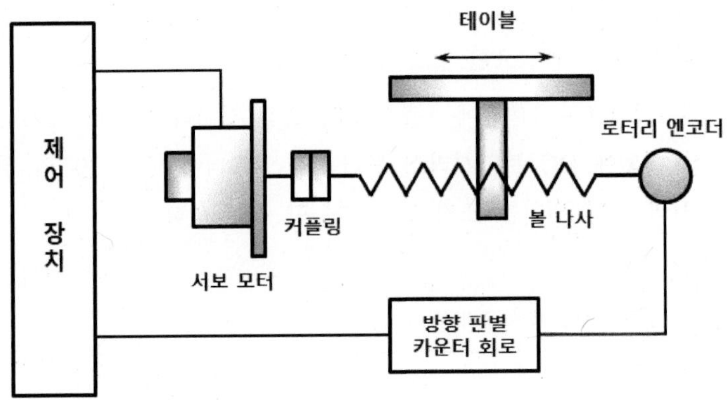

그림 5.47 직선 위치 결정 장치

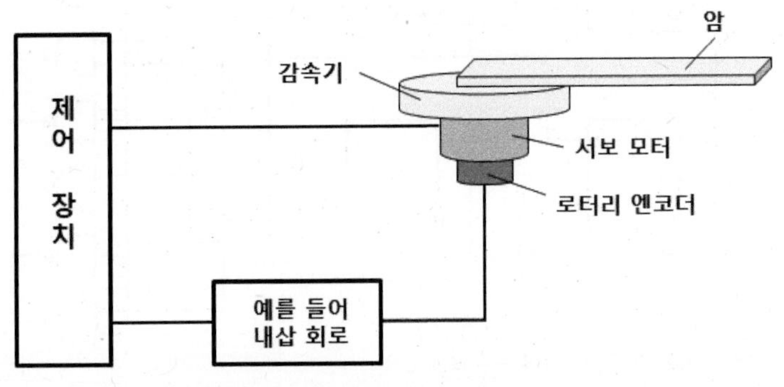

그림 5.48 각도 위치 결정 장치

로터리 엔코더의 사용 방법으로서 그림 5.47과 같이 제어 대상과 로터리 엔코더 사이에 볼나사 등의 각도-직선 변환 기구(변환 계수 P [입력각/변위])를 이용하는 것과 그림 5.48과 같이 기어 감속기 등의 각도-각도 변화 기구(변환 계수 P [입력각/각변위])를 이용하는 것이 있다. 여기서 제어 대상에 요구되는 정도와 응답 속도를 각각 A_o, R_o로 하면 선택되는 로터리 엔코더의 정도 A_e와 신호의 응답 속도 R_e는 다음의 조건을 만족해야 한다.

정도 조건 : $A_e \le A_o \cdot P$

응답 조건 : $R_e \le R_o \cdot P$

이 변화 계수 P가 작은 경우, 결국 그림 5.47에서 나사의 리드가 큰 경우나 그림 5.48의 감속비가 작은 경우 특히 감속 기구를 이용하지 않고 로터리 엔코더 직결의 경우 등은 위의 양쪽 식의 우변이 작기 때문에 많은 로터리 엔코더는 응답 조건을 만족하지만 정도 조건이 엄격하게 되며 또한 역으로 변환 계수 P가 큰 경우는 정도 조건을 만족하지만 응답 조건이 엄격하게 된다. 즉, 전자는 주로 정도로, 후자는 응답 속도로 선택하게 된다.

(2) 장착 위치에 따른 엔코더의 선정

서보모터를 위치 결정용으로 사용할 경우에 위치의 검출기기(로터리 엔코더, 리니어 엔코더)가 필요하게 된다. 엔코더의 장착 위치로서는 모터축과 직결 또는 부하축 직결의 2가지 방식이 있다.

모터축에 직결할 경우 1펄스당 이동량 L_p은 다음과 같다.

$$L_p = \frac{\pi P_d \cdot R_t}{p} \text{(mm/p)} \tag{5.17}$$

구동 피니언(풀리, 스프라켓)축에 직결할 경우 1펄스당 이동량 L_p은 다음과 같다.

$$L_p = \frac{\pi P_d}{p} \text{(mm/p)} \tag{5.18}$$

(3) 엔코더 펄스 수의 선정

모터 축에 직결할 경우 엔코더 펄스 수 P(p/r)은 다음과 같다.

$$P = \frac{\pi P_d}{L_p} \text{(p/r)} \tag{5.19}$$

이 경우 엔코더 펄스 수 P(p/r)는 500, 1000, 1500, 2000 등 비교적 한정된 종류 중에서 선정하지 않으면 안 될 경우가 많다.

한편 부하 축에 직결할 경우 엔코더 펄스 수 P(p/r)은 다음과 같다.

$$P = \frac{\pi P_d}{L_p}\text{(p/r)} \tag{5.20}$$

시판되고 있는 로터리 엔코더의 펄스 수 P는 100, 200, 300, 360, 500, 600, 900, 1000, 1200, 1500, 1800, 2000, 2500, 3600, 5000, 9000, 10000, 12000, 18000, 36000 등의 광범위한 종류 중에서 마음대로 가장 적합한 것을 선정할 수 있다.

이상과 같이 한 마디로 엔코더라 해도 각종 여러 가지가 있기 때문에 분해능, 출력 형식, 가격 등을 카탈로그로부터 확실히 선택할 필요가 있다.

라. 포텐셔미터의 선정 포인트

포텐셔미터에서는 직선성 등을 체크하는 것은 당연 하지만 사용 시에 부하에의 출력 전류를 너무 흐르지 않게 하는 것이 중요하다. 너무 전류가 흘러 출력이 저하한다든지 발열로 저항 값이 변화하지 않도록 해야 한다.

마. 태코제너레이터의 선정 포인트

태코제네레이터에서는 출력의 직선성, 저잡음 이외에 관성이 작은 것이나 온도 변화의 영향이 작은 것을 선택하도록 한다. 물론 가격과의 균형을 맞춰 전체 시스템의 정도와도 균형을 취한 센서를 선택하는 것이 최대 포인트이다.

CHAPTER 6
서보 기구의 기초

CHAPTER 6
서보기구의 기초

서보의 응용은 필연적으로 동적인 기계를 설계하게 하는 데 있다. 이때에 반드시 느끼는 것은 어떤 일을 위해 기구 또는 장치의 위치나 속도를 자신의 생각대로 자유자재로 제어하고 싶다는 것일 것이다.

그러면 기계와 제어를 일체화해서 그 기능을 1+1=2가 아니고 1+1=10의 기능으로 향상시키기 위해서는 무슨 기술이 필요할까? 이것은 서보 기술이라 할 수 있다. 즉, 제품의 정도는 그것을 만드는 기계 즉, 공작기계의 정도에 따라 결정된다. 그런데 종래의 수동 공작기계라면 정도 좋은 다량의 제품을 얻기가 곤란하다. 그러나 공작기계에 제어기술을 적용하면 매우 좋은 제품을 다량으로 생산해 낼 수 있다. 또한 앞에서 언급한 기계의 위치나 속도를 생각대로 자유자재로 제어하기 위해서는 서보 기술이 필요하게 된다.

따라서 본 장에서는 기계와 제어를 일체화 하여 목적에 맞게 일을 할 수 있게 하는 서보 기구에 대한 기초 내용을 살펴보기로 한다.

6.1 자동 제어의 기초

6.1.1 자동 제어의 본질과 최적조정

가. 자동 제어의 본질

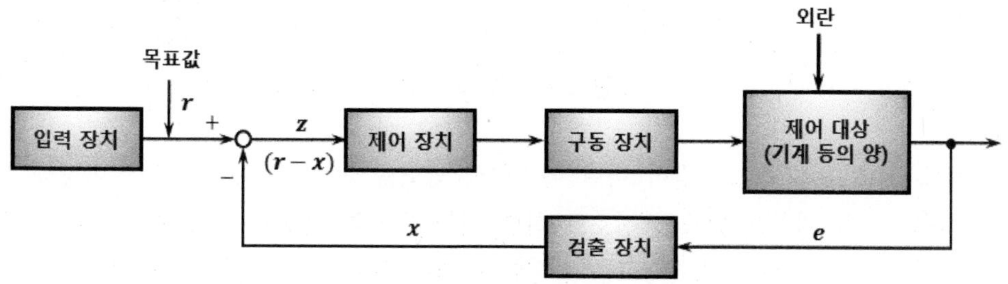

그림 6.1 자동 제어 시스템의 구성

폐쇄 제어의 역할은 일반적으로 그림 6.1과 같은 블록선도를 그려서 검토하고 있다. 블록선도는 화학 조작에 있어서의 흐름도(flowchart), 유압 기기에 있어서의 유압 회로, 기계 설계에 있어서의 단면도와 같은 역할을 하고 있다. 제어의 문제를 생각할 때에는 바로 원인 결과의 핵심을 훑어서 블록선도를 그려보는 것이다.

이 블록선도는 다음의 3가지 기호로 나타내고 있다.

① 화살표가 붙은 선

② 사각의 틀(블록)

③ 선이 집합하는 곳의 ○표시(가합점)

화살표가 붙은 선은 각도, 위치, 힘, 유량, 온도, 전압 등과 같은 변할 수 있는 변화의 전달 방법을 나타낸다. 화살표가 그 방향이고 이 선은 변화가 일방적으로 전달하는 부분에 그린다. 이 한 방법으로 전달하는 각종의 변화를 전부 **신호**라 부르고 있다.

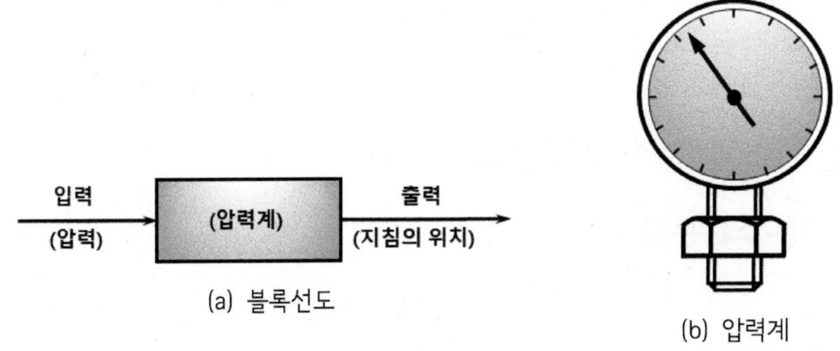

(a) 블록선도

(b) 압력계

그림 6.2 압력 측정의 예

예를 들면 그림 6.2와 같이 어떤 용기내의 압력을 하나의 신호로 해서 이것을 재는 압력계의 지침 위치를 별도의 신호로 하면 이들 두개의 신호는 압력 측정에 정적 오차가 없다 해도 언제나 일치한다고는 한정할 수 없다. 압력이 급격히 계속 상승하고 있을 때는 계기의 눈금은 조금 늦게 이것을 따른다. 이와 같은 양 신호간의 관계는 요소(이 경우는 압력계와 이것으로부터 지침에 이르기까지의 기구)의 특성에 의해 정해진다. 이렇게 한 요소를 4각의 테두리에 의하여 그림 6.2 (a)와 같이 나타낸다. 요소, 즉 4각의 테두리에는 입력 신호(원인)와 출력 신호(결과) 등이 있다. 그림 6.2의 예에서는 측정 압력이 입력 신호, 지침의 위치가 출력 신호이다. 그림 6.1에서는 신호가 요소로부터 요소로 계속해서 전달해 가는 것을 나타내고 있다. 또한 도중에 ○표시가 있어 여기서 별도의 신호가 함께 될 때의 대수 계산을 나타낸다. 그림 6.1에 있어서 만약 검출부가 이상적으로 작동한다고 하면 $z = r - x$이며 전체적으로 이 신호 전달로는 닫히게 된다.

닫힌 신호 전달로를 신호가 요소로부터 요소에 전달될 때 어떠한 현상이 일어날까? 특히 외란이 있을 때 제어 변수는 어떻게 변할까? 제어 변수의 크기를 조작상의 조건에 의해 억제하면 어떻게 될까? 이들이 자동 제어의 주요한 문제이다.

이러한 견해의 하나의 커다란 특색은 압력이라든지 온도, 위치, 각도 등이라 하는 여러 가지 변수에 애착하지 않고 이들을 **신호**라 생각해서 공통으로 취급하는 점이다.

나. 최적 조정

자동제어 이론에는 목적이 어디에 있는가에 의해 어낼리시스(Analysis)와 신세시스(Synthesis)의 2가지 입장이 있다. 어낼리시스는 예를 들어 시험해 보니까 불안정하게 되어 왜일까 라고 원인을 찾아내기 위해서 행하는 방법이다. 자동 제어가 성장할 즈음에 먼저 추궁되게 된 것은 어낼리시스였다. 이것은 회로와 그의 제원을 이미 알고 있는 것으로서 제어 결과나 안정의 여하를 음미하고자 하는 것이다.

신세시스란 결과(제어 경과, 안정성 등)를 지정하고 경우에 따라서는 회로 요소의 일부(제어 대상 등)를 기지로 해서 미지의 회로 요소의 특성을 구하고자 하는 것이다. 그리고 제어 장치의 제원을 잡아서 시스템의 전체를 달성할 수 있는 최량의 것으로 종합 정리하는 것이다.

이와 같이 하는 것을 **최적 조정법**이라 하고 여러 가지 제안을 하고 있다.

그림 6.3은 어떤 요소에 단계상 입력 신호를 줄 때 제어 변수가 자동 제어의 작용에 의해 일정값으로 떨어지는 상황을 나타내고 있다. 그림 6.3 (a)는 제어가 너무 약할 때이고 그림 6.3 (b)는 너무 강해서 불안정한 상황(사이클링)이고 그림 6.3 (c)가 그 양자의 중간이다. 「제어 동작은 강하게 하면 할수록 좋다」는 너무 단순한 결과는 수십 년 전부터 부정되고 있지만 이것을 일보 앞세워서 그림 6.3 (c)와 같은 최적 조건을 확실히 하려고 하는 움직임이 제어 이론 진보의 실마리로 되었다.

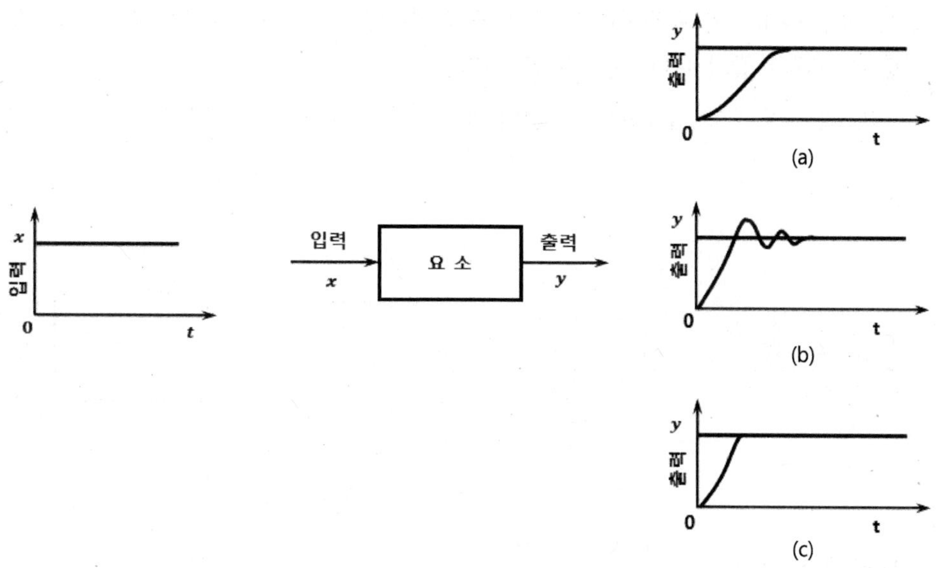

그림 6.3 계단상 입력 신호에 대한 응답

6.1.2 제어 시스템의 해석 방법

가. 서론

서보 기구에서는 구성 요소의 동특성이 커다란 역할을 하고 있다. 바로 앞 절에 서 서술한 최적값도 동특성으로부터 정해지는 것을 암시하고 있다. 그러면 동특성이란 무엇인가?

제어시스템의 동특성이 어떻게 되고 있는가를 조사하는 것을 **해석**이라 한다. 제 2차 세계대전 전까지는 제어시스템의 해석에 미분 방정식에 의한 방법이 이용되고 있었다. 이 계산은 기술자에게는 난해한 것이었다.

그림 6.4 (a)에서 모터에 인가하는 전압(입력 신호)는 x로 하고 그것에 의해 회전하는 모터축 회전 속도는 $\dot{y}$(출력신호)으로 한다. 이 때 그림 6.4 (a)에서 모터의 입력 전압을 보다 높이 하려면 속도 $\dot{y}$는 빠르게 되지만 어떤 속도가 되면 일정값을 계속 유지하는 회전을 계속하게 된다. 이 실험에서 입력 전압 x가 단위 변화한 경우의 속도의 변화 방법을 이 요소의 **응답특성**이라 한다(그림 6.4 (c)).

이 곡선이 요소의 동특성을 모두 나타낼 수 있으므로 블록선도에 있어서의 요소를 그림 6.4 (d)와 같이 나타내는 경우도 있다.

이와 같이 응답특성을 조사하는 것이 제어시스템 해석의 특징이다.

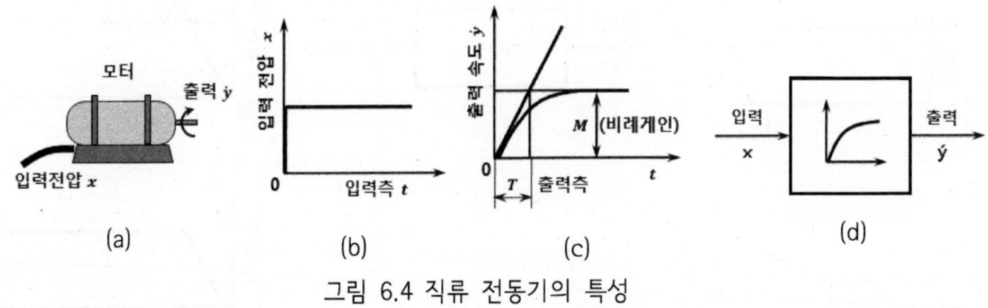

그림 6.4 직류 전동기의 특성

나. 라플라스 변환

라플라스 변환이란 시간 t의 함수 $f(t)$($t<0$일 때 $f(t)\equiv 0$)을 다음의 적분변환에 의해 복소 함수 $F(s)$에 사상하는 변환법을 말하고 있다.

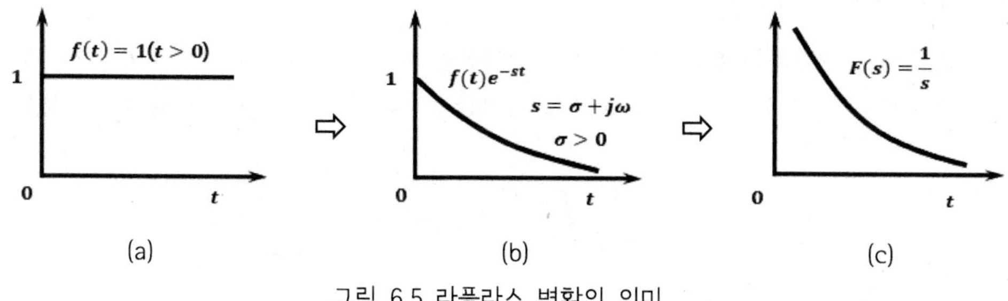

(a) (b) (c)

그림 6.5 라플라스 변환의 의미

$$F(s) = \int_{o}^{\infty} f(t)e^{-st}dt \ \ (s \ : \textbf{복소수} \ \delta + j\omega) \tag{6.1}$$

이 변환 $f(t) \to F(s)$를 다음과 같은 기호로 나타내며 $F(s)$를 $f(t)$의 **라플라스 변환**이라 한다.

$$F(s) = \mathcal{L}[f(t)] \tag{6.2}$$

그림 6.5에 나타냈듯이 단위 스텝상으로 변화하는 시간의 함수 $f(t)$에 e^{-st}를 곱하면 복소수 s의 실수부가 양(+)이면 $f(t)e^{-st}$는 그림 6.5 (b)와 같이 시간과 함께 0에 수렴한다. 따라서 그의 적분치는 존재하고 s만의 함수 $F(s)$로 되며 그림 6.5 (c)와 같은 경향을 나타낸다.

라플라스 변환을 하는 경우 위에서 서술한 적분이 존재하는 조건이 문제가 되지만 상세한 것은 라플라스 변환의 전문 서적을 참조하기 바란다. 이 계산에 있어서 초기값이 모두 0($f(0)$, $f'(0)$, $f''(0)$, $\cdots$, $\int_0^{\infty} f(0)\,dt$, $\int_0^{\infty}\int_0^{\infty} f(0)\,dt^2 \cdots$)이라면

$$f(t) \to F(s), \ \frac{df}{dt} \to sF(s), \ \frac{d^2 f}{dt^2} \to s^2 F(s), \ \cdots,$$

$$\int_0^{\infty} f(t)\,dt = \frac{1}{s}F(s), \ \int_0^{\infty}\int_0^{\infty} f(t)\,dt^2 = \frac{1}{s^2}F(s), \ \cdots,$$

이 되는 것은 기계적으로 바꿔놓을 수 있다(라플라스 변환의 전문 서적을 참조).

다. 라플라스 역변환

라플라스 변환과는 역으로 $F(s)$가 주어졌을 때 그의 라플라스 변환이 $F(s)$가 되기 위한 $f(t)$를 구하는 조작을 **라플라스 역변환이**라 하며 다음 식으로 정의하고 있다.

$$f(t) = \frac{1}{2\pi j}\int_{c-j\infty}^{c+j\infty} F(s)\,e^{st}ds \quad (c : \text{실수}) \tag{6.3}$$

이와 같이 $F(s) \rightarrow f(t)$를 다음과 같은 기호로 나타내며 $f(t)$를 $F(s)$의 **라플라스 역변환**이라 한다.

$$f(t) = \mathcal{L}^{-1}[F(s)] \tag{6.4}$$

일반적으로 라플라스 변환이나 역변환의 계산은 난해하다. 이에 대한 것은 전문 서적을 참고하기 바란다.

라. 라플라스 변환의 취급범위

라플라스 변환은 어떠한 미분 방정식의 해법에도 적용되는 것은 아니고 선형 미분 방정식에 한정된다는 것이다. 선형이라는 것은 그림 6.6에 나타낸 것과 같은 **중첩성**이 성립한다. 즉, 그림 6.6에 있어서 전달 요소 G에 그림 6.6 (a), (b)의 단독 입력 A_1, A_2를 줄 때의 응답이 각각 우측의 B_1, B_2와 같이 될 때 그림 6.6 (a), (b)의 입력을 중첩한 입력 $A_1 + A_2$에 대한 응답이 그림 6.6 (c)와 같이 그림 6.6 (a)와 그림 6.6 (b)의 출력의 합 $B_1 + B_2$로서 주어질 때 이 전달 요소 G는 **선형**이라 한다.

실제로 우리들이 경험한 사상은 그림 6.7에 나타낸 것과 같이 비선형인 것이 많다. 그러므로 그림 6.76과 같은 비선형계에서도 평형점 예를 들면 그림 6.7 (a), (b), (c)의 원점 근방을 중심으로 한 작은 범위로 한정하면 선형적인 취급을 할 수 있다. 비선형은 중요한 문제이지만 그의 취급은 상당히 어려울 것이다.

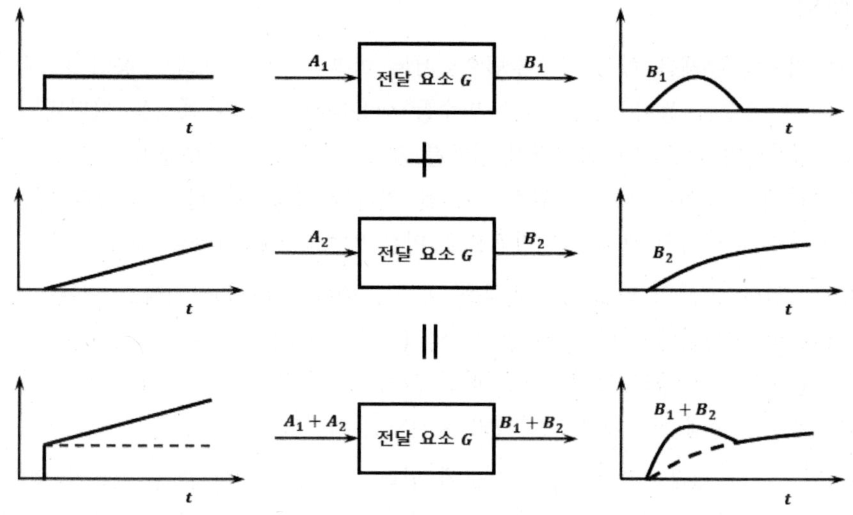

그림 6.6 전달요소 G가 선형이기 위한 조건의 설명도

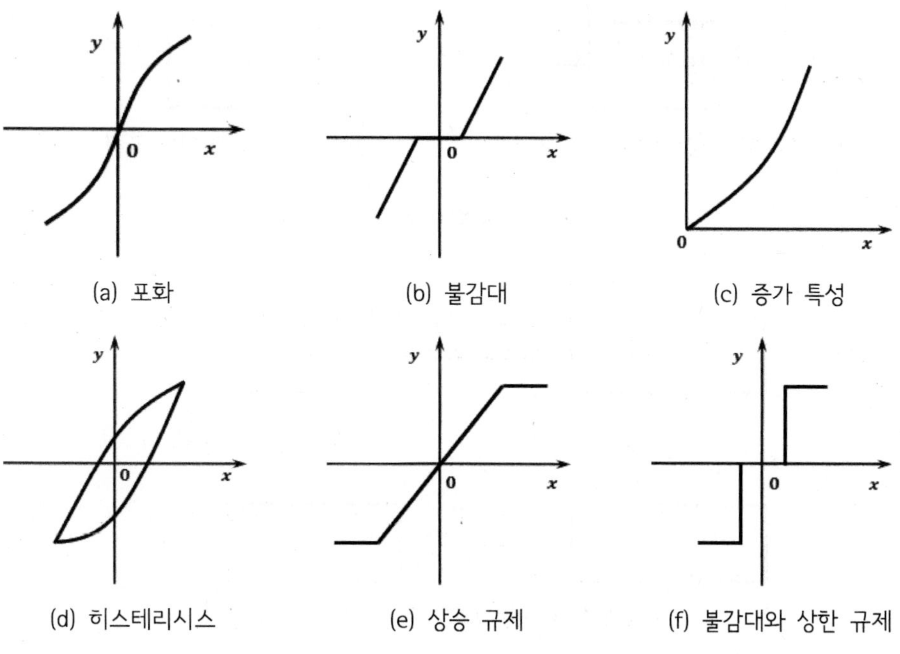

그림 6.7 비선형성의 예

마. 전달함수

서보 기구의 문제를 해석하는 수법으로서는 미분 방정식법, 과도 응답법, 주파수 응답법, 전달 함수법 등이 있다. 전달 함수를 이용해서 요소의 특성을 나타내는 방법은 전자와 밀접하며 더군다나 일의적인 관계를 갖고 있어 편리한 수법이다. 지금 그림 6.8 (a)에 나타내듯이 어떤 요소에 입력 $x(t)$를 인가한 결과로서 출력 $y(t)$를 얻을 수 있다면 $x(t)$와 $y(t)$와의 관계는 일반적으로 미분 방정식으로 나타낼 수가 있다.

여기서 입력 $x(t)$의 라플라스 변환을 $X(s)$, 출력 $y(t)$의 라플라스 변환을 $Y(s)$로 하면 $x(t)$와 $y(t)$와에 관한 미분 방정식의 관계는 $X(s)$와 $Y(s)$와의 간단한 대수식의 관계로 변해진다. 이들의 관계를 도시하면 그림 6.9와 같이 된다. 이 관계는 마치 그림 6.10에 나타낸 승제산과 대수 계산과의 관계와 유사하다.

그러면 그림 6.8에 있어서 어떤 요소에 입력 $x(t)$를 줄 때 출력 $y(t)$가 얻어진다고 하면 라플라스 변환 $X(s)$와 $Y(s)$와의 비를 그의 요소의 **전달 함수**라 부르고 있다.

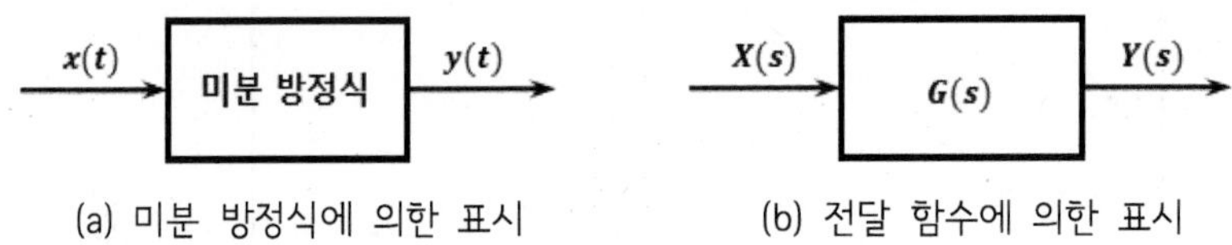

(a) 미분 방정식에 의한 표시　　(b) 전달 함수에 의한 표시

그림 6.8 요소의 입력과 출력의 관계

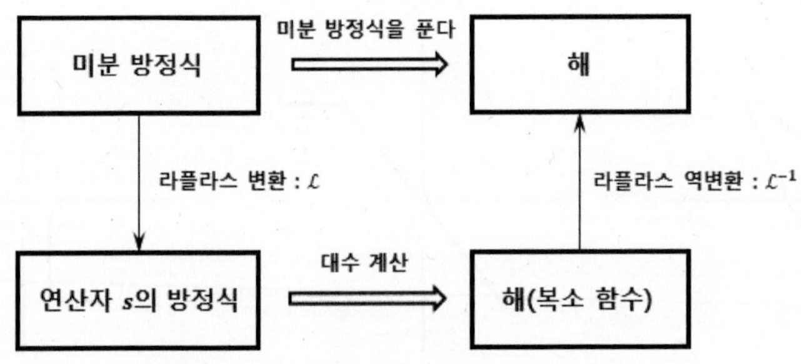

그림 6.9 미분 방정식과 라플라스 변환식의 관계

$$\frac{Y(s)}{X(s)} = G(s) \tag{6.5}$$

따라서 요소가 주어지고 그의 전달 함수 $G_1(s)$를 알고 있으면 이것에 $x_1(t)$라 하는 입력을 줄 때의 출력 $y_1(t)$는 다음과 같이 해서 구할 수가 있다.

$$\frac{Y_1(s)}{X_1(s)} = G_1(s) \tag{6.6}$$

$$Y_1(s) = X_1(s) \cdot G_1(s) \tag{6.7}$$

$$\therefore \; y_1(t) = x_1(t) \mathcal{L}^{-1} G_1(s) \tag{6.8}$$

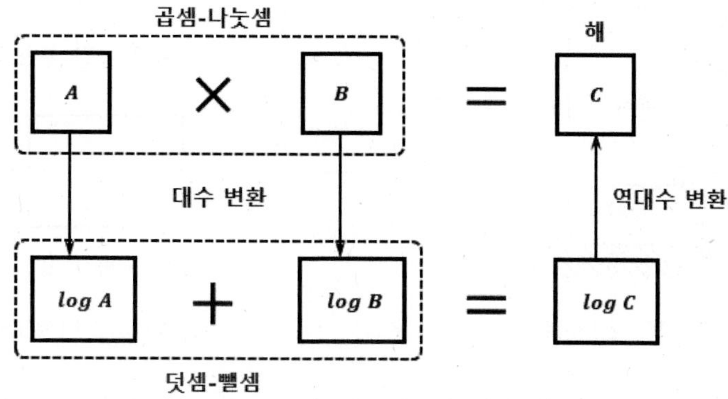

그림 6.10 수의 곱셈과 대수연산과의 관계

6.1.3 제어 기본 요소의 전달 함수

가. 비례요소

출력이 입력에 비례하고 있는 요소를 **비례요소**라 한다.

그림 6.11에 나타낸 스프링계에서 스프링 상단 (a)의 변위 $x(t)$를 입력, 하단 (c)로부터 l_1의 점 (b)의 변위 $y(t)$를 출력, 스프링의 전장을 l로 하면, 입력과 출력과의 관계는 $x(t)$: $y(t)$ = l : l_1이 성립하므로 다음과 같이 된다.

$$y(t) = (l_1 / l)\, x(t) = K_p x(t) \tag{6.9}$$

여기서 $K_p = l_1 / l$

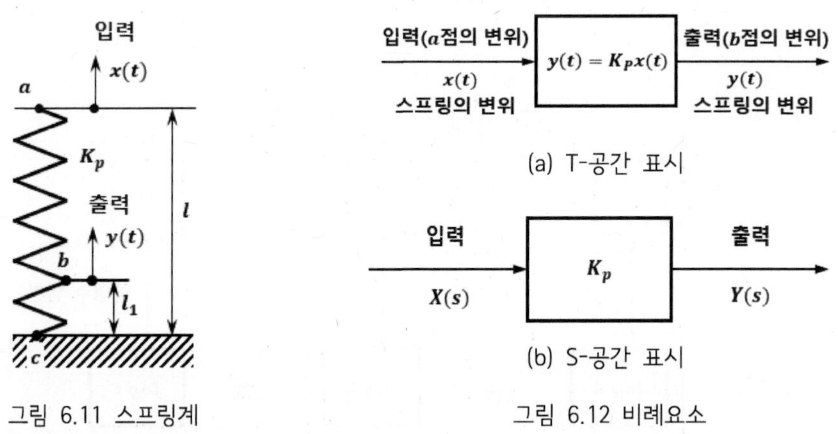

(a) T-공간 표시

(b) S-공간 표시

그림 6.11 스프링계

그림 6.12 비례요소

$x(t)$, $y(t)$의 라플라스 변환을 $X(s)$, $Y(s)$로 하면 다음과 같이 된다.

$$Y(s) = K_p X(s) \tag{6.10}$$

따라서 스프링계의 전달 함수 $G(s)$는 다음과 같이 된다.

$$G(s) = \frac{Y(s)}{X(s)} = K_p \tag{6.11}$$

이와 같이 요소의 전달 함수가 정수로 되는 것을 **비례 요소**라 한다(그림 6.12).

나. 적분요소

출력이 입력의 적분치에 비례하고 있는 요소를 **적분요소**라 한다.

그림 6.13에 나타낸 유압 실린더에 있어서 P_1포트로부터 들어오는 기름의 유량 $x(t)$를 입력으로 하고 이것에 의해 움직이는 피스톤 변위 $y(t)$를 출력으로 한다.

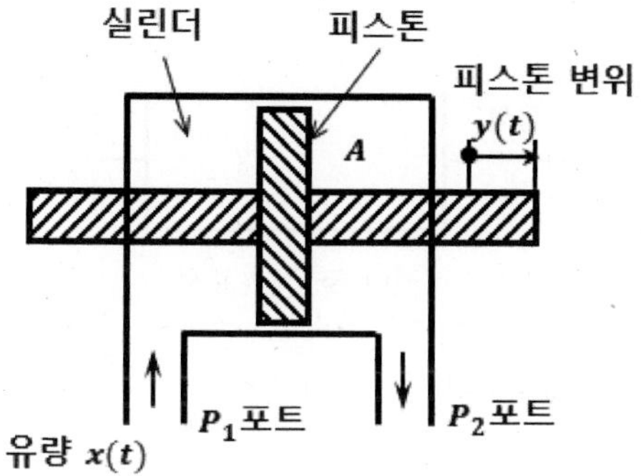

그림 6.13 유압실린더

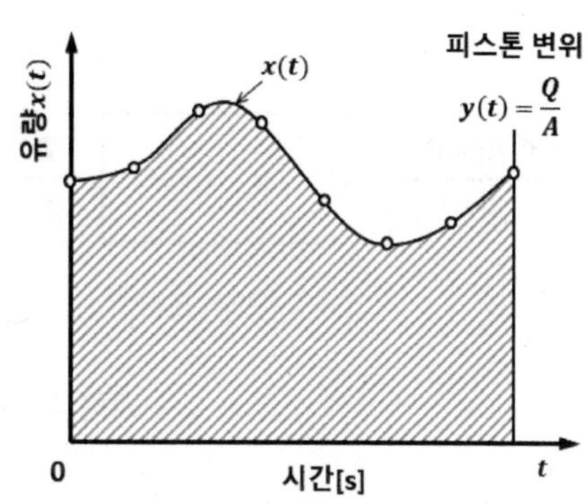

그림 6.14 실린더에 유입하는 양

시간 0에서 t까지의 사이에 실린더에 유입하는 유량 $Q(t)$는 그림 6.14로부터 다음과 같이 된다.

$$Q(t) = \int_0^t x(t)\,dt \tag{6.12}$$

따라서 피스톤 변위 $y(t)$는 다음과 같이 된다.

$$y(t) = \frac{Q(t)}{A} = \frac{1}{A}\int_0^t x(t)\,dt \tag{6.13}$$

여기서 A는 피스톤의 수압면적이다. 즉, 다음과 같다.

$$y(t) = K_I\int_0^t x(t)\,dt \quad (K_I = \frac{1}{A}) \tag{6.14}$$

따라서 입력을 유량 $x(t)$, 출력을 피스톤의 변위 $y(t)$로 한 유압 실린더는 적분요소이다.

식 (6.14)로부터 다음과 같이 된다.

$$\frac{dy(t)}{dt} = K_I x(t) \tag{6.15}$$

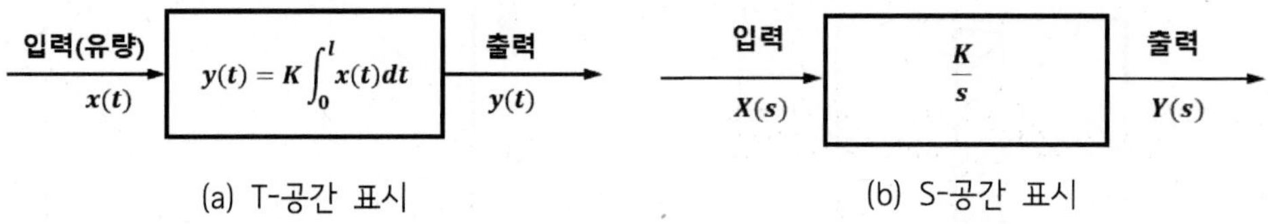

(a) T-공간 표시 (b) S-공간 표시

그림 6.15 적분요소(유압실린더)

식 (6.15)를 라플라스 변환하고 그의 초기치를 0으로 하면 다음과 같이 된다.

$$s\,Y(s) = K_I X(s) \tag{6.16}$$

그러므로 다음과 같이 된다.

$$G(s) = \frac{Y(s)}{X(s)} = \frac{K_I}{s} \tag{6.17}$$

즉, 적분요소의 전달함수는 $\frac{K_I}{s}$로 표현된다(그림 6.15).

여기서 $\frac{1}{K_I}$는 적분시간이라 한다. $\frac{1}{K_I}$는 적분동작의 대소를 나타내는 척도이고 유압 실린더에서는 피스톤의 수압면적 A에 상당한다.

다. 미분요소

출력이 입력의 미분치에 비례하고 있는 요소를 **미분요소**라 한다.

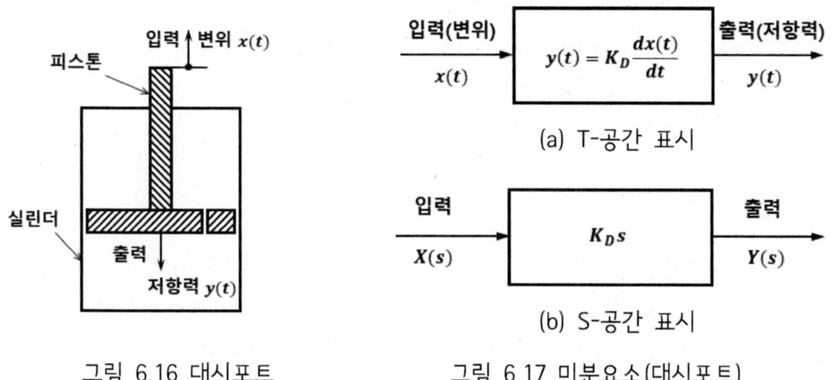

그림 6.16 대시포트

그림 6.17 미분요소(대시포트)

그림 6.16은 대시포트의 밑면이 고정되어 있는 경우를 나타내고 있다. 실린더 속에 점성이 높은 액체를 넣고 피스톤을 상향으로 변위시키면 피스톤의 운동을 방해하는 아래 방향의 힘이 작용하므로 감쇠기(댐퍼)로서 이용할 수 있다. 만일 입력 $x(t)$를 피스톤의 변위, 출력 $y(t)$를 피스톤의 저항력으로 하면 $y(t)$는 피스톤의 속도 $\dfrac{dx(t)}{dt}$에 비례하므로 다음 식이 된다.

$$y(t) = \mu \frac{dx(t)}{dt} \quad (\mu \text{ : 점성 저항계수}) \tag{6.18}$$

따라서 입력을 피스톤의 변위, 출력을 피스톤의 저항력으로 한 대시포트는 미분요소이다.

식 (6.18)을 라플라스 변환하고 그의 초기치를 0으로 하면 다음과 같이 된다.

$$Y(s) = K_D\, s\, X(s) \quad (\mu = K_D) \tag{6.19}$$

그러므로 다음과 같이 된다.

$$G(s) = \frac{Y(s)}{X(s)} = K_D\, s \tag{6.20}$$

즉, 미분요소의 전달함수는 $K_D s$로 표현된다(그림 6.17).

여기서 $K_D s$를 미분시간이라 하고 미분동작의 강도를 나타내고 있다. 대시포트는 그의 강도가 점성저항 계수에 상당한다.

라. 일차 지연 요소

그림 6.18에 나타냈듯이 코일 스프링의 하단에 대시포트(dashpot)를 설치한 계에 있어서 입력 = $x(t)$: 스프링 상단의 위쪽 이동량, 출력 = $y(t)$: 스프링 하단의 위쪽 이동량, k : 스프링 상수, μ : 대시포트의 점성 저항 계수로 놓으면

- 스프링의 신장 ≒$(x(t)-y(t))$
- 스프링의 신장에 의한 장력 ≒ $(x(t)-y(t))k$
- 대시포트 내의 피스톤 속도 ≒$v=dy(t)/dt$
- 대시포트의 저항력 $\mu v=\mu dy(t)/dt$

$$x(t) = T\frac{dy(t)}{dt} + y(t) \tag{6.21}$$

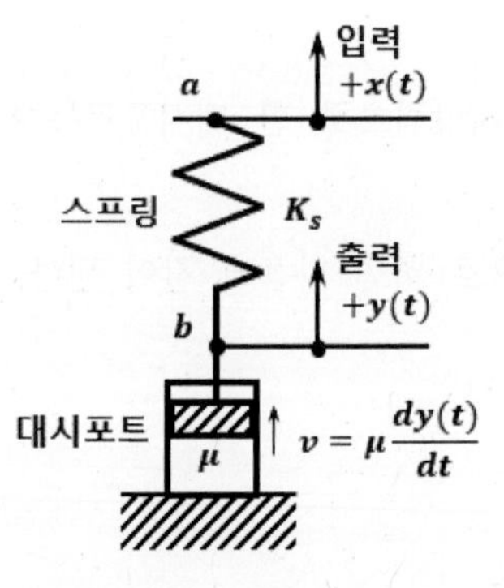

그림 6.18 스프링-대시포트계

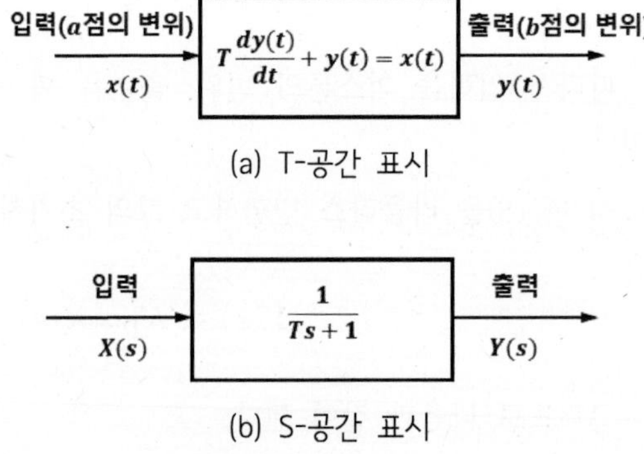

그림 6.19 일차 지연요소

상향의 힘이 대시포트의 저항에 평행한 식은 다음과 같다.

$$k(x(t)-y(t)) \;=\; \frac{\mu dy(t)}{dt} \tag{6.22}$$

$$x(t) \;=\; \frac{\mu}{k}\cdot\frac{dy(t)}{dt} \;+\; y(t) \tag{6.23}$$

여기서 $\mu/k = T$로 놓고 각 항을 t의 함수로서 라플라스 변환하면 다음과 같다.

$$X(s) \;=\; TsY(s) \;+\; Y(s) \tag{6.24}$$

$$\therefore\; G(s) \;=\; \frac{Y(s)}{X(s)} \;=\; \frac{1}{(1+Ts)} \tag{6.25}$$

여기서 $X(s)$, $Y(s)$는 $x(t)$, $y(t)$의 라플라스 변환이고 이것을 블록선도로 그리면 그림 6.19와 같이 된다. 즉, 전달 함수 $G(s)$는 입력과 출력을 라플라스 변환해서 원함수의 초기치를 전부 0으로 할 때의 출력과 입력과의 비로 정의된다. 여기서 식 (6.25)에서 주어진 전달 함수 $G(s)=1/(1+Ts)$를 **일차 지연 요소**라 한다.

마. 이차 지연 요소

그림 6.20은 그림 6.18의 스프링과 대시포트와의 사이에 질량 M의 추를 붙인 진동계에서 입력이 도시한 것과 같은 변위 $x(t)$인 경우 출력의 변위 $y(t)$와의 관계는 다음과 같이 된다.

$$M\frac{d^2y}{dt^2} \;+\; \mu\frac{dy}{dt} \;=\; k\{x(t)-y(t)\} \tag{6.26}$$

(M: 질량[kgf.s^2/cm], μ: 점성 저항 계수 [kgf.s/cm], k: 스프링 정수[kgf/cm])

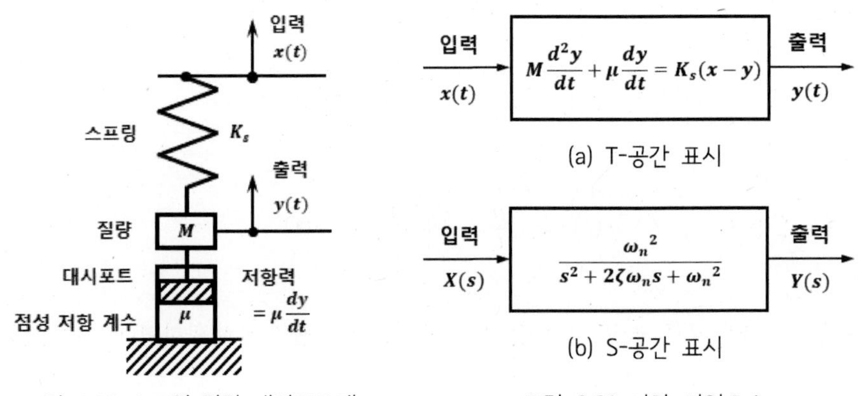

그림 6.20 스프링-질량-대시포트계

그림 6.21 이차 지연요소

$$\frac{d^2y}{dt^2} + 2\zeta\omega_n\frac{dy}{dt} + \omega_n^{\,2}y(t) = \omega_n^{\,2}x(t) \tag{6.27}$$

여기서 $\omega_n = \sqrt{\frac{k}{M}}[rad\ /\ s\ ]$: 고유 진동수, $\zeta = \frac{1}{2}\frac{\mu}{\sqrt{MK_s}}$: 감쇠 계수

따라서 이 스프링과 대시포트계는 **이차 지연 요소**이다.

식 (6.27)은 $t=0$의 함수로서 라플라스 변환하여 초기값을 전부 0으로 하면 즉, 그림 6.20에 나타낸 스프링-질량-대시포트계의 전달 함수는 식 (6.29)에 주어진다.

$$s^2Y(s) + 2\zeta\omega_n s\,Y(s) + \omega_n^{\,2}Y(s) = \omega_n^{\,2}X(s) \tag{6.28}$$

$$\therefore\ G(s) = \frac{Y(s)}{X(s)} = \frac{k/M}{s^2+(\mu/M)s+(k/M)} = \frac{\omega_n^2}{s^2+2\zeta\omega_n s+\omega_n^2} \tag{6.29}$$

이와 같이 전달 함수 $G(s) = \frac{\omega_n^2}{s^2+2\zeta\omega_n s+\omega_n^2}$ 으로 나타내어진 요소를 **이차 지연 요소**라 한다(그림 6.21).

바. 데드타임 요소

출력이 입력에 대해 일정 시간만큼 늦게 나타나는 요소를 **데드타임 요소**라 한다.

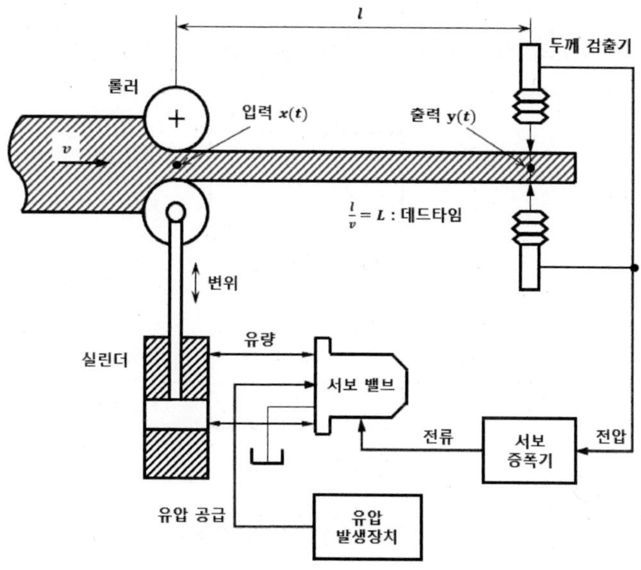

그림 6.22 압연기의 두께 제어계

그림 6.22에 나타낸 압연기에 있어서 롤 위치에서는 두께를 잴 수 없으므로 l만큼 떨어진 곳에서 검출하고 있다. 이 롤 위치에서의 두께 $x(t)$를 입력하고 일정시간 L(데드타임)만큼 늦게 검출하고 있는 두께 검출기의 측정치 $y(t)$를 출력으로 하면 다음 식이 성립한다.

$$y(t) = x(t-L) \tag{6.30}$$

여기서 부동시간 $L = \frac{l}{v}$ (v: 압연속도)

$t < L$일 때 $x(t-L) = 0$이다. 따라서 이 압연기의 두께 계측계는 데드타임 요소이다.

식 (6.30)은 $t = 0$일 때 $x(t) = 0,\ y(t) = 0$이므로 이것을 라플라스 변환하면 다음과 같다.

$$Y(s) = e^{-Ls} X(s) \tag{6.31}$$

그러므로 다음과 같이 된다.

$$G(s) = \frac{Y(s)}{X(s)} = e^{-Ls} \tag{6.32}$$

즉, 데드타임 요소의 전달함수는 e^{-Ls}로 표현된다(그림 6.23).

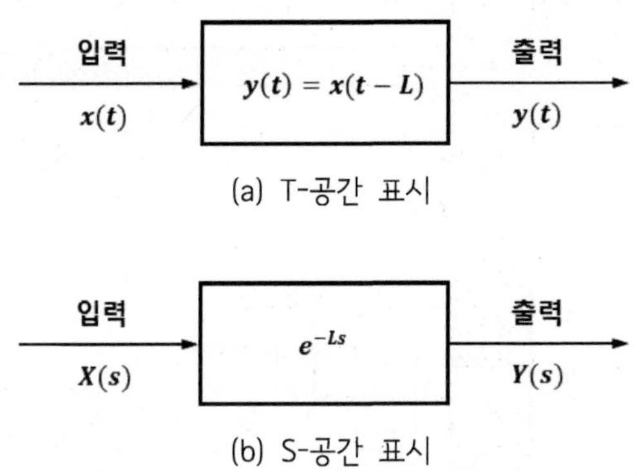

(a) T-공간 표시

(b) S-공간 표시

그림 6.23 데드타임 요소

6.1.4 블록선도의 등가 변환

복잡한 제어시스템의 일순 전달 함수나 닫힌 루프 전달 함수를 구하려면 블록선도는 복잡하게 된다. 이러한 복잡한 블록선도를 보다 간단한 블록선도로 정리하거나 하나로 종합해 갈 필요가 있다.

그 때 블록선도의 블록의 위치를 움직이거나 인출점이나 가합점의 위치를 이동시키거나 해서 블록선도의 모양을 변형해 간다. 이와 같은 변환을 했을 때 원래의 블록선도와 변환 후의 블록선도가 전달 특성상에서 보아 완전히 같은 것이어야 한다. 이와 같은 변환을 **등가 변환**이라고 한다.

등가 변환의 원칙으로 변환 전과 변환 후에서

① 전진 경로에 있는 전달 함수의 곱이 불변

② 모든 루프 경로에 대해서 전달 함수의 곱이 불변의 조건이 충족되고 있어야 한다.

변환의 기본형을 표로 정리하면 표 6.1과 같다.

표 6.1 블록선도의 등가 변환

	명칭	블록선도	등가변환 블록선도
(1)	직렬접속 cascade 접속	A, G_1, B, G_2, C	A, $G_1 \cdot G_2$, C
(2)	블록교환	G_1, G_2	G_2, G_1
(3)	블록의 병렬접속	A, G_1, G_2, $+$, $\pm$, B	A, $G_1 \pm G_2$, B
(4)	되먹임 접속	A, $+$, $-$, G_1, G_2, B	A, $\dfrac{G_1}{1+G_1 \cdot G_2}$, B
(5)	직결 되먹임	A, $+$, $-$, G_1, B	A, $\dfrac{G_1}{1+G_1}$, B
(6)	되먹임 경로에서 전달요소를 제거	A, $+$, $\pm$, G_1, G_2, B	A, $1/G_2$, $+$, $\pm$, $G_1 \cdot G_2$, B
(7)	앞방향 경로에서 전달요소를 제거	A, G_1, G_2, $+$, $\pm$, B	A, G_2, G_1/G_2, $+$, $\pm$, B
(8)	가합점의 교환	A, $+$, $+$, $\pm$, $\pm$, B, C, D $(A \pm B) \pm C = D$	A, $+$, $+$, $\pm$, $\pm$, C, B, D $(A \pm C) \pm B = D$
(9)	가합점의 배치교환	A, $+$, D, $\pm$, B, $+$, $\pm$, C $A \pm (B \pm C) = D$	A, $+$, $+$, $\pm$, $\pm$, B, C, D $(A \pm B) \pm C = D$

표 6.1 블록선도의 등가 변환(계속)

	명칭	블록선도	등가변환 블록선도
(10)	가합점을 전달요소 앞으로 이동	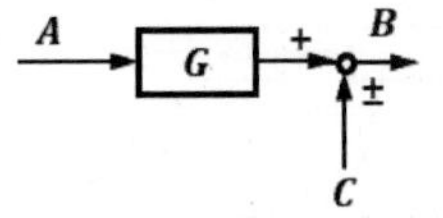 $GA \pm B = C$	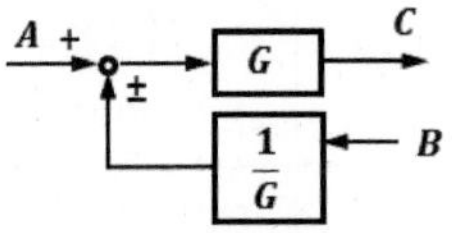 $G\left(A \pm \frac{1}{G}B\right) = C$
(11)	가합점을 전달요소 뒤로 이동	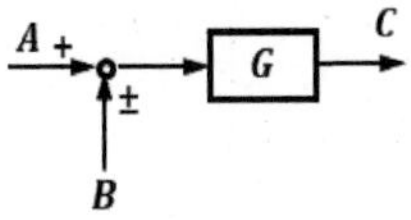 $G(A \pm B) = C$	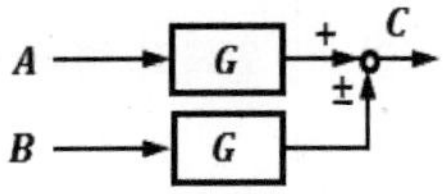 $GA \pm GB = C$
(12)	인출점의 교환	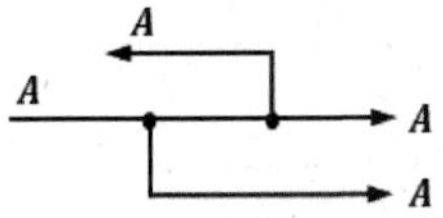	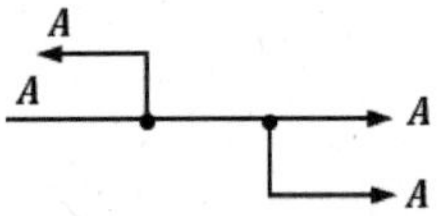
(13)	인출점을 전달요소 앞으로 이동	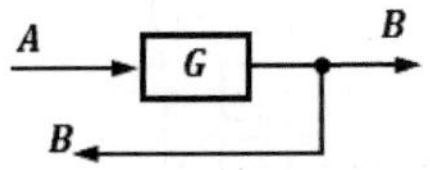	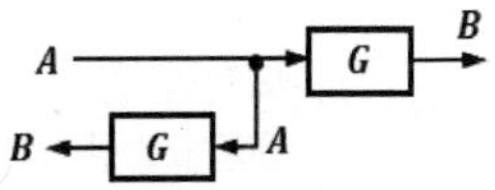
(14)	인출점을 전달요소 뒤로 이동	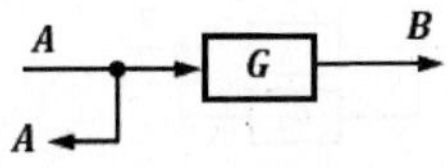	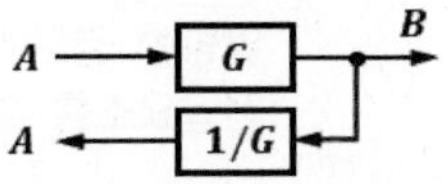
(15)	인출점을 가합점의 앞으로 이동	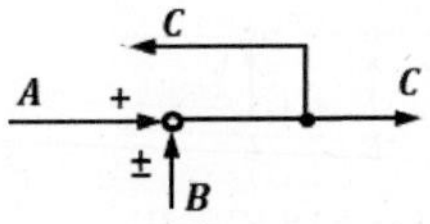 $A \pm B = C$	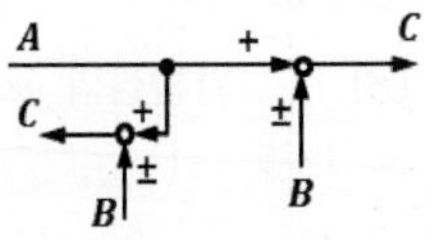
(16)	인출점을 가합점의 뒤로 이동	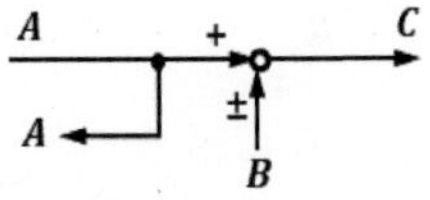 $A \pm B = C$	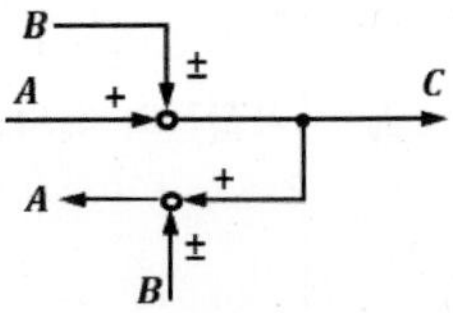 $A \pm B = C$

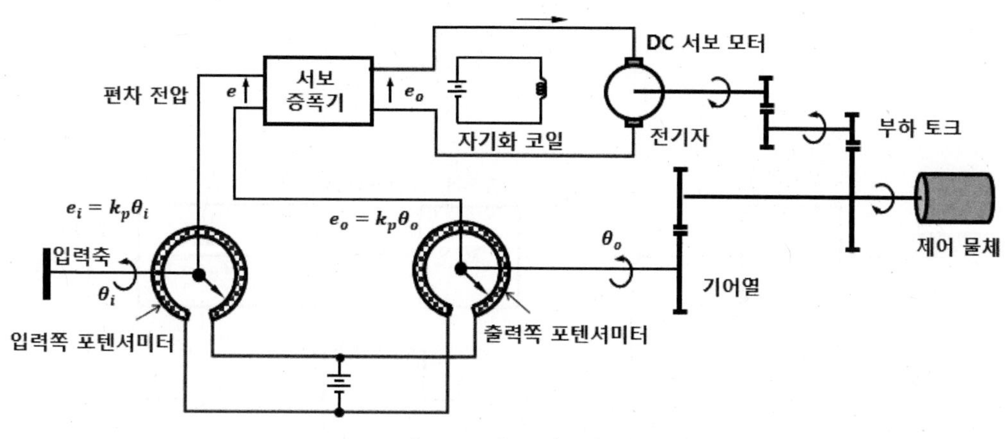

그림 6.24 서보 기구의 예

그림 6.24를 예로 들어 그 블록선도의 블록의 내용을 각각의 특성을 나타내는 전달 함수로 바꿔 보기로 하자.

우선 입력쪽 포텐셔미터의 입력 위치 θ_i와 그 출력 전압 e_i의 관계는 회전각 1rad당의 포텐셔미터 출력 전압을 k_p[V]라고 하면 다음과 같다.

$$e_i(t) = k_p\theta_i(t) \tag{6.33}$$

이 e_i, θ_i를 대문자 $E_i(s)$, $\Theta_i(s)$로 바꿔 놓고 입력 Θ_i와 출력 E_i의 비를 만들면 입력쪽 포텐셔미터의 전달 함수는 다음과 같이 된다.

$$\frac{E_i}{\Theta_i} = k_p \tag{6.34}$$

따라서 그림 6.24에 나타낸 것처럼 입력쪽 포텐셔미터의 블록 속에 k_p를 쓰면 된다.

마찬가지로 출력쪽 포텐셔미터의 전달 함수도 다음과 같이 되므로 그 블록 속에 k_p를 써넣으면 된다.

$$\frac{E_o}{\Theta_o} = k_p \tag{6.35}$$

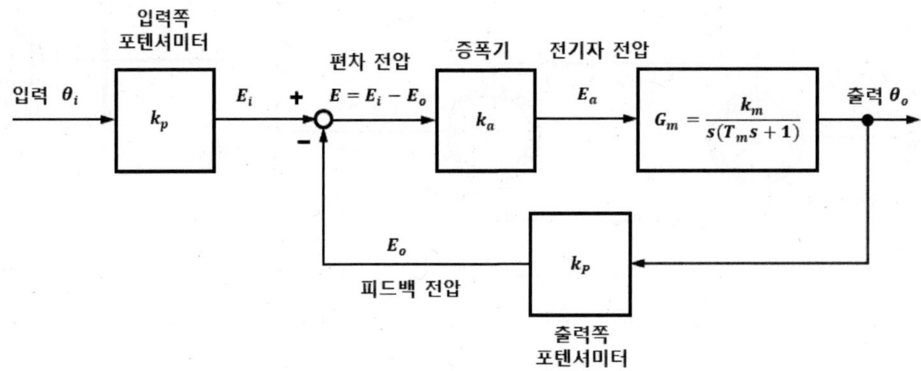

그림 6.25 그림 6.24의 블록선도

다음에 이들 두개의 포텐셔미터의 편차 전압 $e = e_i - e_o = k_p(\theta_i - \theta_o)$가 증폭기에 인가되어서 증폭된다. 이 편차 전압 1V에 대해서 서보 모터에 가해지는 전압을 k_a[V]라 하면 증폭기의 전달 함수는 $e_a = k_a e$를 라플라스 변환하여 다음과 같다.

$$\frac{E_a}{E} = k_a \tag{6.36}$$

따라서 증폭기의 블록 속에 k_a를 쓰면 된다.

다음에 서보 모터인데 이것은 감속 기어와 부하를 동시에 생각해 가야 한다.

직류 서보 모터의 전기자 전압 e_a에 대한 부하의 회전각 θ_a까지의 전달 함수는 다음과 같이 되어 기어열이나 부하의 영향은 이 전달 함수의 k_m과 시정수 T_m에 들어가게 된다.

$$\frac{E_o}{\Theta_a} = \frac{k_m}{s(T_m s + 1)} \tag{6.37}$$

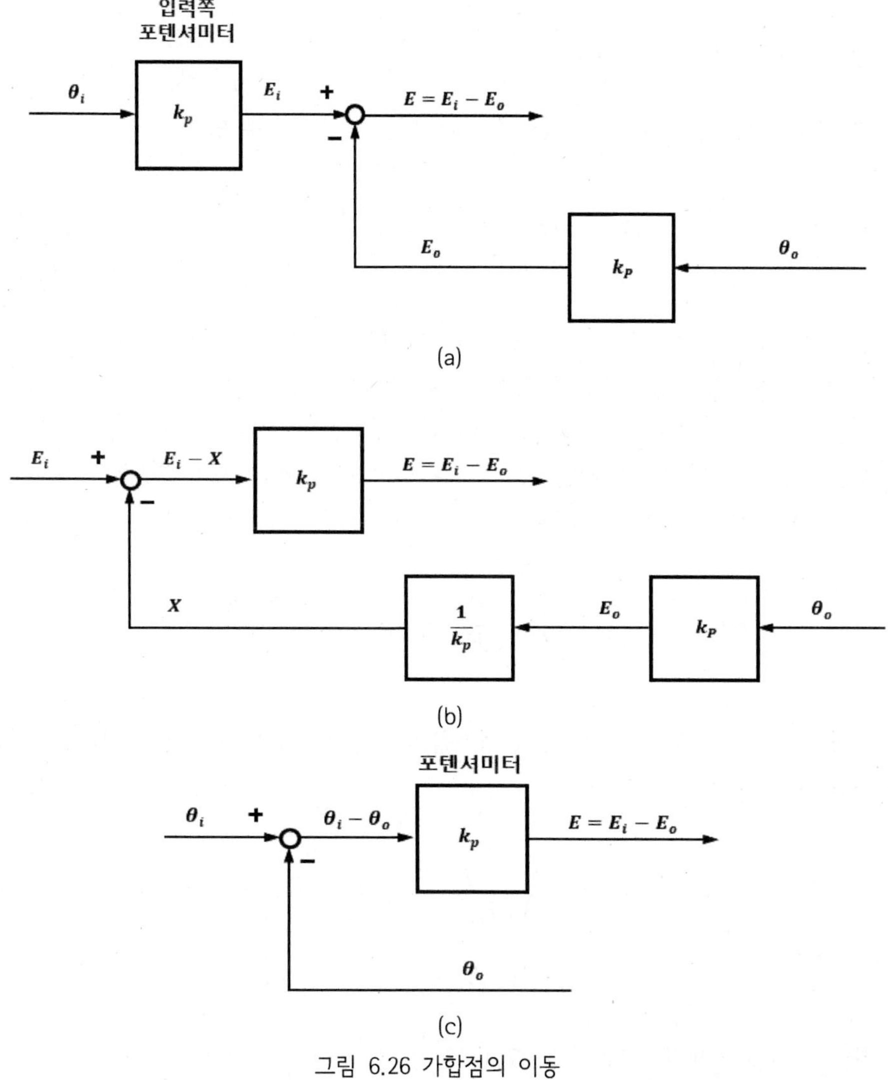

그림 6.26 가합점의 이동

이상으로 모든 블록이 그 요소의 전달 함수로 쓰여진 셈이다. 그런데 그림 6.27에 가합점을 등가 변환의 표 6.1의 7번째를 사용해서 입력쪽 포텐셔미터의 앞으로 움직이면 그림 6.26과 같이 된다. 여기서 되먹임 경로의 두개의 블록에 대해서 직렬접속의 등가 변환을 적용하면

$$G_1 = \frac{E_o}{\Theta_o} = k_p \tag{6.38}$$

$$G_2 = \frac{X}{E_o} = \frac{1}{k_p} \tag{6.39}$$

따라서 이것을 일괄한 G는 다음과 같이 되는 것을 알 수 있다.

$$G = G_1 \cdot G_2 = k_p \times \frac{1}{k_p} = 1 \tag{6.40}$$

전달 함수가 1이라 하는 것은 신호가 그대로 전달되는 것이므로 이미 블록을 그릴 필요는 없으며 그림 6.26 (c)와 같이 입출력의 포텐셔미터를 하나의 블록으로 정리할 수 있으며 계통 전체로는 그림 6.27 (a)처럼 된다. 이 블록선도의 전진 경로의 3개의 직렬접속 블록을 일괄하여 전달 함수 $G(s)$로 하면 다음과 같이 되므로 그림 6.27 (a)는 그림 6.27 (b)와 같이 정리된다.

$$G(s) = \frac{E}{\Theta_i} \cdot \frac{E_a}{E} \cdot \frac{\Theta_o}{E_a} = k_p \cdot k_a \cdot \frac{k_m}{s(T_m s+1)} \tag{6.41}$$

그림 6.27 (c)는 $T_m = 0.1\mathrm{sec}$의 경우를 나타낸다. 그림 6.27 (b)는 되먹임 접속이므로 다음과 같다.

$$G(s) = \frac{K}{s(T_m s+1)},\ H(s) = 1 \tag{6.42}$$

$$\text{단, } K = k_p k_a k_m$$

따라서 계통 전체의 전달 함수 $G_T(s)$는 다음과 같이 된다.

$$G_T(s) = \frac{G}{1+GH} = \frac{\dfrac{K}{s(T_m s+1)}}{1+\dfrac{K}{s(T_m s+1)}} = \frac{K}{T_m s^2 + s + K} \tag{6.43}$$

이것이 그림 6.27 (d)이다. 그림 6.25의 블록선도에서 닫힌 루프 전달 함수를 구하려면 가합점의 이동 등은 하지 않고 갑자기 되먹임 접속 부분을 등가 변환해 버리면 되는 것이지만 여기서는 쉽게 설명하기 위해서 일부러 그렇게 행했을 뿐이다.

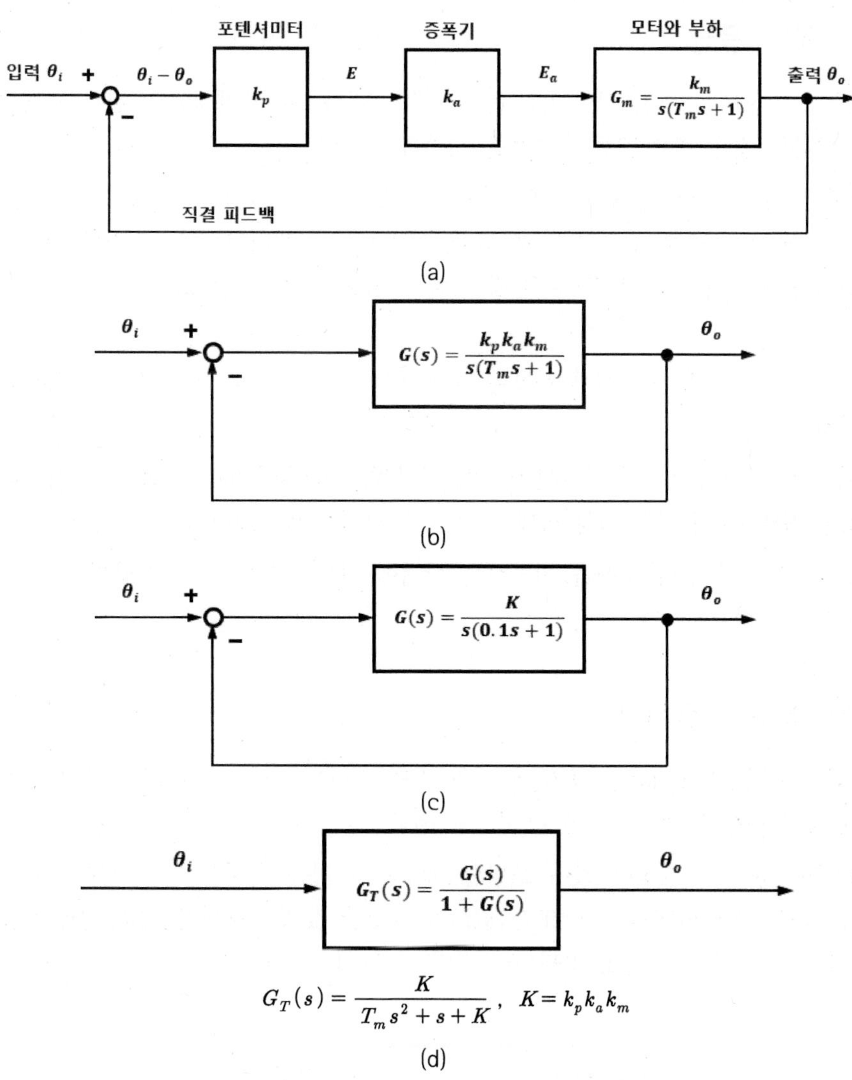

그림 6.27 그림 6.24의 서보 기구 블록도

6.2 서보 기구의 특성

6.2.1 과도 응답

가. 시스템의 응답

요소나 시스템은 어떤 자극(입력)을 주어 그 결과로서 발생하는 시간적인 변화(출력)을 조사하는 것에 의해 그들의 특성을 평가하고 있다.

여기서 시스템이란 상호로 서로 의존하고 있는 요소의 집합이므로 이들을 결합해서 등가인 하나의 요소로 변환할 수가 있다. 따라서 시스템의 특성은 요소와 같은 수법으로 특성을 해석 할 수 있으므로 설명을 알기 쉽도록 여기서는 요소에 대해 서술하기로 한다.

어떤 요소의 입력(원인)에 대응하는 출력(결과)를 응답이라 한다. 응답은 출력의 별다른 명칭이다.

운동 상태가 시간의 흐름과 더불어 변화하지 않는 상태에 있는 것을 **정상 상태**라 한다. 이 정상 상태로부터 다른 정상 상태로 이동 할 때까지의 상태를 **과도 상태**라 하고 있다.

요소의 이들의 상태 특성을 평가하는 방법에 **과도응답법**과 **정상응답법**이 있다. 이들에 대해 서술한다.

나. 응답 특성의 평가

그림 6.28에 요소(직류 전동기)에 단위 스텝 입력 $x(t)$를 주면 그의 출력 $y(t)$는 변동하면서 상승하고 마침내 일정한 값으로 된다.

이 출력 $y(t)$가 일정한 값에 도달할 때까지의 변동 상태가 과도 상태이며, 이때의 출력을 **과도 응답**이라고 한다. 또한 $y(t)$가 일정한 값으로 되었을 때의 상태가 정상 상태이며, 이때의 출력을 **정상 응답**이라 한다.

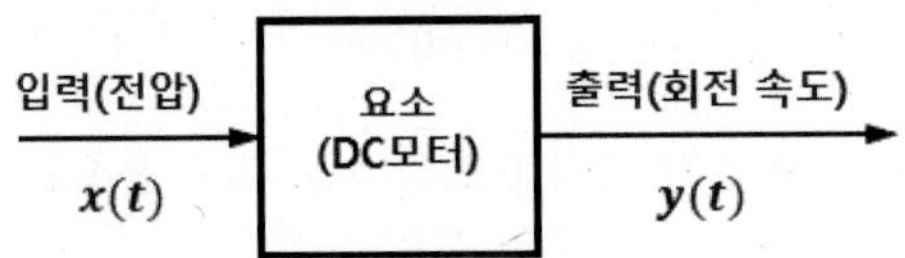

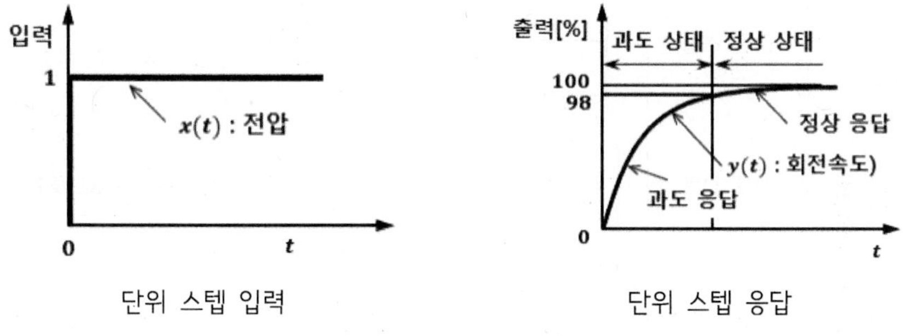

그림 6.28 요소의 과도 응답과 정상 응답

이들의 응답 특성을 평가하기 위한 입력으로서는 표 6.2에 나타냈듯이 여러 가지가 있지만 여기서는 스텝 입력, 특히 스텝의 크기가 1인 단위 스텝 입력을 사용하는 것으로 한다. 이 입력에 대한 응답을 **단위 스텝 응답** 또는 **인디셜 응답**이라고도 한다.

과도 응답법은 이 요소가 어떻게 빠르게 응답할 것인지의 동특성을 평가하는 유력한 수단이다.

표 6.2 요소 $G(s)$의 특성 평가의 방법

입력의 상태		특성 평가 방법			특성의 표시 방법		
		입력			출력		
		입력의 호칭	$x(t)$	$X(s)$	출력의 호칭	$Y(s)$	$y(t)$
과도 상태	과도 응답법	스텝 입력 (계단상 입력)	K, x(t), 0, t	$\frac{K}{s}$	스텝 응답	$\frac{K}{s}G(s)$	$K\mathcal{L}^{-1}\left[\frac{G(s)}{s}\right]$
과도 상태	과도 응답법	단위 스텝 입력 (단위 계단상 입력)	1, x(t), 0, t	$\frac{1}{s}$	단위 스텝 응답 (인디셜 응답)	$\frac{G(s)}{s}$	$\mathcal{L}^{-1}\left[\frac{G(s)}{s}\right]$
과도 상태	과도 응답법	임펄스 입력	x(t) = δ(t), 0, t	1	임펄스 응답	$G(s)$	$\mathcal{L}^{-1}[G(s)]$
과도 상태	과도 응답법	램프 입력 (정속도 입력)	x(t) = t, 0, t	$\frac{1}{s^2}$	램프 응답	$\frac{G(s)}{s^2}$	$\mathcal{L}^{-1}\left[\frac{G(s)}{s^2}\right]$

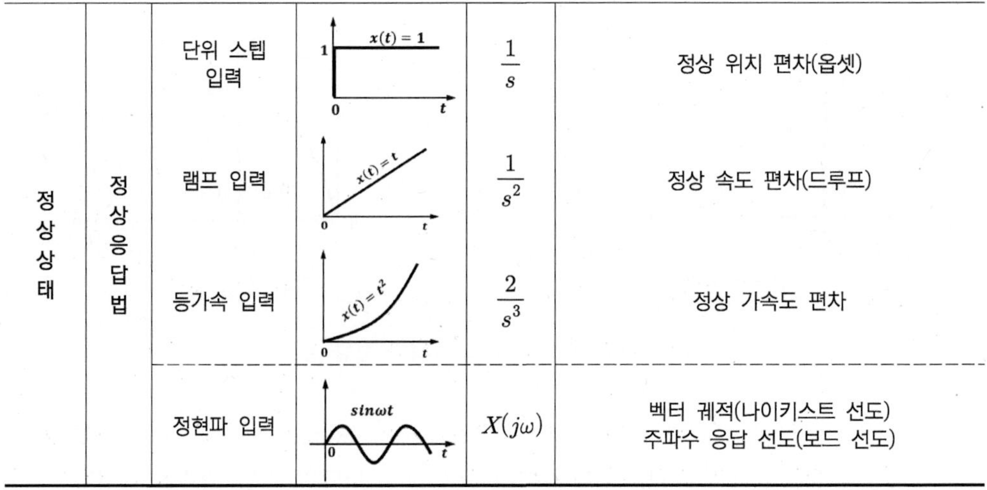

정상상태	정상응답법	단위 스텝 입력	$x(t)=1$	$\frac{1}{s}$	정상 위치 편차(옵셋)
		램프 입력	$x(t)=t$	$\frac{1}{s^2}$	정상 속도 편차(드루프)
		등가속 입력	$x(t)=t^2$	$\frac{2}{s^3}$	정상 가속도 편차
		정현파 입력	$sin\omega t$	$X(j\omega)$	벡터 궤적(나이키스트 선도) 주파수 응답 선도(보드 선도)

단위 스텝 입력 $x(t)$는 다음 식으로 표현된다.

$$\left.\begin{array}{ll} x(t)=0 & (t \leq 0) \\ x(t)=1 & (t > 0) \end{array}\right\} \equiv u(t) \tag{6.44}$$

$$u(t)\text{의 라플라스변환 } U(s)\text{는 } U(s)=\frac{1}{s} \tag{6.45}$$

또는 단위 스텝 응답 $y(t)$의 라플라스변환을 $Y(s)$로 하면 다음과 같다.

$$Y(s)=U(s)G(s)=\frac{1}{s}G(s) \tag{6.46}$$

따라서 $y(t)$는 다음과 같이 나타낼 수 있다.

$$y(t)=\mathcal{L}^{-1}[Y(s)=\mathcal{L}^{-1}\left[\frac{1}{s}G(s)\right] \tag{6.47}$$

이들의 관계를 도시한 것이 그림 6.29이다.

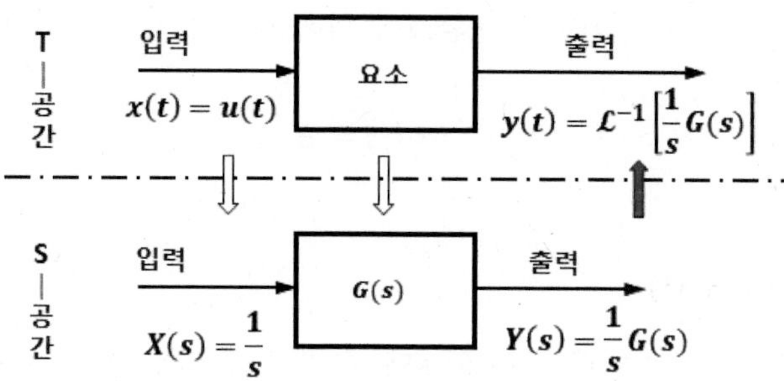

그림 6.29 요소 $G(s)$의 단위 스텝 응답

식 (6.47)으로부터 같은 단위 스텝 입력 $1/s$을 주어도 요소 $G(s)$가 다르면 그 응답은 다르다는 것을 알 수 있다.

다. 주된 요소의 과도 응답

주된 요소, 즉 비례 요소, 적분 요소 및 데드 타임(dead time) 요소에 대해 단위 스텝 입력을 주었을 때의 응답에 대해 알아본다.

(1) 비례요소(그림 6.30)

비례요소의 전달함수 $G(s) = K$에 단위 스텝입력 $X(s) = 1/s$를 주면 출력은 다음과 같이 된다.

$$Y(s) = \frac{K}{s} \tag{6.48}$$

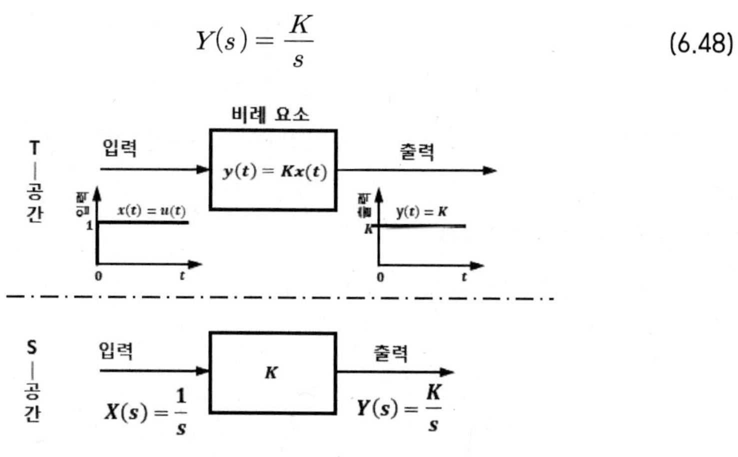

그림 6.30 비례요소의 단위 스텝응답

따라서 T-공간으로 변환하면 변환표에 의해 다음과 같이 된다.

$$y(t) = K \tag{6.49}$$

(2) 적분요소(그림 6.31)

적분요소의 전달함수 $G(s) = K/s$에 단위 스텝입력 $X(s) = 1/s$를 주면 출력은 다음과 같이 된다.

$$Y(s) = \frac{1}{s} \cdot \frac{K}{s} \tag{6.50}$$

따라서 T-공간으로 변환하면 변환표에 의해 다음과 같이 된다.

$$y(t) = K \cdot t \tag{6.51}$$

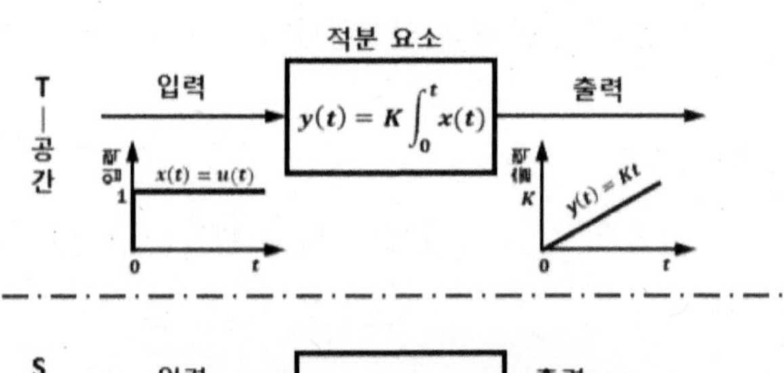

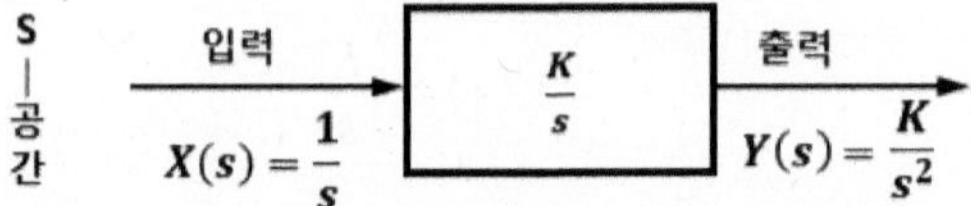

그림 6.31 적분요소의 단위 스텝응답

(3) 미분요소(그림 6.32)

미분요소의 전달함수 $G(s) = Ks$에 단위 스텝입력 $X(s) = 1/s$를 주면 출력은 다음과 같이 된다.

$$Y(s) = \frac{1}{s} \cdot Ks = K \tag{6.52}$$

따라서 T-공간으로 변환하면 변환표에 의해 다음과 같이 된다.

$$y(t) = K\delta(t) \tag{6.53}$$

여기서 $\delta(t) = 0 \quad t \neq 0,\ \delta(t) = \infty \quad t = 0$이다. 따라서

$$\int_{-\infty}^{\infty} \delta(t)dt = 1$$

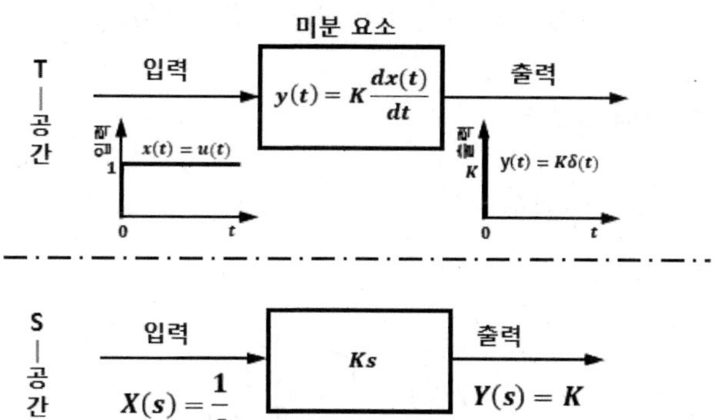

그림 6.32 미분요소의 단위 스텝응답

(4) 데드 타임 요소(그림 6.33)

데드 타임 요소의 전달함수 $G(s) = e^{-Ls}$에 단위 스텝입력 $X(s) = 1/s$를 주면 출력은 다음과 같이 된다.

$$Y(s) = \frac{1}{s} \cdot e^{-Ls} \tag{6.54}$$

따라서 T-공간으로 변환하면 변환표에 의해 다음과 같이 된다.

$$y(t) = x(t - L) \tag{6.55}$$

여기서 L은 데드 타임이다.

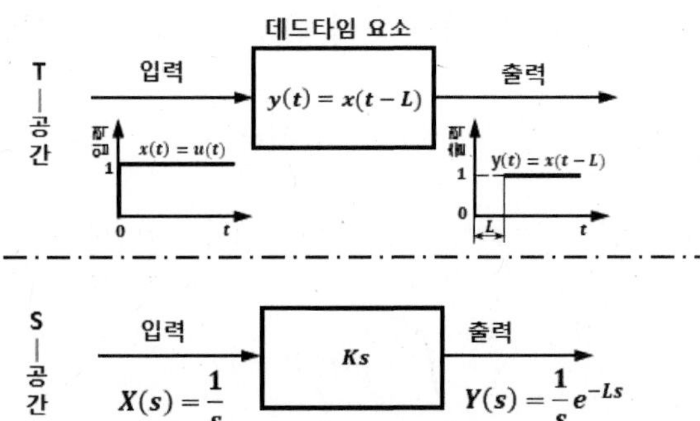

그림 6.33 데드 타임 요소의 단위 스텝 응답

(5) 1차 지연요소(그림 6.34)

1차 지연요소의 전달함수 $G(s) = \dfrac{1}{Ts+1}$에 단위 스텝입력 $X(s) = 1/s$를 주면 출력은 다음과 같이 된다.

$$Y(s) = \frac{1}{s} \bullet \frac{1}{Ts+1} \tag{6.56}$$

따라서 T-공간으로 변환하면 다음과 같이 된다.

$$y(t) = \mathcal{L}^{-1}\left[\frac{1}{s(Ts+1)}\right] = (1 - e^{-t/T}) \tag{6.57}$$

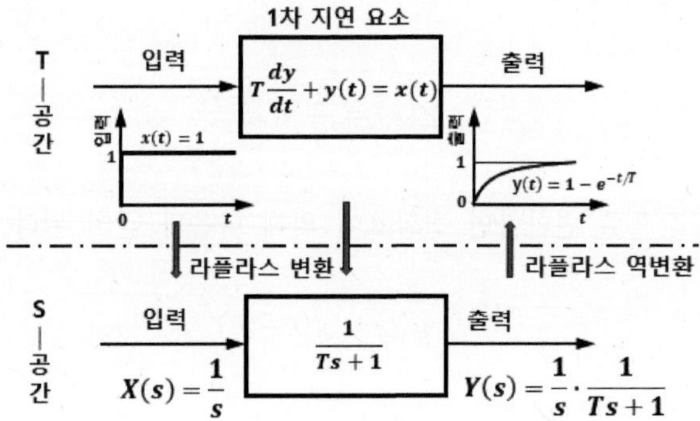

그림 6.34 1차 지연요소의 단위 스텝 응답

식(6.57)에 있어서 t를 횡축, $y(t)$를 종축으로 취한 그래프를 그리면 그림 6.35와 같이 된다. 표 6.3은 그의 계산값이다.

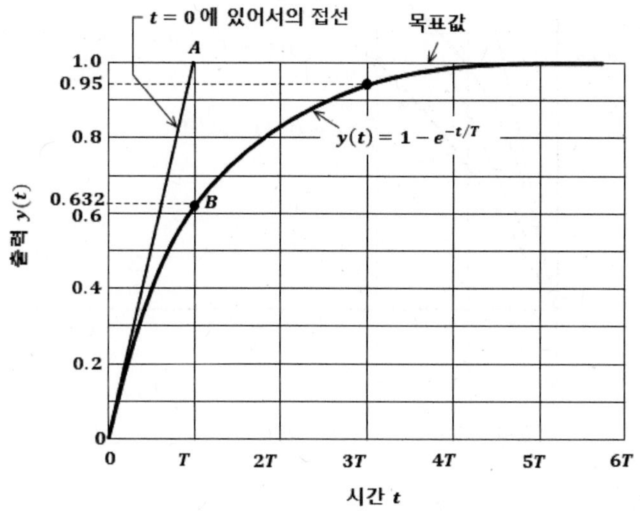

그림 6.35 $G(s)=1/(Ts+1)$의 단위 스텝 응답

표 6.3 그림 6.35의 계산값

t/T	$1-e^{-(t/T)}$
0	0
0.1	0.095
1.0	0.632
3.0	0.950
4.0	0.982

곡선 $y(t)$에 있어서의 접선 식은 다음과 같다.

$$y(t)=\frac{1}{T}t \tag{6.58}$$

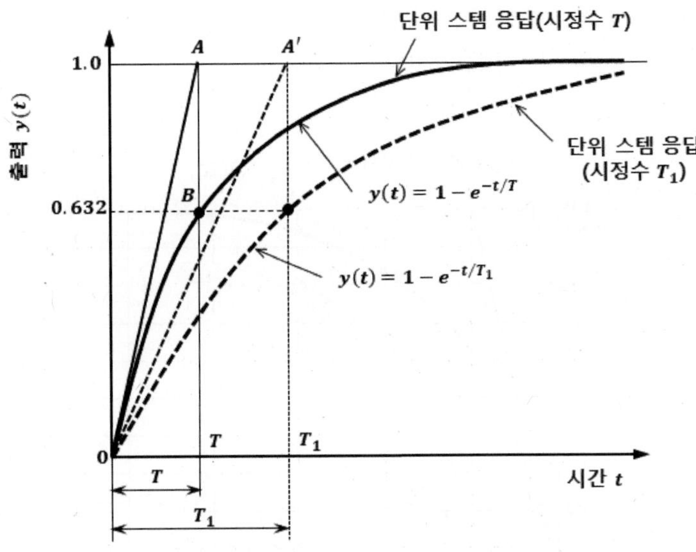

그림 6.36 단위 스텝 응답과 시정수와의 관계

이 접선과 $y(t)=1$과의 교점을 A라고 하면 A의 횡좌표는 T가 된다. 그림 6.36에 있어서 $T \to T_1 (T < T_1)$이면 $y_1(t)$의 기울기는 완만하게 되며 응답은 늦어지게 된다. 또한 T가 작게 되면 $y(t)$의 기울기가 급격하게 되며 응답은 빠르게 된다.

이와 같이 T의 크고 작음에 따라 응답의 빠르기의 척도가 된다. 이 T를 1차 지연 요소의 **시정수**라 한다. 바꿔 말하면 1차 지연 요소의 응답 $y(t)$가 목표값의 63.2%에 도달할 때까지의 시간을 시정수라 한다.

(6) 2차 지연요소(그림 6.37)

2차 지연요소의 전달함수 $G(s) = \dfrac{{\omega_n}^2}{s^2 + 2\zeta\omega_n s + {\omega_n}^2}$ (ω_n:고유 주파수, $\zeta < 1$:감쇠 계수)에 단위 스텝입력 $X(s) = 1/s$를 주면 출력은 다음과 같이 된다.

$$Y(s) = \frac{1}{s} \cdot \frac{{\omega_n}^2}{s^2 + 2\zeta\omega_n s + {\omega_n}^2} \tag{6.59}$$

따라서 T-공간으로 변환하면 다음과 같이 된다.

$$y(t) = \mathcal{L}^{-1}\left[\frac{{\omega_n}^2}{s\,(s^2 + 2\zeta\omega_n s + {\omega_n}^2)}\right]$$

$$= 1 - \frac{e^{-\zeta\omega_n t}}{\sqrt{1-\zeta^2}}\, sin\!\left(\omega_n t\sqrt{1-\zeta^2} + \tan^{-1}\frac{\sqrt{1-\zeta^2}}{\zeta}\right) \tag{6.60}$$

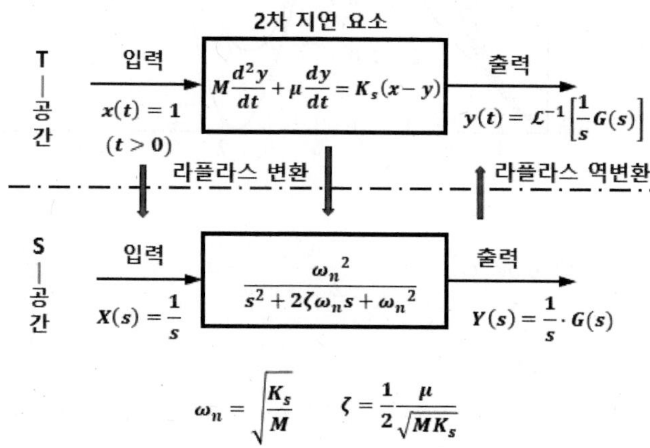

그림 6.37 2차 지연요소의 단위 스텝 응답

식 (6.60)의 ζ의 값을 변수로 해서 그래프로 그리면 그림 6.38과 같이 된다.

a) $0 < \zeta < 1$일 때

$y(t) = 1$의 상하로 진동하면서 진폭이 지수 함수적으로 감쇠하며 결국 1에 수렴한다.

b) $\zeta = 0$일 때

식 (6.60)에서 $\zeta = 0$으로 놓으면 다음과 같다.

$$y(t) = 1 - \sin(\omega_n t + 90^\circ) \tag{6.61}$$

따라서 $y(t) = 1$을 중심으로 한 진폭 1의 정현파 진동으로 된다.

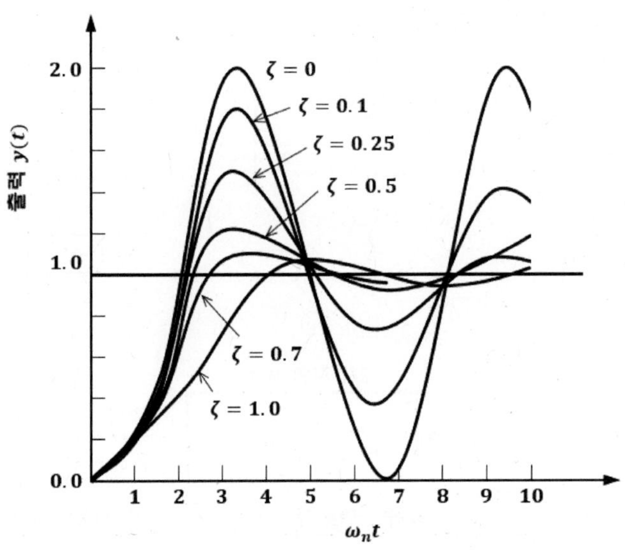

그림 6.38 $G(s)=\dfrac{{\omega_n}^2}{s^2+2\zeta\omega_n s+{\omega_n}^2}$의 단위 스텝 응답

6.2.2 주파수 응답

가. 서론

요소(또는 시스템)의 특성을 평가하기 위해 앞 절에서는 단위 스텝 입력을 이용해 왔다. 실제의 입력은 여러 가지 주파수나 진폭의 정현파의 집합으로서 생각할 수 있다. 따라서 입력으로서 진폭 일정한 정현파 신호를 이용하고 그의 주파수를 여러 가지로 바꾸어 요소에 주었을 때 그의 출력의 진폭과 위상을 **주파수 응답**이라 한다(그림 6.39).

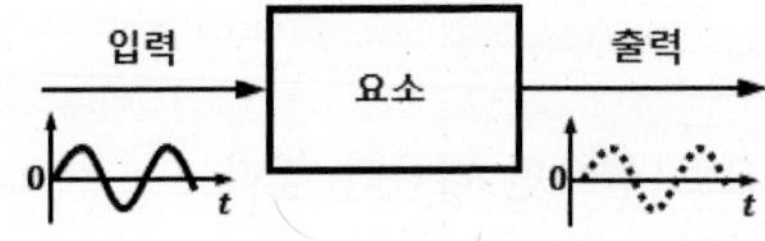

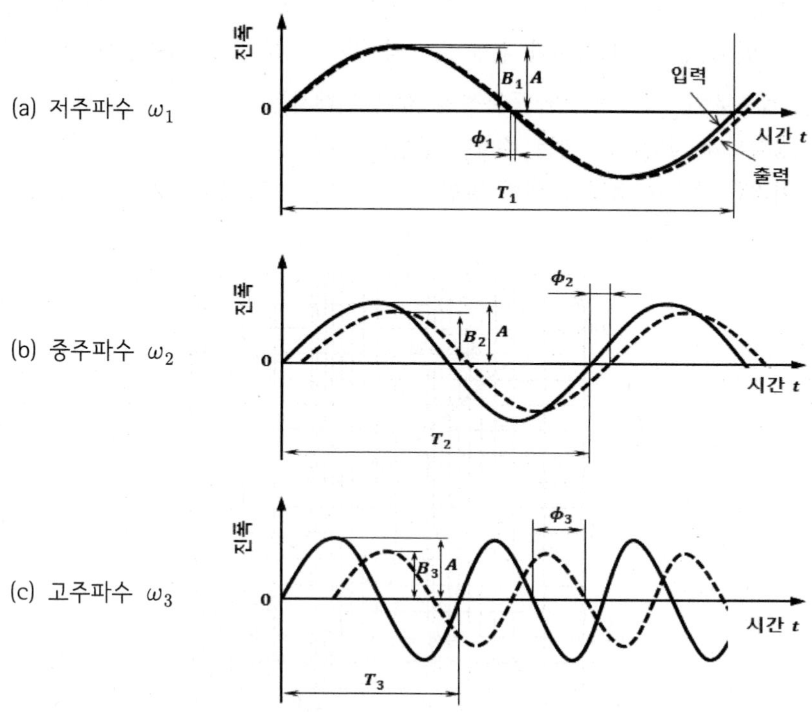

A: 입력의 진폭, B_i: 출력의 진폭, ϕ_i: 입력과 출력의 위상차,

T_i: 주기, ω_i: 각주파수 $\omega_i = \dfrac{2\pi}{T_i}$

그림 6.39 주파수 변화에 의한 입력과 출력과의 관계

시스템의 특성은 요소와 같은 수법으로 평가할 수 있으므로 설명을 알기 쉽게 하기 위해 여기서는 요소에 대해 서술하는 것으로 한다.

지금 입력의 진폭 A(1 ㎝)를 일정하게 하고 각주파수 1[rad/s]의 정현파를 어떤 요소에 주었을 때 출력의 진폭이 10 ㎝[10배]가 되며 위상이 입력보다 90° 지연되고 있다고 한다. 다음에 입력 각주파수를 10[rad/s]로 했을 때 출력의 진폭이 1 ㎝[1배] 위상은 앞과 마찬가지로 90° 지연되고 있다고 한다. 더구나 입력 각주파수만을 100[rad/s]로 하다면 출력의 진폭은 0.1 ㎝[0.1배] 위상은 90° 지연이라고 한다.

이들의 넓은 각주파수 범위에 대해 도시하기 위해 그림 6.40과 같이 횡축에 각주파수 ω[rad/s]를 대수 눈금으로 취하고 종축에 진폭비 B_i/A를 취해 그린 선을 **게인 곡선**이라 한다. 또한 같은 횡축의 각주파수에 대해 종축에 위상각 Φ_i[(출력의 위상각)-(입력의 위상각)]을 취해 그린 선을 **위상 곡선**이라 하며 이것을 총칭하여 **주파수 응답선도**라 하고 있다. 이 게인 곡선과 위상 곡선의 형에 의해 요소의 특성을 알 수 있다.

일반적으로 요소의 커다란 동특성을 알기 위해서는 과도응답이 알기 쉽지만 실제 현상을 정확하게 파악하는 데는 주파수 응답에 의한 방법이 우수하다. 기계제어의 설계에서는 이러한 주파수 응답에 의한 방법이 널리 이용되고 있다.

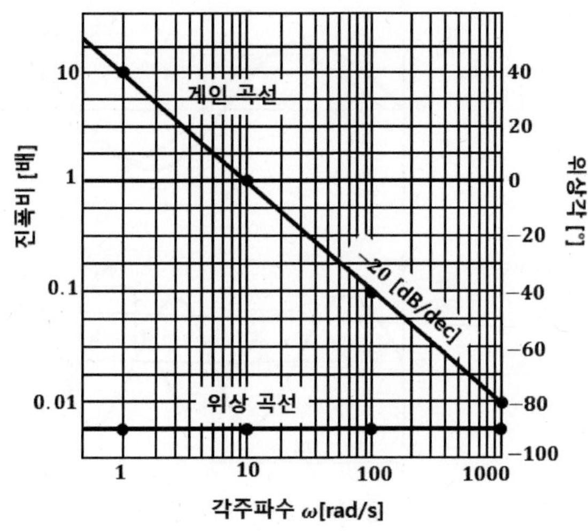

그림 6.40 주파수 응답선도

나. 주파수 전달함수

여기서는 주파수 전달함수의 의미에 대해 설명한다.

선형의 요소에 단위 정현파 입력 $\sin\omega t$를 주면 그의 출력은 정상상태에서는 같은 주기의 정현파 $B(\omega)\sin(\omega t - \phi(\omega))$로 된다(그림 6.41). 이것을 벡터로 나타내면 그림 6.42로부터 다음과 같다.

$$\text{입력} : OP = 1 \cdot e^{j\omega t} = X(j\omega) \tag{6.62}$$

$$\text{출력} : OQ = B(\omega)e^{j(\omega t - \phi(\omega))} = Y(j\omega) \tag{6.63}$$

따라서

$$\frac{\text{출력}}{\text{입력}} = \frac{Y(j\omega)}{X(j\omega)} = \frac{B(\omega)\,e^{j(\omega t - \phi(\omega))}}{1 \cdot e^{j\omega t}} = B(\omega)\,e^{-j\phi(\omega)} \tag{6.64}$$

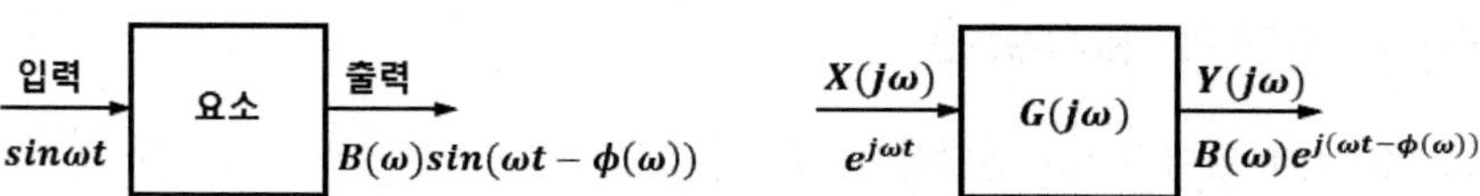

그림 6.41 정현파 입력과 출력의 관계

식 (6.64)은 절대치가 $B(\omega)$, 편각이 $-\Phi(\omega)$의 복소수로서 표현될 수 있다. 이것을 $G(j\omega)$로 놓으면

$$|G(j\omega)| = \frac{B(\omega)}{1} = \text{진폭비} \tag{6.65}$$

$$\angle G(j\omega) = -\phi(\omega) = (\text{출력의 위상각} - \text{입력의 위상각}) \tag{6.66}$$

따라서 식 (6.64)로부터 다음과 같다.

$$G(j\omega) = B(\omega)\,e^{-j\phi(\omega)} = \frac{Y(j\omega)}{X(j\omega)} \tag{6.67}$$

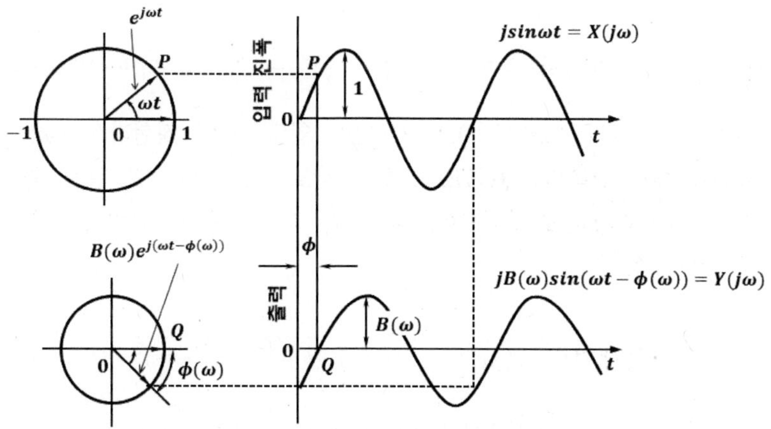

그림 6.42 정현파 입력과 출력의 표시

이것은 S-공간에 있어서의 전달함수 $G(s)=\dfrac{Y(s)}{X(s)}$와 비교하면 $G(s)$에 있어서 $s \equiv j\omega$로 놓은 함수 $G(j\omega)$와 같게 된다. 즉, 전달함수 $G(s)$의 요소의 주파수 응답은 $s \equiv j\omega$로 놓은 복소함수 $G(j\omega)$로 표현된다. 이 $G(j\omega)$를 **주파수 전달함수**라 한다.

다. 주파수 응답의 표시방법

그림 6.43에 있어서 (a) 전달함수 표시와 (b) 주파수 전달함수 표시에 있어서의 입력과 출력의 연산은 똑같이 대수 연산이다. 즉, 다음과 같다.

$$\text{전달함수}\, G(s)=\frac{Y(s)}{X(s)} \tag{6.68}$$

$$\text{주파수 전달함수}\quad G(j\omega)=\frac{Y(j\omega)}{X(j\omega)} \tag{6.69}$$

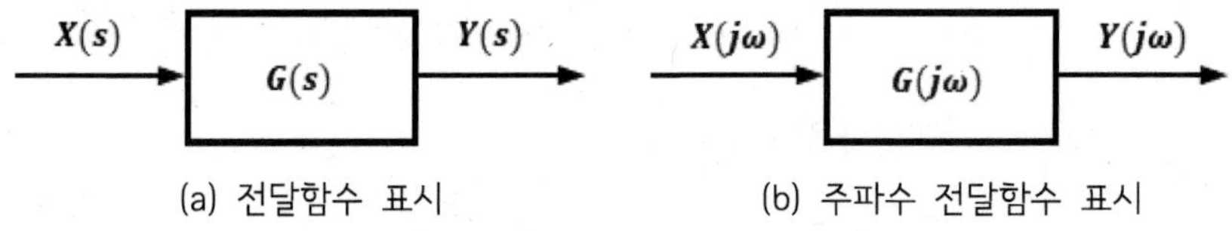

(a) 전달함수 표시 (b) 주파수 전달함수 표시

그림 6.43 블록선도에 의한 주파수 응답의 표시

여기서 전달함수 $G(s)$의 주파수 응답은 $\dfrac{\omega}{s^2+\omega^2}G(s)$로 되며 시간공간으로 나타내는 데는 간단하지 않다. 그러나 요소 $G(s)$에 입력으로서 정현파 $\sin\omega t$를 주었을 때 출력의 입력에 대한 진폭비는 $|G(j\omega)|$, 위상 각도는 $\angle G(j\omega)$로 된다. 즉, 요소 $G(s)$의 주파수 응답은 $G(j\omega)$로 된다. 이 $G(j\omega)$는 복소수이므로 그림 6.44와 같이 벡터로 나타낼 수 있다. 즉,

$$\text{절대치}:\ |G(j\omega)|=\sqrt{(\text{실수부})^2+(\text{허수부})^2} \tag{6.70}$$

$$\text{편각}\ :\ \angle G(j\omega)=\tan^{-1}\left(\frac{\text{허수부}}{\text{실수부}}\right)=(\text{출력의 위상각})-(\text{입력의 위상각}) \tag{6.71}$$

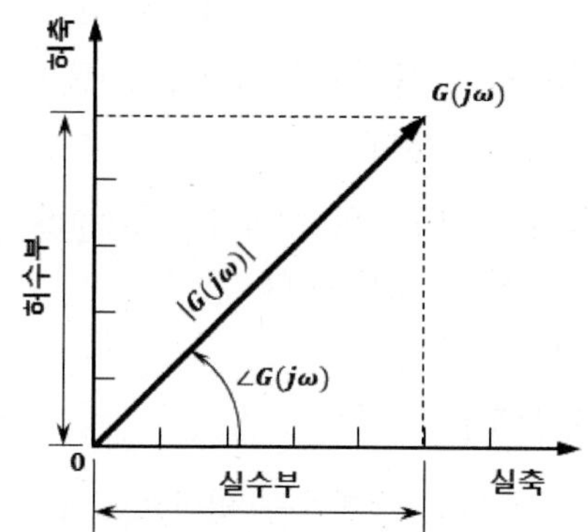

그림 6.44 $G(j\omega)$의 복소수 평면상의 표시

이다. 여기서 각주파수 ω의 변화에 대해 $|G(j\omega)|$와 $\angle G(j\omega)$가 어떻게 변화하는가를 나타내는데 벡터궤적과 주파수 응답선도가 있다. 다음에 이들에 대해 설명한다.

(1) 벡터선도(나이키스트 선도)

주파수 전달계수 $G(j\omega)$는 그림 6.45에 나타냈듯이 하나의 각주파수 ω_1에 대해 크기 $|G(j\omega_1)|$과 편각 $\angle G(j\omega_1)$이 정해지며 하나의 벡터 $\boldsymbol{OA_1}$이 대응한다.

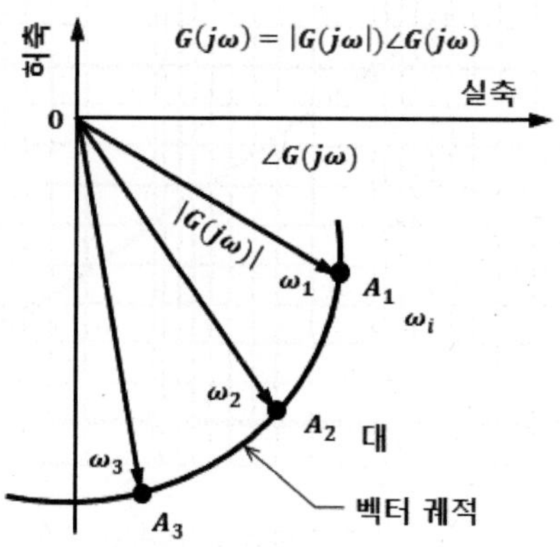

그림 6.45 $G(j\omega)$의 벡터 궤적

지금 ω_1을 ω_2, ω_3…로 변화시키면 이 벡터의 선단 A_1, A_2, A_3,…는 궤적을 그린다. 이것을 **벡터궤적**이라 한다. 여기서 $|G(j\omega)|$를 **게인**, $\angle G(j\omega)$를 **위상각**이라 하며 각주파수를 변수로 하고 있다.

이 벡터궤적은 미국의 벨연구소의 수학자 H.Nyquist의 고안에 의한 것으로 그의 이름을 취해 **나이키스트 선도**라고도 한다.

(2) 주파수응답 선도(보드선도)

전달함수 $G(s)$의 요소에 단위 정현파를 입력으로 주어졌을 때의 주파수 응답은 주파수 전달함수 $G(j\omega)$이라 하는 복소수로 표현된다.

이 $G(j\omega)$를 그림으로 나타내기 위해 그림 6.46과 같이 횡축에 각주파수 ω를 대수 눈금으로 취해 종축에 게인 $|G(j\omega)|$ 및 위상각 $\angle G(j\omega)$를 취해 그린 2개의 곡선을 1쌍으로 하여 표시한 선도를 **주파수응답 선도**라 한다.

여기서 위상각 $\angle G(j\omega)$에 대해 그린 선을 **위상곡선**, 게인에 대해 그린 선을 **게인 곡선**이라 한다. 위상각의 단위는 [°], 게인의 단위는 통상 데시벨[dB]를 이용하고 있다.

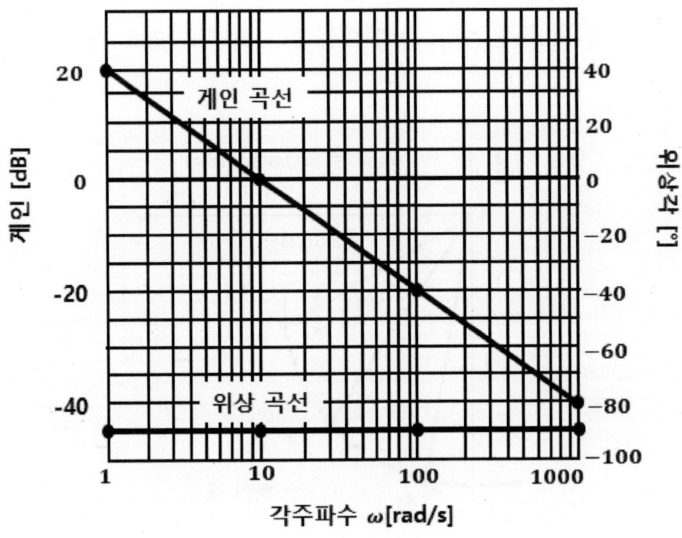

그림 6.46 보드선도

이와 같은 표시 방법은 벨 연구소의 H.W.Bode의 고안에 의한 것으로 그의 이름을 취해 **보드선도**라고도 한다.

보드선도는 주파수의 넓은 범위에 걸쳐 게인과 위상각의 변화를 알기 쉽게 나타내고 있다. 또한 실험에서 그들의 데이터를 비교적 정확하게 그릴 수 있으므로 특성의 평가나 설계의 실무에 잘 사용되고 있다.

라. 제어 주요 요소의 보드선도

(1) 비례요소 $G(s) = K$

- 주파수 전달함수 : $G(j\omega) = K$
- 게인 : $|G(j\omega) = K = 20log_{10}K$[dB]
- 위상각 : $\angle G(j\omega) = \tan^{-1}\frac{0}{K} = 0[°]$

따라서 보드선도는 그림 6.47과 같이 된다.

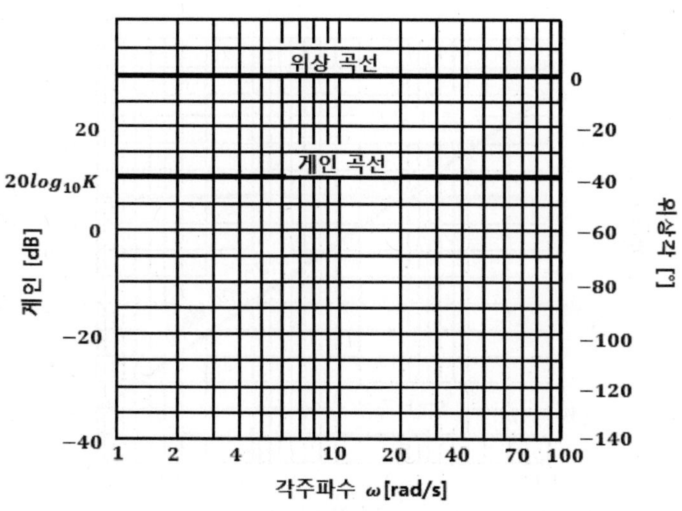

그림 6.47 비례요소 $G(j\omega) = K$의 보드선도

(2) 적분요소 $G(s) = \frac{1}{s}$

- 주파수 전달함수 : $G(j\omega) = \frac{1}{j\omega} = 0 - j\frac{1}{\omega}$
- 게인 : $|G(j\omega) = 20log\ _{10}\frac{1}{\omega} = -20log\ _{10}\omega$[dB]
- 위상각 : $\angle G(j\omega) = \tan^{-1}\frac{\left(-\frac{1}{\omega}\right)}{0} = -90[°]$

따라서 보드선도는 그림 6.48과 같이 된다.

이 그림에서 게인 곡선은 ω가 10배 증가함에 따라 게인은 20[dB]씩 감소한다. 이것을 -20dB/dec의 직선이라 한다. 이 게인 곡선이 0[dB]의 직선과 교차하는 곳의 각주파수 ω_{gc}(여기서는 1rad/s)를 게인 교점 각주파수라 하며 응답 빠르기를 나타내고 있다. 위상곡선은 -90° 일정의 직선으로 된다.

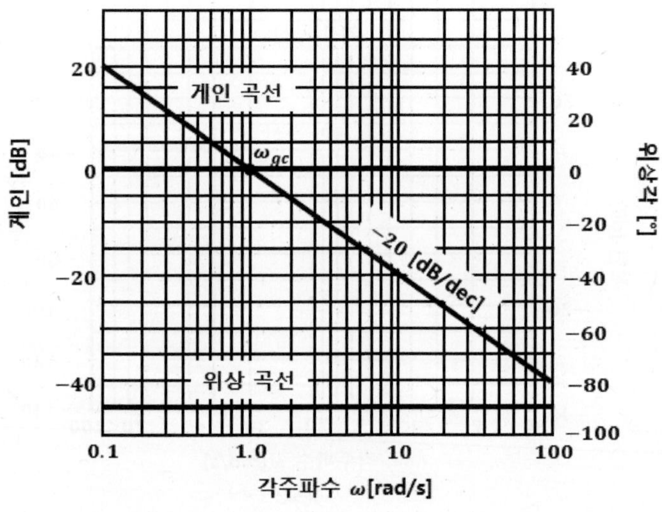

그림 6.48 적분요소 $G(j\omega) = \frac{1}{j\omega}$ 의 보드선도

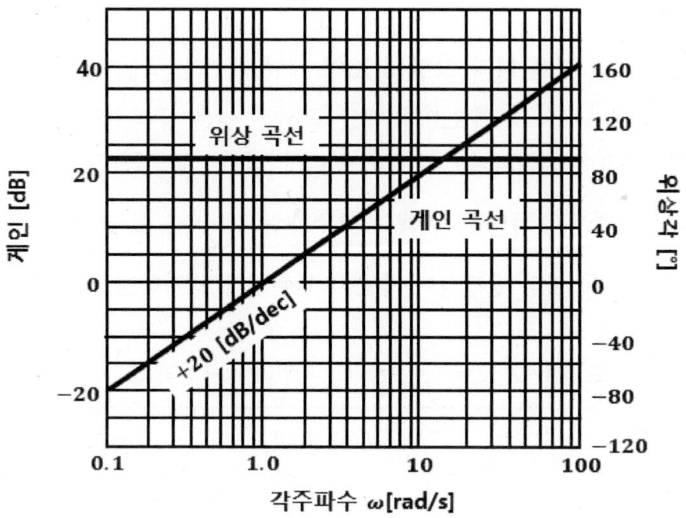

그림 6.49 미분요소 $G(j\omega)=j\,0.1\omega$ 의 보드선도

(3) 미분요소 $G(s)=0.1s$

- 주파수 전달함수 : $G(j\omega)=0+j0.1\omega$
- 게인 : $|G(j\omega)=0.1\omega=20log_{10}\omega-20$[dB]
- 위상각 : $\angle G(j\omega)=\tan^{-1}\left(\frac{0.1\omega}{0}\right)=+90$[°]

따라서 보드선도는 그림 6.49와 같이 된다. 이 그림으로부터 적분요소의 게인 곡선은 +20[dB/dec]의 직선으로 된다. 위상곡선은 +90° 일정 직선으로 된다.

(4) 1차 지연요소 $G(s)=\dfrac{1}{Ts+1}$

- 주파수 전달함수 : $G(j\omega)=\dfrac{1}{j\omega T+1}=\dfrac{1}{1+(\omega T)^2}-j\dfrac{\omega T}{1+(\omega T)^2}$
- 게인 : $|G(j\omega)=\sqrt{\left\{\dfrac{1}{1+(\omega T)^2}\right\}^2+\left\{\dfrac{-\omega T}{1+(\omega T)^2}\right\}^2}$

$$=\frac{1}{\sqrt{1+(\omega T)^2}}=-10log_{10}\{1+(\omega T)^2\}[\mathrm{dB}]$$

- 위상각 : $\angle G(j\omega)=\tan^{-1}(\omega T)$[°]

a) 게인 곡선

표 6.4의 게인 값에 따라 그림 6.50의 게인 곡선을 구할 수 있다.

그림 6.50에서 1차 지연요소의 게인 곡선은 낮은 주파수영역에서는 0[dB]의 직선으로 높은 주파수영역에서는 -20[dB/dec]의 직선으로 점근한다. 이 두 개의 직선은 $\omega T = 1$인 곳에서 교차한다. 이때의 각주파수 $\omega_c = \dfrac{1}{T}$를 **코너 각주파수**라 한다. ω_c가 큰지 작은지에 따라 응답성이 좋은지 나쁜지를 평가하는 척도가 된다.

표 6.4 $G(j\omega) = \dfrac{1}{j\omega T+1}$의 게인과 점근선의 값

ωT	$20\log_{10}[G(j\omega)]$	점근선의 값
	[dB]	[dB]
0.1	-0.04	0.0
0.5	-0.97	0.0
1.0	-3.01	0.0
5.0	-14.15	-14.0
10.0	-20.04	-20.0

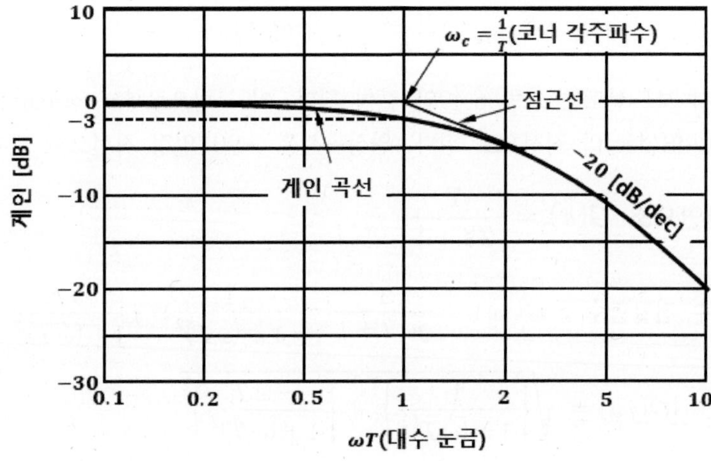

그림 6.50 일차 지연요소 $G(j\omega) = \dfrac{1}{j\omega T+1}$의 게인 곡선

b) 위상곡선

1차 지연요소 $G(j\omega)=\dfrac{1}{j\omega T+1}$의 위상각은 $\angle G(j\omega)=-\tan^{-1}\omega T[°]$로 된다. 표 6.5의 위상각 $\angle G(j\omega)$의 값에 따라 그림 6.51의 위상곡선이 얻어진다.

그림 6.51에 있어서 1차 지연요소의 위상곡선은 낮은 각주파수 영역에서는 0°에 접근하고 코너 각주파수 $\omega_c=\dfrac{1}{T}$인 곳에서 -45°로 된다. 또한 높은 각주파수 영역에서는 -90°에 접근한다.

표 6.5 위상각 $\angle G(j\omega)$의 값

ωT	$\angle G(j\omega)=-\tan^{-1}(\omega T)$
$\omega T\to 0$	$\angle G(j\omega)\to 0°$
$\omega T=1$	$\angle G(j\omega)\to -45°$
$\omega T\to$대	$\angle G(j\omega)\to -90°$

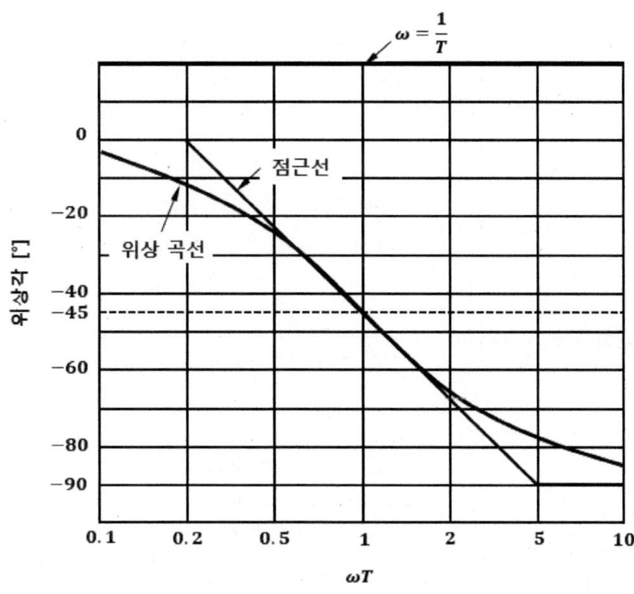

그림 6.51 일차 지연요소 $G(j\omega)=\dfrac{1}{j\omega T+1}$의 위상곡선

c) 일차 지연요소의 보드선도

그림 6.50과 그림 6.51에서 나타내고 있는 게인 곡선과 위상 곡선을 같은 횡축의 각 주파수에 대해 게인과 위상각을 종축으로 취해 그린 것이 그림 6.52의 보드선도이다. 이 그림으로부터 코너 각주파수 ω_c에 있어서의 위상지연은 -45°, 각주파수가 높게 되고 출력진폭이 작게 되어도 위상지연은 -90°에 수렴하는 것을 알 수 있다. 이와 같이 보드선도는 게인과 위상과의 관계가 바로 알 수 있는 것으로 편리하다.

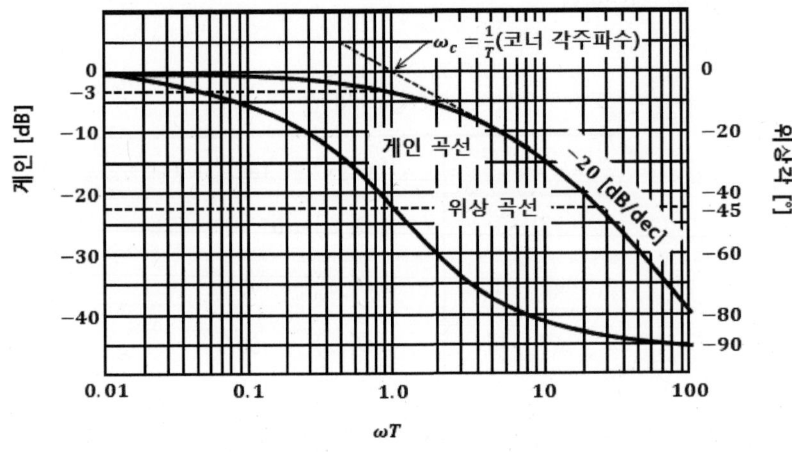

그림 6.52 일차 지연요소 $G(j\omega) = \dfrac{1}{j\omega T + 1}$ 의 보드선도

(4) 이차 지연요소 $G(s) = \dfrac{\omega_n{}^2}{s^2 + 2\zeta\omega_n s + \omega_n{}^2}$

- 주파수 전달함수 : $G(j\omega) = \dfrac{\omega_n^2}{(\omega_n^2 - \omega^2) + 2j\zeta\omega_n\omega}$

$$= \frac{\omega_n^2(\omega_n^2 - \omega^2)}{(\omega_n^2 - \omega^2)^2 + (2\zeta\omega_n\omega)^2} - j\frac{\omega_n^2(2\zeta\omega_n\omega)}{(\omega_n^2 - \omega^2)^2 + (2\zeta\omega_n\omega)^2}$$

- 게인 : $|G(j\omega)| = \sqrt{\dfrac{\omega_n{}^4(\omega_n{}^2 - \omega^2)^2 + \omega_n{}^4(2\zeta\omega_n\omega)^2}{\{(\omega_n{}^2 - \omega^2)^2 + (2\zeta\omega_n\omega)^2\}^2}} = \dfrac{\omega_n{}^2}{(\omega_n{}^2 - \omega^2)^2 + (2\zeta\omega_n\omega)^2}$

그러므로 $20\log_{10}|G(j\omega)| = 20\log_{10}\omega_n{}^2 - 10\log_{10}\{(\omega_n{}^2 - \omega^2)^2 + (2\zeta\omega_n\omega)^2\}$ [dB]이다.

- 위상각 : $\angle G(j\omega) = \tan^{-1}\dfrac{허수부}{실수부} = -\tan^{-1}\dfrac{2\zeta\omega_n\omega}{{\omega_n}^2 - \omega^2}$ [°]

따라서 게인 곡선과 위상 곡선을 ζ를 변수로 그리면 그림 6.53과 같이 된다.

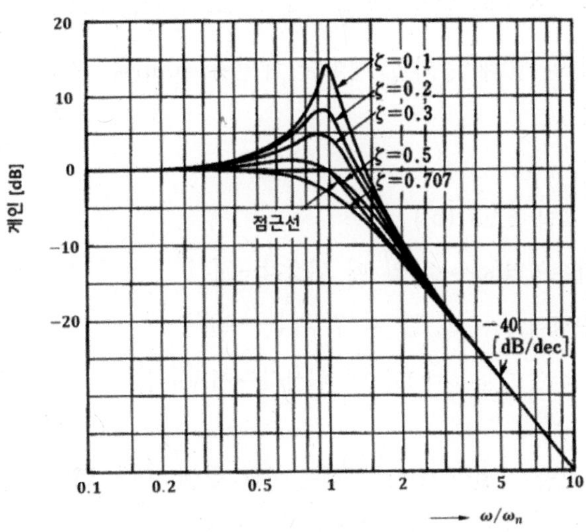

(a) 게인 곡선

(b) 위상 곡선

그림 6.53 $G(j\omega) = \dfrac{\omega_n^2}{(j\omega)^2 + 2\zeta\omega_n(j\omega) + \omega_n^2}$ 의 보드선도

a) 게인 곡선(그림 6.53 (a))

- 낮은 각주파수영역($\omega \to$ 소)일 때 게인≒0[dB]
- 고유 주파수영역($\omega = \omega_n$)일 때 게인 = $-20\log_{10} 2\zeta$[dB]
- 높은 각주파수영역($\omega \to$ 대)일 때 게인 = $-40\log_{10} \frac{\omega}{\omega_n}$ [dB]

즉, ω가 ω_n의 10배 증가할 때마다 게인이 40dB씩 감소하는 직선[-40 dB/dec]에 근접한다.

b) 위상 곡선(그림 6.53 (b))

- 낮은 각주파수영역($\omega \to$ 소)일 때 위상각→0[°]
- 고유 주파수영역($\omega = \omega_n$)일 때 위상각→-90[°]
- 높은 각주파수영역($\omega \to$ 대)일 때 위상각→-180[°]

이상의 결과 게인 곡선과 위상 곡선은 ζ의 값에 따라 변한다. ζ가 작을수록 게인곡선의 피크값이 크게 된다. 또한 $\omega = \omega_n$인 곳에서 위상각은 -90°로 되며 위상곡선은 변곡점이 된다.

6.2.3 피드백 제어시스템의 특성

가. 피드백 제어의 특징

일반적으로 피드백 제어의 기본형은 그림 6.54의 블록선도에 나타낸다. 이것의 특징은 고정도를 얻을 수 있으며 외란이나 비선형 요소의 영향을 제거할 수 있는 것이다.

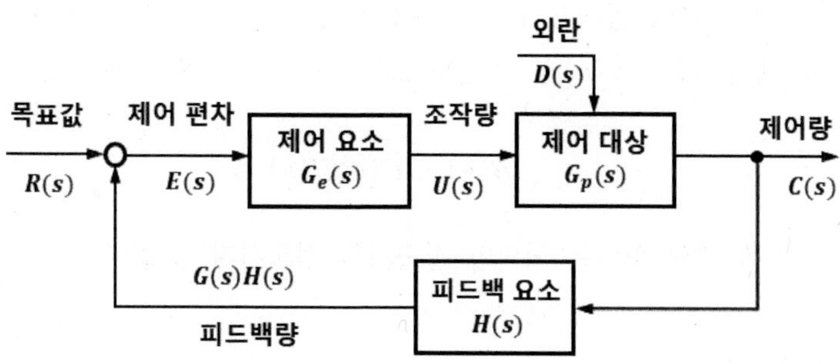

그림 6.54 피드백 제어의 기본형

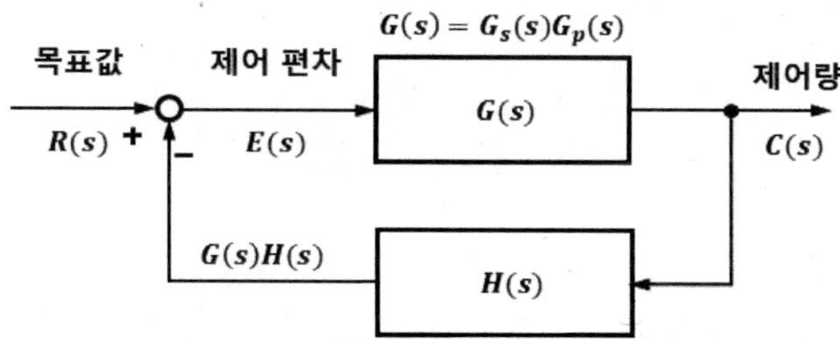

그림 6.55 그림 6.54와 등가인 블록선도

(1) 고정도

설명을 알기 쉽게 하기 위해 그림 6.54에 있어서 외란 $D(s)=0$으로 하고 등가변환에 의해 간단히 한 그림 6.55에 대해 조사해 본다.

$$\text{제어편차} \quad E(s) = R(s) - C(s)H(s) \tag{6.53}$$

$$\text{제어량} \quad C(s) = E(s)G(s) \tag{6.54}$$

그러므로 다음과 같이 된다.

$$\frac{E(s)}{R(s)} = \frac{1}{1+G(s)H(s)} \tag{6.55}$$

여기서 $|G(s)H(s)| \gg 1$일 때 $\dfrac{E(s)}{R(s)} \fallingdotseq 0$

이것은 그림 6.55에 있어서 $G(s)$ 중에 백래시 등의 전도오차가 다소 있어도 일순 전달함수의 게인 $|G(s)H(s)|$를 충분히 크게 취할 수 있으면 식 (6.53)~(6.55)로부터

$$R(s) \fallingdotseq C(s)H(s) \tag{6.56}$$

로 되며 입력에 대해 출력은 되먹임 검출기의 정도까지 높일 수 있다는 것이다.

(2) 외란의 영향제거

그림 6.56에 있어서 요소 $G(s)$의 출력측으로 환산하면 제어량 $C(s)$의 변동은 다음 식으로 주어질 수 있다.

$$C(s) = \frac{1}{1+G(s)H(s)} D(s) \tag{6.57}$$

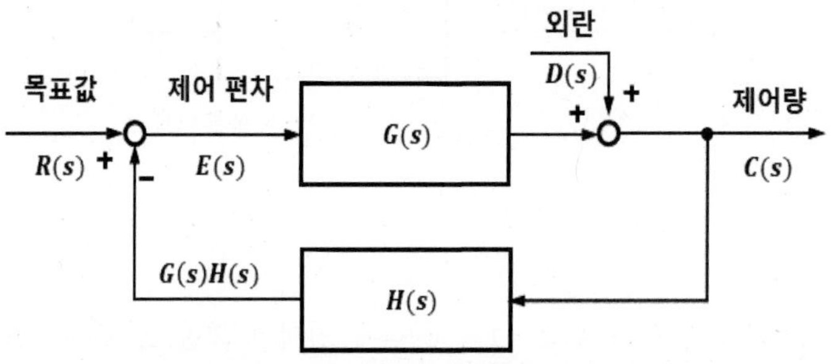

그림 6.56 외란이 있는 피드백 제어시스템

지금 외란이 단위 스텝상으로 가해졌다고 하면 제어량의 정상치는 최종치의 정리에 의해

$$\lim_{t\to\infty} c(t) = \lim_{s\to 0} s\,C(s) = \lim_{s\to 0} s \cdot \frac{1}{1+G(s)H(s)} \cdot \frac{1}{s} = \lim_{s\to 0}\frac{1}{1+G(s)H(s)} \tag{6.58}$$

따라서 일순함수의 게인 $\lim_{s\to 0}|G(s)H(s)| \gg 1$이라면 외란에 의한 출력의 정상치는 상당히 작게 된다.

(3) 비선형 요소의 영향 제거법

그림 6.57에 나타낸 국소 되먹임을 갖는 제어시스템에 있어서 이것과 등가의 블록 선도로 바꿔 쓰면 그림 6.58과 같이 된다.

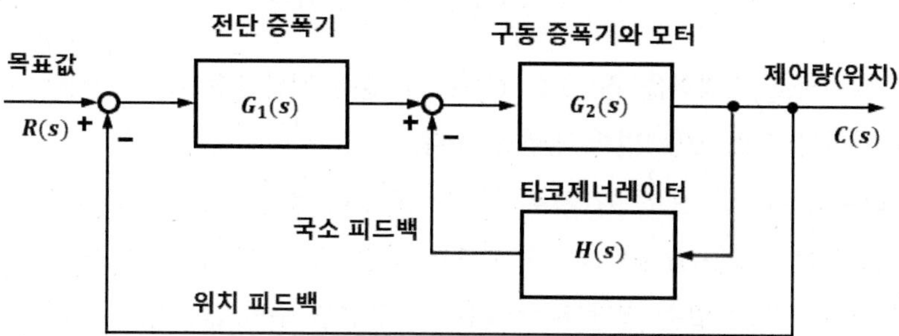

그림 6.57 되먹임 보상된 위치결정 제어시스템

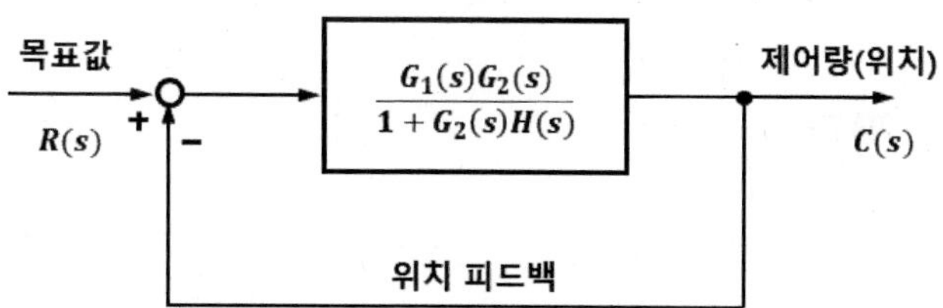

그림 6.58 그림 6.57과 등가인 직결 되먹임 제어시스템

따라서 그림 6.57에 나타낸 제어시스템의 일순 전달함수 $G_0(s)$는 그림 6.58로부터

$$G_0(s) = \frac{G_1(s)\,G_2(s)}{1+G_2(s)\,H(s)} \tag{6.59}$$

a) $|G_2(s)H(s)| \ll 1$일 때

정지의 순간에서 $H(s) \rightarrow 0$으로 되므로 다음과 같다.

$$G_0(s) \fallingdotseq G_1(s)\,G_s(s) \tag{6.60}$$

그러므로 제어량 $C(s)$는 국소 되먹임이 없는 경우의 값에 근사하며 $|G_1(s)G_2(s)|$을 크게 하면 고정도의 위치결정이 얻어진다.

b) $|G_2(s)H(s)| \gg 1$일 때

이동시는 $|H(s)| \rightarrow$대(大)로 되므로 다음과 같다.

$$G_0(s) = \frac{G_1(s)G_2(s)}{1+G_2(s)H(s)} \fallingdotseq \frac{G_1(s)}{H(s)} \tag{6.61}$$

이것은 국소 되먹임을 건 요소 $G_2(s)$가 일순 전달함수 G_0의 가운데서 없어져 버리며 되먹임 요소 $H(s)$만이 영향을 준다.

그러므로 되먹임 요소 $H(s)$로 하고 선형성이 좋은 태코제너레이터($H(s) = K_T s$)를 이용하여 $|G_2(s)H(s)| \gg 1$이 되도록 하면 요소 $G_2(s)$에 다소 비선형성이 있어도 없어져 버리며 일순 전달함수 $G_0(s)$에 영향을 주지 않는다.

이와 같이 국소 되먹임에 태코제너레이터 등을 이용하고 고속, 고정도의 위치결정을 얻는 수법은 기계제어의 설계에 잘 이용되고 있다.

나. 정상특성과 평가

(1) 정상편차

안정한 되먹임 제어시스템에서는 그림 6.59에 나타나듯이 목표치가 단위 스텝상에 변화한 경우 제어량은 과도상태로부터 어떤 시간 후에는 정상상태로 된다. 그러나 목표치와 반드시 일치한다고는 할 수 없다. 이 목표치와 제어량의 정상치와의 차를 정상편차라 하며 정상 특성을 평가하는 척도로 되고 있다.

그림 6.60에 있어서 T-공간에 있어서의 정상편차 e_p는 $\lim_{t \to \infty} e(t)$로 된다. S-공간에서는 편차 $E(s) = \dfrac{R(s)}{1+G(s)H(s)}$이다. 따라서 최종치의 정리에 의해 정상편차 e_p는 다음과 같다.

$$e_p = \lim_{t \to \infty} e(t) = \lim_{s \to 0} s\,E(s) = \lim_{s \to 0} \frac{sR(s)}{1+G(s)H(s)} \tag{6.62}$$

즉, 정상편차는 목표치 $R(s)$와 계의 일순 전달함수 $G(s)H(s)$에 의해 결정된다.

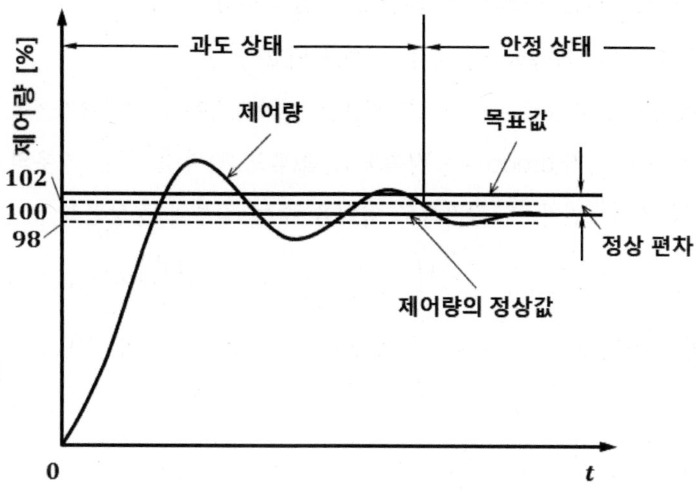

그림 6.59 정상편차의 설명도

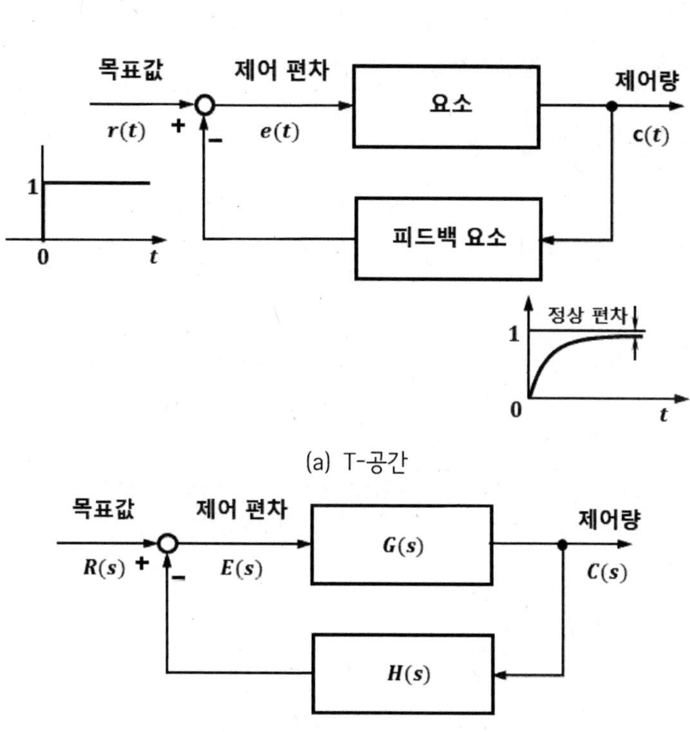

그림 6.60 피드백 제어시스템의 블록선도

(2) 정상편차에 미치는 목표치와 일순 전달함수와의 관계

정상편차로서는 다음의 3가지가 잘 이용되고 있다.

① 정상 위치편차(off set) … 스텝입력을 주는 경우의 정상편차

② 정상 속도편차(droop) … 정속도 입력(램프 입력)을 주는 경우의 정상편차

③ 정상 가속도편차 … 정가속도 입력을 주는 경우의 정상편차

일반적으로 t^0, t^1, t^2, …, $t^n\left(\frac{1}{s}, \frac{1}{s^2}, \frac{1}{s^3}, \cdots, \frac{(n-1)!}{s^n}\right)$에 비례하는 목표치에 대한 제어량의 정상편차가 일정치로 되는 제어시스템을 각각 0형, 1형, 2형, …, n형 제어시스템이라 한다.

a) 0형 제어시스템(그림 6.61)

1차 지연요소 $G(s)=\frac{K}{Ts+1}$의 직결 피드백 시스템에 스텝입력, 램프입력, 정가속도 입력을 줄 때의 정상편차를 구해 본다.

① 스텝입력 $R(s)=\frac{1}{s}$

$$\text{정상 위치편차 } e_p=\lim_{s\to 0}\left(s\cdot\frac{\frac{1}{s}}{1+\frac{K}{Ts+1}}\right)=\frac{1}{1+K} \tag{6.63}$$

② 램프입력 $R(s)=\frac{1}{s^2}$

$$\text{정상 속도편차 } e_v=\lim_{s\to 0}\left(s\cdot\frac{\frac{1}{s^2}}{1+\frac{K}{Ts+1}}\right)=\infty \tag{6.64}$$

③ 정가속도입력 $R(s)=\frac{2}{s^3}$

$$\text{정상 정가속도편차 } e_a=\lim_{s\to 0}\left(s\cdot\frac{\frac{2}{s^3}}{1+\frac{K}{Ts+1}}\right)=\infty \tag{6.65}$$

이상으로부터 $G(s)=\dfrac{K}{Ts+1}$의 직결 되먹임계는 0형 제어시스템인 것을 알 수 있다.

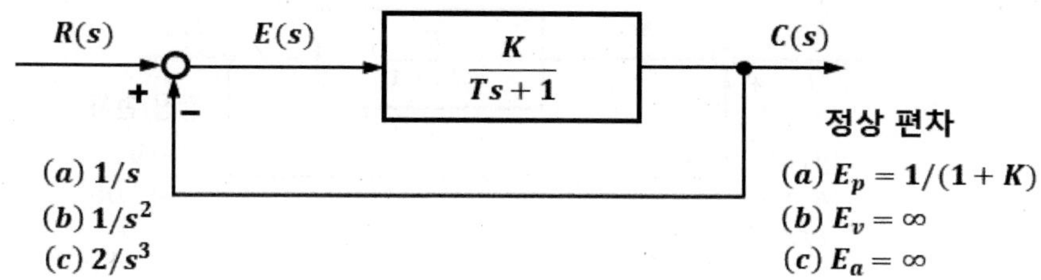

그림 6.61 0형 제어시스템

b) 1형 제어시스템(그림 6.62)

$G(s)=\dfrac{K}{s(Ts+1)}$의 직결 되먹임계에 스텝 입력, 램프 입력, 정가속도 입력을 주었을 때의 정상편차를 구해 본다.

① 스텝입력 $R(s)=\dfrac{1}{s}$

$$\text{정상 위치편차 } e_p=\lim_{s\to 0}\left(s\cdot\frac{\frac{1}{s}}{1+\frac{K}{s(Ts+1)}}\right)=0 \tag{6.66}$$

② 램프입력 $R(s)=\dfrac{1}{s^2}$

$$\text{정상 속도편차 } e_v=\lim_{s\to 0}\left(s\cdot\frac{\frac{1}{s^2}}{1+\frac{K}{s(Ts+1)}}\right)=\frac{1}{K} \tag{6.67}$$

③ 정가속도입력 $R(s)=\dfrac{2}{s^3}$

$$\text{정상 정가속도편차 } e_a=\lim_{s\to 0}\left(s\cdot\frac{\frac{2}{s^3}}{1+\frac{K}{s(Ts+1)}}\right)=\infty \tag{6.68}$$

이상으로부터 $G(s)=\dfrac{K}{s(Ts+1)}$의 직결 되먹임계는 1형 제어시스템인 것을 알 수 있다.

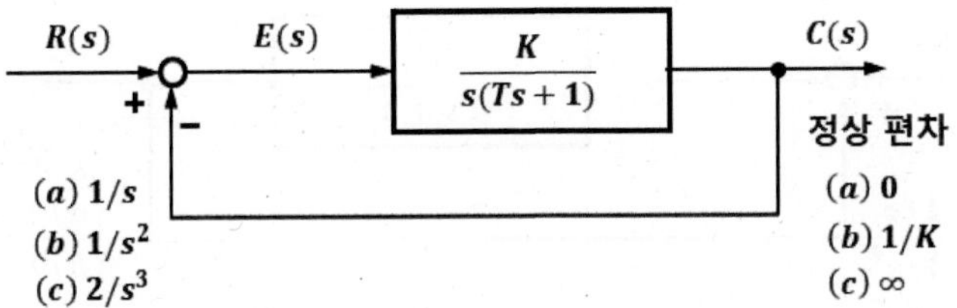

그림 6.62 1형 제어시스템

c) 2형 제어시스템(그림 6.63)

$G(s)=\dfrac{K}{s^2(Ts+1)}$의 직결 되먹임계에 스텝 입력, 램프 입력, 정가속도 입력을 주었을 때의 정상편차를 구해 본다.

① 스텝입력 $R(s)=\dfrac{1}{s}$

$$\text{정상 위치편차 } e_p=\lim_{s\to 0}\left(s\cdot\frac{\frac{1}{s}}{1+\frac{K}{s^2(Ts+1)}}\right)=0 \tag{6.69}$$

② 램프입력 $R(s)=\dfrac{1}{s^2}$

$$\text{정상 속도편차 } e_v=\lim_{s\to 0}\left(s\cdot\frac{\frac{1}{s^2}}{1+\frac{K}{s^2(Ts+1)}}\right)=0 \tag{6.70}$$

③ 정가속도입력 $R(s)=\dfrac{2}{s^3}$

$$\text{정상 정가속도편차 } e_a=\lim_{s\to 0}\left(s\cdot\frac{\frac{2}{s^3}}{1+\frac{K}{s^2(Ts+1)}}\right)=\frac{2}{K} \tag{6.71}$$

이상으로부터 $G(s) = \dfrac{K}{s^2(Ts+1)}$의 직결 되먹임계는 2형 제어시스템인 것을 알 수 있다.

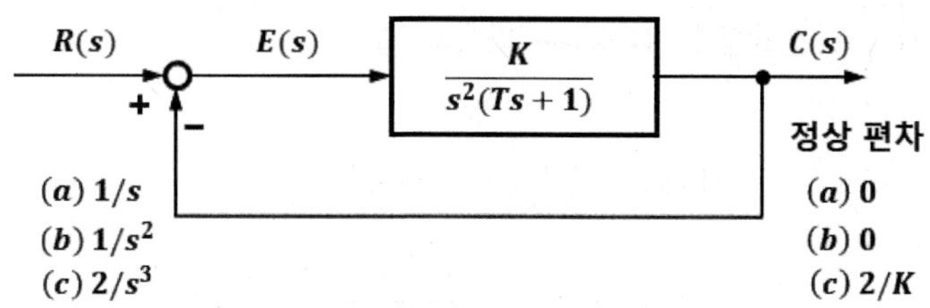

그림 6.63 2형 제어시스템

이들의 결과를 정리하면 다음과 같다.

0형 제어시스템의 정상 위치편차는 $\dfrac{1}{1+K}$로 된다. 따라서 게인 K를 크게 하면 정상 위치편차는 그것에 비례하여 작게 된다. 즉, 정지하고 있는 목표에 고정도로 위치결정할 수 있지만 움직이고 있는 목표에 추종할 수는 없다.

1형 제어시스템은 정지목표에는 항상 가까워지고자 하는 수정동작을 하고 있으므로 정상 위치편차는 0이다. 정속도로 움직이고 있는 목표에는 $\dfrac{1}{K}$의 편차로 추종한다. 가속도를 갖고 움직이고 있는 목표에는 편차가 점차로 크게 되어 추종할 수 없다.

2형 제어시스템은 정지, 정속도의 목표에는 항상 가까워지고자 하는 수정동작을 하고 있으므로 정상 위치편차는 0이다. 가속도로 움직이고 있는 목표에는 $\dfrac{2}{K}$의 편차로 추종한다. 따라서 K를 크게 하면 고정도로 추종할 수 있다.

6.2.4 폐루프 제어시스템의 스텝 응답과 주파수 응답

가. 스텝 응답

그림 6.64 (a)에 나타낸 폐루프 제어시스템에 있어서 목표치를 $R(s)$, 제어량을 $C(s)$로 한 폐루프 전달함수 $W(s)$는 다음과 같다.

$$W(s) = \frac{C(s)}{R(s)} = \frac{G(s)}{1 + G(s)H(s)} \tag{6.72}$$

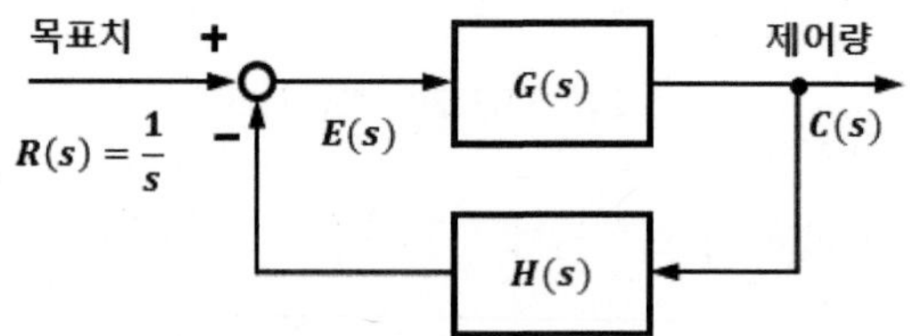

(a) 폐루프 제어시스템의 블록선도

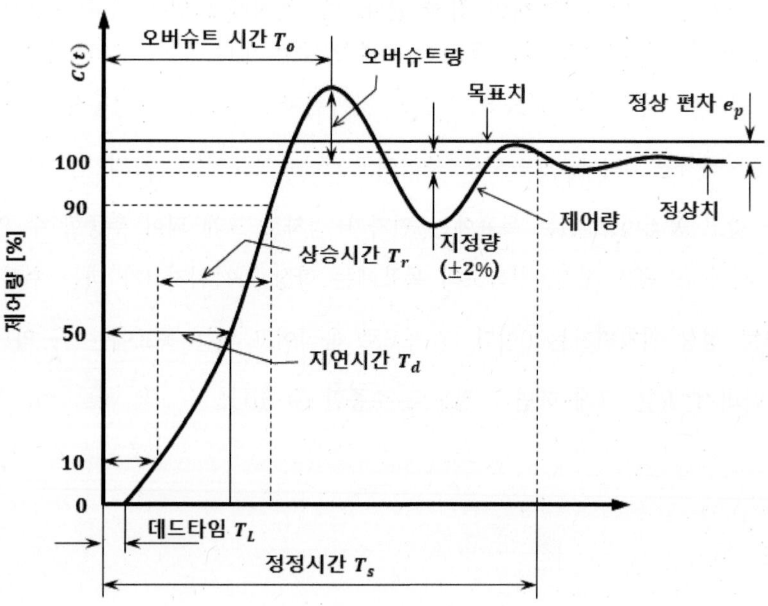

(b) 목표치의 단위 스텝 변화에 대한 응답

그림 6.64 폐루프 제어시스템의 스텝 응답

일반적으로 안정한 폐루프 제어시스템 $W(s)$에 단위 스텝 입력을 주면 제어량 $C(t)$는 그림 6.64 (b)와 같은 2차 지연시스템과 닮은 형으로 된다. 이 그림에 있어서 최종 정상치(100%)로부터 오버슈트한 최대치를 **오버슈트량**(θ_o), 그때의 시간을 **오버슈트 시간**(T_o)라 한다. 또한 제어량 $C(t)$가 정상치의 10%로부터 90%에 달할 때까지의 시간을 상승 시간(T_r), 0%로부터 50%에 달할 때까지의 시간을 지연 시간(T_d), 응답이 나타나지 않는 경우를 데드타임 시간(T_L), 응답이 정상치로부터 지정치 예를 들어 ±2%의 범위 내에 들어갈 때까지의 시간을 정정 시간(T_s)으로 정하고 있다. 여기서 목표치(입력)과 정상치와의 차가 정상 편차(e_p)이다.

이들 값은 다음과 같이 시스템의 성능을 평가하는 척도로 이용하고 있다.

① 정정 시간(T_s) ----- 짧을수록 좋다. (속응성)

② 오버슈트 시간(T_o) ----- 짧을수록 좋다. (속응성)

짧으면 오버슈트량이 크게 된다.(안정성, 동적 편차)

③ 상승 시간(T_r) ----- 짧을수록 좋다. (속응성)

짧으면 오버슈트량이 크게 된다.(안정성, 동적 편차)

④ 지연 시간(T_d) ----- 짧을수록 좋다. (속응성)

⑤ 데드 타임 시간(T_L) ----- 짧을수록 좋다. (속응성, 정도)

⑥ 오버슈트량(θ_o) ----- 작을수록 좋다. (안정성, 동적 편차)

⑦ 정상 편차(e_p) ----- 작을수록 좋다. (속응성, 정도)

⑧ 감쇠율(ζ) ----- 빠르게 감쇠할수록 좋다. (안정성)

나. 주파수 응답

그림 6.65 (a)에 나타낸 폐루프 위치결정 제어시스템의 주파수 전달함수 $W(j\omega)$는 다음과 같다.

$$W(j\omega)=\frac{G(j\omega)}{1+G(j\omega)H(j\omega)} \tag{6.73}$$

식 (6.73)에 대해 생각해 보자.

일반적으로 폐루프 위치결정 제어시스템의 일순 주파수 전달함수 $G(j\omega)H(j\omega)$는 저주파수역에서는 게인을 크게(위치 결정 정도 향상), 고주파수역에서는 게인이 작게(내노이즈) 되도록 설계하고 있다. 지금 설명을 쉽게 하도록 피드백 요소 $H(j\omega)=1$로 하고 폐루프 시스템이 안정하다고 하면 다음과 같이 된다.

- 저주파수역 : $\lim_{\omega\to 0}|W(j\omega)| \fallingdotseq 1,\ \lim_{\omega\to 0}\angle W(j\omega) \fallingdotseq 0[^\circ]$
- 고주파수역 : $\lim_{\omega\to 0}|W(j\omega)| \fallingdotseq |G(j\omega) \fallingdotseq 0|,\ \lim_{\omega\to 0}\angle W(j\omega) \fallingdotseq \angle G(j\omega)[^\circ]$

따라서 그림 6.65 (b)에 나타냈듯이 2차 지연 요소에 닮은 형으로 된다. 여기서 게인 $|W(j\omega)|=\left|\frac{C(j\omega)}{R(j\omega)}\right|$의 최대치 M_p를 공진값, 이때의 각주파수 ω_p를 공진 각주파수라 한다. 기계 제어시스템에서는 공진값 M_p는 1.3 정도가 바람직하다.

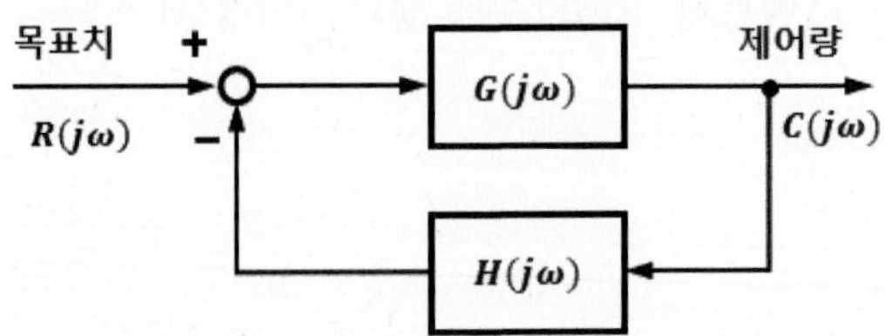

(a) 폐루프 위치결정 제어시스템의 블록선도

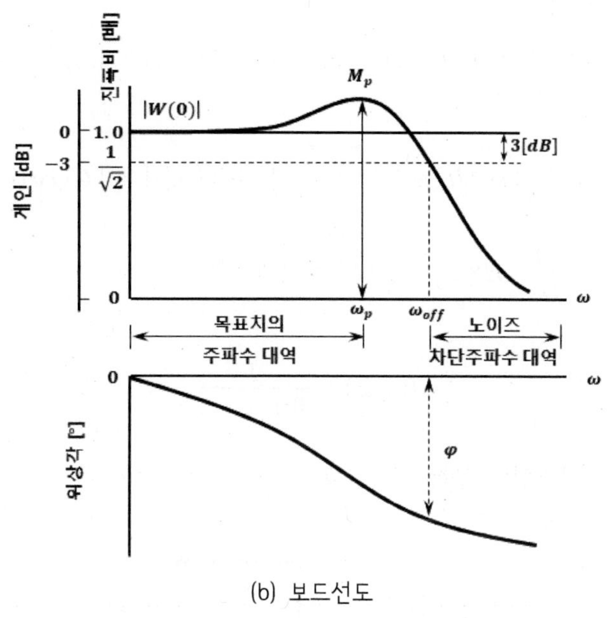

(b) 보드선도

그림 6.65 폐루프 제어시스템의 주파수 응답

ω가 ω_p를 넘으면 가인 $|W(j\omega)|$는 차제에 감소하고 $|W(j\omega)| = \frac{1}{\sqrt{2}}(\fallingdotseq 3dB)$가 될 때의 각주파수 ω_{off}를 **차단 각주파수**라 하고 있다.

목표치에 혼입하고 있는 노이즈의 각주파수가 ω_{off}보다 높으면 제어시스템의 제어량은 노이즈를 차단하고 목표치에 충실히 추종시킬 수 있다.

6.2.5 개방 루프 시스템과 폐쇄 루프 시스템과의 주파수 응답

그림 6.65 (a)에 있어서 일순주파수 전달함수 $G_0(j\omega) = G(j\omega)H(j\omega)$(개방 루프 시스템)과 폐쇄 루프 주파수 전달함수 $W(j\omega) = \frac{G(j\omega)}{1 + G(j\omega)H(j\omega)}$(폐쇄 루프 시스템)과의 관계를 보드 선도로 그려 살펴본다.

$$|G_0(j\omega)| = |G(j\omega)H(j\omega)| \gg 1\text{일 때},\ |W(j\omega)| \fallingdotseq \left|\frac{1}{H(j\omega)}\right| \tag{6.74}$$

$$|G_0(j\omega)| = |G(j\omega)H(j\omega)| \ll 1\text{일 때},\ |W(j\omega)| \fallingdotseq |G(j\omega)| \tag{6.75}$$

지금 $G(j\omega) = \dfrac{10}{j\omega}$, $H(j\omega) = 1$이면 다음과 같다.

$$W(j\omega) = \frac{1}{0.1j\omega + 1} \tag{6.76}$$

이 폐쇄 루프 시스템의 블록선도는 그림 6.66 (a)와 같이 된다.

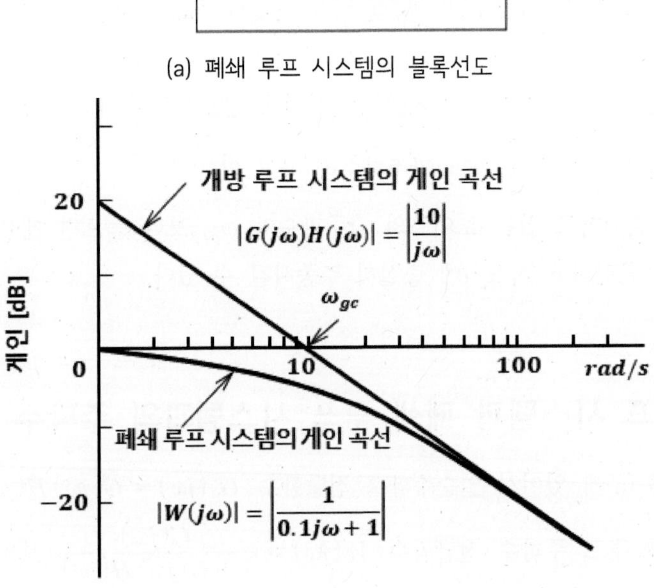

(a) 폐쇄 루프 시스템의 블록선도

(b) 개방 루프 시스템과 폐쇄 루프 시스템의 게인 곡선

그림 6.66 개방 루프 시스템과 폐쇄 루프 시스템과의 관계

따라서 개방 루프 시스템 $G_0(j\omega) = G(j\omega)H(j\omega) = \dfrac{10}{j\omega}$의 게인 곡선은 그림 6.66 (b)에 나타냈듯이 -20[dB/dec]의 직선으로 된다.

또한 폐쇄 루프 시스템의 $W(j\omega) = \dfrac{1}{0.1j\omega + 1}$에 있어서

$$\text{저주파수역} : |G_0(j\omega)| \gg 1, \text{ 그러므로 } |W(j\omega)| \fallingdotseq 1 \tag{6.77}$$

$$\text{고주파수역} : |G_0(j\omega)| \ll 1, \text{ 그러므로 } |W(j\omega)| \fallingdotseq \frac{10}{j\omega} \tag{6.78}$$

따라서 $W(j\omega)$의 게인 곡선은 저주파수역에서는 0「dB」의 직선에 가까워지며, 여기서 게인 교점 각주파수 $\omega_{gc} = 10$ [rad/s] , 코너 각주파수 $\omega_c = 10$ [rad/s] 으로 된다. 위상 곡선은 1차 지연요소 $\dfrac{1}{0.1j\omega + 1}$의 위상 곡선에 적분요소의 위상 곡선(-90° 일정)을 더한 곡선으로 된다.

6.2.6 피드백 제어시스템의 안정성 평가

가. 안정 한계

그림 6.67 (a)에 있어서 $r(t) = 0$일 때 앞 방향 요소의 입력 측에 편차신호 $e(t) = \sin\omega t$의 신호가 나오고 있고 이것이 앞 방향 요소와 되먹임 요소를 거쳐 q점에 도달할 때의 신호 진폭과 위상각을 조사해 보자.

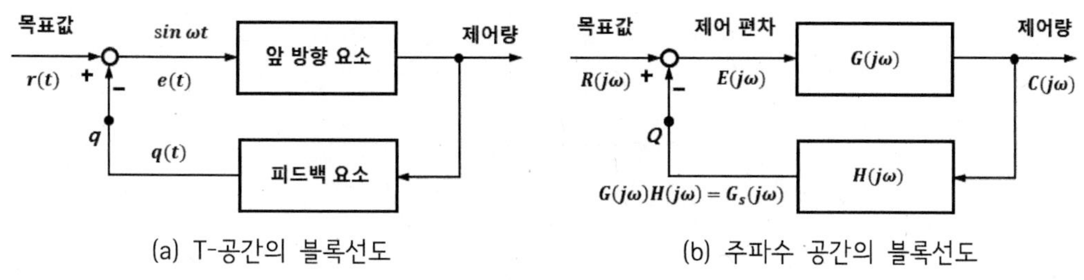

그림 6.67 되먹임 제어시스템의 블록선도

일순 주파수 전달함수 $G(j\omega)H(j\omega) = G_0(j\omega)$로 놓으면 Q점에서의 진폭은 $|G_0(j\omega)|$, 위상각은 $\angle G_0(j\omega)$로 된다.

따라서 T-공간의 q점에서의 신호 $q(t)$는

$$q(t) = |G_0(j\omega)|\sin(\omega t - \angle G_0(j\omega)) \tag{6.79}$$

만약

$$\left.\begin{aligned} |G_0(j\omega)| &= |G(j\omega)H(j\omega)| = 1 \\ \angle G_0(j\omega) &= \angle G(j\omega) + \angle H(j\omega) = -180° \end{aligned}\right\} \tag{6.80}$$

로 하면 식 (6.79)로부터 다음과 같이 된다.

$$q(t) = \sin(\omega t + 180°) = -\sin\omega t = -e(t) \tag{6.81}$$

따라서 피드백 신호 $q(t)$가 인출점을 통해 앞 방향 요소에 들어오는 신호는 $\sin\omega t$로 되며 최초와 같은 편차신호로 된다. 즉, 이 폐루프 시스템은 정현파의 지속진동으로 된다.

식 (6.80)을 바꿔 쓰면 다음과 같이 된다.

$$G_0(j\omega) = G(j\omega)H(j\omega) = -1 \tag{6.82}$$

이것을 복소평면에 나타내면 그림 6.68과 같이 된다. 이 그림으로부터 다음과 같이 말할 수 있다.

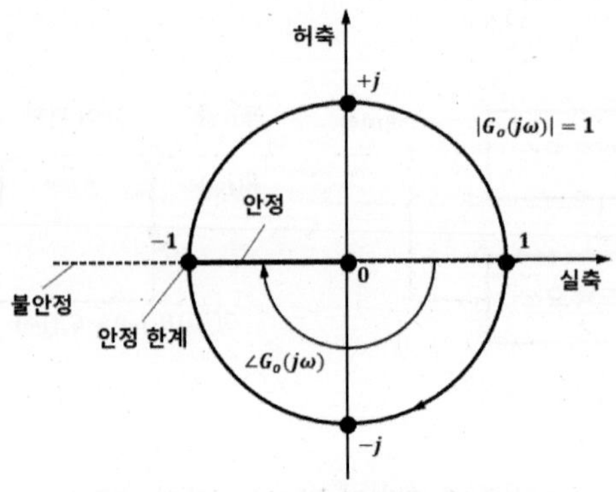

그림 6.68 $G_0(j\omega) = -1$의 복소평면 표시

일순 주파수 전달함수의 위상각이 -180°가 되는 각주파수 ω일 때

- $|G_0(j\omega)| < 1$이면 안정
- $|G_0(j\omega)| = 1$이면 지속진동
- $|G_0(j\omega)| > 1$이면 불안정

이와 같이 $G_0(j\omega) = -1$일 때 그의 루프가 닫힌 계는 안정과 불안정의 경계로 된다. 이것을 **안정 한계의 조건**이라 한다. 또한 이때의 각주파수 ω는 이 폐루프 시스템의 고유 각주파수로 된다.

나. 안정 평가

(1) 벡터 궤적에 의한 안정평가(나이키스트 안정판별)

그림 6.69 (a)에 나타낸 폐루프 시스템에 있어서 3개의 일순 주파수 전달함수를

① $G_{01}(j\omega) = G_1(j\omega)H(j\omega)$

② $G_{02}(j\omega) = G_2(j\omega)H(j\omega)$

③ $G_{03}(j\omega) = G_3(j\omega)H(j\omega)$

로 하고 이들의 벡터 궤적이 그림 6.69 (b)라고 한다.

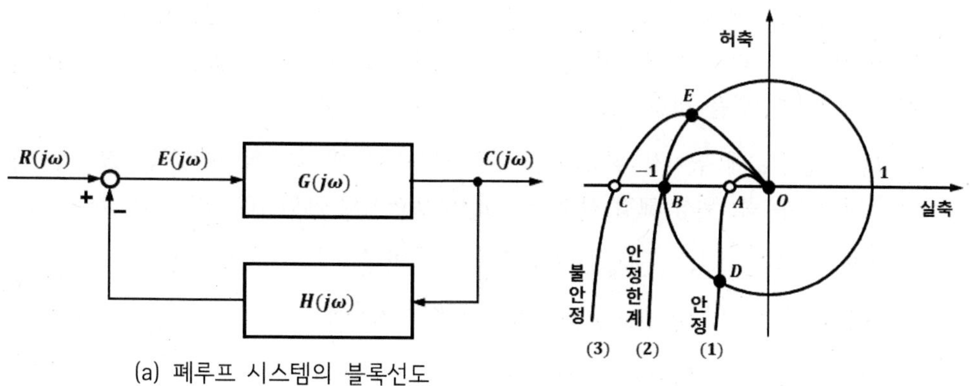

(a) 폐루프 시스템의 블록선도

(b) 일순 주파수 전달함수의 벡터선도

그림 6.69 벡터 궤적에 의한 안정평가

3개의 일순 주파수 전달함수의 위상각이 -180° 가 될 때의 게인을 보면 다음과 같다.

- 벡터 궤적 (1) : $|G_0(j\omega)| < 1$이므로 이 폐루프 시스템은 안정
- 벡터 궤적 (2) : $|G_0(j\omega)| = 1$이므로 이 폐루프 시스템은 지속진동
- 벡터 궤적 (3) : $|G_0(j\omega)| > 1$이므로 이 폐루프 시스템은 불안정

이와 같이 일순 주파수 전달함수의 벡터 궤적은 그의 폐루프 시스템이 안정인가 불안정인가를 판별하는 것이 용이하다.

이 방법은 미국의 벨연구소의 수학자 H.Nyquist의 고안에 의한 것이므로 그의 이름을 따서 **나이키스트의 안정 판별법**이라 하고 있다.

일반적으로 일순 주파수 전달함수 $G_0(j\omega) = G(j\omega)H(j\omega)$의 위상각 $\angle G_0(j\omega) = -180°$가 될 때의 각주파수 ω_p를 위상 교점 각주파수, $|G_0(j\omega)| = 1$로 될 때의 각주파수 ω_{gc}를 게인 교점 각주파수라 한다.

따라서 그림 6.69 (a)에 나타낸 폐루프 시스템이 안정이기 위해서는 그림 6.69 (b)에 나타낸 벡터 궤적으로부터 $|G_0(j\omega_p)| < 1$ 또는 $\angle G_0(j\omega_{gc}) > -180°$이면 좋다는 것을 알 수 있다.

(2) 보드선도에 의한 안정평가

그림 6.69의 벡터 궤적 (1), (2), (3)에 대응하고 있는 보드선도의 게인 곡선은 그림 6.70 (a)와 같이 된다. 여기서 게인 곡선 (1), (2), (3)은 일순 주파수 전달함수 $G_0(j\omega)$의 게인만을 바꾼 것으로 한다.

그림 6.70 (a)에 있어서 위상곡선이 위상각 -180° 의 횡축과 교차하는 B'점인 곳에서의 각주파수 즉, 위상 교점 각주파수 ω_p에 있어서의 게인 $|G_0(j\omega_p)|$의 값을 보면

- 게인 곡선 ① : $|G_{01}(j\omega_p)| < 0$[dB] (A점) 안정
- 게인 곡선 ② : $|G_{02}(j\omega_p)| = 0$[dB] (B점) 안정한계
- 게인 곡선 ③ : $|G_{03}(j\omega_p)| > 0$[dB] (C점) 불안정

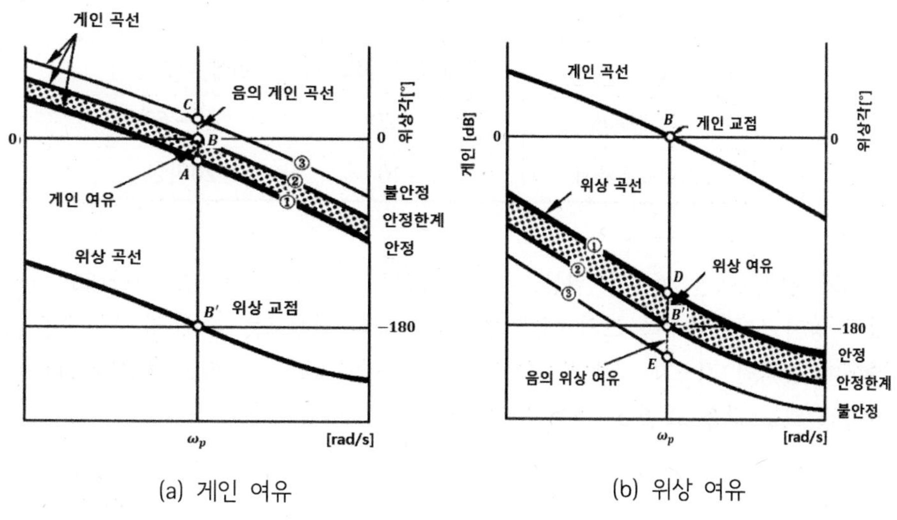

(a) 게인 여유 (b) 위상 여유

그림 6.70 보드선도에 의한 안정평가

여기서 게인 곡선 ①의 경우는 A점으로부터 B점 근방까지 게인을 증대해도 안정이다. 이 여유의 상태를 지속한 채 게인을 높일 여유가 있다. 이 여유의 크기를 게인 여유라 하고 있다.

게인 곡선 ③은 C점의 게인을 B점까지 줄이지 않으면 안정하지 않게 된다. 이 값을 부의 **게인 여유**라 한다.

마찬가지로 그림 6.70 (b)에 있어서 게인 교점 각주파수 ω_{gc}에 있어서의 위상각 $\angle G_0(j\omega_{gc})$의 값을 보면

- 위상 곡선 ① : $|G_{01}(j\omega_{gc})| < -180°$ (D점) 안정
- 위상 곡선 ② : $|G_{02}(j\omega_{gc})| = -180°$ (B ′ 점) 안정한계
- 위상 곡선 ③ : $|G_{03}(j\omega_{gc})| > -180°$ (E점) 불안정

여기서 게인 교점 각주파수 ω_{gc}에 있어서의 위상각 $\angle G_0(j\omega_{gc})$가 -180 ° 에 도달할 때까지의 위상각이 안정 한계까지의 여유를 나타내고 있는 값이며 **위상 여유**라 하고 있다.

위상 여유는 클수록 폐쇄 루프 시스템의 안정도는 좋게 된다. 또한 위상여유가 부(負)로 되면 그의 폐쇄 루프 시스템은 불안정하게 된다.

표 6.6 게인 여유와 위상 여유의 적정값

	게인 여유 [dB]	위상 여유 [°]
기계제어	10 ~ 20	40 ~ 60
프로세스제어	3 ~ 10	20이상

이와 같이 게인 여유와 위상 여유값은 모두 안정도의 척도를 나타내고 있다. 이 값은 양자 모두 클수록 그의 폐쇄 루프 시스템의 안정도는 좋게 되지만 속응성은 저하하며 동적인 정도가 나쁘게 된다. 어느 정도의 값을 선택하면 좋을까 Ferrel이 제안하고 있는 값을 표 6.6에 나타내고 있다.

6.3 서보기구의 속도 제어

6.3.1 속도 제어의 개요

가. 완전폐쇄와 반폐쇄의 제어

우선 제어장치에 대해 설명한다. 기구를 이상적으로 제어하기 위해서 제어장치는 어떻게 있어야만 할까? 우선 그림 6.71의 개념도에서 나타내고 있는 소위 완전폐쇄 방식(full-closed method)을 이용해야만 할 것이다. 완전폐쇄란 제어장치가 모터뿐만 아니라 기구 선단부분의 속도나 위치까지도 책임을 갖고 잘 제어하고자 하는 것이다. 이를 위해 모터는 물론이고 기구의 선단까지도 각종 검출기를 부착할 필요가 있다. 이 방식이 이상적인 것임에 불구하고 다음과 같은 이유로 반폐쇄 방식이 널리 사용되고 있다.

① 실제로는 기구의 선단에 가속도, 속도, 위치 등의 각종 검출기를 직접 부착하는 것이 곤란한 경우가 많다.

② 기구 자신의 진동, 모터와 기구 사이에 힘을 변환하는 요소의 거터, 마찰 등의 적합하지 못한 특성이 직접 제어시스템에 영향을 미치게 된다. 이 때문에 제어시스템의 설계 및 조정이 어렵게 된다.

③ 각 기구마다 성질을 고려하여 최적한 제어방식을 검토해야 한다.

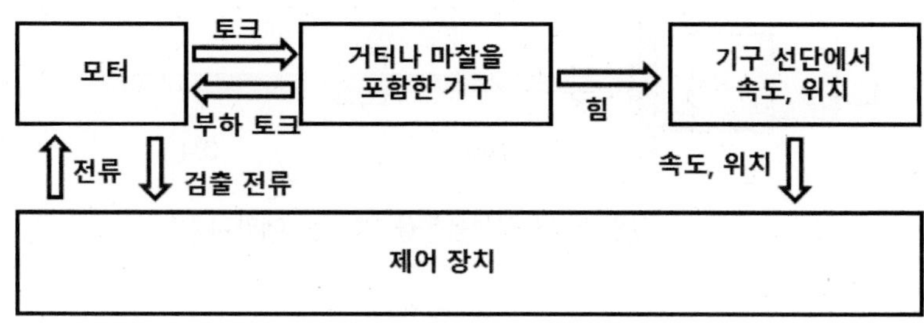

그림 6.71 완전폐쇄 방식의 개념

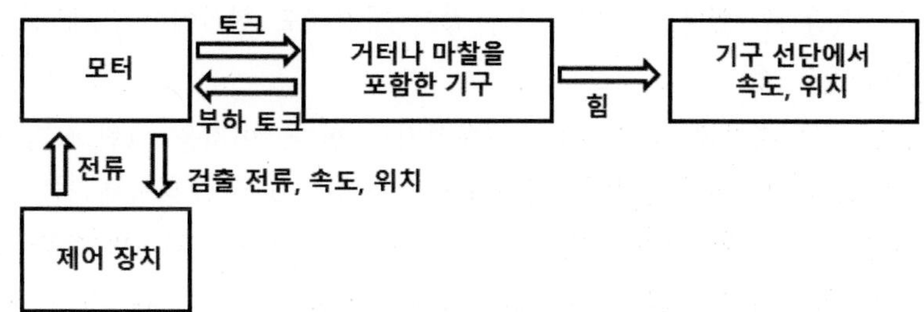

그림 6.72 반폐쇄 방식의 개념

그림 6.72에 반폐쇄 방식의 개념도를 나타낸다. 이 방식에서는 제어장치가 모터의 축끝의 속도나 위치까지를 정확하게 제어하는 방식이다. 그러므로 기구 자신의 정도에 따라 기구 선단의 정도가 결정되게 된다. 기구의 정도 이상의 종합정도를 내려고 하면 폐쇄 방식을 취해야만 한다.

실용적으로 제어장치로부터 보았을 때에 주어진 설계사양의 범위로 이상적인 기구를 설계하고 이것을 표준적인 제어방식으로 구동하는 것이 많다. 여기서는 기초의 입장이므로 반폐쇄 방식을 전제로 어떻게 기구의 위치나 속도가 자유자재로 제어될 수 있는가에 대해 설명하기로 한다.

나. 기구 구동의 모델

반폐쇄 방식이므로 모터의 축끝 속도와 위치가 자유자재로 제어될 수 있어야 한다. 한 가지 예로서 그림 6.73에 나타낸 바와 같은 직선운동을 행하는 기구를 생각하기로 한다. 모터로부터 보아 부하가 이상적이라고 가정한다. 즉, 기구의 고유진동수가 충분히 높아 무시할 수 있다고 가정한다. 또한 볼나사의 거터도 고려하지 않아도 좋다고 가정

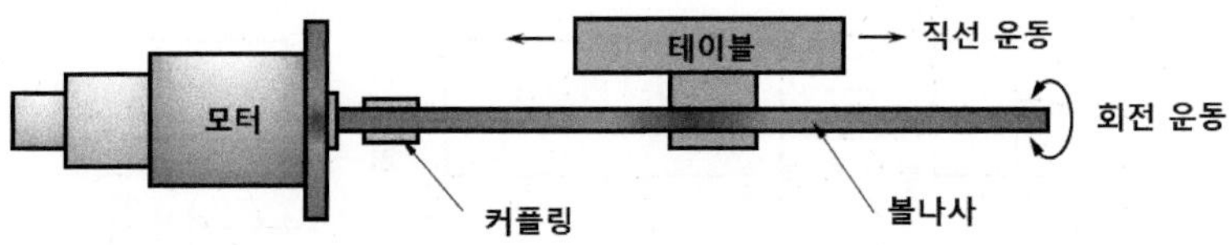

그림 6.73 직선운동을 행하는 메카니즘

한다. 실제 한 방향으로 움직이고 있는 경우는 이와 같이 생각할 수 있다. 방향이 반대일 때에 거터의 영향이 나타나지만 이것은 위치결정 장치의 백래시 보정기능에 의해 대체적으로 보정할 수 있다. 따라서 이와 같이 가정해도 현실에서 크게 동떨어진다고는 할 수 없다.

여기서 모터의 축단에 주목하여 모델화하기로 한다. 이것을 그림 6.74에 나타낸다. 일반적으로 볼나사나 테이블 등의 가동물체의 관성은 모두 모터축에 결합하고 있는 부하로서 환산할 수 있다. 그림 중의 J_L[kgf·㎝·s^2]은 모터축에 환산한 부하관성이다. J_M[kgf·㎝·s^2]은 모터자신의 관성, T_M[kgf·㎝]은 모터가 발생한 토크이다. 모터 회전시의 모터 내부의 점성적 손실토크나 내부의 마찰토크와 볼나사의 마찰토크나 테이블에 가해지는 외력에 의한 토크 등을 종합해서 외란토크 T_L[kgf·㎝]로 한다. DC 서보 모터에서는 영구자석으로 자계를 발생시키고 있는 것이 많다. 이와 같은 모터를 통상의 사용 범위에서 사용할 경우 모터 자신이 발생하는 토크 T_M은 전기자 전류 I_a[A]에 비례한다. 즉, 다음 식이 성립한다.

$$T_M = K_T \cdot I_a \tag{6.83}$$

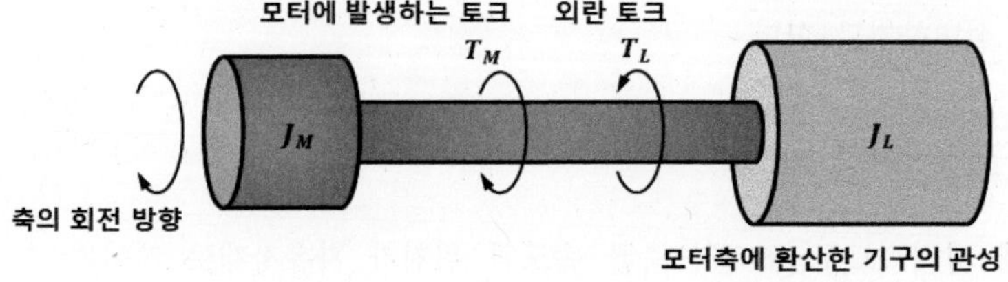

그림 6.74 모터축단에 있어서의 모터와 기구의 모델

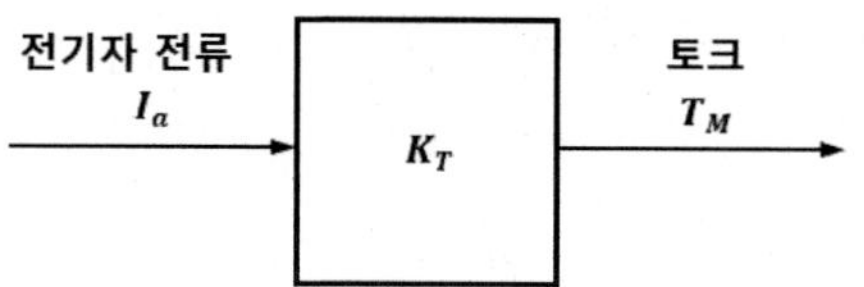

그림 6.75 DC모터의 마크로적인 모델

여기서 K_T[kgf·㎝/A]는 토크 정수라 불려지고 있다. 모터를 마크로적으로 보는 한 K_T는 정수로 생각해도 지장이 없다. 식 (6.83)은 그림 6.75에 나타낸 바와 같이 블록 선도로 나타낼 수 있다. 그림 6.74에 있어서 모터가 토크 T_M을 발생했을 때에 모터축의 속도를 v[rad/s], 각도를 θ[rad]로 하면 다음 식이 얻어진다.

$$(J_M + J_L) \cdot \frac{dv}{dt} = T_M - T_L \tag{6.84}$$

식 (6.84)에서 $J_M + J_L$은 계의 전체 관성이므로 이것을 J[kgf·㎝·s²]로 하면 다음과 같다.

$$J = J_M + J_L \tag{6.85}$$

식 (6.85)을 식 (6.84)에 대입하면 다음과 같이 된다.

$$\frac{dv}{dt} = (T_M - T_L)\frac{1}{J} \tag{6.86}$$

식 (6.86)을 라플라스변환하면 다음과 같이 된다.

$$s \cdot v = (T_M - T_L) \cdot \frac{1}{J}$$

$$\therefore \; v = (T_M - T_L) \cdot \frac{1}{J \cdot s} \tag{6.87}$$

또한 각도를 미분한 것이 속도이므로 다음과 같이 된다.

$$\frac{d\theta}{dt} = v \tag{6.88}$$

이것을 라플라스변환하면 다음과 같이 된다.

$$s\theta = v$$

$$\therefore \ \theta = \frac{1}{s} \cdot v \tag{6.89}$$

다. 서보 기구의 기본 블록선도

여기서 식 (6.87)와 식 (6.88)을 블록선도로 나타내면 그림 6.76에 나타낸 바와 같이 된다. 그림 6.76에서 우선 모터를 정지하고 있다고 가정한다. 모터를 회전시키기 위해 전기자 전류 I_a를 공급하면 모터의 축에 토크 T_M이 발생한다. 마찰토크는 모터의 회전을 정지하도록 작동하므로 그림 6.76에서 통상 외란토크 T_L은 양의 값을 갖는다. 물론 이것이 음의 값을 취하는 경우도 있다. 결국 모터가 발생하는 토크로부터 외란토크를 뺀 토크가 부하에 가해진다. 블록선도의 $1/s$은 적분하는 것을 나타내고 있으므로 이 토크가 적분되어 속도 v로 된다. 또한 속도가 적분되어 각도 θ로 된다.

이상으로부터 전기자 전류 I_a를 미묘히 제어함으로써 모터축의 속도와 위치가 자유로 가변 할 수 있다는 것을 알았다. 그러면 전기자 전류는 어떻게 흐르는 것일까? DC 서보 모터에 전압을 가하면 충분한 것이다. 그런데 모터의 단자 전류 V_a [V] 와 전기자 전류 I_a [A]의 관계는 그렇게 단순하지 않다.

그림 6.77에 이것을 고려한 블록선도를 나타낸다. 그림 중 R_a [Ω]는 전기자 저항, L_a [H]는 전기자 인덕턴스, K_E [V/rpm]는 유기전압 상수이다. 실제로 모터에 파워앰프를 접속함으로써 모터 단자에 전압을 가하여 전기자에 전류가 흐르도록 하고 있다. 모터를 이용하는 목적은 발생토크를 정밀하게 가변하므로 파워앰프에 가해지는 전압 V_i에 비례하여 전기자 전류 I_a가 흐르도록 하면 충분하다.

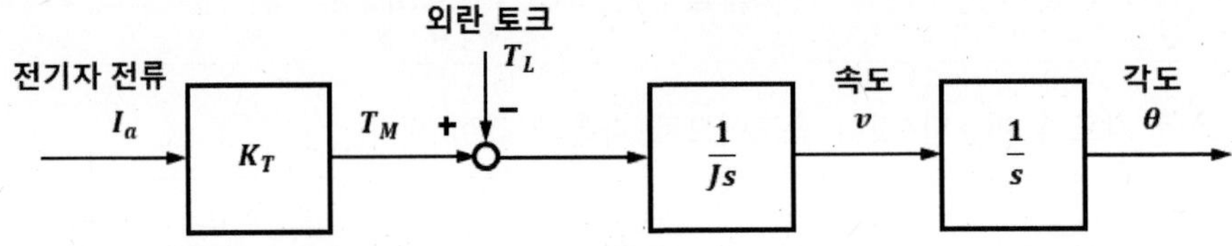

그림 6.76 모터와 기구에 관한 블록선도(전기자전류를 입력으로 한 경우)

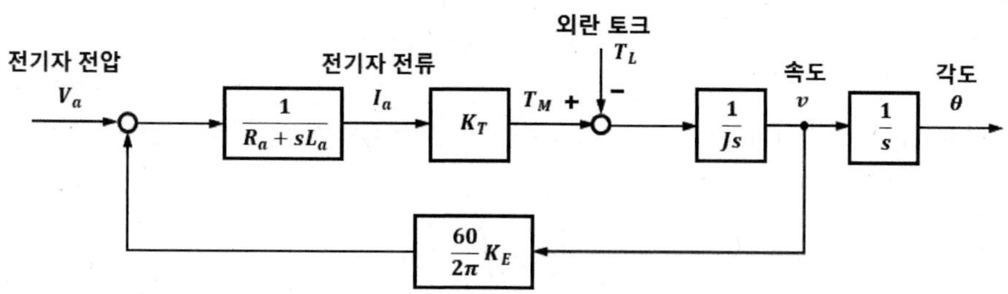

그림 6.77 모터와 기구에 관한 블록선도(전기자 전압을 입력으로 한 경우)

이 때문에 그림 6.78의 블록선도에 나타낸 바와 같이 전기자 전류를 검출해서 파워앰프에 되먹임을 걸고 있다. 이와 같은 파워앰프를 **전류앰프**라 부르고 있다. 상세한 설명은 생략하지만 파워앰프의 게인 A_i를 상당히 크게 취함으로써 그림 6.78의 블록선도는 그림 6.79에 나타낸 블록선도에 근사할 수 있다. 실용상으로는 이 블록선도로도 충분하다.

그러면 모터축의 관성 J_M과 모터축에 환산한 부하관성 J_L의 비는 어느 정도로 취하는 것일까?

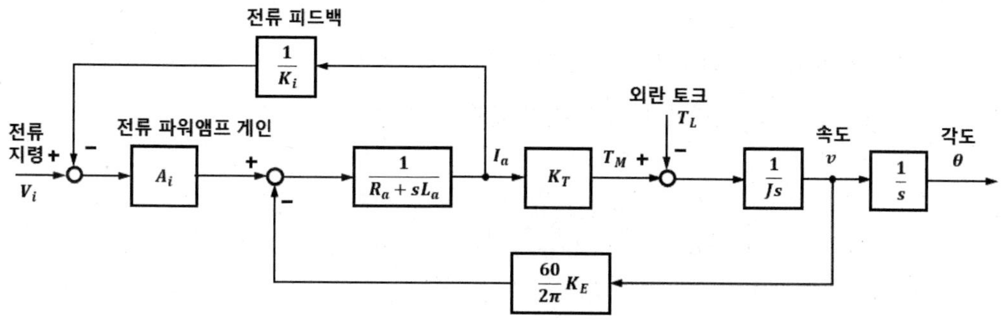

그림 6.78 모터와 기구에 관한 블록선도(전류되먹임을 건 경우)

흔히 $J_M : J_L = 1 : 1$로 취하는 것이 가장 효율이 좋다고 알려져 있다. 이 이유를 생각해 본다.

그림 6.74에 있어서 부하가 갖고 있는 회전 에너지 P_L은 다음 식으로 주어진다.

$$P_L = 9.8 \times 10^{-2} \times \frac{1}{2} J_L v^2 \tag{6.90}$$

시각 t_1에 있어서의 회전체의 속도 v는 식 (6.84)로부터 다음과 같이 된다.

$$v = \frac{1}{J_M + J_L} \int_0^{t_1} T dt \tag{6.91}$$

다만 T는 회전체가 받는 토크로 $T = T_M - T_L$로 놓았다. 식 (6.91)를 식 (6.90)에 대입하면 시각 t_1에 있어서의 부하의 에너지는 다음과 같이 된다.

$$P_L = \frac{9.8 \times 10^{-2}}{2} \left[\int_0^{t_1} T dt \right]^2 \frac{J_L}{(J_M + J_L)^2} \tag{6.92}$$

여기서 $J_L = \alpha J_M$으로 놓으면 식 (6.92)은 다음과 같이 된다.

$$P_L = \frac{9.8 \times 10^{-2}}{2 J_M} \left[\int_0^{t_1} T dt \right]^2 \frac{\alpha}{(1+\alpha)^2} \tag{6.93}$$

부하의 에너지를 최대로 하는 α의 값을 구해 본다.

P_L을 α로 편미분하면 다음과 같이 된다.

$$\frac{\partial P_L}{\partial \alpha} = \frac{9.8 \times 10^{-2}}{2 J_M} \left[\int_0^{t_1} T dt \right]^2 \frac{1-\alpha}{(1+\alpha)^3} \tag{6.94}$$

$$\frac{\partial^2 P_L}{\partial \alpha^2} = \frac{9.8 \times 10^{-2}}{2 J_M} \left[\int_0^{t_1} T dt \right]^2 \frac{2(\alpha - 2)}{(1+\alpha)^4} \tag{6.95}$$

식 (6.94)에 있어서 $\partial P_L / \partial \alpha = 0$으로부터 $\alpha = 0$이 얻어진다. 또한 식 (6.95)에 있어서 $\alpha = 1$일 때 $\partial^2 P_L / \partial \alpha^2$은 음으로 된다. 따라서 $\alpha = 1$일 때 P_L은 최대치를 취한다. 결국 $J_M : J_L = 1 : 1$로 했을 때에 부하 에너지가 최대로 된다.

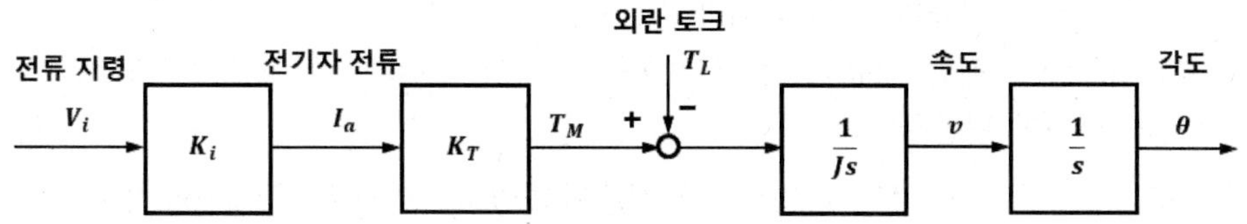

그림 6.79 전류앰프, 모터 및 기구에 관한 블록선도

결국 그림 6.79와 같이 된다. 즉, 반폐쇄 방식을 취해 모터의 축 끝에서 생각하면 통상적인 사용 방법을 취하는 한 전류 앰프, 모터 및 기구는 어떻게든 간단한 블록선도로 모델화 하여 취급할 수 있다.

라. 속도제어의 정의

전항의 설명으로부터 전류앰프에 전기자 전류값에 상당하는 전압지령을 가함으로써 기구의 속도나 위치를 제어할 수 있다는 것을 알 수 있다. 그러나 기구가 목표한 대로 속도나 위치가 늘 제어되고 있다고는 할 수 없다. 어떻게 하면 목표하는 속도나 위치로 잘 제어할 수 있을까에 대해 속도의 제어방법을 설명하기로 한다.

기구의 속도를 수동으로 지령속도대로 제어하고 싶다고 생각해 본다. 이 때 제어라 하는 말을 의식하지 않아도 필시 「기구의 검출속도가 목표치보다도 빠르면 감속시키기 위해 역방향으로 힘을 내도록 하는 전류지령을 전류앰프에 주고, 늦으면 반대로 가속하도록 하는 지령을 주면 충분하다」 고 간단히 말할 수도 있다. 이것이 되먹임 제어의 원리이다.

그림 6.79의 블록선도에 이것을 첨가하면 그림 6.80에 나타낸 블록선도가 얻어진다. 그림 중의 K_{TG}는 발생 전압계수라 부르며 이 블록은 속도 검출기를 나타내고 있다.

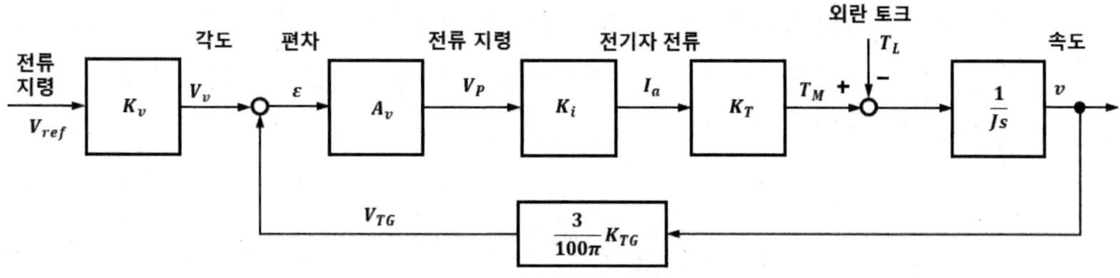

그림 6.80 속도 제어시스템

이것에는 통상 직류의 속도 발전기(DC 태코제너레이터)가 이용되고 있다. 이것은 회전축의 속도에 비례한 직류전압을 발생하는 요소이다. 회전방향이 반전하면 당연히 검출전압의 극성이 변한다.

K_{TG}의 단위로서 [V/1000 rpm]이 사용되고 있다. 이것은 1000 rpm시의 검출전압이다. 또한 V_v는 속도지령 전압이다. V_v의 환산치는 K_{TG}의 값에 의해 결정되어 버린다는 것에 주의할 필요가 있다. 예를 들면 K_{TG}가 7인 경우 V_v를 7V로 하면 1000 rpm(104.7 rad/s)을 지령한 것이 된다. 그러나 이것은 적절한 값이 아닌 경우가 많다.

실제의 제품에서는 속도지령 v_{ref}가 좋은 상황의 값을 취하도록 V_v의 앞에 있는 K_v의 값을 정하고 있다. 그림 중 A_v는 속도 제어용 앰프의 게인이다.

마. 속도제어의 실제

다음에 이 블록선도의 동작의 개요를 설명해 놓는다. 최초에 모터는 정지 즉 $v=0$으로 한다. 양의 값 속도지령 v_{ref}를 주면 V_v로부터 V_{TG}를 뺀 값 ε(이것을 편차라 함)은 어떤 양의 값을 취한다. $\epsilon \times A_v$의 값이 전류앰프에 가해지고 모터에 전기자 전류가 흐른다. 이 때문에 양의 값의 토크 T_M이 발생하며 축이 가속되어 속도가 높아진다. 속도가 상승함에 따라 편차 ε이 제로에 가깝게 된다. 이 때문에 토크 T_M도 감소하며 축의 가속이 약하게 된다. 모터의 속도가 지령속도에 일치하면 토크 T_M이 제로로 되며 가속하지 않게 된다. 외란 T_L이 제로이면 이대로의 속도로 회전을 계속하게 된다. 즉, 모터의 속도가 희망대로의 값으로 제어되고 있다는 것을 알 수 있다.

이상의 설명은 상당히 대략적이었다. 그러면 속도제어의 동작이나 특성을 조금 더 정밀하게 정량적으로 파악하기로 한다.

우선 그림 6.80의 블록선도를 변형하고 간략하게 보기 쉬운 블록선도로 한다. 이 때문에 속도지령 v_{ref}와 모터의 속도 v의 단위를 동일하게 할 필요가 있다. $K_v=(3/100\pi)\cdot K_{TG}$로서 변형하면 그림 6.81의 블록선도가 얻어진다. 그림 중의 v_{ref}와 v의 단위는 함께 rad/s이다. G_v는 다음 식으로 주어진다.

$$G_v = \frac{3}{100\pi} \cdot \frac{K_I \cdot K_t \cdot K_{TG} \cdot A_v}{J} \tag{6.96}$$

이 블록선도에서는 출력 v가 직접 입력측에 되먹임 되고 있다. 이와 같은 경우는 일반적으로 **직결 되먹임**이라 부르고 있다.

식 (6.96)로부터 알 수 있듯이 G_v는 정수이므로 비례요소이다. G_v에 주목하면 이와 같은 계는 **비례제어시스템**(P제어시스템)이라 부르고 있다.

G_v의 계산에서 주의할 필요가 있다. 제어시스템을 직결 되먹임의 형으로 표현할 때에는 당연한 것이지만 속도지령 v_{ref}와 속도 v의 단위가 동일하지 않으면 안 된다. 한 쪽이 rad/s, 다른 쪽이 rpm인 경우나 한 쪽이 V, 다른 쪽이 rad/s 등에서는 직결되먹임이라 말하지 않으며 당연히 식 (6.96)도 적용할 수 없게 된다.

그러면 그림 6.81에 있어서 모터의 속도 v를 속도지령 v_{ref}와 외란 토크 T_L로 나타내어 본다. 그림 중의 편차 ε는 다음 식으로 표현된다.

$$\epsilon = v_{ref} - v \tag{6.97}$$

v를 ε과 T_L로 나타내면

$$v = (G_v \cdot \epsilon - \frac{1}{J} T_L) \frac{1}{s} \tag{6.98}$$

식 (6.97)와 식 (6.98)에 있어서 ε을 소거하면 v는 다음 식으로 표현된다.

$$v = \frac{G_v}{s + G_v} \cdot v_{ref} - \frac{1}{J} \cdot \frac{1}{s + G_v} \cdot T_L \tag{6.99}$$

식 (6.99)에 있어서 속도지령 v_{ref}에 대한 응답특성을 고려하자. 설명을 간단히 하도록 이상화해서 생각하고 외란 $T_L = 0$으로 한다. 외란 토크의 영향에 대해서는 후술한다. $T_L = 0$으로부터 식 (6.99)은 다음 식과 같이 된다.

$$v = \frac{G_v}{s + G_v} \cdot v_{ref} \tag{6.100}$$

식 (6.100)과 같이 전달함수가 $G_v/(s + G_v)$라는 형으로 되어 있는 계를 **1차 지연 요소**라 부른다.

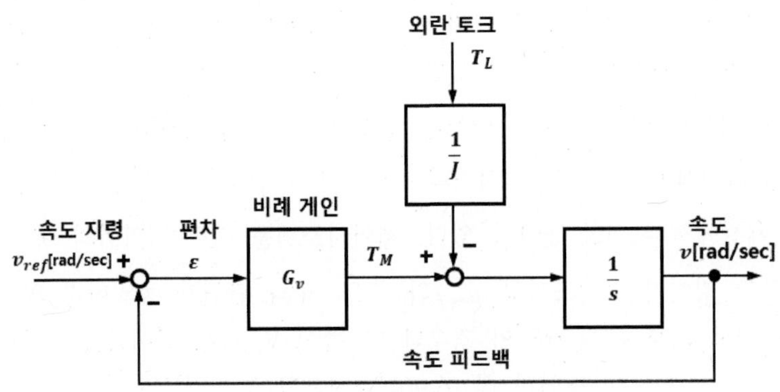

그림 6.81 속도 제어시스템(비례제어)

6.3.2 속도 제어의 특성

가. 속도 제어의 스텝응답

다음에 식 (6.100)의 스텝응답을 검토하기로 한다. 수식으로 생각하기 전에 우선 실제 측정에 대해 설명한다. 이것을 그림 6.82에 나타낸다. 그림 중의 속도 제어장치의 입력 V_v에 신호발생기를 접속하고 스텝상으로 급격히 기동하는 신호를 입력한다. 이 때 모터의 축에 직결된 속도 발전기의 출력 전압 V_{TG}를 오실로스코프로 관측하면 입력보다도 완만히 기동하는 파형을 볼 수 있다. 이와 같이 하여 스텝응답을 관측한다.

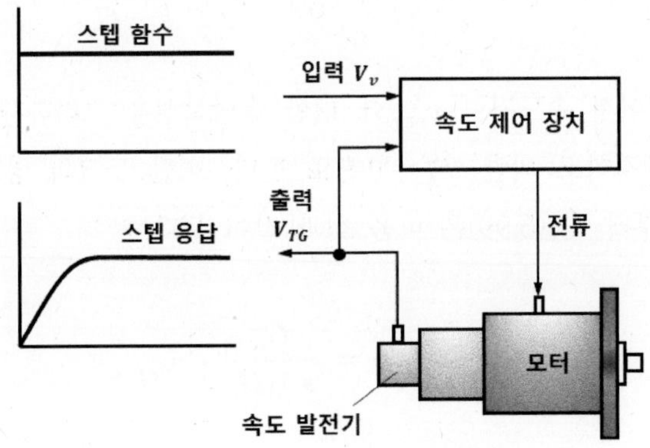

그림 6.82 스텝응답의 측정

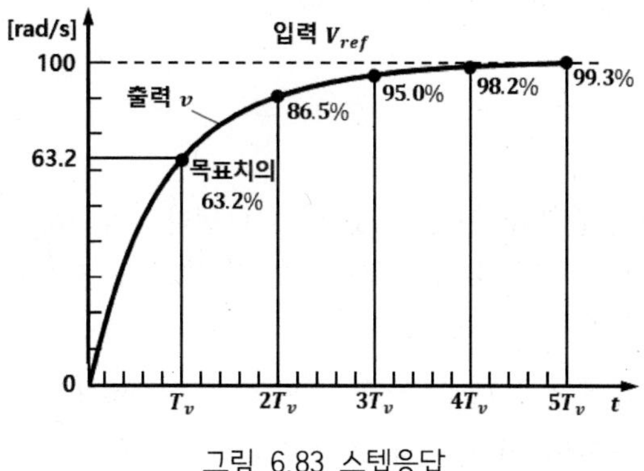

그림 6.83 스텝응답

수식을 사용하여 스텝응답을 설명한다. 그림 6.83의 점선으로 나타낸 바와 같이 $t<0$일 때는 제로이며 $t \geqq 0$일 때 100 rad/s인 파형을 v_{ref}로 놓는다. 이와 같은 파형을 스텝함수라 한다. 이에 대한 응답을 스텝응답이라 한다. $t \geqq 0$일 때의 값이 "1"인 단위스텝함수 $u(t)$를 이용하면 v_{ref}는 다음 식으로 주어진다.

$$v_{ref}(t) = 100 \cdot u(t) \tag{6.101}$$

식 (6.101)를 라플라스변환하면 다음과 같이 표현된다.

$$v_{ref}(s) = \frac{100}{s} \tag{6.102}$$

식 (6.102)을 식 (6.100)에 대입하면 다음과 같이 표현된다.

$$v(s) = \frac{100}{s} \cdot \frac{G_v}{s+G_v} \tag{6.103}$$

위 식을 역라플라스 변환하면 모터의 속도 $v(t)$는 다음과 같이 표현된다.

$$v(t) = 100(1-e^{-(t/T_v)}) \tag{6.104}$$

여기서 시정수 T_v는 다음과 같이 놓았다.

$$T_v = \frac{1}{G_v} \tag{6.105}$$

식 (6.104)의 계산결과를 그림 6.83에 나타낸다. 식 (6.104)에서 $t \to \infty$로 하면 $v(t) = 100$ [rad/s]로 된다. 이것으로부터 모터의 속도가 지령속도와 일치하도록 제어되고 있다는 것을 이해할 수 있다.

또한 식 (6.104)에서 $t = T_v$로 놓고 보면 $v(T_v) = 63.2$ [rad/s]로 된다. 그림 6.76에 나타내고 있듯이 스텝응답에 있어서 최종치의 63.2%에 달하는 시간이 시정수인 것을 알 수 있다. 또한 그림으로부터 응답파형은 입력파형과 같이 급격히 기동하는 것이 아니고 시정수의 몇 배의 시간을 거쳐서 목표치에 근접해 가는 모양을 이해할 수 있다. 예를 들면 목표치의 95% 이상까지 달하는 데는 시정수 T_v의 3배의 시간이 필요하다.

이것은 어디까지나 1차지연계에서의 계산 결과인 것에 유의해야만 한다. 이상으로부터 고속응답을 시키고자 한다면 T_v를 작게 즉, 식 (6.105)보다 비례 게인을 크게 하지 않으면 안 된다. 그러나 무턱대고 G_v를 크게 할 수 없다. 지금까지 무시해 왔던 기구의 공진현상이나 전류앰프 특성의 영향을 받게 되어 자연히 한계가 발생하게 된다.

나. 속도제어의 주파수응답

지금까지는 주로 1차지연계의 시간적인 응답특성에 대해 서술해 왔다. 원인(입력)과 결과(출력)에 따라 제어시스템의 특성을 소위 간접적으로 설명했다. 여기서는 주파수응답에서 제어시스템의 특성을 보다 직접적으로 설명해 본다.

그림 6.82에 있어서 스텝응답을 구했던 경우와는 달리 입력 V_μ에 정상적인 신호로서 정현파를 입력한다. 제어시스템이 선형이라고 가정하고 있다. 이 때문에 입력신호의 주파수에 의하지 않고 출력파형도 정현파로 되지만 그림 6.84에 나타낸 바와 같이 그의 진폭도 입력신호에 대한 위상관계는 주파수에 의해 변화한다. 입력신호의 주파수를 ω, 주기를 T_ω, 입력신호의 진폭을 $A(\omega)$, 출력신호의 진폭을 $B(\omega)$로 한다. 또한 입력신호에 대한 출력신호의 시간지연을 t_ϕ로 한다. 이 때 (출력신호)/(입력신호)의 비를 게인이라 하며 모든 주파수 범위에 대해 이것을 측정하면 ω에 대해서 하나의 그래프가 된다. 또한 입출력 신호간의 시간적인 어긋남이라는 특성에 대해서는 t_ϕ를 직접 이용하지 않고 위상이라는 개념으로 나타낸다.

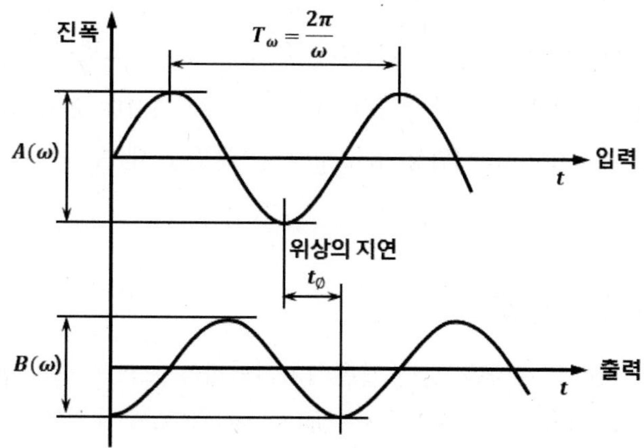

그림 6.84 주파수응답의 측정결과

이것은 무엇인가 하면 우선 그림 6.85에 나타낸 바와 같이 원을 그려 본다. 원의 1주기분 즉 360°를 1주기분의 시간(T_ω)으로 보고 판단하여 t_ϕ의 시간을 각도 ϕ로 나타낸 것이다. $t_\phi = T_\omega/2$의 시간은 $\phi = 180°$이다. 여기서 ω와 ϕ에 대해서 1개의 그래프가 그려진다. 위상은 [deg]로 나타냈지만 게인은 데시벨[dB]이라 하는 단위로 표현되는 것이 많다. 게인 g[dB]는 다음 식으로 주어진다.

$$g[dB] = 20\log\frac{(\text{출력신호})}{(\text{입력신호})} = 20\log\frac{B(\omega)}{A(\omega)} \tag{6.106}$$

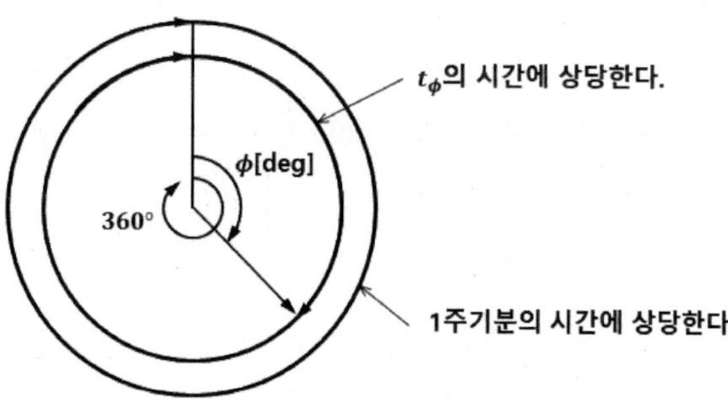

그림 6.85 위상의 설명

식 (6.106)로부터 알 수 있듯이 데시벨이라는 양은 "비"의 대수를 취한 것이다. 그러면 비 r_1과 r_2의 곱 $r_1 \times r_2$는 데시벨의 합 $g_1 + g_2$로 표현된 것을 알 수 있다. 0, -3, -6, -20, 6, 20[dB](비는 각각 1/1, $1/\sqrt{2}$, 1/2, 1/10, 2/1, 10/1) 등의 값이 잘 사용되고 있다. 게인 g[dB]와 위상 φ[deg]의 그래프를 대수 용지에 플롯한 것을 보드선도라 부른다.

다. 속도제어의 보드선도

다음에 그림 6.81에 나타낸 것과 같은 1차지연계의 보드선도를 실측데이터에 의해서는 아니고 수식을 사용하여 구한다. $s = j\omega$로 놓음으로써 s 영역에서의 함수를 주파수 영역의 함수로 변환할 수 있다. 식 (6.100)으로부터 전달함수 $G(s)$는

$$G(s) = \frac{G_v}{s + G_v} \tag{6.107}$$

식 (6.107)에서 $s = j\omega$로 놓으면

$$G(j\omega) = \frac{G_v}{j\omega + G_v} = \frac{G_v}{G^2 + \omega^2}(G_v - j\omega) \tag{6.108}$$

$G(j\omega)$는 주파수 전달함수로 알려져 있다.

이것은 복소수이므로 게인과 위상은 각각 다음 식으로 표현된다.

$$g = 20\log|G(j\omega)| = 20\log\left|\frac{1}{\sqrt{1+\left(\frac{\omega}{\omega_c}\right)^2}}\right| \tag{6.109}$$

$$\varphi = \angle G(j\omega) = -\tan^{-1}\left(\frac{\omega_c}{\omega}\right) \tag{6.110}$$

여기서 $\omega_c = G_v$로 하면 식 (6.105)로부터 $\omega_c = 1/T_v$의 관계도 성립한다.

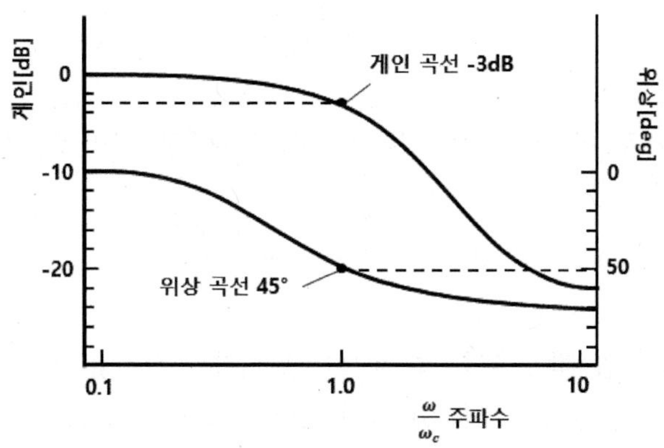

그림 6.86 1차 지연계의 보드선도

식 (6.109)과 식 (6.110)로부터 식 (6.100)과 같은 1차지연계는 그림 6.86에 나타낸 바와 같은 보드선도로 표현된다. 양쪽 식에서 $\omega = \omega_c$일 때 그림에 나타내고 있듯이 g = - 3dB, ϕ = - 45°로 된다. ω_c를 **컷오프 주파수**라 부르고 있다. 그림의 게인 (g)곡선으로부터 다음의 것을 알 수 있다.

- 낮은 주파수로부터 ω_c까지의 주파수성분에 대해서는 게인이 일정하다.
- ω_c이상의 고주파수 성분에 대해서는 급속히 감쇠하기 시작하며 주파수가 높게 됨에 따라서 게인이 크게 된다.

결국 컷오프주파수를 경계로 이것보다 빠른 변화에는 따라가지 못한다는 성질을 알 수 있다.

이것으로부터 보드선도가 제어시스템의 특징을 대략적이지만 보다 직접적으로 표현하고 있다.

라. 외란 토크 정상편차와 PI제어시스템

지금까지는 외란 토크를 고려하지 않았지만 실제로는 무시할 수 없는 경우가 많다. 그러므로 여기서 외란으로서 그림 6.83의 입력파형과 같은 스텝상의 파형을 가정하고 이것을 $d \cdot u(t)$로 한다. 식 (6.99)에 있어서 $v_{ref}(s) = 100/s$, $T_L(s) = d/s$로써 역라플라스 변환하면 다음과 같이 표현된다.

$$v(t) = \left(100 - \frac{d}{J} G_v\right)(1 - e^{-G_{vt}}) \tag{6.111}$$

이 되고 $t \rightarrow \infty$ 로 하므로써 정상상태의 응답은 다음과 같이 표현된다.

$$v(\infty) = 100 - \frac{d}{J} \cdot \frac{1}{G_v} \tag{6.112}$$

G_v는 유한한 값 밖에 취할 수 없으므로 편차 dJG_v를 제로로 할 수 없다. 따라서 그림 6.81의 제어시스템은 외란 토크의 영향에 의해 본질적으로 정상편차를 발생한다는 결점이 있는 것을 알 수 있다.

왜 이와 같이 되는 것일까? 그림 6.80에 있어서 속도 v를 일정값으로 유지하기 위해서는 외란 토크 T_L을 제거한 모터토크 T_M만이 항상 발생하고 있지 않으면 안 된다. 그런데 이 블록선도에서는 $v_{ref} = v$일 때 반드시 $T_M = 0$로 된다. 이 때문에 편차 ε을 제로로 할 수 없으며 정상편차가 발생하게 되는 것이다. 그러므로 ε =0으로 되어도 토크가 발생할 수 있도록 T_L에 상당하는 값을 어딘가에 저장해 놓으면 충분하다. 이를 위해서는 적분요소 $1/s$가 필요하다. 그러므로 그림 6.80의 A_v로부터 $A_v(1+1/T_i s)$로 변경한다는 대책을 세워 놓자. 이것을 직결되먹임 형으로 변형하면 그림 6.87과 같은 블록선도로 된다.

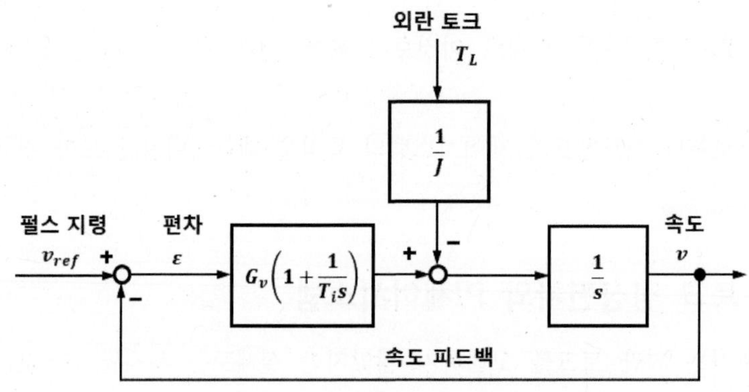

그림 6.87 속도제어시스템(비례적분제어)

이것은 **비례적분 제어시스템**(PI 제어시스템)이라 부르고 있다. 출력 v를 v_{ref}와 T_L로 나타내면 다음과 같다.

$$v = \frac{\omega_n(2\zeta - \beta)s + \omega_n^2}{s^2 + 2\zeta\omega_n s + \omega_n^2} v_{ref} \tag{6.113}$$

다만 ω_n, ζ, β는 각각 다음 식으로 정의했다.

$$\text{고유 진동수} \quad \omega_n = \sqrt{\frac{G_v}{T_i}} \tag{6.114}$$

$$\text{감쇠율} \quad \zeta = \frac{1}{2}\sqrt{G_v T_i} \tag{6.115}$$

$$\beta = \frac{1}{J\omega_n} \cdot \frac{T_L}{v_{ref}} \tag{6.116}$$

P제어시스템의 경우와 마찬가지로 속도의 스텝응답을 검토하자. 속도지령을 $v_{ref} = a/s$로 한다. 전술한 것과 같이 스텝상의 외란을 가정하여 $T_L = d/s$로 한다. 정의 a와 d의 단위는 각각 [rad/s]와 [kgf·㎝]이다. 이와 같이 하면 식 (6.116)의 β는 정수 $d/(aJ\omega_n)$으로 된다. 그러므로 스텝응답은 식 (6.113)을 역라플라스 변환하여 다음 식으로 주어진다.

$$\begin{aligned} v(t) = a - \frac{a}{2\sqrt{\zeta^2 - 1}} \times \Big\{ &(\sqrt{\zeta^2-1} - \zeta + \beta) e^{-(\zeta - \sqrt{\zeta^2-1})\omega_n t} \\ &+ (\sqrt{\zeta^2-1} + \zeta - \beta) e^{-(\zeta + \sqrt{\zeta^2-1})\omega_n t} \Big\} \end{aligned} \tag{6.117}$$

식 (6.115)으로부터 알 수 있듯이 $\zeta > 0$이므로 $\zeta - \sqrt{\zeta^2 - 1} > 0$, $\zeta + \sqrt{\zeta^2 - 1} > 0$이다. 식 (6.117)에서 $t \to \infty$로 함으로써 정상상태로 될 때의 스텝응답은 $v(\infty) = a$로 된다는 것을 알 수 있다. 이것은 속도지령 v_{ref}에 완전히 일치하고 있다. 이것으로부터 PI제어시스템을 이용하면 전술한 P제어시스템의 결점(외란에 의한 정상편차의 발생)이 제거되는 것이 설명된다.

마. 감쇠율과 응답

그러면 정상상태에 도달할 때까지는 어떻게 응답을 나타낼 것인가? 이것에는 ζ가 중요한 의미를 갖고 있다. 식 (6.113)과 같은 2차계의 경우 $\zeta < 1$라 설정하면 그림 6.88에 나타낸 바와 같이 반드시 감쇠진동을 동반한 응답이 되는 것이 알려져 있다. 이 이유를 설명한다. $\zeta < 1$로서 식 (6.117)을 변형하면

$$v(t) = a - a e^{-\zeta\omega_n t}\left[\frac{1}{2}\left(e^{j\sqrt{1-\zeta^2}\,\omega_n t} + e^{-j\sqrt{1-\zeta^2}\,\omega_n t}\right)\right.$$

$$\left. - \frac{\zeta-\beta}{\sqrt{1-\zeta^2}} \cdot \frac{1}{2j}\left(e^{j\sqrt{1-\zeta^2}\,\omega_n t} + e^{-j\sqrt{1-\zeta^2}\,\omega_n t}\right)\right] \tag{6.118}$$

식 (6.118)에 있어서 다음과 같은 관계가 있다.

$$\frac{1}{2}\left(e^{j\sqrt{1-\zeta^2}\,\omega_n t} + e^{-j\sqrt{1-\zeta^2}\,\omega_n t}\right) = \cos\left(\sqrt{1-\zeta^2}\,\omega_n t\right) \tag{6.119}$$

$$\frac{1}{2j}\left(e^{j\sqrt{1-\zeta^2}\,\omega_n t} + e^{-j\sqrt{1-\zeta^2}\,\omega_n t}\right) = \sin\left(\sqrt{1-\zeta^2}\,\omega_n t\right) \tag{6.120}$$

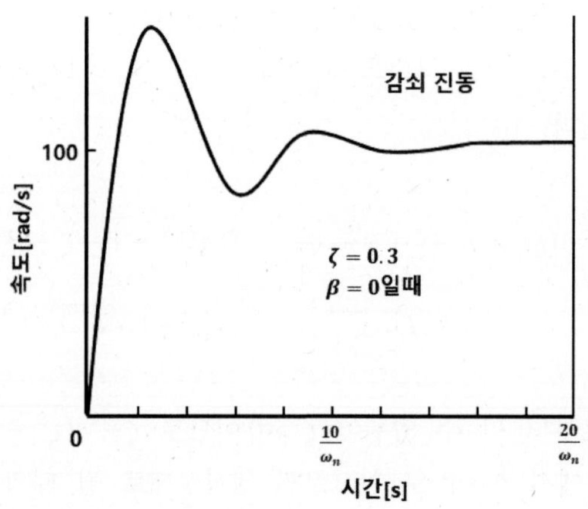

그림 6.88 2차계의 스텝응답(김쇠진동을 동반할 때)

이것으로부터 감쇠진동을 동반하는 것을 이해할 수 있다. 따라서 감쇠진동의 발생을 피하는 경우에는 반드시 $\zeta \geq 1$로 하지 않으면 안 된다.

다음에 β의 영향에 대해서 조사해 보자. 감쇠진동이 발생하지 않도록 $\zeta = 1$로 한다. 이때만은 식 (6.117)를 사용할 수 없으므로 식 (6.113)에서 $\zeta = 1$로 놓고 재차 역라플라스 변환을 행하면 다음과 같이 표현된다.

$$v(t) = a + a\{(1-\beta)\omega_n t - 1\}e^{-\omega_n t} \tag{6.121}$$

식 (6.121)로부터 그림 6.89에 나타낸 응답이 얻어졌다. 그림과 식 (6.116)로부터 $\beta = 0$ 즉 외란 토크가 제로일 때 오버슈트가 최대로 되며 외란이 크게 됨에 따라 β가 크게 되며 역으로 오버슈트가 감소해 가는 모양을 알 수 있다. 외란 토크는 자유롭게 바꿀 수 있는 것은 아니므로 오버슈트가 발생했을 때는 ζ의 값이 크게 되도록 조정하는 것으로 이것을 감소시키지 않으면 안 된다. 이 예를 그림 6.90에 나타낸다. ζ를 바꾸는 데는 식 (6.115)으로부터 G_v와 T_i를 바꾸면 좋다는 것을 알 수 있다. 그러나 식 (6.114)로부터 명확하듯이 ζ만을 바꾸기 위해서는 G_v와 T_i를 동시에 바꿀 필요가 있다.

여기서 ω_n은 전술의 P제어법에 있어서의 컷오프 주파수 ω_c와 같은 것이다. 그림 6.89이나 그림 6.90로부터 알 수 있듯이 이것은 스텝응답의 속응성에 관한 정의이지만 이것만으로 응답파형이 정해질 수는 없다. 전술했듯이 ζ나 β의 값에 파형이 충분히 영향을 주는 것이다.

이상으로부터 우선 속도를 검출하고 되먹임을 통하여 속도를 자유자재로 제어할 수 있다는 것을 알 수 있었다. 특히 중요한 것은 속도 제어시스템이 PI제어시스템으로 구성되어 있다는 것이다. 이것에 의해 외란토크의 영향을 배제할 수 있는 것이다. PI제어시스템에서는 $\zeta \geq 1$일 경우도 외란토크가 작게 되면 오버슈트가 발생하는 경향이 있다는 것을 알았다.

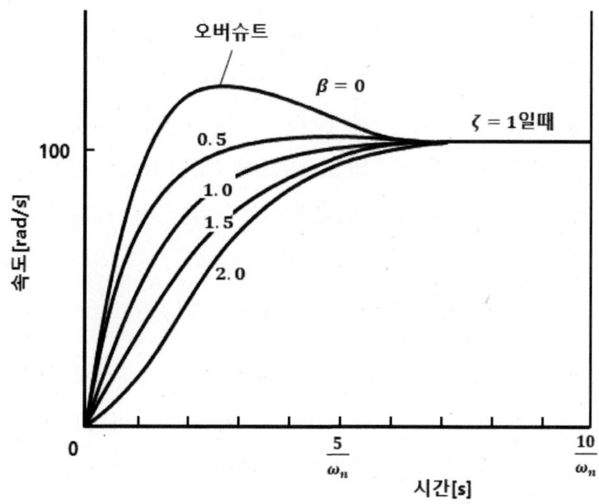

그림 6.89 PI제어시스템의 스텝응답(β를 변화시켰을 때)

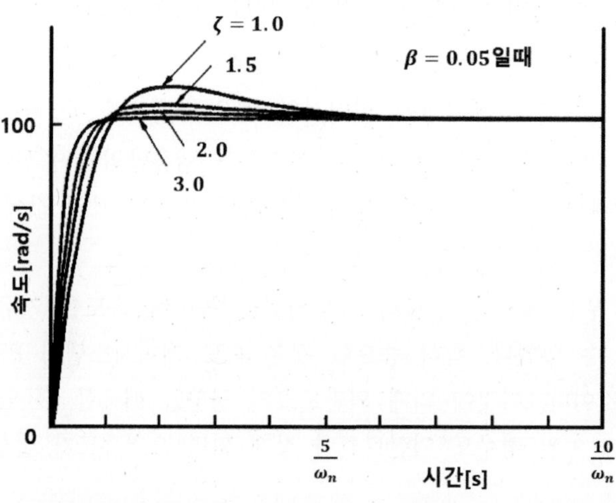

그림 6.90 PI 제어시스템의 스텝응답(ζ를 변화시켰을 때)

6.4 서보 기구의 위치 제어

6.4.1 위치 제어의 블록선도

본 절에서는 기구의 위치를 제어하는 방법에 대해 설명한다. 본 절에서는 반폐쇄 방식을 전제로 한다. 이 때문에 모터의 위치를 제어함으로써 기구의 위치가 제어되게 된다. 모터의 위치를 지령대로 제어하기 위해서 속도제어의 경우와 마찬가지로 위치에 대해 되먹임을 한다. 외란의 영향은 내측의 속도 루프(PI제어시스템)로 보상되고 있으므로 위치루프에서는 이것을 고려하지 않아도 좋다.

그러므로 그림 6.91에 나타낸 바와 같이 P제어시스템으로 위치제어를 행한다. 그림 중의 속도루프(PI제어시스템)은 정리해서 식 (6.113)로 나타내고 있다. 여기서는 위치의 단위로서 [rad]를 이용하고 있다. 실제로는 위치검출기로서 옵티컬 엔코더(Pulse Generator : PG)가 사용되고 있으므로 위치의 단위로서 [pulse]를 사용하는 것이 많다. PG는 모터가 미소거리 $\Delta\theta$ [rad] 회전할 때마다 1펄스 발생하는 장치이다. 이 때 그림 6.91의 블록선도는 어떻게 변하는가를 검토해 본다.

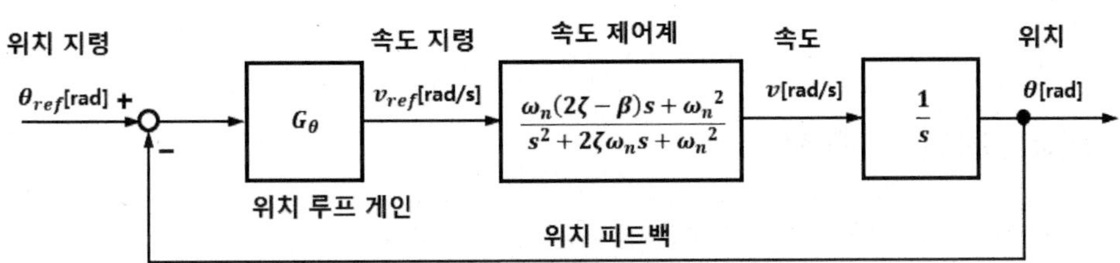

그림 6.91 위치 제어시스템(위치의 단위가 [rad]의 경우)

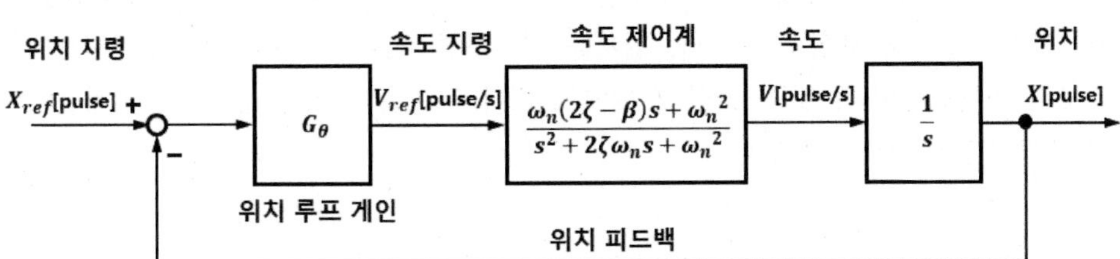

그림 6.92 위치 제어시스템(위치의 단위가 [pulse]의 경우)

1회전(2π[rad])당 n펄스 발생하는 PG를 이용하는 것으로 한다. 위치지령 X_{ref}[pulse]와 θ_{ref}[rad] 및 검출위치 X[pulse]와 Θ[rad] 사이에는 다음의 관계가 성립한다.

$$\theta_{ref} = \frac{2\pi}{n} X_{ref} \tag{6.122}$$

$$X = \frac{n}{2\pi} \theta \tag{6.123}$$

식 (6.122)과 식 (6.123)을 그림 6.91의 블록선도에 적용한다. 다음에 위치지령 X_{ref}[pulse]와 검출위치 X[pulse]와의 사이에 직결되먹임의 형이 되도록 되먹임루프를 변형한다. 이것을 정리하면 그림 6.92에 나타낸 블록선도가 얻어진다. 그림 중의 속도의 단위가 [pulse/s]로 바뀌고 있는 것에 주의하기 바란다.

그림 6.91과 그림 6.92를 비교하면 명백하듯이 속도의 단위에 귀를 기울이면 위치를 [rad] 혹은 [pulse]의 어느 쪽으로 나타낸 경우에도 위치루프의 게인 G_θ는 동일하다는 것을 알 수 있다. 그러므로 앞으로는 위치에 [pulse], 속도에 [pulse/s]라는 단위를 사용하여 설명하기로 한다.

6.4.2 위치 제어의 특성

다음에 위치제어시스템의 특성을 검토한다.

위치지령 X_{ref}라 하고 그림 6.93의 위 그림에 나타낸 바와 같이 직선의 기울기가 일정한 파형(이것을 램프함수라 한다)를 입력한다. 이 파형을 미분하면 그림 6.93의 아래 그림과 같이 스텝함수가 된다. 위치를 미분하면 속도가 되므로 이 입력신호의 속도 정보는 스텝함수이다. 결국 그림 6.92에 있어서 검출속도 V[pulse/s]의 파형을 측정하면 스텝응답이 관측되게 된다.

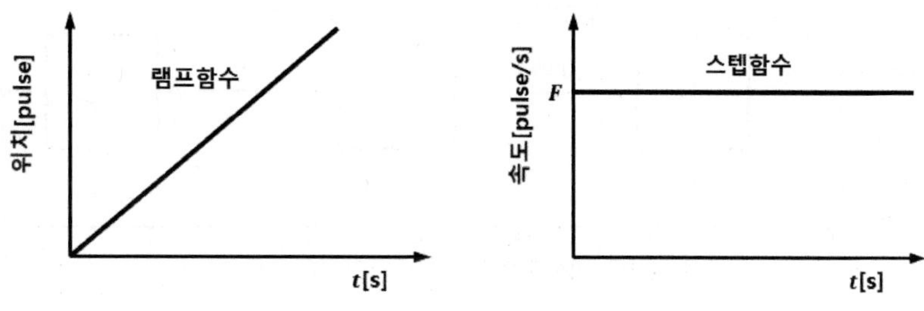

그림 6.93 위치지령 파형의 검토

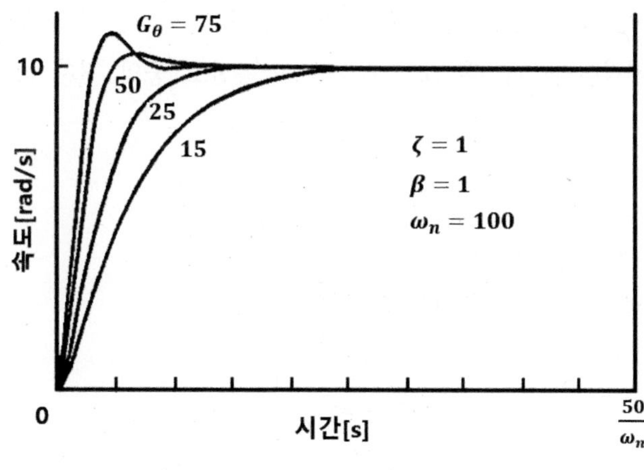

그림 6.93 위치지령 파형의 검토

오버슈트가 발생하지 않기 위해서는 대개 다음 식과 같이 게인 G_θ를 정하면 충분하다.

$$G_\theta \leqq 0.15\omega_n \tag{6.124}$$

이 값보다도 크게 되면 오버슈트가 발생하게 된다. 이 모양을 그림 6.94에 나타낸다. 그림 중의 속도루프에서 오버슈트가 일어나지 않도록 ζ와 β의 값을 선택했다(ζ = 1.0). 식 (6.124)와 같이 게인을 설정하면 위치제어시스템을 그림 6.95에 나타낸 바와 같이 게인이 G_θ의 1차 자연계로서 취급할 수 있다. 이후는 그림 6.95의 블록선도에 의해 설명한다.

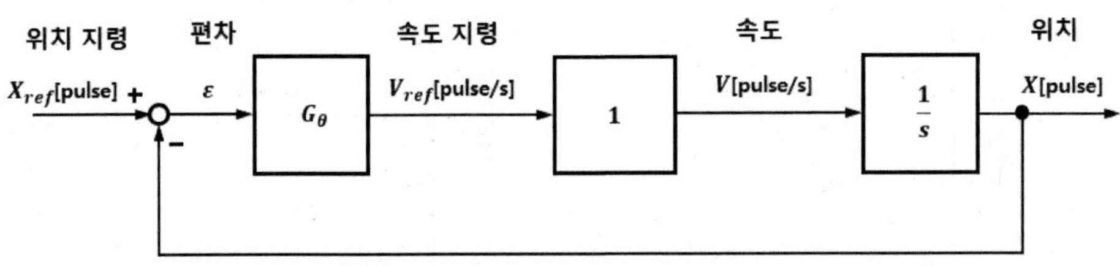

그림 6.95 위치제어시스템(1차지연계에서 근사)

이 블록선도에 있어서 게인 G_θ를 간편하게 측정하는 방법은 없을까를 생각해 본다. 위치제어시스템에 그림 6.93에 나타낸 바와 같은 기울기(속도)가 일정값 F[pulse/s]의 램프함수를 입력한다. 즉, $X_{ref} = F/s^2$ [pulse]이다. 이것은 일정속도로 기구를 움직여 보고자 하는 지령이다. 이 때 그림 6.95의 블록선도 중의 편차 $E(s)$는 다음 식으로 표현된다.

$$E(s) = \frac{s}{s+G_\theta} \cdot \frac{F}{s^2} \tag{6.125}$$

이것을 역라플라스 변환하면 다음과 같이 된다.

$$E(t) = \frac{F}{G_\theta}(1-e^{G_\theta t}) \tag{6.126}$$

정상편차 ε을 구하기 위해서 $t\to\infty$ 로 하면 다음과 같이 된다.

$$\epsilon = \frac{F}{G_\theta} \tag{6.127}$$

F[pulse/s]의 속도로 기구를 움직이고자 할 때 위치의 편차(편차 카운터의 수)가 ε [pulse]이라고 가정한다. 이 경우 위치루프의 게인 G_θ를 K_p로 놓으면 식 (6.108)로부터 다음과 같이 된다.

$$K_p = \frac{F}{\epsilon} \tag{6.128}$$

식 (6.128)을 이용함으로써 위치루프의 게인 $K_p(= G_\theta)$를 간단히 구할 수 있다.

6.5 서보 기구의 추종 제어

6.5.1 서보 2축에 의한 직선운동

$X-Y$테이블을 구동하는 경우와 같이 2축의 제어시스템을 구성할 때에는 무엇에 주의해야만 하는가를 서술해 놓는다.

우선 X축과 Y축을 제어하여 직선을 그리는 경우에 대해 생각한다.

X축과 Y축의 위치제어시스템의 출력을 각각 X_0 [pulse], Y_0 [pulse]로 하고 입력을 X_{ref} [pulse], Y_{ref} [pulse]로 하자. 양축 동시에 위치제어시스템을 1차계로 모델화하면 다음과 같다.

$$X_0(s) = \frac{K_{px}}{s+K_{px}} X_{ref}(s) \tag{6.129}$$

$$Y_0(s) = \frac{K_{py}}{s+K_{py}} Y_{ref}(s) \tag{6.130}$$

여기서 K_{px}와 K_{py}는 각각 X축과 Y축의 위치제어시스템의 게인이다.

접선속도 일정하게 직선이 그려지므로 위치지령은 각각 $X_{ref}(t) = F_x \cdot t$와 $Y_{ref}(t) = F_y \cdot t$이다. F_x와 F_y는 각각 X축방향과 Y축방향의 속도로 단위는 [pulse/s]이다. 이들을 라플라스변환하면 $X_{ref}(s) = F_x/s^2$, $Y_{ref}(s) = F_y/s^2$으로 된다. 이것으로부터 식 (6.129)과 식 (6.130)을 역라플라스 변환할 수 있으며 응답이 다음 식으로 구해진다.

$$X_0(t) = F_x \cdot t - \frac{F_x}{K_{px}}(1-e^{-K_{px} \cdot t}) \tag{6.131}$$

$$Y_0(t) = F_y \cdot t - \frac{F_y}{K_{py}}(1-e^{-K_{py} \cdot t}) \tag{6.132}$$

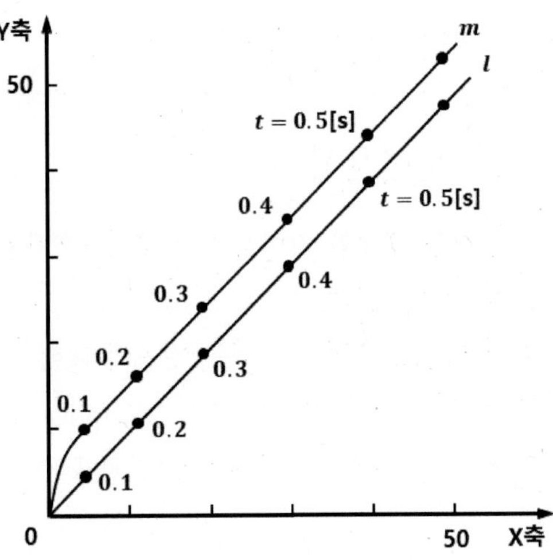

그림 6.96 직선을 그렸을 때의 궤적

여기서 예를 들면 $F_x = F_y = 100$ [pulse/s]로 하고 $K_{px} = 10$, $K_{py} = 20$으로 하면 그림 6.96에서 m의 궤적이 얻어진다. 과도상태에서는 명백히 직선으로부터 어긋나는 것을 알 수 있다. $K_{px} = K_{py} = 10$으로 하면 그림 6.96의 l과 같이 궤적은 직선으로 된다. 이 때문에 $K_{px} = K_{py}$가 아니면 안 된다.

이 이유를 생각해 보자. 전술의 $X_{ref}(t) = F_x \cdot t$와 $Y_{ref}(t) = F_y \cdot t$로부터 t를 소거하면 지령의 궤적은 다음 식으로 표현된다.

$$F_y \cdot X - F_x \cdot Y = 0 \tag{6.133}$$

다만 X_{ref}와 Y_{ref}는 일반적인 변수 X와 Y에 각각 치환하고 있다. 평면상의 임의 점 (x_0, y_0)로부터 이 직선까지의 거리 D는 다음과 같다.

$$D = \frac{|F_y \cdot x_0 - F_x \cdot y_0|}{\sqrt{F^2_{+F_y^2 x}}} \tag{6.134}$$

윗 식의 x_0와 y_0에 식 (6.131)의 $X_0(t)$와 식 (6.132)의 $Y_0(t)$를 각각 대입하여 정리하면 다음과 같이 된다.

$$D=\frac{\dfrac{F_x \cdot F_y}{K_{px}\cdot K_{py}}|K_{px}(1-e^{-K_{py}\cdot t})-K_{py}(1-e^{K_{px}\cdot t})|}{\sqrt{F^2_{+F_y^2 x}}} \tag{6.135}$$

$D=0$일 때 응답의 궤적은 지령의 직선상에 있게 된다. 식 (6.135)에 있어서 임의의 t에 대해 $D=0$으로 되는 조건을 구하면 $K_{px}=K_{py}$로 된다. 결국 궤적이 직선으로 되기 위해서는 X축과 Y축의 위치제어시스템의 게인이 같지 않으면 안 된다.

6.5.2 서보 2축에 의한 원호운동

원호를 그리는 경우를 생각해 보자. 반경이 R[pulse]이고 원주상의 접선속도를 F[pulse/s]로 한다. 위치제어시스템의 지령은 다음과 같다.

$$X_{ref}(t)=R\sin\omega_0 t \tag{6.136}$$

$$Y_{ref}(t)=R\cos\omega_0 t \tag{6.137}$$

접선속도는 $F=R\cdot\omega_0$이므로 ω_0은 다음과 같이 된다.

$$\omega_0=\frac{F}{R} \tag{6.138}$$

여기서 전술의 직선의 경우로부터 위치루프의 게인을 같게 놓는다. 즉, 다음과 같이 된다.

$$K_{px}=K_{py}=K_p \tag{6.139}$$

이와 같이 하여 원호를 그리면 그림 6.97과 같은 궤적이 얻어진다. 그림 중의 C_1은 지령의 원, C_2가 응답의 궤적이다. AB사이는 위치제어시스템이 과도상태에 있을 때의 궤적이다. 이것으로부터 정상상태에 달하면 형은 「원호」로 되지만 반경이 작게 되어 있는 것을 알 수 있다.

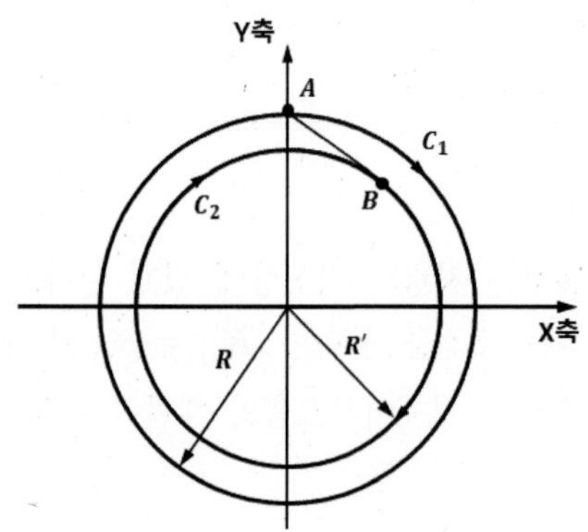

그림 6.97 원을 그렸을 때의 궤적(개념도)

이것을 6.2절에서 설명한 주파수응답의 개념을 이용하여 설명한다. 위치제어시스템은 1차지연계로 하고 있으므로 이 계의 주파수특성은 그림 6.86에 나타낸 특성과 같은 형이 된다. 정현파를 지령으로 하고 있으므로 정상상태를 생각할 때 그 응답파형의 진폭과 위상의 어긋남에 대해서는 식 (6.109)과 식 (6.110)이 그대로 사용된다.

이것으로부터 정상상태의 응답은 각각 다음과 같다.

$$X_0(t) = \frac{R}{\sqrt{1+\left(\frac{\omega_0}{K_p}\right)^2}} \sin(\omega_0 t + \phi_0) \tag{6.140}$$

$$Y_0(t) = \frac{R}{\sqrt{1+\left(\frac{\omega_0}{K_p}\right)^2}} \cos(\omega_0 t + \phi_0) \tag{6.141}$$

여기서 $\omega_0 = K_p$, $\omega = \omega_0$, $\varphi_0 = -\tan^{-1}(K_p/\omega_0)$로 놓았다. X_0와 Y_0를 통상의 변수 X, Y로 놓으면 $\sin^2(\omega_0 t + \varphi_0) + \cos^2(\omega_0 t + \varphi_0) = 1$이므로 다음 식이 얻어진다.

$$X^2 + Y^2 = \left(\frac{R}{\sqrt{1+\left(\frac{F}{R \cdot K_p}\right)^2}}\right)^2 \tag{6.142}$$

식 (6.142)으로부터 정상상태에서는 응답파형도 원이 되는 것을 알 수 있다. 더구나 응답파형의 원의 반경 R'는 식 (6.142)로부터 다음과 같다.

$$R' = \frac{R}{\sqrt{1+\left(\frac{F}{R \cdot K_p}\right)^2}} \tag{6.143}$$

따라서 접선속도 F가 클수록 지령의 반경 R이 작을수록 위치루프의 게인 K_p가 작을수록 응답의 원의 반경이 작게 되는 것을 알 수 있다.

CHAPTER 7

서보 기구와 기계시스템의 매칭

CHAPTER 7
서보 기구와 기계시스템의 매칭

지금까지 기계의 관성모멘트부터 서보 요소의 증폭부, 서보 요소의 검출부 및 서보 요소의 조작부 등 서보 기구를 구성하는 요소에 대한 기초적인 내용을 다루었다. 또한 기계와 제어의 일체화를 통해 위치 및 속도 제어를 할 수 있는 서보 기구의 기초에 대해 다루었다. 본 장에서는 이러한 서보 기구를 기계, 특히 NC 공작기계와 조합할 때 어떻게 하면 좋을 것인가에 대한 내용을 살펴보기로 한다.

7.1 기계 정수와 기계 정수 구하는 방법

폐쇄 루프계의 공작기계를 설계할 때에는 공작 기계로서는 최종 조정 단계에서 구동 모터측에 대한 부하 정마찰 토크, 구동 토크, 절삭 토크 및 구동시스템 전체의 백래시, 강성, 관성 모멘트, 공진수 등의 값을 알아둘 필요가 있다. 또한, 공작기계 장치측으로서는 구동 증폭기와 구동 모터를 조합시킨 상태에서의 토크 속도 특성의 값이 상기 공작 기계의 특성값을 만족 시키지 않으면 안 된다. 그러므로 우선 공작기계로서 필요한 이들 기계 정수를 구하는 실제적인 방법에 대해서 서술한다.

기계 정수의 단위로서는 통상 MKS 단위계 또는 CGS 단위계를 이용할 수 있겠지만, 여기서는 습관적으로 잘 사용되고 있는 중력 단위계를 채용한다.

7.1.1 마찰력과 마찰 토크의 측정 방법

기계적 마찰에는 속도에 비례해서 변화하는 **점성 마찰**, 정지 상태에 있어서의 **정지 마찰**, 움직임의 정부(正負)에 의해 극성만이 변하며 미끄럼 속도의 대소에 관계없는 **동마찰** 등이 있다. 이 동마찰과 정마찰을 **미끄럼 마찰**이라 부르고 일반적으로 미끄럼 마찰은 수직 압력에 비례하며 접촉 면적의 대소에는 관계없다. 이에 대해서 구름 마찰은 내용이 복잡하다. 이들의 마찰력과 속도와의 관계는 그림 7.1과 같이 된다.

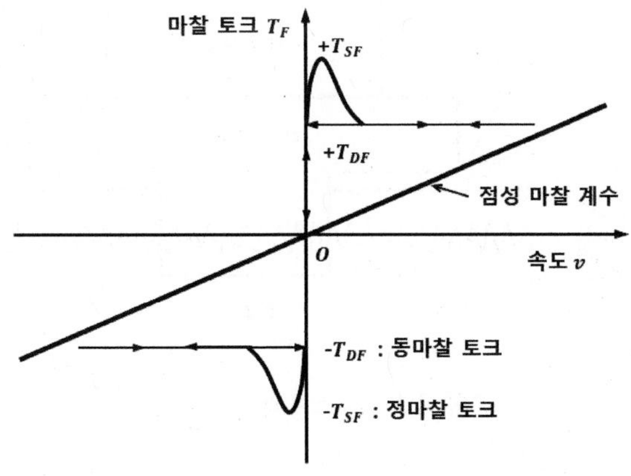

그림 7.1 마찰토크와 속도의 관계

가. 마찰 토크의 측정 방법

마찰 토크의 측정 방법으로서는 보통 모터축에 봉을 직결하여 그의 선단을 스프링만으로 인장하는 방법이 이용되고 있지만, 이것은 봉의 무게가 영향을 주기 때문에 별로 좋은 측정 방법은 아니다. 가장 좋은 정마찰 토크의 측정 방법은 그림 7.2에 나타냈듯이 원판을 모터축에 붙여 원판에 끈을 감아 끈을 스프링만으로 인장하는 방법이다.

원판의 반경을 r[㎝]로 하고 스프링만의 읽음을 x[kgf]로 하면 정마찰 토크(T_s)는 다음 식으로 구해진다.

$$T_s = r \times x \ [\mathrm{kgf \cdot cm}] \tag{7.1}$$

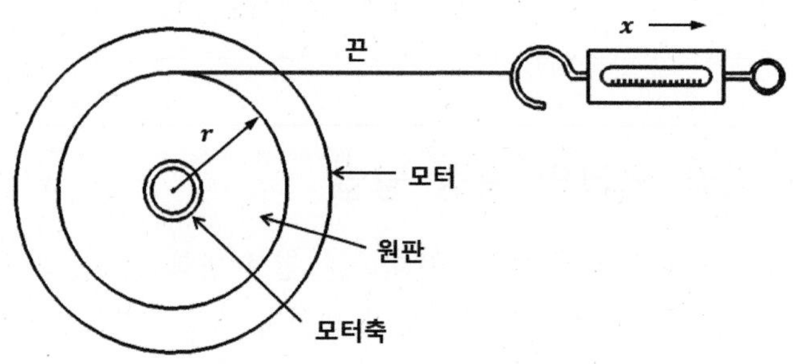

그림 7.2 정마찰 토크의 측정방법

나. 트러스트와 토크와의 관계 (그림 7.3)

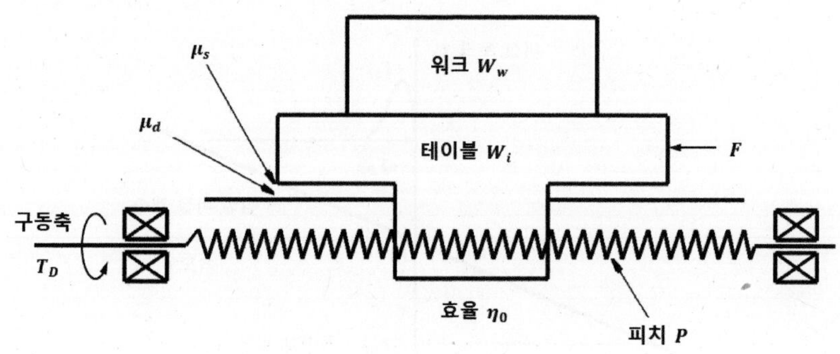

그림 7.3 트러스트와 토크의 관계

지금 F를 트러스트 힘[kgf], T_s를 정마찰 토크[kgf·cm], T_D를 구동 토크[kgf·cm], T_d를 동마찰 토크[kgf·cm], P를 볼나사 피치[cm/rev], η_0을 테이블과 볼나사 사이의 전달 효율, W_t를 테이블 중량[kgf], W_w를 워크 중량[kgf], μ_d를 동마찰 계수로 하면 다음의 관계식으로 나타낼 수 있다.

$$T_s = \frac{PF_s}{2\pi\eta_0} \tag{7.2}$$

$$T_d = \frac{PF_d}{2\pi\eta_0} \tag{7.3}$$

여기서 정트러스트 힘 $F_s = (W_w + W_t)\mu_s$ [kgf]

동트러스트 힘 $F_d = (W_w + W_t)\mu_d$ [kgf]

따라서 구동 토크 T_D는 F_s, F_d중의 최대값을 취하면 된다.

다. 정마찰 토크와 기계 효율의 측정 방법

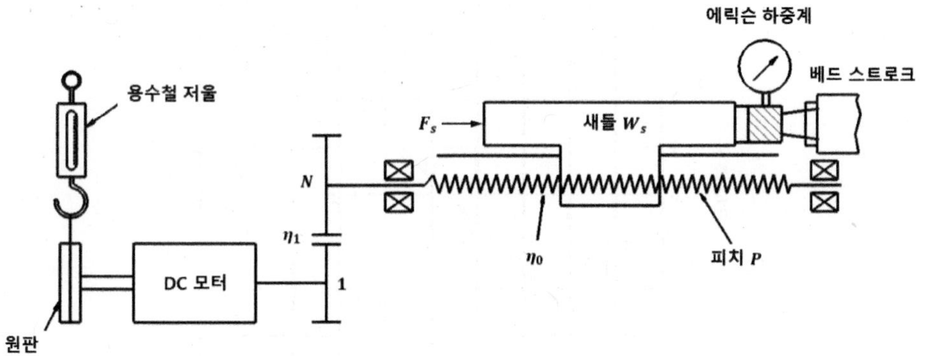

그림 7.4 모터를 포함한 정마찰 토크의 측정방법

그림 7.4에 있어서 선반의 Z축의 모터 토크 T_{ms}와 새들(saddle)에 발생하는 정트러스트 힘 F_s와의 관계를 재어 트러스트 힘이 0일 때의 모터축에 있어서의 토크를 그림 7.5와 같이 외삽법(外插法)으로 구하면 이것이 모터를 포함한 정마찰 토크 T_s로 된다.

이 관계식은 다음과 같다.

$$T_s = T_{ms} + \frac{1}{\eta_0 \eta_1 N} \cdot \frac{P W_s \mu_s}{2\pi} \tag{7.4}$$

여기서 T_s : 정마찰 토크[kgf·㎝], T_{ms} : 모터의 정마찰 토크[kgf·㎝], $W_s \mu_s$: 구동하는데 요하는 정트러스트 힘[kgf], W_s : 새들 중량[kgf], η_0 : 볼나사와 새들간의 전달 효율, η_1 : 기어의 전달 효율, N : 기어비

그림 7.4에 나타낸 구동시스템에 있어서 모터축에 있어서의 총 토크 T[kgf·㎝]와 새들의 트러스트 힘 F[kgf]와의 관계는 다음과 같이 된다.

$$T = \frac{D}{2} tan(\alpha + \rho) \times \frac{F}{N \eta_m} + T_{ms} \tag{7.5}$$

여기서 D : 볼나사의 유효 지름, α : 리이드각, ρ : 마찰각, N : 기어비, T_{ms} :모터축의 마찰 토크, $\eta_m = \eta_0 \eta_1$: 기계 효율이다.

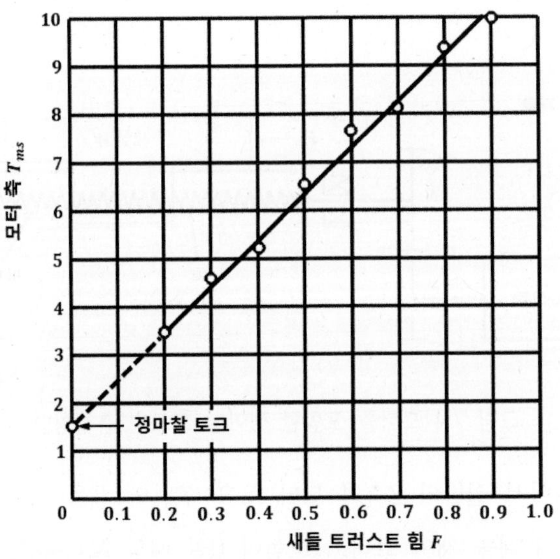

그림 7.5 모터축 토크-트러스트 힘 특성

예제 7.1

그림 7.4에서 볼나사의 유효 지름을 3.65㎜, 리이드각을 5°59′, 마찰각을 0°34′, 기어비를 60.3, 모터축의 마찰 토크를 1.5[㎏f·㎝]라 할 때, 기계효율을 구하라.

풀이

식 (7.5)로부터 모터 축에 있어서의 총 토크 T는 다음과 같이 된다.

$$T = \frac{0.0035F}{\eta_m} + 1.5$$

또한 그림 7.5로부터 $T = 0.0085F + 1.5$이 되며 따라서 기계효율은 다음과 같이 된다.

$$\eta_m = \frac{0.0035}{0.0085} = 0.41$$

라. 구동 토크의 측정 방법

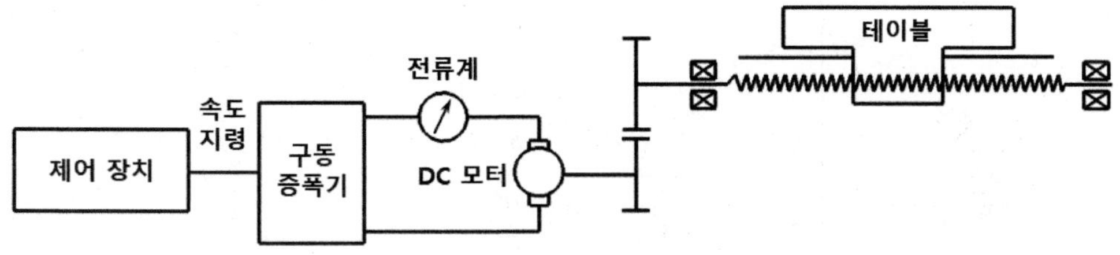

그림 7.6 모터 구동토크의 측정방법

그림 7.6에 나타낸 방법으로 여러 가지 이송 속도에 있어서 직류 모터의 전기자 전류를 측정하여 다음 식으로부터 구동에 소비되는 직류 모터 토크를 구하면 된다.

$$T_D(\text{구동 토크}) = T_M(\text{전동기 정격 토크}) \times \frac{\text{측정 전류 } [A]}{\text{정격 전류 } [A]} \qquad (7.6)$$

이상의 측정법을 응용하면 드릴 절삭 때의 모터축 토크나 모터축과 테이블 사이의 기계 효율 η_m을 추측할 수 있다.

7.1.2 백래시 구하는 방법

가. 기어의 백래시

표준 기어의 중심 거리를 A라 하면 다음과 같은 관계를 갖는다.

$$A = \frac{d_1 + d_2}{2} = \frac{m(Z_1 + Z_2)}{2} \tag{7.7}$$

여기서 d_1, d_2 : 각각의 기준 피치원 지름, Z_1, Z_2 : 각각의 잇수, m : 모듈

실제로는 그림 7.7 (b)와 같이 이와 이 사이에 다소의 틈새를 설치하지 않으면 원활한 운동을 할 수 없다. 이 틈새를 기어에 있어서의 **백래시**라 한다.

백래시의 크기는 표 7.1에 나타낸 것과 같은 각종의 오차 요소에 의해서 발생하는 것이다. 이들의 양을 정확히 구하는 데는 각종의 치수 오차나 공차를 알 필요가 있다.

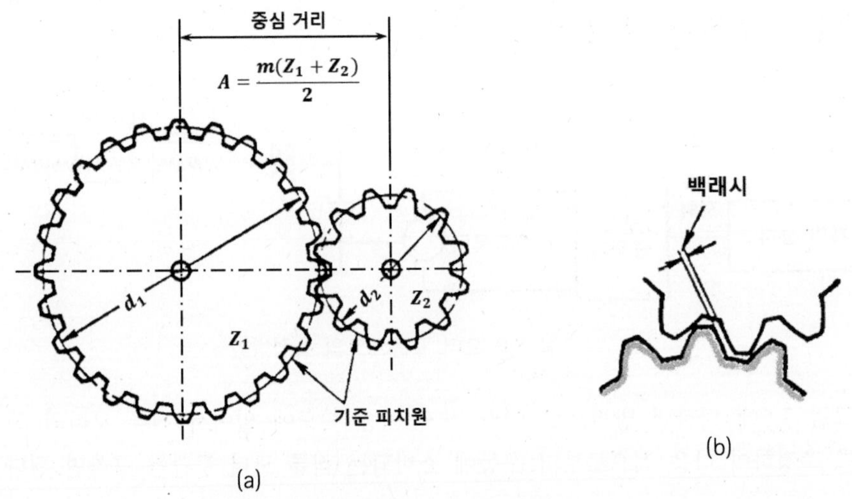

그림 7.7 기준 기어의 맞물림

표 7.1 백래시의 성분과 그의 오차 구성 요소

백래시의 성분	오차 요소	대책
고정 성분	부착 중심거리의 공작 오차 기어의 이두께 오차	조정 가능한 베어링에 의해 제거할 수 있음
규칙적 변동 성분	최대 두 잇면 맞물림 오차 기어와 축과의 부착 편심 축의 편심 및 볼베어링 내륜의 편심	
불규칙 변동 성분	축과 베어링과의 거터 기어의 구멍과 축과의 거터	끼워 맞춤 공차를 좋게 함

그림 7.8은 JGMA(Japan Gear Manufacture Association)에서 제공한 각 정도, 등급에 대한 백래시량을 구하기 위한 도표이다. 여기서 세로축의 C_{0i}는 1개의 기어에 있어서의 피치 원주상의 백래시이고 1쌍의 기어에 있어서는 각 기어에서 구한 C_{0i}의 합을 취한다.

예를 들면 Z_1 = 22, Z_2 = 60, m = 0.5, 1급의 기어에서는

- Z_1 : 기어의 피치원 지름 d_1 = 0.5 × 22 = 11 ㎜
- Z_2 : 기어의 피치원 지름 d_2 = 0.5 × 60 = 30 ㎜
- d_1 = 11 ㎜일 때, C_{01} = 25 ~ 70 ㎛ (그림 7.8에 의해)
- d_2 = 30 ㎜일 때, C_{02} = 40 ~ 110 ㎛

$\therefore\ C_{01} + C_{02}$ = (25 + 40) ~ (70 + 110) = 65 ~180 ㎛

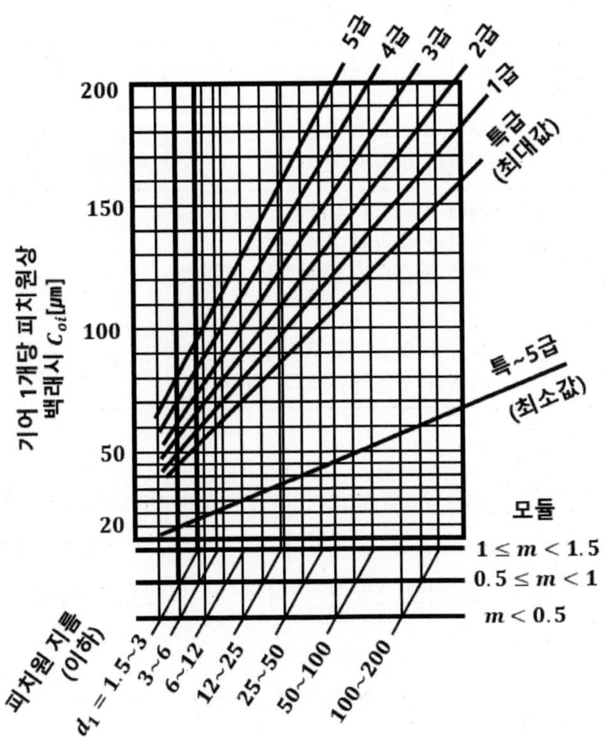

그림 7.8 피치원상 백래시를 구하는 도표

따라서 백래시량은 피치 원주상에서 최소 65 ㎛, 최대 180 ㎛ 사이로 된다. 이 경우 중심 거리, 기어 두께 오차, 양면의 맞물림 오차, 편심 등은 그의 정도, 등급에 정해진 공차 범위 내에 있는 것을 전제로 한다.

나. 기어의 백래시 제거법

기어의 백래시를 기계적으로 없애는 예로서 소형 기어의 경우는 그림 7.9 (a)에 나타낸 것과 같이 인장 스프링을 이용한 가위형 안티 백래시 기어를 구성하여 1개의 기어와 서로 맞물리는 방법이 잘 이용되고 있다. 그림 (b)는 2계열의 기어열로 해서 백래시를 제거하는 예이다.

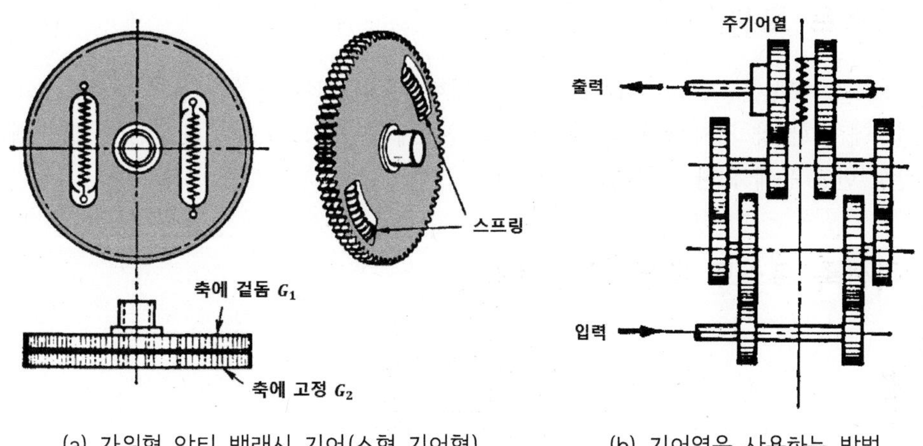

(a) 가위형 안티 백래시 기어(소형 기어형)　　(b) 기어열을 사용하는 방법

그림 7.9 백래시를 제거하는 방법

다. 이송 구동시스템의 종합 백래시

여기서 말하는 종합 백래시는 직선 이동에 있어서 구동시스템의 유극(clearence)으로 기어계의 백래시, 베어링 또는 베어링 지지의 헐거움, 나사 끝의 유극, 볼나사의 볼너트 사이의 유극, 너트 장치부의 헐거움 등의 원인으로 발생하여 공작 정도에 영향을 미치는 것이다. 기어계의 작은 백래시는 전술과 같이 거침없는 운전을 시키기 위해서는 불가결한 것이지만 이 백래시를 미끄럼 테이블의 직선 운동으로 변환한 경우의 값은 상당히 작다.

이송 구동시스템의 순수한 백래시를 측정하는 것은 어려우며 계의 마찰력이나 강성의 영향이 작용한다. 그러므로 사실은 순수한 백래시량보다 이들의 요소를 포함시킨 로스트모션량에 대해서 검토하는 편이 실제적이기도 하다.

기어의 맞물림 백래시량은 다음과 같다.

$$W = \sqrt[3]{d_0} + 0.65 \quad [\mu m] \tag{7.8}$$

또한 환산 백래시량은 다음과 같다.

$$\triangle\epsilon = \frac{PW}{\pi d_0} \quad [\mu m] \tag{7.9}$$

여기서 d_0 : 기어의 지름 [mm], P : 피치 [mm/rev]

7.1.3 로스트 모션

로스트 모션은 「어떤 위치로의 양의 방향으로의 위치 결정과 음의 방향으로의 위치 결정에 의한 양 정지 위치의 차」로 KS 용어에서는 정의하고 있다. 즉, 기계적 백래시, 탄성 변형 등에 의한 부동대의 총칭이다.

가. 직선축 로스트 모션 량의 측정법

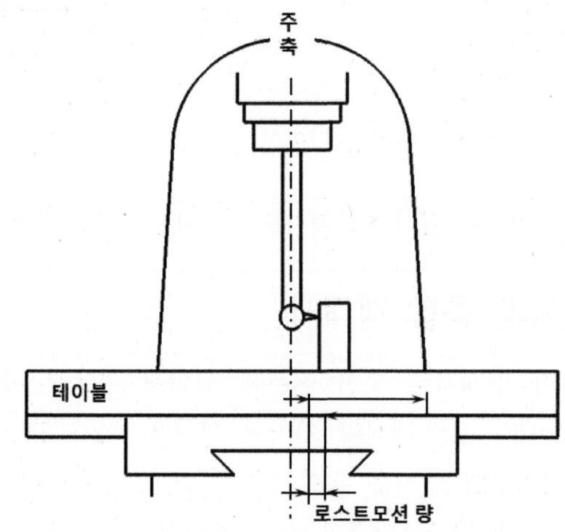

그림 7.10 직선축 로스트 모션 량의 측정법

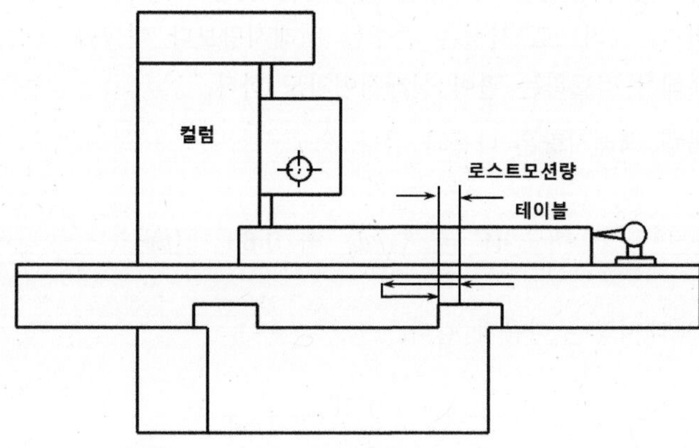

그림 7.11 직선축 로스트 모션 량의 측정법

그림 7.10, 그림 7.11에 나타낸 것과 같은 공작기계의 테이블, 새들, 주축, 주축 머리 등의 로스트 모션 량을 측정하는 데는 그들 움직임의 중앙 및 거의 양단에 놓고 빠른 이송으로 재차 양(음)방향으로 움직여 정지시키고, 그 위치를 기준으로 동일 방향에 빠른 이송으로 임의 지령을 주어 이동시키고 그 위치로부터 음(양)방향에 동일의 지령을 주어 이동시켰을 때의 정지 위치를 측정하여 차를 구하면 된다.

나. 회전축 로스트 모션량의 측정법

그림 7.12에 나타낸 것과 같은 공작기계 회전축의 로스트 모션량을 측정하는 데는 선회 범위 3개소의 위치에서 선회 축을 빠른 이송으로 재차 양(음)방향으로 움직여 정지시키고, 그 위치를 기준으로 해서 동일 방향으로 빠른 이송의 임의 지령을 주어 이동시키고 그 위치로부터 양(음)방향으로 동일의 지령을 주어 이동시켰을 때의 정지 위치를 재어 그 차를 구하면 된다.

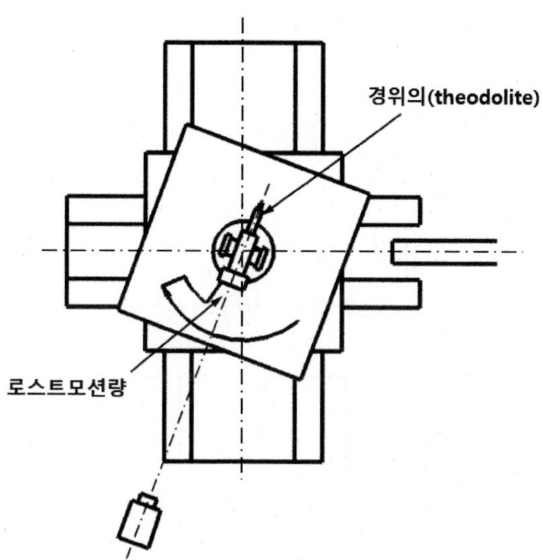

그림 7.12 회전축 로스트 모션량의 측정법

7.1.4 강성

가. 이송 구동시스템의 강성 측정법

이송 구동시스템의 강성은 로스트 모션이나 공작기계의 위치 결정 정도에 깊은 관계가 있으므로 그 값은 정량적으로 파악해 놓을 필요가 있다.

그림 7.13에 있어서 헤드 스톡을 강체로 간주하고 이것을 공구대에 붙여 구동부를 고정하고 DC 모터의 전기자 전류(토크에 비례)와 모터축 회전각과를 측정하면 구할 수 있다(그림 7.14).

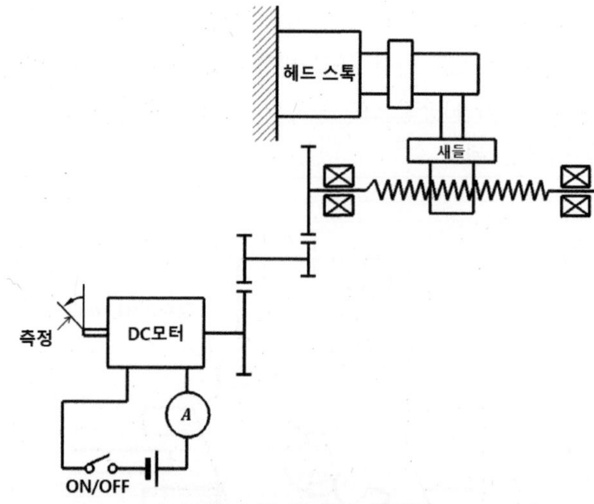

그림 7.13 강성의 측정법

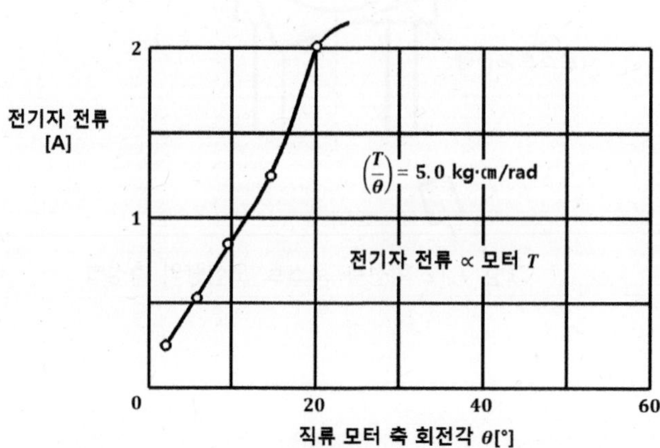

그림 7.14 직류 모터축 회전각과 전기자 전류

나. 강성에 의한 나사의 신축

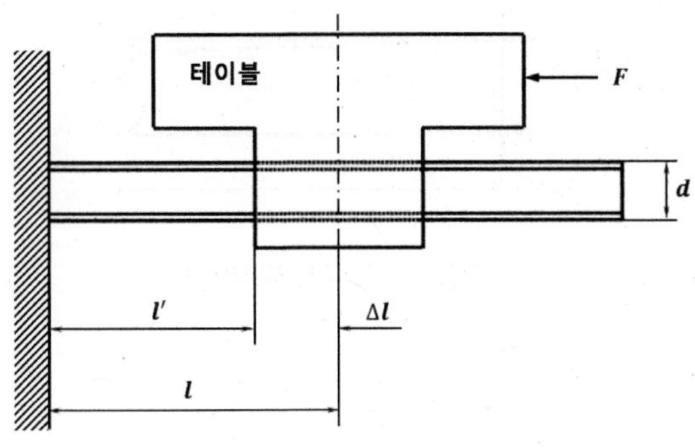

그림 7.15 나사의 신축

그림 7.15에 나타낸 계에 있어서 나사봉이 마찰력 등의 부하에 의해 인장 또는 압축력을 받으며 신장 또는 수축량 $\triangle l$은 다음 식에 의해 구할 수 있다.

$$\triangle l = \frac{4Fl}{\pi d^2 E} \tag{7.10}$$

여기서 $\triangle l$: 나사봉의 신장 또는 수축량 [㎝], l : 나사봉 지지간 거리 [㎝], d : 나사봉의 골지름 [㎝], F : 인장 또는 압축력 [kg], E : 영율 [kg/㎠]

일반적으로 강성에 의한 나사의 신축은 테이블 이동량에 직접 영향을 미치므로 특히 주의하여야 한다.

다. 강성에 의한 나사의 비틀림

나사봉의 한쪽 끝을 고정하여 다른 쪽 끝을 토크 T[kg · ㎝]로 비틀 경우의 비틀림각 θ[rad]는 다음 식에 의해 구해진다(그림 7.16).

$$\theta = \frac{32Tl}{\pi d^4 G} \tag{7.11}$$

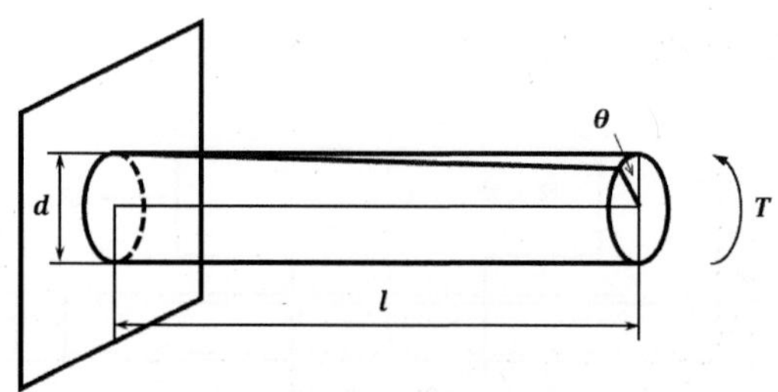

그림 7.16 나사의 비틀림

$$K_T = \frac{T}{\theta} = \frac{\pi d^4 G}{32l} \tag{7.12}$$

여기서 K_T : 비틀림 강성 [kg · ㎝/rad], l : 작용점간의 거리 [㎝], d : 나사봉의 골지름 [㎝], G : 횡탄성 계수 [kg/㎠]

라. 나사봉 비틀림각의 테이블 이동량에의 환산

그림 7.17에 나타낸 볼나사 축 끝을 회전시키면 테이블은 그것에 응해서 이동한다. 그러나 실제로는 마찰력과 반력으로 극복을 위한 토크가 A의 부분에 발생할 때까지 테이블은 이동하지 않는다.

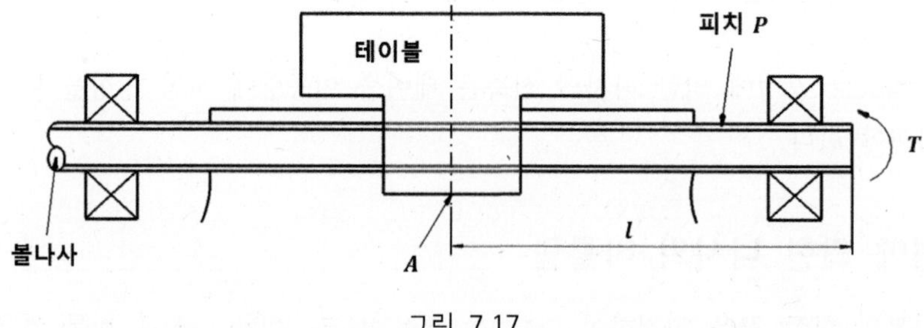

그림 7.17

지금 테이블을 움직이는데 필요한 토크를 T[kg · ㎝], 그 때의 축 끝의 회전각을 θ [rad]라 하면 움직여야 할 테이블의 이동량 x[㎝]는 다음 식으로 구해진다.

$$x = \frac{P\theta}{2\pi} = \frac{16PTl}{\pi^2 d^4 G} = \frac{P}{2\pi} \cdot \frac{T}{K_T} \tag{7.13}$$

여기서 P : 볼나사 피치 [㎝/rad]

윗 식으로부터 볼나사의 비틀림에 의한 위치 결정 오차는 테이블 이동량으로 환산하면 무시할 수 있을 정도로 작다. 특히 나사 지름이 충분히 크다면 식 (7.12)으로부터 비틀림 강성 K_T는 4승에 비례하여 크게 되므로 식 (7.13)으로부터 비틀림 강성에 의한 로스트 모션도 작게 된다.

마. 볼나사 이동 기구의 총합 강성의 계산

볼나사를 이용한 이송 기구의 총합 강성 K_E는 볼나사의 종강성 K_C 외에 너트의 강성 K_N , 트러스트 베어링의 강성 K_B 및 베어링 브래킷(체결 볼트 포함)의 강성 K_R 등이 생각된다. 또한, 이 총합 강성 K_E는 볼나사에 대한 트러스트 베어링이 한쪽 끝에만 있는 경우와 양단에 있는 경우가 다르다. 일반적으로 볼나사의 비틀림 강성 K_T는 총합 강성 K_E에 비해서 충분히 크기 때문에 무시할 수 있다.

(1) 볼나사의 한쪽 끝만을 트러스트 베어링으로 지지한 경우

그림 7.18로부터 총합 강성 K_E는 다음 식으로부터 구해진다.

$$\frac{1}{K_E} = \frac{1}{K_C} + \frac{1}{K_N} + \frac{1}{K_B} + \frac{1}{K_R} \tag{7.14}$$

여기서 K_C : 볼나사의 종탄성(l이 최대 길이일 때의 값을 취한 것) [kg/㎝], K_N : 너트의 강성 [kg/㎝], K_B : 트러스트 베어링의 강성 [kg/㎝], K_R : 브래킷(bracket)의 강성 [kg/㎝]

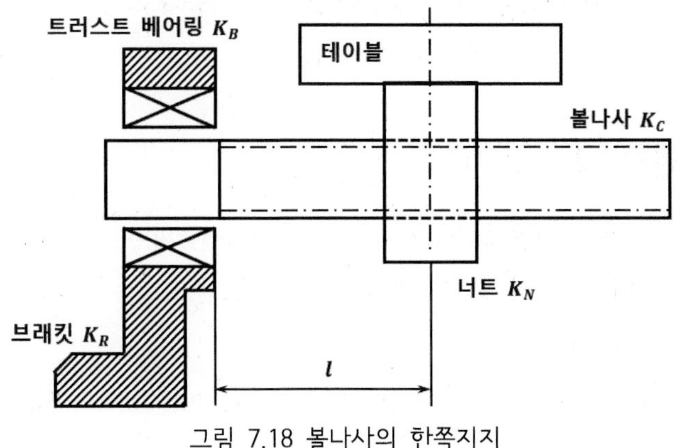

그림 7.18 볼나사의 한쪽지지

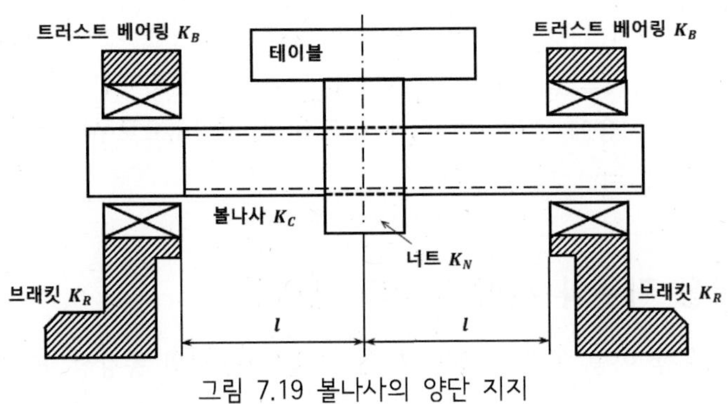

그림 7.19 볼나사의 양단 지지

(2) 볼나사의 양단을 트러스트 베어링으로 지지한 경우

그림 7.19로부터 총합 강성 K_E는 다음 식으로부터 구해진다.

$$\frac{1}{K_E} = \frac{1}{4K_C} + \frac{1}{2K_B} + \frac{1}{K_N} + \frac{1}{2K_R} \tag{7.15}$$

여기서 K_C의 값을 산출할 때, l = 베어링간 거리/2로 한다.

볼나사의 종강성은 식 (7.10)으로부터 계산해도 좋지만 볼나사의 형번을 알면 카탈로그로부터 얻어진다.

베어링 브래킷, 특히 체결 볼트의 강성은 충분한 고려가 필요하다. 공작기계에 이용한 볼나사 이송 기구에서는 통상 그림 7.19에 나타내듯이 볼나사를 양단 트러스트 베어링에 지지하며 예압을 가해 강성을 높여서 이용하고 있다.

7.1.5 관성 모멘트 또는 GD^2

물체의 미소 부분의 질량을 m_1, m_2, m_3, …, 이들의 미소 부분으로부터 물체의 한 개 축까지의 거리를 r_1, r_2, r_3, …라 하면 관성 모멘트 J는 다음과 같다.

$$J = m_1 r^2 + m_2 r^2 + m_3 r^2 + \cdots = \sum m_i r^2 \ \text{[kg · ㎠]} \tag{7.16}$$

미소 부분의 무게를 w_1, w_2, $w_{3,}$ ...로 하면 $m_1 = \frac{w_1}{g}$, $m_2 = \frac{w_2}{g}$, $m_3 = \frac{w_3}{g}$, ...

로 되기 때문에 관성 모멘트 J는 다음과 같이 된다.

$$J = \frac{1}{g}\sum w_i r^2 = \frac{W}{g} r^2 i \tag{7.17}$$

여기서 g = 980[㎝/s²], r : 회전 반경, W : 물체의 중량, $GD^2 = 4gJ$ [kg · ㎠], J : 관성 모멘트 [kg · ㎝ · s²]

가. 원판의 GD² (그림 7.20)

원판의 중심축에 대한 GD^2은 다음과 같다.

$$GD^2 = 4gJ = 2Wr^2 \text{ [kg · ㎠]} \tag{7.18}$$

여기서 r : 원판의 반경 [㎝], t : 원판의 두께 [㎝], W : 원판의 중량 [kg]

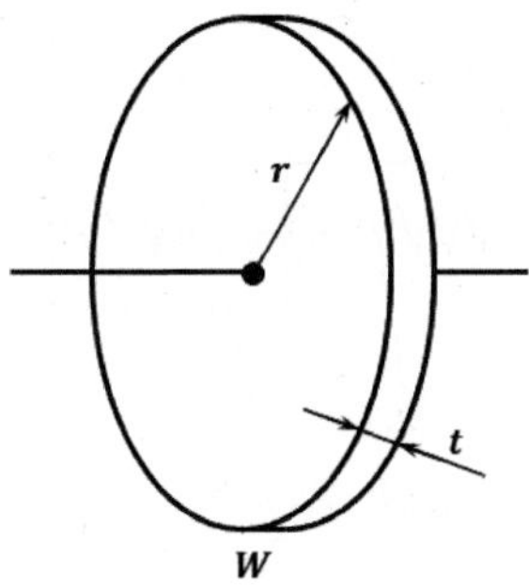

그림 7.20 원판

나. 원통의 GD² (그림 7.21)

원통의 중심축에 대한 GD^2은 다음과 같다.

$$GD^2 = 4gJ = 2Wr^2 \text{ [kg · ㎠]} \tag{7.19}$$

여기서 h : 원통의 높이 [㎝]

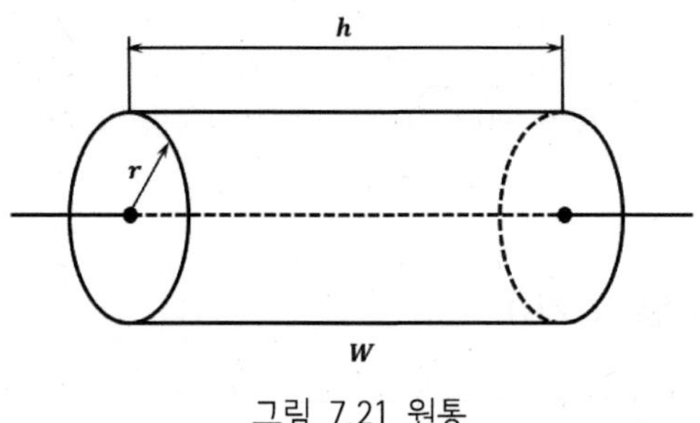

그림 7.21 원통

다. 회전 운동을 직선 운동으로 바꾸는 경우의 등가 GD²

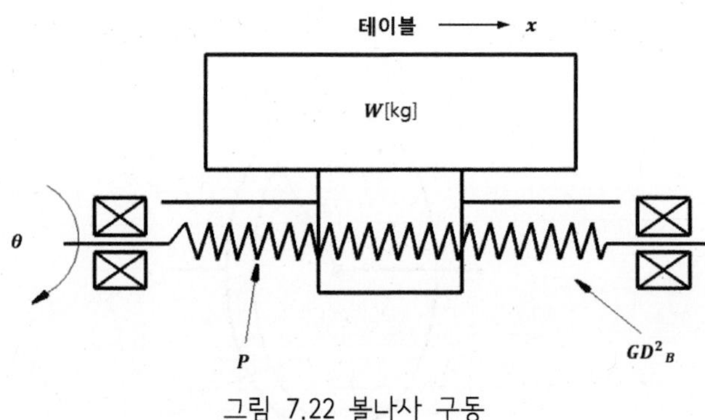

그림 7.22 볼나사 구동

그림 7.22에 나타난 볼나사축 주위의 GD^2은 다음 식으로 나타내진다.

$$GD^2 = 4gJ = \left(\frac{P}{\pi}\right)^2 W + GD_B^2 \quad \text{[kg · ㎠]} \tag{7.20}$$

여기서 W : 테이블의 중량 [kg], P : 볼나사 피치 [㎝/rev], GD_B^2 : 볼나사축의 GD^2 [kg · ㎠]

라. 기어를 개입한 경우의 GD²

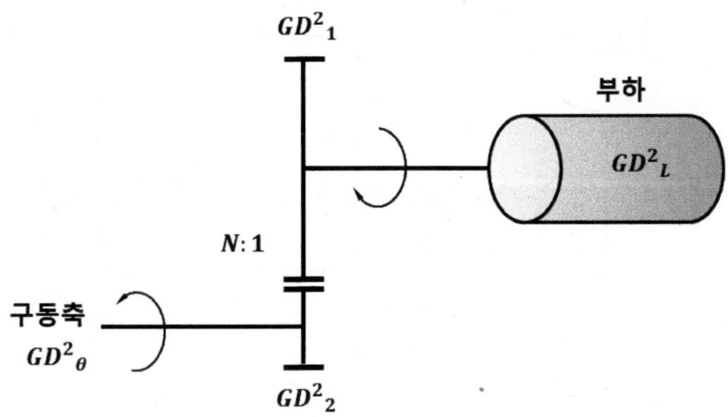

그림 7.23 기어를 개입한 경우의 GD^2

그림 7.23에 있어서 구동축의 $GD_0^{\ 2}$는 다음 식으로 나타내진다.

$$GD_0^{\ 2} = \ GD_1^{\ 2} + \frac{1}{N^2}(GD_2^{\ 2} + GD_L^{\ 2}) \quad [\text{kg} \cdot \text{cm}^2] \tag{7.21}$$

여기서 N : 기어비, $GD_1^{\ 2}$: 구동축 직결부 기어의 GD^2, $GD_2^{\ 2}$: 제 2단 째의 기어의 GD^2, $GD_L^{\ 2}$: 부하의 GD^2

마. NC 구동시스템의 관성 모멘트(그림 7.24)

모터 구동축에 있어서 부하의 관성 모멘트 J_L은 다음 식으로 주어진다.

$$J_L = \ J_1 + \left(\frac{N_1}{N_2}\right)^2 (J_2 + J_3) + \frac{W}{980}\left(\frac{x}{\pi\theta/180}\right)^2 \quad [\text{kg} \cdot \text{cm} \cdot \text{s}^2] \tag{7.22}$$

여기서 J_1 : 피니언의 관성 모멘트[kg · ㎝ · s²], J_2 : 큰기어의 관성 모멘트 [kg · ㎝ · s²], J_3 : 볼나사의 관성 모멘트[kg · ㎝ · s²], N_1 : 피니언의 잇수, N_2 : 큰기어의 잇수, W :테이블과 가공물의 중량[kg], x : 1펄스당 테이블 이동량[㎝], θ : 1펄스당 모터 회전각 [°]

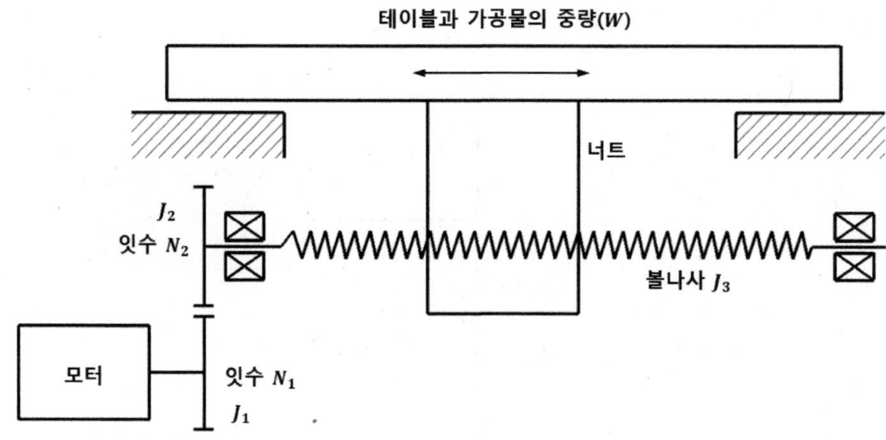

그림 7.24 공작기계 구동시스템의 설명도

바. 관성 모멘트의 측정법

그림 7.25에 나타낸 장치에 있어서 리플(riffle)이 작고 내부 저항이 작은 직류 전원에 의해 직류 모터의 전기자에 정전압을 가해서 일정 속도로 구동하고 있는 상태에서 스위치를 단절한다. 이때의 전기자의 역기전력을 오실로스코프에 넣고 모터가 정지할 때까지의 속도-시간의 관계를 기록시키고 동시에 미소 변위계를 사용하여 모터가 정지할 때까지의 거리와 시간의 관계를 기록시키면 다음 식에 의해 관성 모멘트 J는 구한다.

구동시스템의 운동방정식 $$J\frac{d^2\theta}{d\ t^2}+D\frac{d\theta}{dt}+K = 0 \qquad (7.23)$$

여기서 J : 부하와 모터의 관성 모멘트[kg · ㎝ · s^2], D : 점성 저항 계수 (미소값을 위해 무시), K : 마찰 토크(측정)[kg · ㎝], θ : 모터축의 회전각 (측정) [rad], $d^2\theta/dt^2$: 구동 가속도 - 오실로스코프로부터 읽어 들임.

지금, $D=0$으로 하면 식 (7.23)은 다음과 같이 된다.

$$J\frac{d^2\theta}{d\ t^2} = -K \qquad (7.24)$$

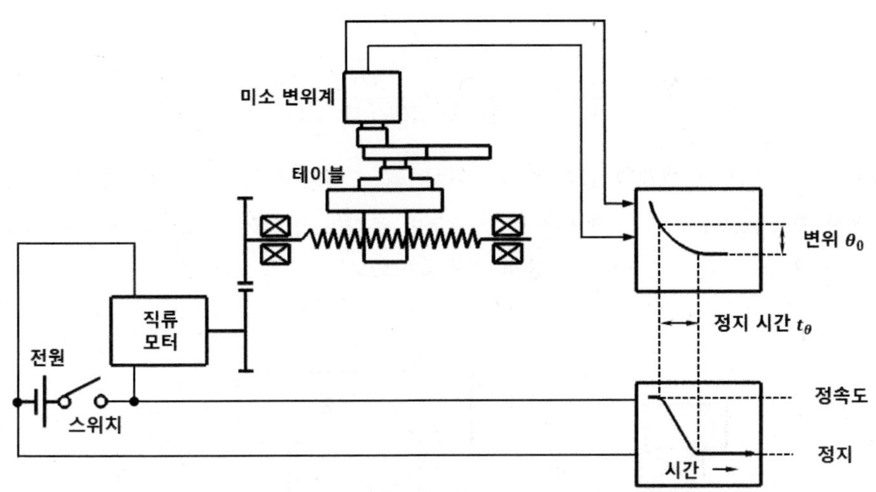

그림 7.25 관성모멘트의 측정 설명도

양변을 2회 적분하여 정지할 때까지의 모터 회전각을 θ_0, 정지할 때까지의 시간을 t_0로 하면 다음과 같이 된다.

$$J\,\theta_0 = \frac{1}{2}Kt_0^2 \tag{7.25}$$

$$J = \frac{Kt_0^2}{2\theta_0} \tag{7.26}$$

7.1.6 공진 주파수

가. 볼나사 이송계의 공진 주파수

공진 주파수는 강성과 관성 모멘트의 값으로부터 구한다. 이송 구동시스템의 강성이나 그의 관성 모멘트는 여러 곳에 분포되어 있지만 여기서는 집중 분포하고 있다고 간주한다. 또한 여기서는 서보 강성과 구동 모터 및 기어계의 관성 모멘트에 의해 발생하는 공진 주파수는 생각하지 않는다. 볼나사 지지 형식이 그림 7.26 (a), (b)에 나타낸 것과 같은 한 쪽 끝 트러스트 또는 양끝 트러스트 지지라 해도 같은 계산식으로 구해진다.

$$f_n = \frac{\omega_n}{2\pi} = \frac{1}{2\pi}\sqrt{\frac{gK_E}{W+(W'/3)}} \tag{7.27}$$

여기서 f_n : 볼나사 이송계의 공진 주파수 [㎐], ω_n : 볼나사 이송계의 공진수 [rad/s], K_E : 계의 총합 강성[kgf/㎝], W : 테이블 및 가공물의 중량[kgf], W' : 볼나사의 중량 [kgf], g : 중력 가속도 [㎝/s^2]

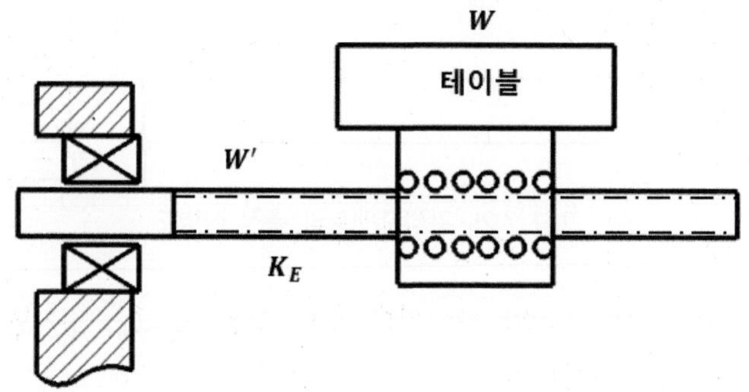

(a) 한쪽 트러스트 지지

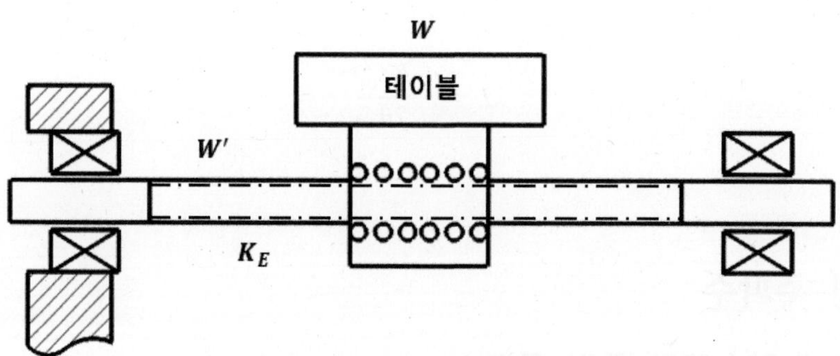

(b) 양단 트러스트 지지

그림 7.26 볼나사 지지 형식

나. 볼나사 이송계의 비틀림 공진수를 구하는 방법

볼나사 축과 베어링 및 너트의 총합 비틀림 강성을 K_T [kgf · ㎝/rad], 이들의 구동축의 등가 관성 모멘트를 J_T [kgf · ㎝ · s^2]로 하면 이송계의 비틀림 공진수 ω_T [rad/s]은 다음 식과 같이 된다.

$$\omega_T = \sqrt{\frac{K_T}{J_T}} \tag{7.28}$$

예제 7.2

그림 7.27과 같이 볼나사 양끝을 트러스트 베어링으로 지지한 경우의 각부 강성, 공진주파수, 로스트 모션을 구하라. 단, 다음 조건이 주어져 있다고 한다.

- 구동 모터 : FKR-50P(일본 미쓰비시 밀스 모터)
- 1펄스의 회전각 : θ_1 = 1.2°/ 펄스
- 구동 모터 출력 토크 : k = 12.5 kgf · ㎝/ 펄스
- 1펄스의 지령 단위 : 0.005 ㎜
- 볼나사 피치 : P = 6 ㎜/rev
- 기어비 : 4
- 정마찰 토크 : 5 kgf · ㎝ (모터축 환산)
- 절삭 토크 : 20 kgf · ㎝ (모터축 환산, 동마찰 토크 포함)
- 테이블 중량 : W = 400 kgf
- 부하력 : F = 100 kgf (절삭시 F = 400 kgf)
- 기계 효율 : η = 0.5 (트러스트 베어링 체결부 토크, 기어 효율을 포함)
- 볼나사 형번 : NSK BS 41C 중량 W'= 100 kgf
- 볼나사 골 지름 : d = 3.6 ㎝
- 베어링간 거리 : l = 90 ㎝
- 너트 : NSK BS 41C
- 트러스트 베어링 : NSK 51110×2
- 베어링 누름쇠 : ∅8 ㎜ 볼트 6개 체결 거리 3.0 ㎜

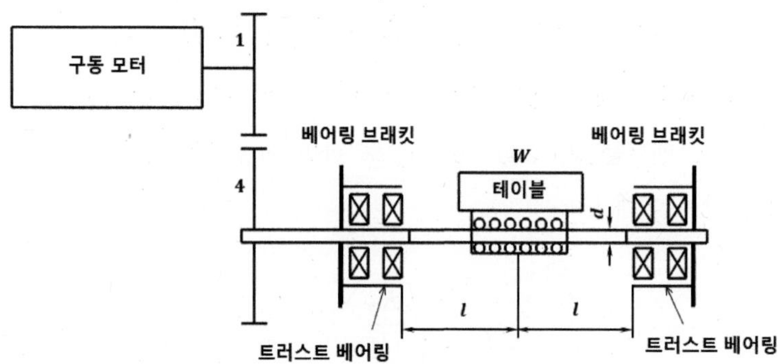

그림 7.27 양단 트러스트 베어링 지지

풀이

- 볼나사의 종강성은 $K_C = \dfrac{\pi d^2 E}{4l} = 2.4 \times 10^5$ [kgf/㎝]

  단, E = 2.1×106 kgf/㎠ (종 강성 계수)

- 너트의 강성은 $K_N = 4.4 \times 10^5$ [kgf/㎝]

  (NSK 카타로그, NSK 41C에 따름)

- 트러스트 베어링의 강성은 $K_B = 6.7 \times 10^5$[kgf/㎝]

  (NSK 카타로그, NSK51110에 따름)

- 베어링 브래킷의 강성은 $K_R = 20 \times 10^5$[kgf/㎝]

  (볼트 치수와 갯수로부터 산출)

- 기계시스템 총합 강성은 $K_E = \dfrac{1}{(1/4K_C)+(1/2K_B)+(1/K_N)+(1/2K_R)}$

  $= 2.3 \times 10^5$[kgf/㎝]

- 서보 강성은 $K_S = 7k\theta_1\eta \times 10^{4*} = 7 \times 12.5 \times 1.2 \times 0.5 \times 10^4 = 5 \times 10^5$ kgf/㎝

볼나사 피치를 P[㎝/rev], 1펄스에 θ_1°씩 움직인다고 하면

$$\text{기어비 } N = \frac{10P}{(360/200\theta_1)} = \frac{100}{18}P\theta_1$$ (단, 1펄스 5㎛ 지령으로 가정)

모터축 표시의 서보 강성을 이송축으로 환산하면

$$K_S = \frac{F}{x} = \left(\frac{2\pi}{P}\right)^2 \times N^2 \times \frac{360}{2\pi\theta_1}k\eta = 7k\theta_1\eta \times 10^4 \text{[kgf/㎝]}$$

따라서 계의 총합 강성은 다음과 같다.

$$K_{T0} = \frac{1}{(1/K_E)+(1/K_S)} = 1.6\times 10^5 \text{[kgf/㎝]}$$

위의 계산 값으로부터 공진 주파수는 다음과 같이 된다.

$$f = \frac{1}{2\pi}\sqrt{\frac{gK_E}{W+(W'/3)}} = 365 \text{[㎐]}$$

다음에 강성에 의한 로스트 모션량을 구하면 먼저 서보 강성에 의한 로스트 모션량은 다음과 같다.

$$\varDelta_S = \frac{F}{K_S} = 2\times 10^{-4}[cm] = 0.002 \text{[㎜]}$$

또한 기계 강성에 의한 로스트 모션량은 다음과 같이 된다.

$$\varDelta_E = \frac{F}{K_E} = 4.4\times 10^{-4}[cm] = 0.004 \text{[㎜]}$$

더욱이 총합 로스트 모션량은 다음과 같이 된다.

$$\varDelta_{T0} = \frac{F}{K_T} = 6.2\times 10^{-4}[cm] = 0.006 \text{[㎜]}$$

예제 7.3

예제 7.2와 조건이 같고 단지 한쪽 끝을 트러스트 베어링으로 지지하는 경우의 각부 강성, 공진 주파수, 로스트 모션을 구하라.

풀이

- 볼나사의 종강성은 $K_C = \dfrac{\pi d^2 E}{4l} = 1.2\times10^5$[kgf/㎝]

  단, E = 2.1×106 kgf/㎠ (종 강성 계수)

- 너트의 강성은 $K_N = 4.4\times10^5$[kgf/㎝]
- 트러스트 베어링의 강성은 $K_B = 6.7\times10^5$[kgf/㎝]
- 베어링 브라켓의 강성은 $K_R = 20\times10^5$[kgf/㎝]
- 기계시스템 총합 강성은 $K_E = \dfrac{1}{(1/K_C)+(1/K_B)+(1/K_N)+(1/K_R)}$

  $= 0.8\times10^5$[kgf/㎝]

- 서보 강성은 $K_S = 7k\theta_1\eta\times10^4 = 7\times12.5\times1.2\times0.5\times10^4 = 5\times10^5$[kgf/㎝]

  이다. 따라서 계의 총합 강성은

$$K_T = \frac{1}{(1/K_E)+(1/K_S)} = 0.69\times10^5\text{[kgf/㎝]}$$

이다.

위의 계산 값으로부터 공진 주파수는 다음과 같이 된다.

$$f = \frac{1}{2\pi}\sqrt{\frac{gK_E}{W+(W'/3)}} = 215[\text{Hz}]$$

다음에 강성에 의한 로스트모션량을 구하면 먼저 서보 강성에 의한 로스트 모션량은 다음과 같다.

$$\Delta_S = \frac{F}{K_S} = 2\times10^{-4}[cm] = 0.002[\text{mm}]$$

또한 기계 강성에 의한 로스트모션량은 다음과 같이 된다.

$$\Delta_E = \frac{F}{K_E} = 0.013[\text{mm}]$$

더욱이 총합 로스트 모션량은 다음과 같다.

$$\Delta_{T0} = \frac{F}{K_T} = 0.015[\text{mm}]$$

여기서 로스트 모션량은 트러스트 베어링으로부터의 거리에 의해 변화한다. 공진 주파수도 마찬가지로 변화하지만 상기의 계산 값은 최악 조건일 때의 값이다.

7.2 서보 모터의 시정수

서보시스템의 특징은 단위가 틀린 요소로 조립되어 있다. 이 다른 성질의 량을 공통의 단위로 나타내기 위해 어떤 표준 상태를 가정하여 그 때의 제량을 기준으로서의 단위로 나타내는 방법을 **단위법**이라 한다.

이 수법의 한 가지 예로서 직류 모터의 속도에 관한 다음 미분 방정식에 대하여 생각해 보기로 한다.

$$J_M\frac{dn}{dt} = T_M - T_L \tag{7.29}$$

여기서 J_M : 직류 모터의 관성 모멘트, n : 직류 모터의 회전수, T_M : 직류 모터의 토크,

T_L : 부하의 토크

식 (7.29) 가운데서 변수는 회전수 n과 토크 T_M, T_L이므로 이들의 가장 조건이 좋은 값을 기준으로 이것을 n_0 및 T_0로 하면 식 (7.29)는 다음과 같이 된다.

$$J_M \frac{n_0}{T_0} \frac{d}{dt}\left(\frac{n}{n_0}\right) = \frac{T_M}{T_0} - \frac{T_L}{T_0} \tag{7.30}$$

여기서 변수 및 단수를 단위법으로 나타낸 것에 「$\overline{}$」를 붙이면

$$\overline{J}_M \frac{d\overline{n}}{dt} = \overline{T}_M - \overline{T}_L \tag{7.31}$$

여기서 $\overline{T}_L = 0$, $\overline{T}_M = 1$로 하면 $\overline{n}$은 시간과 함께 직선적으로 증대하며 $t = \overline{J}_M$[s]에 있어서 $\overline{n} = 1$로 된다.

즉, 모터가 무부하의 상태로 정격 토크에서 가속되면 $\overline{J}_M$ [s]로 정격 회전수에 달한다. 단위법에 의한 관성 모멘트는 서보 모터의 시정수와 같다고 생각해도 좋다.

그러면 식 (7.30)으로부터 $\overline{J}_M = J_M n_0 / T_0$이므로 서보 모터의 시정수는 다음과 같다.

$$t_M = \overline{J}_M = \frac{J_M n_0}{T_0} = \frac{GD_M^2}{235.2} \cdot \frac{n_M}{T_M} \times 10^{-2} \text{[s]} \tag{7.32}$$

여기서 GD_M^2 : 서보 모터의 GD^2[kg · ㎠], n_M : 서보 모터의 정격 회전수[rpm], T_M : 서보 모터의 정격 토크 [kg · ㎝]

서보 모터의 부하 포함 GD^2은 다음과 같다.

$$GD^2 = {GD^2}_M + {GD^2}_L \tag{7.33}$$

여기서 ${GD^2}_L$: 모터 구동축에 있어서 부하의 GD^2 [kg · ㎠]

따라서 부하 $GD^2{}_L$이 인가된 경우의 서보 모터의 시정수 t_{ML}은 다음과 같다.

$$t_{ML} = \frac{GD^2{}_M + GD^2{}_L}{235.2} \cdot \frac{n_M}{T_M} \times 10^{-2} \quad [\mathrm{s}] \tag{7.34}$$

이것은 서보 모터에 정격 부하 토크를 주는 경우 서보 모터를 정격 회전수로 회전시킬 수 있도록 한 구동 증폭기를 사용한 경우에 성립한다.

정격 부하 토크에서 정격 회전수로 되는 구동 증폭기를 사용한 경우의 서보 모터의 속도 토크 특성은 그림 7.28과 같이 된다.

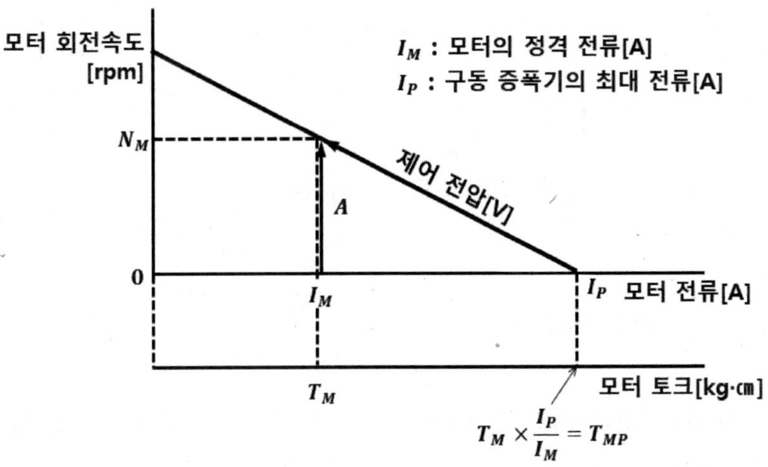

그림 7.28 서보 모터와 구동 증폭기 조합의 속도-토크 특성

7.3 최대 속도와 최대 가속도

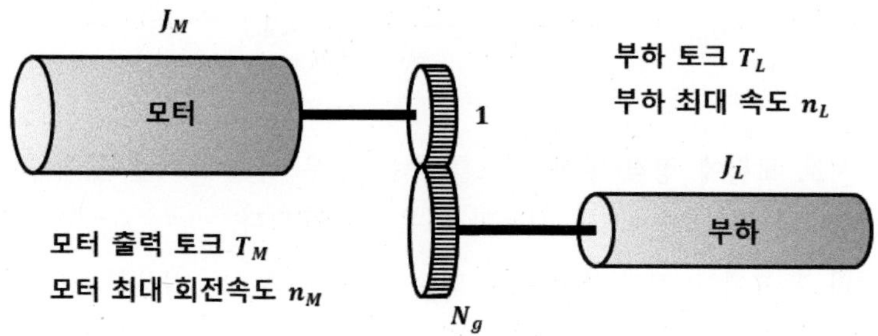

그림 7.29 회전형 구동시스템

그림 7.29에 있어서 부하의 최대 속도 n_L 및 최대 가속도 $\ddot{\theta}$는 각각 다음 식으로 나타내진다.

$$\text{부하 최대 속도} \quad n_L = \frac{1}{N_g} n_M \tag{7.35}$$

$$\text{부하 최대 가속도} \quad \ddot{\theta} = \frac{N_g T_M - T_L}{J_L + N^2_{J_M g}} \tag{7.36}$$

여기서 n_M : 모터 최대 속도[rpm], N_g : 기어비, T_M : 모터 출력 토크[kg · ㎝], T_L : 부하 토크[kg · ㎝], J_L : 부하 관성 모멘트[kg · ㎝ · s²], J_M : 모터 관성 모멘트[kg · ㎝ · s²]

7.4 공작기계의 위치 결정 정도

공작기계가 테이프로부터 지령을 받을 때 도달하고자 하는 목표값과 실제값과는 반드시 일치하지 않는다. 그 추정 정도로서 가공 동작, 가공 정도, 가공 속도를 들 수 있다.

이들 중 가공 정도로서 구멍 가공을 주체로 해서 생각할 경우 **구멍 지름 오차**, **위치 오차**(위치의 어긋남, 무너짐), **형상 오차**(원추, 비진원), **표면 조도** 등을 들 수 있다 (그림 7.30 참조).

이들 중에서 공작기계로서 특히 관심을 갖는 것은 위치 오차이다. 구멍 지름 오차, 형상 오차, 표면 조도도 공작기계의 채용에 의해 간접적으로 개량할 수도 있지만 여기서는 접하지 않는 것으로 한다.

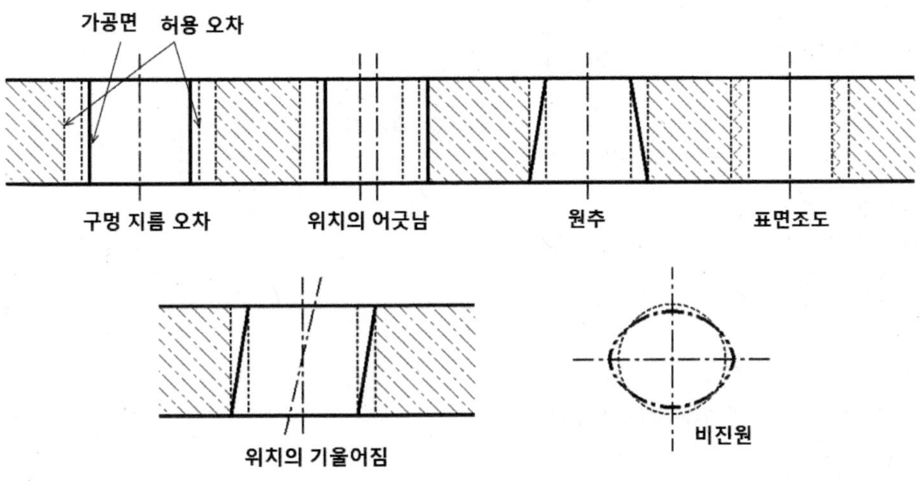

그림 7.30 구멍가공 오차의 종류

7.4.1 위치 결정 정도

공작기계의 위치 결정 정도는 일반적으로 불명확하지만 표 7.2에 있어서 기계 슬라이더의 위치 정도, 기계의 위치 결정 정도, 기계의 정도 등이 해당하고 있다.

가공 정도는 상기의 요소 외에 더구나 장착구, 공구와 피가공물의 영향을 무시할 수 없다. 이 중에서 기계의 위치 결정 정도에 가장 크게 영향을 주는 요소로서는 제어시스템의 위치 결정 정도, 백래시, 휨, 안내면의 미끄럼 운동 저항, 이송계의 강성, 세로 흔들림(run out), 가로 흔들림, 좌우 흔들림 등을 들 수 있다.

표 7.2 공작기계의 오차 요소와 정도 정의와의 관계

오차 요소	정의 #1	#2	#3	#4	#5	#6
(1) 측정 장치	측정 정도	제어시스템의 위치 결정 정도				
(2) 위치 결정 서보시스템						
(3) 기계적 요소			기계 슬라이더의 위치 결정 정도			
(a) 백래시				기계의 위치 결정 정도		
(b) 휨, 강성	기계의 위치 결정의 흩어짐					
(c) 이송계의 미끄럼 저항						
(d) 기하학적인 것					기계의 정도	
(직각도, 세로 흔들림, 가로 흔들림, 좌우 흔들림)	기하학적 정도					
(4) 열적 요소						
(a) 기계 내에 생기는 열	기계의 위치 결정의 반복 재현성					가공 정도
(b) 주위 온도						
(5) 부착 기구						
(a) 기하학적인 것						
(b) 열적인 것						
(c) 부하에 의한 휨						
(6) 공구와 피가공물						
(a) 열적인 것						
(b) 부하에 의한 휨						
(c) 내부 응력에 의한 휨						

7.4.2 미끄럼 운동의 가로 흔들림, 세로 흔들림, 좌우 흔들림

그림 7.31에 나타낸 X, Y, Z의 각축 방향에 대한 미끄럼 운동의 가로 흔들림, 세로 흔들림, 좌우 흔들림의 성질과 이것들이 기계 슬라이더의 위치 결정 정도에 주는 영향에 대해서 생각해 본다.

가로 흔들림, 세로 흔들림, 좌우 흔들림이 그의 미끄럼 운동의 이송 방향에 대해서 그의 직각 방향에 거터(gutter)가 없는 구조가 아니면 안 된다.

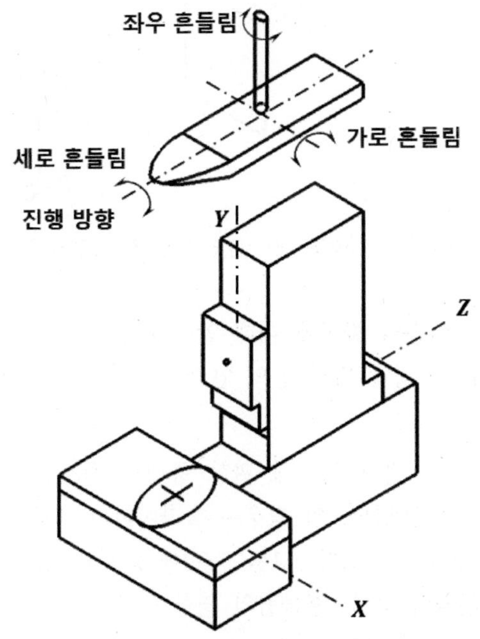

	위치 결정 정도에의 영향			
	축	X	Y	Z
X축의	가로 흔들림		○	○
	세로 흔들림	○	○	
	좌우 흔들림	○		○

그림 7.31 미끄럼 운동의 가로 흔들림, 세로 흔들림, 좌우 흔들림

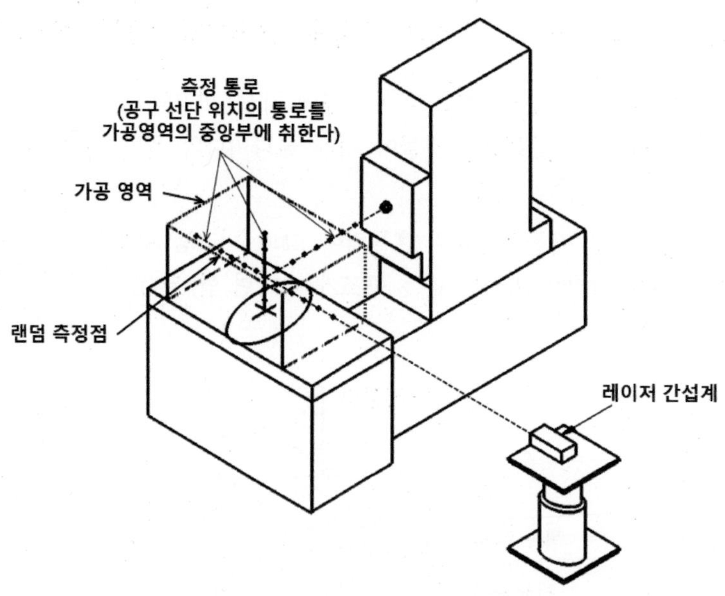

그림 7.32 가공 영역 내의 트러스트 위치 결정 정도의 측정

이들의 대책으로서 이송의 길이에 대해 안내의 폭을 충분히 취하고 하중점과 구동점과를 근접시켜 볼, 롤러, 정압 방식 등의 안티프릭션(anti friction) 가이드를 채용한다든지 하고 있다.

기계 슬라이더의 위치 결정 정도에 관한 종래의 측정법은 테이블의 하면에 부착된 스케일을 이용한 경우가 많았다. 이 경우는 슬라이더의 가로 흔들림, 세로 흔들림, 좌우 흔들림의 영향을 측정하기 어렵다. 그림 7.32에 나타낸 방법에 의하면 각 슬라이더의 가로 흔들림, 세로 흔들림, 좌우 흔들림의 영향도 측정값에 포함되므로 실제의 가공 조건에 가까운 자세로 측정할 수가 있다.

7.4.3 열 변위

기계의 위치 결정 정도의 요인 중 측정 장치, 위치 결정 서보시스템 및 백래시, 휨 등의 기계적 요소는 어떤 일정 조건, 즉 기계가 안정되어 있고 안정한 주위 온도, 일정의 하중 상태, 짧은 시간 간격 등의 조건하에서 정의되는 것이다.

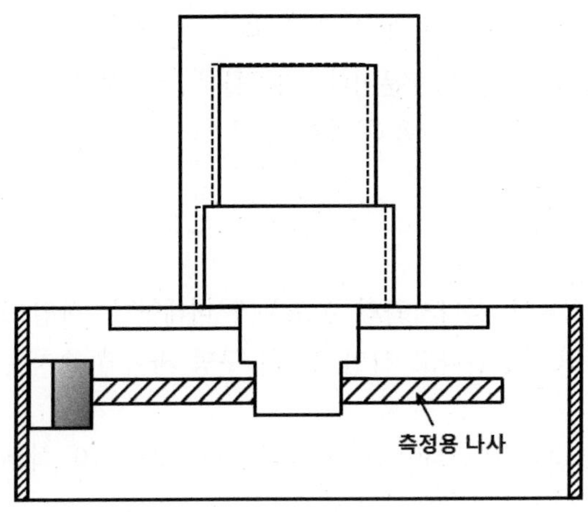

그림 7.33 열변위에 의한 관계 위치 오차

기계의 위치 결정의 반복 재현성에는 이들의 조건 외에 시간과 함께 변화하는 열적 요소, 외부 하중 및 기계의 마모 등이 포함된다. 가장 귀찮은 것이 열적 요소이고 이에는 기계 내에 발생하는 열과 주위 온도의 변화에 의한 영향 등을 생각할 수 있다.

주축 및 주축 구동 기구의 발열에 의해 컬럼이 뜨겁게 되어 주축 중심선이 어긋난다든지, 유압 장치나 구동 장치 등의 열에 의해 베드 등의 온도가 높게 되어 그림 7.33과 같이 측정 나사를 위치 결정하고 있는 베어링이 왼쪽으로 늘어난다든지 한다. 이 열에 의한 신장은 위치 결정 기준면에 대한 구멍 뚫기의 위치를 이동시키지만 구멍과 구멍과의 거리는 정확한 간격을 갖고 있다. 이 오차를 **관계 위치 오차**라 부르고 있다.

가. 볼나사의 신장

테이블 가동에 의해 볼나사와 너트는 마찰열에 의해 온도가 상승한다. 그리고 나사의 리드를 늘려서 측정 정도의 오차를 크게 한다. 이 오차의 값은 다음 식으로 계산할 수 있다.

$$e_0 = L\{C_m(t_m - 20) - C_w(t_w - 20)\} \tag{7.37}$$

여기서 e_0 : 오차[cm], C_m : 볼나사의 팽창 계수[㎝/㎝/℃], C_w : 가공물의 팽창 계수[㎝/㎝/℃], L : 길이 [㎝], t_m : 볼나사의 온도 [℃], t_w : 가공물의 온도 [℃]

여기서 온도 t_m, t_w는 20℃에 관계가 있다. 이 이유는 모든 기계는 20℃라 하는 표준 온도에서 만들어져 있기 때문이다. 가공물과 볼나사의 팽창 계수를 같다고 가정한다면 $C_m = C_w = C$이므로 다음과 같이 된다.

$$e_0 = CL(t_m - t_w) \tag{7.38}$$

즉, 오차는 가공물과 볼나사와의 온도차에 비례한다. 작업 중 볼나사의 온도가 가공물의 온도보다 10℃상승한다고 하면 2개의 구멍 사이의 오차는 다음과 같이 된다.

$$e_0 = (6.3 \times 10^{-6})30[cm] \times 10[℃] = 1.89 \times 10^{-3}[cm] = 1.89[㎛]$$

7.4.4 위치 결정 정도의 표시 방법

공작기계의 위치 결정 정도를 나타내는 데는 그 정도를 나타내는 수치가 어느 정도의 정확함, 즉 다수회의 위치 결정 동작에 대해서 그 중 몇 회는 그 표시 정도에 들어가는가 하는 것을 들 수 있다. 여기서는 NMTBA(National Machine Tool Builder's Association)가 발표하고 있는 공작기계의 정도와 반복 정도, 로스트 모션에 대한 정의에 대해서 설명하기로 한다.

공작기계 시스템의 어떤 점의 정도라는 것은 그 점에 있어서의 목표값과 평균값의 차 (부호를 생략한다)와 그 점에 있어서의 편차와의 합으로 정의된다(그림 7.34). 식으로 나타내면 다음과 같다.

$$A_b = \Delta X_b \pm 3\hat{\sigma}_b \tag{7.39}$$

$$A_u = \Delta X_u \pm 3\hat{\sigma}_u \tag{7.40}$$

여기서 A_b : 양 방향으로부터 근접하는 경우의 어떤 점의 정도, A_u : 한 방향으로부터 근접하는 경우의 어떤 점의 정도, ΔX_b : 양방향으로부터 근접하는 경우의 목표값과 평균값과의 차, ΔX_u : 한쪽 방향으로부터 근접하는 경우의 목표값과 평균값과의 차, $3\hat{\sigma}_b$: 양 방향으로부터 근접하는 경우의 평균값이 양측으로 분산된다고 생각되는 편차, $3\hat{\sigma}_u$: 한쪽 방향으로부터 근접하는 경우의 평균값이 양측으로 분산된다고 예상되는 편차

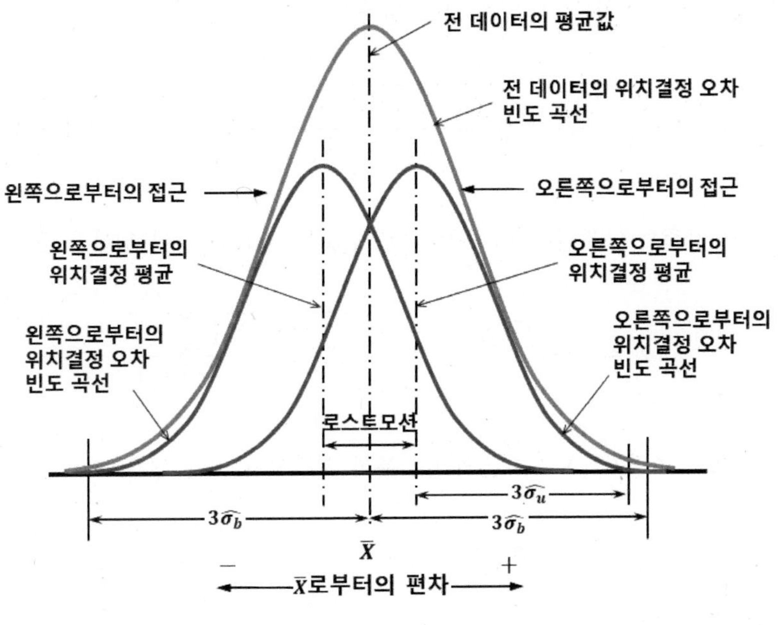

그림 7.34 오차 분포 곡선

반복 정도는 동일 조건하에서 주어진 점(목표값)에 몇 회인가 근접한 경우 그 평균값이 양측으로 분산된다고 예상되는 편차로 정의된다. 이 경우 주어진 점에 한 방향으로부터 근접하는 경우를 **한 방향 반복 정도**, 양 방향으로부터 근접하는 경우를 **양 방향 반복 정도**라고 한다.

로스트모션은 그림 7.35에 나타냈듯이 주어진 점에 우측 방향과 좌측 방향으로부터 근접한 경우 이들의 평균값의 격차를 말하고 있다.

위치 결정 정도 또는 반복 정도에 있어서 이들의 측정값의 분산이 가우스 정규분포로 가정하면 그 중심으로부터 $\pm 3\hat{\sigma}$의 범위 내에 분산하고 있는 확률은 99.74%로 된다. 또는 $\pm 2\hat{\sigma}$의 편차에 대해서는 95.44%의 확률로 된다.

평균값을 식으로 나타내면 다음과 같이 된다.

$$\overline{X} = \frac{\sum X}{N} \tag{7.41}$$

반복 정도(표준 편차)는 다음과 같이 된다.

$$S = \sqrt{\frac{\sum(X-\overline{X})^2}{N}} = \sqrt{\frac{(X_1-\overline{X})^2+\cdots+(X_7-\overline{X})^2}{7}} \quad (N=7\text{일 때}) \tag{7.42}$$

평균값의 양측으로 분산된다고 예상되는 편차는 다음과 같이 된다.

$$3\hat{\sigma} = 3S\sqrt{\frac{N}{N-1}} = 3\sqrt{\frac{\sum X^2}{N-1} - \frac{(\sum X)^2}{N(N-1)}} \tag{7.43}$$

여기서 X : 측정치, N : 표본의 수, 특히 지정되지 않은 경우 N은 7로 한다.

7.5 제어시스템의 위치 결정 오차의 특성

7.5.1 개방 루프와 폐쇄 루프 제어시스템의 특성

그림 7.35에 나타낸 폐쇄 루프 제어시스템에 있어서는 다음 식이 성립한다.

$$E(s) = R(s) - C(s) \tag{7.44}$$

$$C(s) = E(s)\cdot G(s) \tag{7.45}$$

따라서

$$W(s) = \frac{C(s)}{R(s)} = \frac{G(s)}{1+G(s)} \tag{7.46}$$

이 $W(s)$를 폐쇄 루프 전달 함수, $G(s)$를 **개방 루프 전달 함수**라 한다.
여기서 $|G(s)|$의 값이 충분히 크면 식 (7.46)으로부터 다음과 같이 된다.

$$|W(s)| \rightarrow 1 \tag{7.47}$$

또한, 식 (7.45), (7.46)으로부터 다음과 같이 된다.

$$\frac{E(s)}{R(s)} = \frac{1}{1+G(s)} \rightarrow 0 \tag{7.48}$$

이것은 그림 7.35에 나타낸 제어시스템에 입력 지령 $R(s)$를 주는 경우 출력 $C(s)$가 완전히 추종하고 있는 것을 나타내고 서보시스템으로서 가장 바람직한 성질이다.

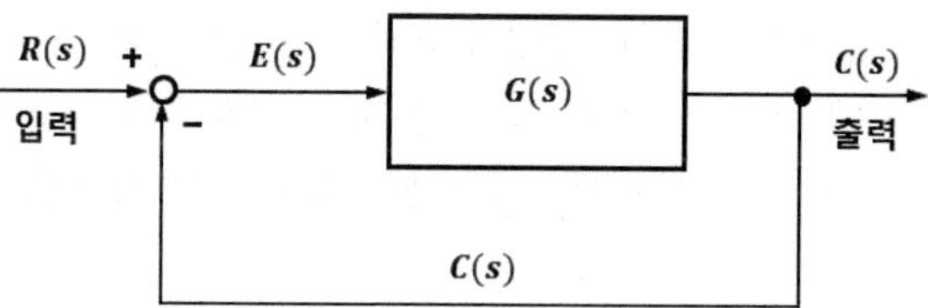

그림 7.35 폐쇄 루프 제어시스템의 블록선도

$G(s)$의 값이 무언가의 원인, 예를 들면 증폭기의 드리프트라든지 기어의 백래시 등에 의해 다소 변동하는 수가 있어도 $|G(s)|$의 값이 1보다 훨씬 크면 $|W(s)| \doteqdot 1$ 로 되므로 오차에의 영향은 작은데 그친다. 이 때문에 폐쇄 루프 제어시스템은 고정도를 얻는 것을 기대할 수 있다.

이에 대해서 그림 7.36에 나타낸 것과 같은 개방 루프 제어시스템에서는 다음과 같이 된다.

$$C(s) = R(s) \cdot G(s) \tag{7.50}$$

즉, $|G(s)| \doteqdot 1$일 때만 $C(s) \doteqdot R(s)$이고 $G(s)$가 변동하면 그의 변동분이 똑같이 오차로 된다.

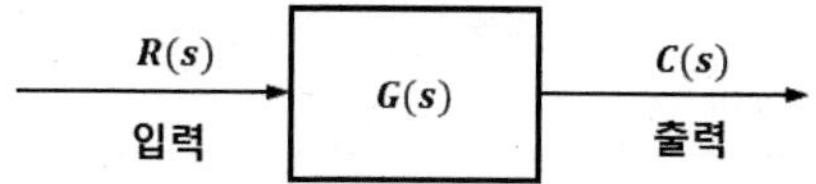

그림 7.36 개방 루프 제어시스템의 블록선도

이상으로부터 폐쇄 루프 제어시스템, 즉 피드백 제어시스템은 고정도를 얻기 때문에 본질적으로 뛰어난 것임을 알 수 있다.

폐쇄 루프 제어시스템은 반드시 능동 요소를 갖으며 피드백을 걸 수 있지만 그 때문에 자려 진동이나 발진이라 하는 불안정 상태로 떨어질 위험성이 있다.

자동 제어시스템은 이론에 있어서도 실제에 있어서도 안정이라 하는 문제에 큰 관심을 쏟고 있다. 그러나 극단적으로 안정화하면 제어시스템은 극히 둔하게 되고 목표의 빠른 변화에 추종할 수 없게 되어 오차를 발생한다. 이와 같은 오차를 동적 오차라 한다.

제어시스템 조정의 목적은 안정하며 정적 오차를 될 수 있는 한 작게 함과 동시에 출력으로 발생하는 속도의 변화에 대해서 동적 오차를 소요 정도 이하로 하는 것이다. 이를 위해서는 $G(s)$의 일부인 공작 기계 본체는 어떻게 하면 좋을지, 서보 구동 요소는 어떠한 것이 아니면 안 되는가를 생각하는 것이 서보시스템 설계의 문제이고 또한 연구의 목적이기도 하다.

7.5.2 검출기 부착 위치에 따른 위치 결정 오차의 차이점

구동 모터와 가동 테이블에 대해 검출기의 부착 위치로서는 그림 7.37에 나타냈듯이 (a), (b), (c), (d)의 4종류가 있다. 이와 같은 검출기의 부착 위치에 의해 구동시스템의 로스트 모션, 비틀림, 신축, 열팽창, 마모 저항에 의한 볼나사의 오차 등이 가동 케이블의 위치 결정 반복에 어떻게 영향을 미칠까를 조사해 보자.

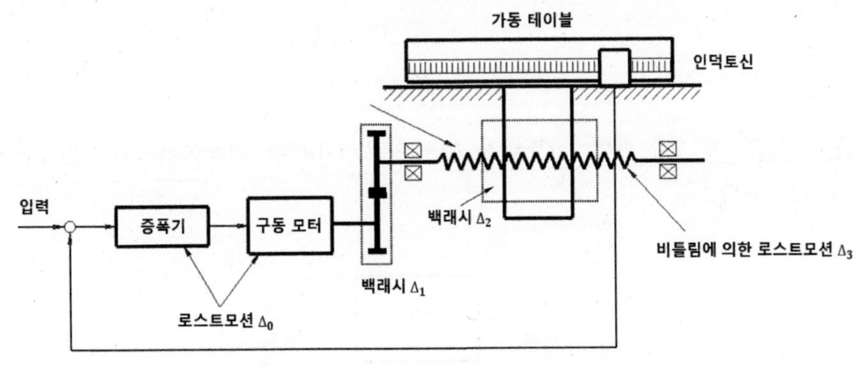

(a) 검출기에 인덕토신을 이용한 완전 개방루프

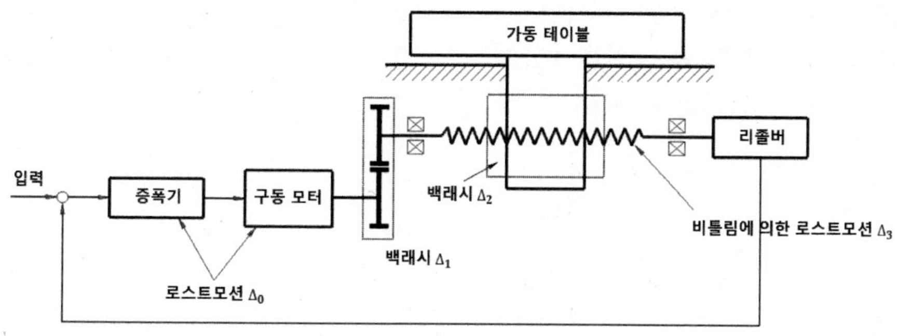

(b) 검출기의 리졸버가 볼나사의 끝에 붙어 있는 경우

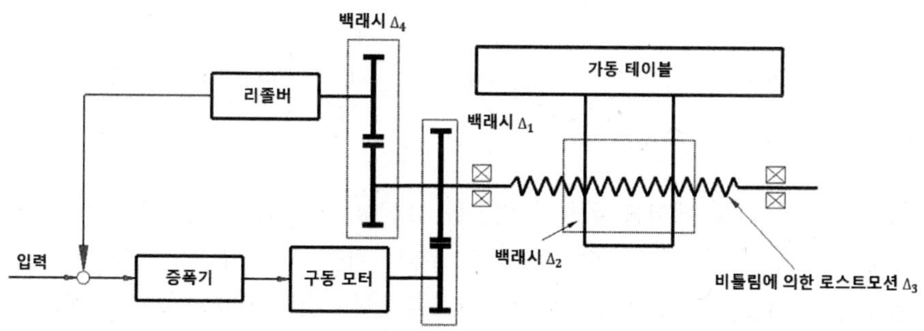

(c) 검출기의 리졸버가 기어 상자의 출력 끝에 붙어 있는 경우

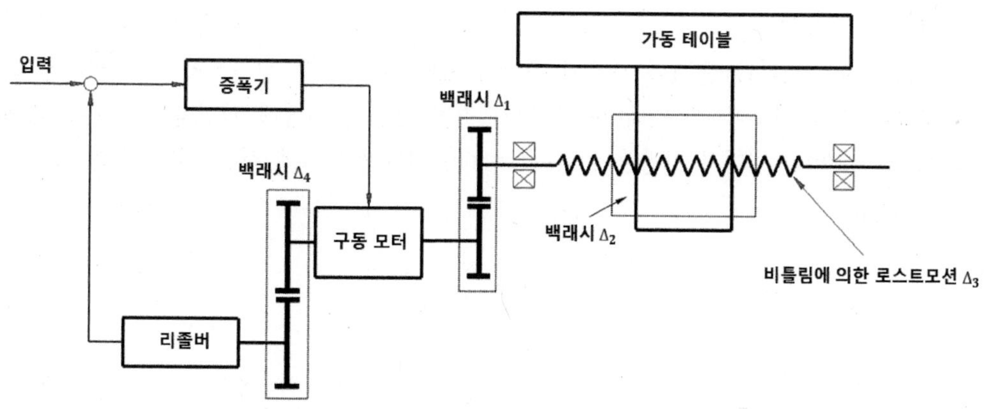

(d) 검출기의 리졸버가 모터의 반대 부하측에 붙어 있는 경우

그림 7.37 구동 모터, 테이블에 대한 검출기 부착 위치의 종류

폐쇄 루프 제어시스템을 나타낸 그림 7.37 (a)에 있어서 증폭기, 구동 모터와 기어열, 볼나사, 가동 테이블을 포함한 요소의 전달 함수를 일괄해서 $G(s)$라 하면 입력 $R(s)$에 대한 출력 $C(s)$의 관계는

$$C(s) = \frac{G(s)}{1+G(s)} \times R(s) \tag{7.51}$$

지금 그림 7.37 (a)에 나타낸 $G(s)$의 요소 중에서 증폭기와 구동 모터의 로스트 모션 Δ_0, 백래시 Δ_1, Δ_2, 비틀림에 의한 로스트 모션 Δ_3의 변동이 있다고 하면 이들의 변동에 대응하는 $C(s)$의 변동률은

$$\frac{\Delta C(s)}{C(s)} = \frac{1}{1+G(s)} \cdot \frac{\Delta G(s)}{G(s)} = \frac{1}{1+G(s)} \cdot \frac{\Delta_0 + \Delta_1 + \Delta_2 + \Delta_3}{G(s)} \tag{7.52}$$

즉, 제어량인 가동 테이블 위치의 변동률 $\Delta C(s)/C(s)$는 전달 함수 $G(s)$의 변동률 $\Delta G(s)$ / $G(s)$의 1 / $1+G(s)|$ 배로 된다. 바꿔 말하면 백래시나 로스트 모션에 의한 변동이 Δ_0, Δ_1, Δ_2, Δ_3이어도 루프를 닫는 것에 의해 가동 테이블의 위치 결정 오차로 주어지는 영향은 $(\Delta_0 + \Delta_1 + \Delta_2 + \Delta_3)/|1+G(s)|$로 되므로 $|G(s)| = K$를 1에 대해 상당히 크게 취할 수가 있다면 로스트 모션에 의한 오차는 무시할 수 있을 정도로 작게 된다.

표 7.3은 $|G(s)|$를 1에 대해서 상당히 크게 취한 경우 검출기의 부착 위치에 의해 구성 요소의 변동이 가동 테이블의 위치 결정 오차에 어떻게 영향을 미칠까에 대해서 표기한 것이다. 여기서 가정한 $|G(s)| = K$는 얼마만큼 크게 취할까를 다음에 설명하기로 한다.

표 7.3 검출기의 부착 위치에 의한 위치 결정 오차의 영향 비교

	(a) (폐쇄 루프)	(b) (반 폐쇄 루프)	(c) (반 폐쇄 루프)	(d) (준 폐쇄 루프)
로스트 모션 Δ_0, Δ_1, Δ_2, Δ_3, Δ_4의 영향	$E = \dfrac{\Delta_0+\Delta_1+\Delta_2+\Delta_3}{K}$	$E = \dfrac{\Delta_0+\Delta_1+\Delta_3}{K}+\Delta_2$	$E = \dfrac{\Delta_0+\Delta_1}{K}+\Delta_2+\Delta_3+\Delta$	$E = \dfrac{\Delta_0}{K}+\Delta_1+\Delta_2+\Delta_3+\Delta$
기어의 치형 오차, 피치 오차, 마모에 의한 백래시	보정할 수 있다	보정할 수 있다	보정할 수 있다	보정할 수 없다
볼나사 피치 오차	보정할 수 있다	보정할 수 없다	보정할 수 없다	보정할 수 없다
볼나사의 열이나 응력에 의한 신장	보정할 수 있다	보정할 수 없다	보정할 수 없다	보정할 수 없다
볼나사의 비틀림에 의한 오차	보정할 수 있다	보정할 수 있다	보정할 수 없다	보정할 수 없다
정도는 주로 무엇에 의해 결정되는가?	인덕토신의 정도	주로 리졸버의 정도와 볼나사와 테이블 사이의 백래시	리졸버, 볼나사의 비틀림에 의한 부동대와 볼나사와 테이블 사이의 백래시	리졸버의 정도와 기계 전체의 정도

[주] E : 위치 결정 오차
K : 순차 전달 함수 게인 = | G(s) | 는 1에 대해 상당히 큰 것으로 가정

7.5.3 폐쇄 루프 제어시스템의 특징

그림 7.37 (a)에 있어서 동작 지령 입력 $E(s)$에 대한 출력 위치 $C(s)$의 전달 함수 $G(s) = G_1(s) \cdot G_2(s)$의 주파수 응답은 일반적으로 그림 7.38과 같이 된다.

여기서 ω_{n1}은 계의 제 1공진수이고 ω_{n2}는 제 2공진수이다. 종래의 전기 구동 서보 시스템의 공진수는 기계 구동시스템의 공진수보다 낮기 때문에 기계 구동시스템의 공진을 무시해도 문제는 일어나지 않았다.

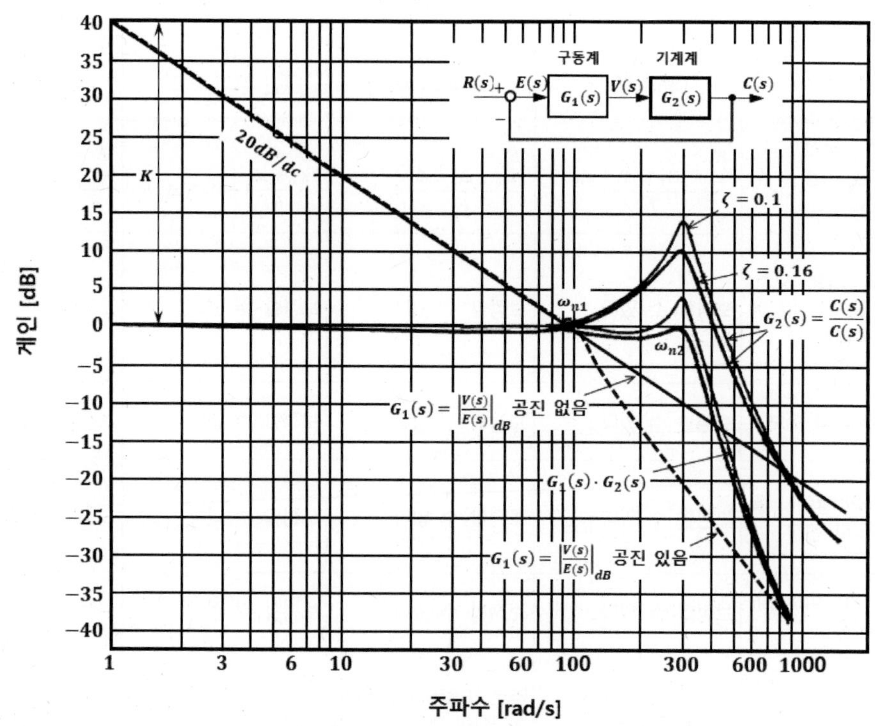

그림 7.38 $G_1(s) \cdot G_2(s)$의 주파수 응답 선도

폐쇄 루프 제어시스템을 안정시키는 데는 그림 7.39에 나타냈듯이 우선 기계시스템의 공진수 ω_{n2}를 서보 구동시스템의 공진수 ω_{n1}의 3배 이상으로 하지 않으면 안 된다(7.6절 참조). 이 조건하에서 개방 루프 게인 K가 안정역에 있어서 취할 수 있는 최대값은 공진점의 돌기 선단에 접하는 값까지이다.

지금 이때의 0dB의 선과 $G(s)$의 게인 곡선의 교점이 100rad/s이라고 하면 ω = 1rad/s에 있어서의 $|G(s)| = |G_1(s) \cdot G_2(s)|$의 값, 즉 $G(s)$의 게인 K는 40dB = 100으로 된다.

공작기계의 위치 결정 제어시스템에서는 보통 K≧100이 되도록 설계하는 것이 필요하다. 따라서 기계 공진수 ω_{n2}는 적어도 그의 3배, 즉 300 rad/s (약 48 Hz) 이상으로 되도록 기계 구동시스템를 설계하지 않으면 안 된다.

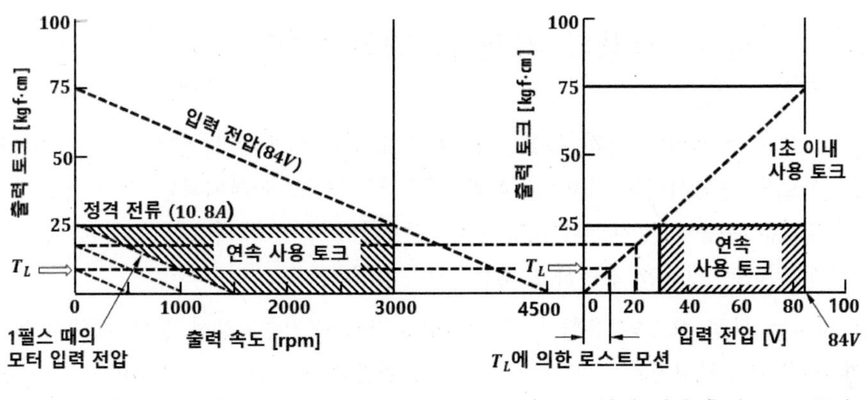

출력 속도-출력 토크 특성　　　　　　입력 전압-출력 토크 특성

그림 7.39 저관성 모터의 속도-토크 특성 예(미쓰비시 전기)

$$\text{기계 공진수} \qquad \omega_{n2} = \sqrt{\frac{K_L}{J_L}} \quad \text{[rad/s]} \tag{7.52}$$

여기서 K_L : 구동축으로부터 본 기계 구동시스템의 비틀림 강성[kg·cm/rad], J_L : 구동축에 있어서의 부하의 관성 모멘트[kg·cm·s²]

설계 계산 단계에서는 기계 공진수 ω_{n2}는 윗 식으로부터 어림으로 기준을 잡으면 되지만 일반적으로 실측값은 근사계산보다 (대략 1/2~1/3) 작게 나오므로 특히 주의하지 않으면 안 된다.

이상 공작기계의 위치 결정 정도에 대해서 로스트 모션 등에 의한 오차나 개방 루프 게인 K의 값이 폐쇄 루프 제어시스템의 정도 향상에 어떻게 관계하고 있는지에 대해서 서술해 왔다. 이들은 구동 에너지가 무한히 크다 하는 가정 하에 기술해 왔지만 하나 더 중요한 요소로서 최소 펄스 신호에 대한 구동 모터의 출력 토크가 기계 구동부의 정 또는 동마찰 토크보다도 크게 되도록 선택하는 것이다.

직류 모터 구동시스템의 경우는 토크-속도 특성은 그림 7.39에 나타내듯이 구동 모터와 구동 증폭기의 특성에 의해 결정된다. 모터의 출력 토크는 최소 기동 신호 값에 있어서 부하 마찰 토크의 3배 이상 될 수 있으면 약 10배 취하게 하는 것이 바람직하다.

7.6 제어시스템와 기계시스템의 매칭

서보 기구 설계의 궁극적 목표는 소요 정도에서 언제나 안정하고 보다 경제적인 장치로 빠르게 응답시키는 것이다. 따라서 종래의 서보 이론에서는 서보 시스템의 정도 향상 대책은 구동 에너지 무한대라 하는 전제하에 응답 주파수를 높게 하여 루프 게인을 크게 취하는 것에만 전념하고 있는 감이 강했다.

여기서는 구성 요소의 유한한 구동력이나 기계 공진수, 강성 등에 대해서 정도는 어떻게 관련하며 안정성은 어떠한 조건하에서 관계하는 가에 대해서 서술하고 제어시스템과 기계시스템과의 최적한 매칭은 어떻게 하면 되는가에 대해서 서술해 본다.

7.6.1 정마찰 부하에 의한 위치 결정 반복 정도

위치 결정 반복 정도에 영향을 주는 요소로서는 부하의 정마찰 토크, 구동 증폭기와 구동 모터, 기계시스템의 로스트 모션 및 루프 게인 등을 생각할 수 있다. 로스트 모션의 영향에 대해서는 전술한 것과 마찬가지이므로 여기서는 설명을 보다 쉽게 하기 위해서 로스트 모션은 없는 것으로서 기계의 정마찰 토크에 의한 위치 결정 반복 정도는 어떻게 되는가를 조사해 본다.

그림 7.41에 나타낸 것과 같은 토크 외란이 있는 부하와 직류 모터 구동시스템에 있어서 직류 모터의 전압 토크 식은 다음과 같이 된다.

$$V_a = I_a R_a + K_e s \theta_M \tag{7.53}$$

$$K_T I_a - T_L = J_{ML} s^2 \theta_M \tag{7.54}$$

여기서 V_a : 직류 모터 회전자 전압[V], I_a : 직류 모터 회전자 전류[A], R_a : 직류 모터 회전자 회로저항[Ω], K_e : 직류 모터의 유기전압 계수[V/rad/s], K_T : 직류 모터의 토크정수[kg·㎝/A], T_L : 부하토크[kgf·㎝], J_{ML} : 직류 모터와 부하의 관성모멘트[kgf·㎝·s²], θ_M : 직류 모터의 변위[rad], θ_L : 부하의 변위[rad], s : 라플라스 변환의 연산기호

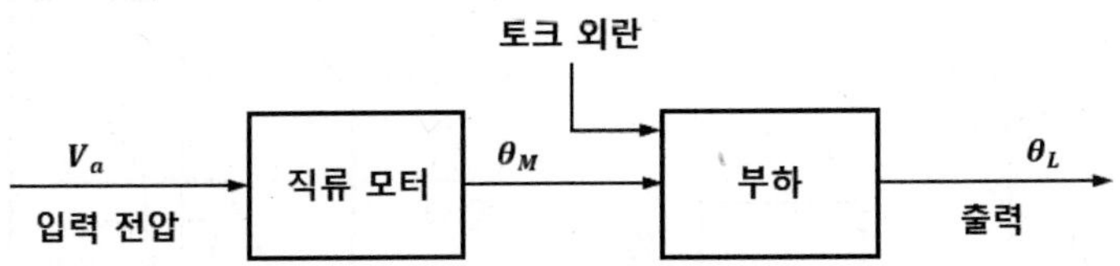

그림 7.41 토크 외란이 있는 부하와 직류 모터 구동시스템

식 (7.53), (7.54)으로부터 θ_M은 다음과 같이 된다.

$$\theta_M = \frac{V_a - \dfrac{R_a T_D}{K_T}}{K_e(1+T_{MS})s} \tag{7.55}$$

여기서 $T_M = R_a J_{ML} / K_e K_T$: 직류 모터의 시정수[s], T_D : 토크 외란 [kgf·cm]

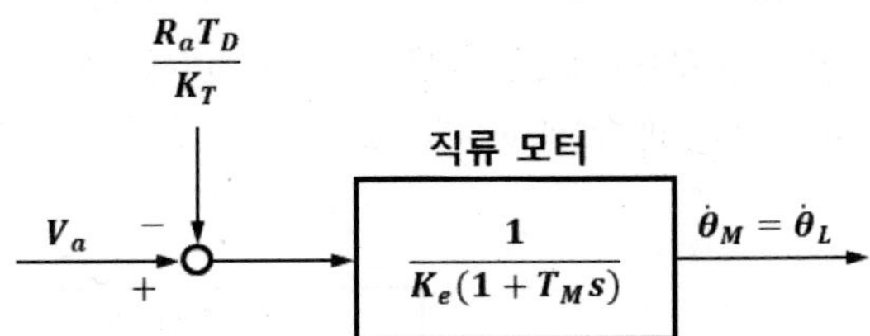

그림 7.42 토크 외란이 있는 부하와 직류 모터와의 블록선도

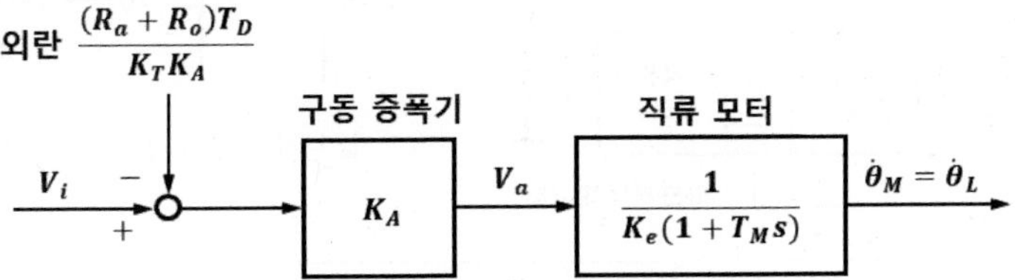

그림 7.43 그림 7.42의 시스템에 구동 증폭기를 부가한 블록선도

이것으로부터 그림 7.43과 같은 블록선도를 그릴 수 있다. 이 계에서 구동 증폭기를 부가한 시스템의 블록선도는 그림 7.44와 같이 된다.

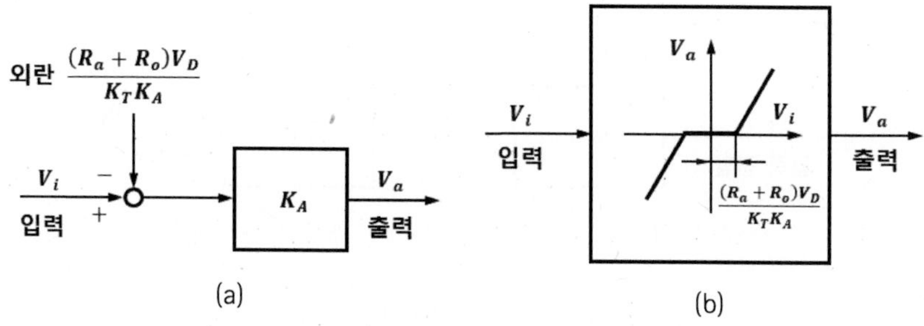

그림 7.44 정마찰 외란토크와 등가인 불감대

그림 7.44에서 V_i는 구동 증폭기 입력 전압[V] 이고, R_0는 구동 증폭기 출력 저항 [Ω] 이며, K_A는 구동 증폭기 전압 게인[V/V]이다.

그림 7.44에 있어서 외란 토크 T_D에 대응한 등가 외란 전압을 V_D로 하면 그림 7.44 (a)와 같이 바꿔지며, 또한 그림 7.44 (b)와 같이 바꿔 쓸 수가 있다. 즉, 정마찰에 의한 외란 토크는 증폭기에 있어서의 일종의 불감대로 생각할 수가 있다.

그러면 여기서는 상기의 구동 요소를 갖는 그림 7.45에 나타낸 공작기계 서보시스템에 대한 위치 결정 반복 정도에 대해서 생각해 본다.

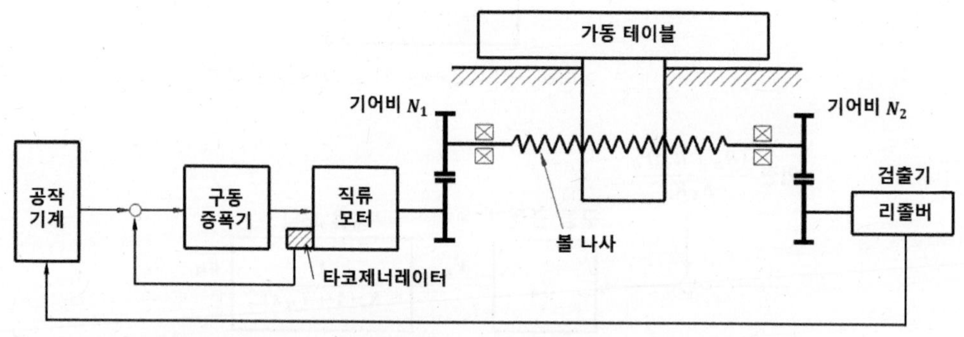

그림 7.45 볼나사 끝에 리졸버 검출기를 설치한 공작기계 서보기구

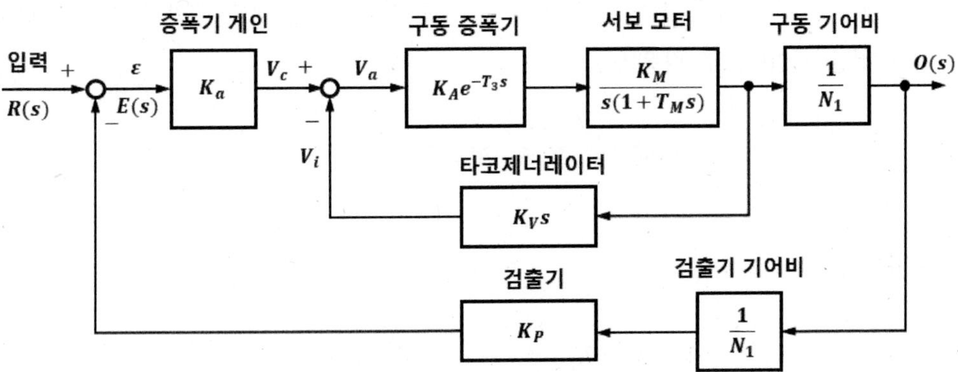

그림 7.46 그림 7.45의 블록선도

그림 7.45의 블록선도는 그림 7.46과 같이 된다.

그림 7.46에서 K_a는 공작기계 증폭기 게인[V/㎜], K_A는 구동 증폭기 게인[V/V], K_V는 속도 피드백 게인[V/㎜/s], K_P는 위치 피드백 게인[㎜/㎜], K_M는 직류 모터 게인 [㎜/s/V], T_3는 구동 증폭기의 허비 시간[s], T_M는 직류 모터 시정수[s], N_1, N_2는 직류 모터와 검출간의 기어비, $R(s)$는 입력 신호, $E(s)$는 오차 신호 및 $O(s)$는 출력 신호이다.

그림 7.46의 서보시스템에 그림 7.41에 나타낸 것과 같은 토크 외란이 부가되면 그림 7.45로부터 그림 7.47과 같이 된다.

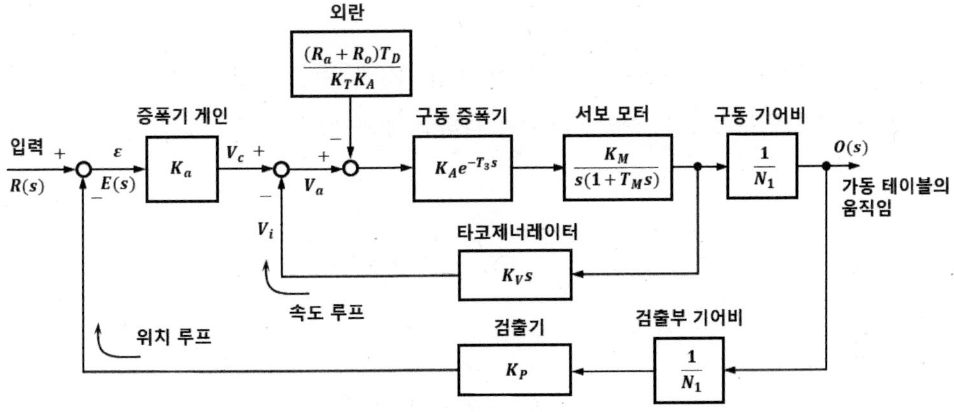

그림 7.47 그림 7.46에 외란이 부가된 경우의 블록선도

그림 7.47에 나타낸 서보 기구의 개방 루프 게인 K_o는 속도 루프를 개방한 경우의 순차 전달 게인이므로 다음과 같다.

$$K_o = K_a \cdot K_A \cdot K_M \cdot \frac{1}{N_1} \cdot \frac{1}{N_2} \cdot K_p \tag{7.56}$$

따라서

$$V_c = \epsilon \cdot K_a = \frac{\epsilon \cdot K_o}{K_A \cdot K_M \cdot K_P \cdot \frac{1}{N_1 \cdot N_2}} \tag{7.57}$$

구동 증폭기의 입력에 전압 V_R [V]을 인가할 때 직류 모터가 정격 회전 속도로 되고 그 때의 가동 테이블의 이송 속도가 F_R[㎜/min]으로 되는 것으로 하면 그 사이의 전달 게인 K_o/K_a는 다음 식의 관계로 되고 실측으로 용이하게 구한다. 즉,

$$\begin{aligned} \frac{K_o}{K_a} &= K_A \cdot K_M \cdot K_P \cdot \frac{1}{N_1 \cdot N_2} = \frac{F_R}{V_R \times 60} \\ &= \frac{\text{가동 테이블 이송 속도 } [mm/\min]}{\text{구동 증폭기 입력 전압 } [V] \times 60} \end{aligned} \tag{7.58}$$

그림 7.47의 구동 증폭기의 입력에 전압 V_R을 주면 직류 모터는 정격 회전 속도로 되며 이것을 구속하면 그림 7.48에서 나타낸 것과 같이 토크 T_P를 발생하게 된다.

$$T_P = K_A \cdot V_R \cdot \frac{K_T}{R_a + R_o} \tag{7.59}$$

따라서

$$\frac{R_a + R_o}{K_A \cdot K_T} = \frac{V_R}{T_P} \tag{7.60}$$

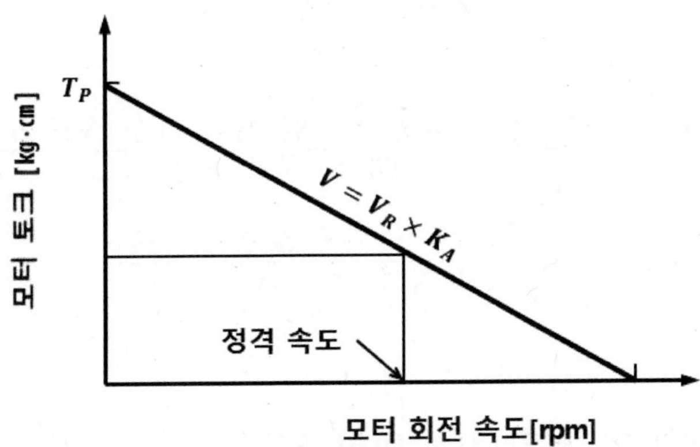

그림 7.48 직류 모터의 토크-속도 특성

더욱이 그림 7.48로부터 다음과 같이 될 때 비로소 구동 증폭기는 출력 전압을 낼 수가 있다.

$$V_C > \frac{(R_a + R_o)\,V_D}{K_A \cdot K_T} = \frac{V_D \cdot V_R}{T_P} \tag{7.61}$$

식 (7.61)에 식 (7.57), (7.58)을 대입하면 기동 전압 ϵ는 다음과 같이 된다.

$$\epsilon > \frac{F_R}{K_o \times 60} \times \frac{V_D}{T_P} \tag{7.62}$$

즉, 이 조건이 만족될 때 기계의 테이블은 움직이기 시작한다.

등가 외란 전압 V_D는 외란 토크 T_D에 대응하고 있으므로 마찰 부하에 의한 위치결정 오차 ϵ_s[㎜]는 다음과 같다.

$$\epsilon_s = \frac{F_R}{60K_o} \times \frac{T_D}{T_P}$$

$$= \frac{\text{모터 정격 회전 속도일 때의 이송 속도 } [mm/\text{min}]}{60 \times \text{루프 게인 } [1/s]}$$

$$\times \frac{\text{모터축 환산 부하 토크} [kgf \cdot cm]}{\text{모터 정격 토크 } [kgf \cdot cm]} \tag{7.63}$$

7.6.2 구동 증폭기의 불감대에 의한 위치 결정 반복 정도

이것은 정마찰 토크에 의한 위치 결정 오차와 마찬가지로 생각할 수가 있다. 그림 7.46에 나타낸 공작기계 서보시스템에 있어서 구동 증폭기에 V_d로 되는 불감대가 있는 경우의 블록선도는 그림 7.49와 같이 된다.

그림 7.49에 있어서 어떤 위치 오차 ε[㎜]가 발생할 때 다음의 조건을 만족할 때 비로소 구동 증폭기에 출력 전압이 발생한다.

$$V_a = \varepsilon K_a > V_d \tag{7.64}$$

즉, 모터축 환산 부하 정마찰 토크가 없다고 한다면 다음과 같을 때 테이블은 움직이기 시작한다.

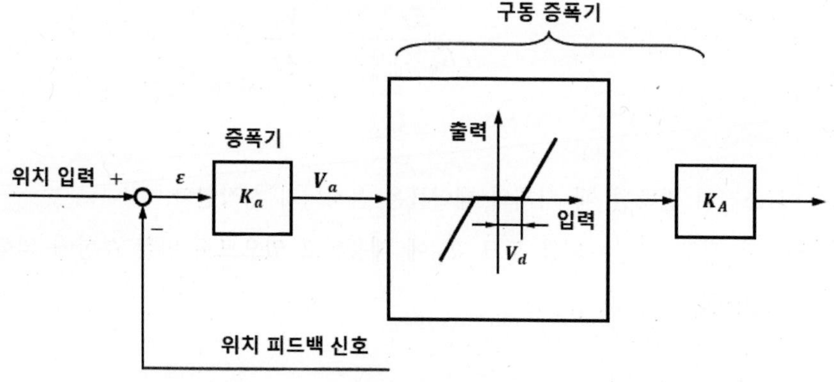

그림 7.49 구동증폭기에 V_d되는 불감대가 있는 경우의 블록선도

$$\varepsilon > \frac{V_d}{K_a} \tag{7.65}$$

따라서 식 (7.58), (7.65)로부터 다음과 같이 된다.

$$\varepsilon > \frac{F_R}{K_o \times 60} \times \frac{V_d}{V_R} \tag{7.66}$$

또한 구동 증폭기의 불감대가 V_d로 될 때의 위치 결정 오차 ε_d는 다음과 같이 된다.

$$\varepsilon_d = \frac{F_R}{60K_o} \times \frac{V_d}{V_R}$$

$$= \frac{\text{모터 정격 회전수일 때의 이송 속도 } [mm/\text{min}]}{60\ (\text{개방 루프 게인})}$$

$$\times \frac{\text{구동 증폭기의 불감대 } [V]}{\text{모터를 정격 회전시키는데 필요한 증폭기 입력 전압 } [V]} \tag{7.67}$$

식 (7.63), (7.67)로부터 총합 위치 결정 오차 ε_t, 즉 위치 결정 반복 정도는 다음과 같이 된다.

$$\varepsilon_t = \varepsilon_s + \varepsilon_d = \frac{F_R}{60K_o}\left(\frac{T_D}{T_P} + \frac{V_d}{V_R}\right) \tag{7.68}$$

여기서 F_R : 모터 정격 회전수에 있어서의 테이블 이송 속도[mm/min], K_o : 개루프 게인, T_D : 모터축 환산 부하 토크(모터 마찰 포함)[kgf·cm], T_P : 구동 증폭기의 정격 출력 전압을 모터에 줄 경우의 모터 최대 출력 토크[kgf·cm], V_d : 구동 증폭기의 불감대[V], V_R : 모터를 정격 회전 속도로 하는데 필요한 증폭기 입력 전압 [V]

7.6.3 정상 속도 편차

그림 7.50에서와 같이 가동 테이블을 일정 속도로 움직이도록 한 입력 지령을 서보시스템에 주면 기동시의 오차는 크지만, 어느 정도 시간이 경과하면 지령에 대한 테이블의 위치가 일정한 늦음을 가지면서 같은 속도로 움직인다. 이 오차를 **정상 속도 편차** 또는 **드루프**(droop)라 하고 있다.

그림 7.46에 나타낸 공작기계 서보시스템의 블록선도를 고쳐 쓰면 그림 7.51과 같이 된다. 여기서 다음 식과 같이 놓으면 그림 7.52와 같은 TG 보상 부착 기본 서보시스템의 블록선도로 된다.

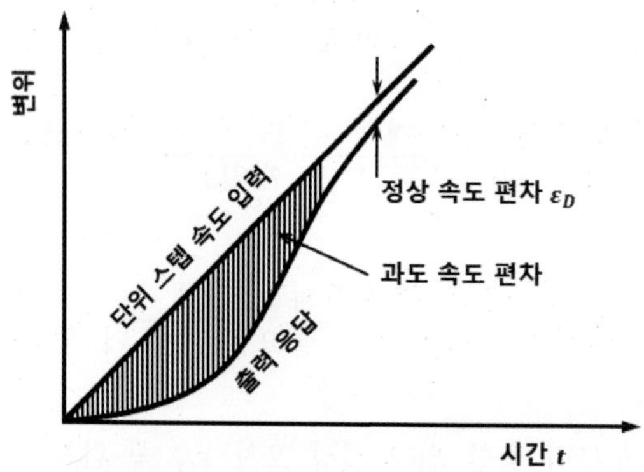

그림 7.50 단위 스텝상 속도 입력에 대한 출력의 응답

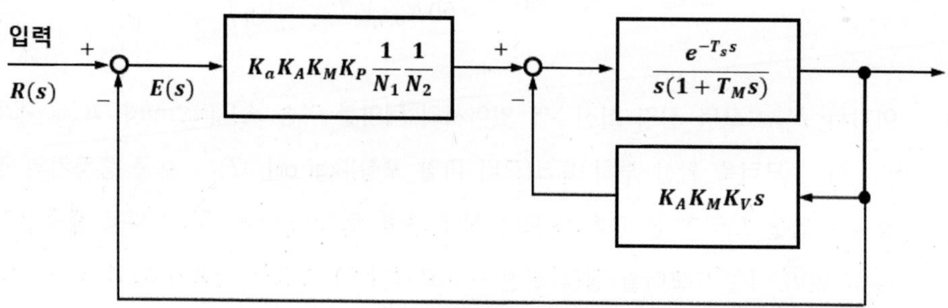

그림 7.51 그림 7.46의 공작기계 서보시스템을 정리한 블록선도

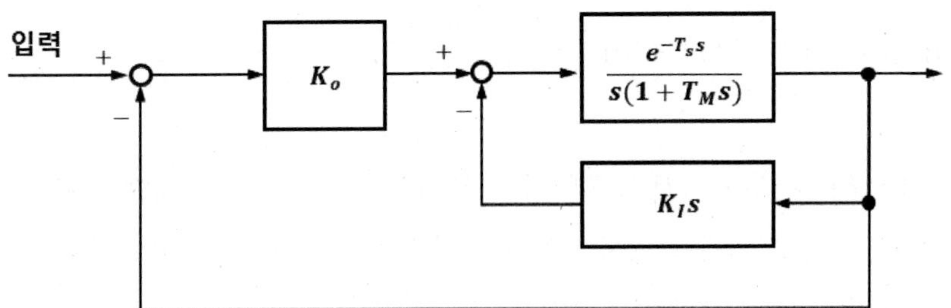

그림 7.52 TG 보상 부착 기본 서보시스템의 블록선도

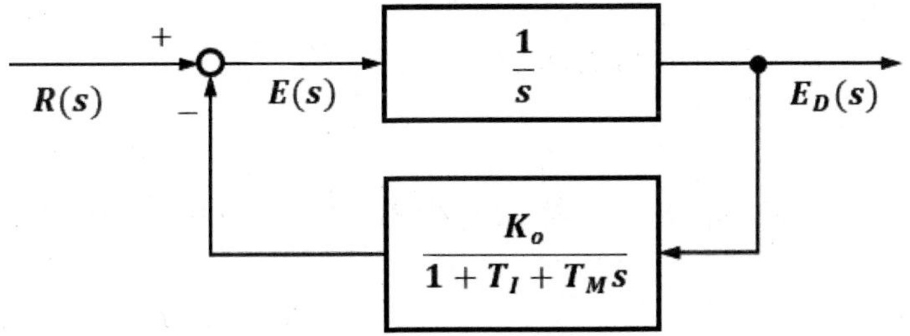

그림 7.53 인덕토신 검출기를 이용한 공작기계 서보 구동시스템

$$K_o = K_a \cdot K_A \cdot K_M \cdot K_P \cdot \frac{1}{N_1} \cdot \frac{1}{N_2} \text{ (개방 루프 게인)} \tag{7.69}$$

$$K_1 = K_A \cdot K_M \cdot K_V \qquad \text{(속도 루프 게인)} \tag{7.70}$$

여기서 허비 시간 T_3을 무시하면 그림 7.52는 그림 7.53과 같이 된다.

그림 7.53로부터 폐쇄 루프 전달 함수 $W_D(s)$는 다음과 같다.

$$W_D(s) = \frac{E_D(s)}{R(s)} = \frac{1+K_1+T_M s}{(1+K_1+T_M s)s+K_o} \tag{7.71}$$

여기서 스텝상의 속도 입력 신호로서 $R(s)=v/s$ 로 놓으면 식 (7.71)의 정상 속도 편차(ε_D)는 다음과 같다.

$$\varepsilon_D = \lim_{s\to 0} s\,W_D(s)\cdot R(s) = \lim_{s\to 0}\frac{s(1+K_1+T_M s)}{(1+K_1+T_M s)s+K_o}\cdot\frac{v}{s} = \frac{v}{K_o/(1+K_1)} \tag{7.72}$$

$K_o/(1+K_1)=K$는 그림 7.53에 나타낸 서보시스템의 개방 루프 게인이므로 $\varepsilon_D = v/K$로 된다. 여기서 속도 v를 테이블의 이송 속도 F_C[㎜/min]로 고쳐 쓰면 정상 속도 편차(ϵ_D)는 다음과 같이 된다.

$$\epsilon_D = \frac{F_C}{60K} \quad [\text{㎜/s}] \tag{7.73}$$

여기서 $K = K_o / (1+K_1))$

엄밀히는 부하 토크에 의한 위치 오차가 들어오므로 정상 속도 편차(ϵ_D)는 다음과 같이 된다.

$$\epsilon_D = \frac{F_C}{60K}+\frac{F_R}{60K}\left(\frac{T_C}{T_P}+\frac{V_d}{V_R}\right) \quad [\text{㎜/s}] \tag{7.74}$$

여기서 T_C : 지령 이송 속도에 있어서의 모터축 환산 총합 토크

7.6.4 공작기계 서보시스템 내의 기어열, 볼나사 강성의 영향

공작기계가 지령대로의 절삭을 하기 위해서는 서보시스템 구성 요소의 강성, 안내면의 구조, 윤활 방식 등의 고려가 필요하다. 특히 기어, 기어축, 베어링, 볼나사 등의 체결부의 동강성에 의한 영향은 상당히 크고 기계 구동시스템 전체의 진동, 감쇠의 대부분이 이들에 의해 발생한다고 말해질 정도이다.

서보 구동시스템 중에서 강성이 작은 기어, 베어링, 볼나사 등이 들어 있으면 식 (7.68)의 개방 루프 게인 K_o를 충분히 크게 취할 수가 없고 위치 결정 반복 정도의 계산식도 적용할 수 없게 된다.

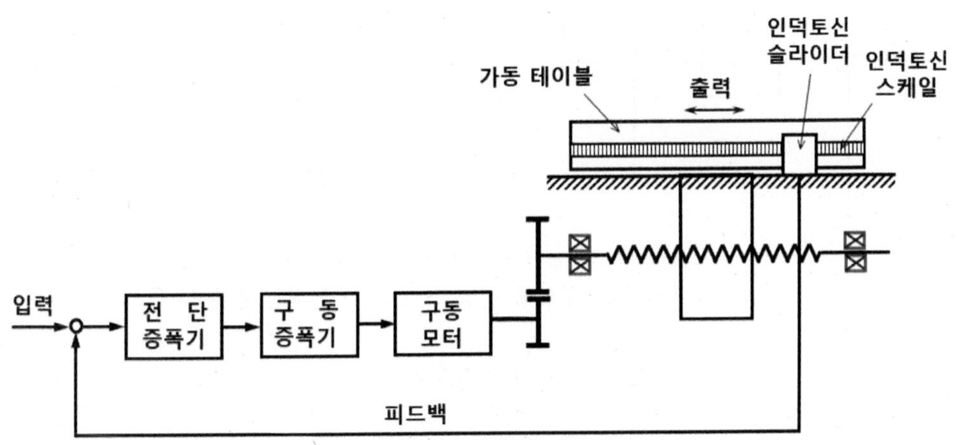

그림 7.54 인덕토신 검출기를 이용한 공작기계 서보 구동시스템

여기서는 이들의 강성이 작으면 서보시스템은 어떠한 현상을 일으키는가, 어느 정도 강성을 크게 취하면 서보시스템의 기어열이나 볼나사의 강성이 무시되는가에 대해서 검토해 본다. 우선 그림 7.54에 나타낸 것과 같은 인덕토신 검출 방식에 의한 공작기계 서보시스템에 대해서 생각해 본다.

이 공작기계 서보시스템의 블록선도를 나타내면 그림 7.55와 같이 된다. 여기서 포화 전압이나 기어의 백래시 등의 비선형 요소를 0으로 하고 부하 마찰은 부하 제동 f_L에 선형 근사하고, 모터와 태코제너레이터 및 모터 제동 루프를 조화시켜 간단히 하면 그림 7.56과 같이 된다. 여기서

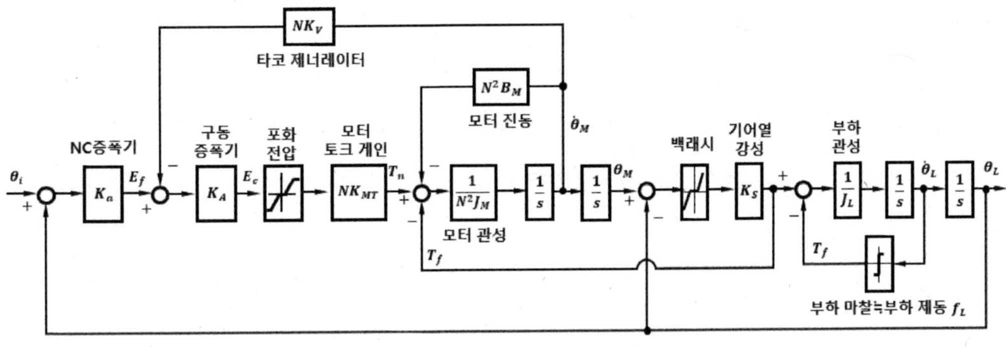

그림 7.55 서보시스템의 블록선도(모터 허비시간 T_3, 위상지연은 0으로 가정)

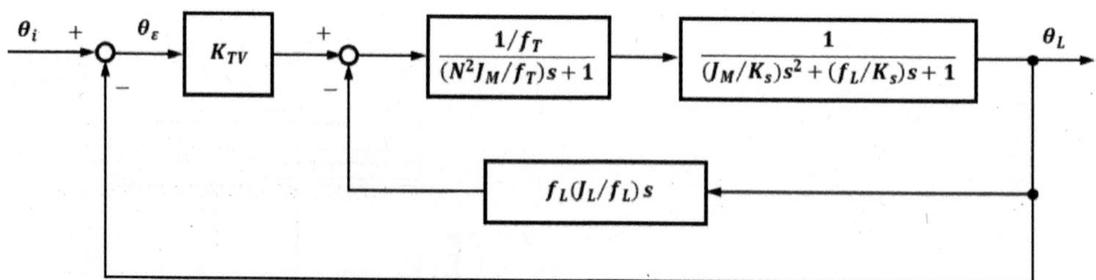

그림 7.56 그림 7.55를 선형 근사하여 간단화한 블록선도

$$K_{TV} = K_a \cdot K_A \cdot NK_{MT} \tag{7.75}$$

$$J_T = N^2 J_M + J_L \tag{7.76}$$

$$f_T = N^2 \ (B_M + K_V \cdot K_A \cdot K_{MT}) \tag{7.77}$$

그림 7.58로부터 폐쇄 루프 전달 함수는 다음과 같이 된다.

$$\frac{\theta_L(s)}{\theta_i(s)} =$$

$$\frac{1}{\left(\frac{N^2 J_M J_L}{K_{TV} \cdot K_S}\right)s^4 + \left(\frac{f_T J_L + f_L N^2 J_M}{K_{TV} \cdot K_S}\right)s^3 + \left(\frac{f_T f_L}{K_{TV} \cdot K_S} + \frac{J_T}{K_{TV}}\right)s^2 + \left(\frac{f_T + f_L}{K_{TV}}\right)s + 1} \tag{7.78}$$

여기서 부하 제동 $f_L = 0$, 기어열 강성 $K_S = \infty$로 가정하면 식 (7.78)은 2차 특성 방정식으로 된다. 유한한 강성을 갖고 있는 서보시스템은 일반적으로 4차식으로 되는 것을 알 수 있다.

다음에 강성만으로 착안한 서보시스템의 안정성에 대해서 생각해 본다. 이 계의 감쇠력을 0으로 생각하고 부하 제동 $f_L=0$으로 해서 식 (7.78)의 분자, 분모에 $\dfrac{K_S K_{TV}}{N^2 J_M J_L}$을 나누면 다음과 같이 된다.

$$\frac{\theta_L(s)}{\theta_i(s)}=\frac{\dfrac{K_S K_{TV}}{N^2 J_M J_L}}{s^4+\left(\dfrac{f_T}{N^2 J_M}\right)s^3+\left(\dfrac{K_S J_T}{N^2 J_M J_L}\right)s^2+\left(\dfrac{K_S f_T}{N^2 J_M J_L}\right)s+\left(\dfrac{K_{TV} K_S}{N^2 J_M J_L}\right)} \tag{7.79}$$

여기서 라우스의 판별법을 이용해서 안정 조건을 구하면 다음과 같이 된다.

s^4	1	$\dfrac{K_S J_T}{N^2 J_M J_L}$	$\dfrac{K_S K_{TV}}{N^2 J_M J_L}$
s^3	$\dfrac{f_T}{N^2 J_M}$	$\dfrac{K_S f_T}{N^2 J_M J_L}$	
s^2	$\dfrac{K_S}{N^2 J_M}$	$\dfrac{K_S K_{TV}}{N^2 J_M J_L}$	
s^1	$\dfrac{K_S f_T}{N^2 J_M J_L}-\dfrac{K_{TV} f_T}{N^2 J_M J_L}$		
s^0	$\dfrac{K_S K_{TV}}{N^2 J_M J_L}$		

시스템이 안정하기 위해서는 최초 열의 모든 계수가 동일 부호가 아니면 안 된다. 따라서 안정하기 위한 필요조건은 다음과 같다.

$$\frac{K_S f_T}{N^2 J_M J_L} > \frac{K_{TV} f_T}{N^2 J_M J_L} \tag{7.80}$$

$$\therefore\ K_S > K_{TV} \tag{7.81}$$

이것은 기어열 강성 K_S가 서보시스템의 등가 토크 정수(K_{TV}; 서보 강성)보다도 크게 되어야 하는 것을 나타내고 있다.

$$K_{TV} = K_a \cdot K_A \cdot NK_{MT} \tag{7.82}$$

식 (7.79)에 있어서 K_a = 18V/rad, K_A = 240V/V, K_V = 0.14V/1000 rpm, K_{MT} = 0.185gf·cm/V, B_M = 1.42×10-2gf·cm/rad/s, J_M = 1.0gf·cm, J_L = 3000gf·cm, N = 100으로 하여 기어열 강성 K_S의 여러 가지 값에 대해서 스텝 입력에 대한 과도응답을 나타내면 그림 7.57과 같이 된다. 그림은 상기의 수치를 일정하게 해서 강성의 값 K_S를 K_{TV}보다 큰 경우, 같은 경우, 작은 경우의 해를 도시한 것이다.

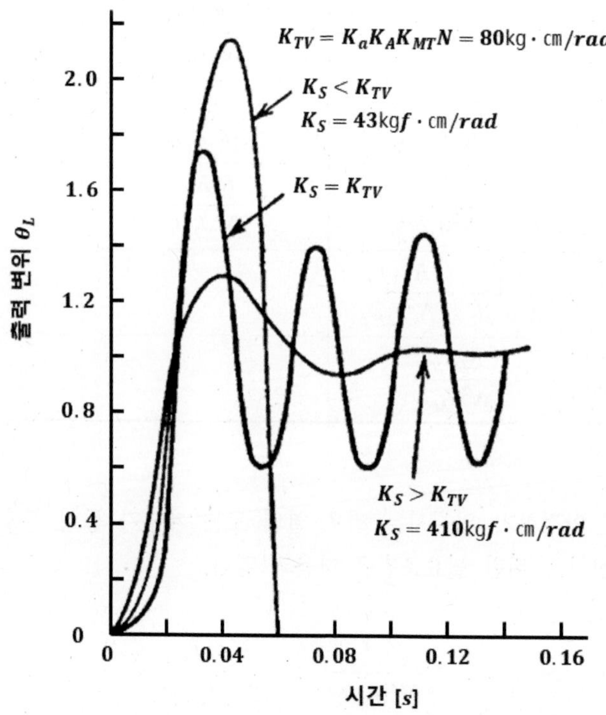

그림 7.57 단위 스텝 응답의 기어열 강성에 의한 영향

그림 7.57에서 기어열 강성 K_S가 서보 강성 K_{TV}보다 크게 될 조건은 부하 마찰력 및 부하 제동력이 0이라고 하는 가정에 기초하고 있다는 것에 주의하라.

실제 문제로서 부하의 점성 감쇠력 f_L에 의한 영향은 관성 부하가 작은 경우에는 모두 안정한 경향으로 된다. 또한, 마찰 부하에 대해서의 안정성의 검토도 기술 함수를 이용해서 마찬가지 수법으로 해명할 수 있지만 여기서는 생략한다.

이상 기어열의 강성이 그림 7.55에 나타낸 공작기계 서보시스템의 안정성에 미치는 영향에 대해서 검토해 왔지만, 최초의 가정 하에서 무시해 왔던 허비 시간을 포함해서 생각하면 다음과 같이 취하는 것이 바람직하다.

$$K_S \fallingdotseq 5K_{TV} \tag{7.83}$$

여기서 K_{TV}는 식 (7.63)으로부터 다음과 같이 해서 구할 수 있다.

$$K_{TV} = \frac{T_D}{\epsilon_S} = \frac{60K_0 T_P}{F_R} \text{ [kgf]} \tag{7.85}$$

여기서 그림 7.54에 나타낸 볼나사를 이용한 공작기계 서보 구동시스템에 있어서 모터 정격 회전수에 대한 이송 속도 F_R은

$$F_R = \frac{V_M P}{N} \text{ [mm/min]} \tag{7.86}$$

여기서 V_M : 모터 정격 회전수[rpm], N : 기어비, P : 볼나사의 피치 [mm/rev]

따라서

$$K_{TV} = \frac{60K_o T_P}{F_R} = \frac{60K_o T_P}{V_M} \times \frac{N}{P} \tag{7.87}$$

$$\therefore K_{TV} = \frac{60K_o T_P}{2\pi V_M} \times \frac{N}{P} \text{ [kgf/rad]} \tag{7.88}$$

$K_S > 5K_{TV}$의 조건으로부터 서보시스템의 모터축 환산, 총합 구동부 강성 K_S는 다음과 같이 되는 것이 안정한 폐쇄 루프 제어시스템을 얻기 위한 필요조건이다.

$$K_S \geq \frac{300}{2\pi} \times \frac{K_o T_P}{V_M} \times \frac{N}{P}$$

$$= \frac{300(\text{개방루프 게인})\ (\text{모터 최대 출력 토크})}{2\pi(\text{모터 정격 회전 속도})} \times \frac{\text{감속 기어비}}{\text{보올 나사 피치}} \quad (7.89)$$

7.6.5 서보시스템의 안정성과 기계 공진 주파수

서보시스템을 안정하기 위해서는 상술의 결과로부터 기계 공진 주파수는 서보 구동시스템(구동 증폭기와 구동 모터)의 공진 주파수보다 크지 않으면 안 되는 것을 알았다. 주파수 응답이 높다고 하는 것은 루프 게인을 크게 취하는 것이고 본질적으로 기계 성능이 좋다고 하는 것이다.

일반적으로 전자 회로의 시정수 또는 공진 주파수는 비교적 높으므로 시스템의 주파수 응답은 주로 서보 구동부와 루프내의 기계시스템에 의해 정해진다.

서보 구동부의 성능을 제한하는 원인으로서는 전기 서보에서는 사이리스터 증폭기와 직류 모터의 특성이 주된 것으로 된다.

그림 7.46에 나타냈듯이 내부 속도 피드백을 갖고 있는 위치 제어시스템의 위치 루프 공진 주파수는 실용적으로는 속도 루프 공진 주파수의 1/3~1/4로 하는 것이 바람직하다. 또한, 보상 회로 없이 안정한 폐쇄 루프 제어시스템을 얻기 위해서는 기계시스템의 공진 주파수를 앞에서도 서술했지만 속도 루프 공진 주파수의 3배 높이하지 않으면 안 된다.

예를 들면 위치 루프 공진 주파수를 25~35 ㎭/s로 하는 데는 속도 루프 공진 주파수를 약 100 ㎭/s로 취하고, 기계 공진 주파수를 300 ㎭/s 정도로 취할 필요가 있다. 여기서 기계 공진수가 속도 루프 공진수보다 상당히 커도 본질적으로 정수배의 주파수이어서는 안 된다. 특히, 공진의 감쇠가 나쁜 경우는 주의한다.

부록
부록

부록1 전동력 역학공식

구동부의 계산을 위해 현재 사용하고 있는 방법은 아래의 운동 역학공식을 베이스로 한 실용 공식이 많다.

항 목		직선 운동의 경우	회전 운동의 경우
역학기본공식	참고도	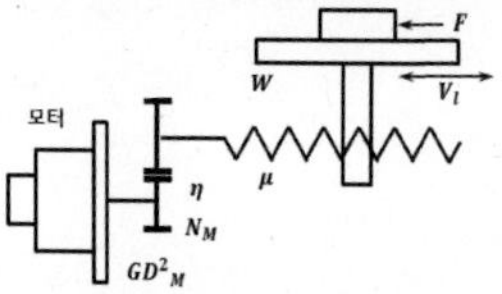 모터, W, F, V_l, η, μ, N_M, GD^2_M	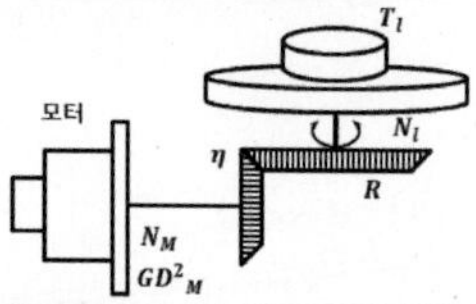 모터, T_l, N_l, η, R, N_M, GD^2_M
	부하 정상 파워	$P_0 = \frac{\mu \cdot W \cdot V_l}{6120 \cdot \eta}$	$P_0 = \frac{T_l \cdot N_l}{973 \cdot \eta}$
	부하 가속 파워	$P_a = \frac{GD^2_l \cdot N_l{}^2}{365 \times 10^3 \times t_a}$	$P_a = \frac{GD^2_l \cdot N_l{}^2}{365 \times 10^3 \times t_a}$
	부하 토크 (모터축 환산)	$T_L = \frac{\mu \cdot W \cdot V_l}{2\pi \cdot N_M \cdot \eta}$	$T_L = \frac{N_l}{N_M \cdot \eta} \cdot T_l$
	부하 GD² (모터축 환산)	$GD^2_L = W \cdot \left(\frac{V_l}{\pi \cdot N_M}\right)^2$	$GD^2_L = \left(\frac{N_l}{N_M}\right)^2 \cdot DG^2_l$
	시동 시간	$t_a = \frac{(GD^2_M + GD^2_L) \cdot N_M}{375(T_p - T_L)}$	$t_a = \frac{(GD^2_M + GD^2_L) \cdot N_M}{375(T_p - T_L)}$
	제동 시간	$t_d = \frac{(GD^2_M + GD^2_L) \cdot N_M}{375(T_p + T_L)}$	$t_d = \frac{(GD^2_M + GD^2_L) \cdot N_M}{375(T_p + T_L)}$
GD2 · 최적감속비	원통봉 GD²	$GD^2_L = 125\pi\rho LD^4$ (ρ=7.866g/㎤ ... 강의 경우) 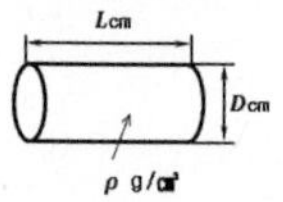 (Lcm, Dcm, ρ g/㎤)	
	직선 운동체의 등가 GD²	$GD^2_L = WD^2$ 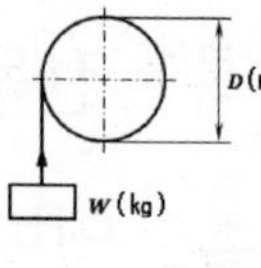 (D(m), W(kg))	
	최적 감속비	$R_o = \sqrt{\frac{\frac{GD^2_l \cdot N_l}{375 \cdot t_a} + T_l}{\frac{GD^2_l \cdot N_l}{375 \cdot t_a}}}$ 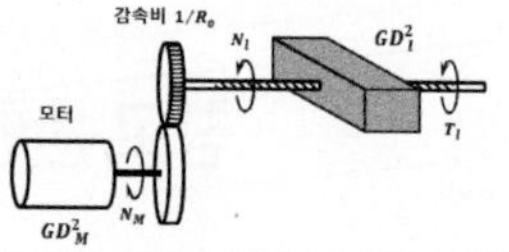 (감속비 1/R_o, N_l, GD^2_l, T_l, 모터, N_M, GD^2_M)	
토크의 실효값		$T_{rms} = \sqrt{\frac{T_p{}^2 \cdot t_a + T_L{}^2 \cdot t_c + T_p{}^2 \cdot t_d}{t}}$ 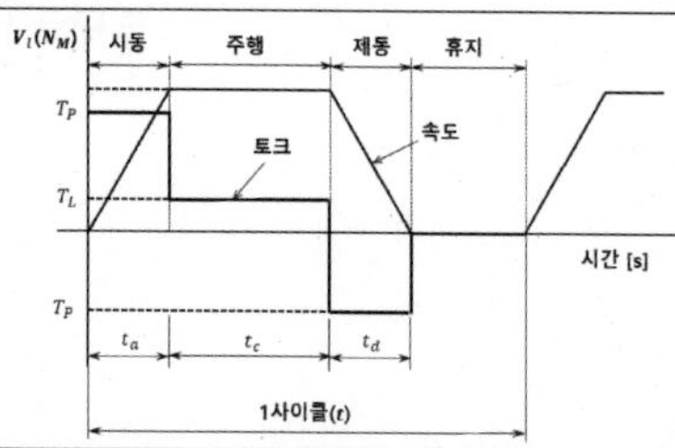	$V_l(N_M)$, 시동, 주행, 제동, 휴지, T_p, T_L, 토크, 속도, 시간 [s], t_a, t_c, t_d, 1사이클(t)

P_0 : 정상 파워 [kW] , P_a : 가속 파워 [kW] , N_ℓ : 부하축 회전수 [rpm] , N_M : 모터축 회전수 [rpm]

V_l : 부하의 속도 [m/min] , η : 감속기 효율 , μ : 마찰 계수 , W : 직선 운동부 중량 [kgf]

GD_ℓ^2 : 부하 GD2 (부하축) [kgf · m] , GD_L^2 : 부하 GD2 (모터축) [kgf · m2] ,

GD_M^2 : 모터 GD2 (부하축) [kgf · m2] ,

T_ℓ : 부하 토크(부하축) [kgf · m] , T_L : 부하 토크(모터축) [kgf · m] ,

T_P : 모터 평균 시동 토크 [kgf · m] , T_{rms} : 실효 평균 토크 [kgf · m] ,

t_a : 시동 시간 [s] , t_b : 주행 시간 [s] , t_c : 제동 시간 [s]

부록2 역학 공식표

항 목	중력 단위계	SI 단위계
기호	기호 단위 T : [kgf.m] 토크 N : [rpm] 회전수 t : [sec] 시간 P : [W] 출력 또는 [J/s] GD^2 : [kgf.m^2] 플라이휠 효과 E : [J] 에너지	기호 단위 T : [N.m] 토크 n : [rps] 회전수 ν : [rad/s] 각속도=2πn[rad/s] P : [W] 출력 또는 [J/s] J : [kg.m^2] 이너셔 = $GD^2/4$ [kg.m^2] E : [J] 에너지
토크	$T = \frac{973P}{N} \times 10^{-3}$ [kgf.m] $T = \frac{GD^2}{375} \cdot \frac{dN}{dt}$ [kgf.m]	$T = \frac{1}{2\pi} \cdot \frac{P}{n}$ [N.m] $T = J\frac{d\nu}{dt} = 2\pi \cdot J\frac{dn}{dt}$ [N.m]
출력	$P = 1.027 \cdot NT$ $[W]$ $= \frac{NT}{973} \times 10^3$	$P = 2\pi n T$ [W]
가속 파워 $\left[\begin{array}{c} N = (N_2 - N_1) \\ \text{만큼가속한다} \end{array} \right]$	$P_a = \frac{GD^2 \cdot N^2}{365 \cdot t}$ [W] t = 가속 시간 [sec]	$P_a = \frac{J}{T}\nu^2$ [W] t = 가속 시간 [sec]
에너지	회전 운동 $E = \frac{GD^2 \cdot N^2}{730}$ [J] $E = \frac{GD^2 \cdot N^2}{7154}$ [kgf.m]	$E = \frac{1}{2}J\nu^2$ [J]
	직선 운동 $E = \frac{1}{2} \cdot \frac{m}{g} V^2$ [kgf.m] m : 중량 [kgf] V : 속도 [m/sec]	$E = \frac{1}{2} \cdot m V^2$ [J] m : 중량 [kg] V : 속도 [m/sec]
가속 시간 [일정 토크 가속]	$t = \frac{GD^2}{375} \cdot \frac{N}{T_a}$ [sec] T_a : 평균 가속 토크	$t = 2\pi J\frac{N}{T_a}$ [sec] T_a : 평균 가속 토크

참고문헌

1. [4] 研野，稲葉，數値制御工作機械，ラジオ技術社，1967
2. 池邊 洋，サ-ボ機構とその要素，オ-ム社，1968
3. 金子敏夫，數値制御 - 基礎とサ-ボ技術 -，オ-ム社，1973
4. Roger S. Pressman and John E.Williams, Numerical Control & Computer Aided Manufacturing, John Wiley & Sons, 1977
5. 安川電氣製作所，メカトロニクスのためのサ-ボ技術入門，日刊工業新聞社，1987
6. 서보기구연구회 편역, 서보 機構, 기전 연구사, 1995
7. 高橋正明，ニーザーサイドからみたNCオープン化の期待，機械技術，43/13(1995,12), pp.27-32
8. [8] 山廣光臣，パソコンDNCシステムとその實際，ツールエンジニア，1995.11，pp.110-114
9. 홍선학 외 1인, 계측제어공학, 성안당, 1996
10. 金子敏夫，やさしい機械制御，日刊 工業 新聞社，1997
11. 日刊 工業 新聞社 編輯部，機械設計，日刊 工業 新聞社，1997.07
12. HMT Limited, Mechatronics and Machine Tools, McGraw-Hill, 1998
13. 홍준희 외 1인 공저, 자동화를 위한 메카트로닉스, 시그마프레스, 2000
14. 홍준희 외1인, 메카트로닉스 응용 수치제어 공작기계, 대광서림, 2000
15. 한국미쓰비시전기오토메이션(주), 미쓰비시 범용 인버터·AC서보 스쿨 텍스트, 한국미쓰비시전기오토메이션(주), 2007.2.15
16. 홍준희, 기계공학과 전기전자의 융합 기전공학, GS인터비전, 2016

찾아보기

ㅊ

ㅋ

ㅌ

ㅍ

ㅎ

공작기계의 서보기술

2022년 2월 20일 초판 인쇄

2022년 2월 25일 인쇄 발행

저 자 홍준희

발 행 인 송기수

발 행 처 도서출판 GS인터비전

편 집 처 도서출판 GS인터비전

편 집 인 공예서

표지디자인 디자인붐

인 쇄 처 트윈벨미디어

등 록 번 호 제 25100-2016-000050호

I S B N 979-11-5576-388-9(93550)

주 소 서울 은평구 증산로 15길 69 2층

전 화 02-976-7898, 02-3272-7898.

팩 스 02-6468-7898

홈페이지 gsintervision.co.kr

E-Mail gsinter7@gmail.com

정 가 45,000원